AF890882

भौगोलिक चिन्तन का इतिहास

(Evolution of Geographical Thought)

भौगोलिक चिन्तन का इतिहास

(Evolution of Geographical Thought)

पंचम संस्करण

(पूर्णतः संशोधित एवं परिवर्द्धित)

माजिद हुसैन

अनुवादक

डा. एल.एन. वर्मा

रावत पब्लिकेशन्स

जयपुर • नई दिल्ली • बैंगलोर • गुवाहाटी • कोलकाता

ISBN 978-81-7033-997-7 (Hardback)

© Author, 2006

Reprinted, 2024

This is an original Hindi translation of
"Evolution of Geographical Thought" (5th Edition) – Majid Husain

Translated by
Dr. L.N. Verma
Former Reader and Head, Department of Geography,
ML Sukhadia University, Udaipur

No part of this book may be reproduced or transmitted in any form or by any means, electronic or mechanical, including photocopying recording or by any information storage and retrieval system, without permission in writing from the publisher.

Published by
Prem Rawat for **Rawat Publications**
Satyam Apts., Sector 3, Jawahar Nagar, Jaipur - 302 004 (India)
Phone: 0141 265 1748 / 265 7006
E-mail : info@rawatbooks.com
Website: rawatbooks.com

New Delhi Office
4858/24, Ansari Road, Daryaganj, New Delhi 110 002
Phone: 011-23263290

Also at *Bangalore, Guwahati* and *Kolkata*

Printed at Nice Printing Press, New Delhi

विषय सूची

भौगोलिक विचारों का प्रागैतिहास
(Prehistory of Geographical Ideas)

आधुनिक भौगोलिक विचार
(Modern Geographical Thought)

भूगोल में समकालीन आन्दोलन
(Contemporary Movements in Geography)

प्राक्कथन

प्रस्तुत पुस्तक मेरी बहुचर्चित पुस्तक 'Evolution of Geographical Thought' (Fifth Edition) का हिन्दी रूपान्तर है। हिन्दी भाषी प्रदेशों की निरन्तर बढ़ती माँग को दृष्टिगत रखकर इस पुस्तक का पूर्णत: संशोधित एवं परिवर्द्धित संस्करण तैयार किया गया है।

किसी भी पुस्तक में त्रुटियाँ रहना स्वाभविक है; विशेषकर जब किसी अनुवादित कार्य का प्रकाशन होता है। इस संस्करण में इन सभी कमियों को दूर करने की कोशिश की गई है एवं यथास्थान हिन्दी की कठिन शब्दावली का अंग्रेजी भाषानुवाद देने का प्रयास किया है ताकि प्रबुद्ध पाठकों को समझने में कठिनाई न हो।

अनुवाद के दौरान कतिपय ऐसे स्थलों का ध्यान रखा गया है जो विषम संकल्पनाओं से बोझिल हैं। उन्हें सरलता से ग्राह्य योग्य बनाकर ही अनुवादक ने प्रस्तुत किया है। परन्तु सदैव इस बात का ध्यान रखा है कि मूल भाव पूर्णत: व्यक्त हो सकें और अनुवादित अंश भी क्लिष्ट न बनें।

प्रस्तुत पुस्तक भूगोल की उच्च कक्षाओं और विभिन्न प्रतियोगी परीक्षाओं के पाठकों की आवश्यकताओं को ध्यान में रखकर लिखी गई है, अत: उन चिन्तकों एवं सिद्धान्तकारों पर विशेष रूप से प्रकाश डाला गया है जो विभिन्न परीक्षाओं की दृष्टि से विद्यार्थियों के लिये उपयोगी हैं।

किसी भी पाठ्यपुस्तक के अभाव को दूर करने का प्रयास सदैव प्रशंसनीय होता है, उसी संदर्भ में भौगोलिक चिन्तन का प्रकाशन अद्वितीय है फिर भी प्रबुद्ध वर्ग के सुझाव सदैव आमंत्रित हैं ताकि आगामी संस्करण में इनका लाभ उठाकर पुस्तक को अधिक उपयोगी बनाया जा सके।

इस पुस्तक का मेरी अंग्रेजी मूल पुस्तक (Evolution of Geographical Thought) से हिन्दी में अनुवाद डा. एल.एन. वर्मा ने किया मैं उनका अत्यन्त आभारी हूँ।

माजिद हुसैन

I

भौगोलिक विचारों का प्रागैतिहास

(Prehistory of Geographical Ideas)

1

प्रागैतिहासिक विचारों के अगुआ यूनानियों का योगदान

(Greeks Contribution in Pre-Historical Ideas)

अन्य विज्ञानों की अपेक्षा भूगोल की वंशावली अधिक लम्बी है। मानव केअभिलेखों से ज्ञात है कि उसकी रुचि उसके इर्द-गिर्द व्याप्त विश्व के बारे में भौगोलिक प्रकार की रही। उसके अवलोकनों व उसकी कल्पनाओं में भौतिक जगत् की प्रधानता रही। उसके अवलोकनों व उसकी कल्पनाओं में भौतिक-जगत् की प्रकृति के बारे में भौगोलिकता के अंश मिलते हैं। प्राचीनकालीन भूगोल का उदय ही मानव द्वारा की गई खोजों से हुआ। क्षेत्रों के मानचित्रों पर और वहाँ से एकत्र की गई सूचनाओं के आधार पर भूगोल का ज्ञान विकसित बना। प्रागैतिहासिक कालों के दौरान भौगोलिक ज्ञान का प्रसार एवं विकास को इतिहासबद्ध करना कठिन है। सभ्यता के विभिन्न केन्द्रों से प्राप्त पुरातत्वीय प्रमाणों से ज्ञात होता है कि भूगोल का विकास अपने आरंभिक चरण में बहुत धीमी गति से हुआ।

इस बात से सभी सहमत हैं कि सभी सभ्यताओं ने भौगोलिक विचारधाराओं के विकास में सहयोग प्रदान किया। वस्तुत: भौगोलिक ज्ञान सभ्यता का सहगामी था। विभिन्न सभ्यताओं ने अपनी-अपनी तरह भौगोलिक ज्ञान को अपनी भौतिक एवं भौगोलिक परिस्थितियों के अनुसार खोजा। फिर भी, यह विश्वसनीय तथ्य है कि चेल्डिया, असीरिया और बेबीलोनिया में स्वच्छ आकाश के नीचे खगोल-विज्ञान फला-फूला। वहीं नील नदी घाटी की उपजाऊ और खेतिहर भूमि पर ज्यामिति का विकास हुआ, और यूनान की विभिन्न प्राकृतिक आकृतियों व कटी-फटी तट रेखाओं के बीच भौतिक भूगोल पनपा। नदी-घाटियों में ही लगभग सभी महान् सभ्यताओं का जन्म हुआ। व्यापार द्वारा उनका पोषण हुआ, और नगरों के रूप में वे परिपक्व बनी। मनुष्य के प्रकृति पर बढ़ते नियंत्रण के कारण एवं गणित के व्यावहारिक

उपयोग से, लेखन-विकास और राजनीतिक व धार्मिक संगठनों के योग द्वारा भी सभ्यताएँ प्रगति-पथ पर आगे बढ़ीं। आज से लगभग 5000 वर्ष पूर्व ऊपरी व निचली नील घाटी के लोगों के गठजोड़ से इतिहास में प्रथम महान् सभ्यता का उदय हुआ। उसके विकास के दौरान गणित के ज्ञान द्वारा गीज़ा के पिरामिडों का निर्माण सम्भव बना। मैसोपोटामिया में अत्यन्त प्रभावी सभ्यता उपजाऊ घाटियों में पनपी जहाँ बेबीलोन व असीरिया के निवासी कीलाक्षर लेखन (Cuneiform Writing) को अपना चुके थे। सुमेरियनों ने नगर-राज्यों (City-States) की पहली बार स्थापना दज़ला व फरात की घाटियों में कर अपनी राजनीतिक विलक्षणता का परिचय दिया।

हेलेनिक संस्कृति के उदय से पहले, भूगोल मात्र धरातलीय आकृतियों-पहाड़ों, नदियों व देश के स्थानों व सीमाओं की जानकारी और द्वीपों से व्यापारिक सम्बन्धों से प्राप्त सूचनाओं का अपार भण्डार भौगोलिक निधि मानी जाने लगी। भूमध्य सागर तट के सहारे एशियाई-कोचक (Asia Minor) में मिश्रवासियों और यहूदियों का आरम्भिक काल में प्रभावी शासन था। यहूदियों की धार्मिक पुस्तक 'द ओल्ड टेस्टामेंट' (The Old Testament) में फिलीस्तीनी व आस-पड़ोस के क्षेत्रों के बारे में अनेक भौगोलिक विस्तृत जानकारियाँ हैं।

फोनीशियन वासी (Phoenicians)

यहूदियों व मिश्रवासियों के पश्चात् फोनीशियन के नाविकों की संस्कृति का भौगोलिक ज्ञान के विकास में महत्वपूर्ण योगदान है। उन्होंने एशियाई-कोचक (तटीय टर्की, लेबनान, सीरिया, फलस्तीन, इज़रायल) पर अधिकार कर लिया। टायर (Tyre) और सैदोन (Sidon) उनके प्रधान बंदरगाह व नगर थे। गैडीस (Gadis) को 1100 ई.पू. में ही उन्होंने स्थापित किया जबकि कार्थेज (Carthage) आधुनिक ट्यूनिस के निकट और यूटिका नगरों की स्थापना लीबिया के उत्तरी तट पर लगभग 813 ई.पू. में फोनीशियनों की कॉलोनियाँ (व्यापारिक बस्तियों) के रूप में थी। इस प्रकार फोनीशियनों को भौगोलिक ज्ञान का प्रथम धनी माना जाता था। परन्तु उनकी नीतियाँ व गतिविधियाँ संकुचित एवं स्वार्थ से भरी थीं। वे रहस्यमयी और गुप्त नीतियों वाले व्यापारी थे, अतएव वे दूसरे आसपास के क्षेत्रों और व्याापारिक केन्द्रों से संवाद-संचार, सूचनाओं का आदान-प्रदान नहीं करते थे। दूर-दराज़ के द्वीपों व क्षेत्रों से प्राप्त व्यापारिक ज्ञान और सूचनाओं को वे अपने तक ही सीमित रखते थे।

यूनानी (Greeks)

यूनान के निवासी ज्ञान की अनेक शाखाओं के अग्रदूत थे। उनका 'काल यूनान का स्वर्ण युग' (Golden Age of Greece) था। उन्होंने मिश्र, चेल्डिया व असीरिया के निवासियों से खगोल-विज्ञान, गणित व ज्यामिति में बहुत कुछ ग्रहण किया। मिश्रवासियों व सुमेरियनों ने स्वच्छ आकाश के तले और उपजाऊ समतल मैदान में ब्रह्माण्ड के पिण्डों की स्थिति व परिभ्रमण आदि के बारे में अनेक अवलोकनों द्वारा अपार ज्ञान अर्जित किया था। अति-आरंभिक काल में भौगोलिक ज्ञान यूनान व एजियन सागर से घिरे देशों व द्वीपों तक ही

सीमित बना था।[1] इसके पार सभी कुछ अस्पष्ट व अनिश्चित था, और सूचनाएँ कपोल-कल्पित व सुनी-सुनायी, पौराणिक आख्यिकाओं से भरी मन-गढ़ंत थीं।[2]

यूनानियों की प्रखर बुद्धि, ज्ञान-जिज्ञासा प्राप्त करने का उनका स्वभाव, दार्शनिक व वैज्ञानिक अभिरुचि के कारण वे अपने देश तथा विश्व में घूमे-फिरे और अनेक भागों के बारे में सूक्ष्म अवलोकन कर सके। वे स्वभावतः फोनीशियनों की भाँति संकुचित दृष्टिकोण वाले रहस्यमयी व स्वार्थी नहीं थे। वे अपने अनुभवों को विस्तार देने और आदान-प्रदान करने में विश्वास रखते थे।

यूनान की दोनों ओर एजियन सागर से घिरी स्थिति भौगोलिक ज्ञान अर्जन के लिए लाभदायक बनी थी।[3] इसके धरातल की विविधता और भौतिक आकृतियों ने भूगोल के ज्ञान-विकास में बहुत बढ़ावा दिया। वस्तुतः यूनान पहाड़ी और असमतल देश है। शीतकाल में इसकी अनेक पहाड़ी चोटियाँ हिमाच्छादित बन जाती हैं। इसकी अनेक जलधाराएँ पहाड़ियों से कूदती-फाँदती तीव्र वेग से तटीय मैदानों में उतर कर सागर में समा जाती हैं। यहाँ के अनेक जलःसंयोजकों (Straits), अंतरीपों ने भूमि में प्रवेश कर तटीय रेखा को अत्यधिक कटा-फटा बना दिया है जो पोताश्रय व बंदरगाहों के विकास में सहायक हैं। सागर में प्रवेश किए अंतरीपों ने व्यापारियों को पड़ोस के द्वीपों व देशों तक पहुँचने हेतु प्रेरित किया है। यूनानियों के ऐसे प्राकृतिक पर्यावरण में निवास ने उन्हें भू-आकृतीय विज्ञान, जलवायु विज्ञान एवं महासागर विज्ञान में अभूतपूर्व ज्ञानार्जन उपलब्ध कराया। वहाँ मुख्य भूमि की चुनई-चट्टानी धरातल (Limestone Topography) में अनेक नदियाँ लुप्त बन पुन. आगे प्रकट होती हैं। यूनान, पृथ्वी की भूकम्पीय पेटी (Weak Zone of the Earth) में स्थित है। यूनान में यदा-कदा भूकम्प के झटके आते रहते हैं। यूनानी विद्वानों ने इन घटनाओं के अध्ययन करने व उनको स्पष्ट करने के प्रयास किए। यहाँ अनेक गर्म जल स्रोतों के स्थल तथा ज्वालामुखी हैं। कुछ तो इन्हें दैविक मान बैठे, परन्तु अन्य विद्वानों ने इन्हें वैज्ञानिक तर्कों द्वारा समझाने का भी प्रयास किया।

पांचवीं से तीसरी शताब्दी ई.पू. के बीच के समय में यूनानी कॉलोनियाँ (बस्तियाँ) भूमध्यसागर व काला सागर (Euxine Sea)[4] के विभिन्न भागों पर स्थापित हुई थीं। (Fig. 1.1) मिलेटस (Miletus) अपनी स्थिति और यूगजियन पर कॉलोनी के कारण ही पाँचवीं सदी ई.पू. में भौगोलिक खोजबीन का प्रधान केन्द्र बन उठा। लीबिया (Africa) के पश्चिमी तट पर हन्नो (Hanno) के अभियानों और पूर्व की ओर सिकन्दर की विजय यात्राओं से यूनानियों को दूर-दराज़ के देशों और वहाँ के लोगों के बारे में सही-सही जानकारी प्राप्त थी। एलेक्जेण्ड्रिया (Alexandria) पर स्थापित प्रसिद्ध पुस्तकालय म्यूजियम (Library Museum) ने भी यूनानी विद्वानों को प्रकृति के तथा वहाँ के स्थानों व लोगों के बारे में अधिक ज्ञान अर्जन हेतु प्रेरित किया था। विद्वानों ने अपने विचारों का आदान-प्रदान किया, और व्यापारियों व नाविकों ने अपनी यात्रा अनुभवों को भी एक-दूसरे से विचार-विमर्श द्वारा परिपक्व बनाया। इसी पुस्तकालय म्यूजियम पर इरेटॉस्थनीज व हिपार्कस (Eratosthenes and Hipparchus) ने अपने वैज्ञानिक अवलोकनों से पृथ्वी के आकार, आकृति व परिधि

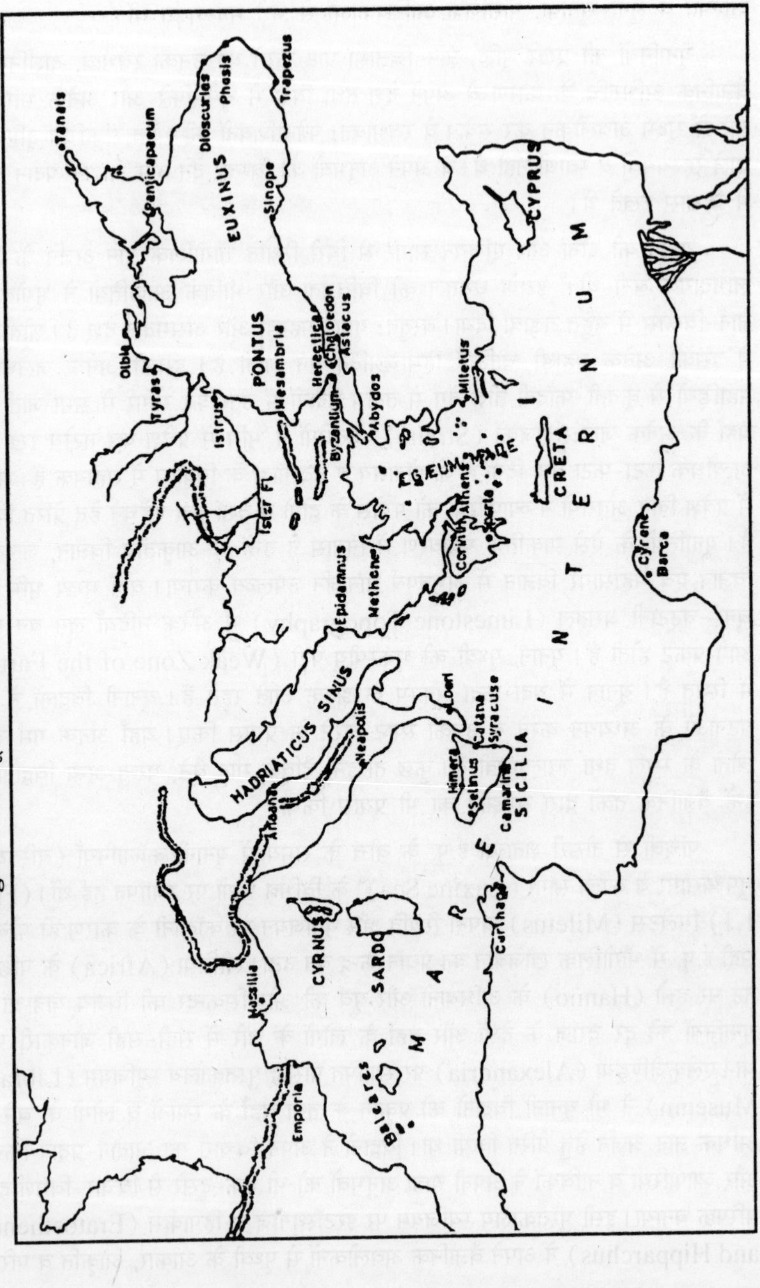

Figure 1.1 यूनानी बस्तियां (*The Greek Colonies*)

के बारे में निष्कर्ष निकाले थे।

होमर (Homer)

होमर यूनान का महान् लोकप्रिय कवि था। उसकी कृतियों का प्रकाशन इलियड (Illiad) और ओडेसी (Odyssey) नामक महाकाव्यों से हुआ। ये महाकाव्य ट्रॉजन के युद्ध (Trojan War 1280 व 1180 ई.पू.) के वर्णन तथा ऐतिहासिक भूगोल की मूल्यवान सूचनाओं व ज्ञात-विश्व की जानकारियों से पूर्ण हैं। होमर पृथ्वी को महासागर-नदी (Ocean River) से चारों से घिरा वृत्ताकार (Circular) मानता था। वह आकाश को ठोस नतोदर (Concave) तल की स्वर्गीय मेहराब (Vault of Heaven) समझता था। आकाश का विस्तार भी पृथ्वी के बराबर था जो ऊँचे स्तम्भों (Tall Pillars) पर टिका था। ये स्तम्भ एटलस पर्वतों (Atlas Mts.) के अधिकार में थे। होमर ने अपनी कविताओं में कई बार व्यक्त किया कि सूर्य-उदय महासागर नदी से होता है जो पुन: उसी में अस्त होता था।[5] उस समय किसी को भी यह जानने की चिन्ता नहीं थी कि सूर्य अपनी यात्रा पुन: आरम्भ करने उदय-बिन्दु तक कैसे पहुँचता था।[6] तारागणों की भी प्रतिदिन उदय-अस्त की यही क्रिया थी, वे भी महासागर जल में डुबकी लगाते थे।

चारों दिशाओं से प्रवाहित चार प्रकार की वायु का भी होमर ने वर्णन किया। 'बोरस' (Bores) उत्तर से बहने वाली शक्ति से भरी शीत-हवा थी जो आकाश को स्वच्छ बनाती थी। 'यूरस' (Eurus) पूर्वी हवा उष्ण व सरल थी। 'नोटस' (Notus) दक्षिण से प्रवाहित तूफानी, आर्द्र और कभी-कभी उग्र बन आगे बढ़ती, और चौथी जेफाइरस (Zephyrus) पश्चिमी हवा भयंकर, झंझावात, चिपचिपी थी।[7]

होमर 'यूरोप' (Europe) व 'एशिया' (Asia) के नामों से परिचित नहीं था। परन्तु कुछ समय पश्चात् यूरोप नाम से अभिप्राय एजियन-सागर तट लगाया जाने लगा, जहाँ सूर्य अस्त होता था और एशिया से अर्थ सूर्योदय का तट गया माना था। यद्यपि इन नामों की उत्पत्ति के बारे में निश्चित नहीं कहा जा सकता है।[8]

मिलेटस का थेल्स (Thales of Miletus)

पहला यूनानी विचारक, दार्शनिक व खोजी-यात्री थेल्स (Thales) था जिसने ज्यामिति की अनेक आधारभूत प्रमेयों को जन्म दिया। पृथ्वी की माप का श्रेय थेल्स को जाता है। उसने पृथ्वीतल पर वस्तुओं की स्थिति-निर्धारण के भी प्रयास किए।[9] सातवीं सदी ई.पू. का थेल्स व्यावहारिक व्यापारी था। अपनी मिश्र यात्रा में उसने कुछ पुरोहितों (Priests) को कोण-मापन करते देखा। वे आधार-रेखा (Base-line) को माप रहे थे और क्षेत्रफल का आकलन कर रहे थे। इनसे प्रेरित बन थेल्स ने ज्यामिति व त्रिकोणमिति की अनेक समस्याओं को हल किया था। उसने पृथ्वी को जल पर तैरती एक थाली (Disc) जैसा अनुभव किया।[10] थेल्स को ब्रह्माण्ड-विज्ञानी के रूप में स्मरण किया जाता है। उसने अपने अनुमानों व भविष्यवाणी का आधार जल को माना। एक सूर्य-ग्रहण की उसने तिथि मई की 28

तारीख, ई.पू. 585 घोषित की थी।

एनाक्ज़ीमेण्डर (Anaximender)

मिलेटस में थेल्स का शिष्य एनाक्ज़ीमेण्डर हुआ जिसे बेबीलोनियायी यंत्र 'नोमोन' (Gnomon) का यूनान-जगत से परिचय कराने का श्रेय है।[11] यह यंत्र सूर्य-घड़ी के समान एक सीधी स्थित छड़ी से सूर्य की विभिन्न स्थितियों के माप, उसकी छाया की लम्बाई व दिशा के आधार पर दोपहर का सही अनुमान कराता था।[12] सही दोपहर का ज्ञान छड़ी की छोटी से छोटी छाया द्वारा लगाया जा सकता था। इसकी सहायता से उत्तर-दक्षिण दिशा की मध्याह्न-रेखा (Meridian) ज्ञात होती थी।[13]

विश्व मानचित्र को मापक पर तैयार करने की पहल एनाक्ज़ीमेण्डर ने ही की थी। इससे पहले सुमेरियनों के मानचित्र चित्रात्मक थे जिनमें वे 2700 ई.पू. में कुछ नगरों को दर्शा चुके थे। इस मानचित्र में यूनान को विश्व के केन्द्र में दर्शाया था, और वह वृत्ताकार तथा महासागरीय नदी द्वारा घिरा था। थेल्स व एनाक्ज़ीमेण्डर को गणितीय भूगोल की स्थापना करने वाला मानते हैं।

हिकेटियस (Hecataeus)

महान् राजनीतिज्ञ हिकेटियस मिलेटस (Miletus) निवासी था। उसकी गणना अग्रज (Pioneer) भूगोलवेत्ताओं में की जाती है। यूनानी-गद्य (Greek Prose) का वह प्रथम-लेखक था। ज्ञात यूनानी-जगत् के बारे में और दूर-दराज़ के अज्ञात क्षेत्रों के बारे में उसने सूचनाएँ एकत्रित कर उनका वर्गीकरण किया। उसकी मुख्य पुस्तक 'जेस-पेरियोडोस' (Ges-periodos) कदाचित् छठी सदी के अंत से पहले ही प्रकाशित हुई थी। इसमें पहली बार विश्व का व्यवस्थित वर्णन है, अत: हिकेटियस को 'भूगोल का पिता' (Father of Grography) कहते हैं। इसमें भूमध्यसागर, द्वीपों, अंतरीपों और विश्व के सभी देशों की सामान्य रूपरेखा वर्णित है। परन्तु दुर्भाग्यवश अब इसकी अधिकांश सामग्री मौजूद नहीं है।

तत्कालीन ज्ञात विश्व की हिकेटियस ने विस्तृत यात्रा की। हिरोडोटस (Herodotus) के अनुसार हिकेटियस मिश्र में थेब्स (Thabes) की यात्रा कर चुका था। (Fig. 1.2) परन्तु इसका कोई प्रमाण नहीं है कि उसने दूर-दूराज़ के स्पेन, इस्तर (डेन्यूब), कोलाचिस (आर्मीनिया) और यूगज़ियन (Black Sea) के तटीय देशों की यात्रा की। उसने इटली व सिसली के बारे में कुछ भी नहीं लिखा। अत: ऐसा लगता है कि वह पश्चिम की ओर नहीं गया था। परन्तु हिकेटियस दूर-दराज़ से आने-जाने वाले व्यापारियों से मिलता-जुलता रहता था। उसके मूल नगर मिलेटस के साथ व्यापारियों के विस्तृत संबंध बने हुए थे, और इसका लाभ हिकेटियस ने भरपूर उठाया।

अपने कार्यों में हिकेटियस ने विश्व के बारे में सामान्य वर्णन दिया, और उसके कार्यों में भूमध्य सागर के आसपास के स्थानों व क्षेत्रों का वर्णन, विशेषत: एजियन सागर के समीप के देशों के बारे में विवरण है। उसका कार्य पेरीप्लस अर्थात् तटीय-सर्वेक्षण कहलाता है।[15]

Figure 1.2 *हिकेटियस का विश्व (World After Hecataeus)*

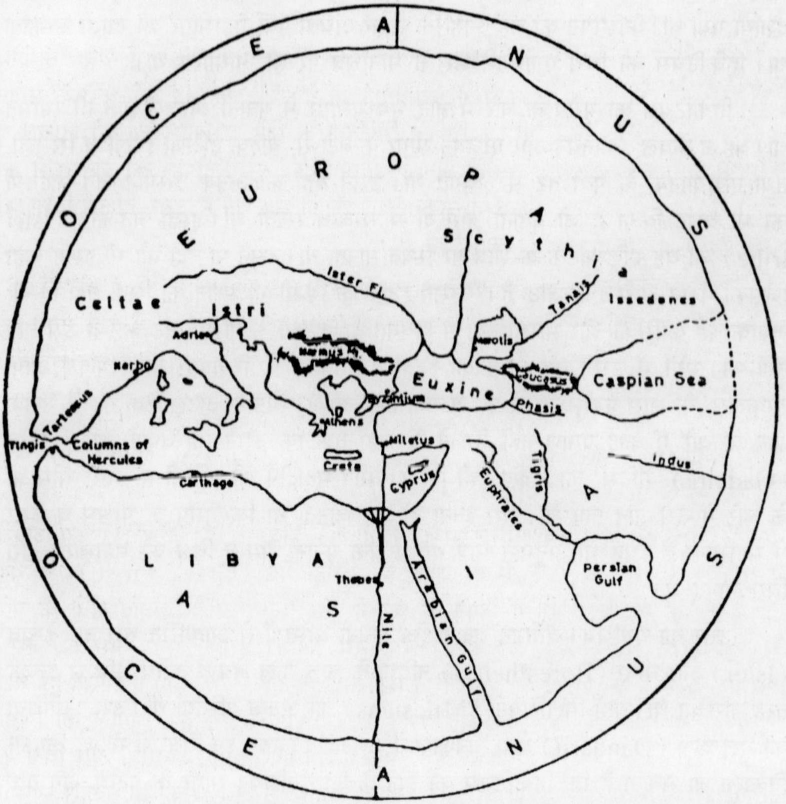

हिकेटियस के कार्य दो पुस्तकों में विभक्त हैं, पहली पुस्तक में यूरोप की भौगोलिक सूचनाएँ, और दूसरी में लीबिया (अफ्रीका) सहित एशिया (Fig. 1.2) यूरोप की पुस्तक में उसने यूनान व एजियन सागर के तटों का विस्तृत विवरण दिया और एड्रियाटिक सागर, इटली व स्पेन के बाद थ्रेस (Thrace) सीथिया (काला-सागर का उत्तरी भाग) का वर्णन किया।[16] अपनी दूसरी पुस्तक में उसने हेलेसपोण्ट, यूगज़ियन के दक्षिण के तट व कॉकेशिया, एशिया माइनर, सीरिया, मिश्र व लीबिया का वर्णन किया। उसने मेडिज़, पार्थियनों, फारसियों और भारतीयों का भी वर्णन किया, परन्तु इनकी सूचनाओं के स्रोत नहीं दिए हैं तथा इनका विवरण भी अस्पष्ट है।[17]

हिकेटियस के विचार पृथ्वी के आकृति और आकार के बारे में आयोनियन दार्शनिकों से भिन्न नहीं थे। वह पृथ्वी को वृत्ताकार तल मानता था और यूनान को विश्व के केन्द्र में स्थित ही समझता था। वह विश्व को महासागर, नदी से घिरा, और दो बराबर भागों में विभक्त

मानता था। उत्तर में यूरोप महाद्वीप और दक्षिण में लीबिया, अफ्रीका व एशिया थे।[18] दोनों भागों का विभाजन हेलेसपोण्ट, यूगज़ियन, काकेशस पर्वत व कैस्पियन के सहारे रेखा द्वारा दर्शाया गया था। कैस्पियन को वह आंतरिक सागर अथवा पूर्वी महासागर की खाड़ी समझता था। हिकेटियस का विश्व एनाक्जमेण्डर के मानचित्र पर ही आधारित था।

हिकेटियस का यूरोप के बारे में ज्ञान भूमध्यसागर में यूनानी बस्तियों तक ही सीमित था। वह न केवल इयोनियन और एजियन सागर के तटों से, बल्कि दक्षिणी इटली व सिसली, तथा एड्रियाटिक के पूर्वी तट से अवगत था। उसने यहाँ की अनेक अस्पष्ट जन-जातियों का भी वर्णन किया है जो यूनानी बस्तियों से सम्बन्ध रखती थीं। इस्त्री जनजाति (Istri tribe) को वह एड्रियाटिक के शीर्ष पर स्थित मानता था। उसने पो नदी को भी इस्त्री कहा जिसका मैदान अत्यन्त उपजाऊ है।[19] उसने इटली के किसी भी स्थान का जिक्र नहीं किया, जबकि वह कॉर्सिका और सारडीनिया से अवगत था। इटली के पश्चिमी तट का भी उसे ज्ञान नहीं था। स्पेन में उसने कई नामों का जिक्र नहीं किया है, विशेषत: वह 'पिलर्स ऑफ हरकूलस' के आस पड़ोस स्थानों की जानकारी रखता था। स्पेन के अटलांटिक तट के उसके ज्ञान के बारे में कोई प्रमाण नहीं मिलते हैं, यहाँ तक कि उसने महत्त्वपूर्ण स्थान, गदीरा (Gadeira) 'गदिस' का उल्लेख नहीं किया। यूरोप महाद्वीप की पश्चिमी व उत्तरी सीमाओं के बारे में उसे ज्ञान नहीं था। बस इतना ही वह जानता था कि यूरोप के पश्चिम व उत्तर में महासागर है। यह भी अनुमान मात्र था, क्योंकि यूनानी समस्त विश्व को महासागर द्वारा घिरा मानते थे।

उत्तर का यूगज़ियन वर्तमान यूक्रेन क्षेत्र यूनानी बस्तियों से आवासित था। वह डेन्यूब (Ister) और नीपर (Boresthenes) नदियों के बीच फैले क्षेत्र व तटीय भूमि से अच्छी तरह परिचित था। यहाँ मिलेसियनों (Milesians) की अनेक बस्तियाँ थीं। उसने सीथिया की मलेच्छनी (Dandarii) बर्बर जनजातियों का उल्लेख किया। इन विवरणों से यह निष्कर्ष निकाला जा सकता है कि हिकेटियस का ज्ञान केवल यूगज़ियन सागर के तटीय भाग तक ही सीमित नहीं था, वह सीथिया के दूर-दूराज़ क्षेत्रों में बसी आदि-जनजातियों से अवगत था।[20] उसने तनाइस (Don) नदी को मानचित्र में दर्शाया और कैस्पियन सागर के उत्तरी भागों पर बसी इज़ीदोनियन (Issedonean) जनजातियों का भी उल्लेख किया है।

लीबिया, अफ्रीका व एशिया का वर्णन उसकी दूसरी पुस्तक में है। वह एशिया में एशिया माइनर, टर्की, लेबनान व इजरायल के तट से भली-भाँति परिचित था। उसने फासिस नदी (Phasis River) व पड़ोसी क्षेत्रों जहाँ कोलची (Colchis) बसे थे, वर्णन किया है। परन्तु उसका ज्ञान कीलचियों, चालीबिस, मोसची व अन्य बर्बर जातियों के बारे में अपर्याप्त था। ये जातियाँ यूगज़ियन सागर के दक्षिण में बसी हुई थीं। आर्मीनिया की मातिनी (Matieni) जनजाति के बारे में हिकेटियस को अच्छी जानकारी थी। उसके समय में कैस्पियन सागर 'हरसेन्यन' (Hyrcanian) कहलाता था, जिसे महासागर की एक भुजा कहते थे जो पश्चिम की ओर कॉकेशस के ऊँचे हिम मण्डित पहाड़ों से घिरा हुआ था।

फारस की खाड़ी और कैस्पियन सागर के बीच फैली भूमि को उसने मानचित्र में

'मेदिया' (Media) दर्शाया। उसने बेबीलोन और उसके प्रधान नगरों का कोई जिक्र नहीं किया, अतः ऐसा प्रतीत होता है कि उसने यहाँ की यात्रा नहीं की थी। यह प्रशंसनीय है कि भारत के बारे उसने सूचनाएँ एकत्रित कीं। मानचित्र में सिन्धु नदी व भारत को उसने दर्शाया था और भारत के नगरों व अनेक जनजातियों को इंगित किया है। काबुल की घाटी और ऊपरी सिन्धु के बीच में विशेषतः गांधारी लोग बसे थे। इनकी राजधानी कस्पातिरस (Caspatyrus) सिन्धु के तट पर स्थित थी जिसका हिकेटियस को ज्ञान था। भारत के विषय में उसकी सूचनाएँ केवल पश्चिमी भागों अर्थात् सिन्धु नदी के पश्चिम में फैले क्षेत्र तक सीमित थीं।

हिकेटियस ने मिश्र की नील नदी घाटी का दौरा विस्तार से किया था। पुस्तक में इस भाग का अच्छा भौगोलिक विवरण है। यह विश्वसनीय तथ्य है कि वह नील घाटी में थेब्स तक जा पहुँचा था (Fig. 1.2) और अमोन देवालय के महंत से उसने भेंट की थी।[21] उसके द्वारा प्रस्तुत फोनिक्स, हिप्पोपोटामस व मगरमच्छों का विवरण ज्यों का त्यों हिरोडोटस ने अनुकरण कर प्रस्तुत किया था। हिकेटियस नील नदी के स्रोत को दक्षिण महासागर में मानता था। उसके ऊपरी प्रवाह क्षेत्रों में नीग्रो व पिगमी आदिवासियों का वर्णन किया तथा लीबिया के उत्तरी तट के अनेक द्वीपों सहित उसका विवरण पुस्तक में दिया है।

हिरोडोटस (Herodotus 485-425 ई.पू.)

हिरोडोटस प्रथम व अग्रज इतिहासकार था। वह इतिहास-पिता के रूप में विख्यात है। उसने ऐतिहासिक घटनाओं को भौगोलिक स्वरूप प्रदान किया। उसके लेखों में भौगोलिक घटना जैसे नील नदी में प्रतिवर्ष आने वाली बाढ़ का ऐतिहासिक स्पष्टीकरण है। उसकी मान्यता थी कि "समस्त इतिहास का विवेचन भौगोलिक दृष्टि से, और भूगोल का विश्लेषण ऐतिहासिक दृष्टिकोण से किया जाना चाहिए।"[22] हिरोडोटस के कार्य ऐतिहासिक भूगोल के उत्कृष्ट उदाहरण हैं। पृथ्वी के धरातल का वर्णन करते हुए, वह वहाँ की तत्कालीन जन-जातियों व उनके जीवन का रोचक विवरण प्रस्तुत करता। इसीलिए मानव-विज्ञानी (Anthropologists) उसे अग्रणीय प्रजाति वैज्ञानिक (Ethnographer) मानते हैं।

हिरोडोटस पाँचवीं सदी ई.पू. में हालीकारनासिस में जन्मा था। वह हेलेनिक संस्कृति के केन्द्र एथेंस में रहा। यहाँ से वह 433 ई.पू. में दक्षिणी इटली के नगर थूरी (Thurii) गया।[23] थूरी में ही उसने अपने अधिकांश लेखन-कार्य पूरे किए थे। वह एक महान् यात्री था जिसका भूगोल में उत्कृष्ट कोटि का योगदान है, क्योंकि वह व्यक्तिगत अवलोकनों के आधार पर लिखता था। इटली में घूमता-फिरता तत्पश्चात् मारमारा व बॉसफोरस (टर्की) अन्तरीप से यूगज़ियन सागर (Black Sea) जा पहुँचा। वहाँ से फारस साम्राज्य में सूसा और बेबीलोन जाकर ठहरा।[24] वह एशिया माइनर के तटों से परिचित था। एजियन सागर के द्वीपों, यूनान, बाइजनटियम और थ्रेस के तटों की भी उसे अच्छी जानकारी थी। उसने टायर की यात्रा की, कोलचियों के देश में घूमा-फिरा और कई बार मिश्र गया। वहाँ वह असवान (Elephantine cataract) तक गया। लीबिया में वह साइरेन (Cyrene)

पहुँचा जहाँ की मूर्ति का उसने आँखों देखा वर्णन प्रस्तुत किया।

पृथ्वी की आकृति के बारे में हिरोडोटस के विचार हिकेटियस से मेल नहीं खाते थे। वह उसे वृत्ताकार महासागर नदी से घिरी नहीं मानता था। उसके विचार होमर से मिलते थे, और वह पृथ्वी को समतल थाली (रकाबी) जैसे मानता जिस पर सूर्य पूर्व से पश्चिम चाप की तरह यात्रा करता। वह दार्शनिक सम्प्रदाय पैथागोरियन का अनुयायी था। उसने भूमि के वितरण तथा ईस्टर (Ister) अर्थात् डेन्यूब और नील नदियों की प्रवाह-दिशा व स्रोत में एक जैसी समता स्थापित की। परन्तु उसका नील नदी के स्रोत और ऊपरी प्रवाह मार्ग के बारे में ज्ञान बहुत अशुद्ध था।[25] उसे यकीन था कि जब उत्तरी हवाओं (Bores) के पृष्ठ भाग पर लोग बसे हैं तो दक्षिणी हवाओं के पृष्ठ भाग में जन-जातियाँ होनी चाहिए। उसके अनुसार भू-भाग दो बराबर भागों में विभक्त है-एक भाग उस रेखा के उत्तर में है जो हेलेसपोण्ट, यूगज़ियन, कॉकेशस पहाड़ों व कैस्पियन होकर गुजरती है। इस प्रकार वह यूरोप को संयुक्त एशिया व लीबिया (अफ्रीका) के बराबर मानता था। उसके मतानुसार, नील नदी का प्रवाह पश्चिम से पूर्व की ओर था जो लीबिया को मध्य से दो भागों में बाँटती थी। उसका स्रोत लीबिया के पश्चिम में था, जैसे ईस्तर की समान दूरी पायरेन (Pyrene) नगर के निकट सेल्स (Cells) में है।[26] उसके अनुसार ईस्तर यूगज़ियन सागर में गिरने से पहले समस्त यूरोप पर प्रवाहित बन आगे नील नदी की भाँति ही उत्तर-दक्षिण मार्ग बनाती थी। मिश्र की स्थिति वह साइनोप प्रायःद्वीप व सिलिसिया (Cilicia) के पहाड़ी भागों के ठीक विपरीत मानता था। सिलिसिया (Turkey) की स्थिति जहाँ काले-सागर में ईस्तर नदी गिरती थी, उसके विपरीत थी। नील के मुहाने से ईस्तर के मुहाने तक मध्याह्न (Meridian) खींचने का यह तरीका अत्यन्त भौंडा था। हिरोडोटस की धारणाएँ आदिकालीन अंतरिक्ष (Primitive Cosmic Beliefs) के बारे में अत्यधिक त्रुटियों से पूर्ण थीं। उसका यह मानना है कि सूर्य अपने नियत मार्ग से शीत ऋतु में हवाओं द्वारा दक्षिण की ओर धकेल दिया जाता है, हास्यापद ही था। उसके अवैज्ञानिक विश्वासों व धारणाओं के उपरान्त भी हिरोडोटस को पहला विद्वान माना जाता है जिसने विश्व मानचित्र पर याम्योत्तर-रेखा (Meridian) खींचने का प्रयास किया था। यह मिश्र से साइनोप प्रायःद्वीप व डेन्यूब (ई-स्तर) के मुहाने तक खींची गई। उसकी राय में ये सभी उत्तर-दक्षिण रेखा पर हैं जिसे याम्योत्तर (Meridian) माना जा सकता है।

महाद्वीपों के विस्तार का हिरोडोटस को स्पष्ट ज्ञान नहीं था, वह यूरोप की उत्तरी सीमा निर्धारित नहीं कर सका। उसे उत्तरी-पूर्वी सागरों का भी कोई ज्ञान नहीं था। दक्षिण की ओर उसकी धारणा थी कि वहाँ महासागर का विस्तार सतत् रूप से भारत तट से लेकर स्पेन के तट तक है। (Fig.1.3) अपनी धारणा के पक्ष में वह दृढ़ता से कहता था कि साइलेक्स (Scylax) ने सिन्धु के मुहाने से लाल सागर तक, और नीको (Necho) ने मिश्र से अफ्रीका-तट तक खोजी यात्राएँ की थीं। नीको दक्षिण की ओर से ही 'हरकूलस के स्तम्भों' (Pillars of Hercules) तक पहुँचा था। हिरोडोटस अरब सागर, हिन्द महासागर (Arythraean) और अटलाण्टिक महासागर से परिचित था। वह केवल दो आंतरिक

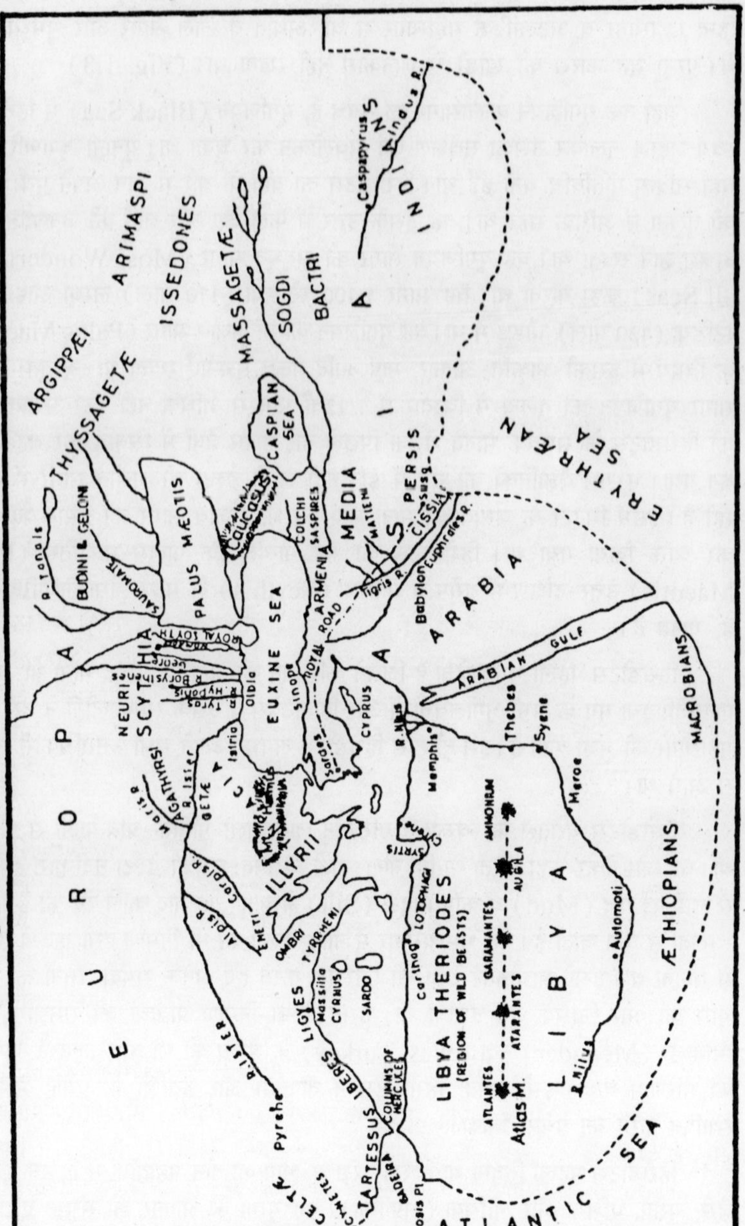

Figure 1.3 हिरोडोटस का विश्व (*World After Herodotus*)

सागरों में विश्वास रखता था-एक का विस्तार उत्तर की ओर, और दूसरा पूर्व की ओर, क्रमशः हिन्द महासागर व अटलांटिक महासागर से था, अर्थात वे लाल सागर और भूमध्य सागर थे। परन्तु वह फारस की खाड़ी से जानकारी नहीं रखता था। (Fig. 1.3)

जहां तक यूगज़ियन कालासागर का संबंध है, यूगज़ियन (Black Sea) में हिरोडोटस स्वयं जहाज चलाकर उसका सर्वेक्षण एवं अवलोकन कर चुका था। यूनानी-व्यापारियों की वहाँ सक्रिय गतिविधि बनी हुई थी। हिरोडोटस का वहाँ के बारे में ज्ञान अपने पूर्व विद्वानों की तुलना में अधिक सही था। वह उसके उत्तर में फैले देश और वहाँ की जनजातियों का अच्छा ज्ञान रखता था। वह यूगज़ियन सागर को अद्‌भुत सागर (Most Wonderful of all Seas) कहा करता था। वह सागर 1,100 स्टेडिया (110 मील) लम्बा और 1,300 स्टेडिया (130 मील) चौड़ाई में था। वह यूगज़ियन की माँ अजोव सागर (Palus Maeotis) के विषय में उसकी आकृति-आकार, माप आदि गलत सूचनाएँ रखता था। वस्तुतः अजोव सागर यूगज़ियन की तुलना में विस्तार में 1/12वाँ भाग से अधिक नहीं था। अजोव सागर को हिरोडोट्स के समर्थक मानते थे कि पिछले ढाई हजार वर्षों में सिकुड़ कर वह उथला बन गया। भू-गर्भ वैज्ञानिकों की राय में डॉन नदी अपने डेल्टा को अजोव सागर में धकेल रही है। इसमें मिट्टी के जमाव को माना जाए तब भी अजोव सागर का प्रसार बढ़ा-चढ़ा कर व्यक्त किया गया था। हिरोडोटस की यह मान्यता कि पालुस-मायोतिस (Palus Maeotis) उत्तर-दक्षिण में यूरोप व सीथिया (Scythia) के मध्य सीमा निर्धारित करता है, गलत है।

हिरोडोटस पहला भूगोलवेत्ता है जिसने कैस्पियन को आंतरिक समुद्र माना था, जबकि एलेक्जेण्ड्रिया युग के सभी भूगोलवेत्ताओं और हिकेटियस व उसके समकालीनों ने उसे उत्तरी महासागर की भुजा कहा है। इस दृष्टि से हिरोडोटस लगभग अपने सभी उत्तराधिकारी विद्वानों से आगे था।[27]

हिरोडोटस धरातल के स्वरूप में परिवर्तन लाने वाली भौतिक-प्रक्रियाओं से परिचित था। वह जोर देकर कहा करता था कि नील-घाटी विशेषतः उसका डेल्टा नदी द्वारा इथोपिया से लाई गई गाद (Mud) व कॉप मिट्टी (Silt) से बना। यह गाद काले रंग की है जिसमें सरलता से घुल जाती है। वह भूमध्यसागर में नील-डेल्टा का भी निर्माण इसी गाद के जमाव से मानता था। उसने प्राचीनतट रेखा की पुनर्रचना करते हुए अनेक समुद्री पत्तनों को पर्याप्त भूमि की ओर खिसके हुए दर्शाया था। उसने डेल्टा-निर्माण प्रक्रिया को समझाया, और मियान्डर (Meander) नदी (West Turkey) के डेल्टा को भी नदी-तलछट-जमाव[28] का परिणाम कहा। इसी भाँति, हिरोडोटस ने तापक्रम और हवाओं के प्रवाह में संबंध स्थापित करने का प्रयास किया।

हिरोडोटस पहला विद्वान था जिसने विश्व भू-भाग को तीन महाद्वीपों में विभक्त किया-जैसे, यूरोप, एशिया और लीबिया (अफ्रीका)। वह यूरोप के आकार को संयुक्त एशिया व लीबिया (अफ्रीका) के बराबर मानता था। यह आश्चर्य ही है कि वह मिश्र की पश्चिमी सीमा को एशिया और लीबिया के बीच स्थित सीमा मानता था। एशिया और यूरोप के बीच

बॉसफोरस जलडमरूमध्य, डॉन (तनाइस) नदी, कैस्पियन सागर व अराक्सेज (अमू-दरिया) विभक्त रेखा थी। यह उचित ही होगा कि इन तीनों महाद्वीपों के बारे में भौतिक आकृतियों व वहाँ बसी जन-जनजातियों का हिरोडोटस का ज्ञान संक्षिप्त रूप में व्यक्त किया जाए।

हिरोडोटस को यूरोप के अधिकांश भागों के बारे में कम ज्ञान था। वह डेन्यूब (ईस्तर) को विश्व की सबसे बड़ी नदी वर्णित करता और कार्पिस (कारपेथियन पर्वत) व आल्पिस (आल्पस पर्वत) उसकी दो बड़ी सहायक नदियाँ।[29] मध्य व पश्चिमी यूरोप का वर्णन संक्षिप्त था। उत्तरी इटली पर वह ओम्बरी (Ombri) और एनेती (Eneti) राष्ट्रों को दर्शाता, परन्तु महान् आल्पस से वह परिचित प्रतीत नहीं होता था जो उसे उत्तर की जन-जातियों से अलग किए थे। सीथिया (Scythia) का उसे अच्छा ज्ञान था। यह देश अजोव सागर के पश्चिम व यूगज़ियन के उत्तर में विस्तृत था। यह यूनानी व्यापारियों द्वारा बसा हुआ था। इसे स्वयं हिरोडोटस घूम-फिरकर देख चुका था तथा ओलबिया व नीस्टर नदियों के बीच फैले प्रदेश में वह कुछ समय रहा था। (Fig. 1.3) तनाइस नदी (डॉन) का हिरोडोटस उल्लेख करता है, और नीस्टर (Dneister) को सीथिया की, डेन्यूब के पश्चात्, सबसे बड़ी नदी मानता था। नदियों के बारे में हिरोडोटस का ज्ञान पर्याप्त अच्छा था। परन्तु जैसे ही वह तट से पीछे हटता, उसके वर्णन अस्पष्ट और अविश्वासी थे। नीस्टर का मैदानी भाग नील नदी के पश्चात् विश्व में सबसे अधिक उपजाऊ माना जाता था।[30]

हिरोडोटस सीथिया में बसी अनेक जन-जातियों के जीवन, आदतों में भिन्नता को उनकी भौगोलिक भिन्न स्थितियों का परिणाम मानता था। नीस्टर (Borysthenes) नदी-घाटी में खेती पर निर्भर जन-जातियाँ बसी थीं, परन्तु पूर्व की ओर बढ़ते ही यायावर (घुमक्कड़) थे। अजोव सागर के तट पर शाही जातियाँ (Royal Tribe) बसी थीं। अन्य जातियों में उल्लेखनीय अगास्थर्सी, न्यूरी, एण्डोफागी, मलेच्छनी, गेलोनी, बुडिनी और साओरोमताए थीं।[31] इनके अलग-अलग शासक थे। ये सीथियनों से भिन्न थीं। इनमें सबसे सभ्य अगास्थर्सी थे। वे स्वर्ण आभूषण पहनते थे। न्यूरियों के ढंग सीथियनों से मिलते-जुलते थे, परन्तु प्रत्येक वर्ष में वे कुछ दिनों के लिए हिंसक बन उठते थे। एण्ड्रोफागी नर भक्षी, क्रूर व जंगली थे। वे सीथियनों की भाषा से भिन्न भाषा-भाषी थे। इनके पूर्व दिशा में मलेच्छनियों के आवास थे जिनके बारे में अधिक सूचनाएँ नहीं हैं। बुडिनियों की नीली आँखें, लाल बाल और हृष्ट-पुष्ट शरीर थे। वे यायावर थे, और घने जंगल उनका प्रमुख क्षेत्र था। गेलोनी एक स्थान पर टिके कृषक थे, और इनका उद्गम सीथिया में आकर बसे यूनानियों से ही था। यूराल के पूर्व में बसे अर्गेप्पेयियन उत्तर की ओर बसे थे। कैस्पियन सागर के पूर्व में इजोदानियों व मसागतेइयों के आवास थे।

एशिया के बारे में हिरोडोटस का ज्ञान पश्चिमी एशिया पर विस्तृत फारस साम्राज्य तक सीमित था। यह इरीथ्रेयन सागर से कैस्पियन की ओर, और भूमध्य सागर से काला सागर तट व सिन्धु तक विस्तृत था। इसके पूर्व के प्रदेशों के बारे में हिरोडोटस का ज्ञान अस्पष्ट था।

प्रशासन व कर-वसूली के उद्देश्य से फारस साम्राज्य बीस प्रांतों (Satrapies) में विभक्त था। वह इन प्रांतों और वहाँ की प्रधान जन-जातियों से अवगत था। अरब सागर (Erytheaean Sea) से कैस्पियन की ओर वह चार प्रमुख जातियों-फारसी, मेडेज, सास-प्रियन व कोलचियों को पहचानता था।[32] हिरोडोटस का ज्ञान अनातोलिया प्रायद्वीप (टर्की) और एशिया माइनर जो यूनानियों की कॉलोनियों से घिरा था, बहुत गलत था। वह एशिया के पहाड़ों की शृंखला-टारस, एलबुर्ज़, जागरोस (Zagros), हिन्दुकुश व हिमालय से परिचित नहीं था। कुछ भी कहें, उसे दजला फरात नदियों के मार्गों और आर्मीनिया पहाड़ों में उनके स्त्रोतों की जानकारी थी।

हिरोडोटस ने राजशाही मार्ग (Royal Road) का अच्छा विवरण दिया। यह मार्ग सार्डिस (Sardis) नगर को सूसा (Susa) से जोड़ता था। (Fig. 1.3) इसमें बीच-बीच में शाही-स्टेशन थे। प्रत्येक स्टेशन पर 'कारवां-सरायें' (Rest-House) थीं। यह मार्ग लगभग 13,500 स्टेडिया (1350 मील) था। यह दूरी सार्डिस व सूसा की वास्तविक दूरी के निकट है।[33]

हिरोडोटस ने हिन्द महासागर में अरब सागर (Erythraean Sea) की स्थिति का संकेत दक्षिणी एशिया की ओर किया था जो अरब की खाड़ी (Red Sea) से सिंधु नदी के मुहाने तक विस्तृत है। भारत व उसके निवासियों का विवरण हिरोडोटस द्वारा रोचक एवं शिक्षाप्रद बना है। गंगा के उपजाऊ मैदान का उसे ज्ञान नहीं था। वह सिन्धु नदी को पश्चिम से पूर्व प्रवाहित मानता था। सिन्धु के पूर्व में कोई जनजाति नहीं थी, और वह वहाँ विशाल रेत का मरुस्थल मानता था। उसे एशिया की पूर्वी सीमा का ज्ञान नहीं था, और वह पूर्व में समुद्र के बारे में भी पूर्णत: विश्वस्त नहीं था। आश्चर्य है कि उसने भारत के हाथियों का कहीं भी जिक्र नहीं किया। उसकी राय में वे नील नदी के अलावा अन्य कही नहीं पाए जाते थे। यद्यपि वह यह जानता था कि भारतीय कपास उत्पन्न करने और प्रयोग में भी लाते थे। वे बांस, सरकण्डे उत्पन्न करते जिनका प्रयोग धनुष बनाने में किया जाता। उसे केवल कस्पातिरस (Caspatyrus) नगर के बारे में ज्ञान था।

अफ्रीका महाद्वीप के बारे में हिरोडोटस को बहुत जानकारी थी। भूमध्यसागर के दक्षिणी तट के बारे में उसकी जानकारी उतनी सही थी जितनी की उत्तरी तट की। उसने स्वयं असवान (Cyrene) तक यात्रा की। असवान उस समय यूनानी जन जीवन व संस्कृति का महत्त्वपूर्ण केन्द्र था।[34] उसका कार्थेज तक का ज्ञान बहुत सही था। महाद्वीप के अंदरूनी भागों में उसका ज्ञान नील नदी के मार्ग तक ही सीमित बना था। वह स्वयं ऐलफेन्टाइन तक जा चढ़ा जो ठीक प्रथम प्रपात (First Cataract) के नीचे है। प्रपात के बारे में उसका मत था कि भूमि के ऊँची उठ जाने से जो आकृति बनती है वह प्रपात कहलाती है। यहाँ यात्रा करना नाव के प्रत्येक ओर पर बिना रस्सी बाँधे (जैसे किसान हल बैल जोतता है) संभव नहीं था। दूसरा अगला महत्त्वपूर्ण स्टेशन नील नदी के सहारे मारोज (Maroes) था। वह इथोपिया (Aethiopians) की राजधानी था, और खारतूम के उत्तर में स्थित था। मारोज के आगे अशमाक प्रजाति के मरुस्थलवासी लोगों की उसे सूचना थी। ये खारतूम

के दक्षिण में नीली नील व सफेद नील शाखाओं के मध्य इलाके को घेरे हुए आवासित थे। इन्होंने मिश्र छोडकर यहाँ शरण ली थी क्योंकि सेमीटिकस (Psammitichus) के शासनकाल की यातनाओं व कठोर सेवा नियमों से ये त्रस्त थे।

अफ्रीका के दक्षिणतम भागों पर बसे माक्रोबियन इथोपियनों (Macrobian Ethiopians) को हिरोडोटस दूरस्थवासी मानता था। वे लम्बे-तगड़े व खूबसूरत थे। वे औसतन 120 वर्षों तक जीवित रहते थे। उनके प्रदेश में इतना स्वर्ण था कि सोना कैदियों की जंजीरों-बेड़ियों के लिए प्रयोग में आता था। वे मृतकों को पारदर्शक स्फटिक स्तम्भों में बंद रखते, उन्हें दफनाते नहीं थे। उनका भोजन माँस व दूध था। यही उनकी दीर्घायु का रहस्य भी था।[35] ये लोग और कोई नहीं बल्कि लाल सागर के विपरीत सोमालिया (Somalia) के निवासी थे।

अफ्रीका के पश्चिमी तट के बारे में हिरोडोटस का ज्ञान कम था। अफ्रीका का उत्तरी तट-पूर्व व पश्चिम, दो भागों में विभक्त था। पूर्वी भाग रेतीला था जहाँ के निवासी यायावर (Nomads) थे। यह बंजर देश था, यहाँ साइरेन (Syrene) नगर स्थित था। पश्चिमी भाग में पहाड़ियाँ, उपजाऊ घाटियाँ और घने जंगल थे। पश्चिमी तट पर आदिकालीन जन-जातियाँ बसी हुई थीं जिनसे कार्थेज वारियों का 'गूंगा व्यापार' (Dumb-Commerce) घटित होता था। उष्ण जगत् की कुछ आदिकालीन जनजातियाँ आज तक भी इस प्रकार के गूंगे लेन-देन की अभ्यस्त हैं। हिरोडोटस ने गूंगे व्यापार को अधोवर्णित इस प्रकार व्यक्त किया-

''लीबिया में एक देश 'हरकूलस के स्तम्भों' (Pillars of Hercules) के आगे हैं जहाँ कार्थेज वासी आने-जाने के आदी बने हैं। वहाँ पहुँचते ही वे जहाजों पर लदे अपने माल बर्तनों आदि को उतारते, उसे तरतीब से तटीय भूमि पर जमाते तथा वहाँ छोड़कर पुनः अपने जहाजों में आ बैठते थे। अब वे वहाँ धुँआ (Smoke) उत्पन्न करते। वहाँ बसे आदिवासी धुएं को देखकर तट पर आ पहुँचते, वहाँ उस जमा माल को देखते तथा माल के उपयुक्त मूल्य का स्वर्ण वहाँ छोड़कर थोड़ी दूरी पर जा खड़े होते थे। इस पर कार्थेज के व्यापारी अपने जहाजों से उतर पुनः तटीय भूमि पर छोड़े गए स्वर्ण का अपने माल की एवज में उसे आँकते। यदि वे स्वर्ण को माल के उपयुक्त समझते तो उसे लेकर जहाजों में लौट जाते थे। परन्तु यदि वे स्वर्ण को उपयुक्त नहीं आँकते, तो उसे बिना छूए ही अपने जहाजों पर जा बैठ धैर्यपूर्वक बाट जोहते।[36] इस पर आदिवासी पुनः स्वर्ण की दूसरी खेप लाते। यह क्रम जब तक चलता रहता जब तक कि कार्थेज के व्यापारी संतुष्ट न हो जाते। दोनों दलों में से कोई भी एक-दूसरे के प्रति बेईमानी नहीं करता था, और न ही कार्थेजियन स्वर्ण को उस समय तक स्पर्श नहीं करते थे जब तक कि वह माल की तुलना में पर्याप्त नहीं बनता। इसी प्रकार आदिवासी भी उस समय तक माल नहीं ले जाते थे जब तक स्वर्ण को कार्थेजियन ग्रहण न कर लेते थे।''

हिरोडोटस उस बस्ती के बारे में कोई संकेत व जानकारी नहीं देता है जहाँ 'मूक-व्यापार' (Dumb-Commerce) संचालित होता था। परन्तु 'स्वर्ण' से यह निष्कर्ष

निकाला जाता है कि वह स्थान पर्याप्त दक्षिण की ओर होगा जहाँ सोने की खानें हैं। सहारा मरुस्थल के उत्तरी भाग में सोने की खानें लगभग नहीं हैं।

अफ्रीका के अंदरूनी भागों को हिरोडोटस तीन अक्षांशीय-कटिबंधों में विभक्त करता था। पहला कटिबंध भूमध्य सागर तट है जो एटलस पर्वतों से नील डेल्टा तक है। यह कुछ तो यायावरों (Nomads) और कुछ भाग कृषकों द्वारा बसा है। दूसरा कटिबंध इसके दक्षिण में जंगली जीव जन्तुओं का क्षेत्र है। अरब इसे खजूरों का मुल्क कहते थे। तीसरा कटिबंध इसके भी दक्षिण में स्थित वस्तुत: सहारा का मरुस्थल है। हिरोडोटस यहाँ के पाँच मरुधानों (Oases) का उल्लेख कर इनके नाम व्यक्त कर सका-अमोनियम (सिवाह), ओगिला, गारामन्ट्स, अताइन्तिस और अटलांटिस थे। (Fig. 1.3) उनके अनुसार ये मरुधान एक-दूसरे से दस-दिवसीय यात्रा की दूरी पर स्थित हैं।

एलेक्जेण्डर महान 'सिकन्दर' (Alexander the Great)

महान् दार्शनिक अरस्तु (Aristotle) के अनेक कार्यों से प्रेरित बन उसके शिष्यों में एक प्रबल इच्छा जाग्रत हुई-'सिद्धांतों को प्रत्यक्ष अवलोकनों द्वारा परखना'। अरस्तु ने अपने शिष्यों को यही सिखाया-'जाओ और देखो' और स्वत: निर्णय करो कि क्या कोई सिद्धांत स्वीकार योग्य है अथवा अस्वीकार योग्य।[37] उसका शिष्य एलेक्जेण्डर अति उत्साही व सर्वश्रेष्ठ था। वह प्रशिक्षित व अनुशासित सेना सहित पूर्व की ओर बढ़ चला। वह जानना चाहता था कि फारस साम्राज्य के उस पार दूर के क्षेत्रों में वस्तुत: क्या है जहाँ के विषय में अनेक कहानियाँ और किंवदंतियाँ प्रचलित थीं। एलेक्ज़ेण्डर (सिकन्दर) का जन्म 356 ई.पू. में हुआ। वह तीन सालों (343-340 ई.पू.) तक अरस्तु के साथ पढ़ता रहा। उसकी आयु उस समय सोलह की पूरी हुई। अपने पिता के देहान्त के बाद, बीस वर्ष की आयु में वह मकदूनिया (Mecadonia) का शासक बना। वह एक निपुण सैनिक कमाण्डर था। अपने ओजस्वी नायकीय कार्यों द्वारा वह अपने सैनिकों का उत्साह बढ़ाता रहता था। उसका मुख्य उद्देश्य यूनानी शासन को विश्व भर में स्थापित करना था। वह विश्व की प्रशासन व्यवस्था का पुनर्गठन करना चाहता था। उसका बर्ताव उसके द्वारा विजित लोगों के साथ अनुकरणीय बन उठा था। वह चौथी सदी ई.पू. में यह कहता सुना गया कि सभी लोग भाई हैं, उनके साथ भाई-समान बर्ताव होना चाहिए। उसका दूसरा उद्देश्य विश्व की बाह्य सीमा (Outer-Limits) निर्धारित करना था और इसीलिए उसके अभियान सशस्त्र खोजी अभियान कहे जा सकते हैं।

यूनानियों का एशिया के बारे में, विशेषतः मध्य-एशिया और भारत के बारे में ज्ञान (सिकन्दर के पूर्व की ओर अभियान से पहले) अपूर्ण और अस्पष्ट था। उसने 334 ई.पू. में एशिया में प्रवेश से पहले हेलेसपोण्ट (Hellespont) पर ईस्तर (डेन्यूब) की बर्बर जन-जातियों पर विजय हासिल की।[38] तब उसने मध्य टर्की, अनातोलिया का पठार और फारस साम्राज्य के भागों पर आक्रमण किया। तदुपरान्त वहाँ से वह दक्षिण की ओर भूमध्य सागर के पूर्वी भाग के सहारे बढ़ा और मिश्र जा पहुँचा। (Fig. 1.4) ई.पू. 332 में उसने एलेक्जेण्डर नगर की स्थापना की। कुछ वर्षों बाद वह नगर चिर प्रतिष्ठिति काल (Classical Period) का महान् व्यापारिक एवं बौद्धिक केन्द्र बना। मिश्र की राजधानी में वह नौ मास तक ठहर कर नील नदी के ऊपरी ओर स्थित मारकोटिस व फराहों के द्वीप तक जा पहुँचा।[39] आशीर्वाद प्राप्त करने वह लीबिया की मरुभूमि में स्थित ज़िअस अमोन (Zeus Ammon) देवालय गया। अपने पूर्व की ओर अभियान के लिए 331 ई.पू. में उसने मिश्र छोड़ा। फारस के सम्राट डेरियस (Darius) को एलेक्जेण्डर ने 'अरबेला' के संग्राम में (मैसोपोटामिया) परास्त किया। डेरियस का पीछा करते-करते सिकन्दर एलबुर्ज़ जा पहुँचा। कैस्पियन सागर तट को यूनानियों ने पहली बार देखकर हर्ष व्यक्त किया। वह अपने अभियान से वापस लौटा, और पूर्व की ओर पार्थना के उत्तर दिशा से गुजरता हुआ बढ़ता गया। (Fig. 1.4) वह हेरात में आर्टाकोना (Artacoana) आ पहुँचा। यहाँ से सिकन्दर सीस्तान (Seistan) के धरातल गियाना से गुजरता हुआ आरकोसिया (कंधार) की ओर बढ़ा। यहाँ से उत्तर दिशा में बढ़ते हुए सिकन्दर एलेक्जेण्ड्रिया व हिन्दुकुश से गुजरा, और अन्त में एलेक्जेण्ड्रिया उलतिमा (Alexandria-Ultima) आ पहुँचा। (Fig. 1.4) ई.पू. 327 के बसंतकाल में उसने हिन्दुकुश को पार किया और खैबर दर्रे से गुजरा। उसने सिंधु नदी पार की और पाँच नदियों की धरती पंजाब पर पैर रखा। यहाँ सिन्धु की पाँच सहायक नदियों का प्रवाह- हाइडसपेंस (झेलम), अकिसीपेस (चिनाब), हाइड्रोतिस (रावी), हाइफासिस (ब्यास) और ज़राद्रुस (सतलुज) है।[40] उसे विश्वास था कि अब वह आवासित जगत् की पूर्वी सीमा से कुछ ही दूरी पर है। वह आगे बढ़ना चाहता था कि उसके सैनिकों ने विद्रोह कर दिया। सैनिक आगे नहीं बढ़ना चाहते थे, और अपने देश यूनान वापस जाने पर अड़ गए।[41]

वापसी के लिए सिकन्दर ने थल व समुद्री, दोनों राह पकड़ीं। सेना की एक टुकड़ी नियरकस (Nearchus) की कमान के अधीन अरब सागर को खेते हुए सिन्धु मुहाने से फारस खाड़ी के शीर्ष पर आ उतरी। दूसरी टुकड़ी सिकन्दर के साथ थल मार्ग से पताला (सिंध-हैदराबाद) से गुजर पश्चिम में मकरान, ब्लूचिस्तान व ईरान के दक्षिणी भाग से गुजरती मैसोपोटामिया जाने को आगे बढ़ी। परन्तु यहीं बेबीलोन पर 323 ई.पू. में सिकन्दर का देहांत हो गया। उसकी योजना व इच्छा अरब व लीबिया प्रायःद्वीपों का चक्कर काट कर पहुँचने की अधूरी रह गई।

यात्रा के आलेखों (Records) से प्रकट है कि एलेक्जेण्डर ने ऐतिहासिक एवं प्रादेशिक भूगोल में सारगर्भित योगदान दिया। यूनानियों को फारस, मध्य-एशिया, अफगानिस्तान, भारत और ईरान तटीय क्षेत्रों की भौतिक दशाओं का ज्ञान प्राप्त हुआ। यूनानी सेना ने मरुस्थल, मैदान, स्टेपी (घास) के प्रदेश, उपजाऊ घाटियों, हिम मण्डित पहाड़ियों को पार

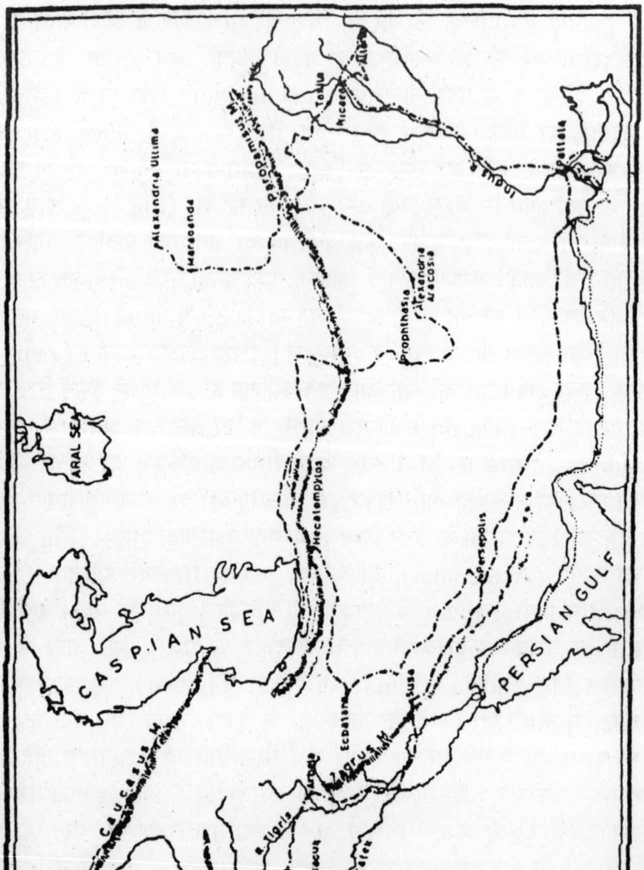

Figure 1.4 सिकन्दर का पूर्व दिशा की ओर अभियान

कर प्रथम कोटि के अनुभव प्राप्त किए। इस प्रकार सिकन्दर ने यूनानियों को उस प्रदेश का ज्ञान कराया जो पहले उनकी ज्ञान सीमाओं के बाहर था। वहाँ की जन-जातियों उनकी क्रियाओं, पेड़-पौधों, पशुओं व धरातल के बारे में उन्हें नवीन ज्ञान व अनुभव मिले।

इरेटॉस्थनीज (Eratosthenes 276-196 ई.पू.)

इरेटॉस्थनीज पहला वैज्ञानिक भूगोलवेत्ता माना जाता है जिसने विषुवत् रेखा की लम्बाई अत्यन्त शुद्ध व सही ढंग से निर्धारित की। उसने ही विश्व हेतु निर्देशांकों की व्यवस्था को विकसित किया, अर्थात् अक्षांशों व देशांशों को मानचित्र में उसने पहली बार खींचकर निश्चित दिशा प्रदान की। वह अपने काल के खगोल विज्ञानीय ज्ञान से भली-भाँति अवगत था।

इरेटॉस्थनीज का जन्म यूनानी-बस्ती साइरेन (लीबिया) में ई.पू. 276 में हुआ। उसने साइरेन व एथेंस में शिक्षा प्राप्त की। एथेंस से उसे मिश्र के शासक टॉलेमी यूगेट्स (Ptolemy Euegetes) ने आमंत्रित कर एलेक्जेण्ड्रिया की पुस्तकालय का प्रधान नियुक्त किया। उस समय में पुस्तकालय प्रधान का पद विलक्षण विद्वतापूर्ण सम्मान का समझा जाता था।[42] इस पद पर उसने अपनी मृत्यु तक लगभग 40 वर्षों तक कार्य किया। वह ई.पू. 196 में 80 वर्ष की आयु में परलोक सिधारा। उसने अपने सेवा काल में अनेक वैज्ञानिक एवं साहित्यिक पुस्तकें लिखीं। परन्तु दुर्भाग्य से उसकी सभी कृतियाँ नष्ट हो चुकी हैं। यह फिर भी ज्ञातव्य है कि इरेटॉस्थनीज ने भूगोल विषय को व्यवस्थित आकार प्रदान किया और विश्व मानचित्र का निर्माण वैज्ञानिक सिद्धांतों पर पूर्ण किया। परन्तु उसे उस काल में अपूर्ण सामग्री उपलब्ध थी और खगोलीय पिण्डों के अवलोकन उस समय में उपलब्ध यंत्र नोमोन (Gnomon) द्वारा किए गए थे। वे अशुद्ध थे। पृथ्वी के गोलाभ आकार, विस्तार स्थिति विषयक समस्याओं के बारे में इरेटॉस्थनीज ने अरस्तु व यूक्लिड की धारणाओं को अपनाया। ब्रह्माण्ड के मध्य में स्थित पृथ्वी को वह गोलाभ मानता था जिसके चहुँओर खगोलीय पिण्ड प्रत्येक चौबीस घण्टे चक्कर काटते थे। सूर्य व चन्द्रमा अपनी निजी स्वतंत्र गति धारण किए हुए थे।[43] अतः पृथ्वी की आकृति के बारे में उसके विचार आधुनिक भूगोलवेत्ताओं से मेल खाते हैं।

इरेटॉस्थनीज ने पृथ्वी की परिधि के मापन का प्रयास किया। खगोल विज्ञान और भूगोल में अपने योगदानों के अतिरिक्त इरेटॉस्थनीज की प्रसिद्धि उसके द्वारा विषुवत रेखा को नोमोन पारम्परिक यंत्र से मापने के कारण हैं। उसने सूर्य की स्थिति का अवलोकन दो अलग-अलग स्थितियों से किया है।[44] एक अवलोकन साइएन (Syene) असवान पर किया। इस स्थान पर एक गहरा कुआं था जिसके तल में ग्रीष्म की कर्क संक्रांति को जल में सूर्य परावर्तित होता था। सूर्य की इस स्थिति को कुएं में देखने हेतु बहुत से लोग व पर्यटक आते-जाते रहते थे। इसका तात्पर्य था कि ग्रीष्म की कर्क संक्रांति को सूर्य ठीक सिर के ऊपर रहता है। एक दूसरा अवलोकन एलेक्जेण्ड्रिया में म्यूजियम के बाहर किया जहाँ एक लम्बा स्तम्भ था। स्तम्भ को 'नोमोन' की भाँति प्रयोग कर अयतांत (Solstice) पर उसकी लम्बाई की माप ली। इस भाँति वह सूर्य की किरणों व सीधे खड़े स्तम्भ के बीच बने कोण को माप सका। इन गणनाओं को मस्तिष्क में धारण कर इरेस्टॉस्थनीज ने थेलस के प्रसिद्ध

प्रमेय का प्रयोग किया। इस प्रमेय के अनुसार दो समानान्तर रेखाओं को एक विकर्ण रेखा के काटने से बनीं (Fig. 1.5) साइएन पर सूर्य किरणें सीधी पड़ रही थीं जिसे पृथ्वी के केन्द्र (SC) तक बढ़ाया जा सका तथा स्तम्भ जो एलेक्जेण्ड्रिया पर सीधा था, उसकी छाया रेखा (OC) को भी केन्द्र से जोड़ा जा सका। इस प्रकार बने दो कोण-एक एलेक्जेण्ड्रिया पर BOC और दूसरा विरुद्ध कोण पृथ्वी के केन्द्र पर (OCS) बराबर माप के थे। वृत्त की पूर्ण परिधि में से कितना बना OCS कोण अंतरित किया जाए, यह इरेटॉस्थनीज ने पूर्ण परिधि का 1/50 मापा और शेष वह दूरी रही (OW) जो साइरेन व एलेक्जेण्ड्रिया के मध्य की है, अर्थात् लगभग 500 मील। अत: समस्त परिधि 500×50 आयी जो लगभग 25,000 मील है। वस्तुत: ध्रुवों से मापी पृथ्वी की परिधि 24,860 मील है।[45] यह इरेटॉस्थनीज की गणना से पर्याप्त मेल खाती है।

इरेटॉस्थनीज द्वारा पृथ्वी की परिधि के मापन में सैद्धांतिक त्रुटि केवल यह थी कि उसने पृथ्वी को गोलाई में माना, जबकि वह ध्रुवों पर चपटी और आकृति में गोलाभ है। इसीलिए विषुवत रेखा का दीर्घवृत्त (Great Circle) लम्बाई में 25,000 मील नहीं, वास्तविकता में वह 24,860 मील ही है। इस प्रकार की त्रुटि को इसलिए भी नजरअंदाज किया जा सकता है कि माप नोमोन द्वारा ली गई। यह अधिक शुद्ध यंत्र नहीं था। सड़क के सहारे सीधी रेखा में लिए गए माप भी परिशुद्ध नहीं कहे जा सकते क्योंकि साइएन व एलेक्जेण्ड्रिया जो 500 मील दूरी के थे, वस्तुत: 24°5' उत्तर अक्षांश पर 453 मील ही हैं। अतएव प्राप्त अशुद्धियों

Figure 1.5 *इरेटॉस्थनीज द्वारा पृथ्वी की परिधि के मापन की क्रिया इरेटॉस्थनीज के अनुसार चित्र में OW पूर्ण परिधि के 1/50 के बराबर, अर्थात 500 मील थी*

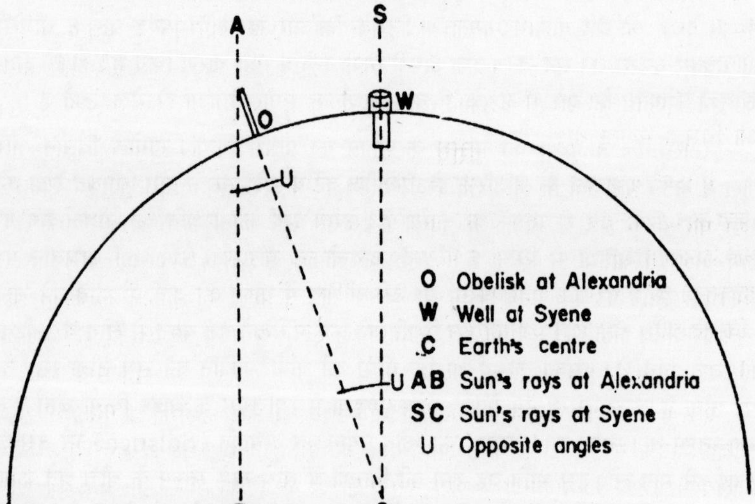

को निरस्त किया जा सकता है। इरेटॉस्थनीज की गणना आश्चर्यजनक रूप से शुद्ध मानी जानी चाहिए।

इरेटॉस्थनीज ने पृथ्वी से सूर्य व चन्द्रमा की दूरी भी निर्धारित करने का प्रयास किया। उसने चन्द्रमा का 7,80,000 स्टेडिया और सूर्य को 4,000,000 स्टेडिया दूरी पर परिकलन किया था। इस बारे में कोई प्रमाण उपलब्ध नहीं है कि इस नतीजे पर किस प्रक्रिया द्वारा वह पहुँचा। परन्तु ये परिणाम सत्यता से बहुत दूर हैं।[46]

इरेटॉस्थनीज की कोशिश विभिन्न अक्षांश-देशांशों के निर्धारण की भी रही। उसने 'नोमोन' की सहायता से रोडे द्वीप (Rhode Island) की अक्षांश निर्धारित की जिसे वह पश्चिम में जिब्राल्टर जल-संयोजी (Strait) व फरात नदी पर स्थित थापसाकस से गुजारता हुआ पूर्वी महासागर व हिमालय तक ले जा सका। आकर्टिक वृत्त को उसने थूले (Thule) पर माना।

देशांतर रेखाओं का निर्धारण अधिक कठिन कार्य था क्योंकि मापन यंत्र परिष्कृत उपलब्ध नहीं थे। अतएव यह कार्य अवैज्ञानिक यंत्रों द्वारा किया। उसने दक्षिण की ओर देशान्तर रेखा एलेक्जेण्ड्रिया, साइएन, मेरोइ व रोडे से गुजारते हुए ट्राओस व बाइजन्टियम और बोरेस्थनीज (नीस्टर) के मुहाने काले सागर तटीय भाग तक खींची।[47] यह याम्योत्तर (Meridian) Fig. 1.6 में दर्शायी गई है। दूसरी अन्य याम्योत्तर उसने कार्थेज व रोम और मेसीनिया (Messinia) के जल संयोजकों से गुजारते हुए खींची। परन्तु यह क्रियाएँ अशुद्ध थीं। इन कमियों के भी होते हुए इरेटॉस्थनीज को भू-गणित (Geodesy) का संस्थापक कहा जाता है।

इरेटॉस्थनीज इस मत का था कि विश्व का विस्तार उत्तर से दक्षिण की तुलना में पश्चिम से पूर्व को अधिक है। उसकी गणना के अनुसार ज्ञात विश्व अटलांटिक से पूर्वी महासागर तक 78,000 स्टेडिया (7,800 मील) था, जबकि चौड़ाई में सिनामन भूभाग से थूल समानान्तर पर 38,000 स्टेडिया (3,800 मील) से अधिक नहीं था।[48] अधिवासित विश्व को वह थूल से तापराबोन (श्रीलंका) और अटलांटिक महासागर से बंगाल की खाड़ी तक बढ़ा हुआ विस्तृत मानता था।

भूमध्य सागर को घेरे हुए स्पेन व गॉल के तटीय प्रदेश का इरेटॉस्थनीज को अच्छा व शुद्ध ज्ञान था। परन्तु वह शेष उत्तरी-पश्चिमी यूरोपीय देशों के बारे में बहुत अधूरी व सुनी-सुनाई जानकारी रखता था। यूरोप के पश्चिमी प्रदेश के बारे में उसका ज्ञान पाइथियस (प्रसिद्ध जहाजरान) के विवरणों पर आधारित था। उसे सीथिया के बारे में जो काले सागर के उत्तर में विस्तृत प्रदेश था, सही जानकारी नहीं थी। वह जर्मनी के उत्तरी तट से भी अवगत नहीं था।

एशिया के विषय में वह सिकन्दर के मार्ग-विवरणों और आलेखों पर विश्वास करता था। वह जानता था कि टॉरस पर्वत आर्मीनिया, कुर्दिस्तान से संबंधित है और एलबुर्ज़ का हिमालय से जुड़ाव है। गंगा नदी के प्रवाह जो पश्चिम से पूर्व दिशा को है, और पूर्वी महासागर में वह जा मिलती है, इसका उसे विश्वास था। परन्तु भारत की भौगोलिक दशाओं-स्थिति,

Figure 1.6 *इरेटॉस्थनीज द्वारा रचित याम्योत्तर (Meridian)*
(पेश्चेल के जेस्किश्चल डेर एर्डकुण्डे से)

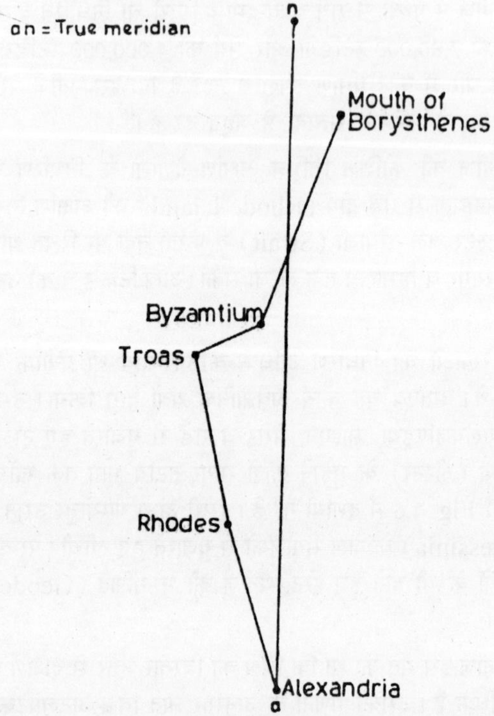

समाकृति आदि की उसकी जानकारी बहुत भ्रांतिमूलक थी। वह भारतीय उपमहाद्वीप को समचतुर्भुजी आकृति का मानता था। जिसके उत्तर में पश्चिम से पूर्व को हिमालय (Imous) श्रेणी सीमा बनाती। सिन्धु उत्तर से दक्षिण की ओर प्रवाहित थी। वह प्राय:द्वीप को दक्षिण की बजाय दक्षिण-पूर्व की ओर प्रक्षेपित समझता था।

इरेटॉस्थनीज तापराबोन (Ceylon) के नाम की जानकारी रखता जिसका सिकन्दर के समय से ही यूनानियों को ज्ञान था। वह तापराबोन को कुमारी अंतरीप (Coniaci) के दक्षिण में भारत की भूमि से सात दिवसीय यात्रा की दूरी पर स्थित समझता था।[49]

इरेटॉस्थनीज को लाल सागर के विस्तार और लम्बाई-चौड़ाई का अच्छा ज्ञान था। उसने उसका विस्तार खाड़ी स्वेज खाड़ी के सिरे से टोलेमाइ इपीथेरा स्टेशन तक 9,000 स्टेडिया (900 मील) बताया जो पर्याप्त सही अनुमान है। अपने पूर्ववर्ती विद्वानों की तुलना में नील नदी का उसका ज्ञान अधिक स्पष्ट एवं अच्छा था।[50] निचली नील के विषय में उसे पूर्ण ज्ञान था, और वह नूबियनों का उल्लेख करने वाला पहला व्यक्ति था। नूबियन, उसके

अनुसार नील नदी के पश्चिमी प्रदेश पर बसे हुए थे। इरेटॉस्थनीज को शेष अफ्रीका की जानकारी कम ही थी। वह उसे चारों ओर से महासागर द्वारा घिरा हुआ मानता था। इरेटॉस्थनीज कैस्पियन सागर को उत्तरी महासागर की एक भुजा मानता था।

अपनी रचित पुस्तक में इरेटॉस्थनीज ने अधिवासित पृथ्वी (Ekumene) का वर्णन किया जिसमें उसमें दोनों विचारों-प्रधान विभाजन और जलवायु कटिबंधों-को स्वीकारते हुए बताया कि विश्व के तीन प्रधान भाग यूरोप, एशिया और लीबिया (अफ्रीका) हैं। जलवायु के पाँच कटिबंध-एक उष्ण, दो शीतोष्ण और दो शीत कटिबंध हैं। उष्ण कटिबंध समस्त पृथ्वी की परिधि पर 48 अंशों में (24 अंश प्रत्येक उत्तरी व दक्षिणी) में विस्तृत हैं, और वह ध्रुवों से 24 अंशों पर शीत कटिबंधों को मानता था।[51] समशीतोष्ण कटिबंध उष्ण कटिबंधों व ध्रुवीय वृत्त के मध्य स्थित थे।

हिपार्कस (Hipparchus)

यूनानी खगोलज्ञ और गणित के विद्वान हिपार्कस ने सायनों (Equinoxes) का शुद्ध निर्धारण साढ़े-छह अंशों के मध्य निर्धारित किया। वह तारागणों की प्रथम ज्ञात-सूची (Catalogue of Stars) का संग्रहकर्त्ता था, और उसने आरम्भिक त्रिकोणमिति के स्वरूप का निर्धारण किया। इरेटॉस्थनीज की मृत्योपरान्त वह एलेक्जेण्ड्रिया पुस्तकालय का अध्यक्ष नियुक्त हुआ। यद्यपि उसके जन्म-मरण की तिथियों का सही ज्ञान नहीं है, परन्तु यह निश्चित है कि वह ई.पू. 140 में पुस्तकालय में कार्य करता था। वह अक्षांश-देशांतर रेखाओं पर पर्याप्त बल देता और उसने मानचित्र रचना की कला के वैज्ञानिक विकास कर ख्याति प्राप्त की। उसने 850 तारागणों की सूची ई.पू. 129 में तैयार कर ली थी जिसे वर्तमानकालीन छ. कांतिमान की व्यवस्था द्वारा व्यक्त किया है। सूची की महत्ता समय की दृष्टि से चिरस्थायी उपलब्धि है। पृथ्वी के धरातल पर स्थानों की स्थिति निर्धारण हेतु उसने गणित के परिशुद्ध सिद्धांतों का प्रयोग किया और उनके अक्षांश व देशांशों के निर्धारण की दृष्टि से वह पहला व्यक्ति था। उसकी विधि ही आज प्रयोग में आती है। इनके आधार पर ही उसने विश्व को अक्षांशों की पेटियों में विभक्त किया।

असीरियायी गणित के आधार पर हिपार्कस ने वृत्त को सर्वप्रथम अगुआ बन उसे 360 अंशों में विभक्त किया। विषुवत् रेखा को उसने दीर्घवृत्त कहा (जो पृथ्वी को दो बराबर भागों में विभक्त करती है) और जो याम्योत्तर वृत्त ध्रुवों पर आ मिले हैं, वे भी दीर्घवृत्त थे। समानान्तर वृत्त, इसके विपरीत, ध्रुवों की ओर बढ़ते हुए छोटे होते जाते हैं। पृथ्वी चूँकि 24 घण्टों में पूर्ण परिभ्रमण करती है, उस पर विषुवत वृत्त तक ध्रुवों से 360 याम्योत्तर वृत्त आकर मिलते हैं। पृथ्वी प्रत्येक घण्टे में 15 अंश याम्योत्तर घूम लेती है।[52]

हिपार्कस ने एस्ट्रोलाब (Astrolabe) नामक यंत्र का आविष्कार किया। इसकी सहायता उसने अक्षांश-देशांश वृत्तों के निर्धारण में ली। यह उपकरण नोमोन की तुलना में सरलता से प्रयोग किया जा सकता था। खुले समुद्रों पर इसका उपयोग महत्त्वपूर्ण था, जहाँ इसे जहाज के मस्तूल (पाल) पर लटका देते थे। इसके द्वारा ध्रुव तारे के कोण से समुद्र

पर अक्षांश की माप का अनुमान होता था।

तीन विमीय गोलाभ पृथ्वी को दो विमीय तल पर बदलने का श्रेय भी हिपार्कस को जाता है। उसने दो प्रकार के प्रक्षेपों की रचना की जो पृथ्वी की गोलाभ आकृति को समतल धरातल में बदल सके। उसकी यह क्रिया विश्वसनीय गणितीय सिद्धांतों पर आधारित थी।[53] उसने स्टीरियोग्राफिक (त्रिविमीय) प्रक्षेप रचना विधि स्पष्ट करते हुए कहा कि पृथ्वी तक समतल तिर्यक रेखा डालकर तथा अक्षांश व देशांशों को तिर्यक बिन्दु के विपरीत विस्तारित कर यह क्रिया पूर्ण की जाती है। ऑर्थोग्राफिक प्रक्षेप को भी इसी भाँति वृद्धि प्रदान करते हैं, परन्तु रेखाओं को अनन्त बिन्दु से प्रक्षेपित करते हैं। ये दोनों प्रक्षेप हिपार्कस के मस्तिष्क की उपज हैं। परन्तु इन प्रक्षेपों पर केवल एक गोलार्द्ध ही दर्शाया जा सकता है, समस्त पृथ्वी नहीं।

पोसीडोनियस (Posidonius)

पोसीडोनियस एक महत्त्वपूर्ण यूनानी इतिहासकार और भूगोलवेत्ता था। ईसा से कुछ ही समय पूर्व तक वह जीवित रहा। भूगोल में उसके दो महत्त्वपूर्ण योगदान थे। इनमें से एक विचार जो त्रुटिजन्य था, बहुत समय तक प्रचलित बना रहा। परन्तु उसका सही दृष्टिकोण दुर्भाग्यवश अनदेखा किया गया।

उसने पृथ्वी की परिधि की गणना की और इरेटॉस्थनीज की तुलना में उसकी गणना के अंक काफी कम थे। उसने रोड व सिकन्द्रिया से कोनोपस (Conopus) (प्रथम कांतिमान तारा) के क्षितिज के ऊपर ऊँचाई मापी और कोणीय प्रेक्षण लिए। वह इन्हें एक ही याम्योत्तर पर मानता था। उसने इनके मध्य की दूरी का प्रेक्षण के आधार पर अनुमान लगाया। वह पृथ्वी के परिधि की गणना 18,000 मील मानता था। उसने पृथ्वी की पश्चिम से पूर्व की दूरी का अतिरेक अनुमान लगाया। यूरोप के पश्चिमतम भाग से पूर्व में अधिवासित जगत् के पूर्वी छोर भारत तक जहाजी यात्रा अटलांटिक महासागर के पार पश्चिमी यूरोप से केवल 7,000 मील भारत के पूर्वी तट की है। इसी अनुमान के आधार पर कोलम्बस ने स्पेनी अदालत में दलील प्रस्तुत की वह पश्चिम की ओर से भारत पहुँचा।

पोसीडोनियस ने अरस्तु के इस विचार को नकार दिया कि उष्णकटिबंधीय विषुवतीय भाग उष्णता के कारण मानव बसाव के लिए अनुपयुक्त है। उसने दृढ़तापूर्वक कहा कि अधिकतम तापक्रम व शुष्क मरुस्थल शीतोष्ण कटिबंध में अयनों (Tropics) के समीप हैं। वह इस धारणा का समर्थक था कि विषुवत रेखा के समीप तापक्रम पर्याप्त कम उग्र थे। उसका निष्कर्ष प्रथम ई.पू. सदी में आश्चर्य मिश्रित कहा जायेगा, क्योंकि उस समय कोई भी विश्वासजनक आलेख उन व्यक्तियों के उपलब्ध नहीं थे जिन्होंने सहारा मरुस्थल पार किया था। अफ्रीका के पश्चिमी तट की हन्नों की यात्रा (Hanno's Voyage) का भी कोई उल्लेख प्राप्त नहीं था। सूर्य भी अयनों के समीप सिर के ऊपर अधिक समय तक ठहरता है और विषुवत रेखा पर अपेक्षाकृत पर्याप्त कम। रोचक बात तो यह है कि पोसीडोनियस के पृथ्वी की परिधि के अशुद्ध अनुमानों को तो उसके उत्तराधिकारियों ने विस्तृत रूप से स्वीकार

किया, जबकि उसकी पर्याप्त सत्य धारणा भूमध्य रेखीय प्रदेश में बसने-बसाने संबंधी को नज़रअंदाज कर दिया गया।

यूनानियों का गणितीय और भौतिक भूगोल संबंधी योगदान (Greeks Contribution in Mathematical and Physical Geography)

यूनानियों ने भूगोल के क्षितिज का न केवल विस्तार-एजियन सागर (Aegean sea) से स्पेन व गॉल (फ्रांस), और रूसी स्टेपी मध्य एशिया में, पूर्व में सिन्धु नदी व दक्षिण में इथोपिया तक किया-बल्कि उन्होंने अपने गणितीय, भौतिक, ऐतिहासिक व प्रादेशिक भूगोल के योगदान से विषय को दृढ़ता प्रदान की। थेल्स (580 ई.पू.,) एनाक्जीमेण्डर (611 ई.पू.) व अरस्तु (384-322 ई.पू.) द्वारा विकसित गणितीय भूगोल के ज्ञान को इरेटॉस्थनीज (276-194 ई.पू.) ने शीर्ष पर पहुँचा दिया। पृथ्वी की गोलाभीय आकृति को सिद्ध कर दिखाया और उसके आकार की सही माप की गणना की। यूनानियों ने विश्व मानचित्र की रचना अक्षांश-देशांतरों के जाल पर करने की पहल की, और अनेक स्थानों के अक्षांशों व देशांशों की परिगणना निर्धारित की। भौतिक भूगोल का विकास कुछ धीमी गति से हुआ। अनेक विद्वानों ने मौसम घटनाओं, ज्वालामुखी-उद्‌गार और समुद्री ज्वार के बारे में अनुमान व्यक्त किए। नील नदी की बाढ़ों के कारण व डेल्टा निर्माण पर अध्ययन किए और जल-धाराएँ शनैः-शनैः अपनी घाटियों का कैसे निर्माण करती हैं, इसका परीक्षण कर इसको स्पष्ट किया। पोसीडोनियस (135-150 ई.पू.) ने गेडीज़ (Gades) पर समुद्री ज्वार पर शोध कर सार्डीनिया पर समुद्री गहराई को मापा। यूनानियों ने ऐतिहासिक एवं ज्ञात विश्व के जीवन वृत्त के लेखन का प्रयास भी किया। आगे नीचे दिए अनुच्छेदों में यूनानियों के भूगोल की विभिन्न शाखाओं में योगदान का संक्षिप्त वर्णन दिया गया है।

गणितीय भूगोल (Mathematical Geography)

यूनान के स्वर्ण युग (5वीं ई.पू. से 2 सदी ई.पू. तक) के दौरान अनेक विद्वान पृथ्वी की आकृति, आकार और जलवायु कटिबंधों के निर्धारण करने में जुटे थे, और महासागर नदी जो अधिवास विश्व को घेरे हुए थी, उसका निश्चय भी करने में व्यस्त थे। खगोल-विज्ञानी अवलोकनों की सहायता से दूरियों व अक्षांश-निर्धारण की दिशा में प्लेटो व अरस्तु आदि अपने शिष्यों का उत्साहवर्द्धन करने में भी जुटे थे। प्लेटो के सहायक हेराक्लाइडिस पोण्टीकस (Heracleides Ponticus) ने पृथ्वी का अपनी कीली पर घूर्णन को स्थापित किया, यद्यपि उसे अभी तक ब्रह्माण्ड का केन्द्र ही समझा जाता था।[54] एनाक्जीमेण्डर ने यूनानी जगत को बेबीलोनियाई-नोमोन भेंट किया तथा महत्त्वपूर्ण स्थानों की अक्षांशों का निर्धारण कर मापक्र के आधार पर विश्व का प्रथम मानचित्र तैयार किया।[55] थेल्स व एनाक्जीमेण्डर गणितीय भूगोल के संस्थापक माने जाते हैं। थेल्स व अरस्तु ने पृथ्वी की गोलाकार आकृति निर्धारित की, और अरस्तु के इस मत का समर्थन इरेटॉस्थनीज ने याम्योत्तरों के चाप की सीमित माप के आधार पर किया। रोडे द्वीप के खगोल विज्ञानी

हिपार्कस (दूसरी सदी ई.पू.) ने पृथ्वी तल पर रेखाओं द्वारा अवस्थान निर्धारण व्यवस्था (System of Location or Position) विकसित कर अपने को अक्षांश-देशांशों का अग्रदूत सिद्ध किया।

यूनानी सामान्यत: पृथ्वी की गोलाकार आकृति में विश्वास व्यक्त करते थे। परन्तु हिकेटियस व हिरोडोटस फिर भी इस मत के समर्थक नहीं थे। साइडस का यूडोक्सस (Eudoxus of Cnidus) प्लेटो का समकालीन था। वह मानता था कि सूर्य से दूर जाने पर गोलाकार पृथ्वी-तल में वृद्धि आती है। इस आधार पर उसने जलवायु-कटिबंधों के सिद्धांत को विकसित किया। ये सभी प्रतिपादन इस परिशुद्ध सिद्धांत से निसृत बने हैं कि सभी दृश्यगत पदार्थों का निर्माण परिपूर्ण आकार में हुआ, और अत्यन्त परिपूर्ण व परिशुद्ध आकार गोलाकार था।[56] अरस्तु पहला दार्शनिक था जिसने पृथ्वी की गोलाकार आकृति के बारे में निश्चित तर्कों के आधार पर लेखन किया। उसने अपने कथन के समर्थन में, पृथ्वी की गोलाई के बारे में, दो तर्क प्रस्तुत किए। एक तो उसने गुरुत्वाकर्षण नियम के आधार पर निसृत कर व्यक्त किया कि सभी पदार्थों की प्रकृति केन्द्र की ओर है। पृथ्वी जब अपने निर्माण की दशा में थी, और संयोजक तत्त्व सभी ओर से आकर जुटे तो गतिवर्द्धन द्वारा राशि उसकी समस्त परिधि पर आकर जमा हुईं, वह केन्द्र से समान दूरी पर थी। दूसरे, चन्द्रग्रहण से उसने निष्कर्ष निकाला कि पृथ्वी की चन्द्रमा पर छाया गोलाई में ही है।[57] आर्कमिडीज (250 ई.पू.) ने भी इसी से ज्ञात किया कि समुद्र की सतह उन्नतोदर होनी चाहिए।[58]

आर्कितस ने समुद्र व स्थल की कुल लम्बाई को मापा। अरस्तु अपने पूर्व-विद्वानों के मत से गणना के बारे में सहमत था कि पृथ्वी की परिधि 4,00,000 स्टेडिया (40,000 मील) है। इरेटॉस्थनीज ने साइएन व सिकन्द्रिया पर अवलोकनों से पृथ्वी की परिधि 250,000 स्टेडिया (25,000 मील) ज्ञात की। 'नोमोन' की देशी प्रकृति को ध्यान में रखते हुए कहा जा सकता है कि गणना सत्यता से काफी मेल खाती है।

हिरोडोटस ने देशांतर के याम्योत्तर निर्धारण का प्रयास किया, और मेरोई, साइएन (असवान), एलेक्जेण्ड्रिया, ट्रोड, बाइज़नटियम तथा बोरिस्थनीज-मुहाने से याम्योत्तर खींची।[59] (Fig.1.6) हिपार्कस ने इंगित किया कि देशांतरों के निर्धारण की सही विधि ग्रहण अवलोकन की तुलना के आधार पर थी। परंतु इस प्रकार के कोई प्रयोग किए, इसके प्रमाण उपलब्ध नहीं हैं। यूनानी विद्वानों, विशेषत. हिरोडोटस, एनाक्जीमेण्डर, हिपार्कस और इरेटॉस्थनीज ने अक्षांशों के समानान्तर वृत्तों की रचना की। इरेटॉस्थनीज ने प्रथम समानान्तर वृत्त हरकूलस् के स्तम्भों से भारत के छोर तक रची। अक्षांशों के अन्य समानान्तर वृत्त सिनेमन प्रदेश (इथोपिया), मेरोई साइएन (असवान), एलेक्जेण्ड्रिया, रोड, ट्रोड, बोरिसस्थनीज के मुहाने, पाइथेइस और थूले से गुज़ारते हुए खींचे थे। इसी भाँति देशांतरों के याम्योत्तर वृत्त इरेटॉस्थनीज ने हरकूलस के स्तम्भों, कार्थेज, एलेक्जेण्ड्रिया, थापसकस (फरात पर स्थित), कैस्पियन-गेटस, सिंधु के मुहाने व गंगा मुहाने से गुजारते हुए खींचे गए।

इनोनियन (थेल्स, एनाक्जीमेण्डर व हिकेटियस) ने पृथ्वी की आकृति को समतल

वृत्ताकार माना था जो चारों ओर से महासागरीय नदी द्वारा घिरी थी। ये अधिवासीय जगत् को दो महाद्वीपों-यूरोप व एशिया (लीबिया-अफ्रीका सहित) में विभक्त मानते थे। परन्तु हिरोडोटस, इयोनियन सम्प्रदाय के मत से सहमत नहीं था। वह पृथ्वी को समतल मानता था। वह इस विचार का समर्थक था कि जल व थल की एक समान (Symmetrical) जैसी व्यवस्था है। वह न केवल भूमध्यसागर के उत्तर व दक्षिण में स्थित भू-भाग की तुलना करता था, बल्कि नील व ईस्तर नदियों, उनकी प्रवाह दिशा व डेल्टाओं को भी द्वीपवत् मानता और आकृति में उसे अनियमित आयताकार समझता जिसके पूर्व-पश्चिमी छोर क्रमश: एक बिन्दु पर पतले होते गए थे। अनियमित आयताकार बिन्दुओं के अंतिम छोर भारत और स्पेन में सेक्रम प्रोमोतोरियम पर स्थित थे।[60] वह विश्व को भूमध्यसागर व टॉरस पर्वत द्वारा विभक्त मानता था जिनके उत्तर में यूरोप व दक्षिण में एशिया व लीबिया (अफ्रीका) थे। आगामी रोमन विद्वानों जैसे स्ट्राबो भी पृथ्वी की आकृति विषयक इसी सिद्धांत को मानते थे।

यूनानियों के योगदान में एक महत्त्वपूर्ण विषय था-सिद्धांतों की स्थापना और परिकल्पना-परीक्षण। प्लेटो अन्तर्बोध एवं तर्क द्वारा सिद्धांतों की रचना, सामान्य से बढ़ते हुए विशिष्टता पर आधारित करता था, अर्थात् उसका दृष्टिकोण निगमनात्मक (Deductive Approach) था। इसके विपरीत उसका शिष्य अरस्तु सिद्धांत को तर्क के आधार पर खड़ा करता, वह विशेष से सामान्य तक पहुँचता था।[61] यह दृष्टिकोण आगमनात्मक (Inductive) कहलाता है। अरस्तु की यह मान्यता थी कि इन्द्रियों द्वारा किए गए अवलोकन किसी प्रकार का स्पष्टीकरण नहीं प्रदान करते। वे मात्र आनुभविक होते हैं। हमारी इंद्रियाँ यह तो अनुभव कर सकती हैं कि अग्नि गर्म है, परन्तु वे यह स्पष्ट नहीं कर सकतीं कि वह गर्म क्यों है?[62]

अरस्तु ऐसा पहला सोद्देश्यवादी (Teleologist) था, जो यह विश्वास करता था कि प्रत्येक वस्तु अपनी पूर्व स्थापित योजना सहित परिवर्तनशील बनी है। यह उसी भाँति है जैसे कि बढ़ई अथवा राजगीर को पूर्व में ही यह मालूम रहता है कि घर पूर्ण बनने पर कैसा होगा। अरस्तु ने तर्क किया कि विषुवत् रेखा के समीप (उष्ण कटिबंध) बसाव क्यों उपयुक्त नहीं है। उसका यह भी मत था कि सभी वस्तुएँ आदर्श स्थिति से पिछड़ नहीं रही हैं, वे आदर्श दशा की ओर विकसित हो रही हैं।

भौतिक भूगोल (Physical Geography)

यूनानियों ने भौतिक भूगोल के क्षेत्र में शानदार उपलब्धियाँ अर्जित कीं। यूनान का धरातल विभिन्न प्राकृतिक दशाओं से परिपूर्ण था। यह व्यक्त किया जा चुका है कि यूनान प्रदेश पर्वतीय स्थल है। शीत में वे हिममण्डित बन जाते हैं। वहाँ की नदियाँ वेग से प्रवाहित थीं। गर्मियों में वे शुष्क बनतीं, और कुछ जैसे एचियोलोअस व अलफेयअस नियतवाही थीं।[63] यूनानियों के नाविक एजियन सागर की खाड़ियों, अंतरीपों से प्रेरित बने रहते व नित नए अवलोकनों से लाभान्वित बनते। वे आसपास के द्वीपों पर पहुँच खोज में व्यस्त रहते थे। वहाँ के चुनई प्रदेश में जलधाराएँ लुप्त बनी थीं। वहाँ के ज्वालामुखी के उद्‌गारों व भूकम्प

के अनुभवों ने यूनानियों को उनके कारणों में पैठने की प्रेरणा प्रदान की थी। अरस्तु के मानस में इन भौतिक आकृतियों का प्रभाव स्पष्ट देखा जा सकता था।[64] अरस्तु के जीवनकाल के आरम्भ में भूकम्प द्वारा हेलिस और बुरा नगरों के विनाश का उसे अनुभव था। इससे वह बहुत प्रभावित था और इस घटना का उल्लेख उसने मेटरोलोजिका (Meteorologica) में अनेक बार किया।[65]

यूनानियों द्वारा किए कार्यों में पर्वतों, डेल्टा-निर्माण, हवाओं, मौसम के बदलाव, वर्षा, भूकम्पों व उनके कारणों, ज्वालामुखी विस्फोट व उनसे धरातल की आकृति में घटित परिवर्तन आदि के अनेक संदर्भ भरे पड़े हैं। अरस्तु ने उथले सागर तटों पर भूमि के विस्तार व डेल्टाओं के निर्माण की घटनाओं को स्पष्ट किया। उसने काँप मिट्टी के जमाव की प्रक्रिया पर प्रकाश डालते हुए पालुस माइओटस (अजोव सागर) व अनेक स्थानों में समुद्र से भूमि-हरण इंगित किया। उसने अजोव सागर के निरन्तर सिकुड़ाव में विश्वास व्यक्त किया जो कालांतर में एक दिन पूर्णत: भर शुष्क भूमि में बदल जायेगा।[66] नील द्वारा अपने ऊपरी भाग (इथोपिया) से लाई मिट्टी (Silt) से बने डेल्टा निर्माण क्रिया को अरस्तु ने स्पष्ट किया।

यूनानियों का मत था कि सभी नियतवादी नदियों के स्रोत महान् पर्वत श्रेणियों में थे। अगथार्कडिज ने इथोपिया की स्वर्ण-खानों की यात्रा की और वहाँ से सोना निकालने की प्रक्रिया का वर्णन किया। प्लेटो ने अटीका (यूनान) की अनुपजाऊ बंजर भूमि की व्याख्या की और बताया कि यह व्यर्थ पड़ी भूमि पूर्वकाल में वनस्पति के आवरण व उपजाऊ मिट्टी से ढंकी थी। परन्तु बाह्य शक्तियों के अधीन उनके प्रभाव से वन नष्ट हो गए और मिट्टी-निक्षालन से धरातल बंजर हो गया। वह कहता था कि इस परिवर्तन से प्रदेश एक रोगी व्यक्ति के समान ढाँचा स्वरूप बन उठा था जहाँ की मुलायम मोटी मिट्टी की परत बहाकर ले जायी गयी और भूमि का मात्र ढाँचा शेष रह गया।[67] प्लेटो के अनुसार मानव स्वयं ऐसा सक्रिय कारक था जिसने पृथ्वी के स्वरूप में परिवर्तन किया।

यूनानियों ने एजियन सागर के माध्यम से समुद्र एवं महासागर विषयक अपने ज्ञान का विस्तार किया, और उनकी विभिन्न प्रकार की तट-रेखाओं, उनके खारापन, तरंगों, ज्वार व हवाओं का अध्ययन किया। पोसीडोनियस ने 'महासागर' (The Ocean) पुस्तक की रचना की और वह महासागर विज्ञान का विशेषज्ञ व अधिकारी माना जाता था।

हिरोडोटस लाल सागर व मतियक खाड़ी में समुद्री ज्वार की घटनाओं का अवलोकन कर अनुभवी बना। अरस्तु ने अपनी पुस्तक 'Meteorologica' में ज्वार तरंगों का कारण हवाओं को माना। इसके उपरांत नेयरकस ने अरब सागर और पाइथियस ने अटलांटिक महासागर में ज्वारों की अनेक बार घटित क्रियाओं का अध्ययन कर उनके कारणों पर विस्तार से प्रकाश डाला। उसने उनकी दैनिक आवृत्ति तथा चन्द्रमा की गति से उनके संबंधों को स्थापित किया।[68] यह पोसीडोनियस ही था जिसने पहली बार बताया कि अमावस्या अथवा पूर्णिमा के आसपास ज्वार की ऊँचाई सर्वाधिक (Springtides) रहती है, जबकि प्रथम व अंतिम चतुर्यांश को ज्वार की ऊँचाई सबसे कम (Neaptides) रहती है।[69] इस प्रकार उसने ज्वार भाटे का संबंध सूर्य व चन्द्रमा से जोड़ा।

यूनानियों ने होमर के काल से ही प्रधान चार प्रकार की हवाओं, उनकी विशेषताओं व दिशाओं का उल्लेख किया था। ये बोरस (Bores) उत्तरी, इयूरस (Eurus) पूर्वी, नोटस (Notus) दक्षिणी व ज़ेफाइरस (Zephyrus) पश्चिमी हवाएँ कहलाती थीं। एथेन्सवासियों ने एक ऐसी मीनार का निर्माण किया था जो आठ प्रकार की हवाओं की सूचक थी, और प्रत्येक से संबंधित मौसम प्रकट होता था।[70] एक्रोपोलिस के रोमन बाजार में यह मीनार आज भी स्थित है।

यूनानियों ने विश्व को उष्ण, शीतोष्ण व शीत कटिबंधों में विभक्त किया, और लीबिया के उच्च तापक्रमों का उन्हें ज्ञान था। वे लीबिया वासियों के काले वर्ण को वहाँ की तपती धूप से जोड़ते थे। क्योंकि सूर्य से अर्राक्षतला से उनका रंग काला हो गया है। उनके मतानुसार विषुवत् रेखा के समीप दक्षिण की ओर जन-जीवन दूभर, असंभव बना था। वहाँ आवास दशाएँ अनुकूल नहीं थीं। विषुवत् रेखा से दूर शीत कटिबंध में शीत व हिम के कारण भी आवासित भाग नहीं थे। इस प्रकार उन्होंने विश्व के आवासित प्रदेशों व तापक्रमों में संबंध स्थापित किया था।

यूनान के पर्वत अल्पाइन विवर्तनिक हलचलों के परिणाम हैं। वे नवीन-मोड़दार पर्वत हैं जिनमें भूकम्पों की घटनाएँ बार:बार घटित होती हैं। यूनानी-विचारकों को इन घटनाओं ने प्रभावित बनाया। हिरोडोटस ओलिम्पस व ओसा के खिसकने को भूकम्पों से जोड़ता था। एनाक्जीमेण्डर भूकम्प-दरारों को शुष्क प्रक्रिया का फल मानता था क्योंकि वे भाग पूर्व में नमी से संयुक्त थे।[71] अरस्तु भूगर्भ में निहित गैसों को भूकम्प व ज्वालामुखियों का कारण मानता है जो बाहर निकलने के द्वार (मुख) खोजती थीं। इन द्वारों से ही उनकी आकृति एवं विस्फोटों में कमी आती थी।[72]

यूनानी-विद्वानों ने विश्व के विभिन्न भागों के पेड़-पौधों व जीव जन्तुओं के अंतर का अध्ययन किया। अरस्तु के कतिपय शिष्यों-थियोफारस्टस आदि ने वनस्पति के प्रदेश आवास व जलवायु के सह-संबंधों का वर्णन किया।[73] जीवों के विषय में यूनानियों ने अनेक विचित्र पशुओं का जो विभिन्न प्रदेशों व देशों के थे, वर्णन प्रस्तुत किया।

Notes

1. Casson, L., 1959, *The Ancient Mariners*, New York, p.37.
2. Bunbury, E.H., *A History of Ancient Geography*, Vol. I, p.4.
3. *Ibid.*, p.35.
4. Tozer, H.F., 1897, *A History of Ancient Geography*, Trans. J.D. Akhtar, New Delhi, p.14.
5. *Illiad*, vii, pp. 421-423.
6. Bunbury, E.H., *op. cit.*, p.34.

7. *Ibid.,* p.35.
8. Nick, M., 1945, *Die Entdeckung von Europa durch die Griechen*, Basel, Benno Schwabe.
9. James, P.E. and Martin, G.J., 1972, *All Possible Worlds*, New York, p.7.
10. *Ibid.,* p.18.
11. Heidel, W.A., 1937, *The Frame of Ancient Greek Maps*, New York.
12. James. P.E., 1972, *op. cit.,* p.18.
13. *Ibid.,* p.18.
14. Eratosthenes, ap. Strab. i.p.7.
15. Bunbury, E.H., *op. cit.,* p.137.
16. Thomson, J.O., 1965, *A History of Ancient Geography*, New York, p.35.
17. Tozer, H.F., *op. cit.,* pp.15-30.
18. *Ibid.,* p.65.
19. Bunbury, E.H., *op. cit.,* p.148.
20. Tozer, H.F., *op. cit.,* p.148.
21. Bunbury, E.H., *op. cit.,* p.150.
22. Wright, K.J., 1925, 'The History of Geography: A Point of View', *Annals of the Association of American Geographers,* 15, pp.200-201.
23. Sarton, G.,1952, *A History of Science, Ancient Science Through the Golden Age of Greece* (Reprinted) New York, John Wiley and Sons, 1964.
24. Bunbury, E.H., *op. cit.,* p.89.
25. Tozer, H.F., *op. cit.,* p.89.
26. *Ibid.,* p.91.
27. Heidel, W.A., *op. cit.,* p.45.
28. James, P.E. and Martin, G.J., *op. cit.,* p.21.
29. Bunbury, E.H., *op. cit.,* p.165.
30. *Ibid.,* p.170.
31. *Ibid.,* p.191.
32. Strabo, *The Geography of Strabo*, Trans. H.L. Jones, 1917, New York, G.P. Putman's Sons.
33. Bunbury, *op. cit.,* p.254.
34. *Ibid.,* p.262.
35. *Ibid.,* p.272.
36. Tozer, H.F., *op. cit.,* p.79.
37. James, P.E. and Martin, G.J., *op. cit.,* p.28.

38. Sarton, G., *op. cit.,* p.60.
39. Tozer, H.F., *op. cit.,* p.138.
40. James, P.E. and Martin, G.J., *op. cit.,* p.28.
41. Tozer, H.F., *op. cit.,* p.134.
42. Bunbury, E.H., p.615.
43. *Ibid.,* p.620.
44. James, P.E. and Martin, G.J., *op. cit.,* p.32.
45. *Ibid.,* p.621.
46. Thomson, J.O., *op. cit.,* p.61.
47. Bunbury, E.H., *op. cit.,* p.625.
48. Tozer, H.F., *op. cit.,* p.140.
49. Bunbury, *op. cit.,* p.640.
50. *Ibid.,* p.645.
51. *Ibid.,* p.649.
52. Thomson, J.O., *op. cit.,* p.33.
53. James,P.E. and Martin, G.J., *op. cit.,* p.26.
54. Lewis, C., *op. cit.,* p.33.
55. Heidel, W.A., *op. cit.,*
56. James, P.E. and Martin, G.J., *op. cit.,* p.26.
57. Aristotle, De Caelo, 2,14, pp.8-13.
58. Archimedes, Transl. 1,2.
59. Tozer, H.F., *op. cit.,* p.178.
60. *Ibid.,* p.181.
61. Sarton, G., *op. cit.,* pp.10-60.
62. James, P.E., and Martin, G.J., *op. cit.,* p.26.
63. Tozer, H.F., *op. cit.,* p.10.
64. *Ibid.,* p.185.
65. Aristotle, *Meteorologica*, Vol. I, pp.6-8.
66. Bunbury, *op. cit.,* p.398.
67. Glacken, C.J., *op. cit.,* pp.70-92.
68. Tozer, H.F., *op. cit.,* p.193.
69. *Ibid.,* p.193.
70. James, P.E. and Martin, G.J., *op. cit.,* p.16.
71. Aristotle, *op. cit.,* p.6.
72. Tozer, *op. cit.,* p.199.
73. Theoph, *History of Plants*, pp.4-10.

2

रोमवासियों का भूगोल में योगदान

(Roman's Contribution in Geography)

रोमन काल (Roman Period)

यूनानियों के पश्चात् राजनीतिक शक्ति रोमनों के हाथ आयी। रोमन सेनाओं ने विभिन्न दिशाओं में आगे बढ़ मध्य-यूरोप, फ्रांस, ब्रिटेन व एशिया माइनर में प्रभुत्व स्थापित किया। रोमवासियों की अनुशासित सेनाओं ने दूर-दराज़ के देशों पर अधिकार कर लिया। अल्बानिया व एशिया माइनर में पोम्पी (Pompey) ने और गॉल (फ्रांस) व ब्रिटेन को सीज़र (Caeser) ने विजित किया। ऑगस्टन समय के दौरान विश्व के प्रति ज्ञान जिसे प्राचीनकाल के वासियों ने हासिल किया, दूरस्थ सीमाओं को छू गया था। रोमवासियों का ऐतिहासिक व प्रादेशिक भूगोल में योगदान महत्त्वपूर्ण था। यह स्ट्राबो ही था जिसने प्रादेशिक व ऐतिहासिक विश्व भूगोल में ज्ञान संग्रहीत किया।

तत्कालीन विद्वानों को प्राचीन भूगोल का ज्ञान स्ट्राबो से ही उनके हाथों में आया था। उससे पूर्व के विद्वानों द्वारा रची पुस्तकों का अधिकांशत. लोप हो गया अथवा वह सामग्री मात्र टुकड़ों में विभक्त बन उपलब्ध थी। परन्तु स्ट्राबो की भूगोल संबंधी कृतियाँ स्थायी बनीं, और केवल कुछ का अभाव था।[1] स्ट्राबो की कृति Geographica में कितने ही दोष क्यों न गिनाए जाएं परन्तु वह अपने समय की सूचनाओं से भरे ज्ञान की खान मानी जाती है जिसे प्राचीन लोग धारण किए थे।

स्ट्राबो (Strabo) 64 ई.पू. से 20 ई.पू. तक

तुर्की में काला सागर तट के दक्षिण में 50 मील की दूरी पर अमेसिया (Amesia) में 64 ई.पू. के लगभग स्ट्राबो का जन्म हुआ। यह स्थान एशिया माइनर के अंदरूनी भाग में है, और आज भी अपने प्राचीन नाम से ही जाना जाता है। (Fig. 2.1) यह बर्बर राजाओं

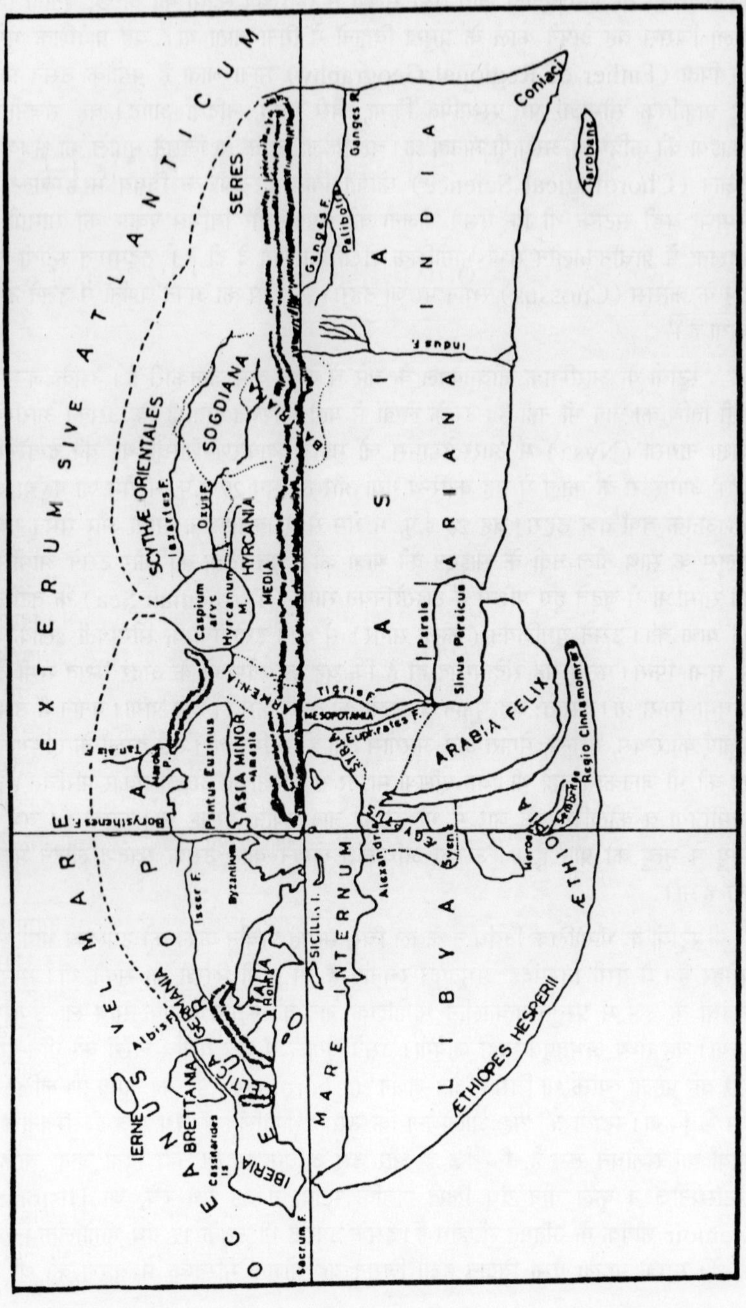

Figure 2.1 स्ट्राबो के अनुसार विश्व

की राजधानी था जहाँ यूनानी लोग बड़ी संख्या में रहते थे। स्ट्राबो को अच्छी यूनानी शिक्षा मिली जिससे वह अपने काल के प्रमुख विद्वानों में गिना जाता था।[2] वह प्रादेशिक भूगोल का पिता (Father of Regional Geography) माना जाता है क्योंकि उसने प्रदेशों को प्राकृतिक सीमाओं पर प्रस्थापित किया, जैसे पर्वत, नदियाँ आदि। वह राजनीतिक इकाइयों को कृत्रिम व अस्थायी मानता था। वह पहला व्यक्ति था जिसने भूगोल को क्षेत्रवर्णनी विज्ञान (Chorological Science) घोषित किया। स्ट्राबो के विषय में हम्बोल्ट की टिप्पणी बड़ी सटीक थी कि उसने योजना की श्रेष्ठता और विभिन्न प्रकार की सामग्री की बहुलता में प्राचीनकालीन सभी भौगोलिक लेखों को मात दे दी है।[3] तदुपरान्त स्ट्राबो क्रीट टापू के कोसस (Cnossus) स्थान पर जा ठहरा। इस द्वीप का अपने वर्णनों में उसने उल्लेख किया है।[4]

स्ट्राबो के आरम्भिक जीवनकाल के बारे में बहुत कम जानकारी है। उसके जन्म की सही तिथि का ज्ञान भी नहीं है। उसके लेखों से यही निश्चित होता है कि उसकी आरम्भिक शिक्षा नायसा (Nysa) में आरस्तोडामस जो महान् व्याकरण-शास्त्री था, की देखरेख में हुई।[5] आगस्टस के काल में वह कॉरिन्थ गया और लगभग 29 ई.पू. में रोम जा पहुँचा जहाँ वह अनेक वर्षों तक ठहरा। वह 24 ई.पू. में रोम से एलेक्जेण्ड्रिया आया और रोमन गवर्नर गालुस के साथ नील नदी के साइएन की यात्रा की।[6] पूर्व दिशा की ओर उसने आर्मीनिया की सीमाओं से बढ़ते हुए पश्चिम में टाइरहेनियन सागर (Tyrrhenian Sea) के तटों तक की यात्रा की। उसने यूगज़ियन (काला सागर) से आगे इथोपिया के सीमावर्ती इलाकों को भी घूमा-फिरा। परन्तु यह संदेहास्पद ही है कि वह इन सीमाओं के अंदर स्थित सभी देशों में घूमा-फिरा था। वस्तुतः वह यूनान व इटली को बहुत कम ही देख पाया। यूनान में उसकी यात्राएँ कॉरिन्थस, एथेन्स, मेगारा और आरगोस तक ही सीमित थीं। उसे इटली के एड्रियाटिक तट की भी जानकारी नहीं थी। वह एशिया माइनर से अपेक्षाकृत अच्छी प्रकार परिचित हुआ। आर्मीनिया व कोल्चिस के बारे में भी उसका ज्ञान पर्याप्त अस्पष्ट था। स्ट्राबो 84 वर्ष की आयु में मृत्यु को प्राप्त हुआ। उसका अधिकांश लेखन-कार्य उसके स्वदेश लौटने पर ही पूरा हुआ।

स्ट्राबो के भौगोलिक निबंध न केवल चिर-सम्मत प्राचीन काल की उपलब्ध भौगोलिक धरोहर हैं। वे ऐसी निस्संदेह अभूतपूर्व रचनाएँ हैं जो कभी लिखी जा सकी थीं। सामान्य निबंधों के रूप में प्रस्तुत तत्कालीन भौगोलिक ज्ञान को स्ट्राबो ने एक साथ ला-उपस्थित किया। यह तथ्य अभूतपूर्व कहा जायेगा। उसने भूगोल में क्षेत्र वर्णीय लेखों की नींव रखी, और वह पहला व्यक्ति था जिसने 'क्षेत्र-वर्णन' (Chorology) पद का नामकरण ललितपूर्ण रूप से किया। स्ट्राबो की यह आलोचना कि उसके भौगोलिक निबंध मात्र इरेटॉस्थनीज के कार्यों का संशोधन रूप हैं, निरर्थक है और उसे अधिक महत्त्व नहीं दिया जाना चाहिए। इरेटॉस्थनीज ने कुल तीन ग्रंथ लिखे जबकि स्ट्राबो ने 43 ग्रंथ रचे, जो Historical Memoir शीर्षक के अंतर्गत संग्रहीत हैं। इसके उपरांत भी उसके 17 ग्रंथ भौगोलिक निबंधों के थे। स्ट्राबो पहला ऐसा विद्वान हुआ जिसने यह योजना मस्तिष्क में धारण की थी कि

भूगोल की चारों शाखाओं-गणितीय, भौतिक, राजनीतिक एवं ऐतिहासिक को निबंधों में संग्रहीत किया जाए। आधुनिक दृष्टिकोण से इसके महत्त्व का अनुमान लगाया जा सकता है। इसके अंतर्भूत गुणों के अतिरिक्त इसके अभाव में उस हानि का अनुमान लगाया जा सकता है जिसे भोगा जा सकता था।[7] यह भूगोल का पूर्ण निबंधात्मक संग्रह है, और हमें उनके कार्यों से अवगत कराता है जो स्ट्राबो से पूर्व के विद्वानों ने पूर्ण किए और जिनका लोप हो चुका था। उनके उद्धरण व लेखांश स्ट्राबो की कृतियों में अवतरण स्वरूप मौजूद हैं।

स्ट्राबो ने अपने भौगोलिक निबंधों की कृति Geographica को भूगोलवेत्ताओं के लिए ही नहीं, राजनेताओं व राजनीतिज्ञों हेतु तैयार किया। इसमें वे प्रयास भी किए हैं, जो सांस्कृतिक विशेषताओं को, शासक की नीतियों व शासन के विभिन्न प्रकार एवं विशेष स्थानों के रीति-रिवाज़ों को इंगित करते हैं। दूसरे शब्दों में, स्ट्राबो की कृति केवल भूगोलविदों के लिए ही नहीं, सामान्य पाठकों के लिए थी। उसने प्रत्येक देश की एक सामान्य तस्वीर प्रस्तुत की। देशों के व्यक्तित्व, उनके प्राकृतिक गुणों, धरातल की आकृतियों, उच्चावच, वहाँ के स्वाभाविक उत्पादनों का लेखक ने उल्लेख किया। यह प्रयास स्ट्राबो का ही था जिसने विश्व को प्राकृतिक भागों में विभक्त करने पर जोर दिया था, राजनीतिक सीमाओं में नहीं। उसकी मान्यता थी कि क्षेत्र को समझने के लिए विश्व का विभाजन राज्य-सीमाओं में नहीं, प्राकृतिक सीमाओं में किया जाना चाहिए।

गणितीय भूगोल के क्षेत्र में जब स्ट्राबो के योगदान की उसके पूर्व के विद्वानों, इरेटॉस्थनीज व पोसीडोनियस से तुलना करते हैं, तो उसे उच्च कोटि का नहीं ठहराया जा सकता। उसकी कृति खगोल वैज्ञानिकों व गणितीय भूगोलवेत्ताओं के लिए नहीं रची थी, और न वह पृथ्वी के आकार-आकृति निर्धारण में सहायक तथा अन्य ग्रहों के ब्रह्माण्ड में संबंधो को प्रकट करने तथा प्रधान अक्षांशों, विषुवत रेखा व अयन रेखाओं के निर्धारण आदि के लिए थी। फिर भी स्ट्राबो, हिपार्कस की इस उक्ति का समर्थक था कि भूगोल में अक्षांश-देशांतरों के निर्धारण के बिना कोई भी वास्तविक प्रगति संभव नहीं है।[8] उसका मत था कि विषय के खगोलीय व गणितीय पक्षों के लिए भूगोलवेत्ता को भौतिक दार्शनिकों एवं गणितज्ञों के द्वारा प्रकट निष्कर्षों से संतुष्ट होना होगा। अतएव, वह मानता था कि पृथ्वी आकृति में गोलीय (Spherical) है और ब्रह्माण्ड के केन्द्र में स्थित है। यह भी स्ट्राबो मानता था कि पृथ्वी पाँच कटिबंधों में विभक्त है, और ग्रहों की गति से उत्पन्न गोल पृथ्वी के वृत्त-विषुवत् रेखा, अयन-रेखाएँ, आर्कटिक वृत्त आदि में भी उसका विश्वास था। वह पृथ्वी को आयताकार (Oblong) स्वरूप में देख सका, और आयरलैण्ड को सर्वाधिक उत्तरी प्रदेश के रूप में जानता था।

भौतिक भूगोल के क्षेत्र में यद्यपि उसकी उपलब्धि उच्चकोटि की नहीं मानी जाती है, परन्तु इसमें कोई संदेह नहीं कि वह पूर्व विद्वानों के इस दिशा में किए कार्यों पर स्ट्राबो का कार्य संशोधित था। दुर्भाग्यवश धरातलीय आकृतियों-पहाड़ों, नदियों व उनके प्रवाह मार्गों के विषय में उसने कम ही ध्यान दिया। स्ट्राबो की भौतिक भूगोल संबंधी टिप्पणी महत्त्वपूर्ण

हैं, और उसने धरातल पर समुद्र के अतिक्रमण व प्रतिगमन से उत्पन्न परिवर्तनों पर प्रकाश डालने वाली पर्याप्त सामग्री प्रस्तुत की। भूकम्पों व ज्वालामुखियों द्वारा धरातल के परिवर्तनों के बारे में भी उसने उल्लेख किया, और इनके कारणों पर प्रकाश डाला है। चार्ल्स लिएल (Charles Lyell) ने उसके दो सिद्धांतों की बहुत प्रशंसा की। वह योगदान आधुनिक विज्ञान के नवीनतम-निष्कर्षों की पूर्व व्याख्या है। उसका पहला नियम (Principle of First-Order) विस्तृत भौतिक परिवर्तनों का है जो हमारी आँखों के सामने लघुरूप में घटित है। दूसरा सिद्धांत विस्तृत क्षेत्र पर घटित उनका ऊँचा उठना व नीचे धंसने से संबंधित है।[9]

स्ट्राबो का प्रधान कार्य ऐतिहासिक है और उसने देश के भूगोल के साथ-साथ वहाँ के इतिहास को भी प्रकट किया है। इस प्रकार स्ट्राबो ने इंगित करने का प्रयास किया कि भूगोल व इतिहास में घनिष्ठ संबंध है। क्षेत्र के इतिहास व वहाँ के निवासियों के चरित्र पर भौतिक-आकृतियों का प्रभाव अक्षुण्ण बना है, स्ट्राबो ने यह स्थापित किया। इस तथ्य को अधिक स्पष्ट बनाने हेतु स्ट्राबो इटली का उदाहरण प्रस्तुत करता है। उस देश को भौगोलिक स्थिति का ही संरक्षण मिला। इटली के निवासी अपने देश की भौगोलिक विशेषताओं के कारण ही आगे बढ़ सके व विकसित बने। रोम के शक्तिशाली विकास का कारण भी इटली की भौतिक स्थिति ही थी। उसकी भौगोलिक स्थिति ने ही उसे बाह्य आक्रमणों से सुरक्षित रखा, और उसके प्राकृतिक पोत-स्थलों व बंदरगाहों ने इटली के व्यापार एवं आर्थिक विकास में वृद्धि की। इटली की भौतिक-अवस्थिति ने उसे विभिन्न जलवायु-दशाएँ प्रदान कीं। वह शीतोष्ण जलवायु का पहाड़ी, मैदानी व समुद्री जलवायु की दशाओं से लाभान्वित देश था। उसकी केन्द्रीय स्थिति ने उसे विश्व की महान् प्रजातियों में स्थान दिया। भौगोलिक स्थिति ने इटली को जल-सप्लाई की लाभजन्य स्थिति में ला खड़ा किया। इटली की भौगोलिक स्थिति से प्रभावित होकर स्ट्राबो के लेख कलात्मक बन उठे, और स्थानों के मात्र शुष्क विवरण नहीं हैं। उसके भौगोलिक निबंधों में प्रधान उद्देश्य तत्कालीन ज्ञात समस्त अधिवासित जगत् के बारे में सामान्य सर्वे प्रस्तुत करना ही था, जिसे अत्यन्त रोचकता पूर्ण ढंग से स्ट्राबो ने पूर्ण किया। स्ट्राबो के लेखों के परिणामस्वरूप ही रोमवासियों ने स्पेन, गॉल (फ्रांस), अटलांटिक तट, ब्रिटेन के दक्षिण-पूर्वी भागों के बारे में जानकारी का प्रसार किया और दुनिया ने एल्ब नदी (Albis River) तक यूरोप के पश्चिमी प्रदेशों तथा डेन्यूब व टाइरस नदी तक प्रदेशों के बारे में ज्ञान उपलब्ध किया। स्ट्राबो ने विश्व के मानचित्र (Fig. 2.1) में यूगज़ियन काला सागर के उत्तर की पट्टी और उसके पूर्वी तट के सहारे स्थित कोलचियों की सीमाओं के क्षेत्र दर्शाए थे। वस्तुत: मिथिरीदातेस और उसकी सेनाओं के नायकों ने विश्व के इस भाग में पर्याप्त खोजें की थीं। दुर्भाग्य से स्ट्राबो ने यूनानी भूगोलविद् व इतिहासकार-हिरोडोटस से सलाह-मशविरा नहीं किया, जिसने यहाँ की जन-जातियों का विवरण विस्तार से दिया था। स्ट्राबो की राय में हिरोडोटस के वर्णन कहानी-कल्पना से भरे थे।[18] स्ट्राबो की इसी धारणा के कारण उसका सिथीनियन प्रजाति के बारे में ज्ञान अत्यन्त अल्प व त्रुटियों से भरा था।

हिरोडोटस ने कैस्पियन सागर का बंद-सागर के रूप में वर्णन कर सही विवरण प्रस्तुत किया था। परन्तु स्ट्राबो का मत था कि वह उत्तरी महासागर से संचरित बना है, और उसके आगे जगारटस (Jaxartes) उसी दशा में था जैसा वह खोजी सिकन्दर के समय में जो उसकी खोज की सीमा थी। हिन्दुस्तान का प्राय:द्वीप, भारत भी अज्ञात बना हुआ था, और गंगा नदी को वह पूर्वी महासागर में गिरती मानता था। अफ्रीका की नील नदी का ऊपरी मार्ग (Cinnamon Land) स्ट्राबो के लिए दक्षिणतम सीमा थी। उसने न तो यद्यपि मोरीतानिया का वर्णन किया और न अफ्रीका के पश्चिमी तट का। यद्यपि इनके विषय में यूनानी लेखक व उसके समकालीन जूबा (Juba) अच्छा विवरण प्रस्तुत कर चुके थे। वह रोमन सेना के साहसी कार्यों की तुलना एलेक्जेण्डर की पूर्व की ओर अभियानों से करता था। उसी प्रकार उसका मत था कि रोमवासियों ने भी यूरोप के पश्चिमी भागों की और उसी प्रकार द्वार खोले जैसे कि एलेक्जेण्डर ने पूर्व के प्रदेशों को विजित कर खोले थे। यहाँ संक्षेप में स्ट्राबो के भौगोलिक निबंधों की ज़िल्दों में संग्रहीत विवरणों का उल्लेख उचित है।

जियोग्राफिका (Geographica) की पहली दो ज़िल्दों (Volumes) में विषय की प्रस्तावना के अंतर्गत उसके उद्देश्यों व मूलभूत सिद्धांतों का वर्णन है। इन नियमों व सिद्धांतों के आधार पर विश्व के विभिन्न क्षेत्रों व ज्ञात महाद्वीपों की सामान्य जानकारी प्रस्तुत की है। ये दो ज़िल्दें (ग्रंथ) उसके कार्य के कठिनतम व असंतोषजनक प्रयास कहे जा सकते हैं। इनमें प्रारम्भ काल से भूगोल की प्रगति का ऐतिहासिक सिंहावलोकन प्रस्तुत है। परन्तु इसके प्रति उपगमन (Approach) विधिवत् नहीं हैं। इनमें उसने इरेटॉस्थनीज के कार्यों का ही पुनर्विवेचन किया और पूर्व के विद्वानों के कार्यों व प्रयास की आलोचना की है। उसने महान् यूनानी कवि होमर के कार्यों की प्रशंसा करते हुए उसे भौगोलिकि ज्ञान का संस्थापक बताया है।

दूसरी जिल्द में वह इरेटॉस्थनीज के कार्यों की समीक्षा विस्तार में करता है, और उसके द्वारा विश्व के मानचित्र में किए गए संशोधनों की व्याख्या करता है। वह इरेटॉस्थनीज द्वारा एशिया के बारे में प्रस्तुत विवरण की प्रशंसा करता है। स्ट्राबो ने इरेटॉस्थनीज द्वारा दिए एशिया के मानचित्र को बिना किसी परविर्तन के ही अपने कार्यों में अपनाया। अपने पूर्व विद्वानों की तुलना में उसे यूगज़ियन व कैस्पियन सागर के मध्य फैले प्रदेश के बारे में अधिक जानकारी थी। परन्तु वे अस्पष्ट और भ्रांतिपूर्ण थीं, जैसे कि कैस्पियन का संचरण वह उत्तरी महासागर के साथ मानता था। अफ्रीका की विस्तृत सूचनाओं में उसने कोई बदलाव नहीं किया। परन्तु यूरोप के उत्तरी-पश्चिमी भागों में मानचित्र में स्ट्राबो ने कतिपय नवीन जानकारियों को जोड़ा। इरेटॉस्थनीज के मंतव्य का अनुसरण करते हुए उसने विश्व की आकृति अनियमित चतुर्भुज (Irregular Oblong) मानी जो पूर्व व पश्चिम में छोर पर नुकीली बनती चली गई थी। (Fig. 2.1)

तीसरी जिल्द (ग्रंथ) में यूरोप का विवरण है जिसमें स्पेन, गॉल (फ्रांस) व ब्रिटेन के भूगोल पर विशेष प्रकाश डाला है। यह विवरण पोलीबियस व पोसीडोनियस पर आधारित है, जिन्होंने इस क्षेत्र की यात्रा की थी। सीजर से भी यहाँ के बारे में सूचनाएँ एकत्रित कीं।

स्पेन के संदर्भ में पिरेनीज पर्वतों की सतत् विस्तृत शृंखला का उसने उल्लेख करते हुए उन्हें गॉलिस की खाड़ी (Bay of Biscay) से भूमध्य सागर पर उत्तर-दक्षिण दिशा में फैले हुए बताया। यह तथ्य सही नहीं है। वह सेक्रेड प्रोमोन्टरी (केप ऑफ सेंट विन्सेण्ट) को यूरोप का पश्चिमतम बिन्दु मानता था। इस तीसरी ज़िल्द के अंतिम भाग में स्ट्राबो ने स्पेन के समीप द्वीपों पर प्रकाश डाला और गडीरिया (गैडिस), जो उस काल में महत्त्वपूर्ण व्यापारिक केन्द्र था, उसका विस्तार से वर्णन प्रस्तुत किया है।

ज्योग्राफिका की चौथी जिल्द में स्ट्राबो ने गॉल, ब्रिटेन और आलप्स पर्वतों के वर्णन सम्मिलित किये हैं। उसका गॉलिस की खाड़ी (बिस्के की खाड़ी) के बारे में मत था कि --"उसका रुख उत्तर तथा ब्रिटेन की ओर दृष्टिपात" है, यह भ्रांतिमूलक था। वह गॉल के उत्तरी तट के बारे में धारणा रखता था कि वह पिरेनीज से राइन नदी के मुहाने तक समान दिशा धारण किये है, और चार बड़ी नदियाँ गरूमना (गेरोन), लाइजर (लोइर), सीक्यूआन (साइएन) और राइन का प्रवाह दक्षिण से उत्तर है। वह इन सभी के मुहाने ब्रिटेन के विपरीत स्थित मानता था। गॉल की नदियों की व्यवस्था को वह व्यापार की दृष्टि से उत्तम मानता तथा उन्हें आवागमन की अच्छी साधन मानता था। पुस्तक में ऐसे परिच्छेद रोचक हैं जो आइबेरिया (स्पेन) की जनजातियों के वर्णन प्रस्तुत करते हैं। गॉल की सभ्य एवं विकसित समाजों व जातियों का उल्लेख भी इनमें आकर्षक बन उठा है। ब्रिटेन के बारे में स्ट्राबो को ज्ञान कम ही था और वह अधिकतर सीजर से ही प्राप्त हुआ। आयरलैण्ड को वह ब्रिटेन के उत्तर में स्थित मानता, और चौड़ाई से भी उसे लम्बा जानता। वहाँ के निवासियों का उसने नरभक्षी और जंगली रूप में उल्लेख किया। आलप्स के बारे में उसकी राय थी कि वे महान् मोड़दार पर्वत इटली के मैदानों की ओर नतोदर बने हैं।[11]

पाँचवीं व छठी जिल्दों में इटली व सिसली के वर्णन हैं, और इनके वर्णनों का स्त्रोत पोसीडोनियस था। उसने इटली का वर्णन उसके उत्तर-दक्षिण दिशा में फैलाव के अनुसार किया था। परन्तु मानचित्र में (चित्र 2.1) उसने इटली का विस्तार पश्चिम से पूर्व दिशा दर्शाया है। आलप्स पर्वतों को वह इटली के उत्तर की सीमा मानता तथा एपीनाइन्स का विस्तार स्ट्राबो ने इटली की समस्त चौड़ाई में वर्णन किया है। उसने ज्वालामुखी-उद्‌गारों का पिथेकूसा (आइस्चिया) व माउण्ट विसूवियस द्वीपों में विस्तार से वर्णन करते हुए, विसूबियस को जलता हुआ पहाड़ इंगित किया। लावा के प्रवाह का सही विवरण प्रस्तुत करते हुए स्ट्राबो ने बताया कि ज्वाल-मुख (क्रेटर) से नि:सृत बनकर कैसे वह तरल से शनैः-शनैः ठोस बनता हुआ संहत कठोर मिल्स्टोन (Millstone) चट्‌टान बन जाता है। ज्वालामुखी राख से बनी अत्यधिक उपजाऊ मिट्‌टी का अंगूर बेलों के विकास के बारे में उसकी जानकारी है। कार्सिका व सारडीनिया के बारे में उसे कम ज्ञान था। उनका वर्णन अपर्याप्त और अस्पष्ट बना है।

सातवीं जिल्द में स्ट्राबो ने राइन के पूर्व में विस्तृत और डेन्यूब नदी के उत्तर में फैले हुए देशों का सामान्य व संक्षिप्त विवरण प्रस्तुत किया। वह बहुत कमियों से भरा त्रुटिजन्य है। वस्तुतः उसका मध्य यूरोप के बारे में ज्ञान और यूगजियन के उत्तर में विस्तृत क्षेत्र का

विवरण सही नहीं है। उसने तनेइस नदी के स्रोत के विषय में कुछ भी नहीं लिखा। यह प्रदेश बर्बर जातियों द्वारा बसा था जिनके साथ यूनानियों के व्यापारिक सम्बन्ध आन्तरिक प्रदेश से नहीं थे। अतएव स्ट्राबो को इस प्रदेश की विश्वसनीय सूचना नहीं थी।

आठवीं, नवीं और दसवीं जिल्दों में यूनान और पड़ोसी द्वीपों का भूगोल सम्मिलित है। इनके स्रोतों के लिए स्ट्राबो होमर पर विश्वास करता था। इसी कारण इन तीनों ज़िल्दों में होमरिक फेहरिस्त की तरह बे-सिर-पैर की और असम्बन्धित सूचनाएँ भरी पड़ी हैं। ये भौगोलिक निबन्ध द्वितीय स्तर के स्रोतों पर आधारित होने के कारण काव्यमयी अधिक हैं, भौगोलिक कम। वह हिपार्कस, पोलीबियस और पोसीडोनियस का अनुगामी बना रहा, और इरेटॉस्थनीज पर नहीं। इरेटॉस्थनीज का स्ट्राबो ने इसलिए पालन नहीं किया क्योंकि वह होमर की भौगोलिक विचारधारा के विरुद्ध था। स्ट्राबो ने यूनान के उत्तरी भाग के धरातल की आकृतियों का गलत वर्णन दिया था। उसने केवल कुछ नदियों के भूगर्भीय प्रवाह, अन्तरीपों एवं संकरे प्रवेश मार्गों के अतिरिक्त यूनान के भौतिक भूगोल के बारे में बहुत कम जानकारी दी। यूनान के चूनई धरातल की अनेक नदियाँ भूगर्भ में मीलों तक प्रवाह मार्ग तय कर पुनः भूतल पर आकर प्रकट हुई हैं।[12]

एजियन सागर के द्वीपों के बारे में भी स्ट्राबो बहुत कम वर्णन करता है, और उनकी भौगोलिक स्थितियों को भी उसने सही इंगित नहीं किया है।

ग्यारह से सोलह तक की छः जिल्दों में एशिया का भौगोलिक वर्णन है। इन पुस्तकों का स्रोत धरातल की आकृतियों एवं जल प्रवाह के बारे में इरेटॉस्थनीज के विवरण हैं। वह टॉरस पर्वतों को एशिया में पश्चिम से पूर्व विस्तरित मानता है (Fig. 2.1) जो उत्तरी व दक्षिणी एशिया के बीच विजाजक रेखा भी हैं।[13] उसने उत्तरी एशिया को चार भागों-(1) तनाइस से कैस्पियन सागर; (2) कैस्पियन से सीथियन; (3) मेडियनों व आर्मीनियायी तथा (4) एशिया माइनर में विभक्त किया।

टॉरस पर्वतों के दक्षिण में भारत, एरियान (ईरान), फारस और फारस-खाड़ी से अरब-खाड़ी (लाल सागर), नील व भूमध्य सागर के पूर्व में फैला प्रदेश जैसे असीरिया, बेबीलोनिया, मैसोपोटामिया, सीरिया व अरब थे। परन्तु उसे यह ज्ञान नहीं था कि दजला-फरात के दो अलग-अलग स्रोत हैं तथा बहुत दूरी तक दोनों का प्रवाह भी दो अलग नदियों के रूप में है।

ग्यारहवीं जिल्द में एशिया और यूरोप के सीमावर्ती प्रदेशों का विवरण है। तनाइस नदी इन दोनों के बीच विभक्त-रेखा है। इस ज़िल्द में उस क्षेत्र का वर्णन सम्मिलित है जो यूगज़ियन व कैस्पियन, और पार्थिया व मेदिया के बीच स्थित है।

आगे की तीन जिल्दों, बारह से चौदह तक, में कप्पोडोसिया व पॉण्टस तथा यूगज़ियन (काला सागर) के तट के सहारे एशिया माइनर के विवरण हैं। स्ट्राबो, क्योंकि इसी प्रदेश का निवासी था, इसके वर्णन विश्वसनीय एवं उच्च स्तर के हैं। इसके बारे में स्ट्राबो का लेख

है कि यह प्रदेश वनों से रहित है, परन्तु उपजाऊ और मक्का की यहाँ अच्छी उपज है। यहाँ भेड़ों की संख्या अच्छी है और घोड़ों की नस्ल भी उत्तम है। यहाँ खनिज उत्पादन भी होता है, तथा मुख्य खनिज लाल मिट्‌टी है जिसे सिनोपी कहते हैं। यह सिनोप से निर्यात की जाती है। स्ट्राबो ने माउण्ट आर्गेइस की ज्वालामुखी-क्रियाओं का भी वर्णन किया है।

पन्द्रहवीं व सोलहवीं जिल्दों में टॉरस के दक्षिण के प्रदेशों का वर्णन है। भारत और फारस और इनके बीच के इलाकों का वर्णन पन्द्रहवीं जिल्द में वर्णित है। असीरिया, सीरिया, फिलीस्तीन और अरब के वर्णन सोलहवीं जिल्द में हैं। भारत के भूगोल की सामग्री नियरकस, एरिस्टोबुलस एवं अन्य उन लोगों के आधार पर प्राप्त सूचनाओं पर आधारित हैं जो पूर्व की ओर के सिकन्दर-अभियान में शामिल थे। उसने मेगस्थनीज के निबंधों व आलेखों को भी प्रयोग में लिया। वह अनुभव करता था कि भारत की अधिकतम लम्बाई पश्चिम से पूर्व की दिशाओं में है। अतः वह केनियक की अन्तरीप (Promontory)-कुमारी अन्तरीप-को दक्षिण-पूर्व में प्रक्षेपित मानता है। भारत के मानचित्र के बारे में उसकी धारणा इरेटॉस्थनीज के मत से भिन्न नहीं थी। गंगा के स्रोत के बारे में वह आर्टेमिडोरस के कथन को सहो ठहराते हुए व्यक्त करता है कि वह इमोदी पर्वतों (यूनानियों द्वारा हिमालयों के अनेक नामों में से एक) में है। वह मानता था कि गंगा नदी पहले दक्षिण में और उसके पश्चात पूर्व की ओर प्रवाहित होती थी। वह पोलीबोथरा (पाटलिपुत्र, पटना) से गुज़रती हुई पूर्वी सागर में जा गिरती थी।[14] स्ट्राबो का ज्ञान सिन्धु व गंगा की सहायक नदियों के बारे में अस्पष्ट बना था। भारत के प्रायद्वीप का भी उसने वर्णन नहीं किया। वह तापरोबोन (श्रीलंका) को ज्ञात-जगत् की दक्षिणी सीमा पर स्थित मानता था।

अरियाना (ईरान) को स्ट्राबो भारत व फारस और टॉरस व फारस खाड़ी के बीच में फैला प्रदेश जानता था। वस्तुत. ईरान का मध्यवर्ती पठार का विस्तार सीस्तान (द्रानजियाना) से यज़्द व किरमान तक था।[15] सिकन्दर की भारत से वापसी इसी प्रदेश से गुज़रते हुए हुई थी। स्ट्राबो ने इसका संक्षिप्त वर्णन प्रस्तुत किया है। परन्तु इसे भौगोलिक कहना उचित नहीं ठहरता।

फारस को स्ट्राबो ने जलवायु के आधार पर तीन प्रदेशों में विभक्त किया-(1) फारस खाड़ी और मेदियन की उच्च भूमि जहाँ रेत के स्थल हैं, और खजूर मुख्य उपज है, (2) उपजाऊ एवं जल-सिंचित आन्तरिक स्थल में मैदान व झील का क्षेत्र, और (3) उत्तरी पर्वतीय शीत प्रधान पहाड़ी क्षेत्र। बेबीलोनिया नहरी सिंचाई व्यवस्था वाला क्षेत्र का भी स्ट्राबो ने विस्तृत वर्णन प्रस्तुत किया है। मृत सागर के खारेपन की विशिष्टता की ओर भी उसने ध्यान आकर्षित किया।[16] यह पुस्तक अरब के वर्णन के साथ समयानुसार ज्ञान प्रदान कर समाप्त होती है।

स्ट्राबो की महान् कृति की अन्तिम सत्रहवीं ज़िल्द अफ्रीका से संबंधित है, और इसका दो-तिहाई भाग मिश्र के भूगोल से भरा है। इसमें मिश्र की पर्याप्त सूचनाएँ हैं, क्योंकि इसके स्रोत एलेक्जेण्ड्रिया की पुस्तकालय में यूनानियों के विस्तृत आलेख मौजूद थे। यह पहले ही

कहा जा चुका है कि स्वयं स्ट्राबो ने नील नदी के ऊपरी भाग (प्रथम प्रपात) तक यात्रा की थी। उसने नील के डेल्टा का अत्यन्त गहराई से, उसकी बारीकियों का वर्णन किया है। वह नील में आने वाली बाढ़ का वर्णन विस्तारपूर्वक कर सका। यह विषय यूनानियों में विचार-विमर्श का बना था। बाढ़ के कारणों को स्पष्ट करते हुए वह व्यक्त करता है कि ग्रीष्मकाल में इथोपिया के पर्वतों में अधिक वर्षा की वजह से प्रतिवर्ष ऐसी बाढ़ नदी में आती है।[17]

नील नदी के स्ट्राबो द्वारा प्रस्तुत वर्णन विशेष रूप से रोचक बन पड़े हैं। उसने थेब्स की नदी भी देखी जहाँ वह साइएन तक जा पहुँचा था। कदाचित् स्ट्राबो मोइरिस झील तक व प्रसिद्ध लेबरिन्थ (गुफा) तक गया था। उसने लीबिया के मरुद्यानों का भी वर्णन प्रस्तुत किया जो चारों ओर से मरुस्थल से घिरा आवासित क्षेत्र है जैसे समुद्र में द्वीप हों।[18]

नील नदी के अलावा शेष अफ्रीका के बारे में स्ट्राबो का ज्ञान बहुत कम था। महाद्वीप की आकृति यूनानियों ने जैसी वर्णित की, वह वैसी ही मानता था। उसने महाद्वीप का एक समकोणीय त्रिभुज की भाँति वर्णन किया जिसके आधार पर भूमध्यसागर तट था, और छोटी भुजा नील द्वारा बनकर इथोपिया से गुज़रती हुई महासागर में जा मिली है। उसने इस तथ्य पर जोर दिया कि लीबिया की सभी जनजातियाँ एक जैसी ही हैं, और पहनावे व आदतों में मिलती-जुलती हैं। उसने यह संकेत दिया कि लीबिया के अन्तरंग में दो राष्ट्र हैं-एक है फारूसियन (Pharusian) व दूसरा निग्रेट्स (Nigrates) जो इथोपिया का पश्चिमी भाग घेर रहे हैं। कार्थेज व साइरेनइक के मध्य का तट का वर्णन पर्याप्त विस्तार से दिया है, परन्तु फोरचून द्वीपों का वर्णन नदारद है।

उपरोक्त विवरण से स्पष्ट हो जाता है कि स्ट्राबो एकमात्र भूगोलविद् था जिसने अत्यन्त सरल व रोचकता से प्राचीनकालीन भूगोल की शाखाओं-ऐतिहासिक, राजनीतिक, भौतिक एवं गणितीय के बारे में लिखा।

टॉलेमी (Ptalemy 90-168 ई.)

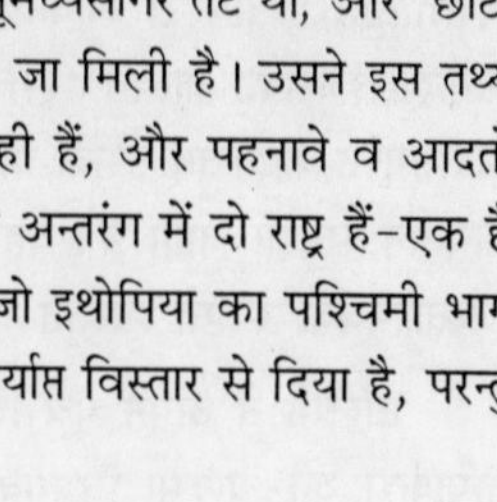

क्लॉडियस टॉलेमी मिश्र का मूल निवासी था। वह ईसा की दूसरी सदी के मध्य में एलेक्जेण्ड्रिया में रहता था। वहीं उसने लेखन कार्य किया। वह ऐसे प्रतिभाशाली व्यक्तियों में गिना जाता है जिसने गणितीय भूगोल के ठोस नियमों व सिद्धांतों को विकसित किया। उसके लेखों ने आविष्कार के महान् युग (14वीं, 15वीं ई.) के भूगोलवेत्ताओं एवं खोजकर्ताओं को प्रेरणा प्रदान की। अज्ञात देशों की खोज में उसके प्रयास अद्वितीय थे।

टॉलेमी के जन्म स्थान व प्रारम्भिक जीवन के बारे में जानकारी कम उपलब्ध है। यह धारणा कि वह पेलुसियम में जन्मा, सभी को स्वीकार नहीं थी।[19] वह काल जब उसने

महान कार्य किए, अस्पष्ट हैं। परन्तु डे मॉरगन का कथन है कि खगोल विज्ञानी की तिथि उसके कार्यों में प्रकट होती है।[20] यह निश्चित है कि उसने 139 ई. में अवलोकन (Observation) किए। कुछ आलोचकों ने उसे भाव-हरण कर्ता (Plagiarist) माना है, वह टाइर का मारिनस (Marinus of Tyre) के प्रति ऋणी समझा जाता। उसने मात्र मारिनस के कार्यों पर सुधार कार्य किए। टॉलेमी के प्रति ऐसी आलोचना अनुचित है। निस्संदेह उसने मारिनस व हिपार्कस की सामग्री का दुरुपयोग किया था, परन्तु उसे टॉलेमी ने अत्यन्त सुविधाजनक व वैज्ञानिक स्वरूप दिया। ब्रह्माण्ड के संबंध में उसके विचार अरस्तु से मेल खाते और पृथ्वी को वह गोल व ब्रह्माण्ड केन्द्र में स्थिर मानता। पृथ्वी के चारों ओर अन्य पिण्ड गोलाकार कक्ष में चक्कर काटते हैं। यह सिद्धांत (Geocentric) सत्रहवीं सदी में कॉपर्निकस (Copernicus) के समय तक स्वीकृत बना था।

गणितीय भूगोल में टॉलेमी का निजी योगदान अत्यन्त प्रशंसनीय है, और सदियों तक मान्यता प्राप्त करता रहा। उसका सर्वोत्तम ज्ञात कार्य The Syntaxis है। यह The Almagast नाम से लोकप्रिय बना। यह अरबी शब्द यूनानी, शीर्षक E-Megiste से निकला जिसका तात्पर्य 'Great Synthesis', अर्थात् महान संश्लेषण है। टॉलेमी का अल्मागस्ट कदाचित् उसके प्रारम्भिक कार्यों में शामिल शास्त्रीय खगोल विज्ञान में महत्त्वपूर्ण योगदान समझा जाता है। यह सूर्य, चन्द्रमा व ग्रहों की गति संबंधी गणितीय सिद्धांत को विस्तारपूर्वक स्पष्टत. प्रस्तुत करता है।

टॉलेमी ने अपने पूर्व विद्वानों के सौर्य्य-सिद्धांत को स्वीकार किया। विशेषत: उसने हिपार्कस की चन्द्रमा विषयक अवधारणा में सुधार किया। टॉलेमी का मौलिक योगदान प्रत्येक ग्रहों की गति के बारे में विस्तार से स्पष्ट किए प्रयास हैं। पिण्डों की स्थितियों के बारे में पूर्वभासित ज्यामितीय-मॉडलों का प्रयोग टॉलेमी की महत्त्वपूर्ण देन है। केन्द्रित बनी मूल पृथ्वी की व्यवस्था के फ्रेम सहित वृत्तों के संयोजन-सिद्धांत (Epicycles) को टॉलेमी ने पिण्डों की स्थिति की भविष्यवाणी हेतु प्रयोग में लाया था।

घूर्णी-गोल (Rotating Sphere) के अंदर तारगणों को टॉलेमी स्थिर बिन्दु मानता था। उसकी मान्यता थी कि ग्रह तारों की तुलना में पृथ्वी के अधिक निकट हैं, परन्तु चन्द्रमा की तुलना में दूर हैं।

उसकी कृति अल्मागस्ट के दो भागों में तारागणों की विस्तृत सूची का संग्रह (Catalogue of Stars) है। उसने तारागणों की गणितीय व्यवस्था का वर्णन किया और अक्षांश व देशांशों का निर्धारण किया। प्रत्येक की कान्तिमान भी उसने इंगित की। इस सूची में 1,022 पिण्डों का उल्लेख है जो 48 पुंजों (Constellations) के दल में एकत्र हैं। टॉलेमी ने चंद्रमा की कक्ष में अनियमित गति का भी पता लगाया। उसकी कृति अल्मागस्ट को उस सदी तक ख्याति मिली, जब तक कॉपरनिकस का सूर्य-केन्द्रित सिद्धांत (Heliocentric Theory) 1543 में De Revolutionibus में प्रकट हुआ।

टॉलेमी की दूसरी महत्त्वपूर्ण रचना 'द ज्योग्राफी' है जिसे भूगोल की गाइड कहते हैं। इसमें मानचित्र प्रक्षेपों के उत्तम सिद्धांत हैं। इसमें स्थानों की उनके अक्षांश-देशांतरों सहित सूची दी है। इसमें प्रत्येक महाद्वीप, देश व जनजाति का वर्णन संक्षेप में दिया है। यह पुस्तक विश्व के मानचित्र-यूरोप, उत्तरी अफ्रीका व अधिकांश एशिया सहित विशेष क्षेत्रों के 26 मानचित्रों का भी संग्रह है।

उसके दो लघु कार्यों में 'द ऑपटिक्स' (प्रकाश-विज्ञान) और 'द टेट्राबिब्लोस' (चतुर्क्षार विज्ञान) हैं। ये फलित ज्योतिष सहित क्रमश: परावर्तन और अपवर्तन से अवगत कराते हैं। टॉलेमी की कृतियाँ, (प्रकाश-विज्ञान को छोड़) सभी महत्त्वपूर्ण व प्रभावी बनीं।

उसकी 'भूगोल की गाइड' कृति में ज्ञात स्थानों की अक्षांश-देशांश व्यवस्था सहित सारिणी-सूची (Tabulated list) है। वह भूगोल का उद्देश्य समस्त जगत् की पूर्ण दृष्टि द्वारा वर्णन मानता था और भूगोल को प्रदेश-वर्णन से भिन्न समझता था। वह कहता था कि कोरोग्राफी (Chorography) प्रदेश-वर्णन केवल भागों का वर्णन है, जैसे शरीर के बारे में केवल उनके आँख-कान का वर्णन करना। टॉलेमी का मत था कि भूगोल-विज्ञान मानचित्र निर्माण कला वर्णन से संबंधित विषय है।[21] उसकी यह धारणा उसकी पुस्तक में पूरी तरह छायी है। टॉलेमी का प्रधान उद्देश्य विश्व के मानचित्र को खगोल-विज्ञान के नियमों के आधार पर सुधारना था। अतएव वह मानचित्र रचना के विज्ञानियों, इरेटॉस्थनीज व हिपार्कस का ही अनुगामी था। वह हिपार्कस के मत का दृढ़ता से पालन करता था कि विश्व-मानचित्र की सही रचना सभी महत्त्वपूर्ण बिन्दुओं की अक्षांश-देशांतरों, खगोलीय अवलोकन के आधार पर ही करना वैज्ञानिक है। परन्तु इस कार्य हेतु पूर्ण सुविधा दुर्भाग्य से उसे नहीं मिली। अत: उसने यात्रियों एवं जहाजरान-मार्गदर्शकों द्वारा आकलन की दूरियों पर ही विश्वास किया। ये अनुमान सही नहीं थे, और अनेक दशाओं में तो बहुत बढ़े-चढ़े अतिरेक होते थे।

उसकी रचना 'The Guide to Geography' (दी गाईड टू ज्योग्राफी) की आठ जिल्दें (Volumes) थीं। वह आस्ट्रेलिया को अज्ञात देश (Terra-Australis Incognita) मान कर हिन्द महासागर को बन्द समुद्र समझता था। यह विचार उसे हिपार्कस से ही मिला।

टॉलेमी का गणितीय भूगोल में योगदान अनेक शीर्षकों, जैसे पृथ्वी की परिधि, अधिवासित विश्व का परिमाण (Dimensions of the Habitable World) प्रधान योम्योत्तर, प्रक्षेप-निर्माण और अंतत: उसके मानचित्र की प्रमुख विशेषताएँ व विश्व के विभिन्न भागों का वर्णन के अंतर्गत किया जा सकता है। (Fig. 2.2)

पृथ्वी की परिधि की माप हेतु उसने विषुवत् वृत्त एवं अन्य दीर्घवृत्तों के विभाजन को हिपार्कस से ग्रहण कर पूर्ण कार्य किया। उसने वृत्त को 360 अंशों में प्रथम बार विभक्त किया और प्रत्येक अंश के बीच की दूरी 500 स्टेडिया (50 मील) मानी जो पहले 600 स्टेडिया

Figure 2.2 टॉलेमी का विश्व का मानचित्र 2.2

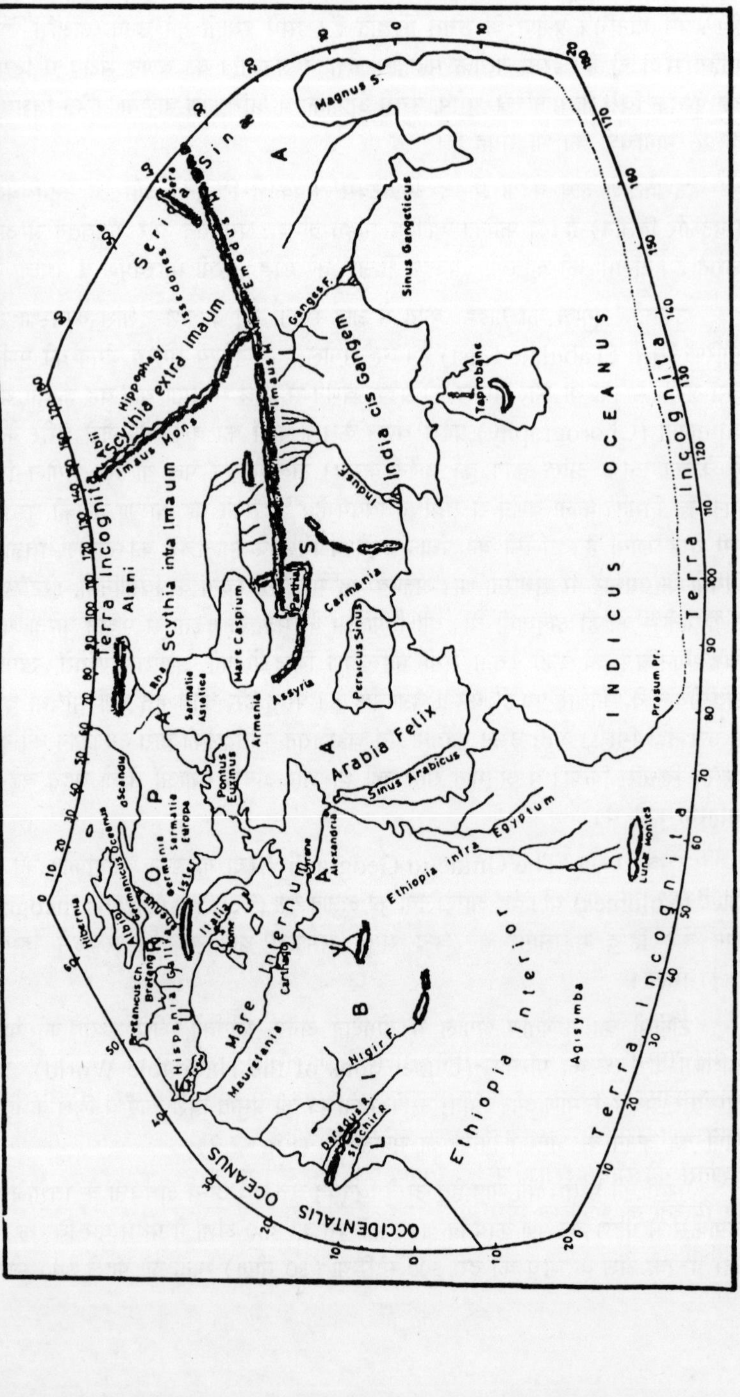

(60 मील) समझी जाती थी[22] जो बढ़ा-चढ़ा कर अनुमान की गई थी। यात्रियों व जहाजरान मार्ग दर्शकों के गलत अनुमानों से भी टॉलेमी के द्वारा रचा गया विश्व-मानचित्र भी विकृत (तोड़ा-मरोड़ा) बना था।

इरेटॉस्थनीज की समानान्तर आधारभूत वृत्त सेक्रेड प्रोमोनटरी से जिब्राल्टर अंतरीप व रोडेद्वीप से गुज़र कर इस खाड़ी तक जाती थी, इसे टॉलेमी विषुवत्-वृत्त से 36 अंश उत्तर में मानता था। टॉलेमी ने देशांतर रेखाओं का मापन इसी समानान्तर के सहारे किया। परन्तु टॉलेमी की यह गलती थी कि उसने सार्डीनिया द्वीप को काफी दक्षिणी वृत्त पर रखा जब कि वह 39°12′ उत्तर में स्थित है। उसकी इसी गलती से सिसली की आकृति और उसकी तीनों भुजाओं में विकृति आई। परन्तु मसीलिया जो स्ट्राबो के लिए अस्पष्ट बना रहा, टॉलेमी ने उसकी स्थिति 43°5′ सही निर्धारित की।

प्रधान मध्याह्न को टॉलेमी केनारी द्वीपों से गुजरता अनुमानित करता था। टॉलेमी के काल में इन द्वीपों की स्थिति निर्धारित नहीं थी। अतएव उसका अनुमान सही नहीं था। उसने उसे केप विन्सेंट (सेक्रेड प्रामोनटरी) से ढाई अंश पश्चिम की ओर से गुजरती माना जबकि वह 9 अंश पश्चिम से गुज़रती है। कुल मिलाकर ज्ञात विश्व की लम्बाई भी उसने फॉरचुनेट द्वीपों से चीन में सेरा (चीन में पूर्व की ओर) तक 180 अंश मानी थी, जबकि वस्तुतः वह लगभग 130 अंश पर है। अतएव विश्व के पूर्व व पश्चिमी छोर के मध्य आंतरिक दूरियों को घटाकर अनुमान करना एक दृष्टि से अच्छा ही रहा। इससे प्रेरित बन कोलम्बस द्वारा अमेरिका की खोज में अप्रत्यक्ष रूप से सहायता प्राप्त हुई।[23]

टॉलेमी ने अपने पूर्व-विद्वानों (हिकेटियस, हिरोडोटस, स्ट्राबो आदि) की इस परिकल्पना (Hypothesis) को नकार दिया कि एशिया के पूर्व में महासागर है। वह सेरा व सिने को (Sera-Sine) जो चीन में थे, एशिया के पूर्वतम बिन्दु मानता था।[24] सेरा के पार का क्षेत्र उसके लिए अज्ञात (Terra-Incogntia) था। ज्ञात विश्व की चौड़ाई के बारे में वह थूले (Thule) को जिसे मेरिनस ने 63 अंश उत्तर में निर्धारित किया, मानता था। यहाँ सबसे अधिक लम्बे दिन की अवधि 20 घण्टे और प्रसुम (165 देशांतर) उसकी दक्षिणी सीमा थी।

विगत समय के मानचित्रों में बड़ी मात्रा में सुधार करना उसका मानचित्र कला रचना में महत्त्वपूर्ण योगदान है। उसने विश्व-मानचित्र के अक्षांश-देशांश जाल पर तैयार कर प्रक्षेप को अपनाया। प्रक्षेपों की गणितीय रचना में वस्तुतः टॉलेमी अपने पूर्व-विद्वानों से बहुत आगे था। उसने विषुवत् व अक्षांशों को समानान्तर वक्र-रेखाओं से प्रदर्शित किया, और देशांतरों को सीधी-रेखाओं से जो विषुवत् को समकोण पर विभक्त करतीं और ध्रुव-बिन्दु पर मिलतीं जो मानचित्र सीमा से बाहर (अधिवासित विश्व के बाहर) था। बाद में देशांतर रेखाओं को भी वक्राकार बनाया जो यथार्थ स्थिति है।[25] उसका मानचित्र जिस पर अक्षांश-देशांतर खिंची थी, शुद्ध गोलार्द्ध (Hemisphere) नहीं था। टॉलेमी के रचित जलवायु

Figure 2.3 *टॉलेमी का विश्व (150 ई.)*

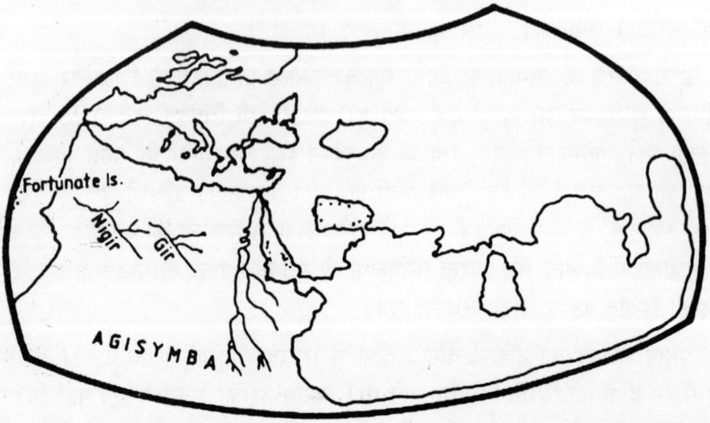

कटिबंध (Climata) हिपार्कस के ग्लोब के तल पर दर्शायी दूरियाँ थीं।[26] इनकी चौड़ाई में अंतरों की अंशों में माप की गई जैसी हिपार्कस ने दर्शायी थीं। इसे सबसे अधिक लम्बे दिन की अवधि द्वारा विषुवत से उत्तर की ओर प्रकट किया।[27] इस रेखा से 45° उत्तर अक्षांश तक जहाँ सबसे अधिक लम्बे दिन की अवधि साढ़े-पन्द्रह घण्टे थी, कटिबंध की चौड़ाई एक घण्टे के चौथाई भाग के बराबर निर्धारित की, पर 45° उत्तर के आगे आधे-आधे घण्टे के अंतर द्वारा निर्धारित थी।[28]

टॉलेमी का मुख्य ध्येय अपने वि श्व-मानचित्र की व्याख्या कर उसे स्पष्ट करना था। वह गणितीय भूगोल को भी पूर्ण बनाना चाहता था। यह उचित होगा कि विश्व के उन भागों की सूचना, जिसकी उसे जानकारी थी, संक्षेप में वर्णन करें। इससे यह पहचान हो सकेगी कि उसने अपने पूर्व-विद्वानों के मानचित्रों में क्या सुधार किए। (Fig. 2.3)

टॉलेमी ने पश्चिमी यूरोप के प्रदेशों व देशों का वर्णन किया और अपनी पुस्तक की दूसरी ज़िल्द में उसने दो खण्डों में ब्रिटिश द्वीपों का विवरण दिया। सीजर के नेतृत्व में रोमन सेनाओं ने ब्रिटिश द्वीपों में भारी विजय हासिल की। विशेषकर इंग्लैण्ड व वेल्स में विजय अभियान महत्त्वपूर्ण थे। रोमन सेना नायक एग्रीकोल (Agricola) इंग्लैण्ड व स्कॉटलैण्ड के पूर्वी व उत्तरी तटों तक पहुँचा। पड़ोस में हाइबेनिया अथवा इबरनिया (आयरलैण्ड) को रोमवासियों ने नहीं छुआ, और उन्हें एलबाना (डबलिन) का ज्ञान था।[29] टॉलेमी द्वारा रचा ब्रिटिश द्वीपों के मानचित्र में अक्षांश-देशांतरों को बहुत कुछ सही आकृति में दर्शाया गया। (Fig. 2.3) (थेम्स की एश्चुएरी), बाश, सॉल्वेफर्थ, क्लाइड आदि सभी सही दर्शाए गए। कॉर्नवेल (लैण्ड्स-एण्ड), सेंट डेविड हैड (पेम्ब्रोक वेल्स), कार्डीगन शायर (वेल्स) और स्कॉटलैण्ड के भाग, फर्थ का उत्तरी भाग को गलती से अधिक उत्तर में पूर्व की ओर धकेल

Figure 2.4 *टॉलेमी के ब्रिटिश द्वीपों के तट*

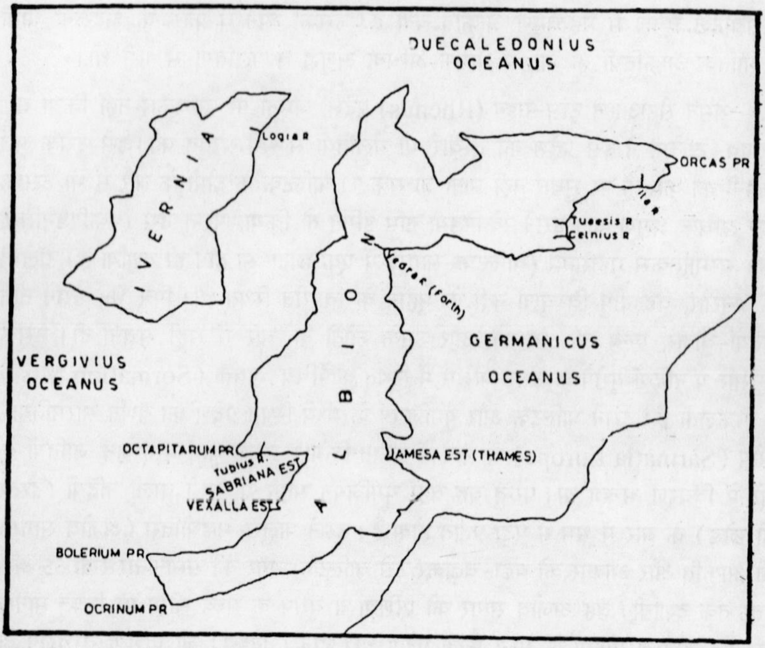

कर दर्शाया गया है। यह प्रक्षेप के डिजायन व उसकी कमजोरी के कारण हो सकता है, अथवा अतिरंजित सूचनावश ऐसा हुआ होगा।[30] आयरलैण्ड को अधिक उच्च-अक्षांशों में स्थित अंकित किया गया। नामों, भौतिक आकृतियों, स्थानों, जन-जातियों और ब्रिटिश द्वीपों के बारे में उसकी समझ भौगोलिक अंकन की दृष्टि से उच्चस्तर की थी। परन्तु उत्तर व पश्चिमी तट के बारे में टॉलेमी के विचार अतिरंजित और अशुद्ध बन उठे थे। (Fig. 2.4)

रोमवासियों को फ्राँस (Gaul) और स्पेन (Iberis) का अच्छा ज्ञान था। उन्होंने इन देशों में अनेक सड़कों को बनवाया, जिससे उत्तरी-पश्चिमी यूरोप और ब्रिटिश द्वीपों पर आवागमन की सुविधा हो जाए। अतएव टॉलेमी के पास इन देशों की आकृति व इनके वर्णन रचने व करने के पर्याप्त साधन थे। वह इनकी विश्वसनीय तस्वीर प्रस्तुत कर सका। रोमन अधिकारियों व प्रशंसकों को आदेश थे कि वे प्रदेशों की सामाजिक-आर्थिक दशाओं की जानकारी केन्द्र रोम को देते रहें। परन्तु इन सुविधाओं के होते हुए भी टॉलेमी ने हिस्पानिया स्पेन के बारे में गलतियाँ कीं। उसने स्पेन के पश्चिमी तट को अनावश्यक रूप से विस्तार दिया, और उसके छोर को अधिक उत्तर-पश्चिम में बढ़ा दिया। सेक्रेड प्रोमोनटरी अधिक उत्तर-पश्चिम में जा पहुँचा। (2.2) वह टागस नदी के मुहाने पर नहीं दर्शाया गया और उसके पश्चिम में जा पहुँचा।[31] उसे फ्रांस के उत्तर-पश्चिम प्रायद्वीप-ब्रिएतांग प्रायद्वीप का भी अपूर्ण,

अशुद्ध ज्ञान था जिसे पश्चिम में प्रक्षेपित किया। उसने नॉरमण्डो की ओर भी ध्यान नहीं दिया जो ब्रिटिश चैनल में महत्वपूर्ण आकृति बनी है। उसकी स्पेन व फ्रांस के अंदरूनी भागों में भौतिक आकृतियों के बारे में धारणा अधिक अशुद्ध व गलतियों से भरी थी।

रोमन सेनाओं ने ट्रांस-राइन (Rhenus) प्रदेश, जर्मनी पर अधिकार नहीं किया था। अतएव, टॉलेमी ने इस प्रदेश की तस्वीर भी गलतियों से भरी प्रस्तुत की। इसे उसके पूर्व विद्वानों की कृतियों पर सुधार नहीं माना जा सकता। बाल्टिक के द्वीपों के बारे में भी उसका ज्ञान अधिक अपूर्ण था। उसने स्केण्डिया नाम इंगित तो किया, परन्तु उसे (स्केण्डिनेविया को) सरमातिकस महासागर (बाल्टिक-सागर) में एक छोटा-सा द्वीप ही दर्शाया है। टॉलेमी के अनुसार, वह द्वीप विस्चुला नदी के मुहाने के विपरीत स्थित था। फिर भी, उसने तीन नदियों-वीजर, एल्ब और विचुला और उनके स्रोतों के बारे में सही सूचना दी। उसके अनुसार ये नदियाँ यूरोप के उत्तर-पश्चिम में स्थित कार्पेथियन पर्वतों (Sormation Mts.) से निकलती हैं। उसने बाल्टिक और यूगज़ियन के मध्य स्थित प्रदेश का वर्णन सारमतिया-यूरोप (Sarmatia Europe) के रूप में प्रस्तुत किया। उसका वहाँ बसी जन-जातियों के बारे में विवरण अच्छा था। परन्तु वह वहाँ यूगज़ियन सागर में गिरने वाली नदियों (इस्तर को छोड़) के बारे में भ्रम में पड़ा प्रतीत होता है। उसने पालुस-माइयोतिस (अजोव सागर) की आकृति और आकार को बढ़ा-चढ़ाकर उसे बाल्टिक सागर की समानान्तर रेखा 55 अंश उत्तर तक दर्शायी। वह अजोव सागर को एशिया व यूरोप के मध्य सीमा पर स्थित मानता था। यह डॉन व वोल्गा के मध्य फैला प्रदेश था। डॉन (तनेइस) जो एशिया व यूरोप के बीच स्वीकृत सीमा थी, उसे मानचित्र में उसने अधिक उत्तर में उच्च अक्षांशों में स्थित दर्शाया। परन्तु टॉलेमी को प्रथम व्यक्ति मानते हैं जिसने मानचित्र[32] में राह (वोल्गा) नदी की पहचान की और अंकित किया।

कैस्पियन का उसे अधिक शुद्ध ज्ञान था जिसे उसने एक द्वीप-सागर (Island Sea) दर्शाया। हिरोडोटस (यूनानी इतिहासकार व भूगोलविद) सर्वप्रथम था, जिसने इस विचार को प्रस्तुत किया था। परन्तु एलेक्जेण्ड्रियाई काल में इस विचार को अस्वीकृत कर दिया गया था। परन्तु टॉलेमी को इसके विस्तार के बारे में सही ज्ञान नहीं था। कैस्पियन को वह पश्चिम से पूर्व की ओर अधिकतम विस्तृत मान बैठा था। उसने उसका उत्तर-दक्षिण विस्तार कम दर्शाया। परन्तु उसे ज्ञान था कि राह (वोल्गा) नदी अपना जल कैस्पियन में छोड़ती है।

कैस्पियन प्रदेश, वहाँ के पर्वत व द्वीपों तथा तटीय क्षेत्र का टॉलेमी को अच्छा व विश्वसनीय ज्ञान उपलब्ध था। फिर भी, उसने इटली, जिनोवा-खाड़ी व एड्रियाटिक सागर को मानचित्र में दर्शाने में गलतियाँ कीं। कुछ भी कहें, उसका यूनान का मानचित्र उसके पूर्व-विद्वानों के मानचित्रों की तुलना में अधिक उत्तम था।

टॉलेमी ने इमाउस (अल्टाई) पर्वतों के दोनों ओर मध्य एशिया प्रदेश के भूगोल का वर्णन सावधानीपूर्वक करते हुए अबीयाई, अलानी, हिप्पोफागी व इजोडोनस जन-जातियों के विवरण दिए। उसे सीथिया जो पूर्व में सेरिस (चीन) से सटा हुआ था, उसका अच्छा

ज्ञान था (Fig. 2.2)। इसे वह अधिवासित जगत् (Habitable World) का पूर्वतम स्थित छोर मानता था। वह एक बड़ा व्यापारिक केन्द्र था जो सिल्क व सिल्क-वस्तुओं के लिए विख्यात था। मध्य एशिया की मरुभूमि और कष्टदायक भूमि को पार कर कारवाँ चीन पहुँचा करते थे।[33] उसने मानचित्र में सेरिकस की दो मुख्य नदियों--एचार्दिस एवं बन्तीसस को दर्शाया। ये दोनों इस भू-भाग पर पश्चिम से पूर्व की ओर प्रवाहित बनी थीं (Fig. 2.2)। यह आश्चर्य की बात है कि इन दोनों नदियों के बारे में उसकी सूचना उसे इस निष्कर्ष पर कैसे ले गयीं कि वे सागर अथवा महासागर में गिरती हैं।

सबसे पहले टॉलेमी ने ही गंगा-खाड़ी (बंगाल की खाड़ी) को मानचित्र में दर्शाया। गंगा व उसकी मुख्य सहायक नदियों का स्रोत हिमालय में उसने ही अंकित किया। भारत के पश्चिमी तट को उत्तर से दक्षिण दिशा में सही अनुमानित किया, व तापरोबान (श्रीलंका) को पश्चिम तट के विपरीत स्थित दर्शाया था। कुल मिलाकर उसकी सोच श्रीलंका की आकृति की रूपरेखा के बारे में ठीक लगती है। परन्तु टॉलेमी ने उसके विस्तार को बढ़ा-चढ़ाकर 15° दक्षिण तक दर्शाया, जो सही नहीं है। वहाँ की जन-जातियों व लोगों के बारे में सुनी-सुनाई सूचना के आधार पर उसने उनका विवरण अच्छा दिया है।

ट्रांस-गंगा प्रदेश (India-Trans Gangem) के बारे में उसकी सूचना अस्पष्ट व अपूर्ण थीं। बंगाल- खाड़ी के पूर्व में चिरसे (Chryse) स्वर्ण द्वीप अथवा आधुनिक मलाया प्रायद्वीप को उसने पहचाना। इसके आगे पूर्व में उसने कट्टीगारे (हनोई) को अनाम-तट के समीप दर्शाया। मेगानस (स्याम-खाड़ी, थाइलैण्ड) को उसने दर्शाया। उसने हिन्द महासागर को एक विस्तृत आंतरिक सागर समझा, जो अंतत: पूर्वी अफ्रीका तट के अज्ञात प्रदेश से जा मिला था। (Fig. 2.2) वह हिन्द महासागर को चारों ओर से घिरा मानता था। अज्ञातपूर्वी महासागर के बारे में यह परिकल्पना (Hypothesis) ही थी जो हिपार्कस द्वारा भी व्यक्त की जा चुकी थी।

अरेबिकस साइनस (Red Sea), इरीथ्रीयन (Arabian Sea) के तट, और पर्सिकस साइनस (Persian Gulf) के बारे में टॉलेमी के विवरण अपने पूर्व-विद्वानों से कहीं अधिक उत्तम हैं। यह विवरण विशेषत: सुस्पष्ट है जो ओमान तट से प्रक्षेपित बना-अरेबिया प्राय:द्वीप (Arbia Felix) की यह विशिष्ट आकृति पूर्व के विद्वानों ने अनदेखी की। भूगोल में इसका महत्व टॉलेमी ने ही दिया।[34] परन्तु अरब प्राय:द्वीप के आंतरिक भागों के बारे में ज्ञान लगभग किसी को नहीं था, क्योंकि वह भाग अत्यन्त कष्टदायक, दुर्गम था और उसके विषय में सुनी-सुनायी सूचनाएँ भी नहीं मिली थीं।

अफ्रीका के पूर्वी तट के बारे में उसका ज्ञान प्रसुम अन्तरीप तक सीमित था जिसे टॉलेमी ने 15°38′ पर माना। परन्तु पूर्वी तट-गार्डाफुई अन्तरीप तक ज्ञात बन चुका था। उसने अनेक यात्रियों का उल्लेख किया है जो अरोमाता (Somali Coast) के पार रापटन (टैंगानिका) जा पहुँचे थे। टॉलेमी को अपने पूर्व-विद्वानों में अफ्रीका की जानकारी

Figure 2.5 *टॉलेमी का उत्तरी-पश्चिमी अफ्रीका*

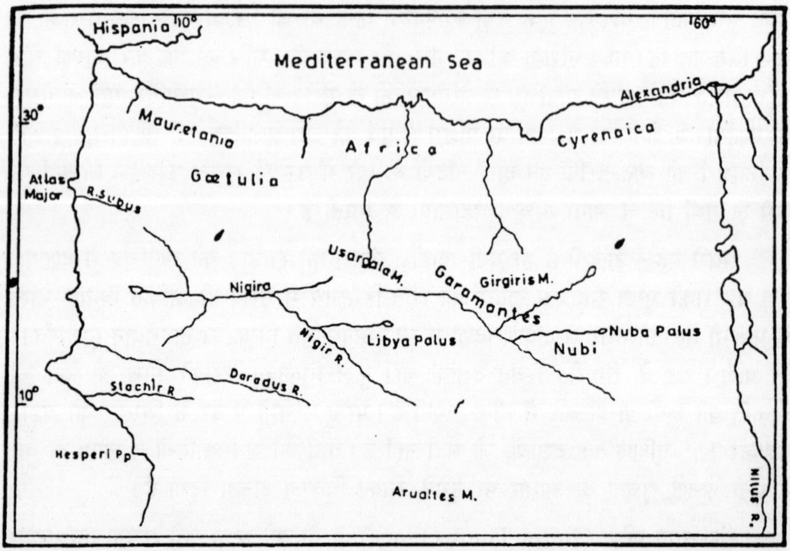

(मारिनस को छोड़कर) अच्छी थी। नील नदी के स्रोत के विषय में विवादपूर्ण समस्या भी हल हो गई। टॉलेमी ने यह बताया कि रोमन अभियान का नेता नीरो नील के दलदलों तक जा पहुँचा था। उसके अभिलेखों के आधार पर टॉलेमी नील नदी का स्रोत कोलोई झील (तंजा झील) में स्थापित करता है। यह झील अबीसीनिया की पहाड़ियों में है जहाँ से बहर-एल-अज़रेक (नीली नील) जल ग्रहण करती है। वह सफेद नील का स्रोत लूनर पर्वतों की ऊँची चोटियों में मानता था। हिममण्डित लूनर पर्वत किलीमनजारो (5,895 मीटर) और केन्या (5,652 मीटर) ही हैं जो झीलों व हिन्द महासागर के मध्य स्थित हैं (2.2)। टॉलेमी ने अक्षांश-देशांतरों की सारिणी देते हुए गिर (Gir) व नाइजर (Niger) नदियों का उल्लेख किया। वह इनका स्रोत भी पर्वतों की शृंखला में मानता था। परन्तु इनके प्रवाह मार्ग सहारा के उत्तर व पश्चिमी भागों पर एटलस के दक्षिण में किए हैं। अत: इससे विदित है कि ये नदियाँ लीबिया के पश्चिमी भाग की थीं। (Fig. 2.5) अब इनके वर्तमान प्रवाह मार्गों का अता-पता नहीं है। फिर भी, इन नदियों को नाइजीरिया की नाइजर मानने की भूल नहीं की जानी चाहिए।

अफ्रीका के पश्चिमी तट पर रोम के व्यापारियों का आना-जाना था। वे इससे व मोरीतानिया तट (मोरक्को व अलजीरिया) से अच्छी प्रकार परिचित थे। टॉलेमी ने द्रादुस व स्ताचिर नदियों तथा हेसपेरी के प्रायःद्वीप का वर्णन किया है। यह संदेहजनक ही है कि वह कभी सिएरालियोन के आगे गया। परन्तु उसने विषुवतीय अफ्रीका व सूडान के बीच फैले

प्रदेश का वर्णन किया, जिसे उसने इथोपिया का नाम दिया।

टॉलेमी द्वारा तैयार किए विश्व मानचित्र में भू-गोलार्द्ध के आकार को बढ़ा-चढ़ाकर दर्शाया है। काला सागर व अजोव सागर की आकृतियाँ भौंडी-विकृत दर्शायी हैं। कैस्पियन सागर को आंतरिक झील दर्शाया है। मानचित्र में दक्षिण-पूर्व एशिया व अफ्रीका में कोई सम्बन्ध नहीं दर्शाया है और हिन्द महासागर भूमि से घिरा बन्द सागर बन उठा है। (Fig. 2.2)

टॉलेमी के महान् कार्यों के कुछ भी अवगुण क्यों न गिनाए जाएँ, हमें अपने मस्तिष्क में यह बात ध्यान रखनी चाहिए कि विश्वसनीय सूचनाओं के अभाव में और अवलोकन पर आधारित सामग्री की कमी के कारण होते हुए भी प्रक्षेप पर आधारित वैज्ञानिक मानचित्र तैयार करना कोई सरल कार्य नहीं था। यह उसके प्रयासों का ही फल था कि नवीन दुनिया (उत्तरी व दक्षिणी अमेरिका) और आस्ट्रेलिया व अण्टार्कटिका के महाद्वीपों की 15वीं व 18वीं सदी के आविष्कर्ताओं व खोजियों ने उन्हें क्रमशः तेरह सौ व सोलह सौ वर्षों बाद खोज निकाला।

भूमध्यसागर में टॉलेमी की देशान्तर

अधोवर्णित तालिका में भूमध्यसागर की कतिपय महत्त्वपूर्ण स्थानों की देशांतर दी गई हैं। इन्हें टॉलेमी ने प्रधान याम्योत्तर के संबंध में गणना की। प्रधान-याम्योत्तर फार्चुनेट द्वीपों के फेरोद्वीप (Ferro-Island) से गुज़रती है।[35]

स्थान	टॉलेमी द्वारा निर्धारित देशांतर	वास्तविक देशांतर (फेरो द्वीप के पूर्व) प्रधान देशांतर
1. सेक्रेड प्रोमोनटरी (Sacred Promontory)	2°30'	9°20'
2. बेइतिस का मुहाना (Mouth of Baetis)	5°20'	12°0'
3. सार्डीनिया में कार्लिस (Carlis in Sardinia)	32°30'	27°30'
4. सिसली में लिबेइयोम (Lilybaeum in Sicily)	37°0'	30°45'
5. रोडे (Rhodes)	58°20'	46°45'
6. आइसस (Issus)	69°20'	54°30'

यूनानियों और रोमन भूगोलवेत्ताओं का योगदान यद्यपि भूगोल की विभिन्न शाखाओं में अधिक मात्रा में था, उनके प्रधान योग को निम्न-भाँति संक्षिप्त रूप में व्यक्त किया जा सकता है-

1. टॉलेमी द्वारा व्यक्त क्षेत्र वर्णनी-भूगोल (Chorography) के अंतर्गत विस्तार से स्थानों के धरातल व इतिहास का वर्णन।
2. पृथ्वी की माप और मानचित्र-निर्माण
3. मानवता और पर्यावरण के मध्य दार्शनिक रुचि।

उनका मत है कि पर्यावरण मानवों को प्रभावित करता है, और मानव कुछ ही सीमा तक वातावरण को बदल सकते हैं।

अंधकार युग: यूरोप में अशान्ति व हलचल का युग
(Dark Age: Period of Turmoil)

फिनीशियनों, यूनानियों और रोमवासियों के बीच, क्लोडियस टॉलेमी ने निस्संदेह भौगोलिक विज्ञान में वह बिन्दु हासिल किया जहाँ तक विषय कभी नहीं पहुँचा था। रोमन साम्राज्य के पतन व छिन्न-भिन्न होने के साथ ही साहित्य, विज्ञान, खोजों आदि में भी विश्व के यूरोप व दक्षिण-पश्चिमी एशिया के भागों में गिरावट आयी। परन्तु इसका यह अभिप्राय नहीं है कि भूगोल का ज्ञान चीन, भारत व दक्षिण पूर्वी एशिया में प्रगति नहीं कर रहा था।

पाँच सौ सालों की अवधि (200 ई. से 700 ई.) के काल में ही टॉलेमी की The Guide to Geography के उपरान्त ऐसी हलचल और अशांति का युग आया कि एक भी मौलिक रचना विज्ञान के एवं मानवीय क्षेत्र में नहीं रची गई। भूगोल के सिद्धांत एवं देशों की खोज के अभ्यास जो यूनानी व रोमन काल में प्रतिष्ठा पर पहुँचे थे, वे निरन्तर पतन की ओर बढ़कर ओझल बनने लगे। यह गिरावट 300 ई. से 500 ई. के बीच तेजी से घटित हुई थी। इसके लिए निम्न दशाओं को उत्तरदायी माना जा सकता है-

(1) रोमन साम्राज्य के अनेक भाग बर्बर जातियों द्वारा छीन लिए गए, तथा वहाँ यात्रा करना कठिन था। उत्तरी अफ्रीका पर वनडालों (Vandals) का अधिकार हो गया। डेसिया, गॉल (फ्रांस) व स्पेन भी बर्बरों के अधीन बन गए जहाँ जन-जीवन अशांति से असुरक्षित बना था।

(2) मध्य व सुदूर-पूर्व के देशों पर फारसियों, अरब व अबीसीनियनों का अधिकार हो जाने से इन देशों से गुजरना असुरक्षित एवं दूभर बन उठा था। डेरियल दर्रे से होकर उत्तर की ओर का मार्ग भी असुरक्षित बना।

(3) राजनीतिक अस्थिरता के अतिरिक्त चर्च की गलत नीतियों एवं सोच-विचारों ने भी भूगोल के सैद्धांतिक अध्ययन को पतन की ओर धकेला। ईसाई-लेखकों का रुझान एवं प्रवृत्ति वैज्ञानिक सोच को बढ़ावा नहीं देती, और पृथ्वी के आकार-आकृति, गति आदि में खोजों को निरुत्साही कर रही थी। चर्च ने ब्रह्माण्ड-विज्ञान (Cosmography) को निरर्थक व फिजूल बताया और कहा कि मोसेज (Moses) ने इस बारे में कोई विचार नहीं दिया है। दुर्भाग्य से छठी व सातवीं सदी के पादरियों जैसे फादर इसीडोर व केसोडोप्रस ने

पृथ्वी का चौरस तल घोषित किया। तात्पर्य यह है कि टॉलेमी की विचारधारा गोलाकार पृथ्वी (Spherical Earth) अब धराशायी बनी और ज्ञान में उत्पत्ति-ग्रन्थ (Genesis) के शाब्दिक-निर्वचन से कोई प्रगति नहीं हो सकी।

इस अवनति के अंधकार काल में रोमवासी कुछ भी नया नहीं दे सके। धर्म की कट्टरता ने लोगों की बुद्धि को कुंठित बना दिया। वे किसी भी प्रकार की वैज्ञानिक शंका का समाधान नहीं खोज सकते थे, और चर्च की रूढ़िवादी सोच के विरुद्ध कुछ कहने का उनमें साहस शेष नहीं था। विश्व के बारे में यूनानियों व रोमवासियों द्वारा विकसित विचारों को चर्च की शिक्षाओं व नीतियों में पुनः ढाल कर अशुद्ध व विकृत बना दिया था। पृथ्वी एक चौरस डिस्क (थाली Disc) मान ली गई जिसके केन्द्र पर जेरुशलम स्थित था।

ईसा की तीसरी सदी (250 A.D.) में सोलीनस (Salinus) ने विश्व का सामान्य भौगोलिक विवरण प्रस्तुत किया जो Collective Rerum Memorabilum शीर्षक से प्रकट हुआ था। इसमें अनोखी विचित्र बातों का संकलन था जिसे भौगोलिक नहीं कहा जा सकता। वस्तुतः सोलीनस का प्रधान ध्येय अनोखी वस्तुओं का संकलन करना मात्र था। उसे प्लीनी (Pliny) व पोम्पोनियस (Pomponius) के भावों व विचारों का चोर ही समझा जाना चाहिए।

पोम्पोनियस मेला (Pomponiums Mela 335-391 A.D.)

इस काल में अंतिम इतिहासज्ञ और भूगोलवेत्ता था। उसे सैनिक प्रशिक्षण व अनुभव मिला। वह भूगोल व इतिहास के संबंधों की महत्ता और उनका सुरक्षा में उपयोग को समझता था। टॉलेमी के ज्ञान को उसने स्वतंत्रतापूर्वक उपयोग किया। परन्तु उसके प्रयास संक्षिप्त ही कहे जायेंगे। यह काल तीसरी सदी ई. से इस्लाम के उदय तक 'ईसाइयत' से प्रभावित था, जिसमें प्राचीन वैज्ञानिक संकल्पनाओं का हनन हुआ। उस समय की अवैज्ञानिक, तर्कशून्य ब्रह्माण्ड-विषयक धारणाएँ धर्म ग्रंथों पर आधारित थीं। राजनीतिक अस्थिरता के कारण यात्राएं व नवीन खोज कार्य कठिन बन उठे थे। पादरियों द्वारा यात्राएँ व सूचनाएं ही ज्ञान के एकमात्र साधन व स्रोत थे। इनके आधार पर ही प्रदेशों व विभिन्न देशों के विवरण उस काल में लिखे गए थे। वे सत्यता से परे और काफी मात्रा में भ्रम उत्पन्न करने वाले सिद्ध हुए।

विश्व के मानचित्र के बारे में चिर-प्रतिष्ठित काल के सही विचारों को भुला दिया गया, और उनके स्थान पर पुरानी गलतियों को दोहराया गया। फरमानस (Firmanus, 260-340 A.D.) जो ईसाइयत का अग्रज व घोर समर्थक था, वह पृथ्वी को गोलाकार नहीं मानता था। एलेक्जेण्ड्रिया के कॉसमोस (Cosmos of Alexandria, 600 A.D.) की ब्रह्माण्ड के बारे में व्याख्या उसकी पुस्तक क्रिश्चियन टॉपोग्राफी (Christian Topography) वर्णित है। यह 550 A.D. में लिखी जो भूगोल की उन सभी धारणाओं को नकारती है जो क्रिश्चियन काल के पूर्व में प्रचलित थीं। वह पृथ्वी के बारे में 'Moses Tabernacle'

Figure 2.6 *टा-इन-ओ मानचित्र (Orbis Terrarum)*

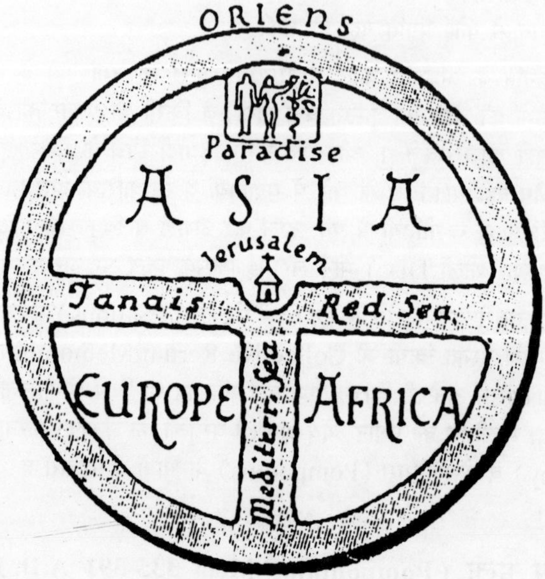

दिए गए भ्रमपूर्ण विचारों को प्रचार करने में जुटा था। उसके विचार बेवकूफी से भरे थे। पृथ्वी को वह समतल (Flat) मानता था जो चारों ओर ऊँची दीवारों से घिरी थी। इन्हीं ऊँची दीवारों पर अर्द्ध गोलाकार आकाश टिका था। इन्हीं गलत-सलत व ऊट-पटांग धारणाओं के कारण Christian Topography आने वाले विद्वानों व भूगोल-लेखकों को प्रभावित नहीं कर सकी। क्रिश्चियन यूरोप काल के दौरान मानचित्र-निर्माण कला में गिरावट आयी। यूनानी-रोमन काल में काफी अच्छी प्रकार सही निर्धारित व जानी-पहचानी तट रेखाओं को मानचित्र में गायब कर उनके स्थान पर काल्पनिक रचनाएँ की गईं और मानचित्र पूरी तरह काल्पनिक बन उठे। वह समय तथा-कथित T-O मानचित्रों का था। आवासित जगत् को एक वृत्ताकार आकार में महासागर द्वारा घिरा दर्शाया। विश्व-आकृति पूर्व की ओर अभिमुख बनी थी।[36] भूमि के मध्य भाग पर जलाशयों की व्यवस्था T-आकृति की थी, और T का तना भूमध्य सागर से घिरा था। T के एक सिरे पर एजियन व काला सागर थे, और दूसरे पर नील-नदी व लाल-सागर स्थित थे। विश्व के तीन भाग-एशिया, यूरोप व अफ्रीका, मानक-भाग के रूप में स्वीकृत थे। आवासित जगत का केन्द्र T के ठीक केन्द्र में जेरुसलम स्थित था। सुदूर पूर्व में आवासित दुनिया की सीमा के पार स्वर्ग (Paradise) था।[37] इसके उपरान्त भी सभी मानचित्र कपोल-कल्पित स्थानों, जानवरों, सांपों आदि से भरे थे। यह सब वैसा ही था जैसा कि गॉग व मगॉग के कल्पित राज्य में क्रिश्चियन जगत् के अविश्वसनीय

Figure 2.7 *प्राचीन खोजियों द्वारा आविष्कृत विश्व*

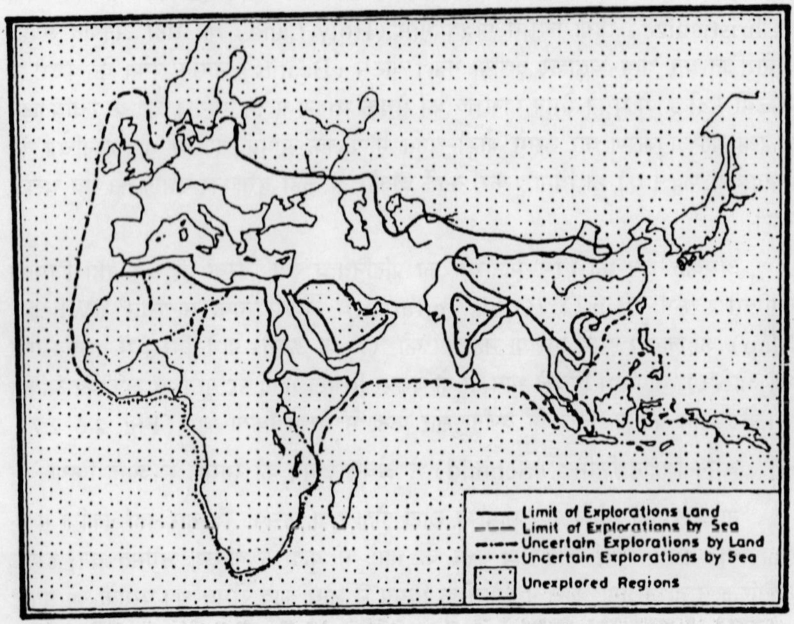

संकट थे। इस प्रकार की मानचित्र कला (Cartography) का चलन काफी समय तक बना रहा।

आवासित-जगत् के प्रसार (Sprawl) की जहां तक बात है, अनेक असत्य विचार प्रस्तुत किए गए थे। उसके पूर्व-पश्चिम दिशा और उत्तर-दक्षिण विस्तार के बारे में भ्रांतियां व अस्पष्ट स्थिति थी, और पृथ्वी का गोलापन, स्थानों की दूरियों व अक्षांश-देशांशों की अवहेलना हुई थी। विषय की अस्पष्टता व अनिश्चितता के कमजोर आधार पर नए सिद्धांत प्रस्तुत किए गए। क्रिश्चियन-साधु (Monks), पादरियों आदि ने यूनानियों व रोमवासियों द्वारा स्थापित सिद्धांतों को नकली और अवैज्ञानिक सिद्ध करने के प्रयास किए। कुछ ने जैसे लक्टानिसस व फरमियानस (260-340 A.D.), ने पृथ्वी को गोलाकार नहीं सिद्ध करने के लिए कहा-यह कोई आवश्यक नहीं कि गोल आकाश को गोल-पृथ्वी ही धारण करे। इसी प्रकार एक-दूसरे के विपरीत, प्रति ध्रुव की सम्भावना के विचार की भी उन्होंने खिल्ली उड़ायी और बकवास बताया। तात्पर्य यह है कि क्रिश्चियन आधिदैविकता (Christian Super-naturalism) के वशीभूत हो, अंधकार युग के मानचित्र निर्माण कर्त्ताओं ने विश्व को सही दर्शाने का कभी प्रयास नहीं किया। बल्कि फरमेनियस (Firmainous) अपने मस्तिष्क में उन्हीं आदर्श प्रारूपों को धारण किए थे जो सांकेतिक व कलात्मक बने थे। उनमें यथार्थ वस्तु-स्थिति व सत्यता का कहीं भी उल्लेख नहीं था। सेंट जिरोम (St.

Jerome) पादरी ने चौथी सदी ई. में ही विश्व रोमन-मानचित्र को क्रिस्तानी बना (Christianize) दिया जिसमें पवित्र भूमि (Holy Land) को सही अनुपात से परे अतिरंजित कर बढ़ा-चढ़ाकर दर्शाया गया। बीटस (Beatus) नामक स्पेन के पादरी ने आठवीं सदी ई. में पुराने रोमन मानचित्र को रोचक स्वरूप प्रदान किया। बाद के रचयिताओं ने इसी का अनुकरण कर उसमें थोड़ी-बहुत भौगोलिक सामग्री दर्शायी थी। मानचित्र की अण्डाकार शक्ल को भी बिगाड़ कर, कहीं चौकोर तो कहीं वृत्ताकार दर्शाने का यत्न चलता रहा।

अंधकार युग का विश्व-मानचित्र का प्रतिनिधत्व रूप डिस्क ही बना रहा जिसका आखिरी स्वरूप 'T-in-O' (Orbis Terrarum) अथवा 'चक्र-मानचित्र' (Wheel-Map) कहलाया। इसमें एशिया महाद्वीप को 'O' के ऊपरी-आधे-हिस्से में दर्शाया गया था, और 'O' के आधे निचले भाग पर दो बराबर विभक्त भागों पर यूरोप व अफ्रीका अंकित थे। जेरुसलम को बाइबिल के वर्णनानुसार केन्द्र में स्थित किया था। (Fig. 2.6-2.7)

जर्मन विद्वान शिमिड (Schmid) ने अंधकार युग को सारांश में व्यक्त किया-

नए देश नहीं खोजे गए; साम्राज्य छोटा होता गया, उसका विस्तार नहीं दर्शाया गया; व्यापारिक संबंध, पूर्व, दक्षिण व उत्तर के भागों में युद्ध के कारण, सीमित बने; इसके अतिरिक्त न तो उद्योगों, और न खोजों के विषय में शोध कार्य संभव थे। पुस्तकें जो प्रकट बनी थीं, वे मात्र पुराने कार्यों व रचनाओं का संग्रह थीं।[38]

Notes

1. Bunbury, E.H., 1959, *A History of Ancient Geography*, New York, p.209.
2. Humboldt, A.V., *Cosmas*, Vol. II, p.187 (Eng. Translation).
3. Strabo, *The Geography of Strabo*, Trans. H.L. Jones, 1917, New York, G.P. Putnam's & Sons.
4. *Ibid.,* p.670.
5. Bunbury, E.H., *op.cit.*, p.411.
6. Tozer, H.F., 1976, *A History of Ancient Geography*, p.239.
7. Bunbury, E.H., *op.cit.*, p.218.
8. Lyell, S.C., *Principles of Geology*, Vol.I, pp. 24-25.
9. Tozer, H.F., *op.cit.*, p.250.
10. Strabo, vi,2, p.269.
11. Bunbury, E.H., *op.cit.*, p.266.
12. *Ibid.,* pp. 300-315.

13. Strabo, p.72.
14. Bunbury, E.H., *op.cit.*, p.310.
15. Thomson, J.O., 1965, *History of Ancient Geography*, New York.
16. Heidel, W.A., 1937, *The Frame of Ancient Greek Map*, New York.
17. Tozer, H.F., *op.cit.*, p.267.
18. Forbiger, *Geographic*, Vol.I, p.492.
19. Morgan, D. in *Dr. Smith's Dictionary of Ancient Biography*, Vol.III, p.570.
20. Wildberg, *Ptolemaco Geographia est ars Delineandi Tabulas Geographicas*.
21. Tozor, H.F., *op.cit.*, p.344.
22. *Ibid.,* p.342.
23. Bunbury, E.H., *op.cit.*, pp.550-555.
24. *Ibid.,* p.577.
25. Supra, V., p.175.
26. Tozer, H.F. *op.cit.*, p.344.
27. Plot. *Geoger*, I, p.23.
28. Strabo, *The Geography of Strabo*, Translated H.L. Jones, New York, 1917.
29. Bradley, H., 1885, *Ptolemy's Geography of British Isles, Archaeologia*, Vol.48, pp.382-383.
30. *Ibid.,* p.586.
31. *Ibid.,* p.593.
32. Plot. VI, p.16.
33. *Ibid.,* p. 609.
34. *Ibid.,* p. 636.
35. Smith, *Dictionary of Biography*, Vol.III.
36. Wright, J.K., 1925, The Geographical Lore at the Time of Crusades, New York, *American Geographical Society Research Series*, No.15, pp.66-68.
37. James, P.E. and Martin, G.J., 1981, *All Possible Worlds,* pp.43-44.
38. Schmid, W., Gesch,*d. Griechisch.*Liter, ii, 852.

3

प्राचीन भारतीय और चीनी विद्वानों की भौगोलिक विचारधाराएँ

(Ancient Indian and Chinese Geographical Ideas)

भौगोलिक विचारधाराओं के क्रम को आगे बढ़ाते हुए, यह उपयुक्त होगा कि प्राचीन काल में भारतीयों व चीनियों की भूगोल संबन्धी विचारधाराओं (Ideas) पर दृष्टि डालें। इस अध्याय में चिर-प्रतिष्ठित काल (Classical Times) के भारतीय भौगोलिक योगदान और चीनी विद्वानों की भूगोल संबन्धी विचारधाराओं का मुख्यरूप में विवरण प्रस्तुत है।

भारतीय भौगोलिक अवधारणाएँ

भारतीय भूगोल का लम्बा इतिहास है। वस्तुतः हमारे देश में अनेक भूगोल संबन्धी विचारों का विकास निरन्तर होता होता आ रहा है, और भारतीय सभ्यता के उदयकाल से ही भौगोलिक सिद्धान्त जन्मते रहे हैं। यद्यपि ये पुस्तक रूप में संग्रहीत नहीं है, परन्तु हिन्दू वेद-पुराणों, प्राचीन ग्रन्थों इतिहास, मनोविज्ञान, दर्शन व ऋचाओं में मूल्यवान भौगोलिक सूचनाएं भरी पड़ी हैं। कालक्रमानुसार वैदिक ऋचाएँ, रामायण, महाभारत, बौद्ध-ग्रंथ, जैन-साहित्य एवं पुराण भौगोलिक भारतीय अवधारणाओं के प्रधान स्रोत माने जाते हैं।[1]

प्राचीन भारतीय विद्वानों को भारत व संलग्न पड़ोसी देशों के धरातल, भौतिक आकृतियों, वन-वनस्पति, जीव-प्राणियों, पशुओं, प्राकृतिक संसाधनों, कृषि व सामाजिक-आर्थिक क्रियाओं को पर्याप्त सही ज्ञान था। वे ब्रह्माण्ड व सौर-मण्डल की व्यवस्था के बारे में अनुमानित ज्ञान धारण करते थे। भारत के प्रादेशिक भूगोल के बारे में 'अत्रेय ब्रह्मणन्' में सामग्री भरी पड़ी है। इसी प्रकार 'सतपथ ब्राह्मणन्' में भूगोल की विभिन्न शाखाओं का व्यवस्थित विवरण उपलब्ध है। वैदिक-काल में भूगोलविदों को प्रेरणा मिली और उन्होंने

भूगोल की विभिन्न शाखाओं में मूल्यवान् कार्य सम्पन्न किए थे। 'रामायण' में पर्वतों, नदियों, पठारों व महत्त्वपूर्ण स्थानों की लम्बी सूची मिलती है, और 'महाभारत' तो भौगोलिक ज्ञान का विश्व-कोष ही है। 'भुवनकोष' अन्य अनेक धारणाओं सहित जलवायु एवं मौसम-विज्ञान का विस्तार से वर्णन प्रस्तुत करता है। बौद्धकालीन जातकों में प्राचीन-भूगोल की सूचनाएं पर्याप्त ज्ञान-वर्द्धक हैं। 'भूगोल' शब्द का प्रयोग ही सर्व प्रथम 'सूर्य-सिद्धान्त' में किया गया है। इसके लेखक ने पृथ्वी के धरातल की अवधारणा को सफलतापूर्वक परिभाषित किया है। 'भारतवर्ष' शब्द प्राचीनकाल में भी प्रचलित बना था, और वहां की भूमि, निवासी, वहाँ के गाँवों, यहाँ तक कि नगर-नियोजन अवधारणा का ज्ञान भारत के प्राचीन-वासियों को था।

प्राचीन भारतीय भूगोल धर्म पर आधारित विषय है। प्रत्येक भौतिक घटना प्रत्येक प्रधान चिह्न-निशान पृथ्वी पर भारतीयों के लिए धार्मिक पृष्ठभूमि से जुड़े हैं। प्रत्येक पर्वत-शृंग, नदी, पहाड़ी-श्रेणी, विशाल व उपयोगी वृक्ष पवित्र बने हैं, और संस्कृति की धरोहर हैं।

धार्मिक आलेखों के अतिरिक्त, यात्रियों के धार्मिक विवरण, व्यापारिक अनुभव और अभियानों का भौगोलिक मूल्य है जो विभिन्न प्रदेशों के विवरण का एवं विश्व का ज्ञान कराने में महत्त्वपूर्ण स्रोत बने हैं। यात्रियों के विवरणों से प्रकट है कि भारत का उसके पड़ोसी देशों से निकट के संबन्ध थे, और भारतीय विद्वानों को चीन, दक्षिणी-पूर्वी एशिया तथा मध्य-एशिया, ट्रांस-ऑक्सस एशिया एवं मैसोपोटामिया का अच्छा भौगोलिक ज्ञान उपलब्ध था।

धार्मिक आलेखों के गहन अध्ययन, ऐतिहासिक विवरणों एवं यात्रियों के सफ़रनामों से प्रकट होता है कि प्राचीन भारतीय विद्वानों को ब्रह्माण्ड-विज्ञान व सृष्टि वर्णन की अवधारणाओं का अच्छा व सही ज्ञान था। वे विभिन्न द्वीपों (महाद्वीपों) की अच्छी जानकारी रखते थे तथा पर्वतों की व्यवस्था और ब्रह्मवत्-वर्ष (उपमहाद्वीपों) के पशु-पक्षियों, वन-वनस्पति, नदियों आदि का भी उन्हें अच्छा ज्ञान था।

वराहमिहिर, ब्रह्मगुप्त, आर्यभट्ट, भास्कराचार्य, भट्टिल, उत्पल, विजयनंदी एवं अन्य विद्वानों के किए कार्यों ने खगोल-विज्ञान (Astronomy), गणितीय भूगोल (Mathemetical Geography) और मान चित्रण-कला के विकास में महत्त्वपूर्ण योगदान दिया। अतएव प्राचीन कालीन भूगोल के दायरे में खगोल विज्ञान भी शामिल प्रतीत होता है। 'भूगोल' शब्द (Geography) भातीय भौगोलिक साहित्य में सर्व प्रथम 'सूर्य सिद्धान्त' में प्रयुक्त किया गया था। पद्म-पुराण में भूगोल, खगोल व ज्योतिष में अन्तर स्पष्ट हुए हैं। भूगोल जियोग्राफी से, खगोल ब्रह्माण्ड का विज्ञान और ज्योतिष (Astrology) (फलित ज्योतष) के लिए प्रयोग में आते थे।[2]

ब्रह्माण्ड और उसकी उत्पत्ति (The Universe and its Origin)

ब्रह्माण्ड की उत्पत्ति का विषय अनेक प्राचीन सभ्यताओं-मिश्र, बेबीलोनिया, चीन, यूनान व रोम के बीच अनुमग्न का बिंदु रहा। वैदिक व पौराणिक काल के प्राचीन भारतीय विद्वानों

ने भी इस बारे में पर्याप्त विचार प्रस्तुत किए। भारतीय प्राचीन साहित्य ब्रह्माण्ड की एवं सृष्टि-वर्णन की अनेक समस्याओं से पूरित है। उसमें ऐसे प्रश्नों पर सामग्री है-सृष्टि-रचना के पूर्व भी क्या 'पदार्थ' मौजूद था? अथवा, ब्रह्माण्ड का निर्माण पूर्व-मौजूद पदार्थ से हुआ? अथवा शून्य में सृष्टि जन्मी? आदि, आदि। इन समस्याओं को वेद व पुराणों में इंगित किया। वेदों में सृष्टि-विज्ञान (Cosmology) के बारे में अनेक विचार हैं, जो पुराणों में दिए विचारों पर भी अपना प्रभाव डालते हैं। इस बारे में मुख्य अवधारणाएं संक्षेप में इस प्रकार व्यक्त की जा सकती हैं-(अ) सृष्टि की कलात्मक उत्पत्ति (Artistic Origin), (ब) यांत्रिक (मशीनी) उत्पत्ति (Machanical Origin), (स) सहायक-कारण उत्पत्ति (Instrumental Origin) और दार्शनिक उत्पत्ति (Philosophical)।[3]

ऋग्वेद में ऐसे अनेक देवी-देवताओं का जिक्र है, जिन्होंने सृष्टि-रचना में विभिन्न कार्य संपन्न किए। ये देवता कलाकार थे और इन्होंने अपनी कला-कौशल से सृष्टि की रचना और उसकी पूर्ति में योगदान दिया। इन्होंने विभिन्न सामग्री से सृष्टि को प्रारूप प्रदान किया[4], और सृष्टि को विस्फोट व अग्नि में तपा व ढाल कर जन्म दिया।[5] सृष्टि एक घर की भांति मानी गयी जिसके निर्माण के विभिन्न सोपानों (Stages) का संकेत ऋग्वेद में मिलता है।

सृष्टि की यंत्रवत्-उत्पत्ति के बारे में विचार भी ऋग्वेद काल में अन्तिम चरण में विकसित हुए। इसके अन्तर्गत आदि-पुरुष (Primeval Body) के बलिदान अथवा उसके छिन्न-भिन्न होने के संकेत हैं। दैवी आत्मा अथवा सृष्टि की नाभि का जन्म आदि-पुरुष के विघटन का परिणाम था। इस विघटन से आकाश, वायु, सूर्य-चंद्रमा और सभी पार्थिव अवयवों के निर्माण ने सृष्टि को स्वरूप प्रदान किया।[6]

सृष्टि की उत्पत्ति संबन्धी दार्शनिक सिद्धान्त उसके संगीत में निहित हैं। उसके स्वरों में प्रकट है कि आरम्भ में न 'सत्' और न 'असत्' की मौजूदगी थी। आकाश, वायुमण्डल, दिन-रात, कुछ भी मौजूद नहीं थे। एक शून्यता (खालीपन) व्याप्त थी। इसी में एक कण अन्तर्निहित ऊर्जा के कारण प्रकट हुआ। विल्सन (Wilson) ने इस ऊर्जा को अति-संयती, आडम्बरहीन बखान किया। परन्तु वह ऊर्जा सृष्टि-निर्माण प्रक्रिया में प्राकृतिक क्रिया बनी थी।[7]

सृष्टि की उत्पत्ति में संगत बने मूल कारण (Instrumental) अग्नि (Fire), इन्द्र, सोम, सूर्य (Sun), रुद्र एवं अन्य देवों का योग भी उल्लेखनीय माना गया है। समस्त सृष्टि के माता-पिता, पृथ्वी व आकाश के मिलन से सूर्य का जन्म हुआ जो विश्व की रचना में प्रधान कारक है। वही चल व अचल सभी की आत्मा है। उसने ही धरती व आकाश को वायु से व्याप्त बनाया। उसे ही प्रजापति, विश्वकर्मा तथा कभी-कभी एक स्वर्ण अण्डा व अजन्मा कहा जाता है। वही आत्मा है जिसने अन्य पिण्डों की मध्यस्थता व संगति से सृष्टि की उत्पत्ति की।[8]

प्राचीन भारतीय साहित्य में सृष्टि को 'ब्रह्माण्ड' कहा गया है। इसका बखान नहीं किया जा सकता, क्योंकि इसका विस्तार अनन्त है। इसे पुराणों व महाकाव्यों में सात ऊपर (Upper) खण्डों में, और सात ही अध: खण्डों (Internal Divisions) में विभक्त किया।

पृथ्वी की उत्पत्ति के विषय में उपनिषदों में कहा गया है कि आरम्भ में सर्वत्र प्रलय (Death) ने सभी को व्याप्त कर लिया और जल-ही-जल दूर-दूर तक व्याप्त हो गया। इस प्रलय की पूजा और इससे निवेदन कर 'भूमि' (Earth) प्रकट हुई। पुराणों के अनुसार न तो उस काल में दिन था, न रात, न प्रकाश, और न अंधकार। शून्यता के अतिरिक्त कुछ भी नहीं था।[10]

आधुनिक वैज्ञानिकों के मत से मेल नहीं रखते हुए प्राचीन भारतीय ज्योतिषियों की भी ब्रह्माण्ड (Universe) के बारे में धारणा थी कि वह 'भूकेन्द्रिक' (Geocentric) है। ऋग्वेद में सूर्य, चन्द्रमा, पाँच ग्रहों और 37 नक्षत्र-पुंजों व 34 आकाश-पिण्डों का वर्णन मिलता है। पाँच ग्रहों को पाँच देवों की भाँति माना गया है। पौराणिक काल के ज्योतिषियों ने नौ ग्रहों का उल्लेख-सूर्य, चन्द्रमा, मंगल, बुद्ध, बृहस्पति, शुक्र, शनि, राहु व केतु-किया। प्राचीन उत्कृष्ट साहित्य में कुछ ग्रहों के खगोलीय-भौतिकीय प्रकृति का वर्णन दिया है। बुद्ध को हरा, शुक्र को सफेद, मंगल को लाल, बृहस्पति को पीला और शनि को काले वर्ण द्वारा बखान किया गया है।[11]

ग्रहण (Eclipses)

प्राचीन काल में भारतीय विद्वानों का ध्यान ग्रहणों (Eclipses) के कारणों की ओर भी आकृष्ट हुआ। इस ज्ञान के आधार पर ही उन्होंने कतिपय रीति-रिवाजों व त्यौहार आदि भी निश्चित किए जो ग्रहण पर आयोजित होते हैं। आर्य ग्रहण लगने की क्रिया को अशुभ मानते थे। वे ग्रहण को आपदा-सूचक मानते थे। यदि सूर्य व चन्द्रग्रहण एक ही मास में घटित होते हैं, तब वे अधिक विनाशकारी होते हैं। वराहमिहिर ने ग्रहणों के प्रभावों की व्याख्या महीने-बार इंगित की, और इस बात पर जोर दिया कि पौष (दिसम्बर) में लगने वाले ग्रहण से अकाल की सम्भावना बनती है। परन्तु अप्रेल-मई में ग्रहण से अच्छी वर्षा होती है। फाल्गुन (मार्च) और आषाढ़ (जून) के ग्रहण भी अशुभ-सूचक हैं।

पृथ्वी (Earth)

भूगोल के अध्ययन में पृथ्वी की अवधारणा सर्वाधिक महत्वपूर्ण मानी गई है। प्राचीन भारतीय साहित्य में 'भूगोल' (Geography) से तात्पर्य पृथ्वी के गोलाकार (Spherical) आकृति से है। अत्रैय ब्राह्मण ने पृथ्वी की गोलाकार आकृति की कल्पना करते हुए प्रकट कहा कि सूर्य न तो उदय होता है, न अस्त। हम उसे अस्त होता अनुभव करते हैं, परन्तु वास्तविकता यह है कि दिन के अन्त में वह गोलाकार पृथ्वी के दूसरी ओर हो जाता है। इस ओर रात्रि व दूसरी ओर दिन होता है। दूसरा प्रमाण, चन्द्र-ग्रहण के अवसर पर पृथ्वी की छाया चन्द्रमा पर गोलायी में पड़ती है। इससे स्पष्ट है कि पृथ्वी आकृति में गोलाकार है।

पृथ्वी का आकार (Size of Earth)

पृथ्वी चपटी गोलाभ है जो ध्रुवों पर कुछ समतल बनी (Flattened) है। उसके विषुवतीय व्यास (Diameter) की माप 12,757 किमी. और उसका ध्रुवीय व्यास 12,713 किमी. है।

वेद व पुराणों में पृथ्वी के आकार-माप का कोई निश्चित उल्लेख नहीं है। परन्तु पाँचवीं व छठी सदी ई. के समय ज्योतिष-साहित्य में कतिपय विश्वसनीय सूचनाएँ निम्न प्रकार उपलब्ध हैं:-

पृथ्वी का माप

	स्रोत	*योजनों में*	*मीलों में*	*किमी. में*
1.	पंच सिद्धान्तिका (श्लोक-18)	1018.6	8148	13,038
2.	आर्यभट्ट (श्लोक)	1050.0	8400.0	13,440

ये पृथ्वी के माप अत्यन्त अपक्व (कच्चे) अनुमान थे। पृथ्वी की माप की वस्तु स्थिति आज उसके (Volume) परिमाण के बारे में 260,000,000,000 विषुवत् वृत्त की परिधि 24,902 मील और योग्योत्तर-वृत्त की परिधि 24,860 मील हैं। पृथ्वी की अनुमानित आयु आजतक के शोध के अनुसार, कम से कम 4,500 मिलियन वर्ष है। उसी की द्रव्यमान मात्रा अथवा वजन का आकलन 6,586,000,000,000,000,000,000 टन किया गया है।[14] सूर्य-सिद्धान्त और आर्यभट्ट के द्वारा व्यक्त अनुमान भी इन तथ्यों के पर्याप्त समीप हैं।

अक्षांश-व-देशान्तर (Latitute and Longitude)

पृथ्वीतल पर किसी बिन्दु की स्थिति विषुवत्-वृत्त के संबन्ध में विषुवत्-वृत्त से कोणीय दूरी अक्षांश कहलाती है, जबकि दिये बिन्दु की ग्रीनविच मध्याह्न से पूर्व-पश्चिम अंशों में माप देशान्तर होती है। प्राचीन कालीन भारतीय खगोलज्ञ अक्षांश-देशान्तर के महत्त्व से अवगत थे। वे किसी बिन्दु की स्थिति-निर्धारण में इसे महत्त्वपूर्ण मानते थे। पुराणों में भी इसका उल्लेख है और इनके आधार पर पृथ्वी को विभिन्न प्रदेशों में विभक्त किया। विषुवतीय कटिबंध को निरकाक्षदेश (Hell) और 'मेरू' (North Pole) को 90 डिग्री अक्षांश माना गया था। उन्होंने श्रीलंका की स्थिति विषुवत्-वृत्त पर और मेरू पर्वत की (उत्तरी ध्रुव) मानी थी। उत्तरी ध्रुव के विपरीत स्थित दक्षिण ध्रुव उनके अनुसार 'नादिर' अर्थात् 'बढ़वानल' कहलाया।[15] उज्जैन की देशान्तर श्रीलंका से गुजरती थी, और भारतीय खगोलविदों ने मेरू पर्वत से उज्जैन की देशान्तर को प्रधान मध्याह्न माना था।

मूलभूत-बिन्दु (Cardinal Points)

ऋग्वेद के ऋषियों ने प्राथमिकत: चार दिशाओं के नियम की रचना की, और पूर्व (East), पश्चिम (West), उत्तर (North) व दक्षिण (South) दिशाएँ निर्धारित कीं। मेरू व बढ़वानल सहित छ: दिशाएँ, तदुपरान्त आठ व दस दिशाएँ पौराणिक साहित्य में बार-बार इंगित की गई हैं। पुराणों और संबन्धित 'सप्तपदार्थी' साहित्य में दिशाओं के पदों को उनके देवताओं से जोड़ा जो दशों-दिशाओं के शासन-अधिकारी देव थे। यह सूची इस प्रकार अधो-वर्णित है-[16]

दिशाएँ Directions हिन्दी (Hindi)	अंग्रेजी (English)	शासन अधिकारी, (स्वामी-देवता) Ruling Deity
पूर्व	East	इन्द्र
आग्नेय	South-East	अग्नि
दक्षिण	South	यम
नैऋत्य	South-West	निरित
पश्चिम	West	वरुण (जल का स्वामी)
वायव्य	North-West	मारुत
उत्तर	North	कुबेर (धन का स्वामी)
ईशान्	North-East	ईसा
उर्ध्व	Zenith	ब्रह्म
अधः	Nadir	शेषांग

चिर प्रतिष्ठित कालीन (Classical) खगोल-ज्योतिषी इसकी जानकारी रखते थे कि स्थानीय समय सूर्य व चन्द्रमा की आकाश में स्थिति पर आधारित है। स्थानीय समय दूसरे स्थानों के समय से भिन्न होता है, क्योंकि वे दूसरी ही याम्योत्तर पर स्थित हैं। उन्होंने इन अन्तरों को ज्ञात करने की विधि निकाली। भिन्न-भिन्न स्थानों पर ग्रहण (चन्द्रग्रहण) देखा जाता है। उसके घटित होने का सही समय उस स्थान के स्थानीय-समय (Local Time) पर निर्भर होता है। इनकी तुलना से स्थानीय-समयों के सही अन्तर को समझा जा सकता है। परिणामतः व्यक्तिगत स्थानों के देशान्तरीय अन्तर को ज्ञात किया जा सकता है।[17]

उत्पत्ति (Origin)

प्राचीन भारतीय विद्वान् पृथ्वी के गैसीय पदार्थ से ठोस बनने में विश्वास व्यक्त करते थे। उनके अनुसार पृथ्वी की पपड़ी (Earth-Crust) कठोर-चट्टानों (Hard Rocks) 'शिला' से मिट्टी से (Clayey) भूमि और रेत (Sandy) 'भस्म' से निर्मित हुई।[18] परन्तु पुराणों में पृथ्वी को जल पर तैरती (Floating) अथवा उतरती माना गया जैसे कि नदी में नाव। आर्यों ने जल व थल के वितरण की समस्या पर विचार व्यक्त किए, और वे इस विचार को धारण करते थे कि उत्तरी गोलार्द्ध में थल का अधिक विस्तार हुआ।

भूकम्प (Earthquakes)

पुराणों में 'भूकम्प' शब्द का प्रयोग आया है। यह माना जाता था कि भूकम्प को वायु, अग्नि, इन्द्र एवं वरुण देवताओं ने उत्पन्न किया। इससे प्रकट है कि भूमि के कांपने की घटना से प्राचीन ऋषि जानकारी रखते थे। वे उसकी उत्पत्ति का अच्छा ज्ञान धारण करते प्रतीत होते हैं। इसी भांति, उन्हें ज्वालामुखी का भी कुछ ज्ञान हासिल था।

वायुमण्डल, मौसम और जलवायु (Atmosphere, Weather and Climate)

वेद-पुराणों में इस तथ्य के पर्याप्त प्रमाण मिलते हैं कि आर्यों को वायुमण्डल, मौसम व जलवायु का अच्छा ज्ञान था। उनके अनुसार, पृथ्वी अन्तरिक्ष से घिरी है जो पृथ्वी व आकाश के मध्य व्याप्त था। ऋग्वेद में लिखा है कि वायुमण्डल की मोटाई पक्षियों द्वारा नहीं भेदी जा सकती। रामायण में वायुमण्डल के बारे में बहुत जानकारी भरी पड़ी है। भास्कराचार्य उसकी परत 12 योजन (154 कि.मी.) मोटी बताते थे जो पृथ्वी को चारों ओर से ढंके हैं। वायुमण्डल में उनके अनुसार हवाएं, मेघ, विद्युत, वर्षा, कोहरा, पाला आदि घटनाएं घटित होती हैं।

ऋग्वेद में पाँच ऋतुएं भी उल्लेखित हैं-जैसे वसन्त, ग्रीष्म, प्रोरित (वर्षा), शरद् और हेमन्त। वाल्मीकि ने रामायण में षट्-ऋतुओं का वर्णन किया जो भारत में इस प्रकार हैं:-

ऋतु (Season)	*घटित-मास (Months)*
1 वसन्त (Spring)	चैत्र-वैशाख (March-April)
2 ग्रीष्म (Summer)	ज्येष्ठ-आषाढ़ (May-June)
3 वर्षा (Rainy Season)	श्रावण-भाद्रपद (July-August)
4 शरद् (Autumn)	अश्विन-कार्तिक (Sept- Oct.)
5 हेमन्त (Winter)	मार्गशीर्ष-पौष (Nov.-Dec.)
6 शिशिर (Severe Winter)	माघ-फाल्गुन (January-Feb.)

उपर्युक्त ऋतुओं से यह प्रकट है कि प्राचीनकाल में भारतीयों को ऋतुओं का, विशेषत: उत्तरी भारत में अच्छा ज्ञान था।

महाद्वीप (द्वीप) (Continents)

मानव सभ्यता के आरम्भिक काल में आवागमन एवं संचार के अत्यन्त सीमित साधन थे, और इसी वजह से विश्व के विभिन्न भागों की जानकारी भी कम थी। मानव की यह अन्तरंग लालसा रही है कि वह अज्ञात भागों की जानकारी ले। प्राचीन भाररतीय खोजकर्त्ताओं और यात्रियों ने यात्रा, तीर्थ-स्थलों पर जाने व सैनिक अभियान आदि के जरिए विश्व के उन भागों के बारे में ज्ञान प्राप्त किया जो अज्ञात बने थे।

पुराणों में प्राप्त संदर्भों के आधार पर पृथ्वी के थल-भाग को अनेक खण्डों-द्वीपों (महाद्वीपों) में विभक्त बताया गया। 'द्वीप' शब्द को विभिन्न विद्वानों ने भिन्न-भिन्न प्रकार से स्पष्ट किया।

मूलत: 'द्वीप' से तात्पर्य जल (महासागर, सागर, नदी, झील और उनके संयोग से बने जलाशय आदि) से चहुँओर घिरी भूमि से लगाया जाता था। 'द्वीप' अत: समान रूप से एक

द्वीप, प्रायद्वीप, अथवा 'दोआब' (दो नदियों के मध्य की भूमि) के लिए प्रयोग में आता था।[20] परन्तु पुराणों में 'द्वीप' के अर्थ को विस्तार देकर ऐसे किसी भी भू-भाग अथवा भूमि से था जो सामान्यत: जल से घिरी अलग-थलग थी। जल के अतिरिक्त वह रेत, दलदल, यहाँ तक कि उच्च पर्वतों अथवा घने-जंगल से घिरकर अलग-थलग भी हो सकती थी। एतएव पुराणों में व्यक्त द्वीप एक प्राकृतिक प्रदेश (Natural Region) भू-आकृतिक अथवा जलवायुविक को व्यक्त करता था।[21]

पुराण-काल में ज्ञात जगत् को सात द्वीपों में विभक्त किया। इनका क्षेत्रीय-विस्तार आरेख-मानचित्र 3.1 में दर्शाया गया है। आगे के परिच्छेदों में सातों द्वीपों के संक्षिप्त विवरण प्रस्तुत हैं:-

1. जम्बू द्वीप (Jambu Dwipa)

इस द्वीप का नामकरण जम्बू-वृक्ष (Eugenia Jamboluna) से हुआ। कुछ प्राचीन विद्वानों की राय में इसका विस्तार समस्त उत्तरी-गोलार्द्ध पर था जो साल्ट (नमक) सागर के उत्तर में स्थित था (Fig., 3.1) जम्बू द्वीप साल्ट-महासागर से घिरा है, और द्वीपों के समवृत्तों के बीचों-बीच स्थित है। यह उपप्रदेशों में विभक्त है। ये उपप्रदेश 'वर्ष' (परिमण्डल) कहे जाते जहाँ ऋषियों की भूमि है। इलावारिल (पामीर), केन्द्रीय वर्ष और मेरू (पामीर), इसके पश्चिम में 'केतुमाला' वर्ष और पूर्व में भाद्रस्व-वर्ष विस्तृत हैं। इलावारिल-वर्ष के दक्षिण

Figure 3.1 *पौराणिक द्वीप*

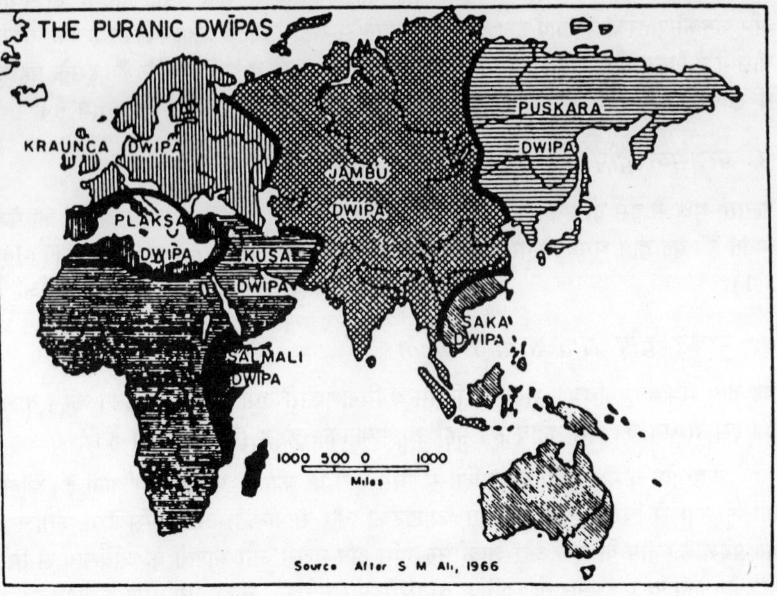

में 'किस पुरुष' (तिब्बती-पठार) का विस्तार है।[22]

जम्बू-द्वीप अपेक्षाकृत दक्षिण और उत्तर की ओर निचला है, जबकि मध्य में वह अत्यन्त ऊँचा है। जम्बू द्वीप के बीचों-बीच 'मेरू' स्थित है और उसे पामीर में 'स्वर्ग' समझा जाता है। मेरू के पूर्व में सीता नदी का प्रवाह है। यह नदी यारकंद नदी से मिलती-जुलती है जो आज तक भी चीनियों द्वारा सीता कही जाती है। शुभमृक्षु नदी (अमू-दरिया) पामीर के पश्चिम में प्रवाहित है। मंगोलिया में इसे 'बक्षु' कहते हैं। चीन में यह 'पोत्सू' व तिब्बत में यह 'पकसू' नाम से जानी जाती है। यह नदी अरल-सागर में जा गिरती है।

उत्तर की नदी भाद्र वर्तमान में (सिर (Syr)-दरिया) उत्तर को बहती हुई अरल सागर में जा मिलती है। पामीर के दक्षिण में किशन-गंगा का प्रवाह गंगाबल झील और हरिमुख हिमानी से (लगभग 70 किमी. श्रीनगर, कश्मीर के उत्तर में) हो रहा है।

जम्मू द्वीप के अन्य भौगोलिक स्थलों में निषाद् (हिन्दुकुश) है, इसका विस्तार पामीर की गांठ से 'कोह-बाबा (बाबा पहाड़)' तक काबुल के पश्चिम में है। यह 'त्रिश्रृंग' पर्वत तीन-चोटियों का है जो पेशावर (पाकिस्तान) से दिखाई देता है। वेदुर्य (बदखशां) पहाड़ पामीर-गांठ के पश्चिम में स्थित है।

2. कुश द्वीप (Kusa Dwipa)

'कुश' घास से इस द्वीप का नामकरण हुआ। इसका विस्तार ईरान, इराक तथा गर्म मरुस्थल के सीमा-प्रदेश पर है। यह मेरू के इर्द-गिर्द उसके दक्षिण-पश्चिम का भू-भाग है। घास से ढंका यह प्रदेश गर्म मौसम में शुष्क बन जाता है। इस पर सात प्रमुख नदियों का प्रवाह और उनकी सहस्त्रों शाखाएँ इन्द्र द्वारा वर्षा करने से बह उठती हैं। तात्पर्य यह है कि नदियाँ मौसमी हैं। कुश द्वीप के पहाड़ी भाग घास, झाड़ियों-लताओं व वृक्षों से ढंके हैं। इसके पहाड़ों में खनिजों एवं मूल्यवान पत्थरों का भण्डार है। इस द्वीप का स्वामी अग्नि-देव है।

3. पलास्क द्वीप

पलास-वृक्ष से इस द्वीप का नामकरण हुआ है। विलफोर्ड (Wilford) इसे अंजीर का पेड़ मानते हैं। यह द्वीप भूमध्यसागर से घिरी निचली मैदानी भूमि (Basin) का प्रदेश है। (Fig. 3.1)

4. पुष्कर द्वीप (Puskara Dwipa)

यह द्वीप भयावह, पवित्रता से शून्य, निर्मम व विनाशकारी तथा आत्मा का हनन करने वाला है। इसे राक्षसों का देश कहते हैं। यहाँ 20 भयानक-खड्ड (Hollows) हैं।[23]

यह द्वीप कमल पुष्पों की झीलों से घिरा होने के कारण 'पुष्कर' कहलाता है। झीलों की श्रृंखला से घिरा पुष्कर यायावरों, आखेटकों और सामान्यतः आदिवासियों व जंगलियों का प्रदेश है। द्वीप के एक ओर शुष्क मरु भूमि और दूसरी ओर मानवों के व्यवसाय से घिरे क्षेत्र हैं। अतएव एक ओर तो स्वर्गिक व दूसरी ओर नारकीय बंजर-पर्यावरण के दृश्य देखने

में आते हैं। दोनों एक-दूसरे से विपरीत दशाओं के क्षेत्र असामान्य बने हैं। प्राचीन धारणा पुष्कर द्वीप के बारे में यह है कि वह स्वच्छ जल और दूध-सागर से घिरा था। यह द्वीप पूर्वी व उत्तर-पूर्वी साइबेरिया (रूस) तक जा पहुँचा है जहाँ अनेक झीलें हैं, और यायावरों को जीविका प्रदान करती हैं। ये यहाँ शिकार पर निर्भर हैं। यहाँ आर्कटिक व बेरिंग सागर की जलराशि मीठी बनी है, और खरी नहीं होने के कारण शिकारियों की मन-भावन है।

5. सालमाला द्वीप (Salmala)

इस द्वीप का नामकरण सिल्क (रेशम) के वृक्ष से हुआ है। यह हिन्द महासगर की पश्चिमी सीमा पर उष्णीय अफ्रीका के भाग पर विस्तृत द्वीप है। इसमें मेडागास्कर सम्मिलित है जिसे अरब व फारस के भूगोलवेत्ता जेन्ज (Zenj) पुकारते हैं। इस द्वीप की मुख्य-विशेषता यहाँ के सालमालि (Silk Cotton) वृक्ष हैं। ये मानसून प्रदेश की सीमा पर विषुवत रेखीय प्रदेश में पाया जाने वाला वृक्ष है जहाँ सामान्य वर्ष होती है। यहाँ मेघाच्छादन अधिक देखा जा सकता है, जिससे तारागण, ग्रह अथवा चन्द्रमा के दर्शन नहीं होते। यहाँ के निवासी अपने खाद्य-पदार्थों को उत्पन्न नहीं करते, वे एकत्र करते फिरते (Food-Gathereres) हैं। उनकी आवश्यकता की पूर्ति हेतु यहाँ वनस्पति का आवरण पर्याप्त खाद्य-वस्तुएँ उत्पन्न करता है।

6. क्रौंच द्वीप (Kraunch Dwipa)

महाभारत में क्रौंच द्वीप की स्थिति मेरू (पामीर) के उत्तर व पश्चिम में इंगित है। इस द्वीप पर सहस्त्रों जलधाराएँ प्रवाहित हैं। यहाँ की सात-नदियाँ मुख्य हैं जिनमें अपार जलराशि का प्रवाह है। यह आर्द्र प्रदेश पर्याप्त वर्षा क्षेत्र है। इस द्वीप में ब्रिटिश-द्वीपों सहित समस्त उत्तर-पश्चिमी यूरोप सम्मिलित है।

7. सक-द्वीप (Saka Dwipa)

इसका विस्तार जम्बू द्वीप के दक्षिण-पूर्व में विस्तृत पट्टी के द्वीपीय क्षेत्र में हुआ है। यहाँ म्यामार (बर्मा), थाइलैण्ड, वियतनाम, मलेशिया, इन्डोनेशिया और दक्षिणी-पूर्वी एशिया के पूर्वी-द्वीप समूह इसके भाग थे। यहाँ उष्ण-आर्द्र जलवायु में घने सदाबहार वनों का विस्तार हुआ है। (Fig. 3.1)

द्वीपों (महाद्वीपों) के अतिरिक्त चिर-प्रतिष्ठित काल के भारतीय विद्वानों ने भारत उप-महाद्वीप की सीमाएँ निर्धारित कीं। वैदिक व पुराणों के साहित्य में भारत के भिन्न-भिन्न नामों का उल्लेख है, परन्तु 'भारतवर्ष' अत्यन्त प्रचलित नाम है।

भारतवर्ष

भारत-उपमहाद्वीप[25] से तात्पर्य भारतवर्ष है। परन्तु प्राचीन भारतीय और विदेशी साहित्य में उप-महाद्वीप के लिए अन्य कोई बोध-गम्य नाम नहीं सुझाया गया। वैदिक आर्यों ने पंजाब के मैदानों को 'सप्त-सिन्धव' नाम दिया। आर्य-साम्राज्य के अधीन नाम 'आर्यावर्त' बौद्धयन

व मनु काल में दिए गए थे। 'इन्द' अथवा 'इन्द' शब्द 'हिन्दू' के लिए डेरियस व हिरोडोटस ने प्रयोग किया था। यह नाम ऊपरी गंगा-प्रदेश के सिन्ध-घाटी के लिए प्रयुक्त किया जाता था जिससे वे परिचित थे। ई. पू. चौथी सदी के लगभग कात्यायन व मेगस्थनीज ने सुदूर दक्षिण में पांडव प्रदेश तक समस्त देश का विवरण दिया। महाकाव्यों में भी पाण्ड्य राज्य का उल्लेख है। यह राज्य दक्षिण में तथा प्रायद्वीप व द्वीपों पर बंगाल-खाड़ी के पार भी फैला हुआ था।[26]

पौराणिक साहित्य में हिमालय से कन्याकुमारी तक का समस्त देश भारतवर्ष-सूचक था। 'भारतवर्ष' शब्द में ऐतिहासिक एवं भौगोलिक विशेषताएँ आर्यों की आधारभूत संकल्पना व्यक्त करती हैं।[27] इससे आधारभूत एकता व्यक्त होती है। इसका उद्‌गम 'भरत' प्रभुसत्ता-संपन्न राजा के नाम से हुआ। एतरेय ब्राह्मण में भरत द्वारा अपनी विजयों के उपलक्ष्य में आयोजित 'अश्वमेध यज्ञ' का उल्लेख मिलता है।[28]

एक अन्य विचार-सम्प्रदाय (School of Thought) 'भारत' के नाम को मनु से जोड़ता है जो भारतवर्ष के लोगों का जन्मदाता व पोषक था। कुछ पुराणों में भरत राजा ऋषभदेव का पुत्र एवं नाभि का पौत्र था। इस प्रकार भारतवर्ष के नव-खण्ड कहे गए हैं। ये खण्ड समुद्रों द्वारा अलग थे। नौ खण्डों में से आठ को वृहत्तर भारत (Greater India) का अंग बताया है, और नवां खण्ड समुद्र से घिरा कहा गया।[29]

प्राचीन हिन्दू संस्कृति में जाति-व्यवस्था जन-जीवन का प्रधान अंग बनी थी । यह व्यवस्था काम-काज पर आधारित थी, और इसे धर्म द्वारा स्थापित किया गया था। भारतवर्ष की चार जातियाँ-ब्राह्मण, क्षेत्रीय, वैश्य व शूद्र थीं। ब्राह्मण इस व्यवस्था के सिरमौर थे जो हिन्दू-धर्म के पुरोहितों (पुजारियों) की जाति थी। दूसरी श्रेणी क्षत्रीय की थी जिसमें योद्धा, कृषक एवं कलाकारों के समूह सम्मिलित थे। तीसरी स्तर पर वैश्य-जाति में व्यापारी वर्ग और अंतिम चौथी श्रेणी शूद्र अधम-स्तर की सेवाओं में लगी जातियाँ थीं। शूद्र मुख्य धारा से अलग थे जो गाँवों से बाहर बसाए जाते और उनके घरोंदे भी घास-फूस द्वारा छाए थे।

पर्वत व नदियाँ

भारत में वेद-पुराणों एवं महाकाव्यों में पर्वतों का क्रम वर्णित है। हिमवत्, उत्तर कुरू, उत्तरमाद्र, त्रिक्कुद (हिन्दुकुश), विन्ध्य, पारिपत्र, दूर्दर व महेन्द्र प्रधान पर्वत हैं जिनका प्राचीन भारतीय साहित्य में उल्लेख है।[30]

हिमालय का विस्तार उत्तर में पश्चिम से पूर्व को है जो धनुष की भांति झुका हुआ है। इसके प्रादेशिफ विभाग-अन्त: गिरि और बर्हिगिरि का उल्लेख महाभारत में है। कैलाश-पर्वत को हीरों से जड़ित एवं बहुमूल्य पत्थरों व खनिजों की खान कहा जाता है। यह पर्वत अप्सराओं व देवों का आवास कहा जाता था।

विन्ध्य पर्वतों को अधिक विस्तृत एवं सैकड़ों चोटियों सहित नाना प्रकार के वृक्षों, लताओं से ढंका बताया गया है। ये पर्वत नर्मदा नदी के सहारे अमरकण्टक होते हुए कैमूर तक जा पहुँचे हैं। पूर्वी घाटों को महेन्द्रमालि कहा जाता था। मालाबार तट में नल्लामलाई,

अन्नमलाई व इतामलाई श्रेणियाँ सम्मिलित हैं। पौराणिक साहित्य में अन्य अनेक पर्वतों का भी जिक्र मिलता है। इनमें से कुछ सह्याद्रि (महाराष्ट्र में पश्चिमी घाट), सूक्तिमान (खण्डेरा, अजन्ता व गोलकुण्डा) और रीका (विन्ध्य के उत्तर में केन से टोंस नदी तक) हैं।[31]

पर्वतों के अतिरिक्त प्राचीन वैदिक व पौराणिक साहित्य मे अनेक जलप्रवाह व्यवस्थाओं का भी उल्लेख है। ऋग्वेद में गंगा, यमुना, सरस्वती, सुतुद्रि (सतलज), परूसनी (रावी), असिक्नी (चिनाब), वितास्ता (झेलम), अर्जिकी (सिन्धु का ऊपरी भाग), सुसोमा (सावन), सिन्धु, कुभ (काबुल), गौमती (गोमाल) और कुरूमू (कुर्रम) का उल्लेख है। सिन्धु जल प्रवाह से लेकर नर्वदा, ताप्ती गोदावरी, कृष्णा, कावेरी, तुंगभद्रा के प्रवाह तंत्रों का उल्लेख है। गंगा व ब्रह्मपुत्र नदियों का विस्तृत वर्णन दिया है।

गंगा नदी

गंगा नदी विन्दुसरोवर से (गंगोत्री) प्रवाहित कही गयी है। आरम्भ के चरण में यह सात धाराओं में बंटी थी जिसमें से तीन-हरिद्नी, पावनी और नलिनी पूर्व की ओर प्रवाहित बनी तथा अन्य तीन-सुचक्स, सीता व सिन्धु का प्रवाह पश्चिम की ओर था। सातवीं धारा गंगा दक्षिणवर्ती प्रवाह से भारत के मैदान पर प्रवाहित बनी। प्रयाग पर यह यमुना नदी से जा मिली। सहस्त्रों पर्वतों व पहाड़ियों को कूदती-फांदती गंगा नदी सैकड़ों घाटियों को सींचती और सहस्त्रों वनों व सैकड़ों गुफाओं से गुज़री है। अन्त में यह दक्षिणी-सागर में जा मिलती है।[32]

सांग-पो

प्राचीन साहित्य में सांग-पो (Tsang Po) को लोहित्य (ब्रह्मपुत्र) कहा है जो सदया (असम) के समीप दिहांग में मिलती है। इसका स्रोत दाया (Daya) के 100 किमी. (60 मील) पूर्व में उल्लेखित है।

दक्षिण की नदियों में नर्मदा को अमरकण्टक की पहाड़ियों से प्रवाहित कहा गया है। इस नदी की लम्बाई 100 योजन कही जाती है (लगभग 1,280 कि.मी.) , जो वर्तमान माप से मिलती-जुलती है। यह नदी पश्चिमोदधि में (अरब सागर) जा गिरती है। पुराणों में यह भी कहा गया है कि भारतवर्ष के दक्षिण में 'महासागर' (हिन्द-महासागर) है, जिसका विस्तार 10,000 योजन है।[33] इस महासागर में अनेक द्वीप हैं।

उपर्युक्त अनुच्छेदों से यह पर्याप्त स्पष्ट है कि वैदिक व पौराणिक कालीन प्राचीन भारत के खगोल-शास्त्रियों एवं विद्वानों को ब्रह्मण्ड-विज्ञान व ब्रह्माण्डोत्पत्ति की अवधारणाओं का अच्छा ज्ञान था और भूगोल व सृष्टि के विज्ञान में वे विशेष योग्यता प्राप्त कर चुके थे। उन्हें पृथ्वी के आकार व आकृति, उसके महाद्वीपों व महासागरों, द्वीपों, ग्रहण, भूकम्पों व ज्वालामुखियों, नदियों, झीलों व खाड़ियों का पर्याप्त सही एवं विश्वसनीय ज्ञान था। वे लोगों के जन-जीवन से अवगत थे। वस्तुतः प्राचीन कालीन भारतीय विद्वानों ने भूगोल के विकास व संबन्धित विज्ञानों में महत्त्वपूर्ण योगदान प्रदान किया।

भूगोल में चीनियों का योगदान

यूनानियों व रोमवासियों से पर्याप्त दूरी पर स्थित चीन की भूमि पूर्वी एशिया में थी जहाँ के निवासी चीनियों ने भी भूगोल में 200 से 1500 ई. के मध्य महत्त्वपूर्ण योग दिया। उन्होंने सूचनाओं को मानचित्रों में प्रकट कर और व्यापारिक मार्गों को दर्शाकर भौगोलिक विद्वता की परम्परा को जन्म दिया। उन्होंने ज्ञात-विश्व के विभिन्न भागों में बसे लोगों के जन-जीवन और देशों के धरातल का भौगोलिक वर्णन प्रस्तुत किया। भूगोल में उनके योगदान का और मानचित्र-रचना विज्ञान में उनकी उपलब्धियों का संक्षिप्त विवरण आगे अनुच्छेदों में दिया जा रहा है:-

476 ई. में रोमन साम्राज्य के अध: पतन के साथ यूरोप का भूगोल एक गतिहीन अंधकार युग में प्रविष्ट हुआ। यूनानी एवं रोमन भौगोलिक विवरणों के कुछ ही पाठ्य अंशों (Texts) की प्रतियाँ शेष बची थीं, परन्तु जर्मन जन-जातियों (जिन्होंने रोमवासियों के जगत् के अवशेषों को तहस-नहस किया) के लिए उनका कोई उपयोग नहीं था। एलेक्जेण्ड्रिया की ई. पू. 47 की अग्नि-विनाश में भी कोई चार लाख पाण्डुलिपियाँ महान-पुस्तकालय में जलकर खाक हो गयीं और 391 ई. के झगड़े-फसादों में भी तीन लाख से भी अधिक कृतियाँ सैरापिस के देवालय में नष्ट हो चुकी थीं। ऐसी अव्यवस्था भरे अंधकार युग में, यूनानियों व रोमवासियों से बिल्कुल भिन्न, परन्तु समानान्तर, विज्ञान-विकास एवं संस्कृति का उदय पूर्व की ओर चीन में हुआ। तांग (Tang 618-970 A.D.) की अधीनता में यहाँ विश्व का एक बुद्धिपरक व वैज्ञानिक केन्द्र परिस्थितियों से जूझ रहा था। परन्तु दक्षिणी सुंगवंशों (1127-1279 ई.) के बौद्धिक व वैज्ञानिक प्रयास प्रशंसनीय थे। इनको वेनिस के मार्को-पोलो ने शानदार रचना कहा। एक बार पुनः भौगोलिक लेख प्रकट होने लगे। सैनिक-विजयों व शासकों की आवश्यकताओं से प्रभावित बन बुद्धिजीवियों ने अपने देशों के भौगोलिक ज्ञान को आगे बढ़ाया। कागज की चुम्बकीय सुई, द्रोण-कम्पास, सामुद्रिक कम्पास और सर्वेक्षण-क्रिया व मानचित्र रचना के नवीन कौशल आदि के विकास ने चीनियों को उच्च-स्तर के मानचित्र-निर्माण में प्रेरित किया। वे मध्य-युगीन यूरोप में रचे गए मानचित्रों से कहीं अधिक अच्छे स्तर के मानचित्रों की रचना कर सके। चीनी-विद्वानों ने निर्देशांक व त्रिभुजीकरण (Coordinates and Triangulation) क्रियाओं के उपयोग से चीन व आसपास के देशों के आकर्षक, उच्च स्तरीय व सही मानचित्र रचे। मार्को-पोलो ने अपनी चीन-यात्राा के विवरण में (1254-1322 ई.) इनकी प्रशंसा की और चीनियों के ज्ञानार्जन को उच्चकोटि का कहा। परन्तु उसकी पुस्तक यूरोप में बहुत ही बेकार व कल्पनाओं से भरी कह कर अस्वीकार कर दी गयी।

चीनियों की आरम्भिक प्रामाणिक भौगोलिक कृति यूं कुंग (Yu Kung) द्वारा प्रस्तुत शूचिंग (Shu Ching) में लिखा अध्याय था। शूचिंग आलेख चिर प्रतिष्ठित ऐतिहासिक था जो ई. पू. पाँचवीं सदी में लिखा गया। इसमें चाउ (Chou) के साम्राज्य की सूची दी है। इसमें परम्परागत नौ प्रांतों के भौतिक भूगोल का विवरण है। इनकी मृदाओं (मिट्टी) के प्रकार व उत्पन्न उपजों के वर्णन सहित वहाँ प्रवाहित जल-मार्गों का उल्लेख है। अन्य प्राचीन

यात्रियों की लिखीं 'गाइड' जैसे शान हाइ चिंग को भी भौगोलिक कहा जा सकता है। यह भी ई. पू. चौथी सदी की कृति थी जिसमें पौराणिक व ऐंद्रजालिक विवरण और अर्द्ध-मानवीय प्रजातियों एवं लोगों के बारे में सामग्री थी। फेइ-सु (Phei-Hsiu) को चीनी-भूगोल का पिता माना जाता था। वह 267 ई. में चीनी शासक द्वारा लोक-कार्यों का मंत्री नियुक्त किया गया। निधाम और वांग लिंग (1970) चीनियों के भूगोल को पाँच मुख्य प्रकार का बताते है:-

1. मानव-शास्त्रीय (नृ-विज्ञान) भौगोलिक कृतियां जो चिह-कुंग कहलायी जाती हैं। इनमें 6 सदी ई. के मध्यकाल में प्रशंसा-धारक व्यक्तियों के उदाहरण थे।
2. दक्षिणी चीन के देशों (फेंग थू चाई) के जनसाधारण लोगों के रीति-रिवाजों का विवरण और अनजाने प्रदेशों (आइ वू चिह) के दूसरी सदी ई. के वर्णन हैं।
3. जलसर्वेक्षण-पुस्तकें एवं तटों के विवरण जैसे शाइ चिंग (प्रतिष्ठित जल-मार्ग)।
4. स्थानीय भूगोल-विवरणों के गज़ेटियर जैसे हुआ-यांग कुओ चिह (सेचुवान का ऐतिहासिक भूगोल) जो अधिकतर चौथी सदी ई. से आगे लिखा।
5. भौगोलिक सर्वज्ञान कोष (Encyclopaedias) जो चिन-वंश (तीसरी-चौथी सदी ई.) से आगे तैयार किए थे। ये स्ट्राबो की शैली से मिलते-जुलते तैयार किए गए।

चीनियों का प्राचीनकालीन भूगोल खगोल-विज्ञान का मानचित्र-रचना विज्ञान से जुड़ा था। अपनी धार्मिक पृष्ठभूमि के कारण चीनियों के विज्ञान में केन्द्र-बिन्दु अंतरिक्षीय एकता (Cosmic Unity) का योग तथा फलित-ज्योतिष से संबन्ध थे। इसके साथ ही खगोल विज्ञान का ज्ञान तथा कृषीय-कैलेण्डर का संकलन भी महत्त्वपूर्ण थे। इनसे लोगों की उत्पादन-क्षमता पर नियन्त्रण किया जा सका। चीन में परम्परागत एक प्राचीन धारणा थी कि आकाश गोल व पृथ्वी वर्गाकार (Square) है। परन्तु दूसरी सदी ई. में खगोल विज्ञान और अंतरिक्ष विज्ञान से संबन्धित तीन-सम्प्रदाओं (Three Main Schools) का विकास हुआ :

1. काइ थिएन सिद्धान्त जो आकाश को पृथ्वी को ढके हुए गोलार्द्ध (Hemisphere) मानता था। उसका आकार उल्टे-कटोरा के समान था।
2. हुंथिएन सम्प्रदाय यूनानियों के विचारों से मिलता-जुलता था और आकाश को ग्लोब के चारों ओर घूमता गोल (Spheres) मानता था।
3. सूआन येह अनन्त ब्रह्माण्ड में आकाशीय पिण्डों को स्वतंत्र रूप से तैरता मानता था।

चांग हेंग (78-139 ई.) को और पेइ सू (224-271 ई.) मुख्य एवं महत्त्वपूर्ण चीनी खगोल वैज्ञानिक व मानचित्र-रचयिता माने जाते थे क्योंकि इनका योगदान अत्यन्त महत्त्व का था। इन दोनों के रचे मानचित्र-कला से चीन मे वैज्ञानिक मानचित्र-रचना को जन्म मिला जो चतुर्भुजी-निर्देशांक व्यवस्था (Rectangular Coordinate System) पर आधारित हुई।

एशिया की मंगोली एकीकरण के परिणाम से चीन में नवीन सूचनाओं का उदय हुआ। इसका उपयोग चू सू-पेन (1273-1337 ई.) द्वारा मानचित्र रचना कार्य संग्रह हेतु हुआ। चू सू-पेन ने चीन का मानचित्र तैयार किया (1311-1320 ई.)। वह अति उत्तम उपलब्धि मानी गयी जो दो सदियों से भी अधिक काल तक आधारभूत कार्य के रूप में छायी रही। चू सू-पेन ने चीन से दूर के प्रदेशों के मानचित्रण में पर्याप्त सावधानी बरती और तत्कालीन यूरोप में घटित ज्ञान-स्तर से ऊपर उठने की उसमें पर्याप्त क्षमता थी। उसने यह स्पष्ट किया कि अफ्रीका दक्षिण की ओर त्रिभुज रूप में इंगित है, जबकि तत्कालीन यूरोपीय व अरब के मानचित्रों उसे पूर्व की ओर नुकीला इंगित किया था।

Notes

1. Ali, S.M., 1966, *The Geography of Puranas*, People's Publishing House, New Delhi, p.15.
2. Dube, B., 1967, *Geographical Concepts in Ancient India*, The National Geography Society of India, BHU, Varanasi.
3. Majumdar, S.N., 1924, *Canningham's Ancient Geography of India*, Calcutta.
4. *Ibid*.
5. Dey, N.L., 1927, *Geographical Dictionary of Ancient and Medieval India*, London.
6. Sircar, D.C., 1960, *Studies in the Ancient and Medieval India*.
7. Wilson, H.H., *Visnu Purana*, Tr.
8. Das, A.C., 1921, *Rigvedic India*, Calcutta.
9. Bhargava, M.L., 1964, *The Geography of Righvedic India*, Lucknow.
10. Surya Sidhanta, *Bhugoladhyaya*, Verse 53.
11. Dube, B., 1967, *op.cit*., p.11.
12. *Ibid*., pp.20-25.
13. *Ibid*., p.30.
14. *The Reader's Digest, Great World Atlas*, London, p.144.
15. Sidhanta Siromani, Bhuvanakosa, Goladhyaya, p.15.
16. Dube, B., 1967, *op.cit*., p.34.
17. Burges, E., 1936, *Surya-Siddhanta* (Eng. Trans), Calcutta, p.47.
18. Law, B.C., 1934, *Historical Geography of Ancient India*, Paris.
19. Sircar, D.C., 1960, *Studies in the Geography of Ancient and Medieval India*, Varanasi.

20. Ali, S.M. 1965, *op. cit.*, pp.30-70.
21. *Ibid.*
22. *Ibid.*
23. *Ibid.*
24. *Ibid.*
25. Dube, B., *op.cit.*, pp.80-90.
26. *Ali, S.M., op.cit.*, p.85.
27. *Sircar, D.C., 1960, op.cit.*
28. Ray, H.C., 'The Study of Ancient Indian Geography', *Indian Historical Quarterly*.
29. *Ibid.*
30. Ali, S.M., *op.cit.*, pp.109-130.
31. *Ibid.*
32. *Ibid.*
33. Dubey, B., *op. cit.*

4

अरब भौगोलिक विचार

(Arab Geographical Thought)

आठवीं से तेरहवीं सदी ई. में पैगम्बर मोहम्मद के अनुयायियों ने भूगोल के क्षेत्र में महत्त्वपूर्ण योगदान दिया। वे विश्व की विजय पर अरब से निकल पड़े, और 641 ई. में फारस तथा 642 ई. में मिश्र पर अधिकार कर लिया। सन् 732 तक पश्चिम में सहारा को पार उन्होंने उसे भी नियंत्रण में ले लिया। आइबेरियन प्रायद्वीप (Iberia-Spain-Portugal) को पार कर वे फ्रांस जा पहुँचे। मुसलिमों ने 900 वर्षों तक अधिकाँश स्पेन व पुर्तगाल पर शासन किया। मुसलिम-शासन मध्य एशिया, उत्तरी चीन, भारत, अफ्रीका के पूर्वी तट, मलेशिया और दक्षिण-पूर्वी एशिया के द्वीपों तक भी विस्तृत था।

यूरोपीय व विश्व के ईसाई-भागों में अरबवासियों से पहले का काल 'अंधकार युग' था, और लोग यूनानी व रोमवासियों की उपलब्धियों को भुला चुके थे। शिखर पर पहुँचा टॉलेमी का भौगोलिक-ज्ञान भी धुँधला गया, और केवल पृथ्वी की आकृति व आकार के बारे में हास्यास्पद कपोल-कल्पित कहानियाँ ही प्रचलित बनी थीं। ऐसी पृष्ठ भूमि के विरुद्ध अरबवासियों की विश्वजनिता, ईमानदारी और ज्ञान पूर्ण कौतूहलता से इस्लामी सभ्यता विकसित हुई।

कतिपय आदिकालीन भौगोलिक विचारों को अरबियों ने यहूदियों और ईसाइयों से ग्रहण किया। विश्व में अरब भौगोलिक साहित्य 800 ई. में प्रकट हुआ। मुसलिमों ने 762 ई. में बग़दाद के नए शहर की स्थापना की जो एक सदी से अधिक समय तक बुद्धिजीवी केन्द्र बना रहा। हारून-अल-रशीद की संरक्षता में 'बैतुल-हिक्मा' की स्थापना हुई जहाँ विश्व भर से ज्ञानियों को पढ़ाने व अरब-बुद्धिजीवियों को मदद करने आमंत्रित किया जाता था। अकादमी में ग्रीक, लैटिन, फारसी व संस्कृत की कृतियों का अरबी में अनुवाद किया

जाता था।[1] अरब में भौगोलिक ज्ञान के विकास में उत्तरदायी मुख्य कारकों का संक्षेप में आगे के परिच्छेद में उल्लेख है –

1. अरबवासियों का विशाल दृष्टिकोण और जिज्ञासु-प्रवृत्ति

यूनानियों व रोमन विद्वानों द्वारा प्रस्तुत साहित्य जिसे भुलाया जा चुका था, उसके अनुवाद में अरबवासियों ने जेकोबाइटों, नेस्टोरियनों, ईसाइयों, यहूदियों, फारसियों, यूनानियों व भारतियों आदि सभी की मदद ली। ख़लीफा-अल-मामून जो 813 ई. में गद्दी पर बैठा, उसने बुद्धि-जीवियों की बहुत सहायता की। उसने यूनानी-विज्ञान के अभिरक्षकों नेसतोरियों, ईसाइयों और यहूदियों को बढ़ावा दिया, और यूनानीकृतियों का संग्रह कर एक पुस्तकालय का निर्माण किया। उसके बुद्धिमान् दरबारियों ने यूक्लिद, आर्कमिडीज़ और अरस्तु के कार्यों का अनुवाद किया। टॉलेमी के 'अल्मगस्त' और उसके भौगोलिक-निबन्धों का भी अरबी में अनुवाद हुआ।[2] अरबवासियों ने भारतीय विद्वानों को बग़दाद में उनसे गणित व अंक का ज्ञान सीखने के लिए आमन्त्रित किया। वे आर्य भट्ट की कृतियों का भी अध्ययन करते थे, और 'सूर्य-सिद्धान्त' के संस्कृत-निबंधों द्वारा उन्होंने त्रिकोणमिति के सिद्धान्तों का ज्ञान प्राप्त किया। अरब खगोल-विज्ञान के इतिहास में 'सिद्धान्त' का अरबी-अनुवाद एक युगान्तकारी घटना है। अल-ख्वारिज़मी ने 'सिद्धान्त' के दो संस्करण तैयार किए और उसे संक्षिप्त बनाया। उसने अरबी में उपलब्ध 'ज़िज' (Zij) जो उस समय की महान् खगोल विज्ञानी कृति थी, उसे भी संक्षिप्त किया। तात्पर्य यह है कि इस प्रकार अरबवासियों ने अपने विशाल दृष्टिकोण का परिचय दिया, और उनके अवलोकनों, अध्ययनों एवं मतों से उनके निजी सिद्धान्तों को विकास मिला। वे भूगोल के विभिन्न क्षेत्रों में अनेक पुस्तकों को जन्म दे सके, और अपने ज्ञान को दूर-दराज़ के देशों तक व अटलांटिक से पैसिफ़िक और हिन्द महासागर तक ले गए।

2. इस्लामी भाई-चारा

संगठित एवं विस्तृत अरब साम्राज्य ने भौगोलिक शोध-कार्य में प्रोत्साहन दिया। यह वह काल था जब खोजों में लगे यात्री निःशंक रूप से घूम फिर सके, और चीन से हरकूलस के स्तम्भों तक, सिन्धु-तट से साइलिशियन द्वार (Cilician Gate), ऑक्सस से अटलांटिक तटों तक ख़लीफाओं की राज्य-सीमाओं में यात्राएँ कर रहे थे। इस विस्तृत साम्राज्य के विलग होने व अलग-अलग राज्यों में बँट जाने के बाद भी मुसलिम खोजी-यात्रियों को उनके इस्लामी भाई-चारे ने सुविधाएँ देने में कोई कमी नहीं आने दी। मुसलिम-जगत् की विश्व-बन्धुत्व भावना व उनके सार्वभौमिक चरित्र ने उनमें जाति-प्रजाति, जन्मगत व राष्ट्रगत एवं भाषागत भेदभावों से उन्हें दूर रखा। इससे पारस्परिक ज्ञान के आदान-प्रदान में वृद्धि आयी। यात्रियों का सभी प्रदेशों में ज्ञान-अर्जन हेतु स्वागत किया जाता। वे पवित्र धार्मिक सूचनाओं के संग्रह में तो विश्व साधन-सुविधाओं को उपलब्ध करने में सक्षम बने। इब्न-बतूता, जिसका उल्लेख आगे किया जाएगा, चौदहवीं सदी का सक्रिय खोजी-यात्री था। उसने बताया कि जब वह चीन के कनजानफूँ नगर पहुँचा, वहाँ के मुसलिम सौदागरों ने गाजे-बाजों व स्वागत में झंडियों,

ध्वजों, नाच-गानों सहित उसकी अगवानी की। उसके दल के साथियों के लिए सवारी हेतु घोड़ों का प्रबन्ध किया और उनको विजयोल्लास सहित जुलूस बना कर शहर में घुमाया-फिराया। यह घटना मध्य युगीन काल के मुसलिम समाज के चरित्र-बल पर प्रकाश डालती है। कष्टदायी यात्राओं के जोखिम को मुसलिम-समाज के भाई-चारे ने सुखदायी बनाया और दूर-दराज़ के देशों में यात्रा द्वारा ज्ञानार्जन की सुविधाएँ दीं।

3. तीर्थ-स्थलों की यात्राएँ

प्रत्येक मुसलिम को यह लाजिमी बताया है कि वह अपनी खुशहाली के लिए जीवन में कम से कम एक बार मक्का (Macca) की तीर्थ यात्रा करे। इस्लामी युग में, केवल ऐसे अवसर को छोड़कर जब कोई प्राकृतिक आपदा उत्पन्न हो जाए, अथवा बड़े पैमाने पर झगड़े-फसाद हो जाएं वर्ष में लोगों का समूह मक्का में पहुँचता है। इसमें इस्लामी जगत् के देशों-मिश्र, सीरिया, मैसोपोटामिया (इराक़), फारस, तुर्कीस्तान, भारत, मलेशिया, और यहाँ तक की चीन, सूडान, मोरक्को, स्पेन, पुर्तगाल व फ्रांस से लोग आकर सम्मिलित होते हैं। इस विशाल तीर्थ-सम्मेलन में यद्यपि लोग पर्याप्त जोखिम उठाकर अपने धार्मिक कर्त्तव्य का पालन करते हैं, उनके मेल-मिलाप से भी भौगोलिक ज्ञान का विकास संभव बना।

4. व्यापार

इस्लामी-जगत् में खोजी-यात्राओं को बढ़ावा देने के उद्देश्य से व्यापारिक गतिविधियों का योग बहुत रहा। इस्लामी धार्मिक-यात्राओं व आस्था से व्यापारी-वर्ग भी जुड़ा है। स्वयं इस्लाम के संस्थापक पैगम्बर मोहम्मद साहब भी व्यापारी थे। इससे सौदागरी व व्यापार व्यवसाय को इस्लाम में अच्छी दृष्टि से देखा जाता है। समाज में व्यापारी का सम्मान है, और ऊँचा स्तर प्राप्त है। इतना ही नहीं, यह मान्यता प्रचलित है कि "इंसाफ के दिन" (On the Day of Judgement) ईमानदार मुसलिम सौदागर को आस्थावान शहीद के बराबर पद दिया जाता है। एक दूसरी परम्परा की एक और मान्यता यह भी प्रचलित है कि सच्चा ईमानदार सौदागर को इंसाफ के दिन अल्लाह की गद्दी के साए में जगह मिलती है। उन्हें पृथ्वी पर अल्लाह का सच्चा सेवक मानते हैं, वे विश्व में मुसलिम आस्था के संदेशवाहक होते हैं। आरम्भकालीन खलीफाओं में महान् उमर फ़ारूक कहते थे- "अपने परिवार के लिए खरीद-फरोख़्त करते हुए बाजार में यदि मौत मुझे दबोच ले, इससे अच्छी जगह खुशी से मरने की और कहाँ होगी।" आदमी की बेहतर कीमत उसके व्यापारिक जीवन के ईमानदारी पालन में ही जांची जाती है जो उसके धार्मिक कर्त्तव्यपालन से भी ऊँची होती है। यह मत भी ख़लीफा उमर फ़ारूक का ही है। अरब सौदागर कीमती पत्थरों, हीरों-जवाहरात, रूबी, कोरल आदि में व्यापार करते थे। इत्र, मुश्क, कपूर, चन्दन जैसी बहुमूल्य वस्तुओं के सौदागर थे। सर्वोत्तम क़िस्म की तृण मणियों का बाजार दक्षिणी-पूर्वी एशिया था। अगला उत्तम बाजार स्पेन व मोरक्को बताया जाता है। भारत अगरू (Aloes) के क्रय-विक्रय में आगे था। इन भौगोलिक संदर्भों के जिक्र यह साबित करते हैं कि मध्ययुगीन सौदागरों ने

अपने जाल दूर-दूर फेंक रखे थे। इनसे दूर-दराज़ के देशों के भूगोल के बारे में विश्वसनीय सूचनाएं मिलती थीं।

5. सामुद्रिक साहसिक कार्य

भू-भाग पर ही अरबवासियों की व्यापारिक क्रियाएँ सीमित नहीं थीं, वे समुद्र पर भी साहसिक खोजी क्रियाओं व व्यापार में उसी समान गति से व्यस्त थे। समुद्री-यात्रियों के लिए अनेक नियमावलियाँ एवं पुस्तिकाएँ हैं जो विशेष रूप से लाल-सागर, फारस-खाड़ी, अरब सागर, हिन्द महासागर, बंगाल की खाड़ी, मलक्का सागर, चीन सागर से संबंधित हैं। इन यात्रियों से अनेक महत्त्वपूर्ण सूचनाएँ मिलीं जैसे, समुद्र का खारापान, जलवायु, हवाएँ, और जन-जीवन आदि। अल-मसादी ने इस बारे में अनेक देशों के भौगोलिक विवरण दिए, जहाँ वह स्वयं यात्रा कर आया था। सिन्दबाद नाविक (Sindbad-The Sailor) की साहसिक कहानियों ने यात्रियों के लिए भूमिका तैयार कर प्रेरित किया। अरबवासियों ने सुदूर पूर्व (चीन) की यात्राएँ कर महत्त्वपूर्ण सामग्री जोड़ी थी।

अरब भूगोल वेत्ताओं ने अपने प्राचीन भौगोलिक ज्ञान के लिए स्पेन, उत्तरी अफ्रीका और दक्षिणी-पश्चिमी एशिया के अरब-विश्वविद्यालयों से सूचनाएँ संग्रह कीं। इनसे टॉलेमी द्वारा रचे उसके मूल-मानचित्रों की कमियों को पूरा किया गया।

अरबवासियों ने भूगोल के नाना प्रकार के क्षेत्रों में जैसे गणित, भौतिक व प्रादेशिक भूगोल, आदि में श्रेष्ठ योगदान दिया। उनका योगदान अनेक विषयों में जैसे जलवायु विज्ञान, सामुद्रिक विज्ञान, भू-आकृति विज्ञान, रेखीय-मापनों, मुख्य बिन्दुओं की स्थिति-निर्धारण, आवासित जगत् की सीमा-निर्धारण, महाद्वीपों के विस्तार और महासागर-सीमाओं के निर्धारण की दृष्टि से प्रशंसनीय कहे जाते हैं।

अरबवासियों ने पृथ्वी के आकार व आकृति के विषय में यूनानियों की परम्परा को अपनाया। आरम्भकालीन अरबवासियों ने पृथ्वी को ब्रह्माण्ड का केन्द्र माना जिसके चारों ओर सात ग्रह चक्कर काटते थे। पृथ्वी से ग्रहों की दूरी के क्रम में वे चंद्रमा, बुद्ध, शुक्र, सूर्य, मंगल, बृहस्पति व शनि थे।[4] प्रत्येक ग्रह का निजी आकाश अथवा टॉलेमी की शब्दावली में 'गोला' (Sphere) था। इस परिकल्पना (Hypothesis) में सभी ग्रह सातवाँ-आकाश अथवा उच्चतम अंतरिक्ष धारण किए थे। सातों अंतरिक्ष में से पहला पृथ्वी के समीपतम हरा (पन्ना), दूसरा स्वेत (चांदी), तीसरा लाल (रूबी), चौथा सफेद (मोती), पाँचवां सुनहला (स्वर्ण), छठवाँ (पीला-पुखराज) और सातवाँ अग्नि-ज्वाला (नूर) के वर्णों के थे। इसी भाँति पृथ्वी के भी एक के अन्दर एक समाए सात क्षेत्र थे जिनमें अधःतम को (सबसे नीचे) नरक माना गया था।[5]

पृथ्वी की परिधि के बारे में टॉलेमी ने 157 ई. में विषुवत् रेखा पर वृत्त को 24,000 मील लंबाई का कहा था। सल-मामुन की काल-अवधि में परिधि 20,160 मील, और अल-बतानी ने 27,000 मील निर्धारित की। अरबवासियों के अनुसार आवासित विश्व (Habitable

Figure 4.1 *अरबी स्कूल में प्रयुक्त मध्ययुगीन अरबी कार्टोग्राम*

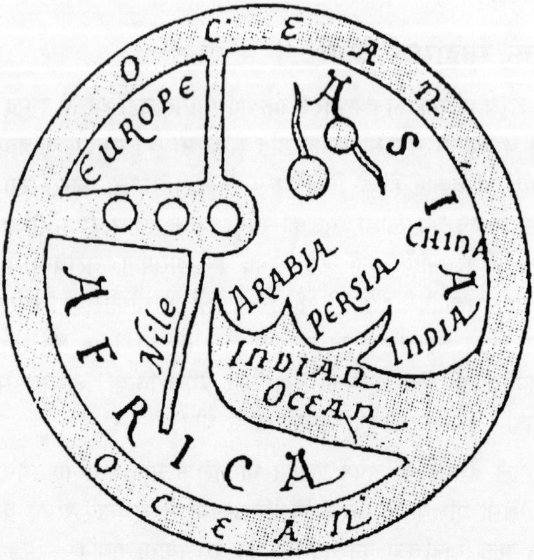

World) की पश्चिमी सीमा भूमध्यसागर पर, पूर्वी सीमा सिला (जापान) पर, उत्तर की ओर सीमा याजुज-माजुज (साइबेरिया) पर दक्षिणी सीमा विषुवत् वृत्त के दक्षिण में समाप्त होती थी।

जलवायु के बारे में अरबवासियों ने महत्त्वपूर्ण अवलोकन प्रस्तुत किए। 921 ई. में अल-बल्ख़ी ने अरब-यात्रियों से सूचनाएँ व आंकड़े एकत्रित कर पहली एटलस विश्व जलवायु की 'क़िताबुल-अश्काल' तैयार की।

अल-मक़दिसी (945-88 ई.) ने भारतीय मानसूनों का विस्तृत वर्णन 985 ई. में दिया, और विश्व को चौदह जलवायु-प्रदेशों में विभक्त कर नई सोच दी। यह सोच जलवायु को न केवल अक्षांश द्वारा, बल्कि पूर्व व पश्चिम की स्थितियों के आधार पर उनको निर्धारित करता था। उसने यह विचार व्यक्त किया कि दक्षिणी गोलार्द्ध खुला महासागर है, और अधिकांश भूमि-क्षेत्र उत्तरी गोलार्द्ध में विस्तृत है।[6]

विश्व की भू-आकृतियों के निर्माण की प्रक्रिया के बारे में भी अरब-भूगोल-वेत्ताओं ने महत्त्वपूर्ण विचार प्रस्तुत किए। अल-बिरूनी ने 1030 ई. में 'क़िताब-अल-हिन्द' (भारत का भूगोल) लिखा। वह हिमालय के दक्षिण में तलछट-निक्षेप (Alluvial Deposits) में गोलाकार पत्थरों के योग के बारे में अपनी पुस्तक में वर्णन करता हुआ कहता था कि तेज-वाहिनी नदियों ने पहाड़ों से लुढ़का कर पत्थरों को गोल बनाया। उसने यह भी प्रकट

किया कि पहाड़ों की तलहटी का निक्षेप स्थूल (मोटा) संरचना वाला था जो पहाड़ों से उतर दूर जाते-जाते बारीक संरचना (Finer Texture) का बनता है।[7] इब्न-सिना (Ibn-Sina) ने पहाड़ों में विखण्डन, अनाच्छादन, अपक्षयन क्रियाओं के कारकों (Agents) को स्पष्ट करते हुए पर्वतीय नदियों द्वारा ढाल-निर्माण के विवरण दिए। उसने इस सिद्धान्त को जन्म दिया कि कमजोर चट्टानों के पर्वत निरन्तर नदियों द्वारा घिस कर क्षय बनते और उच्च-चोटियाँ घिसाव-क्रियाओं से मुक्त बनी कठोर चट्टानी हैं।[8] पर्वत जैसे ही ऊँचे बनते हैं वे क्षय-प्रक्रिया (Process of Wearing Down) के अधीन आ जाते हैं और धीरे-धीरे व स्थिर गति से क्षय (नष्ट) होते रहते हैं।[9] उच्च पर्वतीय भागों की चट्टानों में इब्न-सिना ने जीवाश्म (Fossils) की मौजूदगी से इस तथ्य को प्रकट किया कि प्रकृति पौधों व जीव-जन्तुओं की जननी है। परन्तु यह असफल-सोच सिद्ध हुआ।

अरब भूगोलवेत्ताओं ने यूनानियों से प्राप्त विचार ग्रहण कर पृथ्वी के ग्लोब को पाँच कटिबंधों में विभक्त किया। प्रत्येक कटिबंध में विशेष-तापक्रम दशाएँ मिलती हैं। ये कटिबंध हैं- (i) उष्ण कटिबंध जो दोनों अयनों (Tropics) के मध्य हैं, (ii) दो शीत कटिबंध ध्रुवों के समीप, और (iii) दो शीतोष्ण कटिबंध जिनकी स्थिति ध्रुव व उष्ण कटिबंधों के बीच में है।[10] अरबवासियों के अनुसार एक-चौथाई विश्व ही आवासित था। शेष जल से ढंका, अथवा अधिक शीत व ताप के कारण रहने योग्य नहीं था। फारसियों ने विश्व को सात साम्राज्यों अथवा राज्यों (Nations) में बांटा। ये राज्य 'किश्वार' अथवा 'क्लाइमेट्स' (Climates) भी कहे जाते थे। ये चीन, भारत, तूरान (तुर्किस्तान), रोमन साम्राज्य, अफ्रीका व ईरान थे।[11]

अरबवासियों ने प्रधान-मध्यान्ह (Prime-Meridian) जिसे टॉलेमी ने दर्शाया, समय व देशान्तर निर्धारण के लिए अपनायी। यह मध्यान्ह 'फॉरचुनेट आइलैण्ड्स' से गुज़रती थी। अबू-मशर (Abu-Mashar) एवं अन्य विद्वान प्रधान मध्यान्ह की स्थिति पूर्वी छोर (Eastern Extremity) पर मानते थे। यह विचार भारतीयों विद्वानों से ग्रहण किया गया था। वे भारत की स्थिति पृथ्वी के मध्य में मानते, अतः प्रधान-मध्याह्न को उन्होंने मालवा की राजधानी उज्जैन से गुज़रती दिखाया। उज्जैन उस काल में भारत का प्रधान बौद्धिक-केन्द्र (Intellectual Centre) था।[12] भारतीय-विद्वानों ने इस मध्यान्ह को लंका, उज्जैन और मेरु पर्वत (उत्तरीध्रुव) से गुज़रती हुई दर्शाया था। उज्जैन शब्द विकृत बन कर अरबी में ओज़िन (Ozain), ओज़िन (Ozin) अथवा अरिन (Arin) लिखा जाता था।[13]

अक्षांश-निर्धारण में अरबवासियों ने इरेटॉस्थनीज व अन्य यूनानियों की भाँति सूर्य-छाया को प्रयोग में लिया। छाया 'नोमोन' छड़ी से निर्धारित कर अक्षांश इंगित करती थी। अरबवासियों ने यूनानियों के इस प्रयोग में संशोधन किया। इनके मतानुसार नोमोन-छाया सूर्य-केन्द्र की ऊँचाई की सही द्योतक नहीं है, वह उसके ऊपरी किनारे (Upper-Limb) की है।

अरब जहाजरानों व विद्वानों ने ज्वार-घटना (Tides) के कारणों का उल्लेख करते कहा कि वे सूर्य व चंद्रमा की गुरुत्वाकर्षण खिंचाव (शक्ति) से घटित होते हैं। अल-मसूदी (Al-Masudi) ने कैस्पियन सागर में लघु व दीर्घ ज्वारों का अवलोकन कर उन्हें रिकॉर्ड किया। परन्तु अल-बिरूनी ने अपनी पुस्तक 'किताब-अल-हिन्द' में लिखा कि भारतीयों का विश्वास है कि 'ज्वारों की उत्पत्ति का कारण चन्द्रमा है।'

अरबवासियों ने सबसे पहले 'मानसून' की अवधि का विचार प्रकट किया। 'मानसून' शब्द अरबी-शब्द 'मौसम' से निकला जिसका अर्थ 'ऋतु' (Season) है। अरब-भूगोलवेत्ताओं ने अनेक स्थानीय हवाओं के चलने का भी जिक्र किया। अल-मसूदी ने समुद्री जल के रंगों में विभिन्नता को खारेपन की भिन्न-भिन्न मात्रा के कारण व समुद्री वनस्पति की मौजूदगी का परिणाम बताया।[14]

अरब ऐतिहासिक भूगोलवेत्ताओं जैसे, इब्न-ख़ल्दून, अल-बिरूनी, और अल-मसूदी ने जलवायु का असर वनस्पति और लोगों के जीवन-यापन के तौर-तरीकों पर पड़ा, का वर्णन किया। इब्न-ख़ल्दून के अनुसार अपेक्षाकृत उष्ण-जलवायु के लोग अधिक कामुक-प्रकृति के होते हैं, जबकि ठण्डी जलवायु के लोगों में उत्साह की कमी व भावशून्यता मिलती है। शीतोष्ण जलवायु के लोग बुद्धिमानी में बढ़े-चढ़े पाए जाते हैं। वे न तो भावशून्य और न ही भावातिरेक होते हैं। उसने यह भी स्पष्ट किया कि हब्शी (Negroes) इसलिए काले-वर्ण के हैं क्योंकि वे उष्ण व आर्द्र जलवायु-कटिबंधों में रहते हैं, जबकि शीत व शीतोष्ण जलवायु में बसे लोगों का वर्ण सफ़ेदपन लिए होता है। इसी प्रकार लोग अपने घर व अधिवास दक्षिणवर्ती पहाड़ी-ढालों पर इसलिए बनाते हैं कि जल-स्रोतों के समीप बने रह सकें।

नीचे कुछ प्रमुख-प्रमुख अरब लेखकों व विद्वानों के योगदान का वर्णन दिया है, यद्यपि कई ने भूगोल की विभिन्न शाखाओं में कार्य किए हैं।

इब्न-हॉक़ल-अबू-अल-मोहम्मद क़ासिम

इब्न-हॉकल बग़दाद का रहने वाला था। वह शायद ऊपरी मैसोपोटामिया में नासीबिन (Nisibis) में जन्मा था, और उसका वास्तविक नाम मोहम्मद अब्दुल-क़ासिम था। बचपन से ही उसे यात्राओं, खोजों, समुद्री जहाजरानों के साहसिक अभियानों के विवरण पढ़ने-पढ़ाने का शौक़ था। वह दूर-दराज़ के देशों के लोगों का जन-जीवन जानने व जन-जातियों को समझने में रुचि रखता था। मई, 943 ई. में उसने घूमने-फिरने की ठानी और विश्व के विभिन्न ऐसे देशों की पैदल यात्रा पर निकल पड़ा जो पवित्र कुरान के परिक्रमा-कक्ष के अधीन थे।[15] जहाँ-जहाँ वह घूमा-फिरा था उनमें उत्तरी-अफ्रीका, सहारा का दक्षिणी छोर, मिश्र, सीरिया, आर्मीनिया, अज़रबैजान, अल-जज़ीरा, इराक़, खुज़ीस्तान, फार्स (ईरान), ख्वारिज़्म, और ट्रांस-ओक्सानिया तथा अंत में सिसली शामिल थे। इसके पश्चात् उसका कोई अता-पता नहीं था।

इब्न-हॉकल के निबन्ध 'ए बुक ऑफ़ रूट्स एण्ड रेल्स' (A Book of Routes and Realms) में सम्मिलित हैं। इस पुस्तक की प्रस्तावना में उसने व्यक्त किया - ''मैंने पृथ्वी को उसकी सम्पूर्णता में बयान किया, और मुसलिम देशों के बारे में लिखा है। मैंने प्रत्येक देश-प्रदेश की सीमाएँ इंगित की हैं, उसमें शामिल नगरों, जिलों, नदियों को जो सींचती हैं, जलाशयों को जो उसका स्वरूप परिवर्तन करते हैं, उन संसाधनों को जो वहाँ उपलब्ध हैं, उन विभिन्न करों (Taxes) को जो वहाँ लागू हैं, उन मार्गों को जो वहाँ ले जाते हैं, उन दूरियों को भी जो उसे पड़ोस के देशों से अलग करती हैं, वह व्यापार जो वहाँ सफलतापूर्वक संचालित होता है, इंगित किए हैं। मैंने प्रदेश के बारे में ऐसी सभी सूचनाओं को पुन: जुटाया है जो वहाँ के भूगोल विज्ञान को राजा व रंक सभी के लिए रोचक बनाती हैं।''

इब्न हॉकल ने अरब जगत् के अतिरिक्त, यूरोपीय देशों का भी विवरण दिया है। उसने स्थापित किया कि कैस्पियन-सागर का कोई भी संबन्ध उत्तरी महासागर से नहीं था। काला-सागर का संचार एक चैनल द्वारा उत्तरी-सागर से था, वह उसकी एक भुजा बना था। वह यूरोप को एक द्वीप मानता था। अफ्रीका के बारे में उसने लिखा, लाल-सागर से सटा उसका पूर्वीतट पूर्व दिशा को मुड़ता है। उसने इस्लामी-जगत् की सीमा के देशों व वहाँ के लोगों के बारे में भी वर्णन किया है। इनके सर्वोत्तम उदाहरण तर्कों, खजारों, दक्षिणी इटली के नगरों, सूडान-वासियों और नामीबियाइयों पर लिखे गए अवतरण (Passages) हैं। भिन्न-भिन्न प्रदेशों की कृषि-तकनीकों और प्रमुख उपजों का वर्णन करने वाला वह एक मात्र अरब भूगोलवेत्ता था जिसने उस काल में उत्पादन की विस्तृत सही तस्वीर वर्णित की थी।

अल-मसूदी

अल-मसूदी नवीं सदी ई. के अन्त में बग़दाद में जन्मा था, परन्तु उसके जन्म का सही वर्ष ज्ञात नहीं है। उसका 956 ई. में देहान्त मिश्र के फ़सतात (Fustat) नगर में हुआ।

वह भूगोलवेत्ता के साथ-साथ इतिहासज्ञ भी था। उसने विश्व की यात्रा की और उसके बारे में विस्तार से लिखा है। वह एशिया व अफ्रीका के देशों में खूब घूमा-फिरा था, विशेषत: उसने फारस, ट्रांस-ऑक्सियाना, सीरिया, आर्मीनिया, अज़रबैजान, कैस्पियन सागर, वोल्गा प्रदेश, मध्य एशिया, भारत, लंका, कानबालू (मेडागास्कर), ओमान, अरब का दक्षिणी भाग, यूनान साम्राज्य, स्पेन और मिश्र की यात्राएँ की थीं। भूगोल व इतिहास में महत्त्वपूर्ण सामग्री जोड़ने के साथ ही, अल-मसूदी ने ब्रह्माण्ड-विज्ञान, मौसम विज्ञान, महासागर विज्ञान, भू-आकारों के अध्ययन, खगोल-विज्ञान, इस्लामी-कानून और अरबी लोक-साहित्य में योगदान दिया था। लेखक के रूप में उसकी बहुमुखी रुचि व रचनाशक्ति अद्‌भुत थी। उसकी प्रसिद्ध कृतियाँ--

(i) किताब-मुराज-अल-दहाब (Golden Meadows), (ii) किताब-अल-तनभवल इशरफ, (iii) किताब-अखबार-अल-ज़मां (30 जिल्दों में), और (iv) किताब-अल-

औसात, हैं। ये अधिकांश कृतियाँ, किताब-मुराज-अल-दहाब (Golden Meadows) को छोड़कर, सभी नष्ट हो चुकी हैं।

यूनानी व रोमन स्त्रोतों का अल-मसूदी ने गहराई से अध्ययन कर अपनी यात्राओं द्वारा सूचनाएँ संग्रह की थीं। उसने स्थानीय व प्रादेशिक पूर्वाग्रहों पर काबू प्राप्त किया, और अनेक स्थानों पर जाकर खोजबीन द्वारा स्वयं भौगोलिक यथार्थता जानी। उसने जैसा कुछ देखा, वैसा ही बयान किया। अल-मसूदी की कुछ प्रमुख उपलब्धियाँ नीचे वर्णित हैं-

अंधकार युग में ईसाइयों ने पृथ्वी को चपटी, त्रिभुजाकार, और चौकोर, उत्तर व दक्षिण की ओर से पश्चिम व पूर्व में दोगुनी लंबी सिद्ध करने के प्रयास किए। वे उसे सभी ओर से जल से घिरी मानते थे।[16] मध्ययुगीन यूरोपीय सोच धार्मिक कट्टरता से ढंका था, और पृथ्वी की आकृति को गोल मानने के लिए तैयार नहीं था। अल-मसूदी की पृथ्वी के बारे में गोलाकार आकृति विषयक धारणा स्पष्ट थी। वह समुद्र की सतह को वक्राकार (Curved) मानता था क्योंकि जब जहाज भूमि तट के निकट पहुँचता, उस पर से तट व वहाँ की वस्तुएँ धीरे-धीरे साफ़ नजर आने लगतीं।[17] उसने पृथ्वी के चपटी होने व गोलाकार होने के गुण-दोषों की तुलना करते हुए कहा कि यदि पृथ्वी चपटी होती तो समस्त भूमि सदैव समुद्र में निमज्जित (Submerged) बनी रहती।[18]

अल-मसूदी ने महासागर व महाद्वीपों की सीमाएँ निर्धारित कीं, और यूनानियों की भाँति ही जापान व Eternal Islands को क्रमशः विश्व की पूर्वी व पश्चिमी सीमा मानी। दक्षिणी सीमा निर्धारण के लिए वह जहाज खेता हुआ सोफाला (Sofala) तक जा पहुँचा, और अल-बत्तानी से सहमति व्यक्त करते हुए अफ्रीका की आकृति को लगभग वैसा ही माना था जैसा कि उसकी आकृति आज है।[19] चारों ओर से घेरे हुए महासागर (Encircling Ocean) के बारे में उसने व्यक्त किया कि अनेक लेखकों के अनुसार वही प्रधान महासागर है, और उसी से अन्य समुद्र निकले हैं, और पूर्व में वह चीन-सागर से जुड़ा है। अरब सागर के बारे में, अल-मसूदी का विचार था कि वह विश्व में सबसे बड़ा सागर है। पूर्व के सात-सागरों की स्थिति व आकार के बारे में वह विस्तार से बयान करता है। ये सात समुद्र अरब राज्यों व चीन के बीच स्थित थे। अरब व्यापारियों के चीन के साथ व्यापारिक संबन्ध थे, और उन्हें सात-समुद्रों को पार करना पड़ता था। इनमें पहला समुद्र फारस की खाड़ी था। सातों समुद्रों के नाम हैं- (i) पर्सिया सागर, (ii) लारेवी सागर (Larevy), (iii) हरकंद (Herkend) का सागर, (iv) सेलाहेत (Shelahet) अथवा कलाबार सागर, (v) केदरेंज (Kedrenj) सागर, (vi) सेंफ (Senf) का सागर, और (vii) संजी (Senjy) का सागर।[20]

पर्सिया सागर में फारस की खाड़ी और मकरान शामिल थे। लारेवी सागर सिन्धु के डेल्टा से केप-कमोरिन (कुमारी अंतरीप) तक विस्तृत था। तीसरा सागर हरकंद-हरीकुन्द, (बंगाल की खाड़ी) था, और सेलाहेत सागर मलक्का का सागर है। पाँचवां सागर केदरेंज

मलक्का के प्रायद्वीप का पूर्वीतट, स्याम की खाड़ी के दक्षिण में है। छठा सागर सेंफ वियतनाम के तट (कोचीन-चीन) से मेल खाता है, और अंतिम सातवां सागर संजी चीन-सागर था। अल-मसूदी के अनुसार वह अनिश्चित रूप से उत्तर व पूर्व में विस्तृत था।

कुछ महत्त्वपूर्ण प्रश्न अल-मसूदी के काल में विद्वानों के मन में चक्कर काट रहे थे जैसे, कैस्पियन व काला सागर अन्तर्सम्बन्धित हैं, आदि, आदि। ये विवाद हिकेटियस और हिरोडोटस के समय से ही चले आ रहे थे। अल-मसूदी ने इन के बारे में स्वतंत्र रूप से विचार किया। उसने आँख मूँद कर यूनानियों व रोमवासियों का अनुसरण नहीं किया। उसने स्वयं वहाँ खेते हुए पहुँच कर सिद्ध किया कि कैस्पियन सागर किसी भी सागर से नहीं जुड़ा है। उसने पहली बार यह स्थापित किया कि ऑक्सस (Oxus) नदी अरल-सागर में गिरती और वोल्गा नदी सक्रिय बना व्यापारिक मार्ग है। अल-मसूदी ने अटलांटिक महासागर को काला-हरा सागर (Dark-Green Sea) नाम दिया। उसने यह मत व्यक्त किया कि हिन्द महासागर व अटलांटिक महासागर एक-दूसरे से जुड़े हुए हैं।

अल-मसूदी ने भू-आकृति विज्ञान में योगदान देते हुए उसे आधुनिक बनाया, और भू-आकारों के निर्माण में तुलनात्मक व विश्लेषणात्मक अध्ययन को सम्मिलित किया।[21] भू-आकारों के निर्माण क्रिया में विकास-चक्र से वे युवावस्था से परिपक्वावस्था और अन्त में वृद्धावस्था के चरण में पहुँचते हैं। इस अंतिम अवस्था में उनकी आकृति 'स्थली-प्राय (Pene-plain)' मैदान जैसी बन जाती है। अल-मसूदी ने आवरणक्षय-चक्र के योग की सराहना की जो जलधाराओं को उनके स्थल की संरचना से समायोजन कराने की क्रिया है। यह 'चक्र' (Cycle) ही भू-आकारों के विकास में योग रखता है। अल-मसूदी कहता है- ''इस मत में कोई तथ्य नहीं है कि पृथ्वी जल से घिरी है, न ही यह बात कि वह सर्वत्र भूमि है। परन्तु उस पर सतत् एक भौतिक क्रांति (परिवर्तन) घटित होती रहती है, और नदियों द्वारा स्थल पर युवा-काल से जर्जर-काल तक परिवर्तन उत्पन्न होते रहते हैं। यह परिवर्तन जीव-जन्तुओं व पेड़-पौधों में भी घटित होता है जो जीवनकाल में विकसित होते व क्षय (नष्ट) बनते रहते हैं। पृथ्वी भाग-दर-भाग विकास प्राप्त करती, और क्षय बनती रहती है।''[22] अल-मसूदी के प्रेक्षण-विचार (Observations) इसलिए अधिक महत्त्वपूर्ण हैं कि लगभग विगत दो सौ वर्षों से विद्वानों का ध्यान धरातल के भौतिक विकास में नदियों का योग विचारणीय बना है।

अल-मसूदी ने अनेक समुद्रों में खेते हुए यात्राएं की हैं, और मौसम की दशाओं के कारण जन्मी कठिनाइयों को बयान किया है। विभिन्न सागरों की आकृतियों व सीमाओं संबन्धी तत्कालीन सिद्धान्तों व समस्याओं का उसे ज्ञान था।[23] हिन्द महासागर के बारे में अल-मसूदी के विचार टॉलेमी की तुलना में अधिक सही थे। वह उसे अटलांटिक महासागर से जुड़ा मानता था। उसकी धारणा थी कि सागरों व महासागरों में नमक (खारापन) भूमि से ही आता है।

अल-मसूदी ने नील-नदी के सही स्रोत की समस्या हल करने के प्रयास किए। उसने टॉलेमी के इस विचार से असहमति दर्शायी कि सिन्धु नदी नील नदी से जुड़ी थी। उसने अबेसीनिया (Abyssinia) के पहाड़ों में नील-नदी का स्रोत बताया।[24]

अल-मसूदी अपने समय का जाना-माना जलवायु-विशेषज्ञ था। उसने मौसमी हवाओं (मानसूनों) का अच्छा वर्णन किया, और हवाओं को ऊर्जा का स्रोत कहा। सजिस्तान (Sajistan) के मरुस्थल में लगी पवन-चक्कियों का उसने उल्लेख किया जो भारत की पश्चिमी-सीमा पर हैं।[25]

अल-मसूदी ने मानव को उसके पर्यावरण से सह-संबन्धित कर मानव-भूगोल के क्षेत्र में भी उपलब्धियाँ अर्जित कीं। उसकी राय में- ''पृथ्वी की शक्तियाँ मानव को भिन्न-भिन्न रूपों में प्रभावित करती हैं। पृथ्वी पर जल, प्राकृतिक वनस्पति और स्थलाकृति (Topography) तीन अलग-अलग प्रकार से मानव को प्रभावित करते हैं।'' पर्यावरण का प्रभाव लोगों के रहने-सहने के तरीकों और उनके रुझान व अभिवृत्तियों (Attitudes) पर भी पड़ता है। स्थल पर जहाँ जल अधिक है, वह मानवों के विनोदी-स्वभाव में प्रकट है, और जहाँ जल का अभाव है, स्वभाव भी शुष्क व चिड़चिड़ा बन जाता है। जहाँ वनस्पति की अधिकता है वहाँ ताप भी अधिक रहता है। जहाँ प्रदेश में वनस्पति का अभाव है ताप भी कम है।[26] मानव-अधिवास के लिए स्थिति का चयन करने में भी विचार व्यक्त करते हुए वह आसपास के क्षेत्र की प्रकृति, उच्चावच, पहाड़ों व समुद्रों से समीप व दूरी तथा मिट्टी के स्वभाव के महत्त्व पर जोर देता था।[27]

अरब के यायावरों (Nomads) के चरित्र का सविस्तार वर्णन करते हुए, अल-मसूदी की मान्यता थी कि संपन्न व्यक्तियों को विश्व में घूमफिर अनुभव करने चाहिए। यायावर नगरों में बसने के बारे में मत व्यक्त करते थे कि नगरों में मनुष्य का दृष्टिकोण संकुचित बन जाता है, वह विकास में पिछड़ जाता है, बाहर निकल कर अनुभव करने का उसमें साहस शेष नहीं रह जाता। अरब इसलिए ही उन्मुक्त खुले में घूमने-फिरने के आदी थे, जहाँ न प्रदूषण है, और वहाँ मिलती है स्वच्छ वायु जो उन्हें बलवान, बुद्धिमान और स्वस्थ रखती है। उनमें उदारता, दान, उच्चकोटि की बुद्धि-प्रखरता आदि गुणों का विकास स्वच्छ-पर्यावरण का ही परिणाम है।[28] मानव पर पर्यावरण के प्रभाव की अनुशंसा में अल-मसूदी ने कहा है -

उत्तरवर्ती एक चौथाई भाग जो सूर्य से दूर है, और जो सकालिबा (Saqaliba) की आवास भूमि है, जहाँ अफ्रांजा (Franks) व आसपास पड़ोस की प्रजातियाँ हैं, वहाँ सूर्यताप का प्रभाव कम पहुँचता है। वह प्रदेश शीत व हिम व ठण्डा होने के कारण लोगों में शक्ति से भरा शरीर तो विकसित करता है, परन्तु उनमें स्वभाव से अभद्रता, रुखापन, मंदबुद्धि, अप्रिय बोली आदि का विकास होता देखा गया। वर्ण में स्वेत, मोटी चर्बी, नीली आँखें, नरम खाल व घुंघराले बाल उनकी शारीरिक विशेषताएँ हैं। इनका विकास प्रदेश की नमी

की अधिकता व शीत का परिणाम है। ऐसा पर्यावरण धार्मिक-आस्था को भी प्रोत्साहन नहीं देता। अधिक उत्तर में बसे लोग अधिक मंदबुद्धि, कटु-स्वभाव व जंगलीपन से ग्रसित पाए जाते हैं, और ऐसी विशेषताओं में अनुपात में उत्तर की ओर बढ़ते जाने से वृद्धि देखी जाती है। उसने तुर्कियों का उदाहरण प्रस्तुत करते हुए कहा - तुर्की जो भारत में उत्प्रवास कर बस गए, उनकी राष्ट्रीय विशेषताएँ भी नष्ट हो गयीं, उन्होंने नवीन पर्यावरण में नवीन विशेषताएँ अर्जित कर लीं। पर्यावरण के प्रति अनुकूलन के प्रमाण अल-मसूदी ने जीव-जन्तुओं व पेड़-पौधों में भी पाया। उनमें भी अपने प्राकृतिक पर्यावरण का जहाँ वे विकसित हुए प्राकृतिक रंग-ढंग विकसित हुआ देखा जाता है।[29]

अल-मसूदी ने प्रादेशिक भूगोल के क्षेत्र में पर्याप्त प्रशंसनीय योग दिया। उसने सीरिया (Al-Sham), फारस, मध्य-एशिया, जार्जिया (Georgia), मैसोपोटामिया तथा जहाँ-जहाँ वह गया था, विश्वसनीय विवरण दिया है। सीरिया के बारे में वह लिखता है- 'यह देश पहाड़ी, मेघों, हवाओं, पाला व घनी वर्षा का घर है जहाँ अनेक वृक्ष हैं और जहाँ की नदियाँ सतत् वाहिनी हैं।'[30]

भाषा के आधार पर उसने अधिवास-योग्य जगत् को सात राष्ट्रीयताओं में विभक्त किया- (i) फारसी, (ii) चेल्डियन (अरब) (iii) यूनानी, (iv) मिश्री व लीबियाई, (v) तुर्की, (vi) हिंदुवानी और (vii) चीनियों की।

सारांश में कहा जा सकता है कि अल-मसूदी ऐसा भूगोलवेत्ता था जिसने भूगोल के वास्तविक आलेखों की जाँच-परीक्षा कर विवरण दिए। उसने स्वयं देख व अवलोकन कर अनुभवों और पुस्तकों की सामग्री से तुलना कर युक्ति संगत ज्ञान दिया।

अल-बिरूनी (Al-Biruni 973-1039 A.D.)

अल-बिरूनी का पूरा नाम अबू-रीहान मोहम्मद था। उसने अपनी युवावस्था ऑक्सस (Oxus) नदी के किनारे ख्वारिज़्म (Khwarizm) में बितायी। यह नगर (ख़ीवा) उज़्बेकिस्तान गणतंत्र में स्थित है। यहाँ का शासक विज्ञान व कला के प्रति उत्साही था और अल-बिरूनी जैसे विद्वानों को विभिन्न ज्ञान की शाखाओं में अध्ययन करने के लिए उत्साहित करता एवं विश्व के विभिन्न भागों की यात्रा करने के लिए प्रोत्साहित करता था। अल-बिरूनी ने अपनी ज्ञान-अर्जन की निष्ठा के द्वारा विभिन्न विषयों जैसे दर्शन,धर्म, गणित, कालक्रम-विज्ञान (Chronology), चिकित्सा, अनेक भाषाओं व साहित्य में विद्वता हासिल कर ली थी। वह रचनात्मक प्रतिभा वाला व्यक्ति था। उसमें दूरदर्शिता, बुद्धिमत्ता, आगमन-तार्किकता के प्रति गहरी आस्था थी। उसके विनोदी स्वभाव, साहस, बहु-कौशल, ईमानदारी, वस्तुनिष्ठता, परिश्रम ने उसे प्रतिभावान बनाया।

मध्ययुगीन-जगत् में भी अल-बिरूनी का दृष्टिकोण विश्व व्यापी था। वह अन्तर्राष्ट्रीय स्तर पर सोचता-विचारता और उसकी वैज्ञानिक दृष्टि सार्वभौमिक थी। पुरातन-कट्टरपंथी

और कोरी भावुकता के बन्धनों से उसकी विचारधारा कोसों दूर थी। वह पूर्वाग्रहों से मुक्त विचारक था। उसमें हठधर्मिता नहीं थी, बल्कि वह विचारों का संश्लेषण कर उनमें से सार ढूंढ़ने का प्रयास करता था। वैज्ञानिक और विद्वता में अल-बिरूनी की स्थिति इस बात से ही आंकी जा सकती है कि ग्यारहवीं सदी को 'अल-बिरूनी का युग' कहा जाता है।

कतिपय इतिहासज्ञों के अनुसार अल-बिरूनी 4 सितम्बर 973 ई. (तीसरी-जिलहिज़, 362 A.H.) में जन्मा था। उसके माता-पिता उसे छोटी आयु में ही छोड़कर चल बसे थे। यद्यपि वह ताजिक (Tajik) प्रजाति का था, उसकी संस्कृति फारसी थी। उसके जन्म के बारे में विवाद है। क्या बिरूनी किसी नगर का नाम है ? अथवा बिरूनी ख्वारिज़्म का ही उप नगर था? अथवा इसका अभिप्राय ख्वारिज़्म से बाहर बसने से लगाया जाता है? इन संदेहों ने बाद के अधिकारियों को इस शब्द 'बरूनी' के बारे में तर्क पर आधारित विचार-विमर्श हेतु विवश किया। समानी महोदय की 'किताब-अल-अनसब' के अनुसार ख्वारिज़्म के लोगों को विदेशी (बरूनी) माना जाता था। इसी कारण अबू-रीहान अल-बिरूनी कहलाया। प्रसिद्ध इतिहासज्ञ याकुत की राय थी कि बिरूनी से तात्पर्य नगर से बाहर रहने वाले व्यक्ति, अर्थात् गांव-वासी से है। अबू-रीहान के अलावा अन्य किसी भी व्यक्ति को यह नाम नहीं दिया। अत: यह कोई सामान्य अर्थ-सूचक नहीं कहा जा सकता। अबू-रीहान की ख्वारिज़्म में रहने की अवधि छोटी-मोटी नहीं थी। वह ख्वारिज़्म के क्षेत्र के काठ (Kath) नगर में 30 साल से रह रहा था। उसे बाहर का कैसे कहा जा सकता है? उसके अन्य समकालीन जैसे इब्न-सीना तो ख्वारिज़्म में बहुत थोड़े समय के लिए रहा, उसे अथवा अन्य किसी को भी अल-बिरूनी क्यों नहीं कह दिया गया। इब्न-सीना जन्म से फारसी था। अत: ऐसा लगता है कि अबू-रीहान को 'अल-बिरूनी' उसके जन्म स्थान के कारण कहा जाता था। वह स्थान ख्वारिज़्म का ही उप-नगर था।

दुर्भाग्य से अबू-रीहान की कोई आत्म-कथा (Auto-Biographical) संबन्धी विवरण शेष नहीं है। इधर-उधर कुछ संक्षिप्त हवाला है, परन्तु उससे उसके प्रारम्भिक जीवन व शिक्षा आदि के बारे में कोई सुराग़ नहीं मिला है। इससे निष्कर्ष निकलता है कि अल-बिरूनी की शिक्षा मक़तब व मदरसे में हुई होगी। कुछ भी हो, अल-बिरूनी प्रकाण्ड विद्वान् था जो विश्वकोशीय (Encyclopaedic) मस्तिष्क धारण किए था। वह सदैव नए ज्ञान की खोज में रहता था। वह उदार था और विज्ञान के प्रति उसका विशेष रुझान था। उसका समय कट्टरपंथियों का काल था, और उसकी कृति 'अल-हिन्द' को सुनी-सुनायी सूचनाओं पर आधारित कह कर उस पर दोषारोपण किया जाता था। परन्तु अबू-रीहान की विश्लेषणात्मक बुद्धि और अवबोध-शक्ति गणित द्वारा प्रखर बनी थी। इस्लाम की शिक्षा में यात्राओं का महत्त्व रहा। परन्तु 11वीं सदी तक अनेक अच्छे पुस्तकालय शासकों द्वारा स्थापित किए जा चुके थे जिनसे ज्ञान-अर्जन के लिए यात्रा करने की प्रवृत्ति कम होती जा रही थी। फिर भी अबू-रीहान ने भारतीय विज्ञान के अध्ययन हेतु भारत के पश्चिमी भागों में घूम फिरकर बिखरे हुए ज्ञान-स्रोतों को इकट्ठा किया।

अबू-रीहान में ज्ञान की पिपासा अद्‌भुत थी। एक प्यासे व्यक्ति की भाँति वह लौट-लौट कर ज्ञान के स्रोत पर जा पहुँच कर अपनी पिपासा को शान्त करता था। अपने जीवन के अन्तिम समय तक भी वह अपने सीमित काल का एक क्षण भी फिजूल-व्यर्थ नहीं करता था। अल-बिरूनी के परिवार के बारे में बहुत कम जानकारी है। शायद, उसके कोई बच्चा नहीं था। यही कारण है कि उसने जीवन भर बालकों से बहुत प्यार रखा। उसने अपना सारा प्यार अध्ययन व किताबों में ही उंडेल दिया था। उसने यूनानी किताबों के अरबी-अनुवाद पढ़े। वह फारसी, तुर्की, सीरियाई व संस्कृत में निपुण था। वह बाइज़ानटिन साम्राज्य की रोमन भाषा की जानकारी भी रखता था। उसके सीरियाई व ईसाई विद्वानों से दोस्ताना संबन्ध थे। भारतीय रचनाओं के अरबी अनुवादों से भी वह परिचित था। इसका सदुपयोग उसने हिन्दुओं से संबन्ध बनाने के अवसर पर किया। उसके ऐसे सम्पर्क राजनीतिक विकास के फलस्वरूप आए थे। उसने 45 वर्ष की अवस्था में संस्कृत सीखी, और उसे लगभग 2,500 संस्कृत शब्दों पर दक्षता थी। वह भारतीय सिद्धांतों की व्याख्या अत्यन्त सुविधा से करता था। यह उसका विषय के प्रति अधिकार का ही परिणाम कहा जाएगा। अद्वैतवाद के आधार से वह ईश्वर की व्याख्या संस्कृत के ज्ञान के बल पर ही कर पाता था। वह पढ़े-लिखे और सामान्य हिन्दुओं के विश्वासों में अन्तर भी संस्कृत-ज्ञान के द्वारा करने का समर्थक था। उसने खगोलीय अवलोकन गजना, काबुल, लमघान, पेशावर और मुल्तान से किए। नगरकोट जो हिमालय की तलहटी में स्थित था, उसने मुसलिमों द्वारा उसकी विजय को आँखों से देखा था। यह नगर प्राचीन हिन्दू-मंदिरों के लिए विख्यात था। कदाचित् वह महमूद के सिपाहियों के साथ मथुरा व कन्नौज जो क्रमशः यमुना व गंगा किनारे स्थित हैं, आया था। गज़ना में 430 A.H (1039 ई.) में उसका देहान्त हो गया।

अल-बिरूनी ने अपने जीवन-काल में खूब लिखा। उसकी मुख्य कृतियाँ-किताब-अल-हिन्द, अल-कानून-अल मसूदी, अथर-अल-बगिया (Vestige of the Past), तारीख़ल-हिन्द, किताब-अल-जमाकिर, और किताब-अल-सैयदना। उसने संस्कृत से मूल 'पतंजलि' का अरबी में अनुवाद किया जिसमें भारत व चीन की मूल्यवान सूचनाएँ हैं। भूगोल में उसने 27 पुस्तकें लिखीं जो मानचित्र रचना, भू-गणित, जलवायु-विज्ञान-प्रत्येक पर चार और शेष उसकी रचना सर्वेक्षण क्रिया, पुच्छल-तारों व उल्का-पिण्डों के बारे में थीं। उसकी शास्त्रीय रुचि और क्रियाएँ बहुमुखी-विषयों में थीं जो सिद्धांत-दर्शन गणित से लेकर प्रायोगिक क्षेत्र में भूगोल, भूगर्भ, भौतिक, ब्रह्माण्ड-खगोल व चिकित्सा आदि विज्ञानों में प्रकट हुईं। उसके अध्ययन का प्रधान क्षेत्र खगोल-विज्ञान था।

अल-बिरूनी का काल कट्टरपंथियों का काल था। खगोल-विज्ञान को लोग सुनी-सुनायी सूचनाओं पर आधारित मानते थे। तर्क शास्त्र को भी पक्षपात की दृष्टि से देखा जाता था, और उसे यूनानियों की दिमागी-कसरत ही माना जाता था। यहाँ तक कि भूगोल को भी नज़रन्दाज कर उसे बिना काम-काज का विषय समझा जाता था। परन्तु पवित्र-कुरान में ता यात्राओं के अनेक दृष्टान्त शामिल थे, फिर भी भूगोल के महत्त्व को नकारा गया।

पैग़म्बर इब्राहम, हज़रत मूसा (Mosses) व इस्लाम के पैग़म्बरों की यात्राएँ 'Holy Quran' में भूगोल की महत्त्वपूर्ण सामग्री है। ऐसी विरोधी परिस्थितियों में अल-बिरूनी ने प्राकृतिक विज्ञानों की स्थापना के पक्ष में लोगों के समक्ष तर्क रखे। उसने विरोधियों को बताया कि खगोल-विज्ञान पृथ्वी व आकाश के बारे में सत्य को उजागर करने का विषय है, और ईश्वर भी पृथ्वी व आकाश संबन्धी घटनाओं को जानने की बात, उनके गुणों और चमत्कारों के रहस्य को समझने के लिए प्रेरित करता है।

उसने लोगों के सामने गणित और गणित-ज्योतिष को दैनिक जीवन में उपयोग में लाने के दृष्टांत रखे। उसने बताया कि सूर्य व चन्द्रमा के प्रभाव ऋतुओं व ज्वार-भाटे आदि पर पड़ते हैं। यात्राओं में ताराओं व उनकी स्थितियों के ज्ञान से सही दिशाओं को जानने में मदद मिलती है। इसी प्रकार, इनके द्वारा 'क़िबलाह' की सही दिशाएँ और नमाज का समय व स्थानों की अक्षांश-देशांशों का ज्ञान प्राप्त होता है। उसने यह दर्शाया कि खगोल-विज्ञान हमारे दैनिक काम-काजों में प्रयोग में आने वाला विषय है। इसकी बातें, सूचनाएं आदि इस्लाम की शिक्षाओं से मेल खाती हैं।

अल-बिरूनी ने अपनी रचना 'कानून-अल-मसूदी' को भी टॉलेमी की 'Almagast' के नमूने की तरह तैयार किया था जिसमें खगोल-विज्ञान का अन्तर्सम्बन्ध अन्य विज्ञानों जैसे ब्रह्माण्ड-विज्ञान, गणित व भूगोल से दर्शाया है। उसके खगोल विज्ञानी-सिद्धान्त महत्त्वपूर्ण हैं जिनका नीचे विवरण दिया गया है।

अंतरिक्ष में अल-बिरूनी ब्रह्माण्ड की स्थिति बाह्य और सीमित क्षेत्र पर अनुमानित करता था। इसकी उत्पत्ति का विवरण उसने अपनी पुस्तक 'अल-तहदिद' (Al-Tahdid) में किया। उसके मस्तिष्क में 'भू-केन्द्रित' अथवा 'सूर्य-केन्द्रित' (Geo-centric or Heliocentric) विवाद चक्कर काटता रहता, और कुछ आधुनिक विद्वान् उसके 'भू-केन्द्रिक' मत की आलोचना करते थे। परन्तु उस काल में जहाँ परिशुद्ध यंत्रों (Precised Instruments) का अभाव था, और अच्छी 'दूरबीन' आदि नहीं थीं, किसी निश्चित निष्कर्ष पर पहुँचना कठिन ही था। अतः वह सूर्य-केन्द्रिक मत को मानने के लिए बिना किसी वैज्ञानिक प्रमाण के तत्पर नहीं था। उसने सूर्य की गति पर एक अलग पुस्तक - 'किताब-अल-तत्बिक फि तहक़ीक़ (Kitab-al-Tatbiq fi Tahqiq)' लिखी।

उसने पृथ्वी व आकाश के गोलाकार से संबन्धित मूल समस्या को, भू-केन्द्रिक सिद्धान्त को और पूर्वी-पश्चिमी अवधारणाओं का वर्णन करने के उपरान्त काल्पनिक वृत्तों व संकेतों जैसे ध्रुवों, विषुवत्-वृत्त, देशान्तर (याम्योत्तर) वृत्तों, अक्षांशों, विपथगमन (Obliquity) तथा राशि-चक्रों के चिन्हों को भी परिभाषित किया।

उसने समय व तिथियों के अध्ययन में विशेष ध्यान दिया और विभिन्न देशों के कैलेण्डरों का अध्ययन किया। विभिन्न प्रदेशों के दिन व रात के समयों के अन्तर के बारे में और ध्रुवों पर लंबे दिनों जैसी समस्याओं को सुलझाया। नमाजों के समय ज्ञात करने के

बारे में उसने बहुत समय तक शोध-कार्य किए और कालक्रम विज्ञान से लेकर कानून-अल-मसूदी तक रचनाएं कीं। उसने 'रिसालाह' (Risalah) पुस्तक लिखी जिसमें रात व दिन का, और ध्रुवों पर छः मास के दिन की अवधि को सिद्ध किया है।

सूर्य को वह आग का पिण्ड मानता था जिसमें से लपटें निकलती रहती हैं जो पूर्ण ग्रहणों के समय देखने में आयी हैं। वह भू-केन्द्रिक सिद्धान्त (Geocentric Concept) का विश्वासी था और सूर्य को पृथ्वी का चक्कर काटता हुआ मानता था। वह टॉलेमी के इस मत से सहमत नहीं था कि सूर्य पृथ्वी से 286 गुना अधिक परिधि का है। वह सूर्य को तत्कालीन यंत्रों से मापन-योग्य नहीं मानता और उसकी दूरी केवल अनुमान का ही विषय है।

अपनी प्रसिद्ध कृति 'कानून-अल-मसूदी' नें उसने सूर्य व चन्द्र ग्रहणों पर पांडित्यपूर्ण प्रतिपादन प्रस्तुत किया। उसने ग्रहण के तिरछेपन को खगोलीय विषुवत् और ग्रहण संबन्धी स्थिति के काट से बना कोण बताया है। पहले इसे यूनानियों, भारतीय व चीनी खगोल विज्ञानियों ने 24°51′20″ पाया था। परन्तु अल-बिरूनी द्वारा ख्वारिज़्म और गज़ना पर ली गयी माप 23°35′ थी जो वास्तविक तिर्यक्पन (विपथगमन) से समीप है। सूर्यास्त के समय गो-धूलि (Twilight) के समयों व इसके कारणों पर भी उसने प्रकाश डाला और बताया कि सूर्योदय व सूर्यास्त पर झुटपुटा (धुंधला-प्रकाश) सूर्य के क्षितिज से 18° नीचे की स्थिति में घटित होते हैं। आधुनिक शोधों ने अल-बिरूनी की खोजों का समर्थन किया है।

उसका मत था कि चंद्रमा की गति पूर्ण (Perfect) वृत्त नहीं है, उसकी परिक्रमा की अधिकतम व न्यूनतम दूरियाँ पर्याप्त भिन्न-भिन्न हैं। वह अपने पथ (मार्ग) को बदलता रहता है। चंद्रमा अपनी पूर्व स्थिति में चक्कर काट कर लौटता है, परन्तु स्थिर तारों के संबन्ध में यह समय मिनट-मिनट अंतर उत्पन्न कर संग्रहीत होता रहता है। वह चंद्रमास को 'संयुति (Synodic)' आधार पर स्पष्ट कर बताता है कि चंद्रमा का सूर्य के संबन्ध में चक्कर काट लौट कर आने की स्थिति से यह निर्धारित किया जाता है।

अल-बिरूनी ने चंद्रमा व पृथ्वी की अधिकतम व न्यूनतम दूरियों के माप पृथ्वी के व्यास से क्रमशः 63°32′40″ व 31°55′55″ मापे। परन्तु वह चंद्रमा के व्यास के बारे में निश्चित नहीं कह सका था, और टॉलेमी की माप 31′20″ से सन्तुष्ट था, क्योंकि यह आधुनिक माप (31′17″) के बहुत निकट है।

समुद्री ज्वार के बारे में, उसका मत था कि ज्वार के उतार-चढ़ाव में कम-अधिक ऊंचाई का कारण चंद्रमा की अवस्था में परिवर्तन है। उसने सोमनाथ पर आने वाले ज्वार का विस्तृत वर्णन किया, और इस शब्द 'सोम' को चन्द्रमा से निकला बताया है।

आकाश में तारों की गणना के बारे में वह कहता था कि यह असम्भव है। यह आकाश के एक छोटे से भाग में भी सम्भव नहीं है। उसे अपने काल के यंत्रों की सीमाओं का भी ज्ञान था। प्राचीन खगोल-विज्ञानियों में सबसे पहले हिपार्कस ने 850 तारों की सूची

तैयार की थी। इसी आधार पर टॉलेमी ने भी कुछ कार्य किया। अल-बिरूनी ने यूनानियों के नामों को 48 आकृतियों व 12 तारामण्डलों जो एक पट्टी में थे, अपनाया।

आकाश-गंगा (Milkyway) के बारे में अल-बिरूनी ने अरस्तु की धारणा को अस्वीकार कर उसे ग्रहों के क्षेत्र में नहीं माना, बल्कि वह एक अलग सर्वोच्च तारामण्डल का समूह था। तारामण्डल को अरस्तु (Aristotle) आंखों के लिए हानिकारक मानता था, परन्तु अल-बिरूनी ऐसा नहीं मानता था। वह तारों को किसी भी प्रकार के शोक, दुर्घटना और प्राकृतिक-आपत्ति के लिए उत्तरदायी भी नहीं समझता था। तात्पर्य यह है कि अल-बिरूनी न तो अंध-विश्वासी था, न वह प्राकृतिक घटनाओं को बिना तर्क और आधार के स्वीकार करता था। वह राशि चक्र (Zodiac) के समानान्तर और केन्द्रीय धुरी पर तारों की गति पूर्व दिशा की ओर मानता था।

उसका विश्वास था कि स्थिर तारों के समानान्तरों के निर्धारण का कोई तरीक़ा नहीं है। अतः उनकी दूरी एवं विस्तार को भी ज्ञात नहीं किया जा सकता। यूनानियों की मान्यता थी कि दूरस्थ तारे के भी आगे ताराकृति-क्षेत्र है। टॉलेमी इस दूरी को पृथ्वी के अर्द्ध-व्यास से 19,666 गुनी मानता था। सूर्य के व्यास से मंगल डेढ़-गुना है। अल-बिरूनी तारों (ग्रहों) की दूरी-संबन्धी तथा उनके विस्तार के बारे में भारतीय-गणनाओं का प्रयोग करता था।

अल-बिरूनी ग्रहों के बारे में टॉलेमी के मत का अनुयायी था और उसके कार्यों को अत्यधिक प्रामाणिक व सही मानता था। पृथ्वी से तारों की ओर ग्रह उसके अनुसार आगे बढ़ते हुए चंद्र, बुद्ध, शुक्र, सूर्य, मंगल, बृहस्पति व शनि की भाँति व्यवस्थित थे। उसका मत था कि यूनानियों के अवलोकन व वैज्ञानिक विचार अधिक सही थे। परन्तु भारतीयों का सूर्य, चन्द्रमा एवं ग्रहणों के बारे में अध्ययन अधिक विश्वसनीय था। उसका मूल ध्येय प्राकृतिक नियमों को वैज्ञानिक विधियों द्वारा प्रस्तुत करना था। वह सदैव सतत् अवलोकन-क्रियाओं द्वारा आंकड़ों के संकलन पर जोर देता, और वह उनका प्रयोग सिद्धान्तों, नियमों में सफल देखना चाहता था।

अल-बिरूनी यद्यपि खगोल विज्ञान के प्रति निष्ठावान् था, वह गणित में भी माहिर था। उस काल की गणित में अर्थमैटिक, ज्यामिति, भौतिकी व संगीत जैसे विषयों का सम्मेलन था, और बीजगणित को अल-ख्वारिज़्म के काल के बाद जोड़ा गया था। वह बीज गणित में भी पर्याप्त ज्ञान रखता था। उसकी रुचि भौतिकी में थी, परन्तु संगीत से उसका लगाव नहीं था। उसने 'किताब-अल-हिन्द' में हिन्दुओं की आस्थाओं व मान्यताओं का वर्णन किया, और हिन्दू साहित्य, व्याकरण, छन्द, शतरंज आदि पर भी उल्लेख किया, परन्तु संगीत पूर्णतः नदारद विषय था।

अल-बिरूनी की विशेष-योग्यता गोलीय-त्रिकोणमिति (Spherical Trigonometry) में थी, और भारतीय अंकगणित से उसका अच्छा तालमेल था। उसने 'राशिकत-अल-हिन्द' की रचना की जिसमें राशि-चक्र के भारतीय ज्ञान का विवरण है। उसने ब्रह्म-सिद्धान्त में

व्यक्त विभिन्न अंक-गणित-विधियों का भी ज्ञान-अर्जन किया।

अल-बिरूनी को भूआकृति-विज्ञान (Geomorphology) में अच्छी रुचि थी, और वह जीवाश्म-विज्ञान (Paleontology) का भी ज्ञाता था। उसने अरब, गुर्जान, ख्वारिज़्म के मैदानों के जीवाश्मों की विभिन्न किस्मों की तुलना की जो इस स्थानों पर समुद्र के होने का प्रमाण देते हैं। परन्तु इतिहास के किसी भी विगत-काल में ऐसा उल्लेख नहीं है। उसके अनुसार सिन्धु-गंगा का मैदान नदियों द्वारा लायी गई तलछट से बना था।

उसने बाढ़ों व स्रोतों (Springs) का भी ज़िक्र किया। उसका नदियों के मार्ग में बदलाव संबन्धी अध्ययन, विशेषतः जुर्जन्नियाह, बल्ख और ऑक्सस, के बारे में उसके भूआकृति विज्ञान-प्रक्रिया में गहरी पैठ के सूचक हैं। उसने ज्ञात किया कि टॉलेमी के समय से ऑक्सस के मार्ग में 800 वर्षों से आए हुए परिवर्तन महत्त्वपूर्ण थे। इनसे वहाँ बसे लोगों के जन-जीवन पर भी प्रभाव पड़ा।

अल-बिरूनी ने ज्ञात-आवासीय जगत् के विस्तार का सही अनुमान लगाते हुए उसे पूर्व में चीन से पश्चिम में मोरक्को व स्पेन के बीच फैला माना। उसने बताया कि सागर ने आबारा योग्य जगत् को सीमित किया। ज्ञात विश्व सात-भागों 'अक़ालिम' (Aqalim) में विभक्त था।

अल-बिरूनी को विभिन्न खाड़ियों व लघु-समुद्रों आदि का सही ज्ञान था। यूरोप के उत्तर-पूर्व में उसने हिम सागर (Ice-Sea) का उल्लेख किया। ऐसा ही सागर पश्चिम में भी (West of Tangier and Spain) बताया।

बाल्टिक-सागर को वह वारंग (Norsemen) कहता था। यूरोप के दक्षिण में वह सिसली व बुल्गारिया तक खाड़ियों के 'भूमध्यसागर' के बारे में ज्ञान रखता था। हिन्द महासागर का उसने द्वीपों द्वारा जगह-जगह घेरा हुआ बताया जो पूर्व में महासागर से और पश्चिम में अफ्रीका के नीचे महासागरों से मिला था। हिन्द महासागर का जुड़ाव कलम्सा सागर (लाल-सागर) व फारस की खाड़ी से था। उसने चीन-सागर का उल्लेख किया और कहा कि पूर्व में सागरों के नाम देशों अथवा द्वीपों के नाम पर हैं।

महान् भूगोलवेत्ता अल-बिरूनी को भारत के वृहत् पर्वत 'हिमवन्त' (हिमालय) का ज्ञान था जो ज्ञात-विश्व की लम्बाई में रीढ़ (Spinal Column) की भाँति विस्तृत था।

अल-बिरूनी ने वारंगों (Warangs) तथा उनकी लूटमार की आदतों का भी उल्लेख किया। उत्तरी यूरोप में खनिज-उद्योग प्रचलित था। पश्चिम में उसने सवाराओं, बुल्गारियों, रूसी, स्लावों और अजोव का वर्णन किया। यूरोप की पश्चिमी भुजा पर रोमन साम्राज्य के पार फ्रेंक व गालीसिया राज्यों में ये बसे थे।

अफ्रीका के बारे में वह आश्वस्त था कि वह सुदूर दक्षिण में विस्तृत था। उसने विषुवत् रेखा के समीप स्थित 'चंद्र-पर्वत' (Mountain of the Moon) जो नील-नदी का स्रोत है, का उल्लेख किया। उसने नील-नदी में आने वाली बाढ़ों (Floods) का कारणों का

विश्लेषण दिया, और नदी के ऊपरी भागों में घोर वर्षा को इसके लिए उत्तरदायी ठहराया था।

अल-बिरूनी का एशिया के विषय में ज्ञान विस्तृत व पर्याप्त सही था। वह वृहत् केन्द्रीय पर्वत (हिमालय) को एशिया की अधिकांश नियतवाही नदियों का स्रोत मानता था। उसने तुर्कों के देश का भी अच्छा वर्णन किया। वह पूर्वी साइबेरिया में बैकाल झील के प्रदेश तथा ऑगरेर नदी क्षेत्र को तुर्कों का देश मानता था।

उसने भारत के भूगोल के बारे में विस्तृत व सही वर्णन किया। वह भारत का विस्तार निचले कश्मीर के क़िलों से लेकर दक्षिणी प्रायद्वीप तक मानता था जो पर्याप्त सही है। उसके प्रायद्वीपीय आकार का अल-बिरूनी को निश्चय ही ज्ञान था। उत्तर में हिमावंत व मेरु (पामीर) विस्तृत थे। वह कहता था कि पूर्वी व पश्चिमी घाट प्रायद्वीपीय भारत में वर्षा के वितरण को नियंत्रित करते हैं। उसने नदियों के स्रोतों की अच्छी जानकारी दी, परन्तु सिन्धु को छोड़कर अन्य नदियों के बारे में जानकारी सुनी-सुनायी सूचनाओं पर आधारित थी। नदियों के स्रोतों की स्थिति के बारे में प्राचीन ग्रंथ 'मत्स्य-पुराण' पर भी उसका ज्ञान आधारित था।

अल-बिरूनी पहला व्यक्ति था जिसने सिन्धु, उसके उद्‌गम, प्रवाह मार्ग और बाढ़ों के बारे में सही जानकारियाँ दीं। पंजाब और अफ़गानिस्तान के बारे में उसका भौगोलिक ज्ञान उसके व्यक्तिगत अवलोकनों पर आधारित था। उसने घेरवंद, नूर, केरा, शरबत, सवा, पांचिर, बितुर (अफगानिस्तान) बियातरा (झेलम), चंद्रहारा (चिनाब), इर्वा (रावी) और शल्तलदर (सतलज) नदियों का वर्णन किया। उसके अनुसार सिन्धु की पाँच सहायक नदियाँ मुल्तान के समीप पंजाब में पंजनद नदी में मिल जाती हैं।

अल-बिरूनी ने उत्तरी-पश्चिमी भारत के बारे में महत्त्वपूर्ण जानकारी दी। उसने विशेषत: कश्मीर के बारे में अच्छी जानकारी करायी। गिलगित कश्मीर से दो दिन की यात्रा कर पहुँचा जाता था। कश्मीर के बारे में उसने बताया है कि वह उपजाऊ चौरस पठार पर विस्तृत है जो चारों ओर से दुर्गम पहाड़ों से घिरा है। उसका दक्षिणी व पूर्वी भाग हिन्दुओं द्वारा बसा है, जबकि पश्चिमी भाग में मुसलिम शासकों और पूर्व व उत्तर में खोटा के तुर्क (ख़तन) थे। झेलम-गॉर्ज से होते हुए कश्मीर पहुँचा जा सकता था।

उसने कन्नौज का वर्णन किया जिसे वह पांडवों से परम्परागत रूप से संबन्धित बताता था। उसे सिन्धु-गंगा के मैदान और वहाँ बसे लोगों का अच्छा ज्ञान था। भारत की ऋतुओं का भी उसने सही वृत्तांत दिया, और गर्मियों में अधिकांश भागों में वर्षा करने वाली 'मानसून' हवाओं की प्रकृति वर्णित की। वह कश्मीर और पंजाब में शीत ऋतु में होने वाली वर्षा को भी स्पष्ट कर सका था।

अल-बिरूनी ने हिन्दू समाज में जातियों के उद्‌भव, मूर्तिपूजा और हिन्दू-स्थापत्य कला का विवरण भी प्रस्तुत किया। उसने सांख्य योग, गीता, पतंजलि, विष्णु धर्म व कुछ

पुराणों सहित वेदों के ज्ञान का अर्जन कर हिन्दुओं की आस्थाओं का सबसे पहले वस्तुनिष्ठ विवरण दिया। उसने हिन्दू-आस्थाओं में द्वैतवाद पाया- अर्थात् शिक्षितों (विद्वानों) की मान्यताएँ, और जन-साधारण अबोध लोगों की आस्थाएँ। ये भेद भाषाओं के द्वैतवाद से और अधिक प्रकट बने। सामान्य जनता की भाषा पढ़े-लिखों से बिलकुल भिन्न थी। पढ़े-लिखे मूर्ति-पूजा में आस्था नहीं रखते, जबकि जन-साधारण का उसमें विश्वास था।

संक्षेप में, अल-बिरूनी दर्शन, धर्म, बह्माण्ड-विज्ञान, खगोल विज्ञान, भूगोल, भू-गणित, भूआकृति विज्ञान, सैन्यविज्ञान, गणित, चिकित्सा, विज्ञान व अनेक भाषाओं का ज्ञाता और उनमें दक्ष-विद्वान् था। उसका योगदान वंशावली, तिथियों व काल निर्धारण में भी महत्त्वपूर्ण था। उसे एक आदर्श इतिहासकार के दायित्त्वों का ज्ञान था। उसका सही दृष्टिकोण व तर्क प्रधान सोच प्रशंसनीय था। वह कहता था कि वर्ण (जाति) व्यवस्था असमानता पर आधारित है, और हिन्दू-मुसलमानों में सहभाव व तालमेल बनाने में मुख्यरूप से बाधक बनी। अपने अथक परिश्रम, वैज्ञानिक दृष्टिकोण तथा घोर प्रयासों के बल पर अल-बिरूनी मध्ययुगीन काल का अत्यन्त अग्रणीय भूगोलवेत्ता बना था।

अल-इदरिसी (Al-Idrisi 1099-1180 A.D.)

बारहवीं सदी में अल-इदरिसी अग्रज भूगोलवेत्ताओं में गिना जाता था। उसका पूरा नाम अबू-अब्द-अल्लाह मुहम्मद था। अल-इदरिसी वस्तुत: उसका उप-नाम (Surname) था, क्योंकि वह कार्डोवा के शासक खलीफ़ा-इदरिसी के परिवार से संबन्ध रखता था। उसके आरम्भिक जीवन के बारे में बहुत कम जानकारी है। वह सियूटा (Ceuta) में जन्मा, और उसके लेखों से प्रकट होता है कि इदरिसी लिस्बन, अन्दालुसिया (स्पेन), फ्रांस, इंग्लैण्ड, सिसली, मोरक्को, कुस्तुनतुनियां, एशिया माइनर और अफ्रीका के अंदरूनी भागों में घूमा-फिरा था।

उसने कार्डोबा विश्वविद्यालय (स्पेन) में शिक्षा प्राप्त की। सिसली के शासक रॉजर द्वितीय (Roger II) के निमंत्रण पर वह पालेरमो पहुँचा जहाँ पर पर्याप्त लंबे समय तक वह ठहरा। अल-इदरिसी ने नवीन भूगोल की रचना की। उसने 1154 ई. में 'Amusements for Him Who Desires to Travel Around the World' शीर्षक पुस्तक लिखी। उसने हिन्द महासागर के बारे में ग़लत धारणा में सुधार किया। कैस्पियन सागर जो पहले World Ocean की एक भुजा समझा जाता था उसे भी सुधार कर भ्रम दूर किया। डेन्यूब, व नाइजर तथा अनेक नदियों के मार्गों को अल-इदरिसी ने बारीकी से परिभाषित किया। याजूज व माजूज (बाइबिल के गॉग व मगॉग) प्रदेश को उसने साइबेरिया में स्थित वर्णित किया। दक्षिण गोलार्द्ध को अत्यन्त ताप के कारण वह बसाव योग्य नहीं मानता। वह यूनानियों द्वारा विश्व के पाँच कटिबंधों में विभाजन को भी वास्तविकता से मेल खाता हुआ नहीं ठहराता था। उसके स्थान पर उसने अधिक परिष्कृत (शुद्ध) जलवायु व्यवस्था सुझायी थी।

अल-इदरिसी का भूगोल में योगदान उसके द्वारा रचा गया विश्व-मानचित्र अत्यन्त महत्त्वपूर्ण माना जाता है। उसने इस्लामी व क्रिश्चियन स्रोतों का उपयोग कर विश्व-मानचित्र पर विभिन्न भौगोलिक आकृतियाँ दर्शायी थीं। उसका मानचित्र एक कच्चे (Rough) प्रक्षेप चतुर्भुजाकार पर था, और उसमें एशियाई भाग की गहन मात्रा में सूचनाएँ अंकित थीं। उस पर कैस्पियन और अरल सागरों को सही दर्शाया गया था। इससे पहले वे सही नहीं दर्शाए जाते थे। अफ्रीका की आकृति में टॉलेमी का प्रभाव था, यद्यपि इदरिसी के मानचित्र में अफ्रीका व चीन जुड़े नहीं थे। उसका दिग्विन्यास इस भाँति था कि दक्षिण को ऊपर (Top) दर्शाया। यह गुण इस्लामी सभी मानचित्रों में सामान्यतः मिलता है। यूरोप के बारे में 12वीं सदी में प्रस्तुत ऐसा वर्णन इदरिसी की उपलब्धि है। उसने हिन्द महासागर को बन्द (Enclosed) महासागर नहीं माना, और न ही उसने कैस्पियन सागर को विश्व महासागर की एक खाड़ी ही समझा।

इब्न-बतूता (Ibn-Battuta 1304-1368 A.D.)

अबदल्ला मुहम्मद का उपनाम इब्न-बतूता था। वह अरब यात्री हब्शियों की पैदाइश था, और वस्तुतः अरब नहीं था। भूमध्यसागर के द्वार टेन्जियर में 14वीं सदी में वह जन्मा था। उसने इस्लामी शिक्षा-दीक्षा प्राप्त की, और उसके परिवार में अनेक मुसलिम जजों (काज़ी) ने स्थान प्राप्त किया। उसने टेंजियर में परम्परागत शिक्षा प्राप्त की, परन्तु सामान्य शिक्षा अर्जन के लिए वह मिश्र, सीरिया और हजाज़ में रहा जहाँ उसने सूफी संतों से मुलाकत की और विद्वानों की संगत भी उसे मिली। दमिश्क में उसे अनेक उपाधियाँ मिलीं। उसने 1325 ई. में 21 वर्ष की आयु में मक्का की हज-यात्रा की। तदुपरान्त एक के बाद एक देश घूमे-फिरे। वह मिश्र, सीरिया, इराक़, फारस, अरब, जंजीबार, एशिया माइनर, क्रिपचक देश (कैस्पियन के पार स्टेपीज) कुस्तुनतुनिया, ख्वारिज़्म, बुखारा, भारत, मालद्वीप, लंका, सुमात्रा और चीन देशों की यात्रा कर अनुभवी बना।[31] यात्राओं में उसने अरब के ऐसे भागों, यमन, अदन, ओमान, ज़ालिया, मगदिशू तथा इथोपिया को भी घूमा-फिरा जहाँ पहले कभी कोई नहीं पहुँच सका था। अफ्रीका के पूर्वीतट पर जहाज खेता वह किल्वा (10 डिग्री विषुवत् के दक्षिण में) तक जा पहुँचा। यहाँ वह अरबवासियों के व्यापारिक मोताश्रय मोजाम्बिक में 'सोफाला' के बारे में ज्ञान प्राप्त कर सका। सोफाला आधुनिक बन्दरगाह दाइरा (Deira) के दक्षिण में 20 डिग्री विषुवत् वृत्त के दक्षिण में स्थित था। इब्न-बतूता भी इब्न-हॉकल की भाँति यह मानता था कि उष्ण-कटिबंध इतना उष्ण नहीं है कि वहाँ बसा नहीं जा सके। वहाँ अनेक आदिवासी जन-जातियों का मूल निवास था।[32] इब्न-बतूता ने अरस्तु के इस मत को गलत साबित कर दिया कि उष्ण प्रदेश मानव-अधिवास के लिए उपयुक्त नहीं थे।

मोज़ाम्बिक से इब्न-बतूता मक्का लौटा, और पुनः बग़दाद, फारस तथा काला-सागर के इर्द-गिर्द प्रदेशों का दौरा करने रवाना हुआ। उसने एशिया माइनर, रूसी स्टेपीज प्रदेश,

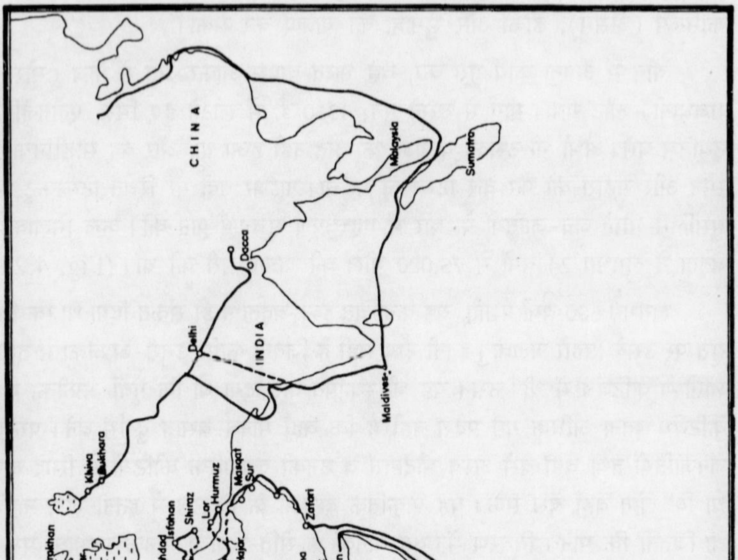

Figure 4.2 इब्न-बतूता की यात्राएँ

और अंत में बुखारा व समरकन्द की यात्राएँ कीं। अफ़गानिस्तान से गुज़रते हुए पहाड़ों को पारकर वह भारत में जा पहुँचा। यहाँ उसने मोहम्मद बिन तुग़लक (1325-1351 ई.) के दरबार में सेवा ग्रहण की, और देश में विस्तृत रूप से घूमा। सुल्तान ने उसे चीन में अपना राजदूत बनाकर भेजा। परन्तु वहाँ जाने में हुई देरी से पहले वह मालद्वीप, लंका, बंगाल, कामरूप (असम), ढाका और सुमात्रा की यात्राएँ कर सका।

चीन में अपना कार्य पूरा कर, वह भारत वापस आकर अंत में फैज़ (मोरक्को की राजधानी) लौट गया। मार्ग में उसने पुनः 1350 ई. में लौटते हुए मिश्र, एलेक्जेण्ड्रिया व ट्यूनिस घूमे। अभी भी उसकी यात्राओं का अंत नहीं हुआ था, और वह सार्डीनिया, ग्रान्डा, स्पेन और सहारा को पार कर टिम्बकटू पहुँचा। नाइजर नदी पर स्थित टिम्बकटू से उसने मुसलिम-नीग्रो जन-जातियों के बारे में महत्त्वपूर्ण सूचनाएँ प्राप्त कीं। कुल मिलाकर इब्न-बतूता ने लगभग 24 वर्षों में 75,000 मील की यात्राएँ पूरी की थीं। (Fig. 4.2)

लगभग 600 वर्षों पश्चात्, यह कदाचित् इब्न-बतूता ने ही संकेत दिया था कि विषुवत्-वृत्त पर उसके सहारे जलवायु इतनी उष्ण नहीं है जितनी कठोर उत्तरी-अफ्रीका में तथाकथित शीतोष्ण कटिबंध में थी। उसने यह भी स्थापित कर दिया था कि पूर्वी अफ्रीका में उष्ण-कटिबंध इतना अधिक गर्म प्रदेश नहीं है कि वहाँ मानव-बसाव दुर्लभ बने। परन्तु उसने जनजातियों तथा वहाँ बसे अरब सौदागरों व उनकी व्यापारिक कोठियों से सिद्ध कर दिया था कि लोग वहाँ बस सकें। वह प्राकृतिक दशाओं के विवरण में इतनी रुचि नहीं रखता था जितनी कि मानव विवरण में। वह मानवों के रीति-रिवाजों, उनके स्वभाव, परम्पराओं, विशेषताओं, आवागमन के साधनों, संसाधनों और उद्योग-धंधों संबन्धी सूचनाओं को एकत्र करने में तत्पर रहता था। उसके लेखों में नृ-विज्ञानी अथवा मानव-शास्त्रीय (Anthropological) रोचक प्रसंग सम्मिलित हैं। उसकी पुस्तक 'रिहलाह' मृदाओं, कृषि, अर्थ-व्यवस्था व तत्कालीन मुसलिम-जगत् की राजनीतिक दशाओं व ऐतिहासिक विवरणों से भरी पड़ी है।

वह कट्टर इस्लामी परम्पराओं में पला और बड़ा हुआ था, जैसे अन्य अनेक तत्कालीन विद्वान् हुए थे। परन्तु वह कानूनी औपचारिकताओं और रहस्यमयी मार्ग के मध्य बीच का रास्ता खोज कर चलता था। उसने कोई गहरी-दर्शन-सिद्धांत की बात नहीं रखी। वह स्वाभाविक जीवन जीता और उसने आने वाली पीढ़ी के लिए भी अपनी व अपने समय की सच्ची जैसी-कि-तैसी तस्वीर छोड़ी थी। उसमें गजब की ऊर्जा थी। वह ज्ञानार्जन के लिए सदैव उत्सुक बना रहता। उसकी दूर-दृष्टि पैनी थी और जीवन-जीने का उसमें दृढ़ निश्चय था। परन्तु वह धर्म का सच्चा पालन करने वाला एवं पीर-पैगम्बरों के प्रति श्रद्धावान् भी था।

इब्न-खल्दून (Ibn-Khaldun 1332-1406 ई.)

अंतिम अरब-विद्वान् इब्न-खल्दून का भी भूगोल में महत्त्वपूर्ण योग है। वह उत्तरी-पश्चिमी

अफ्रीका के भूमध्यसागरीय तट पर जन्मा था। अपने अधिकांश समय वह अल्जीरिया, ट्यूनीशिया और स्पेन के नगरों में रहा। अपने जीवन के अंतिम समय में वह मिश्र में रहा। पैंतालीस वर्ष की अवस्था में उसने अपनी चिस्मरणीय रचना 'मुकद्दीमाह' (Muqaddimah)[33] पूरी की। इसमें मानव समाज के विभिन्न पक्षों का विवरण एवं चर्चाएँ सम्मिलित हैं। यह छः खण्डों में विभक्त हैं- (i) सभ्यता, भूगोल एवं मानव-विज्ञान, (ii) यायावर संस्कृति (Nomadic Culture) की चर्चाएं और उसकी स्थायी बनी (Sedentary Culture) एक स्थान पर टिकी संस्कृति से तुलना, तथा इनके मध्य झगड़ों, विवादों के ऐतिहासिक व सामाजिक कारण व परिणाम, (iii) साम्राज्यों, राजवंशों, आदि के विवरण, (iv) व्यवसाय और जीविकोपार्जन के साधन, और (vi) विज्ञानों का वर्गीकरण।

'मुकद्दीमाह' की शुरुआत प्राकृतिक पर्यावरण का लोगों की जीवन शैली पर प्रभाव के विवरण से होती है। उसने सामाजिक संगठनों के विभिन्न स्तरों का वर्णन किया, और मरुस्थलीय यायावरों को अत्यधिक आदिम और शुद्ध कहा। उसने सुझाया कि शहरों में स्थायी बसे लोग सुख-साधनों व विलासी वस्तुओं पर निर्भर होते हैं और नैतिक दृष्टि से नरम स्वभाव के हैं। उसने शासन के स्वरूपों का वर्णन किया है, और चरणों के क्रम से वंशों के शक्ति में उदय होने की ओर ध्यान आकर्षित किया, और अन्त में राजवंशों में भ्रष्टाचार पनपने से उनके पतन का उल्लेख किया।[34] इब्न-खल्दून ऐतिहासिक दर्शनशास्त्री विद्वान्, और आदि-समाजशास्त्री था।[35] मुकद्दीमाह में चौदहवीं सदी में भूगोल विषयक अरबवासियों के चिन्तन का अच्छा सारगर्भित वर्णन किया है। परन्तु मुख्य चिन्तन-धारा राज्यों के विकसित बनने और पतन होने से ही संबन्धित है। प्राकृतिक पर्यावरण को इब्न-खल्दून लोगों को सामाजिक रूप से गठित बनने व राजनीतिक समुदाय में रहने के लिए उत्तरदायी शक्ति ठहराता था। एक राज्य का क्रम उसके उद्भव से विकसित होने, परिपक्व बनने और अंत में पतनावस्था में जा पहुँचने से संबन्धित है, क्योंकि सामुदायिक संगठन व एकजुटता का क्षरण सभ्यता की प्रक्रिया से होता ही है। इसी अवधारणा को 19वीं सदी में रेटज़ेल (Ratzel) ने भी अपनाया।

इब्न-खल्दून भी पूर्व-निर्धारित विचार से सहमत था कि उत्तरी गोलार्द्ध दक्षिणी-गोलार्द्ध की तुलना में घना बसा है, और विषुवत् वृत्त के सहारे जनसंख्या विरल (कम 'Thin') है। इससे दूर हटते हुए 64° समानान्तर तक वह घनी बनती जाती है। परन्तु पुनः आगे बढ़ने पर जनसंख्या बहुत कम अथवा शून्य हो गयी है। वह विषुवत् वृत्त की पेटी को अत्यधिक उष्णता के कारण जनसंख्या-हतोत्साही-कारक मानता था। उसके अनुसार शीत व उष्ण का शीतोष्ण प्रदेश में सद्भावपूर्ण मेलजोल मानव विकास और अधिवास के लिए सहायक सिद्ध हुआ। शीतोष्ण कटिबंध से दूर उत्तर-दक्षिण की ओर हटते ध्रुवों की ओर अत्यधिक शीत पुनः मानव विकास के लिए बाधक तत्व सिद्ध हुआ है।

खल्दून ने अधिवासों (Settlements) के उद्भव के बारे में मत व्यक्त किया है- ''अधिवासित (बसे हुए) प्राणी भूमि के उपजाऊपन और समुद्रों द्वारा जो उन्हें आक्रमणकारियों

से सुरक्षित बनाता है, आकर्षित बने थे।'' कालान्तर में वहाँ लोग बसते चले गए और भूमि पर जनसंख्या का दबाव बढ़ता गया। दस्तकारी विभिन्न प्रकार की विकसित होने लगीं, और अधिवास स्थायी रूप प्राप्त कर गए। बढ़ते-बढ़ते नगर बड़े शहरों में बदल गए। यह एक विशेष सामाजिक व आर्थिक संरचना थी जिसमें सभी कुछ प्रवेश प्राप्त कर सके, श्रम-विभाजन, कमी-बहुलता, माँग व पूर्ति आदि, आदि। सभी बड़े शहर छोटे-छोटे अधिवासों से विकास प्राप्त कर जन्मे हैं। खल्दून ने विभिन्न मानव-क्रियाओं को पर्यावरण द्वारा स्पष्ट किया। वह यहाँ तक स्पष्ट कर सका था कि अरब यायावर क्यों हैं, और नीग्रो (हब्शी) का स्वभाव सरल क्यों है।

'मुकद्दीमाह' में खल्दून ने व्यापार संचालन के विभिन्न तौर-तरीके, हस्त कलाओं का विकास और प्रोत्साहन एवं विज्ञान-अध्ययन जैसी अनेक समस्याओं का विवरण दिया। परन्तु भौतिक भूगोल में उसने परम्परागत जलवायु-कटिबंधों को ही मान्यता दी। भूमध्यरेखीय क्षेत्र के आसपास में बसे लोगों का वर्ण काला होता है, और प्राकृतिक पर्यावरण मानव-चरित्र, अभिवृत्ति आदि को प्रभावित करता है - इन विचारों से वह सहमति व्यक्त करता था। मानव के मूल स्वभाव में उसकी संस्कृति बदलाव उत्पन्न करती है। युद्धप्रिय यायावरों ने बड़े राज्यों की नींव डाली, परन्तु बाद में वे स्थायी अधिवासियों द्वारा हड़प लिए गए। उसने स्वयं अपनी आँखों से इस्लामी राज्य का पतन देखा। सन् 1400 में दमिश्क के पतन के समय वह तैमूर लंग (Tamerlane) से मिला था जो विजेता एवं विध्वंसी भी था। यह दुर्भाग्य ही है कि इस अरब भूगोलवेत्ता के कार्यों का 19वीं शताब्दी से पूर्व लेटिन अथवा विश्व की किसी अन्य भाषा में अनुवाद नहीं किया गया। जिसके परिणामस्वरूप विश्व के दूसरे भाग के विद्वान उसके कार्यों का लाभ नहीं उठा सके। खल्दून पहला पर्यावरणीय नियतिवादी था जिसने मानव और पर्यावरण के सहसंबन्ध को वैज्ञानिक ढंग से स्पष्ट किया।

Notes

1. Ahmad, N., 1947, *Muslim Contribution to Geography*, Lahore, p.135.
2. Wright, J.K., 1925, The Geographical Lore at the Time of Crusades, New York, *American Geographical Research*, Research Series No.15.
3. James, P.E. and Martin, G.J., 1981, *All Possible Worlds*, p.50.
4. Al-Masudi, *Muruj*, Vol.I, p.49.
5. Ali, S.N., 1960, 'Some Geographical Ideas of Al-Masudi', *Al-Masudi-Millenary Commemoration Volume*, edited by Ahmad, S.M. and Rahman, A., Aligarh.
6. James, P.E. and Martin, G.J., *op.cit*.
7. Kimble, G.H.T., 1938, *Geography of Middle Ages*, London, Methuen.

8. James, P.E. and Martin G.J., op.cit.
9. *Ibid.*
10. Ali, S.M., 1976, *Arab Geographical Thought*, Aligarh, p.17.
11. *Ibid.*, 45.
12. *Ibid.*
13. S.M. Ali, *Arab Geographers*, Aligarh, p.17.
14. Ahmad, N., 1947, *op.cit.*, p.65.
15. Sykes, P., 1961, *A History of Exploration from the Earliest Times to the Present Day*, New York.
16. Dickinson, R.E. and Howarth, O.T.R., 1933, *The Makers of Geography*, Oxford, p.44.
17. Ahmad, S.M., 1953, 'Al-Masudi's Contribution to Medieval Geography', *Islamic Culture*, Vol. XXVII, No.2, Hyderabad, p.68.
18. Ali, S.M., *op.cit.*, p.87.
19. *Ibid.*
20. *Ibid.*
21. Shafi, M., 1960, 'Al-Masudi as a Geographer', *Al-Masudi-Millenary Commemoration Volume*, Aligarh, p.76.
22. Ahmad, S.M., *op.cit.*, p.68.
23. Beazley, *op.cit.*, p.464.
24. *Tabih*, 28.
25. Silvestre, M.de Sacy, *Charastomathie*, p.17.
26. Tanbin, p.28.
27. *Ibid.*, p.29.
28. *Muruj*, ed Barbier de Meynard I, pp. 243-245.
29. Ahmad, S.M., 1954, *op.cit.*, p.285.
30. Alvi, S.M.Z., 1960, 'Al-Masudi's Conception of the Relationship Between Man and Environment', *Al-Masudi-Millenary Commemoration Volume,* Aligarh, p.94.
31. Ibn-Battuta, *The Travels of Ibn-Battuta*, A.D. 1325-1354. Trans. Defremery C. and Sanguinetti B.R., 1958, Cambridge: University Press.
32. *Ibid.*
33. Ibn-Khaldun, *The Muqaddimah*, Trans. Franz Rosenthal, 1958, New York.
34. Ali, S.M., *op.cit.*, p.160.
35. Morgan, 1988, p. 202.

5

खोज-यात्राओं और आविष्कारों का प्रभाव

(The Impact of Explorations and Discoveries)

इतिहास के सभी कालों में मानव घूमता-फिरता और खोज करता देखा गया। ई.पू. 700 में फोनीशियनों व कार्थेज निवासियों और व्यापारियों ने भूमध्यसागर व उसके पार नवीन देशों को खोजा। लगभग 470 ई.पू. कार्थेज के हन्नो एक बड़े जहाजी-बेड़े के साथ दूर सियरा लियोन जा पहुँचा, और अपने साथ 'आग के देश' (Land of Fire) व गोरिल्लाओं की कहानियों को लेकर लौटा। यह वस्तुत: अफ्रीका के बहुत से भागों में वर्षा से पूर्व घास में लगी आग का वृत्तान्त था।

ई.पू. 330 में यूनानी जहाजरान पाइथियस जहाज खेता हुआ ब्रिटेन का चक्कर काटता उत्तरी-सागर में घूम आया। इस काल में सर्वाधिक महत्त्व की खोज-यात्रा सिकन्दर महान् ने ई.पू. 330-323 की अवधि में कीं। वह देश-विदेश की सूचनाओं को प्राप्त करने और उन्हें रिकॉर्ड करने विशेषज्ञों को लेकर फारस से भारत तक गया, और एक सच्चे खोजी की भाँति दूसरे मार्ग से लौटा।

पहली व दूसरी सदी ई.पू. में रोमन भी अपने साम्राज्य विस्तार हेतु नील-नदी के ऊपरी भागों, उत्तर में बाल्टिक और पश्चिम में यूरोप में जा पहुँचे थे। नॉर्ड के निवासियों (Norsemen) ने 867 ई. में आइसलैण्ड, और 982 ई. में ग्रीनलैण्ड की खोज की। अन्त में चार वर्ष पश्चात् वे उत्तरी अमेरिका की मुख्य भूमि पर जा उतरे।

लगभग इन्हीं दिनों में अरब के व्यापारी हिन्द महासागर में दूर-दूर तक यात्राएँ करते फिर रहे थे। उन्होंने स्पेन से लेकर भारत, मलेशिया, इन्डोनेशिया और चीन तथा दूर मेडागास्कर तक समुद्री खोजें कीं। उनके महान् खोजी-यात्री इब्न-बतूता ने 30 वर्षों में प्रत्येक मुसलिम देश को एक के बाद एक घूमा फिरा। बौद्ध धर्म के प्रचारकों ने भारत से

चीन के आर-पार तकला-मकान मरुभूमि में से होकर यात्राएँ की। उन्होंने 'जेड मार्ग' पार किया जिस पर व्यापारी सदियों से जेड-पत्थर के व्यापार में हरित-पत्थर हिमालय से चीन ले जाते और बदले में चीन से सिल्क (रेशम) लाते-ले जाते थे।

खोज-यात्राएँ, वैज्ञानिक आविष्कारों और अरब के विद्वानों की कृतियाँ, लेख, पुस्तके आदि ने अरब-जगत् और अन्य देशों की नवीन व वास्तविक तस्वीर प्रस्तुत की। चीन व मध्य एशिया की मार्कों पोलो की साहसिक यात्राएँ व उनके विवरणों से भौगोलिक साहित्य में नए अध्याय जुड़े। यूरोप में पुनर्जागरण ने वर्तमान स्थिति में सुधार लाकर नवीन चेतना भर दी और सोच, दृष्टिकोण संकुचित धारा से निकल कर विस्तृत बना। बाइजनटियम (इस्तांबूल) की पुस्तकालय में टॉलेमी के भूगोल की एक प्रति सुरक्षित थी। उसकी खोज कर उसे इटली लाया गया। सन् 1406 में उसका लैटिन में अनुवाद कराया गया। सन् 1450 ई. में प्रेस-छपाई के आविष्कार के पश्चात् इसकी प्रतियाँ व मानचित्रों को बोलोन, रोम व उल्म में छापा। इसने तत्कालीन विद्वानों पर छाप छोड़ी। चुम्बकीय कम्पास ने समुद्री-यात्रा में सुधार किया। इससे विश्व की यात्राओं, मानचित्रण व भौगोलिक विवरण के सहवर्ती नवीनीकरण में पुनः रुचि विकसित बनी। सन् 1507 में जर्मन मानचित्र-रचयिता मार्टिन वाल्दासीमूलर (1470-1521 ई.) ने विश्व का मानचित्र बनाया जिसमें उत्तरी व दक्षिणी अमेरिका दोनों स्पष्ट दर्शाए गए थे। इन नवीन साधनों एवं विधियों के प्रयोगों से जहाजरानों में विश्वास जागृत हुआ, और विश्व के अज्ञात भागों को खोज निकालने हेतु भूमिका तैयार हुई। यह अरबों के साम्राज्य के पतन का आरम्भ काल था। नेवीगेटर हेनरी ने सियूटा (Ceuta) पर अरबवासियों को परास्त कर जिब्राल्टर के जलडमरूमध्य पर अधिकार किया। उसने सेंट विंसेट के निकट सारग्रेस (Sargres) पर प्रथम भौगोलिक संस्थान (Institute of Geography) की स्थापना की। उसने इस संस्थान पर सभी आस्थाओं, विचार व धर्मों के विद्वानों - भूगोलवेत्ताओं, मानचित्र-निर्माताओं, गणितज्ञों, खगोल वैज्ञानिकों आदि को आमंत्रित किया।[1]

हेनरी के द्वारा दी गयी इस प्रेरणा से उत्साहित बन अनेक जहाजरान अफ्रीका के पश्चिमी तट, केप बोजाडोर और गिनी की खाड़ी की खोजी-यात्राओं पर निकल पड़ने के लिए तैयार हो गए। सन् 1492 ई. में क्रिस्टोफर कोलम्बस नई दुनिया (अमेरिका) पहुँचा, और वास्कोडि-गामा, केप ऑफ गुड होप से गुज़रते हुए हिन्द महासागर में उतरा और अरबवासियों के साथ जहाज खेता हुआ 1498 में भारत पहुँचा। सन् 1520 में मैजेलन पश्चिम की ओर खेता हुआ एशिया पहुँचने वाला पहला व्यक्ति था। उसे विश्व का चक्कर काटने वाला पहला जहाजरान कहा जाता है। सन् 1768 से 1778 ई. तक कप्तान कुक हिन्द महासागर व प्रशांत महासागर में अज्ञात-प्रदेश (Terra-Incognita) का पता लगाने हेतु खोजी-यात्रा करता रहा। इस अवधि में उसने अनेक नए द्वीपों व आस्ट्रेलिया महाद्वीप को खोजा। (Fig. 5.1) इन सभी समुद्री यात्रियों ने अपने खोजों के दौरान टॉलेमी की गणनाओं पर और पृथ्वी की अक्षांशों व परिधि के बारे में भरोसा किया था। परन्तु कुछ ऐसे भी थे जिन्होंने अपनी अधिक विश्वस्त खोजों से टॉलेमी की गणनाओं को अस्वीकार कर विश्व की टॉलेमीकृत

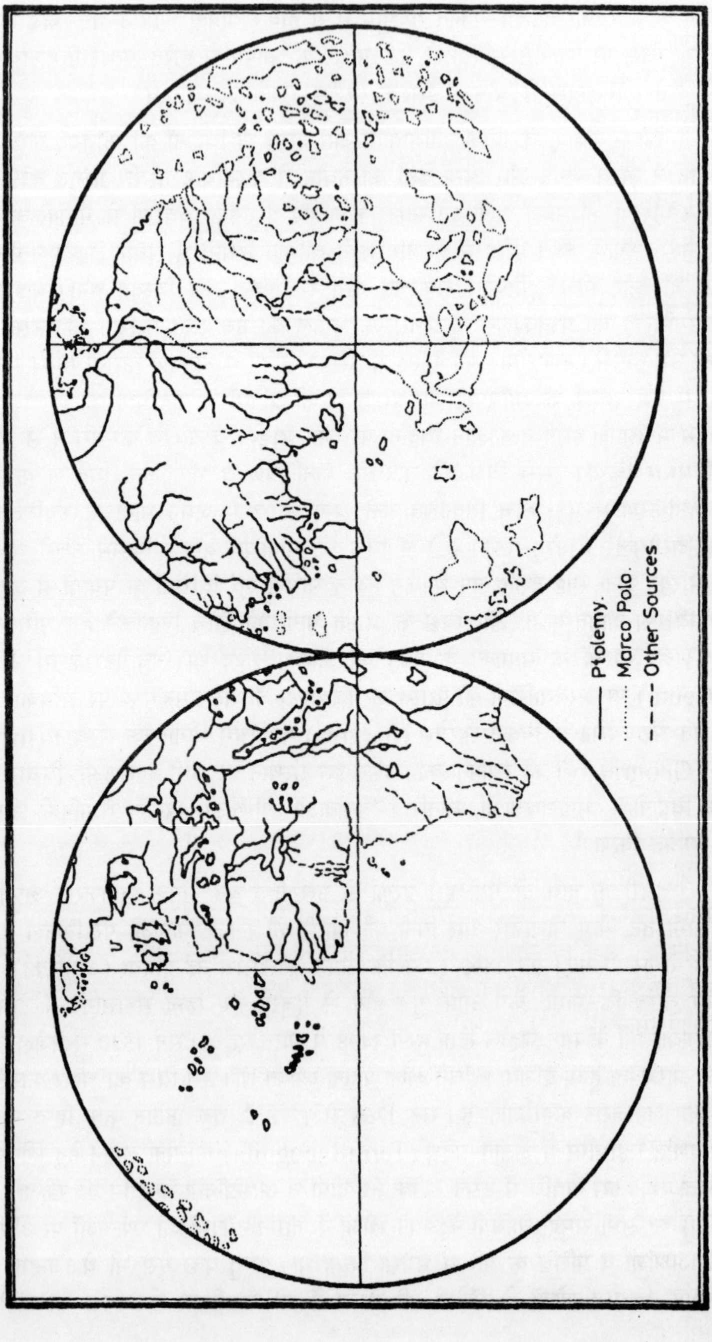

Figure 5.1 बेहम का ग्लोब एवं उसके स्रोत

धारणा को बदल दिया था। मानचित्र-विज्ञान में नए-नए विकास घटित हो रहे थे, और नए प्रक्षेपों (Projections) द्वारा, विशेषत: मरकेटर 1569 के प्रक्षेप से विश्व का पहला ग्लोब आविष्कृत बना। विश्व के नवीन व सही मानचित्रों की रचना हुई।

15वीं सदी के अधिकांश मानचित्र-निर्माताओं का अड्डा वेनिस अथवा जिनोआ में था। इन दो स्थानों से ही यूरोपीय जहाजरान अपनी पूर्वी भूमध्यसागर यात्रा के लिए रवाना होते थे जहाँ से वे मूल्यवान वस्तुएँ लाने में सक्षम बने। इसी काल में गलत-सलत अनेक भौगोलिक अवधारणाओं को त्यागा गया। प्रशांत महासागर के तटों का निर्धारण हुआ, और पुन: पृथ्वी की आकृति को अंतिम स्वरूप दिया। इसी समय विश्वसनीय सूचनाओं को स्थान देकर मनगढ़न्त कहानियों व विचित्र काल्पनिक जीवों के बारे में विचारों को त्यागा गया था।

15वीं सदी तक अधिकांश विद्वान् पृथ्वी को ही सृष्टि का केन्द्र मानते थे, और ब्रह्माण्ड का अध्ययन भू-केन्द्रिक (Geocentric) दृष्टिकोण से करते थे। परन्तु आविष्कारों के महान् युग (Great Age of Discovery) के पश्चात् सूर्य-केन्द्रिक (Heliocentric) विचार धारा सुदृढ़ बनी। पोलैण्ड के निकोलस कॉपरनिकस (Nicholus Copernicus) ने 1497 व 1529 ई. के मध्य अनेक अवलोकनों द्वारा स्थापित किया कि ग्रहों, नक्षत्रों, चन्द्रमा आदि सूर्य के चारों ओर चक्कर काटते हैं। इसे ब्रह्माण्ड की सूर्य-केन्द्रिक (Heliocentric) अवधारणा कहते हैं। सन् 1618 में केपलर (Kepler) ने सिद्ध किया कि ग्रहों की गति कक्ष में गोल-वृत्तात्मक नहीं अण्डाकार है। सन् 1623 में गेलीलियो ने कॉपरनिकस के सूर्य-केन्द्रिक ब्रह्माण्ड मत का समर्थन किया। सन् 1686 में गुरुत्वाकर्षण के नियम (Law of Gravitation) को प्रस्तुत किया। इन विकासों व अन्वेषणों द्वारा वैज्ञानिक-जगत् में क्रांति आ गयी। अब विशिष्टीकरण (Specialization) का युग आरम्भ हुआ, और ज्ञान-विज्ञान की विभिन्न शाखाओं जैसे भौतिक, जैविक और सामाजिक विज्ञानों में वर्गीकरण-पद्धति (Taxonomical Method) का जन्म हुआ। छापेखाने के आविष्कार ने यूरोप में यात्राओं, खोजों, आविष्कारों और नवीन देशों के भौगोलिक वर्णन से सम्बन्धित पुस्तकों का प्रकाशन संभव बनाया। परन्तु इन सभी लेखों में पृथ्वी को मानव का घर कहा और लोगों के जन-जीवन को प्राकृतिक पर्यावरण द्वारा प्रभावित माना गया। सेबास्टियन, मुण्स्टर, कुलुवेरियस और कारपेण्टर के भौगोलिक लेखों को प्रशंसनीय माना गया क्योंकि उनसे विषय को नवीन दिशाएँ मिलीं।[2]

खोज-यात्राओं और आविष्कारों का सबसे अधिक प्रभाव, मानचित्र-निर्माण-कला पर पड़ा था। उदाहरण के लिए, 1500 ई. में कोलम्बस की पहली-तीन यात्राएँ और जॉन कोबट की उत्तरी अमेरिका की यात्रा के अवलोकनों के आधार पर जुआन डि ला कोसा (Juan de la Cosa) ने मानचित्र रचा।[3] परन्तु पहला विश्व-मानचित्र जिसमें अमेरिका को अलग महाद्वीप दर्शाया और एशिया का पूर्वी हिस्सा नहीं दिखाया था, वह जर्मन विद्वान वाल्डसीमूलर ने 1507 ई. में रचा था। उसने अमेरिका नाम का भी सबसे पहले प्रयोग किया। वह सोचता था कि अमेरिगो वेसपुची नए महाद्वीप पर कोलम्बस से भी पहले पहुँच चुका था अथवा अमेरिगो ही पहला खोजी यात्री था जिसने निश्चित रूप से अमेरिका की अलग महाद्वीप के

रूप पहचान की। इसी के फलस्वरूप वाल्डसीमूलर ने यह निर्णय लिया कि नवीन महाद्वीप यूरोपीय के नाम पर नहीं (जो इसकी जानकारी की सूचना देने का दावा करता है), बल्कि अमेरिगो के नाम पर आधारित किया जाना चाहिए।[4] वाल्डसीमूलर का नया मानचित्र कार्टा मरिना (Carta Marina) के नाम से जाना जाता था। परन्तु वह मानचित्र किसी भी दशा में उस काल के अन्य मानचित्रों की तुलना में उपयोगी नहीं कहा जा सकता। अन्य मानचित्रों का डिजाइन पोर्टोलानो नियमों पर आधारित था जबकि अन्य मानचित्रों पर रचित सीधी-रेखाओं के आधार पर जहाजरान कभी भी गंतव्य पर नहीं पहुँचते थे।[5]

आरम्भ कालीन मानचित्रों में कमियों को दूर करने के लिए और समुद्री-यात्राओं में खोजियों व आविष्कारों के उपयोग हेतु 1530 ई. में पीटर आस्पियन ने हृदय-आकृति (Heart-shaped) मानचित्र की रचना की। परन्तु इस मानचित्र पर भी दूरियों व दिशाओं को शुद्ध नहीं दिखाया था। अंत में यह समस्या 1569 में जिराड्र्स मरकेटर (Gerardus Mercator) ने मरकेटर प्रक्षेप रचकर दूर की थी। इस पर जहाजरान महान् वृत्त (Great Circle) के अनुसार खेते हुए न्यूनतम-दूरी मार्ग व सही दिशा पकड़ सकते थे। मरकेटर प्रक्षेप पर भी महाद्वीपों की आकृति बढ़ा-चढ़ाकर दर्शायी जाती थी। जैसे इस प्रक्षेप पर उच्चतर अक्षांशों पर आकृतियाँ अतिरंजित (Exaggerated) बन जाती थीं। उदाहरण के लिए, इस प्रक्षेप पर ग्रीनलैण्ड भारत उपमहाद्वीप से भी बड़ा दर्शाया गया है। मरकेटर ने इस प्रक्षेप के बनाने में प्रयोग में लायी गई विधि को नहीं समझाया। 1599 ई. में राइट (Edward Wright) के द्वारा प्रस्तुत ज्यामितीय तालिका ने इस प्रक्षेप की दूसरों के द्वारा पुनर्रचना को संभव बनाया था। सोलहवीं सदी के अन्तिम चरण में, एम्सटरडम एटलसों और भित्ति- मानचित्रों (Wall Maps) के प्रकाशन का केन्द्र विकसित बना। ये दोनों ही 17वीं सदी में लोकप्रिय थे।[6] तत्पश्चात् विभिन्न मापकों पर रची एटलस और भित्ति-मानचित्र का प्रकाशन फ्रांस व इंग्लैण्ड में लोकप्रिय हुआ। फ्रांस में निकोलस सेन्स ड एब्बरविले (Abberville) ने 17वीं सदी में 'कार्टोग्राफरों का वंश' की स्थापना की। यह संस्था एक सदी से भी अधिक समय तक मानचित्र व एटलसों का प्रकाशन करती रही थी।[7] इस प्रकार 'अन्वेषणों का वृहत् युग' (The Great Age of Discovery) में विश्व मानचित्र की रूपरेखा (Outline) में अनेक परिवर्तन किए गए और अनेक ग़लत अवधारणाओं को दूर किया गया। पृथ्वी की आकृति व आकार और मापों तथा महाद्वीपों व देशों में सुधार से भूगोल विषय वैज्ञानिक स्तर पर विकसित बनना आरम्भ हुआ। परिणामत: पृथ्वी की उत्पत्ति व महाद्वीपों के बारे में अनेक नवीन सिद्धान्तों का प्रतिपादन किया गया, और मानव व प्रकृति के सम्बन्धों के विषय में नवीन विचारों को जन्म मिला।

चिर-प्रतिष्ठित काल के मानचित्र रचना विज्ञान में आविष्कृत सिद्धान्तों ने यूरोप में राजनीतिक व आर्थिक शक्ति के प्रसार-प्रचार में पन्द्रहवीं व सोलहवीं सदी में महत्त्वपूर्ण योग दिया। यूरोप के कुछ ही समुद्री खोजी यात्री और विद्वान स्वयं को भूगोलवेत्ता मानते थे। इसके स्थान पर वे सृष्टि-वर्णन (Cosmography) (अर्थात् विश्व-ग्लोब का वैज्ञानिक विवरण और उसका सृष्टि से सम्बन्ध) पसन्द करते थे। इस कॉस्मोग्राफी-पद का उन्होंने अपने कई

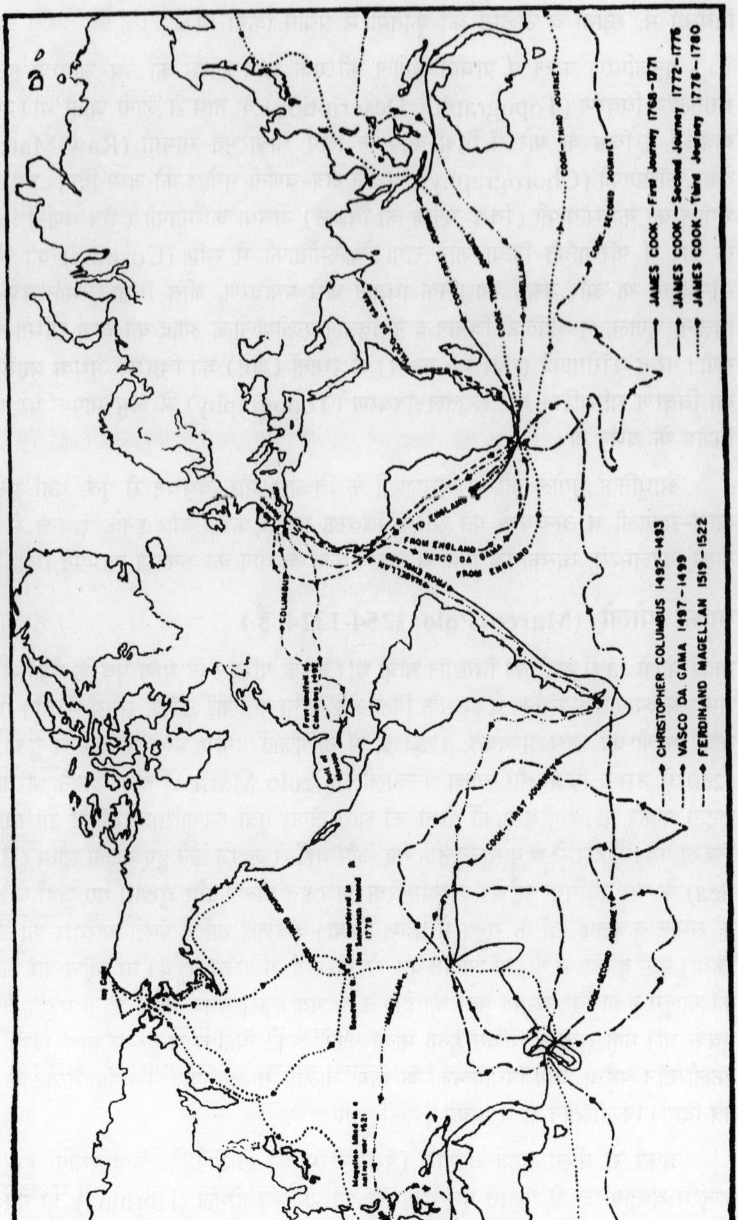

Figure 5.2 महान खोज यात्रायें

निबन्धों में, स्ट्राबो व टॉलेमी की कृतियों में प्रयोग किया था।

पुनर्जागरण काल में प्राचीन भूगोल की एक अन्य शाखा का नव-जागरण हुआ जो धरातलीय विवरण (Topographic Description) के नाम से जानी जाती थी। समुद्री-यात्राओं ने विश्व के बारे में विश्व-कोष के लिए आधारभूत-सामग्री (Raw-Material) देकर कॉरोग्राफी (Chorography), अर्थात् क्षेत्र-वर्णनी भूगोल को जन्म दिया। इस प्रकार, भूगोल को कॉस्मोग्राफी (विश्व-ग्लोब का विज्ञान) अथवा कॉरोग्राफी (क्षेत्र वर्णनी विज्ञान) के रूप में परिभाषित किया जाने लगा। कॉस्मोग्राफी में सृष्टि (Cosmos) का विवरण सम्मिलित था और उसमें आधुनिक विज्ञान जैसे पर्यावरण, जीव-विज्ञान, मानचित्र-रचना विज्ञान, भूगोल, भू-भौतिकी विज्ञान व नृ-विज्ञान एन्थ्रोपॉलोजी आदि की चर्चा सम्मिलित की गयी। परन्तु कॉरोग्राफी (कोरस = स्थान) में स्थानों (क्षेत्र) का विवरण अथवा वृहत् प्रदेश का विवरण सम्मिलित था। धरातल-विवरण (Topography) में लघु मापक पर स्थान-विशेष के वर्णन थे।

आधुनिक भूगोल की अवधारणाओं के विकास और विवेचन से पूर्व, यहाँ संक्षेप में खोज-यात्राओं व अन्वेषणों का संक्षिप्त विवरण प्रस्तुत करना और इनके संबन्ध में मार्को पोलो, कोलम्बस, वास्को डि गामा व कप्तान कुक के योग का उल्लेख लाभप्रद सिद्ध होगा।

मार्को पोलो (Marco Polo 1254-1324 ई.)

मार्को पोलो 13वीं सदी का विख्यात यात्री था। उसके परिवार के मध्य पूर्व के देशों से बहुत समय से व्यापारिक संबन्ध थे। उसके पिता और चाचा कुबलाई खाँ के समय में चीन गए थे। मार्को पोलो का जन्म सम्भवतः 1254 ई. में अभिजात वर्गीय भव्य परिवार में हुआ। सन् 1260 में उसके पिता और चाचा, निकोलो (Nicolo Maffeo) दोनों अपने परिवारों से छुट्टी पाकर, छः वर्षीय मार्को पोलो को साथ लेकर पूर्वी व्यापारिक देशों के अभियान पर निकल पड़े। वेनिस से वे कुस्तुनतुनिया गए, और वहाँ से जहाज खेते हुए काला सागर (Black Sea) के पार क्रीमिया पहुँचे। वे व्यापारिक लाभ हेतु वोल्गा और बुखारा गए जहाँ वे तातारों के सम्राट् कुबलाई खाँ के राज्य में प्रवेश किया। कुबलाई खाँ ने पोलो-परिवार का स्वागत किया। पूर्वी दुनिया में नौ वर्ष व्यतीत कर, वे 1269 ई. में अकरे पहुँचे। घर पहुँच कर निकोलो को मालूम हुआ कि उसकी पत्नी का देहान्त हो गया। उस समय मार्को पोलो पन्द्रह वर्ष का युवक था। मातृ सुख से वंचित हुआ मार्को पोलो अपने पिता व चाचा के साथ 1271 ई. में फिलीस्तीन पहुँचा जहाँ पियाकेनज़ा के तियो वालदो राजदूत-पोप ने मंगोलसम्राट् के लिए पत्र दिया। फिलीस्तीन से वे अकरे (टर्की) गए।

अकरे से पोलो-यात्री आयास (इसकेन्देरम की खाड़ी) के लिए रवाना हुए, और अर्जुरम व ताबरिज़ से गुज़रते हुए मरुस्थल को पार कर होर्मुज़ (Hormuz) आ गए। यह स्थान फारस की खाड़ी पर है। परन्तु यहाँ से पोलो-यात्रियों ने समुद्री मार्ग न पकड़ कर भू-मार्ग द्वारा मंगोल-राजधानी की ओर प्रस्थान किया।

अब वे शुष्क मरुस्थल से गुज़र कर खुरासान प्रदेश की ओर पूर्वी ईरान में सफर कर रहे थे और उत्तर-पूर्व की ओर मुड़कर वे बदखशां (Badakshan), अफगानिस्तान में सुविधा जनक क्षेत्र में आ गए। यहाँ मार्को एक वर्ष तक ठहरा जहाँ उसकी लंबी बीमारी वहाँ की राहत पहुँचाने वाली जलवायु से दूर हो गयी। इस अवधि में मार्को ने अफगानिस्तान में दक्षिणवर्ती राज्यों जैसे काफ़रिस्तान (हिन्दुकुश में), चितरल (कश्मीर में), आदि की यात्राएँ की। परन्तु यह निश्चय करना कठिन है कि मार्को ने जो वर्णन किया, वे उसकी यात्रा के किस-किस जिलों के हैं।

बदखशां से मार्को आगे पामीर की ओर वॉक़न (Vocan) घाटियों को पार कर तथा उत्तर-पूर्व की ओर पहाड़ियों से उतरता हुआ साथियों सहित काशग़र (चीन में सिनक्यांग-यूइघर स्वशासित प्रदेश) आ गया। अब पोलो-यात्री दल विख्यात मुख्य सिल्क-मार्क (Silk Road) पर आ पहुँचे थे। यहाँ से आगे उन्होंने मरुद्यानों के सहारे-सहारे दक्षिण की ओर बढ़ना आरम्भ किया। वे तकला-मकान मरुभूमि के पूर्व में यारकंद, ख़ोतन, चरचान और लोप नोर (लोप झील) होते हुए चीन के कांसू प्रांत (Kansu Province) में सीमा पर तुन-हुआंग स्थान पर आ गए। शा-चाउ (Sha-Chou) पहुँचने से पहले पोलो-दल मुसलिमों के बीच आए और कुछ कुछ छोटे-छोटे समूह जैसे नेस्टोरयिन, क्रिश्चियन, बौद्ध और ज़ोरास्त्रियनों से मिलते-मिलाते अन्त में विस्तृत कान्सू प्रांत में प्रवेश कर गए। यहाँ उनका सम्पर्क एक भिन्न प्रकार की बौद्ध सभ्यता से हुआ। परन्तु बौद्ध धर्म का पालन करते हुए भी लोगों के यहाँ संस्कार चीन के ही थे। अन्त में वे मंगोल राजधानी जा पहुँचे और पोप से लाए हुए पत्रों को उन्होंने कुबला-खाँ के समक्ष पेश किया। भेंट में उन्होंने जेरूसलम का पवित्र तैल (Sacred Oil from Jerusalem) कुबलाई खाँ को दिया।

अगले पन्द्रह-सोलह अथवा सत्रह वर्षों तक पोलो-परिवारजन सम्राट के राज्य में रहते रहे। अन्य देशों सहित उसमें कैथी (अब, उत्तरी चीन) और मांगी अथवा मांज़ी (अब, दक्षिणी चीन) सम्मिलित थे। कदाचित् वे राज दरबार के साथ-साथ अपने ग्रीष्मकालीन आवास से जो शांक-तू में था, शीतकालीन आवास ता-तू अथवा 'तायदू' - (वर्तमान में पेकिंग) आया-जाया करते थे।

मार्को पोलो अपनी 20 वर्ष की युवावस्था में कैथी (Cathy) पहुँचा था। यद्यपि वह चीनी भाषा नहीं जानता था, वह पूर्वी एशिया की अनेक भाषाओं का प्रयोग करता, और अधिकतर तुर्की व अरबी-पर्शियन में व्यवहार करता था। सम्राट उसे तथ्य ज्ञात करने वाले मिशन के साथ अपने राज्य के दूर-दराज़ भागों में बार-बार भेजता। एक ऐसी ही यात्रा में मार्को दक्षिणी-पश्चिमी चीन में यन्नान (Yunnan), तथा शायद वह बर्मा (Burma) तक दूर जा पहुँचा। इस प्रकार दक्षिण-पूर्व में उसने क्वान्सी (अब हांग-चाउ) तक यात्रा की जहाँ का अच्छा विवरण प्रस्तुत किया। इसके पर्याप्त प्रमाण हैं कि मार्को पोलो अपने को इस नवीन राज्य का दत्तक-पुत्र मानने लगा था। (Fig. 5.3)

सन् 1292 के आसपास (ओटागी के अनुसार 1290) मंगोल राजकुमारी को समुद्री मार्ग से फारस भेजना था जहाँ उसे अर्गुनखान की रानी बनना था। तीनों पोलो सदस्यों ने

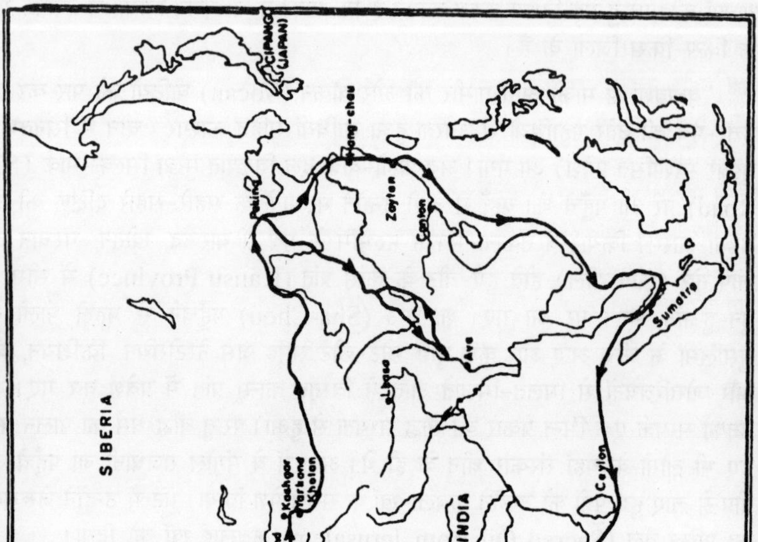

Figure 5.3 मार्को-पोलो की यात्रायें

उसके साथ जाने की इच्छा प्रकट की। परन्तु ऐसा प्रतीत हुआ कि कुबलाई-खाँ को यह प्रस्ताव मंजूर नहीं था। अन्त में इसकी अनुमति दे दी गयी। इस समय सम्राट कुबलाई खाँ अस्सी वर्ष की आयु के आसपास था।

राजकुमारी 600 दरबारियों के साथ पोलो सदस्यों व नाविकों सहित जहाजों के दल पर सवार हो चुआन-चू से दक्षिण की ओर खेते हुए चम्पा (वियतनाम) व द्वीपों को पार करते हुए मलाया प्रायद्वीप आ गई। सुमात्रा द्वीप पर उन्हें मानसून-तूफानों के शान्त होने तक पाँच महीने रुकना पड़ा। यहाँ मार्को-पोलो इस तथ्य से काफी अभिभूत हुआ कि उत्तर-तारा (North Star) यहाँ क्षितिज के नीचे डूबता दिखाई दिया। जहाजी-बेड़ा निकोबार द्वीप के समीप से गुज़ारा और श्रीलंका (Seilan) जा पहुँचा। चीनी-बेड़ा भारत के पश्चिमी-तट से गुज़रता हुआ फारस के दक्षिणी भागों में जा पहुँचा, और अंत में होरमुज़ (Hormuz) पर लंगर डाल दिए। (Fig. 5.3) तत्पश्चात् अभियान खोरासान जा पहुँचा, और राजकुमारी का अरगुन खान को नहीं सौंप कर उसके पुत्र महमूद ग़जनी को सौंप दिया, क्योंकि अरगुन खान की मृत्यु हो चुकी थी।

अंत में मार्को-पोलो सदस्य यूरोप की ओर रवाना हुए। कदाचित् वे कुछ महीने तबरिज़ पर रुके, और कुछ देरी बाद वे कुस्तुनतुनिया और अन्त में वेनिस जा पहुँचे। (1295)

मार्को-पोलो जब घर पहुँचा, उस समय वेनिस का जिनोआ से युद्ध छिड़ा हुआ था। अत: मार्को-पोलो जहाजी-बेड़े का कमाण्डर बना। सन् 1296 ई. में उसे जेल में डाल दिया गया, और जब वह जिनोआ में था, उसने फ्रेंच में अपनी पुस्तक Book of Various Enterprises को बोलकर लिखाया। यह पुस्तक पर्याप्त लोकप्रिय बनी, और वह उस समय के भौगोलिक दृष्टिकोण को प्रभावित कर सकी। यद्यपि वह कुछ अंशों तक काल्पनिक कथाओं की मानी जाती थी, परन्तु उसने पुर्तगालियों और कोलम्बस की खोजी यात्राओं को प्रोत्साहित किया। उसकी रचना The Million ('द मिलियन') अंग्रेजी में Travels of Marco Polo नाम से विख्यात भूगोल में गौरव-ग्रंथ मानी जाती है।

मार्को-पोलो की पुस्तक 'The Million' को तुरन्त ही ख्याति मिली, और वह कुछ ही महीनों में समस्त इटली में प्रचारित बनी। परन्तु, कुछ भी है, इस पुस्तक से अनेक विवादों को भी जन्म मिला। अनेक विद्वान उसे कल्पित कथाओं से भरी कहते थे। ऐसे विवाद लगभग सात सदियों तक चलते रहे, और इनसे मार्को-पोलो की प्रतिष्ठा को काफी धक्का पहुँचा। कुछ के लिए तो मार्को-पोलो, प्रतिभा संपन्न, आश्चर्यजनक स्मृतिवाला, अधिक कर्त्तव्यनिष्ठ, अवलोकनकर्त्ता व कुबलाई खाँ के दरबार का सफल अधिकारी तथा मंगोल शासकों के सर्वभौम एशिया में जाना-पहचाना विद्वान था। परन्तु दूसरी ओर, कुछ व्यक्ति उसे शेखीबाज़, अपने को बहुत कुछ समझने वाला, जल्दी से ही बातों में बह जाने वाला, बाजारू-फिजूल-कल्पित सूचनाओं में विश्वास कर लेने वाला मानते थे। कुछ कहते थे कि उसमें संस्कारों की कमी थी, परिहास एवं विनोद का अभाव था, और ऐसा असफल व्यक्ति था जिसने अन्य बातों के साथ न तो चीन की महान् दीवार का, न चाय उपभोग और सुदूर

पूर्व की चित्राक्षरी-लिपि का कहीं उल्लेख किया था। (Fig. 5.3)

मार्को-पोलो के जीवन चरित्र का महान् लेखक सर हेनरी यूल (Sir Henry Yule) ने उसके विषय में उपयुक्त टिप्पणी व्यक्त की और कहा "वह (मार्को-पोलो) एशिया का पहला घुमक्कड़ अथवा खोजी यात्री था, जिसने एक के बाद एक, अनेक राज्यों को अपनी आंखों से देखा, फारस के मरुस्थल, लिखते फूलों से भरे पठारों और बदखशाँ की तंग-घाटियों में घूमा-फिरा, जेड-पत्थरों वाली खोतान की नदिया, मंगोली घास के स्टेपी प्रदेश, क्रिश्चियन को आत्मसात करने वाले शक्ति के पालने, कंबालुक पर स्थापित दरबार की शान-शौकत उसने देखी। चीन तथा उसके संसाधनों को उजागर बनाने वाला वह पहला यात्री था जिसने वहाँ की विशाल नदियों, बड़े नगरों, कल-कारखानों, उमड़ती जनसंख्या, विशाल जहाजी बेड़ा आदि का बखान किया था। तिब्बत और वहाँ के स्वार्थी पुजारी, ब्रह्मा के स्वर्णिम पगोडा व सुनहरे चमकते मुकुट, लाओस, स्याम, कोचीन, चीन, जापान व पूर्वी थूले के सुनहले राज प्रासाद और गुलाबी मोती उसकी दृष्टि से ओझल नहीं बने। उसने ही पहली बार सौन्दर्य व कौतूहल पूर्ण अजायबघर का उल्लेख किया। अभी तक वह पूर्णत: नहीं छाना-बीना गया। भारतीय द्वीपों की शृंखला, बेशकीमती सुगंधों के स्रोत जिनकी उत्पत्ति अंधकार में बनी थी उसको लुभायीं, मोतियों का द्वीप-जावा, सुमात्रा के अनेक शासकों की गाथाएँ, निकोबार-अण्डमान की नंगी-अधूरी असभ्य जन-जातियों का वर्णन, हीरों के, मणियों के भण्डारों का द्वीप लंका, पवित्र पर्वत, आदम की क़ब्र, सिकन्दरी कहानियों का स्वप्रिल देश भारत के विवरण आकर्षक बन पड़े हैं। उसने ब्राह्मणों के गुणों, साधना, भारत के अर्द्ध-खोजी विवरणों को स्थान देकर विचित्र कहानियों, मोतियों से भरे समुद्रतल आदि का भी उल्लेख किया। मध्ययुगीन काल में अबीसीनिया के क्रिश्चियन साम्राज्य में किसी जिले का विवरण प्रस्तुत करने वाला वह पहला यात्री था। अर्द्ध-क्रिश्चियनों का सोकोतरा द्वीप का वर्णन उसी ने प्रस्तुत किया। जंजीबार के नीग्रो (हब्शियों) और वहाँ हाथी दांत सम्पत्ति का हल्का-फुल्का वर्णन उसने किया। दूर-दराज़ विस्तृत मेडागास्कर, दक्षिण का काला-महासागर की सीमा पर ब्राह्मी, हर-मल व अन्य विकृतांग-जन्तुओं के उल्लेख उसकी कृति में समाए हैं। यहाँ तक कि दक्षिण के विपरीत दूर साइबेरिया प्रदेश और आर्कटिंक महासागर के विवरण, कुत्तों-स्लेज गाड़ियों, स्वेत भालुओं, रेनडियरों के तुंगएसों-सवार भी उसकी पुस्तक की सामग्री में समा गए।"

क्रिस्टोफर कोलम्बस (Christopher Columbus 1451-1506 ई.)

इटली के खोजी-यात्री कोलम्बस को अमेरिका की खोज का श्रेय प्राप्त है। कदानित् उसका जन्म जिनोआ (इटली) में 1451 ई. में हुआ। उसके जन्म का कोई रिकॉर्ड नहीं है, और इस बारे में कई मत परस्पर विरोधी प्रचलित हैं। परन्तु कोई भी पर्याप्त संतोषजनक नहीं है। अत: 1451 ई. को ही प्राय: सही माना गया है। कोलम्बस की स्कूली-शिक्षा भी नहीं हुई, और वह अपना बचपन जिनोआ में पिता के व्यवसाय के साथ जुलाहे के रूप में बिता सका। परन्तु युवा काल में उसकी रुचि नौ-संचालन (Navigation) में विकसित हुई। जिनोआ

में वह निस्संदेह अपने आरम्भिक काल में समुद्र में आने-जाने लगा था और व्यापार हेतु तट-दर-तट यात्राएँ कीं। सन् 1476 में वह लिस्बन में बस चुका था, और अपने भाई बारथोलोम्यू (Bartholomew) जो चार्ट व मानचित्र रचयिता था, उसके साथ ठहरा। उसने लिस्बन में समुद्री-यात्राओं के बारे में तथा मानचित्र-निर्माण में ज्ञान व अनुभव अर्जित किया। परन्तु उसे समुद्री यात्रा में दक्षता और गहन अनुभव व कौशल आइसलैण्ड (1477), मदीरा (1478) और अफ्रीका के पश्चिमी तट (1483) की यात्राओं द्वारा प्राप्त हुआ।

धीरे-धीरे कोलम्बस के मन में नौ-संचालनीय सिद्धान्त के अध्ययन ने ही इस विचार को पुख़्ता बनाया कि पृथ्वी गोल है। उसने एशिया के लिए पश्चिम की ओर जहाज खेने की धारणा बनायी जिससे वह छोटे मार्ग से स्वर्ण व मसालों के देश, जापान व द्वीपों के समूह, जा पहुँचा। वह वहाँ पहुँचने हेतु अफ्रीका का चक्कर लगाकर प्रचलित मार्ग को लम्बा मानता था। पृथ्वी को गोलाकार मानने वालों में वह अकेला ही नहीं था। परन्तु उसकी धारणा ने पूर्वी एशिया की समीपता को अधिक बढ़ा-चढ़ा कर प्रस्तुत किया। उसने समस्त विश्व के आकार को ही वास्तविकता से कम आँका था।

दस वर्ष से भी अधिक समय तक उसे अपने यात्रा-अभियान के लिए वित्तीय सहायता प्राप्त करने का यत्न करते रहना पड़ा। वह सन् 1492 में ही निकल पड़ने में सफल बना। वह स्पेन की सम्राज्ञी इसाबेला फर्डिनेण्ड के उत्तरदायित्त्व में सान्ता मेरिया व दो अन्य छोटे जहाजों (पिण्टा और नीना) को लेकर जापान पहुँचने की आशा में चल पड़ा।

वह 3 अगस्त, 1492 ई. के दिन पालोस (स्पेन) से 90 व्यक्तियों के दल सहित रवाना हुआ। केनारी द्वीपों से पुनः अपने जहाजी-बेड़ों को जोड़ कर वह 6 सितम्बर, 1492 को अटलांटिक महासागर में पश्चिम दिशा की ओर खेता हुआ आगे बढ़ा। उसे अपने दल को इतनी लम्बी यात्रा के लिए संतुष्ट व संयमित बनाने में काफी कठिनाइयाँ झेलनी पड़ीं। अन्त में दल को 12 अक्टूबर, 1492 के दिन भूमि के दर्शन हुए तथा कोलम्बस ने आभारी बन द्वीप का नाम सान-सालवेडोर (San Salvador) अर्थात् बहामा में प्रतीक्षा-द्वीप रखा। यह सोचकर कोलम्बस कि वह दूरस्थ इंडीज पहुँच चुका, उसने द्वीपों को पश्चिमी द्वीप-समूह (West Indies) नाम दिया। अपनी यात्रा को जारी रखते हुए क्यूबा के उत्तरी तट पर खेता हुआ हेटी (हिस् पानियोला) पहुँचा जहाँ उसने ला नेवीदाद (La Navidad) क़िला स्थापित किया। वह 44 व्यक्तियों को हिस्पानियोला कॉलोनी आवासित करने के लिए वहाँ छोड़कर, घर पालोस पर 15 मार्च, 1493 को पहुँचा। स्पेन में उसका विजित जहाजरान-वत् समारोह में स्वागत किया गया, और अनेक सम्मानों की उस पर बौछार हुई।

अपनी दूसरी यात्रा कोलम्बस ने 24 सितम्बर, 1493 को 17 जहाजों के बेड़े व 1500 व्यक्तियों सहित खाद्य-सामग्री भर कर आरम्भ की। वह डोमीनिका (Dominica) पर जा उतरा जहाँ उसने मेरी ग्लांते, ग्वाडेलोप, मोन्स्ट्रेट, एण्टीगुआ, सांता-क्रुज, प्यूर्टोरिक व वर्जिन द्वीपों को खोजा। नवम्बर 1493 में जब वह हिस्पानियोला पहुँचा तो अपने किले लानेवीदाद को क्षत-विक्षत नष्टभ्रष्ट पाया। अतः कुछ ही दूरी पर इसाबेला तट पर नयी बस्ती (New Settlement) स्थापित की जिसे नवीन दुनिया का यूरोपियन-पहला नगर (First

Figure 5.4 क्रिस्टोफर कोलम्बस की चार समुद्री खोजी यात्राएँ

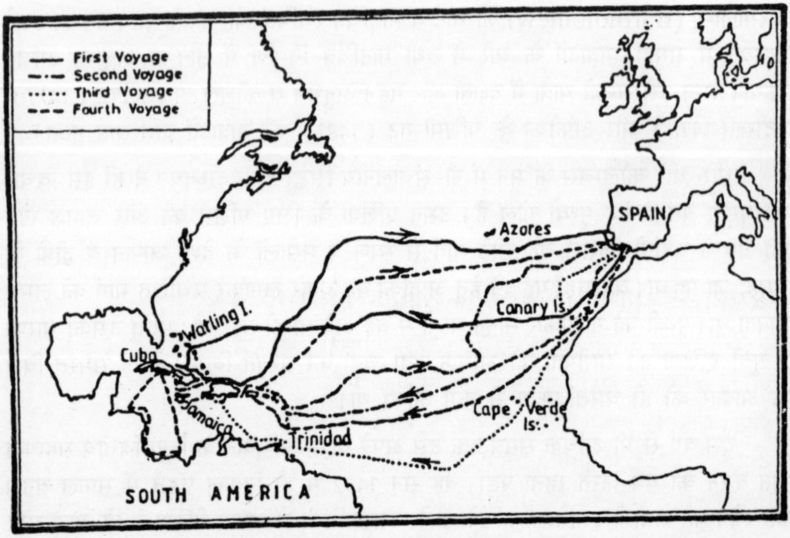

European Town) मानते हैं।

अब वह पश्चिम की ओर बढ़ता क्यूबा (Cuba) जा पहुँचा जिसे वह एशिया-भूमि समझ बैठा। मार्च 1496 में वह स्पेन वापस लौट आया जहाँ पुनः उसका भव्य स्वागत हुआ। (Fig. 5.4)

दो वर्षों तक ठहर कर, कोलम्बस ने अपनी तीसरी यात्रा आरम्भ की। इस बार छः जहाजों के बेड़े को खेता हुआ वह दक्षिणी-दिशा की ओर गया। इस यात्रा में उसने त्रिनिदाद (Trinidad) और ओरिनीको नदी का मुहाना खोजा। इसे उसने कालिया मुख (Dragon's Mouth) की संज्ञा दी। यहाँ से वह हेती लौटा जहाँ उसकी गैर हाजिरी में उसका भाई शासन कर रहा था। वहाँ की जालसाजी व विद्रोह की घटनाओं को कोलम्बस स्वयं भी नहीं सुधार सका। वह कोई अनुभवी राजनीतिज्ञ नहीं था। अतः वहाँ दशाओं पर काबू पाने के लिए कोलम्बस को हटाकर उसके स्थान पर एक दूसरे अधिकारी को नियुक्त किया। इस निरंकुश अधिकारी ने निरीह-जहाजरान को हथकड़ी लगाकर स्पेन रवाना कर दिया। परन्तु वहाँ रानी ने उसके त्रस्त मुख से प्रकट उसके दुःखों को समझकर कोलम्बस को क्षमा प्रदान की।

कोलम्बस ने अपनी अंतिम और चौथी-यात्रा 9 मई, 1502 ई. में आरम्भ की। वह एशिया पहुँचने के लिए पुनः पश्चिम दिशा से होन्डुरास (Honduras) पहुँचा। इसकी खोज कर वह तट के सहारे पनामा जा पहुँचा। यहाँ उसे आगे बढ़ने को मार्ग नहीं मिला। उसने यहाँ बेलेन (Belen) में कॉलोनी स्थापित की। परन्तु यहाँ के आदि निवासियों (Natives) ने उसे उसके प्रोजेक्ट (एशिया पहुँचने की योजना) को त्यागने पर विवश कर दिया। वह

जमैका लौट आया। यदि वह कुछ और पश्चिम की ओर बढ़ जाता तो वह मैक्सिको को खोज निकाल सकता था जो अपार धन का स्थान था। खराब मौसम से वह हतोत्साह होकर निराशा में डूब गया। खाद्य-वस्तुएँ लगभग समाप्त हो गयीं। बिस्कुटों में कीड़े लग गए जिन्हें खाया भी नहीं जा सकता था। कोलम्बस स्वयं भी मौत के मुँह में जा पहुँचा। वह 1504 ई. में स्पेन लौट आया। यहाँ उसे रानी की मृत्यु का समाचार मिला। अतः वह अब दोस्तविहीन, निर्धन और मृत्युपर्यन्त रोगग्रस्त बना था। बीस वर्षों के जोखिम भरे जीवन एवं परिश्रम से दुःखी व दयनीय बन उसके मुख से निकल पड़ा- स्पेन में सिर ढंकने को मुझे छत भी नसीब नहीं है। सन् 1506 में प्रतिभाशाली खोजी समुद्री यात्री कोलम्बस का वलादोलिद (Valladolid) में जीवन अन्त हो गया।

वास्को-डि-गामा (Vasco-da-Gama 1460-1524)

जब कोलम्बस ने नई दुनियां की खोज की, पुर्तगाली उसी समय से भारत पहुँचने के लिए समुद्री-मार्ग की खोज में जुटे हुए थे। यह काम पुर्तगाल के शासक ने वास्को-डि-गामा को सौंपा। वास्को लगभग 1460 में साइनेस (Sines) में जन्मा था और पुर्तगाली दरबार की सेवा में तथा सेना में प्रविष्ट हो गया। युवावस्था में ही उसने जहाजों के खेने और उनके प्रबन्ध में अनुभव अर्जित कर लिया था।

सन् 1497 ई. में वास्को की अधीनता में चार छोटे जहाजों का बेड़ा भारत के लिए रवाना हुआ। केप वरडे द्वीपों को पार कर वास्को दक्षिण-पश्चिम की दिशा में मुड़कर दक्षिण अटलांटिक महासागर के अज्ञात भाग में जा पहुँचा। वह नहीं जानता था कि वह दक्षिणी अमेरिका के तट पर 600 मील के भीतर है। दिनों-दिन व हफ़्ता-दर-हफ़्ता समुद्र में बढ़ते हुए नीरसता को सहन करते वे सेंट हेलेना से घिरे सागर में चल रहे थे। वे 96 दिन व्यतीत कर भूमि से ओझल होकर कोई 4,500 मील की दूरी पर अफ्रीका के दक्षिण-पश्चिमी तट पर बहते बहाते जहाजों को ले आए। यह वस्तुतः दुर्गम यात्रा थी और इसने अपना एक रिकॉर्ड स्थापित किया, क्योंकि कोलम्बस भी भूमि से परेशान होकर 2,600 मील दूरी से आगे नहीं बढ़ा था। 1497 ई. के नवम्बर मास में वह सेंट हेलेना खाड़ी में सेंध लगा सका। (जिसका आज भी यही नाम है।) यहाँ उसकी आदि निवासी काले होटनटोज (Hottentots) से मुठभेड़ हो गई, परन्तु वह और उसके साथी ईश्वर पर भरोसा कर आगे बढ़ते गए।

तूफानी मौसम और समुद्री ऊँचे ज्वार से उठती लहरों के कारण उसके दल के सदस्य भयभीत बन बीमार होने लगे और पुर्तगाल वापस लौटने के लिए शोर मचाने लगे। वे अपनी आत्माओं की शांति के प्रति ईश्वर से विनती करने लगे क्योंकि अब उन्हें अपने जीवन की आस नहीं रही थी। अंत में समुद्र शांत बना और तूफान थम चुका था। वास्को ने केप ऑफ़ गुड होप (Cape of Good Hope) 'आशा अन्तरीप' का चक्कर काटा और उत्तर में ज़ेम्बेज़ी नदी की ओर खेने लगा। यहाँ उसने एक मास व्यतीत किया, और यही वह स्थान था जहाँ इतिहास में पहली बार स्कर्वी-रोग (Scurvy) फैला। इस घृणित रोग से दल के

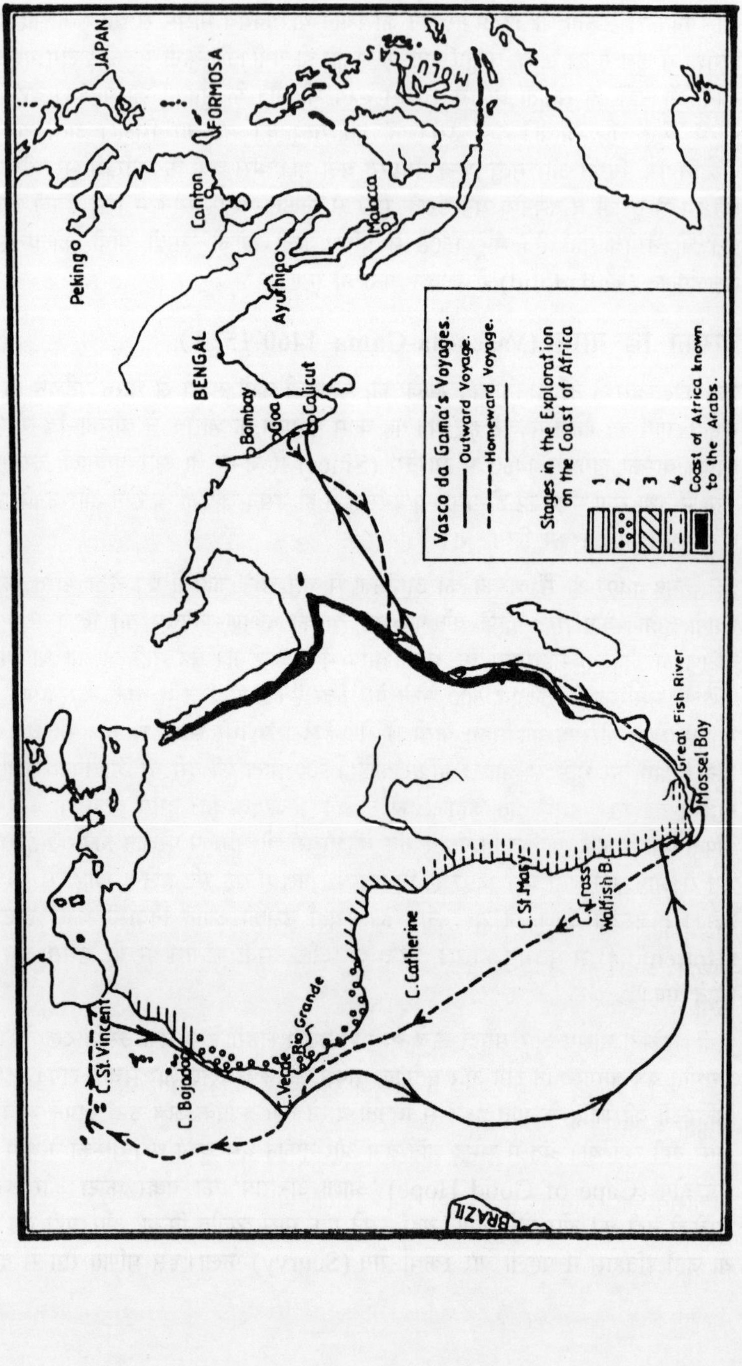

Figure 5.5 भारत के लिए समुद्री-मार्ग

सदस्यों के हाथ-पांव सूज गए। उनके मसूढ़े दांतों के बाहर फूल गए और वे खाना खाने में असमर्थ हो गए। आरम्भिक काल में जहाजरानों द्वारा यात्रा के कष्टों व प्रताड़ना का यह उदाहरण अनुपम था। मोजाम्बिक पहुँचने के बाद वास्को-डि-गामा और उसके दल ने अरब व्यापारियों के चार जहाजों को देखा जो सोना, चांदी, लवंग, कालीमिर्च, अदरक, मणियों, मोतियों से लदे थे जिन्हें वे पूर्व की ओर से लाए थे (Fig. 5.5).

अरब व्यापारियों की मदद से, वास्को का दल मोम्बासा पहुँचा, और मेलिन्दी के राजा से भेंट की। यहाँ से अरब-सागर को पार कर वे भारत के पश्चिमी तट जा पहुँचे। इस प्रकार पुर्तगाल से सात महीनों की यात्रा कर वे भारत में कालीकट जा पहुँचे। यहाँ वास्को-डि-गामा ने कालीकट के शासक से 28 मई, 1498 को भेंट की।

वास्को-डि-गामा भारत से मसाले लादकर पुर्तगाल आ पहुँचा। परन्तु इस विख्यात यात्रा में उसने 100 से भी अधिक आदमियों को खो दिया। उसे अपने भाई से भी हाथ धोना पड़ा। परन्तु वह भारत पहुँचने के समुद्री मार्ग को खोज सका, और इस उपलब्धि से वास्को-डि-गामा को पुर्तगाल के शासक के हाथों द्वारा असामान्य आदर-सत्कार व सम्मान मिला।

अपनी दूसरी यात्रा के दौरान (1502 से 1503 ई.) वास्को-डि-गामा ने जॉन तृतीय (मोजाम्बिक का शासक), और सोफाला के लिए दक्षिणी पूर्वी अफ्रीकी तट पर पुर्तगाली-बस्तियाँ स्थापित कीं। सन् 1524 में वह पुर्तगाली-एशिया का वाइसराय नियुक्त हुआ। भारत में वह कोचीन में दिसम्बर मास की 24 तारीख को 1524 ई. में मृत्यु को प्राप्त हुआ।

फर्डिनेण्ड मैजेलन (Ferdinand Magellan 1480-1521 ई.)

फर्डिनेण्ड मैजेलन पुर्तगाली जहाजरान था जिसका जन्म साबरोसा में लगभग 1480 ई. में हुआ। उसने पूर्वी द्वीप समूहों (East Indies) में एलबुकर्क की अधीनता में सेवाएँ कीं और 1511 ई. में उसने अपनी नागरिकता को त्याग कर स्पेन के सम्राट चार्ल्स को सेवाएँ दीं।

मैजेलन और 250 व्यक्तियों के उसके दल ने पूर्वी द्वीप समूहों तक पहुँचने के लिए पश्चिम-दिशा की ओर से मार्ग खोजने हेतु 20 सितम्बर, 1519 ई. को सेविले (स्पेन) से प्रस्थान किया। इस यात्रा में आंधी-पानी के तूफानी मौसम, लगातार वर्षा और राशन की कमी ने उसकी तकलीफों को बढ़ा दिया। दल में विरोध व ग़दर जैसी भावना प्रकट होने लगीं। स्पेनी कप्तान पहले ही एक पुर्तगाली कमाण्डर की हत्या कर चुका था।

सन् 1519 के नवम्बर मास में मैजेलन और उसका दल ब्राजील तट जा पहुँचा। परन्तु कप्तानों में असन्तोष व्याप्त था, वे देशद्रोही थे। एक दिन एक जहाज के कप्तान ने मैजेलन के जहाज पर पहुँच कर उसका खुलकर अपमान किया। ब्राजील तट पर अनेक आदि-निवासियों को क्रिश्चियन बना लिया गया। पैटोगोनिया की सेंट जूलियन की खाड़ी में उसने निरानन्द शीत ऋतु बितायी जहाँ 1 अप्रेल, 1520 को उसने अपने दल के सदस्यों में भड़के विद्रोह को कुचला। 21 अक्टूबर, 1520 को उसने एक लंबे जलडमरूमध्य को खोजकर उसका पूर्वी द्वार अपने नाम पर Magellan Strait रखा, जहाँ से वह प्रशान्त महासागर

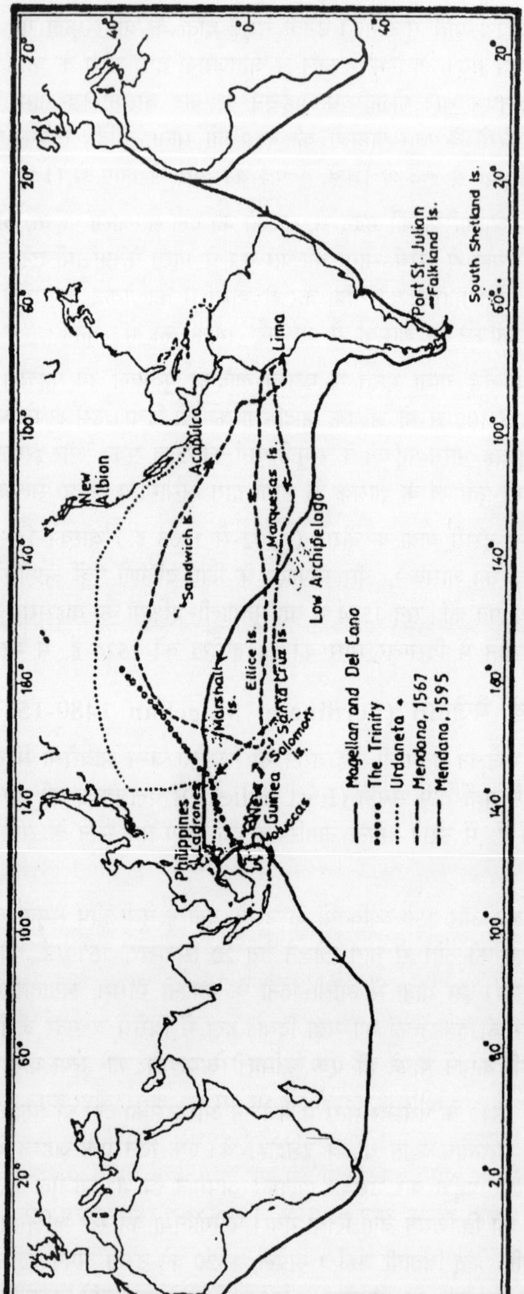

Figure 5.6 पैसिफिक महासागर में 1600 ई. तक खोज-यात्राएँ

में खेता हुआ आगे बढ़ गया। (Fig. 5.6)

तीन टूटे-फूटे छोटे जहाजों में दुबले-पतले शीत में कंपकंपाते दल को साथ लिए मैजेलन उत्तर की ओर खेता हुआ बढ़ने लगा। वह घोर शीत से बचना चाहता था। पैसिफिक महासागर के विस्तार का अनुमान किसी को नहीं था। वे तीन महीने और 20 दिनों तक यात्रा करते रहे। परन्तु न तो कोई बवंडर, न तूफान मिला और इतने दिनों बाद भी वे एशिया न ही पहुँचे। खाद्य-वस्तुएँ समाप्त हो गयीं। बिस्कुट बचे, परन्तु वे भी कीड़ों से भरे पाउडर मात्र थे। खाद्य-पदार्थ की इतनी कमी हो चुकी थी कि दल के सदस्य खालों को खाने पर उतारू हुए जिनका मस्तूल की सुरक्षा के लिए प्रयोग किया जा रहा था। इन खालों को मुलायम बनाने हेतु धूप में सुखाया जाता और चार-पांच दिनों तक ताप देकर खाने योग्य बनाते थे। लकड़ी का बुरादा और चूहे तक भी खाने में प्रयोग किए। परिणाम यह निकला कि स्कर्वी का घृणित रोग बुरी तरह फैला और दल के 19 लोग मौत के मुँह में जा पहुँचे और 13 ऐसे बीमार हुए कि वे काम के अयोग्य बन गए।

वे 98 दिनों तक अज्ञात सागर में जहाज खेते चले जा रहे थे। तब अन्त में वे जंगली लोगों से बसे द्वीपों के समूह पर पहुँचे। वहाँ जंगली लोग चोरी में इतने प्रवीण थे कि इन नवीन द्वीपों को मैजेलन ने 'डाकुओं के द्वीप' (Islands of Robbers) कहा। यहाँ मैजेलन ने ताज़े खाद्य-पदार्थ भरे, और जहाज के सदस्यों में रवाना होने से पहले एक बार पुनः ताज़गी व उत्साह भर उठा। अब यहाँ से आगे बढ़कर वे फिलीपींस द्वीपों पर पहुँचे। यहाँ वे चीन के सौदागरों से मिल-जुले जिन्होंने मैजेलन को आश्वस्त बनाया कि मसालों (Spices) भरे द्वीप यहाँ से अधिक दूर नहीं हैं।

जहाजरानों में भी अब ताज़े खाद्य-पदार्थों के सेवन से उत्साह भर उठा था। मैजेलन ने वहां के आदि-शासक (Native King) को क्रिश्चियन बना लिया था। परन्तु दुर्भाग्य से आदि निवासियों के साथ और एक उनके शासक के साथ झगड़ा-फसाद पैदा हो गया। हजारों आदिवासियों का मैजेलन ने हथियारों द्वारा सामना भी किया। परन्तु मैजेलन को इतनी बुरी तरह घायल कर दिया गया था कि अन्त में वह मारा गया। यह दुर्दान्त इतना दुःखप्रद बना कि मैजेलन अपनी विजय की पूर्व-संध्या पर मौत के मुंह में समा गया। प्राचीन एवं आधुनिक खोजी यात्रियों में एक महान् जहाजरान खोजी समुद्री-यात्री मैजेलन की ऐसी दुःख भरी गाथा है।

अपने हृदयों में दुःख-दर्द एवं निराशा भरे दल के शेष सदस्य जो अब केवल 115 थे, त्रिनिदाद और विक्टोरिया जहाजों पर भर घर की ओर रवाना हुए। मसालों के द्वीपों पर (जो उनकी आशाओं से भरा लक्ष्य था) वे सितम्बर मास में सन् 1522 में पहुँचे। यहाँ से उन्होंने जहाजों पर लोंग व चिड़ियों को भरा तथा कुछ महीने व्यतीत कर मसालों से लदे जहाजों पर सवार होकर यात्रा आरम्भ की। विक्टोरिया जहाज पर 18 व्यक्ति जुवान सेबास्टियन डेल कानों की अधीनता में ग्लोब का चक्कर लगाकर सेविले सितम्बर 1922 में वापस आए। इसी बीच मैजेलन का बेटा मृत्यु को प्राप्त हो चुका था। उसकी पत्नी बीटरिक्स भी पति के ग़म में उसके दर्दनाक अन्त का समाचार सुनकर गुज़र गयी।

कप्तान जेम्स कुक (Captain James Cook 1728-1779 ई.)

सोलहवीं व सत्रहवीं सदियों में अंग्रेज, फ्रांसीसी व डच के जहाजरान (Sailors) पूर्वी द्वीप समूहों (दक्षिणी-पूर्वी एशिया) तक पहुँचने हेतु उत्तर-पूर्व से अथवा उत्तर-पश्चिम से मार्ग की खोज में व्यस्त बने रहे। यह सही ही है कि स्पेन व पुर्तगाल के जहाजरान आस्ट्रेलिया के पश्चिमी तट को छू सके थे, इस बारे में, उन्होंने कोई सूचना नहीं दी। केवल अपने आरम्भिक मानचित्रों में कुछ ऐसे स्थल दर्शाए जो Terra Australia 'अज्ञात आस्ट्रेलिया' थे। सत्रहवीं सदी में उनके प्रतिस्पर्द्धी इंग्लैण्ड व हॉलैण्ड की ये दो समुद्री-शक्तियाँ थीं। इन दोनों ने ही 'ईस्ट इण्डिया कम्पनियाँ' हाल में ही आरम्भ की थीं।

आस्ट्रेलिया, अंटार्कटिका और आर्कटिक की खोजों के बारे में 18वीं और 19वीं सदी में इंग्लैण्ड व रूस ने अविश्वसनीय योग प्रदान किए थे। डिम्पियर, टॉरेस, कारपेण्टर और तसमान आस्ट्रेलिया के विभिन्न भागों को छू चुके थे। डेम्पियर 1701 ई. में अपनी न्यूहॉलैण्ड (आस्ट्रेलिया) की यात्रा कर इंगलैण्ड लौटा। परन्तु इसके 70 वर्षों बाद अंग्रेज दूसरे अभियान पर दक्षिण के रहस्यमयी प्रदेश की खोज पर जाने के लिए तैयार हुए।

अंग्रेजी नौसेना का अफसर और खोजी, जेम्स कुक का जन्म यॉर्कशायर में मार्टन (Marton) पर 27 अक्टूबर, 1728 को हुआ। उसने नौसेना में 1755 ई. में प्रवेश किया, और 1759 से 1767 तक वह सेंट लॉरेंस नदी और लब्रेडोर व न्यूफाउण्डलैण्ड के तटों के सर्वेक्षण कार्य में व्यस्त बना रहा था। सर्वेक्षण के आधार पर ये चार्ट अत्यन्त शुद्ध व सही होने के कारण लंदन की रॉयल सोसाइटी (Royal Society of London) के आकर्षण में आए, और कप्तान कुक 'सोसाइटी' में इस उपलब्धि से स्थान बना पाया। उसे सन् 1768 में 'एन्डेवॉर' (Endeavour) जहाज की कमान सौंपी गयी जिसे खेता हुआ वह 70 व्यक्तियों के दल सहित ताहिती (Tahiti) के निकट शुक्र-ग्रह के पारगमन के अवलोकन तथा दक्षिणी प्रशान्त महासागर में अनुसंधान कार्यों के संचालन हेतु निकल पड़ा। उसने समस्त न्यूजीलैण्ड का चक्कर काटा, और मत व्यक्त किया कि तसमान ने न्यूज़ीलैण्ड को ग़लत ही अज्ञात-देश (Terra-Incognita) घोषित किया था। न्यूज़ीलैण्ड के आसपास कुक व उसके दल ने लगभग छः महीने व्यतीत किए, और पश्चिम दिशा को खेते हुए वे न्यूहॉलैण्ड (आस्ट्रेलिया) जा पहुँचे। वह आस्ट्रेलिया के पूर्वीतट के सहारे गुज़रा जहाँ उसने विभिन्न अन्तरीपों व खाड़ियों का नामकरण किया। 10 मई, 1768 को उसका जहाज 'महान् प्रवाल-भित्ति' (Great Coral Reef) से जा-टकराया। उसमें पानी भरने लगा, और वे पूर्णतः नाश के कगार पर जा पहुँचे। उसके अनेक साथी स्कर्वी जैसे घृणित रोग के चिन्हों

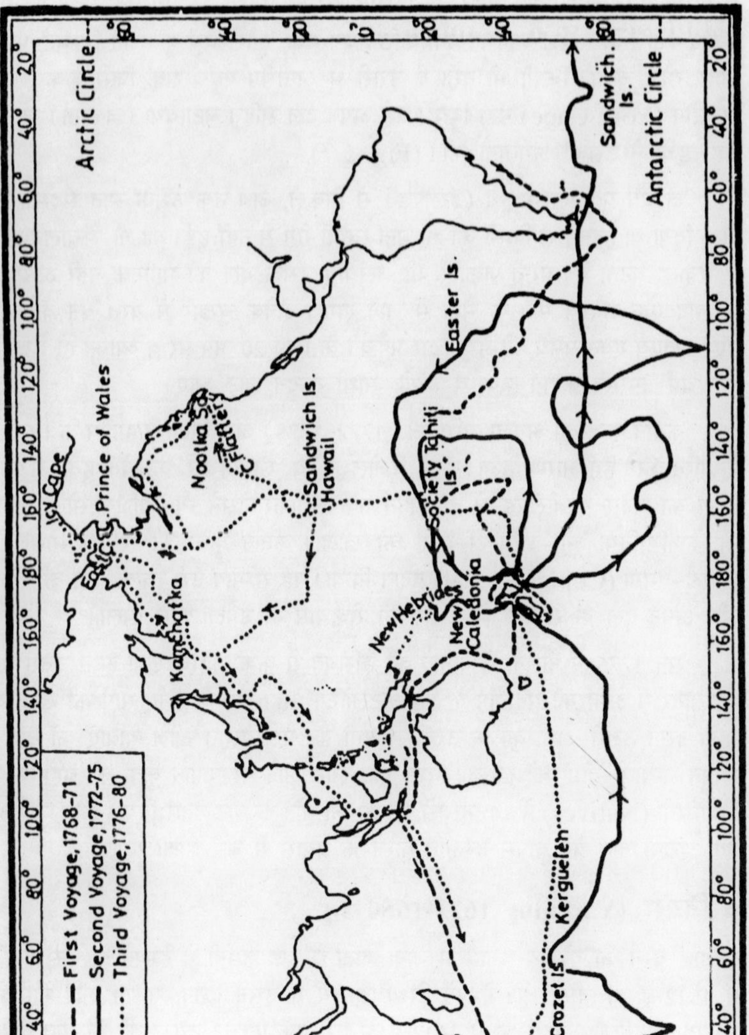

Figure 5.7 जेम्स कुक की यात्राएं

से ग्रसित बनने लगे। आगे बढ़ने की हिम्मत दल के सदस्यों में अब नहीं दिख पड़ती थी। प्रबाल-भित्ति के कारण जहाज-खेना कठिन बन गया, और स्वयं कुक भी हिम्मत-पस्त बन आशा छोड़ चुका। किसी भी तरह वे उत्तरी भू-अन्तरीप पहुँच सके जिसे कुक ने यॉर्क-अन्तरीप (York Cape) नाम दिया। वह अपने दल सहित बटाविया (जकार्ता) जा पहँचा जहाँ डचों ने उसकी अगुवानी की। (Fig. 5.7)

दो वर्ष पूर्व प्लाइमाउथ (इंग्लैण्ड) से निकले, अब तक उसके सात सदस्यों ने दम तोड़ दिया था जिनमें से किसी की भी मौत स्कर्वी रोग से नहीं हुई। यह नौ-संचालन इतिहास में रिकार्ड घटना है। परन्तु जकार्ता की जलवायु उसके दल को माफिक नहीं आयी। एक के बाद एक सदस्य मौत के मुख में जाने लगा। अनेक बुखार में ग्रस्त बन कमजोर हो गए। अतएव एक-समय की ड्यूटी पर पहुँचने के लिए 20 अफसर व व्यक्ति ही मिल पाते। तीन वर्ष उपरान्त कप्तान कुक व उसके साथी लन्दन लौट आए।

कप्तान कुक का अगला अभियान (1772-1775) अंटार्कटिक महाद्वीप के विस्तार को निर्धारित करने हेतु आरम्भ हुआ। कुक 'रिज़ोलूशन' व 'एडवेनचर्स' को खेता हुआ अंटार्कटिक प्रदेश का चक्कर न्यूज़ीलैण्ड से केप-हॉर्न तक लगाकर उसने न्यू-जार्जिया,सोलोमन द्वीप, न्यू केलीडोनिया और लॉयल्टी-द्वीपों को खोजा। कप्तान कुक को 'रॉयल सोसाइटी' ने कोपले-तमग़ा (Copley Medal) प्रदान किया। यह सम्मान उसे स्कर्वी-रोग की रोकथाम और अपने दल के सदस्यों में बुखार की रोकथाम के उपलक्ष्य में मिला।

सन् 1776 में नौसेना में कप्तान की हैसियत से कुक जहाज खेता हुआ उत्तरी प्रशान्त महासागर में अमेरिकी महाद्वीप के पार अटलांटिक महासागर के लिए मार्ग की खोज करता रहा। उसने उत्तरी-अमेरिका के उत्तरी-पश्चिमी तट पर विस्तृत खोज-यात्राएँ कीं और मार्ग में पुनः हवायी-द्वीपों को खोजा। हवाई द्वीप लौट आने पर कप्तान कुक को वहाँ के आदि निवासियों (Natives) ने 14 फरवरी, 1779 को मौत के घाट उतार दिया। कुक वहाँ अपनी एक चुरायी नाव को वापस हस्तगत करने के प्रयास में मार डाला गया।

वरेनियस (Varenius 1622-1650 ई.)

बर्नहार्ड वरेन को वरेनियस नाम से जाना जाता है, वह जर्मनी में हेम्बर्ग के पास एक गांव में 1622 ई. में जन्मा था। हेम्बर्ग विश्वविद्यालय में उसने दर्शन, गणित और भौतिकी में अध्ययन किया।[8] एम्सटरडम में 1647 ई. में उसे एक प्राइवेट ट्यूटर की हैसियत का काम मिला। उस समय एम्सटरडम अत्यन्त व्यस्त व्यापारिक केन्द्र था जहाँ डच व्यापारी दूर-दूर के क्षेत्रों जैसे दक्षिण पूर्वी एशिया, प्रशान्त महासागर द्वीपों व जापान से आकर व्यापार में व्यस्त रहते थे। वे वहाँ की भौगोलिक दशाओं का ज्ञान प्राप्त करने के इच्छुक थे, और व्यापारिक वस्तुओं, उपजों, नगरों व बन्दरगाहों एवं वहाँ के लोगों की सामाजिक दशाओं, संस्कृति आदि से भी अवगत बनना चाहते थे। वरेनियस ने 1649 ई. में 'Description Regni Laponiae et Siam'[9] शीर्षक से एक पुस्तक प्रकाशित की। वह पाँच भागों में विभक्त है- (i) जापान का वर्णन, (ii) शाओतेन द्वारा लिखा श्याम (थाईलैंड) के वर्णन

का लैटिन में अनुवाद, (iii) जापान के धर्मों पर निबन्ध, (iv) अफ्रीका में धर्म के लियो अफ्रीकन्स द्वारा लिखे अंश, और (v) सरकार पर संक्षिप्त निबन्ध जिसमें स्थानों व मानवों का वर्णन भी सम्मिलित था।

वरेनियस की कृति 'Geographia Generalis' का प्रकाशन 1650 ई. में हुआ। वह ऐसा पहला ही भूगोलवेत्ता था जिसने भूगोल को सामान्य (General or Universal) और विशेष (Special) अर्थात् Chorography क्षेत्र-वर्णनी में विभक्त किया। उसकी अकाल-मृत्यु केवल 28 वर्ष की आयु में ही हो गयी, और वह भूगोल के द्वितीय भाग-कोरोग्राफी (क्षेत्र वर्णनी) का अध्ययन करने से वंचित रहा। फिर भी यह कहा जा सकता है कि क्षेत्र-वर्णनी (Chorography) में उसकी पर्याप्त रुचि थी। इसके ही अन्तर्गत उसने जापान के भूगोल व इतिहास पर कार्य किया था। जर्मन भूगोलवेत्ताओं ने उसके 'सामान्य' व 'विशेष' भूगोल को क्रमश: व्यवस्थित (Systematic) और प्रादेशिक (Regional) में बदल डाला।

वरेनियस ने भूगोल-विकास में दो प्रमुख रूपों में योगदान दिया- (i) एक, उसने खगोल व मानचित्र विज्ञानों को एक साथ प्रस्तुत किया व तत्कालीन विभिन्न सिद्धांतों की युक्तियुक्त विवेचना की, (ii) दूसरे योगदान में, उसका विषय को 'सामान्य' व 'विशेष' में विभक्त करने से भूगोल व्यवस्थित एवं प्रादेशिक रूप से विकसित हो सका था। अतएव, वरेनियस पहला विद्वान् था जिसने 'द्विभागीकरण' (Dichotomy) की नींव डालकर भूगोल के स्वरूप को विशेष बनाम प्रादेशिक के रूप में खड़ा किया।[10]

विशेष भूगोल के अन्तर्गत विभिन्न देशों व प्रदेशों के विशिष्ट स्वरूपों व आकृतियों का विवरण प्रस्तुत किया जाता है। वह प्रादेशिक भूगोल के नाम से भी जाना गया है। परन्तु सामान्य भूगोल के अन्तर्गत विषय के सामान्य नियमों की चर्चा सम्मिलित है। वरेनियस ने 'सामान्य' का अर्थ 'व्यवस्थित' (Systematic) लगाया था। प्रादेशिक-विवरण से लघु व वृहत् क्षेत्रीय इकाइयों के बारे में बहुत सूचनाएं व आंकड़ों का ज्ञान होता है।

वरेनियस ने इस बात पर भी जोर दिया कि सामान्य भूगोल प्रादेशिक और प्रादेशिक भूगोल सामान्य पर आधारित है। वे अन्तर्सम्बन्धित हैं। सामान्य भूगोल विश्व-इकाई का विवरण व्यवस्थित कर प्रस्तुत करती है। यह व्यवस्था प्राकृतिक नियमों पर आधारित है। अत: यह भौतिक दशाओं के विवरण तक सीमित है। इसके विपरीत प्रादेशिक अथवा विशेष भूगोल व्यक्तिगत देशों का विवरण अथवा विश्व के प्रदेशों (इकाइयों) का विवरण है। प्रदेश के भूगोल में नियमों को लागू करना कठिन है क्योंकि प्रदेश के व्यक्तियों के व्यवहार के बारे में सही अनुमान लगाना बहुत कठिन है। परन्तु प्रादेशिक भूगोल के नियम भी विचारों की संरचना, परिकल्पनाओं और अन्ततः सिद्धान्त निरूपण में सहायक होते हैं। वरेनियस के अनुसार प्रादेशिक भूगोल का महत्त्व सरकार, प्रशासन, वित्तीय-व्यापार की दृष्टि से उपयोगी है। सामान्य भूगोल के आधारभूत नियमों को विशेष भूगोल में व्यवहार में लाने अथवा उनके आधार पर विवरण प्रस्तुत करने की आवश्यकता है। सारांश यह है कि भूगोल

के दो अंग-सामान्य और विशेष, एक दूसरे के विरोधी नहीं हैं। वे एक 'समस्त' (whole) के परस्पर अन्तर्संबन्धित भाग हैं।[11]

वरेनियस ने सामान्य भूगोल को निम्न-भागों में विभक्त किया-

(i) **निरपेक्ष (सम्पूर्ण)** Absolute : (पार्थिव)-यह पृथ्वी के आकार, आकृति तथा महाद्वीपों, सागरों और वायुमण्डल संबन्धी भौतिक भूगोल का विवरण है।

(ii) **सापेक्ष अथवा ग्रहों संबन्धी** : (Relative-or Planetary Part) इसमें पृथ्वी के अन्य ग्रहों, नक्षत्रों आदि से सम्बन्धों का विवरण, विशेषत: सूर्य का विश्वजलवायु पर प्रभाव सम्मिलित है।

(iii) **तुलनात्मक (Comparative Section) :** इसमें विभिन्न स्थानों की एक-दूसरे की तुलना में स्थिति का विवरण, और नौ-संचालन (Navigation) के नियमों का उल्लेख है।

खगोल-विज्ञान के बारे में वरेनियस की धारणा कॉपरनिकस, कोपलर व गेलीलियो से मिलती-जुलती है जो ब्रह्माण्ड की सूर्य-केन्द्रिक (Heliocentric) अवधारणा को मानते थे। परन्तु वरेनियस से पूर्व के भूगोलवेत्ता ब्रह्माण्ड की भू-केन्द्रिक (Geocentric) अवधारणा, जिसमें टॉलेमी विश्वास करता था, मानते थे। वह पहला विद्वान् था जो यह घोषित कर चुका था कि सर्वाधिक ताप विषुवत्-पेटी में नहीं, बल्कि अयन रेखाओं के सहारे विश्व के उष्ण मरुस्थलों में पाया जाता है।[12]

वरेनियस के मतानुसार भूगोल धरातल की आकृतियों, जलवायु, जलराशियों, वनों, मरुस्थलों, खनिजों, पशुओं और बसे मानवों का परीक्षण विश्लेषण करने का विषय है। इसके सांस्कृतिक भूदृश्य में मानवों की आकृति, कला, व्यापार,संस्कृति, भाषा, धर्म, नगरों व सरकार के विवरण सम्मिलित हैं।

इमानुएल काण्ट (Immanuel Kant 1724-1804 ई.)

इमानुएल काण्ट न केवल महान् विद्वान-दार्शनिक था, वह प्राकृतिक विज्ञानों, खगोल, भूगर्भ विज्ञान और भूगोल का भी प्रकाण्ड ज्ञाता था। उसने इनके विकास में योगदान दिया। उसने ईसाइयों की धर्मपरक विश्लेषण विधि को धराशायी कर खगोल व ब्रह्माण्ड विज्ञानीय एवं भौगोलिक निर्वचनों को उससे मुक्त बनाया। अरस्तु के युग में व्याप्त सृष्टि की संकुचित व अशुद्ध धारणा जो जर्मनी में मेलन्कथॉन के समय से बनी हुई थी, काण्ट ने उसका अन्त किया। काण्ट के कार्य व भौगोलिक कृतियाँ उसके आगामी विद्वानों के

हाथों में आंशिक स्थिति में टुकड़ों में विभक्त होकर ही पहुँच पाए थे। इसीलिए बहुत समय तक उसके महत्त्व को लोग समझ ही नहीं पाए थे। नवीनतम शोध से यह प्रकट हो चुका है कि भूगोल का इतिहास दो कालों (Periods) में विभक्त किया जाना चाहिए-एक, काण्ट के पूर्व-काल का इतिहास, और दूसरा, काण्ट के पश्चात्-काल का इतिहास।

काण्ट का जन्म 22 अप्रेल, 1724 को कोनिंग्सबर्ग (Kaliningrad) में, पूर्वी परूश्या (रूस) में हुआ था। वह साधारण परिवार के एक जीन-साज की चौथी सन्तान था। उसके माता-पिता ने उसे भक्तिवादी कठोर नियमों के अनुकूल पाला-पोसा था। ऐसी भावना कोनिंग्सबर्ग में उस समय तक व्याप्त रही थी जब तक कि वहाँ 1758 ई. में रूसी कब्जा हुआ।

उसकी शिक्षा-दीक्षा एक उपनगर के चिकित्सालय-विद्यालय में हुई। वह स्कूली-दिनों में लैटिन भाषा सीखने लगा था क्योंकि उसका रुझान चिर-सम्मत भाषा-विज्ञान अध्ययन की ओर था। कुछ वर्षों बाद काण्ट लैटिन में दक्ष-विद्वान् के रूप में जाना जाने लगा।

सन् 1740 ई. में काण्ट ने कोनिंग्सबर्ग विश्वविद्यालय में मैट्रिक परीक्षा पास की। वह प्रधानरूप से दर्शन-शास्त्र, गणित और प्राकृतिक विज्ञान में रुचि रखता था। वह कोनिंग्सबर्ग के कुछ अच्छे परिवारों में 1746 से 1755 ई. तक पढ़ाने के लिए जुड़ा था। इस अवधि में भी वह निजी योग्यता में वृद्धि करता रहा। वह पुस्तकों को पढ़ता, उनका संक्षिप्तीकरण करता और ज्ञान-वर्द्धन में जुटा रहता। इससे भविष्य के लिए उसकी नींव मजबूत बनी, और अपने बाद के काल में वह प्रसिद्ध पाठक बन कर उभरा।

12 जून, 1755 में उसे पीएच.डी. (Ph.D.) की उपाधि से सुशोभित किया जिसे उसने 'De Igne' (On Fire) निबंध लिखकर अर्जित की। इस निबंध की प्रशंसा उसके अध्यापक ने मुक्तकण्ठ से की। काण्ट 31 वर्ष की आयु में प्राध्यापक (Lecturer) नियुक्त हुआ। अपने लेक्चरों से मामूली-राशि अर्जित करके वह अनेक विभागों में अपनी दक्षता सिद्ध करने के लिए जी-तोड़ प्रयास में जुटा था। वह दर्शन शास्त्र, भौतिकी (प्राकृतिक विज्ञान), यांत्रिकी विज्ञानों (जैसे द्रव स्थैतिक, द्रवगतिक, वायु गणितिक) में ही नहीं बल्कि सैन्य इंजीनियरिंग में भी दक्ष बन उठा था। उसने क़िलेबन्दी व आतिशबाजी तथा अन्त में गणित में विशेष योग्यता हासिल की थी। मुख्य रुचि दर्शन-शास्त्र पर ध्यान केन्द्रित करते हुए भी काण्ट भौतिक भूगोल में व्याख्यान देता था। वह मानव-विज्ञान का अच्छा ज्ञाता व प्रवक्ता था, और 1770 ई. में 46 वर्ष की अवस्था में वह प्रोफेसर नियुक्त किया गया। वह कोनिंग्सबर्ग के विश्वविद्यालय में उच्चतम पद, 'रेक्टर' (वाइस-चांसलर) पर 1780 में आसीन हुआ।

काण्ट सदैव अपने विद्यार्थियों की खुशहाली व उनकी रुचि का ध्यान रखता, और उनके व्यक्तित्व को निखारने का प्रयास करता रहता था। वह विद्यार्थियों को आर्थिक लाभ देने में और उनकी व्यावहारिक सहायता करने में तत्पर रहता था।

सामान्य स्वास्थ्य के बावजूद, काण्ट अपने अन्तिम छः वर्षों में शारीरिक व मानसिक

रूप से कमजोर बन गया था। उसने अपना अंतिम व्याख्यान 1796 ई. में दिया, और उसके उपरान्त ही उसने विश्वविद्यालय में 'बोर्ड ऑफ गवर्नर' के सदस्य पद से इस्तीफा दे दिया। वह 12 फरवरी, 1804 ई. में मृत्यु को प्राप्त हुआ। सन् 1880 में एक साधारण गिरजाघर में उसकी कब्र बनायी गयी। उसकी 200वीं जन्म शताब्दी पर उसकी कब्र का पुनः निर्माण कर उसे चिर-प्रतिष्ठित मण्डप में स्थानान्तरित किया गया।

काण्ट ने अपने भौगोलिक व्याख्यानों हेतु अनेक स्रोतों से सामग्री जुटायी। उसके अनेक दार्शनिक प्रकाशनों की तुलना में भौगोलिक लिखित सामग्री उसने अपने आगे वाले विद्वानों के लिए बहुत ही सूक्ष्म व सीमित मात्रा में छोड़ी। उसकी आरम्भिक कृति 'General Natural History and Theory of the Heavens' (1755) थी। इसे भूगोल का कार्य कहा जाता है। परन्तु वह खगोल विज्ञान के चिंतन में योगदान था। भू-कम्प विषय पर लिखे उसके निबन्ध भी मुख्य भूगोल के अंग नहीं हैं। फिर भी, उसकी कृतियों- 'Critique of Pure Reason' (1781) और 'Critique of Judgement' (1790) में भौगोलिक संदर्भों का उल्लेख है। उसने मानवों की विभिन्न प्रजातियों (Races of Man) पर लिखा। उसके 'Anthropology from Pragmatic Point of View' (1798) लेख में विश्व की प्रजातियों और नृ-जातीय समूहों का भौगोलिक विवरण सम्मिलित है।

काण्ट की रुचि मुख्यतः भौतिक भूगोल में थी, और इसमें ही उसने राजनीतिक, व्यापारिक, धार्मिक और प्रादेशिक भूगोल के विवरण भी सम्मिलित किए। काण्ट व हम्बोल्ट दोनों ही ने भौतिक भूगोल के साथ मानव-प्रजातियों व उनके धरातल पर भौतिक क्रियाओं को शामिल किया। अतः मानव केवल पृथ्वी का अंग ही नहीं है, वह पृथ्वी पर परिवर्तन करने वाली पांच शक्तियों में से एक है। वास्तव में काण्ट की भौतिक भूगोल की प्रकृति मानव-विज्ञान-केन्द्रित (Anthropocentric) मानी जा सकती है। इसी दृष्टिकोण को कार्ल- रिटर ने काण्ट से ग्रहण किया। वह प्रकृति (Nature) से तात्पर्य 'भौतिक' नहीं, अपितु वस्तुनिष्ठ-विश्व (Objective World) लगाता था, जो अवलोकन-कर्त्ता की व्यक्तिनिष्ठता से परे अवधारणा है। काण्ट का भूगोल के बारे में मन्तव्य उसे दृष्टिकोण-मात्र समझना था। वह आनुभविक ज्ञान ही है, और इसीलिए वह दार्शनिक-सोच में आवश्यक भी है। काण्ट ऐसे विद्वानों में से ही एक था जो भूगोल के योग को मानव समाज की उन्नति एवं विकास में आवश्यक समझते थे। दार्शनिक-शोध के समस्त आनुभाविक ज्ञान-क्षेत्र के जरिए ही उसकी रुचि भौतिक भूगोल में थी। तात्पर्य यह है कि दार्शनिक चिंतक होने की वजह से वह सैद्धान्तिक भूगोलवेत्ता (A Theoretical Geographer) था जिसने आनुभाविक घटनाओं को वर्गीकृत करने का प्रयास किया।

आनुभाविक घटनाओं को वर्गीकृत बनाने के दो भिन्न मार्ग उसने इंगित किए जो उनके व्यवस्थित अध्ययन में सहायक थे। एक मार्ग, प्रकृति अनुसार (According to Nature), और दूसरा मार्ग, घटनाओं की स्थिति के स्थान व समय अनुसार (According with Their Position in Time and Space) है। पहला तार्किक और दूसरा प्राकृतिक

वर्गीकरण है। तार्किक वर्गीकरण (Logical Classification) ने व्यवस्थित विज्ञान की नींव रखी है जैसे प्राणी विज्ञान में पशुओं का अध्ययन, वनस्पति-विज्ञान में पौधों का अध्ययन, भूगर्भ विज्ञान में चट्टानों का अध्ययन और समाजविज्ञान में सामाजिक-सांस्कृतिक व नृ-जातीय समूहों का अध्ययन सम्मिलित हैं। प्राकृतिक वर्गीकरण (Physical Classification) ने इतिहास व भूगोल को वैज्ञानिक आधार प्रदान किया है। इतिहास घटनाओं का समयबद्ध विवेचन करता है,जबकि भूगोल में घटनाओं का अध्ययन उनके स्थानानुसार किया जाता है। इतिहास कालानुक्रम-विज्ञान (Chronological Science) है, जबकि भूगोल स्थानों (प्रदेश) में घटित प्रादेशिक-विज्ञान (Chorological Science) है। इतिहास और भूगोल दोनों ही महत्त्वपूर्ण व आवश्यक विज्ञान हैं जो व्यवस्थित विज्ञानों के साथ-साथ स्थित हैं। मनुष्य बिना इनके विश्व की पूरी जानकारी नहीं प्राप्त कर सकता है।

काण्ट ने 'स्थान' (Space) की अवधारणा को सापेक्ष कहा जिसमें वस्तुओं के मध्य संबन्धों की व्यवस्था है। स्थानिक कांति अथवा उसमें निखरती चमक (दीप्ति) वस्तुओं द्वारा प्रकट 'बल' हैं। काण्ट का कहना था कि 'स्थान' स्वयं में कोई वस्तु नहीं है, न वह कोई घटना है। वह एक 'फ्रेम' अथवा ऐसा ढांचा है जिसकी रचना वस्तुओं व क्रियाओं से संजोगी हुई है। वह भरे हुए कोष्ठों की व्यवस्था है जो अवलोकनीय बनी है। स्थान व काल (Space and Time) दोनों ही ''संदर्भ के 'बल' (As a Force of Reference) समान हैं, जो अनुभव पर आधारित तो हैं, परन्तु अन्तर्दर्शीय बना है, वह केवल अनुभवजन्य है।

ज्ञान (Knowledge) के बारे में काण्ट के विचार थे कि वह शुद्ध तर्क के अभ्यास द्वारा अर्जित किया जाता है, अथवा इन्द्रियजन्य है। इन्द्रियजन्य बोध दो प्रकार के हैं- एक तो 'अन्तर्बोध' (Inner) और दूसरे 'बाह्य-बोध' (Outer)। ये दोनों सम्मिलित बनकर विश्व का आनुभविक ज्ञान कराते हैं। व्यक्ति विश्व का बोध बाह्य-इन्द्रियों के माध्यम से आत्मानुभूति (Inner Soul) कर प्राप्त करता है। अत: मानव-विज्ञान (नृ-विज्ञान Anthropology) का अध्ययन मानव द्वारा आत्मानुभूति है। अतएव प्राकृतिक-भूगोल (Physical Geograhy)काण्ट के अनुसार विश्व का ज्ञान कराने की पहली सीढ़ी है। प्रत्येक व्यक्ति का अनुभव समय व स्थान के सन्दर्भ में सीमित होता है्। यह व्यक्तिगत अनुभव अन्य व्यक्तियों के साथ पूरित किया जाना चाहिए। परन्तु जो कुछ देखा जाए, प्रेक्षण अथवा अवलोकन कर अनुभव किया जाए, उसकी विश्वसनीयता का परीक्षण अवश्य किया जाना चाहिए। यह अप्रत्यक्ष अनुभव जिसे दूसरों के साथ सम्पर्क कर ग्रहण करते हैं, दो प्रकार के हैं- वर्णनीय (Narrative) अथवा विवरणीय (Descriptive)। इतिहास वर्णनीय है, और भूगोल विवरणीय। आनुभविक ज्ञान को भी काल व स्थान में वर्गीकरण किया जा सकता है। घटनाओं का स्थान के संदर्भ में अध्ययन भूगोल है, और काल-संदर्भ में इतिहास। इस विषय में काण्ट ने ज़ोर देकर कहा-

स्थान व काल (Time) के विचार-संदर्भ में इतिहास भूगोल से भिन्नता रखता है। एक के बाद दूसरी, क्रम में घटित होना, काल-संदर्भ में (Machemiander) घटनाओं

का उल्लेख इतिहास है। स्थान में एक घटना के पास दूसरी स्थित होना, घटना का उल्लेख भूगोल है (Nebeneinander)। इतिहास वर्णनीय (Narrative) और भूगोल विवरणीय (Descriptive) है।

"भूगोल व इतिहास हमारे बोध की समस्त परिधि में व्याप्त हैं- भूगोल स्थान की, और इतिहास काल की।" (हार्ट शोर्न, 1939) भूगोल पहले है, अथवा इतिहास? इस प्रश्न को हल करते हुए काण्ट का मत था कि भूगोल सभी कालों में मौजूद घटना है। वह इतिहास की उप-संरचना है। अतएव यदि प्राचीन इतिहास है, तो प्राचीन भूगोल भी अवश्य होगा जो इतिहास की घटनाओं को स्पष्ट बनाने में सहायक है। प्राकृतिक भूगोल प्रकृति की सामान्य रूपरेखा है। वह इतिहास का आधार ही निर्मित नहीं करती, बल्कि सभी संभव-भूगोलों की नींव प्रस्तुत करती है।

हार्टशोर्न का मत है कि भूगोल संबन्धी काण्ट की विचारधारा मोटे तौर पर हम्बोल्ट व हैटनर से मिलती जुलती है। परन्तु वे सीधे रूप में प्रभावित नहीं करती, समर्थन-मात्र है। हार्ट शोर्न ने अपने पुस्तक Nature of Geography (1939) में स्वीकार किया है कि भूगोल का आधारभूत अभिप्राय मुख्यत: काण्ट-वत् (Kantian) है। हार्टशोर्न की पुस्तक में व्यक्त है-

भूगोल व इतिहास एकीभवन-बने विज्ञान (Integrating Sciences) होने के कारण एक-समान हैं। दोनों ही विश्व की घटनाओं (Phenomena) का अध्ययन करते हैं। परन्तु दोनों के एकीभवन बनने के आधार अलग-अलग हैं, परस्पर विपरीत प्रकृति के हैं। भूगोल का आधार पृथ्वी-स्थान (Earth Space) है, इतिहास, जबकि समय, 'काल' (Time) के संदर्भ में आधारित बना विज्ञान है। (हार्टशोर्न, 1939)

काण्ट भूगोल को वैज्ञानिक की अपेक्षा वर्णनीय अथवा वर्गीकरणीय (Descriptive or Taxonomic) मानता था। उसके लिए भूगोल विषय का स्तर 'प्रारम्भिक ज्ञान' (Propaedeutic Discipline) मात्र था। भूगोल की व्याख्या करते हुए काण्ट ने उसके लिए 'कोरोग्राफिक (Chorographic)' शब्द प्रयोग किया जिसका तात्पर्य क्षेत्र-वर्णनीय है। हैटनर (1927) ने इसे बदल कर 'कोरोलॉजिक़ (Chorologic)' अर्थात् जीव-भू विस्तार (व्याख्यात्मक) स्वरूप प्रदान किया। वह वर्णन-मात्र नहीं बल्कि क्षेत्र व्याख्यात्मक (Explanatory) विषय है।

काण्ट की रचना 'Ankundingung' (1757)[12] के अनुसार पृथ्वी का अध्ययन व निर्वचन अधोलिखित पाँच तरीकों से किया जा सकता है-

(i) पृथ्वी का गणितीय अध्ययन (Mathematical Study of the Earth)

लगभग गोलीय पृथ्वी के आकार, विस्तार, आकृति आदि की शुद्ध विवेचना और ग्रहों की गति आदि के बारे में गणित उसका महत्त्वपूर्ण पक्ष है जो अध्ययन में सहायक बनता है।

(ii) नीति-परक भूगोल (Moral Geography)

भूगोल के इस पक्ष में मानव के रीति-रिवाजों, परम्पराओं, स्वभाव, चरित्र आदि की व्याख्या की जाती है। उदाहरण स्वरूप, यह पक्ष प्राच्य-सभ्यता की विपर्यताओं (Contrast) जैसे पितृहत्या जहाँ घोर दुष्कृत्य है, लैपलैण्ड में आखेट के दौरान घायल हुए पिता को बेटा मार देता है, वह कृत्य उचित ही ठहराया जाता है। काण्ट ने इंगित किया है कि 'पर्वतीय भागों में मानव सक्रिय बना रहता है, और साहसी मनुष्य स्वतंत्रता व मातृभूमि (Homeland) से प्रेम रखता है।'

(iii) राजनैतिक भूगोल (Political Geography)

राजनैतिक भूगोल में प्रकृति व मानव के मध्य अन्तर्सम्बन्ध के परिणामों का विवेचन, देशों (राज्यों) में व्यक्तियों की स्थिति व दोनों का एक-दूसरे में अन्तः-पैठ का दो रूपों में विवेचन होता है- एक, आकस्मिक उत्पन्न कारणों व स्थितियों द्वारा मानव-विकास पर प्रभाव जैसे सरकार में परिवर्तन द्वारा बदली मानव-स्थितियों का अध्ययन, अथवा राज्यों का पुनर्गठन एवं राज्यों का दूसरे राज्यों में मिल जाना तथा राजनीतिक दुरभिसंधि, आदि। दूसरा, स्थायी परिवर्तनों द्वारा जैसे देशों की स्थिति, उपजों, व्यापार, रीति-रिवाजों, जनसंख्या आदि के कारणों से मानव व देश के अन्तर्सम्बन्ध।

(iv) व्यापारिक भूगोल (Commercial Geography)

काण्ट के अनुसार भूगोल की यह शाखा उन कारणों की व्याख्या करती है जो देशों में किसी एक जिन्स (Commodity) का आधिक्य व अन्य जिन्सों की कमी से संबन्धित है। इन स्थितियों से अन्तर्राष्ट्रीय व्यापार (International Trade) का उदय होता है।

(v) ईश्वर-परक भूगोल (Theological Geography)

इस अध्ययन में विभिन्न वातावरणों में घटित व प्रचलित ईश्वर-मीमांसा सम्मिलित हैं। काण्ट ने भूगोल की सामाजिक शाखाओं को प्राकृतिक भूगोल के साथ संबन्धों पर आधारित बताया है। ''भूमि की प्रकृति में अन्तर का परिणाम वहाँ प्रचलित ईश्वरपरक धारणाओं में घटित परिवर्तन में पाया गया।'' (बोदन) उदाहरणवत् सुदूर-पूर्व में प्रचलित ईसाई-धर्म यूरोप के विभिन्न भागों में प्रचलित ईसाई-धर्म से भिन्न है।

प्राकृतिक भूगोल के बारे में काण्ट का मत था- वह मात्र पार्थिव गोल ब्रह्माण्ड की प्राकृतिक संरचना का मूल्यांकन करने का विषय है जिसमें धरातल, महासागर, पर्वत, नदियाँ, वायुमण्डल, मानव व पशु, पौधे, खनिज आदि सभी सम्मिलित हैं। इनका मानचित्रण द्वारा विवेचन करना, काण्ट के अनुसार, महत्त्वपूर्ण नहीं है। मानचित्रों को वह शिक्षा हेतु प्रयोग व प्रदर्शन के लिए ही उपयोगी मानता था।

अतएव काण्ट की भूगोल में प्रगाढ़ रुचि बनी थी जिसे वह शैक्षिक मूल्यों का वैज्ञानिक व व्यवस्थित विषय मानता था। वह ज़ोर देकर कहता था- भूगोल मानव एवं विश्व का ज्ञान

प्रदान करने-कराने वाला विषय है। इसका प्रयोग सरकारी व ग़ैर-सरकारी संवाद के लिए, पाठकों की रुचि हेतु, अखबारों की खबरों को समझ-बूझने के लिए, और यहाँ तक कि राज-नेताओं के लिए महत्त्वपूर्ण बना है। काण्ट भूगोल को धार्मिक-बन्धनों व जाल से मुक्त रखने का पक्षपाती था। वह प्रथम विचारक था जो भूगोल को 'जीव-भूविस्तार' (Chorology) विज्ञान मानता था।

काण्ट के समय से ही भूगोलवेत्ताओं ने भूगोल के विभिन्न पक्षों-गणितीय, नीति-परक, राजनैतिक, व्यावसायिक व्यापारिक एवं ईश्वर-मीमांसाजन विषयों पर लिखना आरम्भ किया। इस काल से ही भूगोल प्रधानतः अपनी दो शाखाओं-प्राकृतिक व मानवीय भूगोल में मुखरित हुआ। वरेनियस एवं काण्ट के काल को 'आधुनिक भूगोल के विचारों का चिर-प्रतिष्ठित काल' कहा जाता है।

19वीं सदी के अर्द्ध-द्वितीय भाग में परिवर्तनीय विचारधाराएँ (Shifting Viewpoints in the Second Half of the 19th Century)

भूगोल के इतिहास-काल में उसकी प्रकृति में ध्यान-आकर्षणीय परिवर्तन आते रहे थे। भिन्न-भिन्न स्थानों व कालों में, और भिन्न-भिन्न लोगों ने भूगोल को भिन्न-भिन्न रूप में देखा है। वे भूगोल की प्रकृति व उसके क्षेत्र के विषय में एकमत प्रतीत नहीं थे। काण्ट व वरेनियस के काल से पहले भूगोल प्रधानतः 'भू+वर्णन' (Geo+graphy) के स्वभाव का था। वरेनियस ने भूगोल को सामान्य (व्यवस्थित/विश्व व्यापी) और विशेष (विशिष्ट अथवा प्रादेशिक) में विभक्त किया। इन विद्वानों के काल को आधुनिक भूगोल का चिर-सम्मत काल कहा जाता है। हम्बोल्ट व रिटर को आधुनिक भूगोल के जन्मदाता कहलाने का श्रेय है।

हम्बोल्ट जिसमें तीक्ष्ण अवलोकन की असाधारण प्रतिभा थी, वह यूरोप, एशिया व अमेरिका में विस्तृत रूप से घूमा-फिरा था। भूगोल को वह व्यवस्थित-ज्ञान का विषय मानता था। उसने सर्व-व्यापी नियमों के निरूपण का प्रयास किया और प्राकृतिक भूगोल में सिद्धान्तों का विकास किया। दक्षिणी अमेरिका के अभियान से लौट कर हम्बोल्ट ने प्राकृतिक भूगोल विज्ञान को स्थापित किया। यद्यपि हम्बोल्ट विश्वविद्यालय के न तो किसी पद पर था, न उसके पास कोई अकादमी के साथियों का सहयोग, फिर भी जर्मनी के बाहर उसका प्रभाव रिटर से कहीं अधिक था। रिटर के पश्चात् एक संक्षिप्त काल में हम्बोल्ट वैज्ञानिक यात्रियों का भूगोल-विज्ञान में सच्चा प्रतिनिधि और आदर्श माना जाता था।

रिटर एक प्रयोजनमूलक-वैज्ञानिक (Teleologist) था। उसने भूगोलवेत्ताओं की विशिष्ट-मण्डली को जन्म दिया। ये भूगोल के ऐतिहासिक पक्ष पर ज़ोर देने वालों का दल था जो व्यवस्थित से प्रादेशिक भूगोल की ओर खिसक गया व मानव को प्राथमिक उद्‌देश्य रूप से देखने लगा था। रिटर के एक शिष्य कप्प (Ernst Kapp) ने राजनीतिक समस्याओं में रुचि विकसित की। एक अन्य समर्थक आरनॉल्ड गुओ (Arnold Guyot) जो संयुक्तराज्य

के प्रिंसटन में भूगोल पद पर आसीन पहला व्यक्ति था, प्रयोजनवादी था। उसने भी रिटर की लीक पर प्रादेशिक प्रारूपों का निर्वचन कर प्रादेशिक भूगोल की ओर ध्यान आकर्षित किया।

रिटर का अत्यन्त सफल शिष्य व होनहार फ्रेंच-भूगोलवेत्ता एलसी रेकलस (Ellsee Reclus) था। उसने 'एर्ड कुण्डे' (Erdkunde) से भूगोल के बारे में अपने विचारों, नियमों आदि का निरूपण किया। आरम्भ में तो उसने व्यवस्थित भूगोल की ओर ध्यान आकर्षित किया। परन्तु इसके उपरान्त विश्व का सम्पूर्ण प्रादेशिक सर्वेक्षण प्रस्तुत करने का उसने प्रयास किया। अपनी विस्तृत यात्राओं के दौरान वह उत्तरी व दक्षिणी अमेरिका के भूदृश्यों का अवलोकन कर अपनी प्राकृतिक भूगोल में व्यवस्थित रचना 'ला टेरे' (La Terre 1866-67) लिपि-बद्ध कर सका। वह सामाजिक अराजकतावादी था। उसे उसकी 19 जिल्दों वाली (Volumes) प्रादेशिक भूगोल की रचना- 'Nouvelle Geographic Universelle (1875-94)' के लिए प्रसिद्धि मिली थी। पृथ्वी पर मानवोय जन-जीवन और उसके संसाधनों का ऐतिहासिक विवरण उसी कृतियों में प्रकट है। वह भूगोल में मानवीय पक्ष का समर्थक था, और प्रादेशिक भूगोल में उसके योगदान के कारण शिमित (Schmidt) ने उसे 'फ्राँस का रिटर' घोषित किया।

उसके शिष्यों में से जैसे मोलकेसर्वद (Moltkeserved) ने सैनिक कॉलेज में सेवाएँ कीं तथा भूगोल के सैनिक-विज्ञान पक्ष की महत्ता का विवेचन प्रस्तुत किया।

हम्बोल्ट व रिटर ने भूगोल की जो नींव डाली थी, वह नींव विषय के समन्वित-क्षेत्र को विकसित नहीं कर सकी। इनके समर्थकों ने भूगोल विषय को अनेक दिशाओं में बांट दिया, और ज्ञान की शाखा के रूप में भूगोल की स्थिति डांवाडोल बन गयी थी। रिटर की मृत्यु के पश्चात् जर्मनी के किसी भी विश्वविद्यालय में प्रोफेसर पद पर नियुक्ति नहीं थी। विश्वविद्यालय स्तर पर भूगोल में उसके अनुयायी जो ऐतिहासिक भूगोलवेत्ता थे, स्थान प्राप्त नहीं करते थे, और उनके स्थान पर भू-गर्भीय वैज्ञानिक एवं ग़ैर-मानवीय पक्षों के भूगोलवेत्ता जैसे प्राकृतिक भूगोलवेत्ता आदि को सम्मान मिलने लगा था। इस काल में भूगोल के अकादमिक स्तर में उन्नति और उसकी कृतियों के प्रगटीकरण ने मुख्य समस्या को जन्म दिया। वह समस्या भूगोल-पद्धति में विघटन थी। इससे भूगोल में एक सुगठित क्षेत्र का अभाव अखरने लगा था जो एक साथ प्राकृतिक व सांस्कृतिक पक्षों के समन्वय-विज्ञान में देखा जाए।

सन् 1859 में हम्बोल्ट व रिटर की मृत्योपरान्त और डार्विन के चिर-प्रतिष्ठित कार्य 'Origin of Species' के प्रकाशन से भौगोलिक दृष्टिकोण को और अधिक समस्याओं का सामना करना पड़ा। प्रादेशिक सीमाओं के निर्धारण को लेकर बूचर (Bucher) ने आक्षेप खड़े किए और रिटर के प्रयोजनवादी दृष्टिकोण को भी अस्वीकार कर दिया। जर्मनी के भूगोलवेत्ता इस समय वातावरणीय नियतिवाद के दृष्टिकोण से प्रभावित बन उठे थे। रेटज़ेल (Ratzel) ने अपनी पुस्तक 'Anthropogeographie' में इस बिन्दु पर ज़ोर

दिया कि इतिहास, संस्कृति व जीवन के सप्तक-स्वर अर्थात् समस्त मानव-जीवन ही प्राकृतिक वातावरणीय शक्तियों द्वारा मुख्यतः प्रभावित बने हैं। उसने यहाँ तक कह डाला- ''समान स्थितियों (Locations) में जीवन का स्वरूप समान विकसित होता है।'' 'Lebensraum' (जीव समान स्थान) की डार्विन-रेटज़ेल की विचारधारा ने क्रांतिकारी परिवर्तन उत्पन्न किए। जर्मनों की विशेषरूप से राजनीतिक विचारधारा इस अवधारणा से प्रभावित हुई और उन्होंने अपने राज्य के विस्तार तथा कमजोर राज्यों पर कब्जा करने को न्यायपूर्ण बताया।

डार्विन के प्रभाव के फलस्वरूप भू-आकृतियों (Geomorphology) को भौगोलिक-शोध का मुख्य-क्षेत्र समझा जाने लगा। इस काल को भूगोल में 'Geologification' का काल भी कहा जा सकता है। डेविस (W.M. Davis) ने 'Geographic Cycle' की अवधारणा का विकास कर जैव-जीवन और भू-आकारों के विकास में समता विकसित पायी। उसने व्यक्त किया, ''भू-आकारों का विकास भी जैव-जीवन विकास के तुल्य ही होता है।''

रेटज़ेल की शिष्या सेम्पल भी वातावरणीय नियतिवादी थी। उसने अपनी पुस्तक 'Influences of Geographic Environment' में व्यक्त किया- ''मनुष्य पृथ्वीतल की उपज है।''

वातावरणीय नियतिवाद की प्रतिक्रिया स्वरूप 'सम्भववादी विचारधारा का सम्प्रदाय' (School of Possibilism) विकसित हुआ। इसके समर्थक मानव को वातावरण में सक्रिय अभिकर्ता (Agent) मानते थे। उनका मत था कि प्राकृतिक वातावरण अनेक सम्भावनाओं व विकल्पों को प्रदान करता है। इनकी संख्या में सांस्कृतिक समुदाय के तकनीकी विकास से वृद्धि आती है। सम्भववादी प्राकृतिक वातावरण को 'राय व्यक्त करने' का साधन-मात्र (Adviser) मानते हैं। फेबर (Febvre) ने घोषित किया-- कहीं भी कुछ करने की आवश्यकता (Necessities) नहीं समझी जानी चाहिए, सभी जगह 'संभावनाएं' मौजूद हैं। ब्लाश ने इसी समय 'Genres de vie' (Life-Styles) अवधारणा का विकास किया।

तदनन्तर रिचतोफेन और पेश्चेल (Peschel) के कार्यों के कारण भौगोलिक विचारों में बदलाव आया। पेश्चेल प्राथमिक रूप से भू-आकारों की आकारिकी-अध्ययन पर जोर देता था। वह मानव इतिहास पर भू-आकारों के प्रभाव के अध्ययन का भी प्रयास करता था। रिचतोफेन के चीन-देश संबन्धी प्रकाशित (1877 ई.) अध्ययन भी भू-आकारों के अध्ययन पर केन्द्रित थे। पेंक (Penck) ने भी भू-आकारों के अध्ययन के महत्त्व पर जोर दिया। वह स्वयं भू-गर्भ वैज्ञानिक था। वह भू-आकारों के अध्ययन को भूगोलवेत्ताओं के लिए आवश्यक मानता था।

19वीं सदी के अर्द्ध भाग में प्राकृतिक भूगोल बनाम मानव भूगोल की द्वैधता का विचार भी विकसित हुआ। वैगनर ने भूगोल को शुद्ध प्राकृतिक विज्ञान घोषित किया। परन्तु दूसरी

ओर फ्रांसीसी सम्प्रदाय का सम्भववाद मानव भूगोल को भूगोल-क्षेत्र में मुख्य-पैठ (Main-Thrust) समझता था।

अतएव 19वीं सदी के द्वितीय अर्द्धभाग का काल भूगोल के विचारों में अनेक बदलावों के विकास का काल था।

Notes

1. Wright, J.K., 1925, 'The Geographical Lore at the Time of Crusades', New York, American Geographical Society, *Research Series*, No.15.
2. James, P.E. and Martin, G.J., 1981, *All Possible Worlds*, pp. 60-65.
3. *Ibid.*, p.81.
4. Oliveira Martins, J.P., *The Golden Age of Prince Henry the Navigator*, Trans. J.J. and W.E. Reynolds, 1914, London, Chapman and Hall (Portuguese Title, Os Filhos de D Joao I, Lisbon, 1901).
5. Tooley, R.V., 1949, *Maps and Map Makers*, New York.
6. Bargrow, L. and Skelton, R.A., 1964, 'History of Cartography', *Research Series* No. 8.
7. Tooley, R.V., *op.cit.*, p.61.
8. Dickinson, R.E. and Howarth, O.J.R., 1933, The *Making of Geography*, Oxford, Clarendon Press.
9. James, P.E. and Martin, G.J., *op.cit.*, p.96.
10. *Ibid.*, p.97.
11. Jensen, A.H., 1981, *Geography: Its History and Concepts*, p.13.
12. In his *Ankundingung* (1957) he briefly enumerated the most important ones: Varenius, Lulofs, and Buffon, as well as the travel reports and the academic reference material from Paris and Stockholm.

II

आधुनिक भौगोलिक विचार

(Modern Geographical Thought)

6

आधुनिक भौगोलिक विचारों के संस्थापक

(Founders of Modern Geographical Thought)

खोज एवं आविष्कारों के महान् युग (Great Age of Discovery) के पश्चात् हम्बोल्ट एवं रिटर ने आधारभूत विज्ञानों, मानवीय विज्ञानों व कला में महत्त्वपूर्ण योग दिया दोनों ही समकालीन थे। सन् 1750 से 1850 की अवधि में आधुनिक भूगोल की आधारशिला रखने का श्रेय जर्मन-विद्वानों को था। इस अवधि का द्वितीय अर्द्धभाग हम्बोल्ट व रिटर का ही काल था जिसे भूगोल के इतिहास में 'चिर-सम्मत प्रतिष्ठित काल' (Classical Period of Geography) के नाम से जाना जाता है। हम्बोल्ट व रिटर दोनों 30 सालों से भी अधिक समय तक साथ-साथ एक ही शहर में रहे। हम्बोल्ट ने पादप-भूगोल की नींव डाली, और भूगोल को वर्णनात्मक-विज्ञान कहा, जबकि रिटर का श्रेय भूगोल के अध्ययनों में 'मानव' (Mankind) पक्ष को, विशेषत: उसका वातावरण से संबन्धों को दर्शाने हेतु है। उसका कहना था कि ''भूगोल का व्यक्तिगत 'पौधों' से कम लेना-देना है, उसका विषय धरातल पर वनस्पति व जीव-जन्तुओं की सतह है।'' प्रादेशिक घटनाओं के अन्तर्सम्बन्ध में सामंजस्य की संकल्पना ('Naturaganzen') का उसने बार-बार ज़िक्र किया। बर्लिन में साथ-साथ रहे ये दोनों विद्वान् आधुनिक भूगोल के संस्थापक माने जाते हैं, यद्यपि भूगोल में इनको कोई औपचारिक प्रशिक्षण नहीं मिला था। इस अध्याय में इन विद्वानों का संक्षिप्त योगदान का विवरण सम्मिलित किया जा रहा है।

एलेक्जेण्डर वॉन हम्बोल्ट (Alexander von Humboldt 1790-1859)

जर्मनी और जर्मनी के बाहर भूगोल के विस्तार में हम्बोल्ट ने मार्ग प्रशस्त किया। वह असीम सर्वतोमुखी प्रतिभा का विद्वान् था। उसने भू-गर्भ, वनस्पति-विज्ञान, प्राणिशास्त्र, भौतिकी, रसायन शास्त्र, शरीर विज्ञान, इतिहास, जलवायु विज्ञान, भू-आकारिकी विज्ञान एवं भूगोल

की अन्य शाखाओं में प्रशंसनीय योगदान दिया। उसने लगभग 4,000 मील की अपनी लघु-यात्राओं के दौरान अनेक सर्वेक्षण, अवलोकन व प्रेक्षणों से वायु-तापक्रम, हवा का दबाव, अक्षांश-देशान्तर समुद्र में ऊँचाई, चुम्बकीय तरंगें, चट्टानें, पादपों की जातियाँ व उनका जलवायु व ऊँचाई से संबन्धों आदि का अध्ययन किया। वह मानव-अभिवृत्ति के अध्ययन करने से भी नहीं चूका। वह प्रशा के अभिजात वर्ग के परिवार में जन्मा था, और उसकी दस वर्ष की आयु में ही उसके पिता चल बसे थे।

हम्बोल्ट ने शास्त्रीय विषयों, अर्थशास्त्र, इतिहास, गणित एवं तकनीक में अध्ययन कर सेना में सेवा से अपना कैरियर आरम्भ किया। परन्तु उसकी माँ ने उसे अर्थशास्त्र में अध्ययन के लिए प्रेरित किया। वह उसे सिविल-सर्विस की परीक्षा प्रतियोगिता दिलाना चाहती थी। उसने फ्रेंकफर्ट के गॉटिंगन विश्वविद्यालय में वनस्पति, भूगर्भ व खनिज विज्ञानों में अध्ययन किया जहाँ उसे ए.जी.वारनर (प्रसिद्ध भूगर्भ वैज्ञानिक) ने पढ़ाया था। वारनर परतदार चट्टानों के निर्माण में अपनी परिकल्पना प्रस्तुत कर विख्यात बना था। हम्बोल्ट 1792 में प्रशा में 'खानों का निदेशक' (Director of Mines नियुक्त हुआ। उसने विभिन्न चट्टानों पर चुंबकीय-विचलन के प्रभावों का अध्ययन किया, और 1793 में अपना प्रथम शोध-पत्र प्रकाशित किया। वह आल्प्स पर्वत की चट्टानों की संरचना-अध्ययन में रुचिवान् था, और उसने बवेरिया, आस्ट्रिया स्विट्जरलैण्ड और इटली की इस दृष्टि से यात्राएँ कीं। सन् 1797 में वह सरकारी पद से त्याग पत्र देकर नवीन व अभी तक खोजे नहीं गए देशों में अपनी यात्राओं के नियोजन में जुट गया। पेरिस में उसने अनेक यंत्रों को प्रयोग में लाना और उनसे मापन करना सीखा। विशेष रूप से वह सैक्सटैंट (Sextant), वायुदाब एवं एनीरॉयड-वायुदाब का प्रयोग करने में दक्ष बना।[1] अमेरिका की खोज के अगुआ के रूप में उसे जाना गया, और प्राकृतिक भूगोल की स्थापना की।

साहसपूर्ण अभियान एवं खोज-यात्राएँ

हम्बोल्ट का उसकी पैनी दृष्टि के कारण प्रेक्षण-क्रिया, अवलोकनों और क्षेत्र-कार्य (Field-work) में कोई सानी नहीं था। सन् 1798 में वह वनस्पतिशास्त्र-विज्ञानी फ्रांसीसी बोनप्लाण्ड (French Botanist Bonpland) को साथ लेकर हम्बोल्ट मैड्रिड (स्पेन) जा पहुँचा। मार्ग में उसने तापक्रमों व स्थानों की समुद्र-सतह से ऊँचाइयों के बारे में दैनिक मापें लीं तथा प्रेक्षण (Observations) कर स्पेनी मैसेटा (Spanish Maseta) का अध्ययन किया। तदुपरान्त वे दोनों वेनेजुएला में क्यूमाना बंदर (Cumana Port) जा पहुँचे (Figure 6.1)। समुद्रतट से होते हुए वे कराकस (Caracas) में झील वेलेन्सिया (Lake Valencia) की खोज कर यह ज्ञात कर सके कि झील सिकुड़ चुकी है तथा उसके समतल

तटों पर खेती होती है। झील के सिकुड़ने में उसने आसपास की भूमि पर हुए वन-विनाश को उत्तरदायी ठहराया। उसने वनों और वर्षा के मध्य सकारात्मक संबन्ध स्थापित किया। यह विचार कि 'जहाँ वर्षा अधिक है, वहाँ वन-वनस्पति की भी अधिकता है', अभी भी महत्त्वपूर्ण माना जाता है।[2]

सन् 1800 में हम्बोल्ट ने ओरीनिको (Orinico) नदी को खोजा और इस यथार्थ का सत्यापन किया कि उसका अमेज़न से जुड़ाव है। नदी के तट व बेसिन बसे हुए नहीं थे। इस जोखिम भरी यात्रा में उसके साथियों को बहुत कष्टों का सामना करना पड़ा। खाने में उन्हें केवल बिस्कुट व केले नसीब हुए, और मच्छरों के दल-के-दलों ने उन्हें घेर रखा था। विषुवतीय वृत्त के कीड़े-मकोड़ों मनुष्य-भक्षी मछलियों व मगरमच्छों से वे त्रस्त बने थे। ऐसी विपरीत दशाओं में भी हम्बोल्ट ने स्थानों के सही मापन लेकर अक्षांश-देशान्तरों को स्थापित किया था। यहाँ से उसने सहस्त्रों पौधों व चट्टानों के नमूनों का संग्रह कर क्यूबा (Cuba) भेजा। वह स्वयं नवम्बर 1800 में क्यूमाना (क्यूबा) लौट आया और वहाँ लोगों की आर्थिक व सामाजिक दशाओं के अध्ययन में व्यस्त हो गया।

सन् 1801 में हम्बोल्ट और बोनप्लाण्ड कार्टगोना-कोलम्बिया (Cartgona, Columbia) आ गए, जहाँ से वे एण्डीज़, एक्वेडोर और पेरू (Fig.6.1) गए। इस पहाड़ी इलाके की फसलों पर वहाँ की ऊंचाई, तापक्रम व वनस्पति का उन्होंने वैज्ञानिक अध्ययन किया। उत्तरी एण्डीज क्षेत्र में लम्बवत् कटिबन्धों (Vertical Zones) का उसका अध्ययन चिर-प्रतिष्ठित माना जाता है। उसने एक्वेडोर के अनेक ज्वालामुखियों के 'क्रेटर' (लावा-मुख) में उतर कर निःसृत गैसों का अध्ययन किया। वह चिम्बराजो पर्वत की चोटी (6,326 मीटर) पर जा चढ़ा और मानव-शरीर पर उसने ऊंचाई के प्रभाव का अध्ययन किया।

केवल हम्बोल्ट ही था जिसने वायु के कम दबाव से चक्कर आने की स्थिति के अनुभव को स्पष्ट किया था।[3] वस्तुतः यह रोग अधिक ऊँचाई पर ऑक्सीजन की कमी के कारण होता है। एण्डीज को दक्षिण की ओर पार करते हुए वे लीमा (Lima) जा पहुँचे। पेरू के तट पर गुआनाचिड़िया की बीटें दिखीं। इन बीटों की अत्यन्त अच्छी खाद में गिनती है। पेरू की शीत-जल धारा भी पहली बार ही इन लोगों ने देखी और इसका ताप व गति का माप नोट किया। यात्री दल मार्च 1803 में ग्वाकिल से जहाज खेते हुए मेक्सिको पोर्ट-अकापुल्को (Acapulco) पर उतर कर मेक्सिको के भिन्न-भिन्न भागों में घूमे-फिरे थे। यहाँ हम्बोल्ट ने सांस्कृतिक दृश्य पर वहाँ के भू-आकारों का प्रभाव अवलोकन किया। अल्प-अवधि के लिए यात्रियों ने फिलाडेल्फ़िया और वाशिंगटन पर डेरा डाला और 1804 में वे फ्रांस लौट आए।

साहसी हम्बोल्ट एक जगह स्थिर रहने वाला व्यक्ति नहीं था। वह 1806 ई. में इटली के ज्वालामुखी विसुवियस (Vesuvius Volcano) जा पहुँचा। उसने अन्त में अपने यात्रा-अनुभवों को फ्रेंच भाषा में 30 जिल्दों (Volumes) में प्रकाशित कराया जिनका अनेक विदेशी भाषाओं में अनुवाद किया गया। इनसे अनेक युवा-वैज्ञानिकों को भौगोलिक-शोध कार्यों में प्रोत्साहन मिला और नवीन देशों की खोज में वे जुट सके। हम्बोल्ट ने मेक्सिको

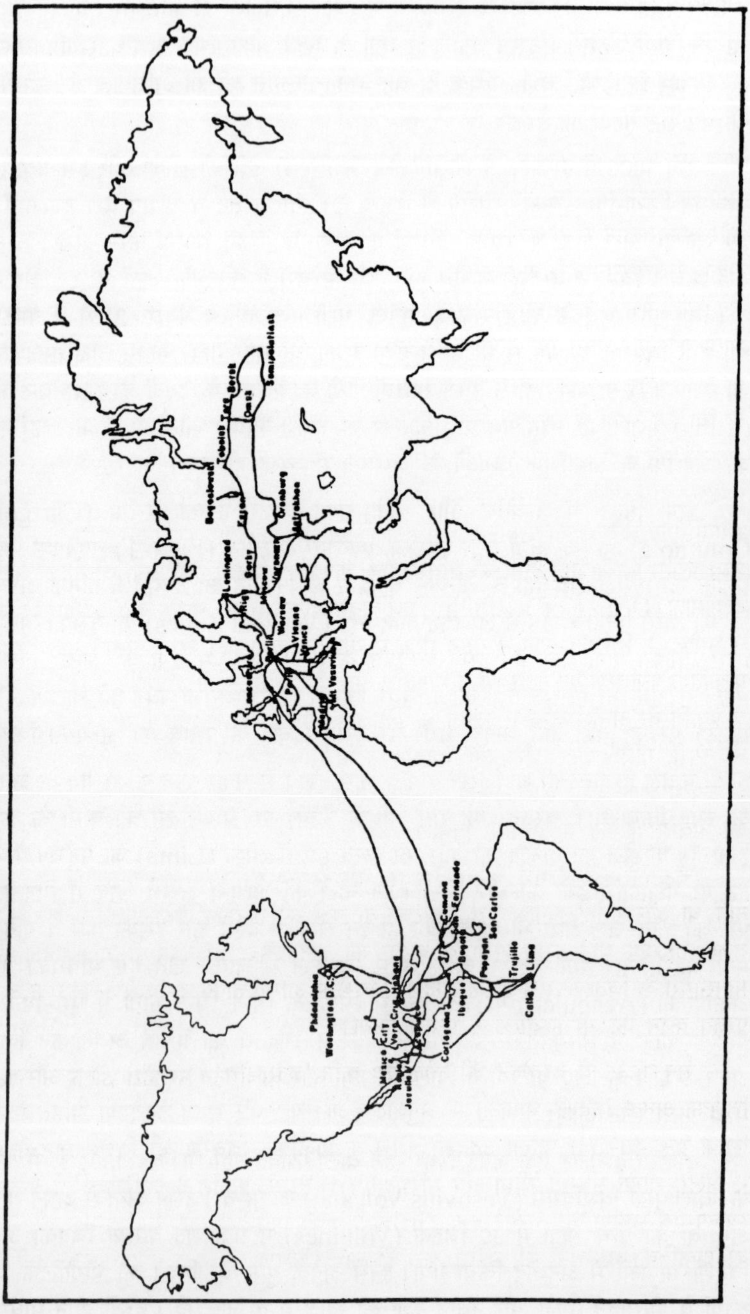

Figure 6.1 हम्बोल्ट की यूरोप, रूस व अमेरिका की यात्राएँ

के निवासियों की खुशहाली व संपन्नता का कारण वहाँ के भूमि-संसाधनों का बेहतर सदुपयोग बताया। इस्थमस (Isthmus) के आर पार पानामा (Panama) नहर बनाने का सुझाव भी उसी का ही था।[4] अन्त में हम्बोल्ट पेरिस से हटकर बर्लिन में रहने लगा।

सन् 1829 में हम्बोल्ट को रूसी ज़ार ने पीट्र्सबर्ग में आमंत्रित किया और यूराल पर्वतों के पार साइबेरिया की अछूती व अप्रयुक्त भूमि पर खोज का कार्य सौंपा। पीट्र्सबर्ग से वह घोड़े पर सवार हो कज़ान, बोगोस्लोस्की, टोबोलस्क, तारा, बर्स्क, ओमस्क होता हुआ मंगोलिया की सीमा पर जा पहुँचा (Fig. 6.1)। वापसी पर हम्बोल्ट ओमस्क, ओरेनबर्ग और अस्तराखान से गुज़रता हुआ कैस्पियन सागर की तटीय मैदानी भूमि का सर्वेक्षण कर सका। साइबेरियन अभियान के दौरान उसने नियमित रूप से तापक्रम व वायुदाब के रिकार्ड रखे। इन्हीं प्रेक्षणों के आधार पर उसने निष्कर्ष निकाला कि समान देशान्तरों पर तट से आन्तरिक भागों की ओर बढ़ते हुए तापक्रम में बदलाव आता है। हम्बोल्ट की राय पर इसी आधार पर रूसी-ज़ार ने अनेक मौसम विज्ञान-संबन्धी केन्द्र (Meteorological Stations) रूस के विभिन्न भागों में स्थापित किए थे। हम्बोल्ट के अभियान के पश्चात् पहली बार समताप रेखाओं सहित विश्व-मानचित्र की रचना संभव बनी थी। 'महाद्वीपीयता की अवधारणा' भी हम्बोल्ट द्वारा स्थापित की गयी। बर्फ़ से जमी हुई साइबेरियन मिट्टी के लिए ('पर्माफ्रोस्ट') स्थायी तुषारित शब्द का प्रयोग आरम्भ हुआ। भूगोल में 'जलवायु विज्ञान' (Climatology) शब्द प्रयोग किया जाने लगा जो वायुमण्डल, तापक्रम, आर्द्रता, वायुदाब, वायुदिशा व गति, दृश्यीमात्रा (Degree of Visibility) एवं वायुमण्डलीय शुद्धता सूचक बना।[5] अतएव हम्बोल्ट ने भूगोल के विभिन्न पक्षों में गहन मात्रा में योगदान दिया था। परन्तु उसका मुख्य उद्देश्य प्राकृतिक पर्यावरण का सहसम्बन्ध मानवीय और जैविक घटनाओं में दर्शाना था। उसने मानव व प्रकृति के अन्तर्सम्बन्ध में मानव के योग को अधिक महत्त्व नहीं दिया। परन्तु वह फिर भी नगरों, गांवों, खेत-खलिहानों, आवागमन के साधनों, मार्गों आदि को भूदृश्य के घटकों के रूप में वर्णन करने का पक्षपाती था। उसने पहाड़ी-इलाकों में होने वाली कष्टप्रद बीमारियों की अवधारणा का भी विकास किया।

चट्टानों की उत्पत्ति के बारे में वह वारनर (A.G. Warner) के मत से सहमत नहीं था और ग्रेनाइट, नीस एवं स्फटिक चट्टानों को हम्बोल्ट ज्वालामुखीय-उत्पत्ति की वजह ठहराता था। उसने स्पेन व क्यूबा का तुलनात्मक अध्ययन किया। महाद्वीपों व महासागरों के वितरण-संबन्धों के सन्दर्भ में विश्व में औसत तापक्रम-वितरण की एक तस्वीर प्रस्तुत करने का भी हम्बोल्ट ने प्रयास किया।

सन् 1845 में हम्बोल्ट की लोकप्रिय कृति 'कॉसमॉस' (Kosmos) प्रकाशित हुई जिसका अनेक विदेशी-भाषाओं में अनुवाद हुआ। यह चार मुख्य उद्देश्यों सहित विस्तृत लिखा ग्रन्थ था- (i) पहला उद्देश्य, विश्व के प्राकृतिक विवरण की विशेष ज्ञान के रूप में अलग शाखा संबन्धी सीमा और परिभाषा, (ii) दूसरा, प्रकृति के अस्तित्व का वैज्ञानिक स्वरूप एवं सामग्री की वस्तु निष्ठता, (iii) प्रकृति का भावात्मक अनुभाविक काल्पनिक पक्ष जो प्राकृतिक अध्ययनों की प्रेरणा बन यात्राओं, विवरणों, कविता, चित्रकला रचना और

मोहक पादपों के प्रदर्शन आदि क्रियाओं में व्यक्त हो उठा है, और (iv) अंतिम चौथा उद्देश्य, प्राकृतिक-दर्शन का इतिहास एवं जैविक इकाईवत् ब्रह्माण्ड की व्याख्या थे। कॉसमॉस-कृति के लिखने में हम्बोल्ट का मन्तव्य एक विश्वव्यापी विज्ञान का विकास करना था। उसने इस बात पर भी पर्याप्त जोर दिया कि धर्मों ने मानव जाति को तीन विभिन्न बातें प्रदान कीं- उत्तमकोटि का 'नैतिक आदर्शवाद' जो सभी धर्मों में समान पाया जाता है, पृथ्वी की उत्पत्ति के बारे में भूगर्भीय स्वप्रिल-विचार, और धर्म की उत्पत्ति के बारे में दन्त-कथाएँ। अपने लेखों में उसने कहीं भी 'ईश्वर' (God) शब्द का प्रयोग नहीं किया।

विश्व के बारे में वह अनेक पुस्तकों की एक श्रृंखला लिखने की योजना धारण किए हुए था जो वैज्ञानिक रूप से सृष्टि की संरचना व्यक्त करें, जो प्रकृति की समस्तता (Wholeness) में मानव को उसका एक अंश माने और जिसमें मानव की सभी प्रजातियों की उत्पत्ति का समान स्रोत का जिक्र हो तथा किसी भी प्रजाति को दूसरे से हीन न समझने के विचार व्यक्त हों। विचारों की रचना के लिए पहले अवलोकन करने की प्रक्रिया को वह महत्त्व देता था। वह अनुगमनात्मक पद्धति (Inductive Method) में विश्वास व्यक्त करता था।

कॉसमॉस की पहली जिल्द में विषय-वस्तु में सृष्टि की एक सामान्य पूर्ण तस्वीर है। दूसरी जिल्द में प्रकृति की कालबद्ध व्याख्या उसके भूदृश्यों का चित्रकारों द्वारा ऐतिहासिक विवरण और प्राचीन मिश्रवासियों के काल से मानव की खोज व पृथ्वी के वर्णन का प्रयास है। तीसरी जिल्द में खगोल-विज्ञान का नियमबद्ध वृत्तान्त है, और अंतिम चौथी जिल्द की सामग्री में पृथ्वी की मानव-प्रधान विवेचना है।

भूगोल के सन्दर्भ में हम्बोल्ट ने 'सृष्टिवर्णन' (Cosmography) शब्द का प्रयोग किया, और उसे खगोल-वर्णन व भूगोल (Uranography व Geography) में विभक्त बताया। यूरानोग्राफ़ी वस्तुतः खगोल-विज्ञान का ही वर्णनात्मक स्वरूप है जो स्वपिण्डों (Celestial Bodies) की व्याख्या करता है, और भूगोल प्राकृतिक भूगोल है जो उसके पार्थिव भाग की व्याख्या है। भूगोल हम्बोल्ट के अनुसार क्षेत्र में घटनाओं (वस्तुओं) के मध्य अन्तर्सम्बन्धों (जो वहाँ एक समस्तता में घटित हैं) का विवरण है।[6] वह प्राकृतिक भूगोल में अग्रज माना जाता है।

प्रकृति को वह 'जैविक-समग्रता' (As an Organic Whole) मानता था जिसमें जीव व निर्जीव वस्तुओं का सहजभावी अन्तर्सम्बन्ध क्षेत्र विशेष में देखा जाता है। उसका विश्वास एक ऐसा 'एकीकृत सर्व व्यापी विज्ञान' में था जिसमें प्राकृतिक, जैविक व सामाजिक विज्ञान सम्मिलित थे। उसकी 'कॉसमॉस' का ध्येय भी सर्वव्यापी-विज्ञान की आधारशिला थी। उसने 'Zusammenhang' (सुजामांहंग) की अवधारणा को प्रस्तुत किया जिसका तात्पर्य ही जीव-निर्जीव घटनाओं की क्षेत्र में संगति व सामंजस्यता है। पार्थिव जीव-जगत् के साथ मानव का मेल सर्वत्र ही अवश्यम्भावी बना है। हम्बोल्ट शोध की आनुभविक विधि की महत्ता दर्शाते हुए अनुगमनात्मक पद्धति में (Inductive Method) विश्वास व्यक्त करता था। उसने विभिन्न भौगोलिक प्रदेशों के तुलनात्मक अध्ययन पर, जैसे मरुभूमि और स्टेपीज़

प्रदेशों पर, बल दिया। वह सूचनाओं व आंकड़ों को मानचित्रों में दर्शाने और उनका भौगोलिक निर्वचन करने को महत्त्व देता था। भौगोलिक अध्ययनों में मानचित्रों की उपयोगिता का वह पक्षपाती था। प्रकृति की एकता में अन्तर्भूत कारणों के मत से वह सहमत था। वह किसी भी जनजाति को दूसरी की तुलना में उत्तम अथवा निकृष्ट नहीं मानता था। उसका विश्वास था कि सभी जन-जातियों की समान उत्पत्ति है। उसकी प्रेक्षण व अवलोकन क्रिया का दृष्टिकोण नियम अथवा सिद्धान्त निरूपण और मॉडल-रचना था।

सारांश में, हम्बोल्ट ने अनेक प्रश्नों के हल प्रस्तुत किए। उसने विश्व के औसत तापक्रम-विवरणों को महाद्वीपों एवं महासागरों के सन्दर्भ में विकसित करने का प्रयास किया। उष्ण प्रदेशों में उसने ऊँचाइयों का पौधों, पशुओं एवं मानव-जीवन पर भी प्रभाव देखा। मुख्यत: उसने अपने प्रेक्षण व अध्ययन को प्राकृतिक आकृतियों, जलवायु एवं वनस्पति जैसे विषयों तक सीमित रखा। 'प्राकृतिक' से उसने काण्ट के मत का पालन करते हुए व्यापक अर्थ लगाया। उसमें वह उन सभी घटनाओं (दृश्य-वस्तुओं) को सम्मिलित करता था जो वस्तुनिष्ठ-यथार्थ हैं, अर्थात् अवलोकन-कर्त्ता के मानस की उपज से बाहर हैं। हम्बोल्ट अपने इन योगदान के आधार पर ही न केवल पादप भूगोल व जलवायु-विज्ञान का संस्थापक था, बल्कि आधुनिक भूगोल का भी जन्मदाता था। वह सर्वव्यापी विज्ञान में अंतिम चिंतक था।

उसकी कृति 'कॉसमॉस' व्यवस्थित भूगोल में अनुपम स्थान रखती थी, जिसने प्रकृति की एकता पर ज़ोर दिया। रिटर ने भी उसकी रचना को चिर-प्रतिष्ठित कहा। परन्तु वह (हम्बोल्ट) अज्ञेयवादी (Agnostic) होने के कारण जगत्-निर्माता विश्व-विधाता (God) के बारे में उसने कहीं भी एक शब्द तक नहीं लिखा।

कार्ल रिटर (Carl Ritter 1779-1859)

कार्ल रिटर हम्बोल्ट के समकालीनों में से ही एक प्रखर बुद्धि व रुचिवान, नाना प्रकार की प्रतिभाओं से युक्त विद्वान् था। वह भी भूगोल की आधुनिक विचारधारा के संस्थापकों में से है जो ईश्वर में घोर आस्था रखता था, और हम्बोल्ट की भाँति अज्ञेयवादी नहीं था। वह आनुभविक शोध (Empirical Research) में विश्वास व्यक्त करने वाला क्षेत्र-कार्य (Fieldwork) के प्रति निष्ठावान् बना था।

रिटर का ब्रह्मांड के बारे में सुव्यवस्थित और सद्भावपूर्ण दृष्टिकोण था। भूगोल में उसका उपागम (Approach) उद्देश्यपरक अथवा प्रयोजन मूलक (Teleological) था।[7] अध्यापक के रूप में उसने अपने विद्यार्थियों के सम्मुख यह प्रकट किया कि ईश्वरी सत्ता की योजना मानव व प्रकृति के मध्य सुमेल अथवा सामंजस्य स्थापना थी।

रिटर 1779 ई. में जन्मा। उसके पिता चिकित्सक थे जो उसे पाँच वर्ष का छोड़कर चल- बसे थे। अपनी आरम्भिक अनौपचारिक शिक्षा उसने रूसो (Rousseau) की विधि-अनुसार शनेफ़न्थल स्कूल पर ली (गोठा Gotha के निकट) जहाँ उसे साल्समान व गुट्स-मुठ्स ने पढ़ाया था। विश्वविद्यालय में उसने ग्रीक, लैटिन, इतिहास व भूगोल का अध्ययन किया। अपने शिष्यों के साथ उसने फ्रेंकफर्ट नगर को बार-बार घूमा फिरा, और उनमें क्षेत्रीय अध्ययनों के प्रति रुचि जागृत की। तदुपरान्त वह स्विट्ज़रलैण्ड व इटली पहुँचा जहाँ उसने प्राकृतिक व सांस्कृतिक भूदृश्यों का स्थानीय-अध्ययन (On the Spot Studies) किया। सन् 1807 में रिटर की हम्बोल्ट से पहली बार भेंट हुई। हम्बोल्ट की विश्व के विभिन्न भागों में प्राकृतिक व मानवीय कार्यों व घटनाओं के अध्ययन की बहुमुखी-प्रतिभा से रिटर अत्यन्त प्रभावित हुआ। सन् 1814 में रिटर ने गोटिंगन विश्वविद्यालय में प्रवेश कर भूगोल, इतिहास, शिक्षाशास्त्र (Pedagogy), भौतिकी, रसायन, खनिज विज्ञान व वनस्पति विज्ञान का अध्ययन किया, और सन् 1818 में वह फ्रेंकफर्ट विश्वविद्यालय में इतिहास का प्रोफेसर नियुक्त हुआ। एक वर्ष पश्चात् ही उसे इतिहास एवं भूगोल में दोहरी स्थिति पर मिलिट्री कॉलेज में नियुक्ति मिली। जर्मनी में पहला प्रोफेसर-पद भूगोल में स्थापित हुआ था। इस पद पर रिटर को सन् 1820 में नियुक्त किया गया। यहाँ बर्लिन में इस पद पर रहते हुए रिटर ने Berlin Geographical Society स्थापित की। यहाँ 39 वर्षों तक अपनी सेवाओं को प्रदान कर रिटर ने 1859 ई. में अंतिम सांस ली। इसी वर्ष हम्बोल्ट भी गुज़र गया, और इसी वर्ष डार्विन (Darwin) ने अपनी कृति Origin of Species प्रकाशित की।

रिटर भूगोल को शुष्क गजेटियर जैसी सूचनाओं का संग्रह नहीं मानता था। वह भूगोल को मानव-प्रकृति के अन्तर्सम्बन्धों से युक्त महत्त्वपूर्ण महत्ता का विषय कहा करता था। उसने मानव-अध्ययनों में ''विविधता में एकता''[8] देखी, और ब्लाश (Vidal de la Blache) की भाँति वह भी पृथ्वी व उसके निवासियों के मध्य अन्योन्याश्रित (Reciprocal) संबन्धों में विश्वास करता था अर्थात् एक के संबन्धों को दूसरे के बिना नहीं समझा जा सकता। अतएव, एक के इतिहास को दूसरे के भूगोल बिना नहीं समझा जा सकता। धरातल मानव-क्रियाओं को और मानव-क्रियाएँ धरातल को प्रभावित करते चले आ रहे हैं।

रिटर ने भूगोल को 'Erdkunde', अर्थात् 'पृथ्वी का विज्ञान', कहा जिसमें स्थानीय दशाएँ वर्णित हैं, और स्थान के गुण, विशेषताएँ आदि के विवरण विषयगत, औपचारिक एवं भौतिक रूपों में सम्मिलित हैं। भूगोल का पहला लक्षण धरातलीय (Topographical) है जो पृथ्वीतल के प्राकृतिक विभागों-पहाड़, पठार, घाटियों, मैदानों आदि की चर्चा है। दूसरे में जल व उसकी गति, समुद्र, वायुमण्डल तथा मानव जीवन का आधार सम्मिलित है। भौतिक दशाएँ प्राकृतिक इतिहास के भौगोलिक स्वरूप में वर्णित हैं। इसमें खनिजों, पादपों व पशुओं के वितरण की चर्चा है।[9]

रिटर का वैज्ञानिक स्वरूप 'उद्देश्य-परक' अथवा प्रयोजनमूलक (Teleological) था। इसमें घटनाओं (धरातल पर दृश्य-सत्ता) को उनमें निहित प्रयोजन व उद्देश्यों के संबन्ध में देखा जाना चाहिए। प्रयोजन व उद्देश्य परक व्याख्या अतएव भौतिक व्याख्या

के विरुद्ध है। इसमें घटनाएं व प्रेक्षण (अवलोकन-क्रियाएँ) आदि को उनमें निहित महत्त्वपूर्ण कारणों जैसे 'प्राकृतिक नियमों' पर आधारित देखा जाता है। हम्बोल्ट ने भी रिटर के कार्यों की प्रशंसा करते हुए उन्हें प्रेरणास्पद बताया। उसके 'अर्ड्कुण्डे' के विषय में हम्बोल्ट ने लिखा- ''उसमें परिकल्पनाओं से प्रेक्षण की ओर नहीं, प्रेक्षण से प्रेक्षण की ओर बढ़ा गया है।'' रिटर की इस विषय में स्वयं यह राय महत्त्वपूर्ण थी- ''हमें पृथ्वी के नियमों के बारे में स्वयं पृथ्वी से पूछताछ करनी चाहिए।'' तात्पर्य यह है कि पृथ्वी पर शुद्ध अवलोकनों की प्रक्रिया स्वयं नियम-निरूपण में सहायक है। अतएव प्रेक्षण (अवलोकन) द्वारा वह प्रकृति की क्रियाओं के अध्ययन के पक्ष में सदैव सक्रिय था जिससे वह उसकी व्यवस्था के पीछे छिपे प्रयोजन अथवा उद्देश्य को समझ सके। 'सृष्टि का नियोजनकर्त्ता ईश्वर है' इस विश्वास में से ही रिटर के विज्ञान का उदय हुआ। वह हेगल (W.F. Hegel) से भी प्रभावित था। महाद्वीपों की आकृति को रिटर आकस्मिक नहीं मानता था, बल्कि ईश्वर द्वारा निर्धारित कहता था। अतएव महाद्वीपों के स्वरूप, स्थिति आदि ही उन्हें ईश्वर के द्वारा निर्धारित खेल की ओर प्रेरितं करते हैं जो मानव विकास में सहायक हैं। समस्त पृथ्वी ईश्वरीय जीव ('Organism') है, महाद्वीप उसके अंग (व्यक्ति) हैं। ऐसे सर्वव्यापी दृष्टिकोण से आधुनिक काल में पृथ्वीतल को विभक्त करने का प्रयास रिटर की पहल ही है। परन्तु उसके प्रयोजनमूलक उपागम को अवैज्ञानिक घोषित कर अस्वीकार कर दिया।

रिटर ने प्रादेशिक भूगोल में तुलनात्मक विधि की शुरुआत की। भूगोल को रिटर विज्ञान की ऐसी शाखा मानता था जो भूमण्डल (ग्लोब) को उसकी सभी आकृतियों, घटनाओं (दृश्य-जगत्) व संबंधों में स्वतंत्र-इकाई के रूप में परन्तु एकीकृत बनी समस्तता में व्यक्त करती है। भूगोल मानव से और मानव के रचयिता से उसका संबन्ध जोड़ने का विषय है।[10] उसके मतानुसार भूगोल का एक ही केन्द्रीय-नियम है, ''पृथ्वी तल की घटनाओं व दृश्य-जगत् को एवं प्राकृतिक स्वरूपों को मानव-प्रगति से संबन्धित बनाना।'' रिटर ने शब्दाडम्बर पूर्ण दावा किया कि भूगोल सृष्टि विज्ञान के प्राकृतिक-दर्शन के अर्थ में 'पृथ्वी का विज्ञान' है। उसका उद्देश्य केवल पृथ्वी पर बसे मानव जीवन का वर्णन ही नहीं है। इसके भी आगे उसका यथार्थ उद्देश्य है। वह पृथ्वी को उसकी समांगता में (सभी प्राकृतिक घटनाओं के संदर्भ में) व्याख्या करने का विज्ञान है।[11]

रिटर के अनुसार भूगोल ''कुर्सी में बैठे-बैठे कमरे में पढ़ने-पढ़ाने का विषय (Arm-chair Geography)'' नहीं है, बल्कि क्षेत्र में शुद्ध अवलोकनों (प्रेक्षण) द्वारा कार्य करते, नियम-निरूपण करने का विज्ञान है।

विविधता में एकता का नियम (Principle of Unity in Diversity)

रिटर ने 'विविधता में एकता' के आधारभूत नियम का विकास किया। मानव के आवास में मूल-नियम जैविक एवं अजैविक घटकों में निहित आधारभूत एकता है। इसी एकता में लिप्त बना मानव अपने सांस्कृतिक पर्यावरण को तराशता है। अतएव, भूगोल के अध्ययन में हमारा प्रवेश-मार्ग (Approach) पर्यावरण के सभी प्राकृतिक व सांस्कृतिक घटकों को

सामने रख व उनके अन्तर्सम्बन्ध को ध्यान में रखने में ही निहित है। यही क्षेत्रीय इकाई के भूगोल को समझने-बूझने की प्रादेशिक-पहुँच (Regional Approach) है।

प्राकृतिक रूप से संबन्धित बने क्षेत्र की विविधता में एकता से तात्पर्य वहाँ की जलवायु, उत्पादन, संस्कृति, जनसंख्या व इतिहास के तालमेल से है। हम्बोल्ट की भाँति रिटर भी महाद्वीपों के संश्लिष्ट विवरण (Synthetic Account) प्रस्तुत करने का पक्षपाती था। उसने भी कतिपय नियतिवादिता से भरे अवलोकन कर हम्बोल्ट से अलग हट कर बात नहीं कही थी। रिटर की श्रेष्ठता केवल महाद्वीपों के विवरण में नहीं मानी गई थी। वह तो इसलिए गुणवान था कि उसने विवरणों के आधार पर ऐसे नियमों की व्यवस्था को स्थान दिया जो ''धरातल पर विभिन्न स्तरों पर पार्थिव घटनाओं के प्रादेशिक-सम्मिलन को निर्धारित करते हैं।''

रिटर की पद्धति, विधि-विधान, 'निगमात्मक (Deductive)' कही जाती है, क्योंकि वह नवीन निष्कर्षों को नि:सृत करने लगा था। ऐसे सत्यापनों एवं अन्य विधियों द्वारा मान्य-नियमों से वह नवीन सिद्धान्तों तक पहुँचने का प्रयास करता था। पार्थिव घटनाओं (दृश्य-जगत्) की स्थानिक व्यवस्था (Spatial Arrangement) को व्यक्त करने के हम्बोल्ट व रिटर के विचारों में कोई अधिक अन्तर नहीं दिखायी देता। दोनों की सोच में पर्याप्त समानता है।

रिटर ने अनेक प्रेरणास्पद विचारों को प्रकट किया। उसने जल व थल गोलार्द्धों के विचार पर, उनके ताप-ग्रहण करने व शीत बनने की दरों में अन्तर पर और दक्षिणी व उत्तरी गोलार्द्धों में उनके जल-थल अनुपात के अन्तरों पर जोर दिया। उसने यह निश्चयपूर्वक कहा कि महाद्वीपों में अन्तर है। अफ्रीका की तट-रेखा अपेक्षाकृत छोटी व पर्याप्त नियमित बनी है, और उसका अन्दरूनी भागों का समुद्र से सम्पर्क अत्यन्त कम है, जबकि एशिया के तट पर अनेक स्थानों पर समुद्र की पहुँच तट में अन्दर तक है और वहाँ अन्तरीप हैं। परन्तु एशिया का भीतरी भाग भी समुद्र से पर्याप्त दूरी रखता है। यूरोप महाद्वीप की समुद्री-पहुँच इन दोनों से ही भिन्न है। यूरोप की समुद्री तट रेखा तुलनात्मक अधिक लम्बी बनी है, और वह सरलता से तट में दूर तक पहुँच बनाती है। रिटर ने प्रत्येक महाद्वीप में भिन्न प्रजाति (Race) और उनके भिन्न रूप-रंग की पहचान की।[12] उदाहरणवत्, अफ्रीका में काले और यूरोप में गोरे (White) मनुष्य हैं। एशिया में पीत वर्ण के व अमेरिका में लाल मनुष्यों का निवास है। परन्तु इस प्रकार के अति-सामान्यीकरण (Over-Generalizaton) ने भूगोल-जगत् में अधिक भ्राँति उत्पन्न की। संक्षेप में कह सकते हैं कि रिटर की मुख्य विषय-वस्तु (Theme), 'मानव के विकास-मार्ग का निर्धारण करने में प्राकृतिक पर्यावरण सक्षम है' थी। उसके विचारों को डार्विन की 'Origin of Species' ने बल प्रदान किया जो जीवों के उनके आवास व वातावरण से अत्यन्त निकट के संबन्धों पर आधारित सोच था।

रिटर ने अपनी कृति 'Erdkunde' में प्रादेशिक भूगोल की अवधारणा को व्यक्त किया जो हम्बोल्ट के व्यवस्थित भूगोल से विपरीत थी। वह निगमात्मक उपागम में विश्वास करता था, और प्रयोजनमूलक (Teleologist) था। वह इस बात पर बल देता था कि वह 'नवीन' वैज्ञानिक भूगोल पढ़ा रहा है जो परम्परागत भूगोल से भिन्न है। ''परम्परागत भूगोल

नगरों व देशों का निर्जीव सारांश है जो सूचनाओं का मात्र अवैज्ञानिक विवरण है।" रिटर के भौगोलिक अध्ययन "पृथ्वी व मानव के बारे में अधिकाधिक ईश्वरीय योजना को व्यक्त करते हैं।" रिटर पृथ्वी को मनुष्य के घर-स्वरूप देखता था, परन्तु वह पृथ्वी की केवल बाह्य-पपड़ी (Outershell) को ही भौगोलिक अध्ययन का क्षेत्र मानता था, समूची पृथ्वी को नहीं।

एर्डकुण्डे *(Die Erdkundes)*

रिटर की चिरस्थायी रचना 'एर्डकुण्डे' (Erdkunde) है। जर्मन-शब्द 'एर्डकुण्डे' का तात्पर्य "पृथ्वी और उसके निवासी पारस्परिक सहभागी रूप में वर्तमान हैं, और उनमें से किसी एक को बिना दूसरे को समझे नहीं जाना जा सकता। अतएव इतिहास और भूगोल सदैव साथ-साथ बने हैं, उन्हें अलग नहीं किया जा सकता। धरातल निवासियों को प्रभावित करता है, और निवासी धरातल पर दृश्य में बदलाव लाते हैं।"

उदाहरण बतौर, यूरोप में केवल पूर्व की ओर (रूस), भौगोलिक आकृतियों में समानता व ऐतिहासिक समानता है। परन्तु पश्चिम की ओर इतिहास और वातावरण में असमता और विविधा है। दक्षिणी यूरोप में इतिहास इतना मुखर हो उठा है कि मिश्र, रोम, यूनान गॉल व आइबेरियन आदि सभ्यताओं की उपलब्धियों से भरा है।[13] एर्डकुण्डे में रिटर ने सिद्धांत: व्यक्त किया कि यूरोप में सभ्यताएँ पूर्व से उत्तर-पश्चिम की ओर विकसित हुईं।

एर्डकुण्डे के पहले दो भाग ऐतिहासिक अध्ययन से जुड़े हैं। उसने 1817 से 1859 की अवधि में एर्ड कुण्डे के 19 भागों को पूरा किया था। परन्तु ये जिल्दें केवल अफ्रीका और एशिया के भागों से संबन्धित हैं। यद्यपि रिटर लम्बे समय तक जीवित रहा परन्तु वह यूरोप के विषय में कार्य पूर्ण नहीं कर सका।

अपने लेखों में रिटर ने यही सिद्ध करने का प्रयास किया कि पृथ्वी का निर्माण मनुष्य के लिए हुआ है। जैसे "शरीर का निर्माण आत्मा के लिए है, प्राकृतिक ग्लोब (पृथ्वी) मानव-मात्र के लिए बना है।" रिटर के कार्यों का तार्किक विकास उन सभी भूगोलवेत्ताओं के लेखों में हुआ जिन्होंने विभिन्न घटनाओं-भौतिक-आकृति, जलवायु, वनस्पति, और क्षेत्र विशेष के मनुष्यों के मध्य अन्तर्क्रियाओं का अध्ययन किया।

रिटर की प्रधान भौगोलिक अवधारणाओं को निम्न प्रकार से सारभूत किया जा सकता है[14]–

1. रिटर ने भूगोल को अनुभवाश्रित विज्ञान माना। वह विषय केवल बुद्धिजन्य सिद्धान्त से नि:सृत तार्किक नियमों पर आधारित मात्र नहीं था।
2. पार्थिव दृश्य-जगत् की स्थानपरक व्यवस्था में सामंजस्यता पायी जाती है। क्षेत्र में दृश्य-जगत् के रूप में वस्तुएँ अन्तर्सम्बन्धित बन अनूठी इकाइयाँ बनी हैं[15]।
3. सीमाएँ (शुष्क अथवा तरल), नदियों अथवा पर्वतों के रूप में, भूगोल के क्षेत्रीय इकाई के यथार्थ ज्ञान के अवबोध की साधन मात्र हैं[16]।

4. भूगोल का नाता रिटर के मतानुसार पृथ्वी तल की वस्तुओं (Objects of Earth) से, जैसी वे स्थित बनी, है। वह क्षेत्रों का उनकी समस्तता (In their Totality) में संश्लिष्ट रूप में अध्ययन करने के पक्ष में था।

5. वह भूगोल में सम्मिलित विषय-वस्तु (Content) और भूगोल अध्ययन का प्रयोजन (Purpose) समस्तता के दृष्टिकोण (Holistic View) पर आधारित मानता था। यह दृष्टिकोण प्रकृति में ऐसे काष्ठों से बना 'फ्रेम' है जो दृश्य-जगत् की 'इकाई' कहा जाता है। विषय-वस्तु का प्रयोजन अन्ततः मानव में समा जाता है।

6. रिटर की मान्यता थी कि जैविक पृथ्वी की छोटी से छोटी इकाई में दिव्य-ज्योति है जो मानव की जरूरतों को पूरा करने की क्षमता रखती है। पृथ्वी के विषय में उसका सोच उद्देश्य-परक (Teleological) था।

रिटर व हम्बोल्ट, दोनों ने ही 'प्रकृति की एकता' पर जोर दिया, यद्यपि एक का सोच धार्मिक था तो दूसरे का वैज्ञानिक। दोनों ही यह विश्वास व्यक्त करते थे कि शोध का उद्देश्य इसी 'एकता' को स्पष्ट करना होना चाहिए। इस दृष्टि से दोनों अपने समय के आदर्शवादी दार्शनिक थे।

हम्बोल्ट व रिटर दोनों का आदर्शवाद भिन्न-कोटि का है। हम्बोल्ट की 'प्रकृति की एकता' सुरुचिपूर्ण (Aesthetic) थी, जबकि रिटर की धार्मिक। वह रिटर की तुलना में गेटे (Goethe) के अधिक समीप था। वह रिटर की भाँति 'एकता' के लिए कोई स्पष्टीकरण देने के पक्ष में नहीं था, न वह 'एकता' को ऐसी ईश्वरीय-व्यवस्था मानता था जो मानव के विकास में योग देती है। हम्बोल्ट की व्यस्तता प्राकृतिक विज्ञान के विकास में थी जिसका महत्त्वपूर्ण योग प्राकृतिक भूगोल को व्यवस्थित विज्ञान का स्थान-निर्धारण में है। रिटर इसके विपरीत प्रादेशिक भूगोलवेत्ता था।

सब कुछ इतना करने के बाद भी हम्बोल्ट व रिटर के काल तक भी भूगोल ज्ञान की किसी विशिष्ट कोटि में (Specific Scientific Discipline) अपना स्थान नहीं बना सका था। इस विषय की स्थिति एक छाताधारी-संकल्पनावत् (Umbrella Concept) है। वह प्राकृतिक एवं सामाजिक विज्ञानों के छाते की छाया में अपनी यात्राओं व खोजों के अधीन अनेक भौगोलिक समितियों द्वारा पोषण प्राप्त करता रहा। ऐसी भौगोलिक समितियाँ जिनसे भूगोल के मन्तव्यों का विकास हो रहा था, निम्नांकित हैं-

1. The Societe de Geographie de Paris - 1821.
2. The Gesellschaft fur Erdkunde Zu Berlin - 1828.
3. The Royal Geographical Society, London - 1830.
4. The Geographical Society, Mexico - 1833.
5. The Geographical Society Frankfurt - 1836.
6. The Geographical Society Brazil - 1838.

7. The Imperial Russian Geographical Society in St. Petersburg - 1845.
8. The American Geographical Society - 1852.

इन समितियों का मुख्य कार्य यात्राओं के लिए सहायता प्रदान करना और वार्षिक रिकार्ड (Year Books) प्रकाशित करना था। साथ-साथ यात्राओं के विवरणों को मानचित्रों सहित शोध-पत्रिकाओं में छपवाना व आर्थिक योगदान देना था।

चार्ल्स रॉबर्ट डार्विन (Charles Robert Darwin 1809-1882)

डार्विन का जन्म 12 फरवरी, 1809 में माउण्ट शिरूस्बरी (Mount Shrewsbury), सिरोपशायर (इंग्लैण्ड) में हुआ। वह प्रकृतिवादी था। वह अपने विकासवादी सिद्धान्त के लिए विख्यात हुआ। उसकी प्रसिद्ध 'डार्विनवाद' (Darwinism) के कारण भी है। उसकी प्रधान कृतियाँ (i) Origin of Species by Means of Natural Selection (1859), और (ii) Descent of Men and Selection in Relation to Sex (1871) डार्विन के सिद्धान्तों ने उस काल की वैज्ञानिक व धार्मिक दिशा को बहुत प्रभावित किया था।

डार्विन के पिता, रॉबर्ट वारनिंग जाने-माने चिकित्सक थे। आठ वर्ष की अवस्था से ही डार्विन का लालन-पालन उसकी बहन ने किया। जीवन के आरम्भ काल से ही डार्विन की रुचि प्राकृतिक इतिहास में थी। उसने एडिनबरा विश्वविद्यालय में चिकित्सा में शिक्षा ग्रहण की, और इसके उपरान्त केम्ब्रिज से 1831 में चिकित्सा में ही उपाधि अर्जित की।

डार्विन सन् 1831 में प्रकृतिवादी की हैसियत से यात्रा-अभियान पर निकल पड़ा। वह दक्षिणी अमेरिका व प्रशान्त महासागर में पाँच वर्षों तक प्राकृतिक जीवों के अध्ययन में जुटा रहा, और उनके क्रमिक विकास में उसकी आस्था दृढ़ बनी। इंग्लैण्ड लौट कर 20 वर्षों तक उसने इसी विकास-अवधारणा पर कार्य करते हुए अपने विचारों को परिशुद्ध बनाया। सन् 1856 में उसने लिखना आरम्भ कर 1859 में अपनी रचना Origin of Species प्रकाशित की। अपने जीवनकाल के अन्तिम भाग में वह कष्ट भोगता रहा क्योंकि वह चागस (Chagas) रोग से ग्रस्त हो गया जिसे वह दक्षिणी अमेरिका से लगा लाया था।

डार्विन की प्रतिभा केवल जीव-जातियों के विकास अध्ययन से ही अनुमानित नहीं की जाती। वह शाखाओं के वर्गीकरण-विज्ञान, प्रवाल-द्वीप व अवरोधी-श्रेणी (Atolls and barrier-reef) के निर्माण और मृदा को उपजाऊ बनाने में केंचुओं का योग आदि विषयों में भी निपुणता प्राप्त कर विख्यात बना। उसके अन्य कार्यों में उल्लेखनीय रचना- 'Variation in Animals and Plants under Domestication' (1868) और 'Descent of Man'.... वह 19 अप्रैल 1882 में मृत्यु को प्राप्त हो गया। उसकी मृत्यु के काल तक डार्विन की महानता में कोई संदेह शेष नहीं था और उसे वेस्टमिनिस्टर ऐवी चर्च, लंदन में दफ़नाया गया।

भौगोलिक-अवधारणा के विकास पर डार्विन का प्रभाव (Impact of Darwin on the Development of Geographical Concepts)

डार्विन के विकासवादी सिद्धान्त ने भू-विज्ञानों, पर्यावरणीय एवं जीव-विज्ञानों में क्रांतिकारी परिवर्तन उत्पन्न किए। उसके सिद्धान्त ने जीवों के समान-उद्गम की ओर ध्यान आकर्षित किया और जीव-जातियों की गुणक-वृद्धि व उनके क्रमिक शनै: शनै: विकसित होने की अवधारणा व्यक्त की। वह प्राकृतिक-चयन में विश्वास करता था, और उसने स्पष्टत: व्यक्त किया कि किस भाँति सहस्त्रों जीव विश्व में पर्यावरण के प्रति अनुकूलन करते हैं। प्रकृति के साथ जीवों का तादात्म्य बनना दैविक नहीं है, और न वह ईश्वरीय-योजना है। जीव प्राकृतिक रूप से स्पष्ट सकारण अनुकूलन कर विकसित बने, और उन्हें अपने अस्तित्व को जारी रखने के लिए अवश्य संघर्ष करना पड़ता है। प्राकृतिक-संघर्ष ही जीवों को स्थायित्व की स्थिति के चयन की ओर ले जाता है। इस संघर्ष में जो अपने प्रतिस्पर्धियों की तुलना में पर्यावरण के प्रति बेहतर अनुकूलन कर पाते हैं, जीवित बने रहते हैं। यह वस्तुत: पुनरुत्पादक-सफलता का सिद्धान्त है जिसके अन्तर्गत श्रेष्ठ अनकूलन वृद्धि प्राप्त करते, और अपेक्षाकृत निकृष्ट समाप्त होते जाते हैं। रसल वालेस (Russel Wallace 1823-1913) ने भी उसी समय ऐसा ही सिद्धांत प्रस्तुत किया जो दक्षिणी-पूर्वी एशिया के द्वीपों के सर्वे-कार्य पर आधारित थी। स्टोडार्ट (1966) ने भौगोलिक शोध में डार्विन के प्रभाव जनित मुख्यत: चार प्रकरणों (Themes) की ओर ध्यान इंगित किया-

1. कालानुरूप विकास अथवा परिवर्तन-अधम से श्रेष्ठतर की ओर संक्रमिक परिवर्तन बदलाव।
2. साहचर्य व संघटन-पारिस्थितिकीय जैविक के एक भाग-रूप से मानव-जगत्।
3. संघर्ष व प्राकृतिक-चयन।
4. प्रकृति में वैविध्य से आकस्मिक-अवसर।

रिटर के प्रयोजनमूलक दृष्टिकोण और मानव व अन्य जीवों की उत्पत्ति में दैवीय-अवधारणा को डार्विन ने अस्वीकार किया। इसका प्रभाव मानव भूगोल व भौतिक भूगोल की अवधारणाओं के विकास में देखा गया। आगे प्रकरणों में डार्विन के सिद्धान्त से घटित प्रभावों को भूगोल के विभिन्न पक्षों में, उनकी विधि-विधान व आगमन पर संक्षेप में व्यक्त किया गया है :

1. भू-आकारिकी विज्ञान पर प्रभाव

डार्विन के सिद्धान्त ने भौतिक भूगोल के विचारों में परिवर्तन किया। वह विषय जीव विज्ञान, भू-गर्भ और भूआकार विज्ञानों सहित प्राकृतिक विज्ञान की श्रेणी में सम्मिलित हुआ। ऑस्कर पेश्चलु ने यह प्रस्तावित किया कि भौतिक भूगोल के अध्ययन में भूगोलवेत्ताओं को धरातल की आकृतियों का अध्ययन करना चाहिए। रिटर की भाँति ही वह भू-आकारों के महत्त्व को मानव-विकास अध्ययन की दृष्टि से भी महत्त्वपूर्ण ठहराता था। परन्तु डार्विन रिटर के

धार्मिक दृष्टिकोण से सहमत नहीं था। उसकी प्राकृतिक विज्ञानों की विवेचना-विधि कार्य-कारण पर आधारित है। डार्विन के सिद्धान्त से ही प्रेरित होकर भू-गर्भ-वैज्ञानकों और जीवाश्म-वैज्ञानिकों ने काल-मापक (Timescale) के विकास में ध्यान लगाया, चट्टानों की क़िस्मों के व्यवस्थित मानचित्र रचे और जीवाश्मों का विश्लेषण किया।

भौतिक भूगोल में भू-आकार अब शोध का मुख्य विषय बन गया था। 19वीं सदी के उत्तरार्द्ध तक भूगोल के प्रोफसरों की नियुक्ति लगभग सभी विश्वविद्यालयों में पूर्ण हुई। यह अवधि भूगोल में 'भूगर्भीकरण' कही जा सकती है। भू-आकारिकी विज्ञान भौतिक भूगोल की महत्त्वपूर्ण शाखा बनी। इसमें भू-आकारों की उत्पत्ति, विकास, उनके स्वरूप व वर्गीकरण और स्थानपरक वितरण की विवेचना होती है।

W.M. Davis ने डार्विन के विकासवादी संकल्पना का उपयोग अपनी 'भौगोलिक-चक्र' (Geographic Cycle) की अवधारणा में किया। डेविस ने जैविक जीवन और भू-आकारों के विकास में समानता पायी, और उसने व्यक्त किया कि ''भू-आकारों का विकास भी उसी भाँति हुआ जिस भाँति जीव का जीवन विकसित होता है।'' आवरण-क्षय के चक्र को वह 'भौगोलिक चक्र' मानता था जो काल-अवधि के दौरान भू-भाग के ऊँचा बनने के साथ ही क्षय होना आरम्भ हो जाता है, और अन्ततः इस प्रक्रिया के अधीन वह आकृतिविहीन समतल लगभग मैदान जैसा (Peneplain) बन परिवर्तित होता है। उसने निश्चयपूर्वक व्यक्त किया कि ''भूदृश्य, संरचना, प्रक्रिया और अवधि सोपान का परिणाम है ''(Landscape is a function of structure, process and time (Stage)" डेविस ने भू-आकारों की विकास-प्रक्रिया में तीन सोपानों को इंगित किया- युवावस्था, परिपक्वावस्था और वृद्धावस्था। जीवों की भाँति ही प्रत्येक अवस्था में विशिष्ट भू-आकार विकसित बनता है। अतः भू-आकारों का विकास एक क्रमिक व्यवस्था है जैसी कि जीवों के जीवन के दौरान भी विकसित पायी जाती है। डेविस का मॉडल भू-आकारों का विकास एक क्रमिक व्यवस्था है जैसी कि जीवों के जीवन के दौरान भी विकसित पायी जाती है। डेविस का मॉडल भू-आकारों के विकास के बारे में सभी अन्य मॉडलों का जन्मदाता बना। इसने भू-आकृति विज्ञान के अध्ययन में एक विशेष स्थान बनाया। वस्तुतः समस्त भू-आकारिकी क्षेत्र-अध्ययन ही डेविस की अवधारणा द्वारा प्रभावित बना जिसे उसने डार्विन के जीव-जातियों के सिद्धान्त पर विकसित किया था।

2. 'लैण्डशेफ़्ट' पर प्रभाव

जर्मन भू-आकारिकी-वैज्ञानिक डार्विन के सिद्धान्त जीव-जातियों की उत्पत्ति (Origin of Species) से प्रभावित बने। उन्होंने भूगोल को 'भूदृश्य विज्ञान' (Landscape Science) के रूप में परिभाषित किया। वे भूगोल को क्षेत्र विशेष के भू-आकारों पर आधारित मानते थे। उनके विश्लेषण हेतु अनेक योजनाएँ उन्होंने रचीं और वर्गीकरण सुझाए। जर्मन भू-आकारिकी वैज्ञानिक प्राकृतिक व सांस्कृतिक भू-दृश्यों को एक-दूसरे से भिन्न ठहराने में मानवीय योग की महत्ता इंगित करते थे। सांस्कृतिक भूदृश्य में आस्थावान 'साउर की बर्कले

संस्थान' (Sauer's Berkeley School) भी भू-आकारों की प्राकृतिक आकृति में रुचि प्रदर्शित कर 'लैण्डशेफ्ट' को महत्ता देती थी। दूसरी ओर ब्रिटेन के भूगोलवेत्ताओं ने भू-आकारिकी विज्ञान को भूगोल की नींव कहा और उसकी महत्ता इंगित की। ये वस्तुतः डार्विन के सिद्धान्त का फल था।

3. मानव भूगोल पर प्रभाव

डार्विन के सिद्धान्त ने मानव-भूगोल के आधारभूत नियम को प्रभावित किया। पर्यावरण द्वारा नियंत्रित मानवक्रिया वातावरणीय नियतिवाद के नियम के डार्विन-सोच से प्रभावित होकर एक नया मोड़ धारण किया। अब जर्मन व अमेरिकी भूगोलवेत्ता मानव व वातावरण के संबन्ध को डार्विन के विकासवादी परिप्रेक्ष्य में देखने लगे।

रेटज़ेल की रचना Anthropogeographic में समान स्थितियों में समान प्रकार के जन-जीवन का विकास पर ज़ोर है जो डार्विन के सोच का ही परिणाम कहा जा सकता है। रेटज़ेल को डार्विन का घोर समर्थक माना जाता है। उसकी अमेरिकी शिष्या एलेन चर्चिल सेम्पल (E.C.Semple) ने अपनी पुस्तक 'Influences of Geographic Environment' का आरम्भ ही इस कथन से किया- ''मानव धरती की उपज है''। हटिंग्टन (Huntington) ने प्रभावी रूप से ''जलवायु को मानव-सभ्यता के विकास व उन्नति में नियंत्रण करने वाला कारक'' कहा।

घोर नियतिवादी सोच की प्रतिक्रिया भी यद्यपि होने लगी थी जिसके परिणामस्वरूप एक विपरीत सोच 'सम्भावनावाद' (Possibilism) प्रकट हुआ। इस सोच ने मानव को वातावरण के प्रति उदासीन नहीं मानते हुए उसे वातावरण में सक्रिय योग देने वाला अभिकर्ता कहा।

4. राजनीतिक भूगोल पर प्रभाव

डार्विन के मत से सबसे अधिक प्रभावित राजनीतिक अवधारण रेटज़ेल की 'Lebensraum' (Living Space) 'स्थान भी जीव समान है' थी। रेटज़ेल ने अपनी पुस्तक 'पॉलिटिकल ज्योग्राफी' (Political Geography) में राष्ट्र जीव-तुल्य कहा, और आगे तर्क दिया कि राष्ट्र भी अपनी सीमा का विस्तार उसी भाँति करना चाहता है जैसे बढ़ते हुए जीव अपने शरीर का विस्तार करते तथा अधिक स्थान चाहते हैं। अतएव, क्षेत्र-अधिग्रहण की प्रतिस्पर्धा हेतु राष्ट्रों में संघर्ष देखा जाता है। अपने विस्तार के लिए वे इलाक़ा चाहते हैं। भूगोलवेत्ताओं ने भी डार्विन की विचारधारा का अनुपालन किया- 'संघर्ष में सर्वश्रेष्ठ ही अस्तित्व में बना रह सकता है। इसी विचारधारा ने जर्मन राजनीतिक विचारकों के दार्शनिक सोच में बदलाव उत्पन्न किया। रेटजेल ने ज़ोरदार शब्दों में व्यक्त किया- जैसे पेड़-पौधों, जीव-जन्तु=जगत् में अस्तित्व के लिए संघर्ष तथा स्थान-ग्रहण के लिए केन्द्रित देखा जाता है, उसी प्रकार राष्ट्रों के बीच भी मुख्यत संघर्ष क्षेत्र-अधिग्रहण के लिए है। अस्तित्व के लिए रहने का स्थान' (Living Space) की अवधारणा आधारभूत है, और जीवों व पेड़-पौधों की 'बायो-

ज्योग्राफी' (Bio-Geography) के विकास में सहायक बनी अवधारणा है। इस अवधारणा को जर्मन-सम्प्रदाय 'Geopolitik' ने 1920-1930 के दौरान समुचित ठहरावकर नाजियों की विस्तारवादी नीति का समर्थन किया था।

5. सांस्कृतिक भू-दृश्य पर प्रभाव

कार्ल साउर ने 1925 में अमेरिकी भूगोल में 'सांस्कृतिक भू-दृश्य' की शब्दावली आरम्भ की और एक लेख 'The Morphology of Landscape' प्रकाशित किया। इस अवधारणा को वातावरणीय नियतिवाद के एवज़ में साउर ने खड़ा कर यह स्थापित करने का यत्न किया कि वातावरण केवल कारणस्वरूप मानव जन-जीवन को प्रभावित ही नहीं करता बल्कि मानव व वातावरण का पारस्परिक अन्तर्सम्बन्ध मानवों की छाप भू-दृश्य में विकसित करता है। साउर का ज़ोर इस तथ्य पर केन्द्रित था कि भूगोलवेत्ताओं को उत्पत्तिमूलक दृष्टिकोण से आगे बढ़ते हुए प्राकृतिक वातावरण के सांस्कृतिक भू-दृश्य में विकसित बनने की प्रक्रिया का विवेचन करना चाहिए। भू-दृश्य के वर्तमान तक परिवर्तन बनने की प्रक्रियाओं का अध्ययन की ओर साउर का ध्यान-आकर्षण कराना ही उसकी 'Landscape' अवधारणा का मूल मंत्र था। भू-भाग में दृश्य-परिवर्तन प्रक्रिया का आरम्भ मानव के प्रागैतिहासिक सोपान-काल से ही हो जाता है जिसे बसाव की पूर्व-मानवीय (Prehuman Stage of Occupance) स्थिति मान सकते हैं।

तात्पर्य यह है कि भूगोल पर डार्विन का प्रभाव बहुमुखी है। उसके विकासवादी सिद्धान्त ने भू-आकृति-विज्ञान, मानव भूगोल, राजनीतिक भूगोल व सांस्कृतिक भूगोल को गहन रूप से प्रभावित किया। इन क्षेत्रों के उद्‌भव एवं विकास की कहानी जीवों के उद्‌भव एवं विकास से जुड़ी है। इस सिद्धान्त ने भूगोल में नवीन दार्शनिक अवधारणाओं को विकसित किया, और भूगोल में विवेचन की नवीन पद्धतियों का प्रवेश हुआ। डार्विन के सिद्धान्त से भूगोल का ज्ञान अधिक व्यवस्थित हुआ और सामाजिक व पर्यावरणीय दृष्टि से वह अधिक सार्थक बन उठा।

Notes

1. Kellner, L., 1963, *Alexander von Humboldt*, London, p.6.
2. Humboldt, A.V., 1793, *Florae Fribergenis Subterraneans Exhibens*, Berlin, p.30.
3. James, P.E., and Martin, G.J., 1981, *All Possible Worlds*, p.116.
4. *Ibid.*, p.124.
5. Humboldt, von. A., *Kosmos*, Vol. I, p.53.
6. James, P.E., and Martin, G.J., *op.cit.*, p. 124.

7. Bogekamp, H., 1963, An Account of Prof. Ritter's Geographical Labour in W.L. Gage, Trans. *Geographical Studies by the Late Professor Carl Ritter of Berlin*, pp.33-51.
8. Karl, A.S., 1959, 'Carl Ritter, 1779-1859', *Scottish Geographical Magazine*, Vol. 75, pp.152-163.
9. Dickinson, R.E., 1969, *The Makers of Modern Geography*, p.35.
10. *Ibid.*, p.35.
11. *Ibid.*
12. Schmitthener, Carl Ritter, quoted by Dickinsons, p.44.
13. Freeman, *Six Hundred Years of Geography*, p.35.
14. Dickinson, R.E., *op.cit.*, pp.42-45.
15. Ritter, C., *Comparative Geography*, p.28.
16. Hartshorne, R., *The Nature of Geography*, p.233.

7

भौगोलिक विचार के सम्प्रदाय

(Schools of Geographic Thought)

इमानुएल काण्ट ने भूगोल विषय को दार्शनिक आधार प्रदान किया। हम्बोल्ट व रिटर ने विषय का विकास कर उसे ज्ञान की स्वतंत्र शाखा की स्थिति में ला-खड़ा किया। उन्नीसवीं सदी के मध्यकाल से समकालीन तक भूगोल में अनेक दार्शनिक सोच परिवर्तित हुए परिभाषाएँ बदलीं, नए-नए नियमों का विकास हुआ और अभिगमों का जन्म हुआ। भूगोल में प्रधान अवधारणाएँ व पद्धतियों में फ्रांसीसी, जर्मन, ब्रिटिश, अमेरिकन व रूसी वैज्ञानिकों का योग देखने में आया है। इस अध्याय में इन सम्प्रदायों के विचारों का संक्षिप्त विवरण प्रस्तुत किया गया है।

भूगोल का जर्मन सम्प्रदाय (The German School)

जर्मन विद्वानों का योगदान भूगोल के विकास में वृहत् मात्रा में हुआ है। अठारहवीं और उन्नीसवीं सदी में जर्मनों ने अपने अथक् प्रयास से विषय को सुदृढ़ बनाया। उन्होंने उसे दार्शनिक और वैज्ञानिक आधार प्रदान किया। हम्बोल्ट और रिटर के काल के उपरान्त भूगोल के प्रति विश्वविद्यालयों में परिवर्तन आए। इन विद्वानों के काल में विद्यार्थियों को चिर-प्रतिष्ठित भाषाओं (Classical Languages), ब्रह्मविज्ञान (Theology), न्याय व तर्कशास्त्र जैसे विषयों में प्रशिक्षित बनाया जाता था। उन्नीसवीं सदी के मध्य में पाठ्यक्रमों में बदलाव आया और अनेक विज्ञानों जैसे प्राकृतिक, जीव-विज्ञान व सामाजिक आदि को मानक माना गया। विद्यार्थियों को अध्ययन के विषय चयन में स्वतंत्रता मिली। परन्तु 19वीं सदी के अन्त तक भी बहुत कम विश्वविद्यालयों में भूगोल की शिक्षा आरम्भ हुई। भूगोल का विकास आरम्भकाल में धीमा रहा। भूगोल के अध्यापकों की पृष्ठभूमि भी शुद्ध व उचित भौगोलिक नहीं थी। अधिकांश अध्यापक कार्ल रिटर के शिष्य थे, और उन्होंने भूगोल का औपचारिक अध्ययन

नहीं किया था, बल्कि वे अन्य विषय में शिक्षित बने थे। कुछ का प्रशिक्षण इतिहास में, कुछ गणित में एवं अन्य प्राकृतिक विज्ञानों, इंजीनियरिंग आदि में निपुण बने थे। इस काल में अनेक भौगोलिक समितियाँ बनीं जिन्होंने भौगोलिक सामग्री का प्रकाशन किया और पृथ्वी के विषय में सूचनाएँ एकत्र की थीं।[1] जर्मन विद्वानों ने भूगोल की अनेक परिभाषाएं दीं,[2] और क्षेत्र-निर्धारण का प्रयास किया। आगे के प्रकरणों में उनके महत्त्वपूर्ण कार्यों, अवधारणाओं व उपलब्धियों का विवरण है।

19वीं सदी का मध्यकाल यूरोप में राजनीतिक उथल-पुथल का काल था। सेना में मानचित्रों, चार्ट आदि की बहुत माँग होना आरम्भ हो चुकी थी। प्रशासकों को विभिन्न देशों की प्राकृतिक व सांस्कृतिक दशाओं के ज्ञान की लालसा थी। मानचित्रों का सदुपयोग महत्त्वपूर्ण बन जाने के कारण, वह सभी कुछ भूगोल बन उठा था जो मानचित्रों से इंगित है।

ऑस्कर पेश्चल (Oscar Peschel 1826-1875)

सन 1871 में पेश्चल लिपजिग विश्वविद्यालय में प्रोफेसर नियुक्त था। वह 'Das Ausland' पत्रिका का सम्पादक था जिसमें विदेशों के भूगोल के बारे में सामग्री प्रकाशित होती थी।[3] इस साधन से पेश्चल ने विभिन्न देशों का तुलनात्मक-भूगोल विकसित किया। उसने मानचित्र की सहायता से नार्वे के फियोड्र्स (Fiords of Norway) का अध्ययन कर परिकल्पना प्रस्तुत की कि फियोर्ड पृथ्वी की पपड़ी पर दरारें व नालियाँ है। ये धरातल हिमानियों द्वारा आवृत्त बना था।[4] पेश्चल ने आधुनिक प्राकृतिक भूगोल की नींव रखी, और उसका प्राथमिक ध्यान भू-आकारों के अध्ययन की ओर था। परन्तु अपने अध्ययन में उसने भूगोल में मानव-घटक की उपेक्षा की। वह 49 वर्ष की आयु में मृत्यु को प्राप्त हुआ और प्राकृतिक भूगोल पर उसकी पुस्तक का प्रकाशन मृत्योपरान्त हुआ।[5]

फर्डिनेन्ड फॉन रिचथोफेन (Ferdinand von Richthofen 1833-1905)

फ्रेंको-प्रशा युद्ध (Franco-Prussian War) 1871 में समाप्त हुआ। जर्मनी का एकीकरण हुआ, और जर्मन-साम्राज्य का उदय हुआ। युद्ध समाप्ति पर भूगोल के पठन-पाठन की मांग में वृद्धि आयी, और भूगोल में नई पाठ्य-पुस्तकों की रचना हुई। देश में 10 विश्वविद्यालयों में भूगोल का शिक्षण आरम्भ हुआ। रिचथोफेन जो मूलतः भूगर्भ वैज्ञानिक था, उसने भू-आकृति विज्ञान में रुचि प्रकट की, और वह इसका संस्थापक माना जाने लगा। इस प्रकार उसने भूगोल के विकास में योगदान दिया। उसने चीन की यात्रा की और वहाँ की कोयला-खानों के मानचित्र रचे।[6] उसने उत्तरी चीन में लोएस मिट्टी की रचना की ओर ध्यान दिया तथा उसकी उत्पत्ति को स्पष्ट करने का प्रयास किया।

रिचथोफेन के मतानुसार, भूगोल का उद्देश्य विभिन्न प्रकार की घटनाओं की ओर ध्यान आकर्षण करना है जो धरातल पर अन्तर्सम्बन्ध में घटित हैं।[7] उसकी सुझायी भौगोलिक पद्धति में पहले प्रदेश की प्राकृतिक दशा (Physical Setting) का ज्ञान-

(धरातल-आकृति, जलवायु, मिट्टी, वनस्पति, पेड़-पौधे, जीव-जन्तु) का अध्ययन-इसके उपरान्त मानवों द्वारा इनके प्रति समायोजन का परीक्षण सम्मिलित था। उसके अनुसार भूगोल का प्रधान उद्देश्य ही उस संबन्ध की खोज करना जो मनुष्य प्राकृतिक धरातल और जीव-समूह के साथ स्थापित बनाए रखता है। कुछ समय के लिए भूगोल का यह उद्देश्य और कार्य-पद्धति अध्ययनों का आधार बनी रही। जर्मनी व विश्व के अन्य भागों में इसका अनुपालन होता रहा।

रिचथोफेन पहला जर्मन-विद्वान् था जिसने 'सामान्य' और 'प्रादेशिक' भूगोल के मध्य अन्तर देखा। वह इस तथ्य पर ज़ोर देता था कि प्रादेशिक भूगोल का विवरण प्रदेश की प्रमुख विशेषताओं को उजागर करे, यहाँ तक कि उसका अनूठा विवरण परिकल्पनाओं (Hypotheses) निर्माण में सहायक बने जिनसे अवलोकी गई विशेषताएँ प्रकट बनें। सामान्य भूगोल से उसका तात्पर्य विश्व में व्यक्तिगत वस्तुओं (घटनाओं) का स्थान विषयक वितरण स्पष्ट करना था। प्रदेश का व्यवस्थित अध्ययन क्षेत्र-कार्य (Fieldwork)[8] द्वारा संपन्न करने पर उसने बल दिया था। विभिन्न आकार-विस्तार के क्षेत्रों के लिए रिचथोफेन की पद्धतियाँ भी भिन्न-भिन्न थीं जिनका नामकरण उनके आकारानुसार वृद्धि के क्रम में (i) Erdteile (विश्व के वृहत् भाग), (ii) Lander (प्रमुख क्षेत्र), (iii) Landschaften (लघु प्रदेश के दृश्य) तथा (iv) Ortlichkeiten (इलाका-Localities)[9] थे। रिचथोफ़ेन का यह भी कहना था कि 'अर्डकुण्डे' (Erdkunde), अर्थात् भूगोल का अध्ययन वह पृथ्वी है जो धरातल, वायुमण्डल, जीव-जगत् और जलमण्डल के परस्पर सम्पर्क से संबन्धित है।

फ्रेडरिक रेटज़ेल (Friedrich Ratzel 1844-1904)

19वीं सदी के अन्तिम भाग में जर्मनी में भूगोल की रंगस्थली पर फ्रेडरिक रेटज़ेल छाए हुए थे। वह प्राथमिक रूप से प्राकृतिक विज्ञानों से जुड़ा हुआ था, परन्तु भूगोल क्योंकि प्राकृतिक विद्वानों व मानव-अध्ययन में संबन्ध व्यक्त करने का विषय था, रेटज़ेल की भी इसमें रुचि बन उठी। उसका मुख्य कार्य-क्षेत्र मानव-भूगोल था। रेटज़ेल ने डॉक्ट्रेट की उपाधि प्राणी विज्ञान, भूगर्भ-विज्ञान और तुलनात्मक शरीर-रचना विज्ञान में अर्जित की।

सन् 1844 में जन्मे रेटज़ेल की शिक्षा जर्मनी के अनेक विश्वविद्यालयों में हुई। वह इटली (1872), तथा संयुक्त राज्य व मेक्सिको (1874-75) में घूमा-फिरा और पूर्वी यूरोप में भी उसने विस्तृत यात्राएं कीं। म्यूनिख एवं लिपज़िग विश्वविद्यालयों में वह सेवारत था।

डार्विन का समकालीन होने के नाते रेटज़ेल पर उसके सिद्धान्त Evolution of Species[10] का प्रभाव था। उसने डार्विन के सिद्धान्त को मानव-समाजों पर लागू किया। रेटज़ेल से पहले हम्बोल्ट द्वारा व्यवस्थित भूगोल की, और रिटर द्वारा प्रादेशिक भूगोल की नींव डाली जा चुकी थी। पेश्चल व रिचथोफ़ेन ने पृथ्वी की आकृतियों के व्यवस्थित अध्ययनों की रूपरेखा इंगित की थी। परन्तु रेटज़ेल का योगदान विभिन्न जन-जातियों व देशों में जन-जीवन के तौर-तरीक़ों की तुलना प्रस्तुत करने में उल्लेखनीय है। इस कार्य से मानव-भूगोल के अध्ययन में व्यवस्था विकसित हुई। रेटज़ेल को मानव भूगोल में सर्वव्यापी ख्याति मिली, और वह मानव भूगोल के जनक रूप में विख्यात हुआ। अपने क्षेत्रीय-कार्य द्वारा उसने जनजातियों, प्रजातियों एवं देशों के अध्ययन पूर्ण कर एक नवीन शब्दावली 'Anthropogeography' को जन्म दिया। रिटर के मानव भूगोल को रेटज़ेल ने आगे बढ़ाया और उसे 'एन्थ्रोपोज्योग्राफी' व पॉलिटिकल ज्योग्राफी में उप-विभक्त किया। रेटज़ेल को उसके सिद्धान्त 'लेबेनज़्रम' (Lebensraum) के लिए सर्वाधिक ख्याति मिली जिसमें उसने राज्य के विकास की निवासित जीवों (living organism) से तुलना की है।

रेटज़ेल बहुमुखी प्रतिभा का पक्का जर्मन-विद्वान् था। उसकी देशभक्ति में आस्था ने उसे फ्रेंको-प्रशा युद्ध छिड़ने पर प्रशा की सेना में शामिल बनने के लिए प्रेरित किया था। युद्ध में वह दो बार घायल भी हुआ। जर्मनी के एकीकरण (1871) के पश्चात् उसने जर्मनी के बाहर बसे जर्मन जन-जीवन के तौर-तरीक़ों का अध्ययन किया। इस हेतु वह हंगरी व ट्रांस-सिलवेनिया (जहाँ जर्मन बहुसंख्यक थे) गया, और 1872 में अपने ध्येय की पूर्ति हेतु आल्प्स पर्वतों को लांघ कर इटली जा पहुँचा।

1874-75 में रेटजेल ने संयुक्त राज्य व मेक्सिको पहुँच कर वहाँ अपने अध्ययन-क्षेत्र को विस्तृत बनाया।[11] संयुक्त राज्य में उसने वहाँ के मूल निवासियों व जनजातियों की आर्थिक, सामाजिक व अधिवास संबन्धी दशाओं का अध्ययन किया। विशेषत: उसने रेड-इण्डियनों के बारे में अध्ययन पूर्ण किया। यही नहीं, रेटजेल ने मध्य-संयुक्त-राज्य, मध्य-पश्चिम (Middle West) व कैलिफोर्निया राज्यों में रहने वाले अफ्रीकनों, हब्शियों व चीनियों का भी अध्ययन किया। अपने विस्तृत क्षेत्र-कार्य के आधार पर रेटज़ेल भौगोलिक प्रारूपों के बारे में कतिपय सामान्य अवधारणाएँ (Concepts) रचने में सफल रहा। ये संकल्पनाएं उग्र व वृद्धि प्राप्त मानव समुदायों तथा पश्चयगमन बने समुदायों (Retreating

Groups) के सम्पर्क से प्रकट हुईं।[12]

1875 में संयुक्त राज्य और मेक्सिको में क्षेत्र-कार्य की पूर्ति के उपरान्त वह जर्मनी लौटा और लिपज़िग-विश्वविद्यालय में 1876 में रेटज़ेल प्रोफेसर नियुक्त हुआ। उसने 1878, और 1880 में उत्तरी अमेरिका पर दो पुस्तकें प्रकाशित कीं। इनमें प्राकृतिक और सांस्कृतिक भूगोल का विवरण सम्मिलित था। उसकी विख्यात रचना - Anthropogeographic-1872 व 1899 की मध्य-अवधि में पूर्ण हुई। इस चिर-स्मरणीय रचना को विश्व भर में ख्याति मिली। इसका केन्द्र-बिन्दु प्राकृतिक आकृतियों की भिन्नता का स्थानिक स्थितियों और वहाँ बसे लोगों के रहने-सहने के ढंग की विशद् व्याख्या है। इसकी पहली जिल्द (First Volume) में मानव व पृथ्वी के संबन्धों की चर्चा और दूसरी जिल्द (Second Volume) में मानव का पर्यावरण पर प्रभाव का विवेचन सम्मिलित है। रेटजेल की 'एन्थ्रोपोज्योग्राफ़ी' मानव-भूगोल है जिसमें व्यक्तियों व प्रजातियों का भौगोलिक निवर्चन किया है, अर्थात् वह एक प्रकार से Anthropological Geography है।

रेटज़ेल का मत था कि भौगोलिक चर्चा में 'समाज' (Society) को नहीं भुलाया जा सकता, न ही उसको पृष्ठभूमि में धकेला जा सकता। रेटज़ेल लंगड़े-नियतिवाद का पक्षपाती नहीं था। वह प्रकृति के खेल में मानव के सम्मिलन की सहभागिता देखता था। अतएव भूदृश्य के वातावरण में मानव-क्रियाओं द्वारा प्रदत्त 'दासता' नहीं है, सहयोगिता (Partnership) है।

एन्थ्रोपोज्योग्राफ़ी-रचना में रेटज़ेल का उपागम (Approach) निगमात्मक (Deductive) है, और वह मानव भूगोल की व्यवस्थित विवेचना करने में सक्षम बना। उसकी पहली ज़िल्द प्राकृतिक आकृतियों व उनका मानव संस्कृति पर प्रभाव, तथा दूसरी जिल्द में मानव-क्रियाओं व मानव-संस्कारों की विवेचना प्राकृतिक पर्यावरण की सतह पर आधारित है।[13] उसकी एक धारणा पर्यावरण जनित मानव-अनुक्रियाएँ और दूसरी धारणा काल-क्रमानुसार द्वारा प्रभावित है।

रेटजेल की नियतिवादी सोच जर्मनी के बाहर लोकप्रिय हुई और फ्रांस, इंग्लैण्ड तथा संयुक्त राज्य में इसे अच्छा समर्थन मिला। उसकी शिष्या सेम्पल ने उसकी वातावरणीय दार्शनिकता में घोर विश्वास व्यक्त किया। रेटज़ेल डार्विन के जीव-जातियों के विकासवादी सिद्धांत से प्रभावित बना जिसे उसने मानव-समाजों पर लागू किया।[14] इससे रेटज़ेल ने स्पष्ट किया- 'मानव समुदायों को विशेष पर्यावरणों में अस्तित्व बनाए रखने के लिए उसी भाँति संघर्ष करना चाहिए जैसे पौधे व जीव, पशु आदि करते हैं। यह सामाजिक डार्विनवाद'[15] कहलाता है। अत: रेटजेल की आधारभूत दार्शनिकता भी वही थी- ''पूर्ण सक्षम ही अस्तित्व में बने रहने के अधिकारी हैं'', (Survival of the Fittest)*, अर्थात्, प्राकृतिक वातावरण में जीवों की भाँति ही मानव को भी संघर्ष करना पड़ता है, और जो समुदाय

* यह उक्ति "Survival of the Fittest" स्पेन्सर-अंग्रेज दार्शनिक द्वारा रची गयी है। (1876)

वातावरण का सामना करने में सर्व-शक्तिमान व सर्व-उपयुक्त नहीं है, शनैः-शनैः समाप्त होते जाते हैं।

उसने 1890 में सक्रिय प्रचार कर जर्मनी को उकसाया कि उसे समुद्र पार कोलीनियों को हस्तगत करना चाहिए, और ब्रिटेन को चुनौती देने के लिए अपने नौ-सैनिक जहाजी बेड़े का निर्माण करना चाहिए। राज्य-क्षेत्र की वृद्धि का यह नियम (Law) ही है कि वह विकसित बनने के लिए अपने क्षेत्र का विस्तार करे। ''उच्चतर सभ्यता अधमकोटि की निम्नतर सभ्यता को मिटा कर (विजित बन) विस्तार प्राप्त करती है।'' रेटज़ेल के विचारों ने जर्मनी की राज्य-विस्तार योजनाओं का समर्थन किया। अतः उसकी मृत्यु के पश्चात् भी प्रथम विश्व युद्ध के उपरान्त जर्मनी के भू-राजनीतिज्ञों ने रेटज़ेल के विचारों को अपनी महत्त्वाकांक्षा की पूर्ति हेतु पुनर्जाग्रत किया। परन्तु उसके लेखों की इंग्लैण्ड व अमेरिकी भूगोलवेत्ताओं ने आलोचना की और उन्हें निरर्थक बताया। यदि कहीं जर्मनी युद्ध में जीत जाता तो उसकी बजाय मेकिण्डर की धारणा (Heartland) का तिरस्कार होता।

रेटज़ेल ने 1897 में 'राजनीतिक भूगोल' की रचना की, और 'राज्य' की तुलना जीव से की।[16] उसने इस मत पर ज़ोर दिया कि राज्य, जीव की भाँति विकसित बने, अथवा वह समाप्त हो जाएगा और कभी खड़ा नहीं हो सकता।[17] उसकी इस दार्शनिक धारणा 'Lebensraum' (जीव के समान स्थान) ने उत्कृष्ट (Superior) व निकृष्ट (Inferior) राष्ट्रों में विवाद खड़ा कर दिया। उसकी मान्यता कि केवल ''उच्च प्रजातियाँ अथवा राष्ट्रों को अपने इलाक़ों को विस्तार देने का अधिकार है, और वे घटिया व मातहत राष्ट्रों को अधिगृहित कर अपने क्षेत्र (राज्य) का विस्तार करने का अधिकार रखते हैं।'' यह निर्बल पर बलवान द्वारा अपहरण की राजनीति है। जब कोई राष्ट्र अपनी सीमाओं का विस्तार करता है, वह कमजोर राष्ट्र को हड़पने और बलवान द्वारा अपनी शक्ति प्रदर्शन की ही दशा है। बलवान देश इस भाँति कमजोर पर शासन कर अपनी प्राकृतिक जैविक विकास की महत्त्वाकांक्षा की पूर्ति करते हैं। रेटज़ेल की इसी दार्शनिकता ने जर्मन-राजनीति पर नियंत्रण किया जिसने अन्ततः द्वितीय विश्व युद्ध की विभीषिका (अतिक्रमण करने की लालसा) को जन्म दिया।

रेटज़ेल ने मानव समुदायों पर प्राकृतिक पर्यावरण के प्रभाव की विवेचना करते हुए स्पष्ट किया कि मानव-समाज क्रमिक-चरणों में उन्नत बने।[18] ये चरण (i) आखेट व मत्स्य-क्रिया, (ii) हल संस्कृति, (iii) शस्य-उत्पादन, हल-बैल द्वारा खेत-जोतने की क्रिया, (iv) मिश्रित कृषि जिसमें कृषि-पशुपालन भी है, (v) पशु-पालन, स्वतंत्र रूप में, और (vi) बाग़वानी, हैं। उसने यह तर्क भी प्रस्तुत किया कि आवश्यक नहीं है कि सभी जन-समुदायों द्वारा समान रूप से समान चरणों का पालन हो। प्रदेशों के विभिन्न प्रकार के प्राकृतिक वातावरण में उत्पादन के तौर-तरीक़े व जन-जीवन के ढंग भी भिन्न-भिन्न होते हैं। रेटज़ेल ने एक आधारभूत नियम, जो 'वैविध्यता में एकता' की खोज है, उसके निर्माण के प्रयास किए। मानव व प्राकृतिक भूगोल की द्वैधता का विवाद भी रेटज़ेल के समय से ही आरम्भ हुआ। उस समय जॉर्ज जिराल्ड जैसे विद्वानों ने भी यही विचार प्रस्तुत किए थे कि भूगोल का अध्ययन क्षेत्र मनुष्यों के संदर्भ से रहित पृथ्वी-पिण्ड है। जिराल्ड की मान्यता थी कि

परिशुद्ध-नियम (Exact Laws) का निर्माण मानव को भूगोल में से अलग कर देने से ही संभव है। मानव का व्यवहार अत्यधिक अविश्वसनीय और अनिश्चित-पूर्वानुमान होता है। प्राकृतिक भूगोल को व्यक्त करने वाली भूगोल के क्षेत्र की इस आमूल परिवर्तन विचारधारा को रेटज़ेल ने विवादास्पद कहा। मानव भी भौगोलिक ज्ञान में अभिन्न कारक बना है, उसने इस विचार का संरक्षण किया। उसने ज़ोर दिया कि विभिन्न प्राकृतिक पर्यावरणीय दशाओं में मनुष्य सदैव समानुकूलन कर जीवित बना। वह समस्त भौगोलिक वातावरण में एकता देख उसकी प्राकृतिक व सांस्कृतिक क्रियाओं के प्रति समायोजन कर स्थिर बना रहा। रेटज़ेल ने वस्तुतः 'विविधता में एकता' के नियम का ही पालन किया। भूगोल के बारे में रेटज़ेल की विचारधारा दशाब्दियों तक छायी रही। रेटज़ेल की रचना Anthropogeographie प्रजनक रचना थी जिसने अटलांटिक महासागर के दोनों ओर बौद्धिक वाद-विवाद को जन्म दे उसे उदाहरणीय कृति बनाया। इस रचना ने रेटज़ेल को एक विद्वान्-शिक्षक का सम्मान दिलाया। इस बारे में सेम्पल ने लिखा था-

"वह अपने कार्यों के बल पर आगे बढ़ा। उसके साथ ही उसकी आकृतियाँ व समस्याएँ विकसित बनीं। उसने वस्तुओं में सार को ग्रहण किया और उसकी पैनी दृष्टि सदैव विशाल क्षितिज में से व्यवस्थित ज्ञान को ग्रहण कर छोटी-मोटी सूचनाओं से आँखें मूद लेतीं। इसी में उसकी महानता और परिसीमन निहित है।"[19]

अल्फ्रेड हैटनर (Alfred Hettner 1859-1941)

अल्फ्रेड हैटनर रिचथोफेन और रेटज़ेल का शिष्य था। वह प्रधानतः प्राकृतिक एवं प्रादेशिक भूगोलवेत्ता था। अपनी विस्तृत यात्राओं के आधार पर उसने शोध-पत्र लिखे। उसकी पुस्तक 'यूरोप' सन् 1907 में प्रकाशित हुई। वह स्ट्राबो के मत का समर्थक था, और भूगोल को क्षेत्र-वर्गीय विज्ञान तथा प्रदेशों के अध्ययन का विषय मानता था। भूगोल की क्षेत्र-वर्णीय अवधारणा में भूगोलवेत्ता अनेक संबन्धित व असंबन्धित वस्तुओं (घटनाओं) से उत्पन्न प्रदेश के दृश्य का विवेचन करता है। वह प्रजाति, नृजातीयता, धर्म, भाषा, रीति-रिवाजों, परम्पराओं आदि की चर्चा भी प्रदेश की विविधतामयी विशेषताओं को ध्यान में रख कर यदा-कदा करता है। उन्होंने माना कि प्रादेशिक भूगोल के लिए आवश्यक-अनावश्यक दोनों की माप प्रदेश-मात्र की विशेषताओं को उजागर करना है। वह भूगोल को प्रधानतः यथार्थ स्थिति के वर्णीय-ज्ञान का विषय ठहराता था, और मानता था कि इतिहास में पृथ्वी पर घटित घटनाओं को समय के सन्दर्भ में वर्णित किया जाता है।

हैटनर भूगोल को प्रादेशिक (Idiographic) आधारित ही विज्ञान मानता था, और

उसे विधिपूर्वक व्यवस्थित (Systematic) विज्ञान का विषय नहीं समझता था।[20] भूगोल विषय, पृथ्वी के क्षेत्रों का ज्ञान है जो एक-दूसरे से भिन्न-भिन्न हैं, की चर्चा समझता था। मनुष्य को वह क्षेत्रों की प्रकृति का ही अभिन्न अंग जानकर विषय की सभी शाखाओं में उसे कारण के रूप में वर्णन करना ध्येय मानता था। भूगोल में 'एकता की संकल्पना' विषय को ''वर्णन करने की पद्धति'' है, ऐसी उसकी मान्यता थी (The unity of geography is in methods) । अत: संबन्ध-अध्ययन की पद्धति भूगोल में 'प्रकृति से मानव की ओर' न होनी चाहिए, बल्कि 'मानव से प्रकृति की ओर' होनी चाहिए। प्रकृति मानव को इतनी प्रभावित नहीं करती, जितना कि मानव प्राकृतिक-दृश्य को प्रभावित करता है।

हैटनर इस धारणा को भी अस्वीकार करता था कि भूगोल सामान्य-व्यवस्थित (Systematic/General) हो सकती है, अथवा प्रादेशिक (Regional) हो सकती है। वह भूगोल का प्रधानत: क्षेत्र/प्रदेशों का अध्ययन ही मानता था। प्रदेश से जुड़ी विशेषताएँ अनूठी (Unique) और सर्वव्यापी-सामान्य (General) दोनों एक साथ नहीं हो सकतीं। हैटनर का प्रादेशिक भूगोल का अनूठा सिद्धांत (Theory of Uniqueness) जर्मन भूगोलवेत्ताओं को दशाब्दियों तक आकर्षित करता रहा, और भूगोल में अभी तक विवादास्पद है। हैटनर के उपरान्त भी भूगोलवेत्ता प्रादेशिक अध्ययनों को स्थिति, भूगर्भीय दशाओं, धरातल की आकृतियों, जलवायु, वनस्पति, प्राकृतिक संसाधनों, अधिवास-वितरण, अर्थ-व्यवस्था, यातायात एवं राजनैतिक भागों की रूपरेखा के अन्तर्गत करते थे।[21]

हैटनर के दृष्टिकोण (उपागम) की आलोचना इस आधार पर हुई कि उसने सांस्कृतिक कारकों की अवहेलना कर प्राकृतिक वातावरण को अधिक महत्ता प्रदान की। उदाहरणवत् ऐसे कारणों का प्रदेश में प्रभाव कम नहीं आंका जाना चाहिए जैसे जनसंख्या, सामाजिक संस्थान, धार्मिक रीति-रिवाज, संस्कार व राजनीति आदि। इसके उपरान्त भी अनेक अन्तर्सम्बन्धों में कालनुसार परिवर्तन घटित होते हैं जिनको अनदेखा नहीं किया जा सकता।[22] अनेक यायावर पशुपालक अब स्थायी रूप से बसते जा रहे हैं और सामाजिक-सांस्कृतिक तथा राजनीतिक कारकों के द्वारा प्रभावित वे स्थायी जन-जीवन बिताने के अभ्यस्त बन रहे हैं।

लैण्डशेफ़ट्स कुण्डे (Landschafts Kunde)

'लैण्डशेफट्स कुण्डे' अर्थात् भू-दृश्य-विज्ञान ने जर्मनी में 20वीं सदी के आरम्भ में लोकप्रियता प्राप्त की। इसके अनुसार लघु अथवा वृहत् प्रदेश का वर्तमान-भू-दृश्य बाह्य-जनित, ऐतिहासिक व सांस्कृतिक बलों का परिणाम है। इसके अध्ययन में केवल मानव ही प्रधान अभिकर्त्ता (Agent) नहीं है जो वातावरण को प्रभावित करता है,बल्कि अनेक अदृश्य बने कारक जैसे वायु, ताप, आर्द्रता भी योग रखते हैं। भू-दृश्य एक समांगी ऐसा क्षेत्र है जहाँ सादृश्यता (Uniformity) देखी जाती है। भूगोल इस सादृश्यता के अध्ययन का विषय है। इसका अध्ययन जैविक व अजैविक, उनकी पारस्परिकता और संबधित भू-दृश्य में निहित बना है।

उन्नीसवीं सदी के आरम्भकाल में भूगोल में शोध-कार्यों ने इस विचार को प्रस्तुत

किया कि सामान्य भूगोल सामान्य अवधारणाओं का प्रयोग करती है, और विश्लेषणात्मक है। परन्तु प्रादेशिक भूगोल में अनूठी विशेषताएँ संश्लिष्ट अध्ययन द्वारा प्रकट होती हैं। यह भ्रांतिमूलक विचार है। वस्तुतः प्रदेश-वर्णनीय विज्ञान की अवधारणा सामान्य और विशेष, दोनों में ही लागू है क्योंकि उसका ध्येय विविध जन्मी वस्तुओं को सहसम्बन्ध में देखना है, क्षेत्र चाहे सामान्य समस्त पृथ्वी तल हो अथवा प्रादेशिक इकाइयों (भागों) में विभक्त हो।[23]

ऑलब्रेक्ट पेंक (Albrecht Penck)

पेंक 20वीं सदी के आरम्भिक काल का जर्मन भूगोलवेत्ता था जिसका प्रशिक्षण भूगर्भ-विज्ञान में हुआ था। उसने 'भू-आकृति-विज्ञान' (Geomorphology) की अवधारणा को रचा। वह 1885 से 1906 तक वियाना (Vienna) में प्रोफेसर था। वह एडवर्ड स्वेस (Edward Suess) का सहयोगी था जिसने विश्व के वृहत् भूगर्भिक प्रदेशों के मानचित्र तैयार किए। उसने भू-आकारों के विकास संबन्धी नियमों को जन्म दिया, और दर्शाया कि 'आकारों' का व्यवस्थित अध्ययन किस प्रकार प्रादेशिक दृष्टिकोण द्वारा किया जा सकता है। पेंक ने 1910 में परिकल्पना (Hypothesis) को प्रस्तुत किया कि मौसमविज्ञानी आंकड़ों के अभाव में भू-आकारों के अध्ययन की सहायता से भी जलवायु-वर्गीकरण किया जा सकता है। उसने सबसे पहले यह इंगित किया कि तापक्रम की अधिकता से वाष्पीकरण में वृद्धि होती है। उसने यह जानकारी भी दी कि प्रभावी वर्षा (Effective Rainfall) किसी स्थान की वर्षा व वहाँ जल बहने के अन्तर (Plus) वाष्पीकरण से इंगित होती है। अतः इसकी मात्रा सीधे तौर पर वहाँ के तापक्रम का ही परिणाम है। सर्वाधिक, वह मानव को धरातल निरूपण-क्रिया में महत्त्वपूर्ण अभिकर्ता (Agent) मानता था।[24] भूगोल के व्यवस्थित अध्ययन के लिए पेंक भू-आकृतियों को सही-सही दर्शाने वाले मानचित्रों की महत्ता पर जोर देता था। उसने धरातल पत्रकों (Topographical Maps) के विचार को भी प्रस्तुत किया, और यह उसी के सुझावों का नतीजा है कि बड़ें मापक पर (एक मील प्रति इंच) धरातल पत्रक में वृहत् प्राकृतिक आकृतियाँ, जल राशियाँ, वनस्पति और मानव-क्रियाएँ दर्शाना आरम्भ हुईं। पेंक ने मनोविज्ञान की पदावली (Term) 'गेस्टाल्ट' (Gestalt) का प्रयोग भूगोल में किया जो बड़े क्षेत्रों की एकीकृत बनी 'समस्तता' (Wholeness) को सूचित करती थी।

उसकी धारणा थी-"भूगोल प्राकृतिक एवं सामाजिक विज्ञानों के मध्य सेतु (Bridge) है।"

पेंक के अग्रगामी विचारों (Pioneering Ideas) ने तत्कालीन युवा वैज्ञानिकों को भू-आकारिकी-विज्ञान व जलवायु विज्ञान क्षेत्र में शोध-कार्य हेतु प्रेरित किया। कोपेन (Koppen) ने पेंक द्वारा निर्धारित रूपरेखा के आधार पर विश्व स्तर पर जलवायु-अध्ययन किया। इस हेतु उसने वर्षा व तापक्रम आंकड़ों के अलावा प्राकृतिक आकृतियों को भी ध्यान में रखा। कोपेन ने 1884 और 1918 की अवधि के मध्य जलवायु संबन्धी संतोषजनक वर्गीकरण के कई प्रयास किए। वर्गीकरण हेतु उसने तापक्रम, वनस्पति, प्रभावी-वर्षा को तापक्रम व मौसमी व वार्षिक विभिन्नताओं के संदर्भों में रखकर विचार किया। इन संकेतांकों (Indicators) की सहायता से कोपेन तापक्रम वर्षा-वितरण की एक निश्चित-नियमनिष्ठित स्थिति पर पहुँच सका था। उसने स्थापित किया कि दोनों गोलार्द्धों में पश्चिमी पार्श्वों पर 20 व 30 अक्षांशों के मध्य वर्षभर आर्द्रता की कमियाँ बनी रहती हैं। समान रूप से इन्हीं अक्षांशों पर महाद्वीपीयता से ग्रस्त क्षेत्र शीत में अधिक शीत और ग्रीष्म में अधिक गर्म रहते हैं, जबकि महासागरों के समीप इसी क्षेत्र में तुलनात्मक स्थिति ऐसी नहीं है।

महासागरीय-विज्ञान के क्षेत्र में भी जर्मनों का योगदान महत्वपूर्ण रहा। जेरहार्ड स्कोट (Gerhard Schott) ने समुद्र की गतियाँ, तापक्रम, खारापन, जल का रंग, महासागरीय निक्षेप, तल में आकृति, महासागर जलवायु, महासागर-बेसिन की गर्भीय-संरचना, महासागरीय जीवों, व्यापारिकमार्ग और उनके ऊपर से गुजरने वाले वायुयान मार्गों का अध्ययन किया।[25] स्कोट ने विश्व का मानचित्र तैयार किया जिसमें विभिन्न सूचकों के आधार पर महासागरीय प्रदेशों को दर्शाया गया था।

20वीं सदी के पहले पन्द्रह वर्षों की अवधि में जर्मनों ने भूगोल क्षेत्र में अत्यधिक प्रगति की। यह काल भौगोलिक संकल्पनाओं के विकास का काल था और इसमें भौगोलिक साहित्य का भी विकास हुआ था। परन्तु प्रथम विश्वयुद्ध के उपरान्त भूगोल की प्रगति कमजोर हो उठी थी, क्योंकि अधिकांश भूगोलविदों का सरकारी नीतियों से मतभेद था। अनेक यहूदियों को कारावास में डाल दिया गया था। फिर भी कुछ प्रगति नगर भूगोल एवं कृषीय भूगोल में हुई। इसी समय क्रिस्टलर का केन्द्र स्थान का सिद्धान्त प्रकट हुआ जिसने स्थान का फलमूलक कार्यपरक संघटन (Functional Organisation of Space) प्रस्तुत किया। फॉन थ्यूनेन ने फसल की सघनता विषयक सिद्धान्त की वकालात की। दो महायुद्धों के बीच की अवधि में भू-दृश्य-नियोजन पर बल दिया गया। जर्मन भूगोलवेत्ताओं ने भू-राजनीति पर भी ध्यान केन्द्रित किया। हाउशोफर ने 1924 में केलन (Kjellen) और रेटजेल से प्रभावित होकर इस मत का समर्थन किया कि राज्य एक निर्वाह करता हुआ जीव है जिसे विकास के लिए स्थान-विस्तार की आवश्यकता होती है। अपने लेखों से हाउशोफर ने जर्मन-नाज़ियों की नीति को बढ़ावा दिया। परन्तु द्वितीय महायुद्ध में नाज़ियों की पराजय (1945) के साथ ही उस पर न्यूरम्बर्ग में मुकदमा चला। अन्ततः 1946 में हाउशोफ़र ने आत्महत्या कर ली।

द्वितीय महायुद्ध के उपरान्त पन्द्रह वर्षों (1945-1960) में जर्मनों ने भूगोल में पुनः

प्रगति की। एक नवीन भौगोलिक पत्रिका 1947 में Erdkunde प्रकाशित हुई। जर्मनों ने भू-दृश्य का अध्ययन परिष्कृत उपकरणों व साँख्यिकीय विधियों से किया और स्थान-स्थान में विविधता को अक्षांश, समुद्रतल से ऊँचाई, दूरी और दिशा तथा समीपस्थ तट से निकटता द्वारा स्पष्ट बनाया। युद्धोपरान्त काल में जर्मनी में भूगोल पर 'सांस्कृतिक नियतिवादिता' की विचारधारा जोर पकड़ गई। इसे 'सामाजिक भूगोल' (Social Geography) कहा जाने लगा। जर्मनों ने भू-दृश्य को लोगों की अभिवृत्ति और उनके तकनीकी-कौशल द्वारा निवर्चन करने का प्रयास किया। ये कारक मानव-संस्कृति के महत्त्वपूर्ण अंग अनुभव किए जाने लगे। भू-दृश्य का अध्ययन एकीकृत दृष्टिकोण द्वारा होना आरम्भ हुआ जिसमें प्राकृतिक व सामाजिक विज्ञानों का योग था।

जर्मनों ने 19वीं व 20वीं सदी की अवधि में मानचित्र कला के क्षेत्र भी प्रगति की। पहले कुछ वर्षों तक फॉन साइडो मानचित्र व एटलस (The Von Sydow Maps and Atlases) का प्रयोग होता था। Perthes Firm ने स्टीलर की एटलस प्रकाशित की। 1845-47 में पेटरमान ने Physical Atlas को W&AK Johnston (Edinburgh) के साथ काम करते प्रकाशित किया।

भूगोल का फ्रांसीसी सम्प्रदाय
(The French School of Geography)

रेटज़ेल व उसके अनुयायियों द्वारा संगठित बने भौगोलिक विचार आसपास के देशों में फैल गए। पेरिस में प्रकाशित हम्बोल्ट की रचनाओं ने फ्रांसीसी विद्वानों में ज्ञान-लालसा व उत्साह जाग्रत किया। जर्मनी की भाँति फ्रांस में भी 19वीं सदी के मध्यकाल में भूगोल-शिक्षा प्रदान करने वाले प्राय: इतिहासवेत्ता, भूगर्भशास्त्री, सैनिक-अधिकारी व इंजीनियर आदि थे। सॉरबोन (पेरिस) विश्वविद्यालय में सम्मानित भूगोल का अध्यक्ष पद भी एक इतिहासकार के ही हाथ में था। फ्रांसीसी विद्वानों द्वारा भूगोल में योगदान का विवरण निम्नांकित अनुच्छेदों में दिया जा रहा है-

फिलिप बॉउच (Phillippe Buache, 1752) प्रथम विद्वान् हुआ, जिसने तत्कालीन प्रचलित जनसंख्या व आर्थिक दशाओं के आंकड़ों को प्रशासनिक इकाइयों में प्रदर्शित करने की विधि की आलोचना की।[26] उसने अनुभव किया, भौगोलिक सूचनाएं प्राकृतिक प्रदेश (Natural Region) के ढांचे में ही प्रदर्शित की जानी चाहिए। नदी-बेसिन को वह सर्वोत्तम प्रदेश मानता था।[27] इसके साथ ही बैरन कोकुएबर्ट (Baron Coquebert) जो फ्रांसीसी सांख्यिकी कार्यालय में निदेशक था (1796), उसने राष्ट्रीय क्षेत्र को प्राकृतिक प्रदेशों में विभक्त कर प्रत्येक को संक्षिप्त विवरण सहित प्रस्तुति का प्रस्ताव रखा। इस प्रयास के फलस्वरूप फ्रांस में प्रदेशों के विभागों के प्रति रुचि विकसित हुई। परन्तु 1833 में Omalius d' Halloy द्वारा फ्रांस का भूगर्भीय मानचित्र रचा गया जिसमें भू-आकारों, व मिट्टियों का संबन्ध वहाँ की चट्टानी संरचना से दर्शाया था। इस विधि और प्रदेशों के विभाग-विधि में कोई तालमेल नहीं था। इससे भौगोलिक विचारों की गति में कुछ समय के लिए बाधा आयी।

यह गतिरोध 1870 में दूर हुआ, और भौगोलिक ज्ञान का विकास फ्रांस में स्थापित 'भौगोलिक समितियों' एवं विभिन्न विश्वविद्यालयों द्वारा पुनः गति पकड़ने लगा। भूगोल का यथार्थ में विकास फ्रांस में विडाल दि ला ब्लाश (Vidal de la Blache) के काल में हुआ। अब फ्रांस के भूगोलवेत्ताओं ने क्षेत्र के व्यक्तित्व निरूपण द्वारा उनके अनूठे चरित्र को प्रकट करने पर ज़ोर दिया।

विडाल दि ला ब्लाश (Vidal de la Blache 1848-1918)

ब्लाश की ख्याति मानव भूगोल के जन्मदाता के रूप में है। वह मुख्यतः चिर-प्रतिष्ठित भाषाओं (Classical Languages) का विद्वान् था। भूगोल में उसकी रुचि 1865 में विकसित हुई, जब वह एथेन्स में पुरातत्व-विज्ञान का अध्ययन कर रहा था। उसने 1872 से 1877 तक नान्सी (Nancy) विश्वविद्यालय में भूगोल का अध्यापन-कार्य किया। इकोल (Ecole) में वह भूगोल के प्रोफेसर पद पर नियुक्त हुआ। 1891 में उसने एक शोध-पत्रिका Annales de Geographie प्रकाशित की जिसमें उत्कृष्ट लेखों का प्रकाशन सम्भव बना। उसने 1894 में Atlas Generale Vidal Lablache का पहला संस्करण प्रकाशित किया।[28] सन् 1896 से अपनी मृत्यु के समय तक (1918), ब्लाश सॉरबोन विश्वविद्यालय में भूगोल के प्रोफेसर पद पर आसीन बना रहा। लगभग 26 वर्षों तक उसने भूगोल के विकास और भूगोल-अध्यापकों के प्रशिक्षण में परिश्रम किया।

ब्लाश ने अपने पहले भाषण में (2 फरवरी, 1899) सॉरबोन विश्वविद्यालय में मानव व उसके इर्द-गिर्द के दृश्य जगत् (Surrounding Milieu) के संबन्धों को समानुरूप लघु क्षेत्रों में (Small Homogeneous Areas) अध्ययन पर ज़ोर दिया। फ्रांस में ऐसे एकरूप क्षेत्रों को 'पैज़' (Pays)[29] की संज्ञा से जाना जाता है। उसकी राय में देश की संकल्पना वहाँ के निवासियों से अलग नहीं की जा सकती।

ब्लाश वातावरणीय नियतिवाद का घोर विरोधी था। वह रेटज़ेल की Anthropogeographie की दूसरी जिल्द के लेखों से प्रभावित था। ब्लाश ने Febvre के द्वारा प्रस्तुत 'Possibilism - सम्भववाद' के मत की वकालात की। उसका मानव एवं वातावरण के प्रति दृष्टिकोण था कि - 'प्राकृतिक वातावरण की सीमाएँ निर्धारित हैं, वह मानव-अधिवास के लिए सम्भावनाएँ प्रस्तुत करता है। परन्तु मानव इनके प्रति किस भाँति प्रतिक्रिया व्यक्त करेगा, यह उसकी परम्परागत जीवन-शैली पर निर्भर करता है।'[30] उसका जोर इस तथ्य पर था कि 'मानव प्रकृति के खेल में स्वयं भी भागीदार है।' बाह्य-वातावरण साथी बना है, वह मानव-क्रियाओं का दास नहीं है। प्रकृति भी परामर्शदाता से अधिक कहीं

व कभी भी नहीं प्रकट है। विडाल के इस मत का समर्थन इतिहासकार फेवर ने किया - और कहा कि ''प्रकृति अनिवार्यताएँ खड़ी नहीं करती, वह सम्भावनाएँ प्रस्तुत करती है। मानव इन सम्भावनाओं का स्वामी है, वह इनका प्रयोग निर्णय द्वारा करता है। परन्तु फेवर भूगोल को सामाजिक नहीं, प्राकृतिक विज्ञान मानता था। वह पृथ्वी के धरातल को पार्थिव-जीव (Terrestrial Organism) कहता था। उसने जीवन-शैली की संकल्पना को Genres de vie से सम्बोधित किया। उसके अनुसार, जीवन-शैलियों में प्रकृति की झलक मिलती है, वे चाहे इसमें परिवर्तन लाती हैं, परन्तु वह अमिट है। अत: वह (फेवर) सदैव मानव भूगोल को सामाजिक विज्ञान नहीं, प्राकृतिक मानता था [Buttimer, 1971]।''

भूगोल साहित्य में ब्लाश की पुस्तक 'Tableau de la Geographie de la France' एक अच्छी कड़ी मानी जाती है। इसमें एक पठारी-प्रदेश (France Plateau) में प्राकृतिक व मानवीय आकृतियों का सुसंगत मेल देखने में आया। उसने 'Pays' की संश्लिष्टता दर्शाने की चेष्टा की। फ्रांस में एक-एक करके 'Pays' की कृषि विशेषताओं को इंगित किया। उनकी मिट्टी व जल-सप्लाई पर आधारित आर्थिक विशिष्टीकरण को नगरों में माँग के आधार पर स्पष्ट वर्णन किया। यही नहीं, प्रत्येक 'Pay' का व्यक्तित्व आधुनिक व्यापार से प्रभावित बन अधिक निखर कर व्यक्त हुआ। अधिवास का वहाँ की मिट्टी के स्वभाव एवं जल द्वारा प्रभावित बन कहीं प्रारूप संहत-गाँव (Compact Village) तो कहीं विरल व बिखरा (Scattered) प्रारूप में देखा गया। स्थानीय मिट्टियों का बिछाव जैसे चॉक पर 'लिमोन' की तह, की विभिन्नता ने भी 'Pays' को एक दूसरे से अलग स्वरूप में विकसित बनाया। परन्तु वे अपने पड़ोसियों के प्रति सम्पूरक थे। फिर भी मिट्टी-पानी की उपलब्धि के विरोधी रूपों से 'Pays' में भूमि उपयोग में विभेद व अन्तर मिलता था।[31] पठार के सशक्त प्राकृतिक आधार पर मानवीय कृतियों की गहरी छाप विकसित है। इसी समय से फ्रांस के भूगोलवेत्ताओं ने प्रादेशिक-मॉनोग्राफ़ (प्रबन्ध-लेख) की एक कड़ी (Series) प्रकाशित की।

विडाल-डि-ला ब्लाश जल प्रवाह-बेसिन को अध्ययन की इकाई के विचार के विरुद्ध था क्योंकि इसमें न तो प्रदेश की यथार्थता ही प्रकट हो सकेगी, और विवरण में भी पूर्णता नहीं प्रकट होगी। उदाहरणस्वरूप, 'फ्रांस का सेन्ट्रल मैसिफ' एक सुनिश्चित सीमांकित पूर्ण बनी प्रादेशिक इकाई है। परन्तु जल-प्रवाह बेसिन के आधार पर यह अनेक छोटी-छोटी इकाइयों में विभक्त है। यदि इन लघु इकाइयों के विवरण करने में उलझ गए तो 'मैसिफ' की संस्कृति, परम्परा, मानव अभिवृत्तियाँ, संस्थानों का योग आदि धुंधला जाएंगे। 'मैसिफ' का यथार्थ और व्यक्तित्व उचित रूप में समझा नहीं जाएगा। भूगोल के अध्ययन की पद्धति व रीति-नीति के बारे में ब्लाश के विचार नाना प्रकार की वस्तुओं (घटनाओं) में पारस्परिक विभक्त इकाइयों की अन्तर्क्रिया के अध्ययन पर केन्द्रित थे।

वह लघु-क्षेत्रों (जैसे 'pays') का अध्ययन भूगोलवेत्ताओं को प्रशिक्षित बनाने की दृष्टि से आदर्श मानता था। परन्तु उनमें पारस्परिक अन्तर्क्रिया को ओझल नहीं किया जाना चाहिए, जिससे उनकी मूल विशेषताएँ धूमिल न बन जाएं। फ्रांस में अभी तक भी लघु-

प्रदेश (Micro-Region) के अध्ययन पर भूगोल-वेत्ताओं का जोर देना प्रचलित है। परन्तु क्षेत्र-नियोजन (Area-Planning) करने में 'Meso' व 'Micro' स्तर पर मध्यम कोटि व वृहत् प्रदेशों का अध्ययन ही सार्थक होता है। इसी योजना के अधीन ब्लाश ने विश्व के वृहत्तर प्रदेशों के अध्ययन की एक स्कीम (रूपरेखा) रची जिसकी पूर्ति ब्लाश की मृत्यु के उपरान्त लुसियन गेलोर्स (Lucien Gallors) ने की।[32]

ब्लाश की चिर स्मरणीय कृति Human Geography उसकी मृत्यु के पश्चात् 1921 में प्रकाशित हुई। वह आकस्मिक ही 1918 में मौत के मुख में समा गया। यह पुस्तक उसके अंशों में विभक्त विचारों का संग्रह है जिसे इमानुएल मार्टोन ने अंतिम रूप दिया। मार्टोनने विडाल डि ला ब्लाश का दामाद था। इसके द्वारा संग्रहीत 'मानव भूगोल' का अंग्रेजी अनुवाद टी.डी. बिंघम ने किया। ब्लाश ने इसमें मानव भूगोल के उद्देश्य व लक्ष्यों पर प्रकाश डाला, पार्थिव-एकता नियम को व्यक्त किया और मानव-वातावरण की अवधारणा को भौगोलिक कारक के रूप में स्पष्ट किया है। इसी में सभ्यताओं के प्रारूपों, आवागमन साधनों, नगरों व सांस्कृतिक प्रदेशों की चर्चा सम्मिलित है।[33] इस पुस्तक में अध्यायों की योजना से प्रकट है कि ब्लाश मानव-पर्यावरण के अन्तर्सम्बन्ध के परीक्षण में प्रयासरत बना था।

ब्लाश से पूर्व फ्रांस में जर्मनों की विचारधारा को विशेषत: रेटज़ेल की नियतिवादी दृष्टि से मानव व प्रकृति के अन्तर्क्रिया को समझने का प्रयास किया जाता था। परन्तु ब्लाश ने नियतिवादी सोच की कमजोरियों को उजागर किया। ब्लाश ने सामाजिक वातावरण पर ज़ोर देते हुए नियतिवादी विचारों को अपूर्ण सिद्ध कर अस्वीकार कर दिया। वह नियतिवाद को सामान्य नियमों के निरूपण में भी अशक्त ठहराता था क्योंकि उसके द्वारा मानव व प्रकृति के बीच संबन्ध व्यवस्थित ढंग से स्पष्ट नहीं होते।

ब्लाश प्राकृतिक व सांस्कृतिक वस्तुओं (घटनाओं), अर्थात् इनके दृश्य-जगत् के बीच कोई सीमा-रेखा खींचने के पक्ष में नहीं था। इनके विभाजन को वह कृत्रिम मानता था। वस्तुत: दोनों अविभाज्य हैं। वे धरातल पर एकीकृत बने हैं। मानव अधिवासित क्षेत्र में मानव की उपस्थिति ने प्रकृति को पर्याप्त रूप में परिवर्तित किया है। वह मानव-क्रियाओं के साथ इतनी घुली मिली है कि उसकी अलग कोई शुद्ध पहचान शेष नहीं है। जहाँ संस्कृति भौतिकवाद से आच्छादित बनी है, वहाँ प्रकृति में महत्वपूर्ण परिवर्तन घटित हुआ है। उदाहरण वत्, फ्रांस में 19वीं सदी में पादप व पशु जीवन भिन्न कोटि का था जैसा कि वह सदियों पहले उस समय था जब वहाँ मानव बसाव नहीं हुआ था। अत: प्रकृति को मानव-संस्कृति जन्य दृश्य-जगत् से अलग कर देखना निरर्थक है। प्रत्येक समुदाय अपने काल की प्राकृतिक परिस्थितियों के साथ समायोजन कर विकसित बना है। उसके समायोजन का परिणाम उसके सदियों के विकास में प्रकट है। इसीलिए एक लघु एकल इकाई में भी ऐसे गुण (विशेषताएँ) होते हैं जो अन्यत्र नहीं मिलेंगे। वहाँ भी नहीं मिलेंगे जहाँ प्राकृतिक दशाएँ समान हैं। समय के साथ-साथ मनुष्य व प्रकृति में पारस्परिक समायोजन उसी भाँति का घटित होता है जैसे घोंघा अपने कवच (आवरण) में निवास कर लेता है। प्रकृति व मानव के मध्य संबन्ध इतना घनिष्ठ कोटि का है कि न मानव का प्रभाव प्रकृति पर, और

न प्रकृति का प्रभाव मानव पर पहचान में आता है।[34] ऐसा क्षेत्र जहाँ मानव व प्रकृति का घनिष्ठ संबन्ध सदियों के दौरान विकसित बना है, वह प्रदेश बनाता है।[35] ऐसे प्रदेशों का अध्ययन करना ही भूगोलवेत्ताओं का ध्येय है। ब्लाश ने इसी ध्येय की पूर्ति हेतु प्रादेशिक भूगोल को भूगोल की कोड (Core) कहा। उसके अनुसार :

वातावरण के प्रभाववश मानव समुदायों का निर्माण विभिन्न घटकों द्वारा उसी भाँति होता है जैसे पेड़-पौधों व पशु जगत् का। कोई नहीं जानता कि कौनसी हवा ने लाकर उन्हें एक साथ खड़ा किया, परन्तु वे साथ-साथ एक प्रदेश में रह रहे हैं जिसकी उन पर छाप है। कुछ समुदाय लम्बे काल से वातावरण का अंग बने हैं, और कुछ निर्माण की प्रक्रिया के अधीन हैं, संख्या बढ़ा रहे हैं और दिन प्रतिदिन उनमें बदलाव आता जा रहा है।

(Human societies, like those of plants and animal world, are composed of different elements subject to the influence of environment. No one knows what winds brought them together, but they are living together side by side in a region which has gradually put its stamp upon them. Some societies have long been part of the environment, but others are in process of formation, continuing to recruit numbers and to be modified day-by-day.)

मानव समुदायों ने अपनी आवश्यकताओं की पूर्ति अपने आसपास के क्षेत्रों से सदैव की है। ब्लाश का मत था कि जनसंख्या स्वरूपों की तरह विस्तार प्राप्त करते हैं, और वे सबसे अधिक सरल रूप में समायोजित बनने वाली जीव हैं। वे अस्थिर बने रहते हैं, एक ही स्थान पर टिके नहीं रहते और अनुकूलन के लिए उपयुक्त परिस्थितियों की खोज की टोह में रहते हैं। ब्लाश ने सुनिश्चित किया, "जनसंख्या तैल-बूंदवत् नहीं फैलती, वह तो आरम्भ में खण्ड-खण्ड में प्रवालवत् वृद्धि प्राप्त करती है" ("Population did not spread like a drop of oil, at the beginning it grew in clums like corals.")[36]

ब्लाश ने समुदायों के विकास में नियंत्रणकारी प्रधान कारकों का उल्लेख करते हुए एक उदाहरण प्रस्तुत किया-एक छिछली झील की सतह प्रचण्ड वायु के झोंकों से जब झकझोरी जाती है, उसका जल अस्त-व्यवस्त हो अस्पष्ट बन जाता है, परंतु कुछ क्षणों के बाद पुनः झील का तल स्पष्ट दिखायी देने लगता है।[37] ठीक, इसी तरह एक प्रदेश में युद्ध, घरेलू झगड़े-अशांति, महामारी-रोग आदि घटित बन उसके विकास को बाधित बनाकर कुछ समय के लिए वहाँ अव्यवस्था की स्थिति उत्पन्न करते हैं। परन्तु संकट की घड़ी व्यतीत हो जाने पर पुनः प्रदेश में आधारभूत विकास प्रकट बन प्रभावी बनते हैं।

फ्रांस और पश्चिमी यूरोप के कृषीय समुदायों के विषय में ब्लाश का मॉडल फिट बैठता है। मध्ययुगीन काल में, ये समुदाय कृषि-व्यवस्था वाले थे। औद्योगिक क्रांति से स्थिति में बदलाव आया, और वे विकसित बन उठे। वहाँ 'सांस्कृतिक-नियतिवाद' ने उन्हें पूर्णतः जकड़ लिया। परन्तु औद्योगिक क्रांति तक यूरोपीय कृषि-दृश्य-जगत् को ब्लाश के विडालवादी

दृष्टिकोण से ही भली प्रकार व्यक्त किया जा सकता है। विश्व के ऐसे भागों में जहाँ अभी औद्योगीकरण घटित होना शेष है, ब्लाश की सम्भावनाओं, संकल्पना अथवा अभिमत की बहुत उपयोगिता है।[38]

फ्रांस में औद्योगिक-क्रांति के पश्चात् वहाँ का परम्परागत कृषीय वातावरण छिन्न-विछिन्न बना और उसकी स्थानीय अर्थ-व्यवस्था रेलों, नहरों, सड़को एवं औद्योगिक परिसरों में फंसकर अधोगति व तेज़ी से गतिवान आवागमन के साधनों द्वारा प्रभावित बड़े पैमाने पर विकसित उद्योगों ने प्रादेशिक-विकास को कुछ ही क्षेत्रों में सीमित बना दिया।[39]

अपने जीवन के अंतिम चरण में विडाल डि ला ब्लाश इस निष्कर्ष पर पहुँचा था कि औद्योगिक विकास ने फ्रांसीसी जन-जीवन के सर्वोत्तम को तिरोहित बनां दिया। उसने भविष्य के लिए सुझाव प्रस्तुत किया कि नगर केन्द्र व प्रदेश के मध्य हमें आर्थिक घटनाओं का गौर से अध्ययन करना चाहिए जिससे दोनों में प्रतिस्पर्धा और विरोध की स्थिति के बजाय वहाँ संतुलन उत्पन्न हो। वहाँ प्राकृतिक व सांस्कृतिक घटकों को एक-दूसरे के आमने-सामने विरोध जैसी अन्तर्क्रिया में बने रहने देना चाहिए।

ब्लाश के ही प्रयासों का परिणाम था कि 1921 तक फ्रांस में भूगोल के 16 विश्वविद्यालयों में विभाग स्थापित हो चुके थे।[40] इन विभागों के अध्यक्ष सभी विद्वान् ब्लाश के ही शिष्य थे। अतएव फ्रांस में भूगोल वस्तुतः ब्लाश का ऋणी बना और यथार्थ में वहाँ ब्लाश को 'भूगोल का जनक' माना जाता है जिसने 'सम्भववाद' को स्थापित किया।

पार्थिव-एकता का नियम

ब्लाश ने 'पार्थिव-एकता' (Terrestrial Unity) का विचार विकसित किया, और यह मत व्यक्त किया कि सभी भौगोलिक विकास के पीछे-एकता के नियम का योग है। पृथ्वी की संकल्पना उसकी सम्पूर्णता अथवा समस्तता के नियम पर आधारित है, और उसके अंग-प्रत्यंग सहयोगी बनें (Parts are coordinated into the concept of earth's wholeness) जहाँ घटनाएँ एक क्रम की पालना करतीं व सामान्य नियमानुसार घटित हैं। विशेष स्थिति में उनका आरम्भिक आगमन खगोल विज्ञान से हुआ। इसलिए टॉलमी (Ptolemy) भूगोल को महान् उत्कृष्ट कोटि का विज्ञान मानता था। पृथ्वी की छाया को भूगोल आकाश में देखता है। ब्लाश की राय में मानव-भूगोल की विषय-वस्तु पार्थिव-एकता से जुड़ी है, और इस विषय की सामग्री केवल पार्थिव-एकता के माध्यम से ही स्पष्ट की जा सकती है। मानव भूगोल में सम्मिलित विषय-वस्तु व घटनाएं सर्वत्र वातावरण से संबन्धित बनी हैं, और वातावरण स्वयं प्राकृतिक दशाओं का संयोग है।

पार्थिव एकता का विचार वनस्पति भूगोल से लिया गया जहाँ इसका उपयोग हम्बोल्ट ने वातावरण की अवधारणा में किया। उसने भू-दृश्य के व्यक्तित्व में वनस्पति के प्रकटीकरण को महत्त्वपूर्ण माना है। प्रदेश में वनस्पति का प्रकट होना अथवा इसकी ग़ैर हाजिरी उसके चरित्र की प्रधान विशेषता को इंगित करती है। वह दृश्य-जगत् के आकार, रूप-रंग, एवं सामान्य योग-संयोग द्वारा उसको निजी व्यक्तित्व प्रदान करती है। वनस्पति के सामूहिक

प्रभाव (Ensemble) को स्टेपीज, सवाना, सिल्वा आदि पदावली व्यक्त करती हैं, और एक संयुक्त दृश्य-जगत् का बोध कराती हैं। पेड़-पौधों में पारस्परिक स्पर्धा इतनी सक्रिय है कि जो पर्यावरण के प्रति पूर्ण समायोजित हैं वे ही जीवित हैं, अन्य लुप्त हो रहे हैं। यह सामानुकूलन अनेक रूपों में व्यक्त है। कोई पेड़ अधिक ऊँचा तो कोई बौना है, कोई मोटा कोई पतला और कोई घना तो कोई विरल है। किसी में काँटे हैं तो किसी की पत्तियाँ मोटी, चिकनी, चमकीली, चौड़ी हैं। कोई वनस्पति झाड़ी-मात्र है। किसी में रोएँ तो किसी में रेशे हैं। कोई लतानुमा है तो किसी में जड़ें प्रकट हैं, आदि, आदि। वनस्पति की अनेक जातियाँ परस्पर समीप मौजूद हैं, और उनमें बाह्य अन्तर अनुकूलन-प्रक्रिया में देखे गए हैं। परन्तु समस्त-पौध-संख्या सामूहिक बन एक सामान्य छाप प्रदेश में अंकित करती देखी जाती है जो प्रशिक्षित दृष्टि में समाए बिना नहीं रहती।

इसी प्रकार जीव-जन्तु, पशु आदि अपनी गति और चलने-फिरने के बल पर तथा मनुष्य अपने बुद्धि बल पर पर्यावरण से अनुकूलन करने की पौधों से भी अधिक बेहतर स्थिति में देखे जा सकते हैं। अतः पर्यावरण एक संयुक्त रूप से ऐसी अवधारणा है जो विविध प्रकार के पेड़-पौधों, जीव-जन्तु, पशु व मानवों को पारस्परिक महत्त्वपूर्ण अन्तर्सम्बन्ध में बनाए रखती है। यह पार्थिव-एकता सर्वव्यापी व सार्वभौमिक है जो सभी प्रकार के लोगों-मूल निवासी, क्षण-भंगुर, एक दिवसीय अथवा यायावर, भ्रमणशील, प्रवासी पर लागू नियम है।

यह नियम मानव-वातावरण के अध्ययन में पर्याप्त सुस्पष्ट बना है। प्रागैतिहासिक काल में जन-जीवन में हुई शोध से, उन वासियों के आदिकालीन उपकरणों, जीवनयापन के तौर-तरीकों, जल-एवं अग्नि के प्रयोग तथा प्रारम्भिक उद्योगों द्वारा पृथ्वी का बदलता हुआ स्वरूप, स्पष्ट व प्रकट बना है। इनसे यही सिद्ध हुआ है कि मानव ने अपने रहने-सहने के जगत् में विश्व को अनुमान से भी कहीं अधिक प्रभावित किया है। वह विविधाओं से भरे प्राकृतिक पर्यावरणों में विश्व के विभिन्न भागों में जीता रहा है, और प्रदेश के साथ एकरूप बना है। यद्यपि मनुष्य स्वयं अनेक प्रजाति, जाति उपजातियों में बंटा हुआ रहा परन्तु सभी प्रदेश की समांगता में एक बन उसके विकास में भागीदार रहे। चाहे मानव-समूह आखेटक हो, चाहे कृषक, चाहे चरवाहे का दल हो अथवा ऊंटों की क़तार में सवार बना यायावर वे सभी पारस्परिक सहयोग को बांटते हुए जीविकापार्जन में संलग्न बने देखे जाते हैं। विश्वभर के अधिकांश जनसमुदायों की जीवनशैली में उनका प्राकृतिक वातावरण के साथ समायोजन अद्भुत है। यह पार्थिव-एकता की ही महत्ता है जो विश्व व्यापी बन सर्वत्र लागू बनी संकल्पना सिद्ध है।

जीन ब्रून्हस (Jean Brunhes)

विडाल डि ला ब्लाश का शिष्य जीन ब्रून्हस का जन्म 1869 में हुआ। इतिहास और भूगोल में अध्ययन के पश्चात उसने मानवभूगोल में संकल्पनाओं पर कार्य आरम्भ किया। उसने मानव-भूगोल के क्षेत्र और कार्य-पद्धतियों का निरूपण किया। उसकी मुख्य रचना

Geographic Humaine essai de Classification Positive' 1910 में प्रकाशित हुई। उसने मानव व भूगोल को तीन क्षेत्रों में सीमित बनाया[41]- (1) मिट्टी के अनुत्पादक व्यवसाय, (2) पौध व पशु-जगत् अधिकार से जुड़ी वस्तुएं, और (3) ध्वंसकारी अथवा विनाशक अर्थव्यवस्था-प्रकृति पर प्रहार से उसे निर्धन बनाने की क्रियाएँ जो 'डकैती-अर्थव्यवस्था' भी कही जाती है।

परन्तु उसका विचार था कि उपर्युक्त तीन क्रियाएँ भौगोलिक प्रदेश की सीमा-निर्धारण नहीं करतीं। इनके आगे भी भूगोल के इतिहास निर्माण में जनसंख्या-वितरण, उत्पादन, यातायात, लेन-देन क्रियाएँ (व्यापार) और राजनीतिक संस्थाएँ जैसे राज्य, इलाका, सीमा, मार्ग आदि का योग होता है। भौगोलिक प्रदेश में वहाँ के सामाजिक भूगोल की चर्चा भी इन अनेक घटकों सहित सम्मिलित है। प्रादेशिक भूगोल को ब्रून्हस अत्यन्त विस्तार का विषय मानता था, ''जिसमें महामारी-रोगों प्राकृतिक अभिवृत्ति, नैतिक-आदतें, सामाजिक-नियमों, सम्पत्ति विषयक अधिकारों सामाजिक संगठन, सामूहिकताकरण, स्टॉक-कम्पनियों की वित्तीय-क्रियाएँ और बड़े शहरों में सामाजिक-अराजकता जैसे असीमित विषय की चर्चा सम्मिलित है।'' भूगोलवेत्ता इनका अध्ययन भू-तल के तथ्यों से संबन्धित बनाकर करता है। ब्रून्हस की मान्यता थी कि प्रकृति आदेशात्मक नहीं बनी है, वह अनुमति-बोधक है। अतएव प्रदेश के विस्तृत अध्ययन में अनेक प्राकृतिक व सांस्कृतिक कारकों के योग का ध्यान रखा जाता है। इसमें वहाँ के निवासियों की क्षमता (Capacity) की पृष्ठभूमि में अध्ययन सम्मिलित है। भौगोलिक अध्ययन की विधि के बारे में ब्रून्हस ने दो नियमों पर ज़ोर दिया- (i) क्रिया-कलाप का नियम (Principle of Activity), और (ii) अन्तर्क्रिया का नियम (Principle of Interaction)।[42]

क्रिया-कलाप का नियम

क्षेत्र में प्राकृतिक व सांस्कृतिक घटनाओं में निरन्तर परिवर्तन घटित होता रहता है। अतएव ब्रून्हस की मान्यता थी कि इनको काल-सन्दर्भ में बदले हुए स्वरूप में ही देखना, विचारना व अध्ययन किया जाना चाहिए। इन्हें स्थिर व स्थायी नहीं समझना चाहिए, और काल-मापक (time-scale) को ध्यान में रखकर ही इनका विवेचन सार्थक बनता है। प्रदेश में प्रत्येक वस्तु घटती-बढ़ती रहती है। उदाहरणवत् पर्वत चोटी, समुद्रतल, हिम-चादर, हिमानियाँ, नदी की घाटी की आकृति-आकार, डेल्टा, ज्वालामुखी, वन आदि अपने आकार आकृति, उँचाई में निरन्तर परिवर्तित बनते रहते हैं। अत: इनमें क्रिया (action) का योग महत्त्वपूर्ण बना है। क्रियाएँ परिवर्तन लाती रहती हैं। भूगोल की छोटी-बड़ी इकाई का उसके प्राकृतिक व सांस्कृतिक घटकों में अन्तर्सम्बन्ध को समझने हेतु तथा उनकी संश्लिष्टता का बोध करने हेतु 'क्रिया-कलाप के नियम' को ध्यान में रखना आवश्यक है।

अन्तर्क्रिया का नियम

ब्लाश से प्रेरित होकर ब्रून्हस ने अन्तर्क्रिया के मत का समर्थन करते हुए व्यक्त किया, ''दोनों प्रकार के दृश्य जगत्-प्राकृतिक व सामाजिक अन्तर्सम्बन्धित बने उपस्थित देखे जाते हैं'',

और उनका अध्ययन भी उनके अनेक संयोगों को ध्यान में रखकर ही करना चाहिए। इस स्थिति में पार्थिव एकता अथवा समस्तता की आधारभूत संकल्पना प्रदेश में संश्लेषण की ओर ध्यान आकर्षित करती है। प्राकृतिक व मानवीय बल इतनी घनिष्टता से परस्पर प्रभावी बन उठते हैं कि नाना प्रकार से वे अगणित रूपों में भौगोलिक दशाओं को संयुक्त बना देते हैं। ब्रून्ह्स ने अन्तक्रिया-नियम के समर्थन में पशुओं व रोपे गए पौधों का उदाहरण प्रस्तुत किया जो अनेक आर्थिक संगठन में प्रकट हैं। बोझा ढोने से लेकर सवारी और खाद्य-वस्तुओं एवं कला-प्रदर्शन के साधन बने पशुओं की प्रादेशिक अन्तर्क्रिया अनोखी है। पौधों का रोपण कृषि से लेकर साज-सज्जा, तीज-त्यौहार, पूजा-पाठ आदि नाना प्रकार के संस्कारों को जन्म दे कर अन्तर्क्रिया प्रदर्शित करते हैं। मानव भी पशु व पौधों की भांति अन्तर्क्रिया के सिद्धांत से जुड़ा प्रदेश में नाना प्रकार से अभिव्यक्त बन उठा है।

ऐलि्सी रेकलस (Elisee Reclus 1830-1905)

रेकलस दृढ़प्रतिज्ञ आदर्शवादी था। वह कार्ल रिटर का अत्यन्त सफल विद्यार्थी था जिसने भूगोल में उसके विचारों से प्रेरित होकर उनका निर्वाह किया था। वह पहले ही वर्ष में रीचर-सेमिनारी (गुरुकुल) से निष्कासित कर दिया गया क्योंकि उसने 1848 की क्रांति के आदर्शों में विश्वास व्यक्त किया व उसका समर्थन किया। 20 वर्ष की आयु में वह धर्म विज्ञान (Theology) का अध्ययन करने बर्लिन पहुँचा, परन्तु वहाँ कार्ल रिटर के भाषणों को सुन उसकी भूगोल में रुचि जाग्रत हुई। फ्रांस लौटकर 1851 में उसने राजनीतिक गतिविधियाँ आरम्भ कर दीं। नेपोलियन III के अचानक शासन-परिवर्तन के विरोध से, उसे इंग्लैण्ड भाग जाना पड़ा। तदुपरान्त उसने उत्तरी व दक्षिणी अमेरिका की विस्तृत यात्रा की। परन्तु वह शोध कार्य आदि में रुचिवान् नहीं बना जो उसकी आर्थिक मज़बूरी भी थी। वह पढ़ाने के कार्य से अपनी जीविका चलाता था, और 1857 में फ्रांस वापस लौटा। यहाँ उसकी मित्रता अग्रणीय अराजकतावादी मिखेल बाकुनिन से हुई। यहीं से वह गोपनीय अराजकतायी संस्था 'फ्राटेमाइट इंटरनेशनल' (Fratemite International) से जुड़ गया। उसने 1871 में 'पेरिस कम्यून' में सक्रिय भाग लिया तदर्थ हिरासत में ले उसे एक वर्ष के लिए जेल में डाल दिया गया। रेकलस को उसकी अराजकीय हरकतों के कारण देश-निकाला देकर न्यू कैडोनिया भेज दिया गया। परन्तु भौगोलिक समितियों व चार्ल्स डार्विन जैसी विख्यात हस्तियों द्वारा मध्यस्तता से उसके निष्कासन को घटाकर दस वर्ष के लिए कर दिया गया। निर्वासन काल में रेकलस स्विट्ज़रलैण्ड में रहा। यद्यपि 1892 में उसे ब्रूसेल्स (Brussels) के लिबरे-विश्वविद्यालय में भूगोल के रीडर पद पर नियुक्त किया गया था। परन्तु फ्रांस में अराजकता की मारकाट और नियुक्ति पर विरोध के भय से नियुक्ति-

पत्र रोक लिया गया। रेकलस के समर्थकों की एक समिति ने धन एकत्र कर ब्रूसेल्स में नवीन विश्वविद्यालय स्थापित कर उसे प्रोफेसर पद पर नियुक्त किया। जीवन के अपने अंतिम वर्षों में रेकलस ने इस पद पर बिना वेतन के कार्य किया था, और वह अपनी पुस्तकों की आय से ही अपनी अत्यन्त साधारण जरूरतों की पूर्ति करता था।

रेकलस सामाजिक अराजकतावादी था। उसने 1866-67 में 'La Terre' व्यवस्थित प्राकृतिक भूगोल की रचना कर ख्याति अर्जित की। परन्तु उसकी सर्वाधिक प्रसिद्धि प्रादेशिक भूगोल Nouvelle Geographie Universelle (1875-94) की 19 जिल्दों (Volumes) की रचना द्वारा हुई। इस कृति की स्पष्टता एवं परिशुद्धता ने रेकलस को रिटर की अर्डकुण्डे से भी अधिक लोकप्रियता दिलायी। रेकलस का कार्य विश्व-भूगोल व विशेष देशों के सन्दर्भ में एक 'मॉडल' सिद्ध हुआ, और उसे भौगोलिक-अध्ययन का विश्व-कोश के स्तर का सम्मान मिला।

रेकलस कदाचित् सभी कालों में अत्यधिक रचनात्मक भूगोलवेत्ता बन बैठा। जीवन के अपने अंतिम भाग में उसने 'La Homme et la Terre' (जो अधिकांशत: मृत्योपरान्त 1905-8 में प्रकाशित) की रचना की जिसे Social Geography की श्रेणी में रखा जा सकता है। इस पुस्तक में मानवीय जीवन का ऐतिहासिक वृत्तान्त और पृथ्वी पर संसाधनों के उपयोग की चर्चा सम्मिलित है। रेकलस ने यात्रा-वृत्तान्त की पुस्तिकाएँ व लेख प्रकाशित किए। पुस्तकों से ही वह अपनी जीविका अर्जित कर सन्तुष्ट बना, और उसने कोई बड़ा विश्वविद्यालयी पद ग्रहण नहीं किया। अपनी राजनीतिक व सामाजिक अराजकतावादी विचारधारा के कारण और देश से निर्वासित बने रहने के कारण वह फ्रांसीसी भूगोल के बौद्धिक जगत् को प्रभावित नहीं बना सका।

रिटर की भाँति रेकलस की रुचि भी भूगोल के मानवीय पक्ष में थी, और उसकी पैनी दृष्टि से विश्व में मानव दशाओं की विविधाताएँ व असमानताएं अछूती नहीं थीं। वे उसकी पुस्तकों में प्रधानत: प्रकट बने विषय थे।

रेकलस ने अपने राजनीतिक जीवन को सामाजिक न्याय के लिए अर्पित किया, और इसीलिए आवश्यक रूप से उसकी पुस्तकों में सामाजिक दशाओं की विवेचना सम्मिलित है। उसने लंदन के गरीबों की गरीबी और उनकी दी गई सहायता के विवरण दिए हैं। उसने भूगोल व आधुनिक नगर नियोजन के मध्य तथा समाज-विज्ञान के साथ संबन्ध दर्शाए। वह सम्भववादी था, और वातावरण के प्रभाव को प्रभावहीन करने में मानव को समर्थ मानता था। उसने फ्रांस के समाजवादी फ्रेडरिक ले प्ले (La Play) और स्कॉटिश जीव-विज्ञानी, समाजशास्त्री व नियोजक पैट्रिक गिडिज़ (P. Geddes) को प्रभावित किया और उनके सम्पर्क में बना था। रेकलस के जीवन की अंतिम दशाब्दी में पैट्रिक गिडिज उसका अच्छा दोस्त बना।[43] उसने रेकलस के विचारों को ब्रिटेन में प्रसारित किया और उसके सामाजिक भूगोल के विचारों में पर्याप्त रुचि दर्शायी जिनको गिडिज़ नियोजन और व्यावहारिक शोध में प्रयोग कर सका था।

अपनी लेखन-शक्ति के कारण रेकलस ''फ्रांस का रिटर'' कहलाया। उसकी शैली सुबोध, विस्तृत, व्यवस्थित एवं संतुलित बनी थी। अपने लेखों को उसने 3000 मानचित्रों से प्रमाणित बनाया और विश्व की समितियों की परिशुद्ध तस्वीर प्रस्तुत की। अपनी कृति L' homme et la Terre (The Earth and Its Inhabitants), में उसने ज़ोर दिया - मनुष्य वातावरण की उपज नहीं है, परन्तु वह उसका महत्त्वपूर्ण भाग है। रेकलस का कथन है-Man may modify (his dwelling place) to suit his own purpose, he may overcome nature, as if were, and convert the energies of the earth into domesticated forces. "One must seek the gradual changes in the historical importance of the configuration of the land" and in studying space "we must take into account another element of equal value-time."[44]

अर्थात्, मनुष्य अपने आवास स्थल को अपने उद्देश्य के अनुसार परिवर्तित बना लेता है। जैसे वह पृथ्वी की ऊर्जाओं को अपने पालित-बलों में बदलकर काम में लेता है, वह प्रकृति को भी पराभूत कर अपने प्रयोग में ले लेता है। धरातल की ऐतिहासिक महत्ता उसमें घटित क्रमिक-परिवर्तनों की पहचान से की जानी चाहिए। स्थान (Space) के यथार्थ अध्ययन में समान महत्त्व का एक अन्य 'घटक' काल (Time) है जिसको ध्यान में रखकर ही स्थान (प्रदेश) का भौगोलिक वर्णन करना चाहिए।

रेकलस प्रकृति और प्राकृतिक सौन्दर्य के संरक्षण के प्रति रुचिवान था। उसे प्राकृतिक सौन्दर्य के विनाश को देखकर दुःख पहुँचा था। मनुष्य द्वारा संसाधनों के अंधाधुंध शोषण और निर्माण-कार्यों की पूर्ति करते समय प्रकृति को निर्दयपूर्वक कुचलते देख वह विचलित हो उठा था। काव्य-कल्पना, लालित्य-सौन्दर्य दृश्य-जगत् से विलीन होते जा रहे हैं, जैसे उसकी आत्मा का ही हनन हो गया हो। नगरों के ऐसे कुण्ठित व शुष्क बने जन-जीवन की अपेक्षा ग्रामीण जीवन उसे अधिक पसन्द है।[45]

रेकलस की मान्यता थी कि मनुष्य ने प्रकृति में स्थापित संतुलन को ही भंग कर दिया है। प्राकृतिक वन-वनस्पति, व जीव-जन्तुओं को नष्ट कर दिया है, और अपनी स्वार्थ पूर्ति के लिए पालतू पशु व खेतिहर फसल को स्थान देकर प्राकृतिक सामञ्जस्य को ही मेट दिया है। इस हानि का वह अनुमान नहीं लगा पा रहा है। अब आवश्यकता इस बात की है कि प्रकृति के बीच में बैठ ऐसी शिक्षा दी जानी चाहिए कि व्यक्तियों में स्वाभाविक प्राकृतिक प्रेम विकसित हो, और मनुष्य प्रकृति का आदर कर विकास की ओर बढ़े। रेकलस ने वस्तुतः मानव-प्रकृति के अन्तर्सम्बन्ध का विवेचन वैज्ञानिक रीति से किया।

इमान्यूएलडि मार्टोनी (Emmanuel de Martonne)

फ्रांस में भौगोलिक लेखों की विडालियन रीति-नीति 19वीं सदी के अन्त और 20वीं सदी के प्रारम्भ में छायी रही। उसके शिष्यों एवं आगामी भूगोलविदों ने ब्लाश के दृष्टिकोण की अनुपालना की। इसी कड़ी में ब्लाश का दामाद मार्टोनी (1873-1955) भी था जिसने

प्राकृतिक भूगोल में केन्द्रीय यूरोप का वर्णन किया। वह भूगर्भ विज्ञान, भू-भौतिकी और जीव विज्ञान में प्रशिक्षित था। उसने कार्पेथियन पर्वत श्रेणियों का अध्ययन किया। उसने आल्प्स में हिमानियों द्वारा आवरण-क्षय के अध्ययन में भी रुचि दर्शायी। वहां 1904 में W.M.Davis से मिलकर उसके भू-आकृति-विज्ञान कार्यों से प्रभावित हुआ। मार्टोन की सर्वाधिक लोकप्रिय रचनाएँ Traite de Geographie Physique और La France Physique हैं। मार्टोन ने अनेक फ्रांसीसी भूगोलवेत्ताओं को प्राकृतिक भूगोल में कार्य करने की प्रेरणा प्रदान की।[46]

अलबर्ट दिमांजियन (Albert Demangion 1872-1940)

दिमांजियन भी ब्लाश के प्रतिभाशाली शिष्यों में से ही था जिसने अपना केरियर एक अध्यापक के रूप में आरम्भ किया। वह पिकार्डी में अध्यापन के दौरान एक मोनोग्राफ 'La Picardie et les Regions Veisines' प्रस्तुत कर लोकप्रिय बन गया। उसे लिली-विश्वविद्यालय में नियुक्ति मिली जहाँ 1911 तक उसने अध्यापन किया।

मार्टोनी का दिमांजियन मित्र था। परन्तु उसने अपना ध्यान मानव भूगोल पर आकर्षित किया। उसने अपना बहुत समय Annals पत्रिका के सम्पादन में व्यतीत किया, और इस पत्रिका में उसके 31 लेख तथा 89 नोट्स (संक्षिप्त विवरण) प्रकाशित हुए।[47]

दिमांजियन ने जीवन भर फार्मों (Farmsteads) संबन्धी भौगोलिक चिन्तन किया, और इनके स्थानिक विविध स्वरूपों (Spatial Variation) के विवेचन में उसका योगदान महत्त्वपूर्ण माना गया। उसने यातायात भूगोल, जनसंख्या और अन्तर्राष्ट्रीय अर्थशास्त्र पर भी लेख लिखे। भू-वर्गीकरण कर दिमांजियन ने भूमि-उपयोग के मानचित्रों को तैयार किया। उसने अपने विद्यार्थियों को सुदूरपूर्व (Far East) के समुदायों की जनसंख्या-अध्ययन करने के लिए आगाह किया जहाँ गोरी व काली जातियों के संबन्ध, शुष्क प्रदेशों में सिंचाई और बड़े नगरों का विकास जैसे रोचक प्रसंग उपस्थित थे।

दिमांजियन दूरदर्शी और बहुमुखी गुणों से सम्पन्न अध्यापक था। सौम्य व नम्र स्वभाव के दिमांजियन ने निपुणता के द्वारा विडालियन परम्परा का निर्वाह किया जिसकी दूर-दूर तक प्रशंसा थी।

विडालियन रीति-नीति के दुर्बल बनते ही भूगोल की परम्परा में बदलाव आया। दो महायुद्धों के बीच के काल में भूगोल में नवीन उपकरणों, तकनीकों और विश्लेषणात्मक अध्ययन-पद्धति का आगमन हुआ। यह बदलाव कृषीय-भूगोल में अधिक देखा गया। फ्रांसीसी विद्वानों ने सांख्यिकीय तकनीकों को भी अपनाना आरम्भ किया। अन्तर्विज्ञानी-अध्ययन भी आरम्भ हुए और प्रादेशिक संश्लेषणात्मक विवेचन होने लगे। युवा-पीढ़ी के भूगोलवेत्ता स्थानीय विश्लेषण (Locational Analysis) पर ज़ोर देने लगे। ब्लाश की भाँति केवल सहसंबन्धों से भौगोलिक घटनाओं का स्पष्ट करना ही पर्याप्त नहीं रहा, और उन्हें भौगोलिक सम्पूर्णता का अंग मानकर (As an ensemble) सामूहिक-दृश्य के साथ वर्णन किया जाना चाहिए।

संक्षेप में, आधुनिक शोध वर्णनात्मक और प्रादेशिक से आगे अब उत्पत्तिमूलक दृष्टिकोण से व्याख्यात्मक बन उठे। प्राकृतिक भूगोल में आवरण-क्षय प्रक्रिया व व्यवस्था तथा विकास के सोपानों के अन्तर्गत भू-आकृतियों के उद्भव पर ध्यान केन्द्रित हुआ। मानव भूगोल में आर्थिक कारकों, उत्पादन व्यवस्था जैसे पक्षों को प्राकृतिक वातावरण से कहीं कटिबंधों, आर्थिक प्रादेशिकता जैसे पक्षों को प्राकृतिक वातावरण से कहीं अधिक महत्त्व दिया जाने लगा।[48] फ्रांस में विस्तृत मानचित्रों व क्षेत्रीय भाचित्रों (Areal Photographs) का प्रयोग किया जाने लगा।[49]

भूगोल का ब्रिटिश सम्प्रदाय
(The British School of Geography)

भूगोल विषय मानवीय जिज्ञासा का अत्यन्त प्राचीन स्रोत होते हुए भी ब्रिटेन में 19वीं सदी के मध्य तक भी वैचारिक रूप में ध्यान-आकर्षण नहीं कर सका। वहाँ नए देशों की खोजों के विवरण, यात्राओं के वर्णन, नवीन देशों में लोगों का जन-जीवन ही भौगोलिक अध्ययन के क्षेत्र बने थे। शैक्षिक संस्थाओं व कॉलेज आदि में भूगोल का आगमन वहाँ देर से ही हुआ। वहाँ उस समय तक इतिहासवेत्ता एवं भूगर्भ-वैज्ञानिकों द्वारा ही स्थानों के नाम, पर्वतों व नदियों के वर्णन तथा तथ्यों का स्मरण मात्र करना ही उददेश्य था, और भूगोल का ज्ञान सूचनाओं का विश्वकोश (Encyclopaedia of Information) जैसा था।[50]

सन् 1859 में डार्विन की रचना 'Origin of Species' ने विद्वानों का, विशेषत: जीव-विज्ञानियों, भूगर्भों और सामाजिक विज्ञानों का ध्यान आकर्षित किया।[51] इस सिद्धान्त से प्रेरित होकर ब्रिटिश-विद्वानों ने मानव के घर-पृथ्वी की ओर ध्यान दिया, और 19वीं सदी के अन्त में भूगोल की ब्रिटिश-विश्वविद्यालयों में ज्ञान का विषय (Discipline) के रूप में आरम्भ किया गया।

हालफोर्ड जे. मेकिण्डर (Halford J. Mackinder 1861-1947)

भूगोल के ब्रिटिश-सम्प्रदाय का जन्मदाता मेकिण्डर आकर्षक व प्रतिभा संपन्न विद्वान् था। वह जटिल विचारों को सहज ढंग में व्यक्त करने की प्रतिभा एवं कल्पनाशील बुद्धि का धनी था। कीनिया एर्वत पर जा चढ़ने का उसे प्रथम-श्रेय है। वह देश के लोगों में अपना भूगोल के प्रति दृष्टिकोण स्पष्ट बनाने हेतु भाषण देने में सक्रिय बना था। अन्ततः वह भू-राजनीति के लेखों से विख्यात हुआ, और ऑक्सफोर्ड विश्वविद्यालय में भूगोल-शिक्षण में नई-पीढ़ी का प्रथम विद्वान् का सम्मानीय स्थान ग्रहण कर सका। उसके मत में भूगोल को सामाजिक अन्तर्क्रिया द्वारा अपनी पैठ बनानी चाहिए। ''भूगोल जैसा कि स्थानीय पर्यावरण की विविधताओं की खोज कर विवेचना का विषय बना है, वैसी ही उसे सामाजिक अन्तर्क्रिया द्वारा विविध-सोच का विकास करने में समर्थ बनना चाहिए।'' वह प्राकृतिक व मानव-भूगोल को विकासात्मक दृष्टि से ग्रहण करने के पक्ष में जुटा रहता और विषय को वैज्ञानिकों, अध्यापकों, राजनेताओं व व्यापारियों के प्रयोग का महत्त्वूर्ण विषय मानता था। वह भूगोल के दोनों पक्षों-प्राकृतिक व मानवीय को मन-मस्तिष्क व मानचित्र में उतार कर दृष्टि में

बिठाने के लिए आतुर था। विश्व की प्रादेशिक जटिलताओं को वह प्राकृतिक व मानवीय, दोनों घटनाओं के संयुक्त परिणामों की परिणति कहता था। वह भूगोल को सेतु की भाँति (As a bridge) विषय मानता, जो मानविकीय व प्राकृतिक विद्वानों के मध्य है। इसी प्रकार वह इतिहास और भूगर्भ विज्ञान के मध्य भी भूगोल की स्थिति 'सेतु-वत्' मानता था। मेकिण्डर ने अपनी इसी धारणा का प्रयोग विश्व की राजनीतिक घटनाओं के निवर्चन में भी की थी।

मेकिण्डर के ऑक्सफोर्ड में प्रोफेसर पद पर नियुक्ति (1887) से यूनाइटेड किंगडम (U.K.) में भूगोल विकसित हो गया। आरम्भ में ब्रिटिश भूगोलवेत्ताओं ने मानव को प्राकृतिक पर्यावरण में परिवर्तन लाने वाले कारकों से भी अलग रखा। यह मेकिण्डर का ही प्रयास था जिसने भूगोल को मानव व प्राकृतिक पर्यावरण के मध्य अन्तर्क्रिया का विषय बनाया। सन् 1904 में उसने 'इतिहास की भौगोलिक धुरी' (Geographical Pivot of History) के सिद्धान्त की रचना की जिसे 'मेकिण्डर के हृदयस्थल सिद्धान्त' (Heartland Theory of Mackinder) के नाम से भी जाना जाता है।

मेकिण्डर के मतानुसार, विश्व में एक विश्व-द्वीप (World Island) यूरेशिया व अफ्रीका के महाद्वीपों द्वारा संगठित बना स्थित है (Fig. 7.1)। यहाँ का हृदय स्थल (Heartland) पहुँच के अत्यन्त बाहर (Most inaccessible) बना भाग है। यह भाग कम-जनसंख्या का क्षेत्र है, जहाँ आवागमन भी दुर्गम बना है। इसी संदर्भ में मेकिण्डर ने विश्व युद्ध-नीति (Global Strategy) के विषय में अपने भू-राजनीतिक विचार अधोवर्णित विख्यात पंक्तियों में व्यक्त किए-[52]

Who rules East Europe commands the Heartland;

Who rules Heartland commands the World Island.

Who rules the World Island commands the World.

जो पूर्वी यूरोप पर शासन करता है, वही 'हार्टलैण्ड' पर अपना प्रभुत्त्व बनाता है जो 'हार्टलैण्ड' पर शासन करता है, वही अपना प्रभुत्त्व 'विश्व-द्वीप' पर रखता है, और जो 'विश्व-द्वीप' पर शासन करता है, वही विश्व पर अपना प्रभुत्त्व बनाएगा।

मेकिण्डर ने यह व्यक्त किया कि इतिहास इस बात का साक्षी है कि तटीय क्षेत्र हार्टलैण्ड की ओर से सदैव आक्रमण के प्रति संवेदनशील बने रहे हैं। हार्टलैण्ड आक्रमण के प्रति सुरक्षित रहता है क्योंकि वह सामुद्रिक शक्ति के पहुँच के बाहर जा पड़ा क्षेत्र है।

Figure 7.1 मेकिण्डर का विश्व द्वीप

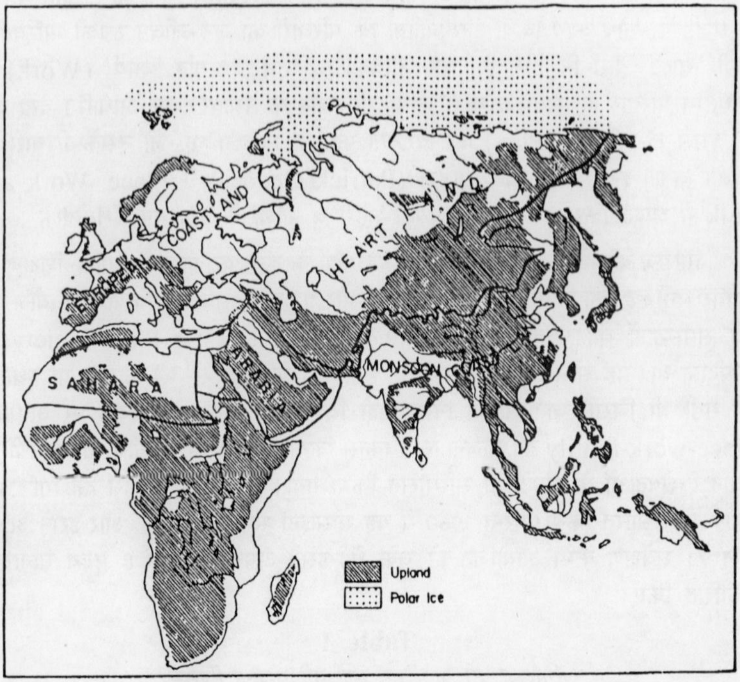

उसने यही विचार अपनी मृत्यु से कुछ वर्ष पूर्व द्वितीय महायुद्ध के दौरान (1943) भी व्यक्त किए। उसने सोवियत संघ के अधीन हार्टलैण्ड के खतरे की ओर आगाह किया था। उसने रूस की क्षमता की ओर भी ध्यान आकर्षित किया कि वह सीमा स्थित पूर्व, दक्षिण व पश्चिम में विश्व–द्वीप के देशों को आक्रान्त बना सकता है। कुछ विद्वानों की राय में मेकिण्डर की प्रादेशिकता से आवृत्त बने ये नीति–विचार उसके समय से सदियों आगे थे।

मेकिण्डर ने 'ब्रिटेन और ब्रिटिश सागर' (Britain and the British Seas) रचना 1902 में प्रकाशित की। आधुनिक ब्रिटिश साहित्य में यह रचना चिर–प्रतिष्ठित बनी और उसकी प्रादेशिक विचारधारा की तुलना में यह कृति अधिक परिपक्व व सुडौल है। उसकी एक और दूसरी महान् रचना– 'Democratic Ideals and Reality' 1919 में प्रकाशित हुई जिसमें उसने विश्व–शक्तियों की राजनीति की विवेचना की।[53]

मेकिण्डर के समकालीन H. Robert Mill राबर्ट मिल ने एक पुस्तक Realm of Nature लिखी, जिसमें उसने मानव–प्रजातियों का वर्णन किया।

ब्रिटिश भूगोलवेत्ताओं के बीच लोकप्रिय विषय 'प्रदेश' की संकल्पना थी जिसका

प्रथम विश्व युद्ध तक बोलबाला रहा। वे ब्लाश और ले-प्ले द्वारा प्रभावित थे।[54] पैट्रिक गिडिज़ (स्काटिश भूगोलवेत्ता) ले-प्ले का अनुयायी था जिसने पारिवारिक जन-जीवन और परिवार के बजट पर शोध कार्य किया और बताया कि परिवारों का जन-जीवन उनकी पारिवारिक शैली 'बजट' द्वारा निर्धारित है। यह जीविका के साधन, अर्थात् 'कार्य' (Work) पर आधारित परिवार का समर्थक था। 'कार्य' भी स्थान के पर्यावरण पर आधारित देखे जाते हैं। इससे ले-प्ले (Le Play) का विख्यात फार्मूला निकला था, जो उसके विचारों का आधार बना। इस फार्मूले को गिडिज (Patrick Geddes) ने Place, Work and Folk में व्यक्त किया और इसका प्रयोग शहरों व प्रदेशों के अध्ययन में किया।[55]

गिडिज़ की योजना (Table 1) दो महायुद्धों के बीच के काल में भूगोल-शिक्षण का आधार बनी। इसका उपयोग नगर नियोजकों और प्रादेशिक सर्वेक्षण-क्रिया में नियोजन से पूर्व समस्याओं की पहचान हेतु किया गया। अत: गिडिज़ Le Play Society का जन्मदाता था। यह सोसाइटी 19वीं सदी के इंजीनियर फ्रेडरिक ले-प्ले के नाम पर स्थापित की गयी थी जिसमें वातावरणीय नियतिवादी विचारों के कठोर अधिस्वरों पर आधारित Place-work-family की योजना का विकास किया गया। इसमें स्थानीय सोसाइटियों की प्रधान विशेषताओं के संपुट को सम्मिलित किया गया। ले-प्ले के विचारों को गिडिज़ ने ग्रहण कर प्रसारित किया। परन्तु 1960 में यह सोसाइटी भंग कर दी गई, और इसने अधीन कुल 71 सर्वेक्षण केम्प आयोजित हो चुके थे। इसने अपने समय में 8 मुख्य मानोग्राफ़ प्रकाशित किए।

Table 1

गिडिज़ की प्रादेशिक सर्वे की योजना जिसमें
Place, Folk और Work की अन्तर्क्रिया दर्शायी है

PLACE *स्थल*	*PLACE WORK* *(natural advantage)* *स्थल पर कार्य* *(स्वाभाविक गुण)*	*PLACE FOLK* *(native)* *मूल-निवासी* *जन साधारण*
कार्य-स्थल (Work Place) चरागाह, खेत, खानें (कार्य-आगार)	कार्य	कार्य मूल-निवासी जन-साधारण (औद्योगिक)
जनता-जन-साधारण स्थल (गांव, घर, आदि)	जन-साधारण कार्य (व्यवसाय)	जन-साधारण

गिडिज़ का विचार था कि भूगोल मात्र-विवरण का वैज्ञानिक विषय नहीं है। वह व्यावहारिक-विज्ञान (Applied Science) है। वह विषय इंगित करता है कि - देश कैसा होना चाहिए। गिडिज़ ने प्रादेशिकता की क्रिया को भी प्रभावित किया। उसके ऑक्सफोर्ड में सहायक बने हरबर्टसन (Herbertson 1865-1915) ने विश्व को वृहत् प्रदेशों में विभक्त करने की योजना प्रस्तुत की। यह योजना धरातल, जलवायु और वनस्पति[56] के साहचर्य पर आधारित थी।

एक अन्य ब्रिटिश भूगोल वेत्ता ए.जी. ऑगलिव (A.G.Ogilive) ने Great Britain : Essays in Regional Geography का सम्पादन 1928 में किया। इस पुस्तक में ब्रिटेन के प्राकृतिक व सांस्कृतिक दृश्य-जगत् के प्रादेशिक विवेचन का संक्षिप्त विवरण है। रॉक्सबी (Roxby) ने प्रादेशिक अध्ययनों को कैसे प्रस्तुत किया जाना चाहिए, इस पर एक योजना सुझायी। उसने इंगित किया कि एक व्यवस्थित प्रादेशिक अध्ययन में भूगर्भ-दशाएँ, जलप्रवाह, तट रेखा, जलवायु व वनस्पति के विवरण द्वारा प्रदेशों को सीमांकित करना और उनके ''प्राकृतिक पर्यावरण से वहाँ के निवासियों के संबन्धों को व्यक्त करना चाहिए।''[57]

आर्थिक भूगोल

ब्रिटेन में दोनों महायुद्धों के बीच के काल में आर्थिक भूगोल अध्ययन का लोकप्रिय विषय था। आर्थिक भूगोल के सभी अध्ययनों में प्राकृतिक कारकों का प्रभाव संसाधनों के स्थल व स्थिति पर घटित आर्थिक-क्रियाओं के, अध्ययन में किया गया है। बुचानन (Buchanan) ने अपनी पुस्तक, 'Pastoral Industries of New Zealand' में प्राकृतिक पर्यावरण के प्रभावों को वहाँ की आर्थिक दशाओं, फसलों और उद्योगों में खोज का विषय बनाया था।[58] सन् 1949 में 'Economic Geography of Britain' प्रस्तुत कर देश में उत्पादन के अर्थ शास्त्र के प्रादेशिक वैविध्य को खोजते हुए व्यवस्थित, तर्कपूर्ण और पूर्ण विवरण दिया। अपने समकालीन अध्ययनों की तुलना में स्मिथ (Smith) का यह अध्ययन पर्याप्त अग्रज कोटि का पारिस्थितिक अवधारणा पर आधारित था। यह सांख्यिकीय समंकों के विश्लेषण पर अध्ययन था जिसमें क्षेत्रीय अवलोकन को स्थान नहीं था।

चिज़होम (Chisholm)[59] ने Handbook of Commercial Geography लिखी और मिल (Robert Mill) ने सामान्य भूगोल की रचना की। मिल को उसके गिरते हुए स्वास्थ्य ने क्षेत्रीय-कार्य एवं खोज-यात्राओं पर जाने की अनुमति नहीं दी। फिर भी उसने ध्रुवीय यात्राओं पर जाने वाले यात्रियों की जीवनियाँ लिखीं।[60] उसे 1901 में ब्रिटिश वर्षा-संगठन के निदेशक पद पर नियुक्त किया गया। उसकी देखरेख में 50 वर्षीय औसत के आधार पर ब्रिटेन में वर्षा-मानचित्र रचे गए।[61] एक मील प्रति इंच के मापक पर आर्डिनेंस सर्वे शीट में उसने भूमि-उपयोग दर्शाने का एक प्लान तैयार किया, परन्तु उसके प्रस्ताव को मंजूरी नहीं मिली। तदुपरान्त 1930 में L.D. Stamp ने ब्रिटेन के भूमि उपयोग मानचित्र तैयार किए।

1905 में हरबर्टसन School of Geography का ब्रिटेन में Director बना। उसी

समय उसने विश्व के प्रादेशिक और आर्थिक भूगोल के अध्ययन हेतु प्राकृतिक प्रदेशों का एक ढाँचा तैयार किया। उसने विश्व को 15 प्राकृतिक प्रदेशों में विभक्त किया। इस विभक्तीकरण में जलवायु की नियमितता को ध्यान में रखा क्योंकि प्रत्येक महाद्वीप पर समान स्थिति में समान जलवायु-प्रदेश स्थित हैं।[62]

मानव-प्रकृति के अन्तर्सम्बन्ध

सन् 1880 से प्रथम महायुद्ध के आरम्भ होने तक ब्रिटेन में भूगोल की चर्चा का विषय मानव व प्रकृति के संबन्ध पर ही केन्द्रित बना रहा था। इस अवधि में भूगोल विषय पृथ्वी तल व उसका मानव पर प्रभाव के वर्णन का लेखा-जोखा था।[63] भूगोलवेत्ताओं ने विश्व को उसके वृहत् प्रदेशों में इसी ध्येय से विभक्त किया था कि इस बात को परखा जाना चाहिए कि इन प्रदेशों में मानव ने क्या पार्ट अदा किया है। ब्रिटिश भूगोलवेत्ता फ्रांस के विद्वानों द्वारा प्रस्तुत प्रदेशों के संश्लिष्ट वर्णन से सहमत नहीं थे, क्योंकि वे इस तथ्य को मानते थे कि संश्लिष्टता प्रदेश की यथार्थता नहीं है, न वह हासिल की जा सकती है। इसलिए उन्होंने प्राकृतिक भूगोल की ओर ध्यान आकर्षित कर भू-आकृति विज्ञान (Geomorphology) में अनेक मोनोग्राफ़ प्रकाशित किए।[64] फोर्ड (D. Forde) ने Habitat, Economy and Society प्रकाशित कर आदिकालीन समुदायों के जन जीवन व उनके व्यवसाय पर वातावरण के प्रभाव दर्शाए।[65] फोर्ड ने प्राकृतिक पर्यावरण के प्रत्यक्ष प्रभावों का वर्णन न करते हुए उनकी सांस्कृतिक गतिविधियों व अन्य सांस्कृतिक सम्पर्कों का क्षेत्रीय प्रारूपों के सन्दर्भ में विशद् वर्णन किया। इन अध्ययनों में 'पर्यावरणीय नियतिवाद' के नियम को नकार दिया। इनमें पर्यावरण से भी अधिक प्रभावी घटक समुदायों की संस्कृति है, और उसी के प्रारूप क्षेत्र में (Cultural groups in their areal pattern) प्रकट हुए हैं।[66]

कृषीय भूगोल

20वीं सदी के आरम्भ में ब्रिटिश भूगोलवेत्ताओं की भूमि उपयोग में रुचि जागृत हुई, और उन्होंने सर्वेक्षण कर इसमें शोध-कार्य संपन्न किए। प्रथम महायुद्ध के पश्चात् उन्होंने यह अनुभव किया कि धरातल की प्रत्येक इकाई का सर्वेक्षण के आधार पर न्यायपूर्वक भू-उपयोग निश्चित किया जाना चाहिए। 1920 में डडले स्टाम्प (L.D. Stamp) ने ब्रिटेन के भूमि उपयोग मानचित्र तैयार किए जिनका उपयोग अनेक कार्यों सहित नियोजन में किया गया। युद्ध के दौरान अति आवश्यक फसलों की वृद्धि पर ध्यान दिया और द्वितीय महायुद्ध के उपरान्त वे मानचित्र ब्रिटेन में पुनर्रचना व निर्माण के आधार बने।[67] डडले स्टाम्प के इस योगदान के फलस्वरूप उन्हें Knighthood (नाइट की उपाधि) से सम्मानित किया गया। दोनों युद्धों के अन्तराल में ब्रिटेन में ग्रामीण अधिवास (Rural Settlement) व नगरीकरण (Urbanization) के भौगोलिक पक्षों में विशेष प्रगति नहीं हुई। फिर भी फ्लूअर (Fleure) और उसके अनुयायियों ने ग्रामीण अधिवास में थोड़ा बहुत कार्य किया जिसे महत्त्व का योगदान नहीं गिना जा सकता।[68] वस्तुतः शहरों की स्थानिक संरचना की ओर कोई ध्यान नहीं दिया गया।[69]

ऐतिहासिक भूगोल

प्रथम विश्वयुद्ध के उपरान्त मेकिण्डर ने ऐतिहासिक भूगोल की नींव रखी। उसने भूतकालीन-भूगोल की दिशा में ध्यान देने पर ज़ोर दिया। उसका मत था कि परिवर्तन के क्रम व प्रक्रिया के फलस्वरूप ही वर्तमान दृश्य-जगत् की आकृतियाँ विकसित हुई हैं, इनमें पैठ आवश्यक है। इनके पुनर्निर्माण में ही विकास की वर्तमान-दिशा प्रकट है, अन्यथा भूगोल मात्र समकालीन सूचनाओं का वर्णन-मात्र विषय बन कर रह जाएगा।[70]

मानव व प्रकृति के मध्य की अन्तर्क्रियाओं व परिवर्तनों की काल अवधि में विवेचना ऐतिहासिक मूल्यांकन है। इस दृष्टि से कतिपय ब्रिटिश-विद्वानों ने ऐतिहासिक भूगोल में योगदान दिया। इनमें उल्लेखनीय न्यूबिगिन (M.I. Newbegin), टेलर (E.G.R. Taylor), गिलबर्ट (E.W. Gilbert) और डारबी (H.C. Darby) हैं।[71]

ब्रिटिश भूगोल में समसामयिक-दिशाएं

विगत साढ़े-तीन दशाब्दियों में भूगोल के क्षेत्र, उसके दृष्टिकोण, अभिगम व दार्शनिक-सोच में बहुत परिवर्तन आया है। प्रधान रूप से प्रकट 'सांख्यिकीय-क्रांति' (Quantitative Revolution) और मात्रात्मक परिवर्तन ने भूगोल के स्वरूप को बदल कर ही रख दिया। रिचार्ड चॉर्ले व पीटर हैगेट (Chorley and Haggett) ने सांख्यिकीय तकनीकों के बहुल प्रयोग से मॉडलों व सिद्धांतों की रचना कर मानव एवं सामाजिक भूगोल में विशदरूप से परिवर्तन उत्पन्न किए और भूगोल का युद्धोपरान्त स्वरूप स्थानिक-विज्ञान (Spatial Science) बन उठा।[72] अब भूगोल का अभिप्राय परिशुद्ध, व्यवस्थित एवं तार्किक रूप से उसके विविधात्मक चरित्र को प्रकट करना माना जाने लगा।[73] सांख्यिकीय क्रांति संयुक्तराज्य से आरम्भ होकर ब्रिटेन में शीघ्र विकास प्राप्त कर गई। ब्रिटिश भूगोलवेत्ताओं ने परिणामत: अपना ध्यान गणितीय परिकलन, बहुविचलक विश्लेषण प्रारूपों का सांख्यिकीय वर्णन तथा परिकल्पनाओं व अभिमतों के परीक्षण व निर्माण की ओर आकर्षित किया। हैगेट व चॉर्ले ने अनेक पुस्तकें लिखीं जो स्थान विषयक संबन्धों और अवस्थितीय विश्लेषण को मॉडलों सहित स्पष्ट करती हैं। इनमें मुख्य - Models in Human Geography, Locational Analysis in Human Geography और Frontiers in Geographical Teaching हैं।[74]

ब्रिटिश भूगोलवेत्ताओं ने अन्तर्प्रादेशिक व प्रदेश के अन्दर व्याप्त सामाजिक असमानताओं पर्यावरणीय अध:पतन, पारिस्थितिकीय संकट और पर्यावरण प्रबन्धन के अध्ययन में रुचि ली। ब्रिटिश भूगोलविदों ने लोक-कल्याण, सामाजिक सुविधाएं व स्वास्थ्य-भूगोल और भू-दृश्य-पारिस्थितिकी जैसे नवीन क्षेत्रों में भी कार्य किए। उनका महत्तवपूर्ण योगदान भूगोल की संकल्पनाओं में विचार तथा प्राकृतिक, प्रादेशिक, ऐतिहासिक, आर्थिक, यातायात, कृषीय व राजनीतिक भूगोल के क्षेत्रों गिना जाता है।

ब्रिटिश भूगोलवेत्ताओं ने नवीन अवधारणाओं जैसे प्रत्यक्षवाद (Positivism), उपयोगितावाद (Pragmatism), अस्तित्ववाद (Existentiatism), आदर्शवाद

(Idealism), यथार्थवाद (Realism), आमूलपरिवर्तनवाद (Environmental-causation), द्वन्दात्मक (Radicalism), भौतिकवाद (Dialectical Materialism), पर्यावरण कारण-कार्य-संबन्ध आदि की व्याख्या की ओर भी ध्यान आकर्षित किया (देखिए अध्याय 11)। ब्रिटिश भूगोलवेत्ताओं ने विशेषत: प्रत्यक्षवाद (Positivism) की ओर ध्यान दिया। यह सिद्धान्त आधुनिक सोच में स्वाभाविक प्रयोजनवाद अथवा तथ्यात्मकता की दिशा इंगित करता है। इसका तात्पर्य है कि वैज्ञानिक सोच केवल प्रयोगाश्रित प्रश्न है। अर्थात् जिसे प्रयोग में लाया जा सके, जो प्रयोजनीय है, और जो अनुभवसिद्ध है, वही सार्थक व प्रत्यक्ष है, और वही वैज्ञानिक है। इसका संबन्ध आदर्शी प्रश्नों से नहीं जुड़ा है। प्रत्यक्ष जो सामने प्रत्यक्ष बना है, वही यथार्थ है, वास्तविकता है। इसका तात्पर्य है कि विज्ञान विश्व में वस्तु-जगत् से संबन्धित है।[75]

हमारी इन्द्रियाँ नैतिक आदर्शों को अनुभव नहीं करतीं। वे शोध के बाहर हैं। अत: ऐसे नीति व आदर्शों से हम दूर ही रहते हैं, क्योकि वे वैज्ञानिक रूप से आनुभविक नहीं हैं। उनका हम स्वाद ही नहीं ले सकते। प्रत्यक्षवाद विज्ञान की एकता पर भी जोर देने वाला सोच है। यथार्थ द्वारा समान प्रकार का अनुभव एक बार नहीं, कई बार कर सकते हैं। उसका अवलोकन अथवा प्रेक्षण जितनी बार करेंगे, वह समान ही होता है। यह 'समानता' अथवा 'एकता' ही वैज्ञानिक-भाषा कही जाती है। विज्ञान की एकीकृत विधि के कारण व्यापक-विज्ञान भी केवल एक है। वह चाहे प्राकृतिक विज्ञान हो, चाहे सामाजिक, उसका स्वभाव एक ही समान है। इसलिए प्राकृतिक विज्ञान जैसे प्रकृति के नियमों की खोज में जुटे हैं, सामाजिक वैज्ञानिकों को भी समाज के नियमों की खोज में जुटना होगा। प्रत्यक्षवाद के अनुयायी यही मानते हैं कि चाहे सामाजिक घटनाएं प्राकृतिक घटनाओं की तुलना में अधिक जटिल हैं, समाज को संचालित बनाए हुए नियमों की अन्तत: खोज तो करनी पड़ेगी। उसी स्थिति में सामाजिक अध्ययन विज्ञान के स्तर को प्राप्त कर पाएगा।[76]

कतिपय ब्रिटिश भूगोलवेत्ता उपयोगितावाद (Pragmatism) अथवा व्यावहारिकता के आधार पर समाज की समस्याओं को हल करने में जुटे हैं। इस दार्शनिक-सोच की मान्यता है कि समस्याओं को उपयोगिता की दृष्टि से तोलना चाहिए, और उन्हें व्यवहारजन्य बना कर हल करना चाहिए। यदि समस्या व्यावहारिक अथवा उपयोगी नहीं है, वह समाज का कोई हित नहीं करेगी। विश्व को समझने-बूझने के लिए भी व्यावहारिक-ज्ञान चाहिए। वही ज्ञान विश्व के प्रति वैज्ञानिक है जिसमें उपयोगिता निहित है, अथवा निरर्थक है।

यथार्थवाद (Realism) की संकल्पना नया दार्शनिक-सोच भूगोल में ब्रिटिश-विद्वान्नों को आकर्षित बनाए हुए है। वे मानते हैं, जो यथार्थ में है, वही सत्य है। इसे आजकल आदर्शवाद के विपरीत-सोच मानते हैं। अभी निकट काल से मानव भूगोल में मानवीयता और व्यवहारवाद को स्थान दिया जा रहा है। लोक-कल्याण एवं स्थान पर उपलब्ध जनकल्याण सुविधाएं भी ब्रिटिश भूगोलवेत्ताओं की चर्चा का विषय बन उठी हैं। (देखिए, अध्याय 11)

ब्रिटेन में भूगोल का विकास और वैज्ञानिक खोज अभियानों का संचालन Royal

Geographical Society (RGS) द्वारा हुआ, और इनके विवरण व रिपोर्टों का प्रकाशन Geographical Journal में होता रहा है। सन् 1995 में RGS को Institute of British Geographers में मिला दिया गया। यह संस्था 1933 से भूगोलवेत्ताओं द्वारा शोध कार्यों को बढ़ावा दे रही है, और कान्फ्रेंस, सेमिनार (बौद्धिक-गोष्ठियों) का आयोजन कराती है। ब्रिटेन में इसका भौगोलिक योगदान विस्तृत बना है।

भूगोल का अमेरिकी सम्प्रदाय
(The American School of Geography)

यूरोपीय विद्वानों ने भूगोल को अमेरिका के विद्यालयों व कॉलेजों में विषय के रूप में 19वीं सदी के मध्य में आरम्भ किया। परन्तु कतिपय विश्वविद्यालयों जैसे हारवर्ड, डार्टमाउथ, मेरी, येल, कोलम्बिया, प्रिंसटन, और पेन्सिलवेनिया में गणितीय, प्राकृतिक व ऐतिहासिक भूगोल में पाठ्यक्रमों को 1795 में ही पढ़ाया जाने लगा था। आरनोल्ड गुओत (Arnold Guyot) अमेरिका में प्रिंसटन के विश्वविद्यालय में प्रथम प्रोफेसर था। वह रिटर का अनुयायी था, और उसकी सोद्देश्यवादी विचारों को वह मानव सामाजिक क्रियाओं व मानव जन-जीवन के लिए रंगमंच-समान मानता था।[77] पृथ्वी पर मानव योग की गुओत विचारधारा ने तत्कालीन विद्यार्थी-समाज को उसकी पाठ्य-पुस्तकों द्वारा प्रभावित किया। वह प्राकृतिक भूगोल में भी रुचिवान बना और उसने एपलोचियन पर्वतों में तीस वर्षों तक खोज अभियान क्रियाएँ पूर्ण कीं। इनमें उसके 12,000 प्रेक्षण (Observations) और मौसमी आंकड़ों का संकलन सम्मिलित है। उसकी दार्शनिक-अभिगमन (Philosophical Approach) कार्ल रिटर से ही मिलती-जुलती थी।

सन् 1870 में हारवर्ड के प्राकृतिक-इतिहास विभाग में प्राकृतिक भूगोल आरम्भ की गयी। 1878 में विलियम मॉरिस डेविस (W.M. Davis) को सहायक प्रोफेसर पद पर नियुक्त किया गया। परन्तु इससे पूर्व ही 1850 में 'अमेरिकन भौगोलिक सोसाइटी' की स्थापना हो चुकी थी।

एन.एस. शेलर (Shaler) हारवर्ड में एक प्रसिद्ध भूगर्भ-वैज्ञानिक था जिसके अधीन डेविस शिक्षा प्राप्त कर रहा था। उसने 'Nature and Man in America'[78] पुस्तक लिखी जिसमें जैविक-जीवन की उत्पत्ति और विकास पर पृथ्वी की प्राकृतिक दशाओं के प्रभाव की विवेचना की गई है। धरातल के स्वभाव व जलवायु के प्रभावों का भी जीवों के विकास पर प्रभाव दर्शाया है। इसी पुस्तक के दूसरे-अर्द्धभाग में मानव पर एवं उनके अधिवासों (Settlements) को भौगोलिक कारकों द्वारा नियंत्रण बनाने की चर्चा सम्मिलित है। "वस्तुतः अमेरिका में इस काल में यह विचार प्रधान बना हुआ था कि मानव जन-जीवन पृथ्वी पर प्राकृतिक पर्यावरण द्वारा प्रदत्त बना है।" इस पृष्ठभूमि के विपरीत विख्यात भू-गर्भ वैज्ञानिक और भू-आकृतिक विज्ञानी डेविस इस सदी के प्रथम-चतुर्थांश में आधुनिक भूगोल का अमेरिका में संस्थापक बना।

विलियम मॉरिस डेविस (1850-1934)

1950 में फ़िलाडेल्फिया में जन्मे डेविस ने हारवर्ड से 1869 में स्नातक की उपाधि ग्रहण की। सन् 1870 से 1873 तक वह अर्जेन्टीना के कॉरडोबा (Cordoba) की मौसम-विज्ञान वेधशाला (Meteorological Observatory) में सहायक के रूप में कार्यरत था। हारवर्ड वायस लौटकर वह 1876 में प्रोफेसर शेलर का सहायक बना, और भूगर्भीय व भू-आकृति विज्ञान का अध्ययन करने लगा। सन 1878 ई. में उसे सहायक प्रोफेसर का पद दिया गया। और अंततः 1899 में प्रोफेसर नियुक्त हुआ, और 1904 में स्थापित Association of American Geographers के संस्थापक सदस्यों में से था। शेलर के साथ काम करते करते डेविस ने प्रेक्षण-कौशल (Observation-Skill) अर्जित किया और इसका सदुपयोग वस्तुनिष्ठ तर्कों में किया। मनुष्य व उसकी कृतियों को डेविस भू-दृश्य-जगत् (Landscape) का अभिन्न अंग मानता था। उसके मतानुसार, भू-दृश्य से मनुष्य अलग नहीं है। धरातल की विभिन्न आकृतियों को स्पष्ट बनाने में परिवर्तनकारी प्रक्रिया के योग की महत्ता इंगित करने में डेविस को ही श्रेय दिया जाता है।

1877 में डेविस ने मोण्टाना-प्रेक्षणों के दौरान Theory of Cycle of Erosion का विकास किया जिसे वह Geomorphological Cycle के रूप में परिभाषित करता था। कहीं-कहीं उसने अपने सिद्धान्त को Topographical Cycle भी कहा। यह 'चक्र' (Cycle) उसके ही शब्दों में-[79] नीचे व्यक्त है:

It is a scheme under which a mental counterpart of every land form is developed in terms of its understructure of the erosional process that has acted upon it, and of the stage reached by such action in term of the whole sequence of stages from the initiation of a cycle of erosion by upheaval or the deformation of an area of the earth crust, to its close, when the work of erosion has been completed; and the observed land is then described not in terms of its directly visible features, but in terms of its inferred mental counterpart.

अपने सिद्धान्त को डेविस ने 1899 में अन्तर्राष्ट्रीय भौगोलिक कान्फ्रेंस में प्रस्तुत किया। डेविस ने इस सैद्धांतिक 'मॉडल' में अभिधारित किया कि आरम्भकालीन धरातल जब उत्जनित हुआ, नदियों ने उसे क्षय बनाने का कार्य तुरन्त आरम्भ कर दिया। धरातल V आकार की संकरी घाटियों में कट गया जो अपने शीर्ष की ओर कटती हुई बढ़ने लगीं।

परन्तु घाटियों में कटाव व आवरण-क्षय की क्रिया अनिश्चित नहीं है। घाटी जैसे ही आधार-तल (Base-Level) में जा पहुँचती है, काटना सम्भव नहीं रहता। यह तल जल की सतह द्वारा निर्धारित घाटी का तल है।[80]

डेविस एक समर्पित अध्यापक और वचनबद्ध वक्ता था। उसके शिष्यों में मार्क जेफरसन, इजायह बोमन, एल्सवर्थ हटिंग्टन, एलन चर्चिल सेम्पल, और एलबर्ट ब्रिघम जैसे विद्वान् भूगोलवेत्ता थे।

डेविस के बाद के लेखों में बदलाव आ गया। उसके अध्ययन का केन्द्र-बिन्दु ही बदल गया। उसने ज़ोरदार शब्दों में व्यक्त किया कि पृथ्वी पर मानव के अध्ययन को प्राकृतिक पर्यावरण के घटकों से ही सीमित बना कर पूर्ण नहीं किया जा सकता। मानव समुदाय का पारिस्थितिक अध्ययन पौधों व जीव-जन्तुओं की भाँति (सत्ता-विवरण Ontography) उनकी 'सत्ता' के आधार पर करना उचित होगा। वह प्राकृतिक धरातल के प्रति सामंजस्य के विश्लेषण के साथ-साथ उन समुदायों के देशान्तरण और पृथग्वास, अर्थात् उनकी सम्पूर्ण 'सत्ता' का विश्लेषण द्वारा अध्ययन करना ही समुचित ठहराता है। यह विचार बहुत-कुछ रेटज़ेल की आधारभूत सोच से मिलता-जुलता है। अपने वैचारिक बदलाव को डेविस ने प्रादेशिक भूगोल की प्रकृति संबन्धी लेखों में दर्शाया। उसने प्रादेशीकरण की क्रिया (Regionalization) को तीन बलों (Forces) की उपज बताया-स्थल (The Site Base), देशान्तरण (Migration) और साहचर्य (Association)। वह व्यक्त करता है, ''प्रादेशिक भूगोल का विषय किसी निश्चित स्थान अथवा क्षेत्र में मौजूद (जैसी स्थिति में वे हैं) भौगोलिक घटकों को उनकी पूर्णता में, और वहाँ पारस्परिक स्वाभाविक साहचर्य में सहसंबन्धित बने दृश्य का वर्णन है।''

डेविस मानव भूगोलवेत्ताओं का आलोचक था। उसके अनुसार मानव भूगोल के विद्वान् पूर्णरूपेण भूगोलविद् नहीं थे। उनके द्वारा प्रस्तुत अध्ययन असंतुलित थे, उनमें समधर्मिता अथवा सजातीयता का अभाव था। वे प्रदेश में स्थित भू-आकारों को काल क्रमानुसार वर्णन करने में ध्यान नहीं रखते, बल्कि उनके वर्तमान-स्वरूप के आकारों तक ही सीमित रहकर उनको वर्णित करते थे। उसके मतानुसार प्रादेशिकता का विवरण उसके सभी पक्षों में समानरूप से प्रभावी बना कर प्रस्तुत किया जाना चाहिए। धरातल, जलवायु, वनस्पति, जीव-जन्तु और मानव-सभी पक्षों को समान महत्त्व देते हुए प्रदेश की सम्पूर्णता (Totality) को व्यक्त करना चाहिए।

डेविस अपने समय के अन्तिम दिनों में 'पारिस्थितिक' (Ecological) बन गया था। तद्पश्चात् डेविस के कार्य की जर्मन विद्वान् पेंक (Penek) ने आलोचना की। परन्तु इसमें सन्देह नहीं है कि वह भू-आकृति विज्ञान के क्षेत्र में अग्रजों में से था, और उसने अपने प्रयासों से भूगर्भ विज्ञान तथा भूगोल की खाई को पाटने में कोई कसर नहीं छोड़ी।

मार्क जेफ़रसन (1863-1949)

W.M. Davis के उत्कृष्ट शिष्यों में मार्क जेफ़रसन था जिसने अध्यापन और शोध-कार्य में दक्षता हासिल की। वह मिशीगन स्टेट नॉर्मल कॉलेज, Ypsilanti में पढ़ाता व भूगोल में लेखन कार्य करता था। वह भाषा विज्ञानी एवं सुबोध लेखक था। उसने विस्तृत सफर

किया। अमेरिका में वह मानवोन्मुख भूगोल का संस्थापक था। डेविस के प्रभावी काल में जैफरसन का भूगोल के प्रति उपागमन (Approach) धरातल पर मानव की छाप विषयक सामान्यताओं की खोज थी। उसने शहरों के आकार, विस्तार, कार्यों तथा रेलों से जुड़े उनके क्षेत्रों का परीक्षण प्रस्तुत किया और सारगर्भित उक्ति 'सभ्य बनी रेलें' चरितार्थ बनायी।

'केन्द्रीय स्थान', 'प्रमुख नगर' के नियमों और 'सभ्य बनी रेलों' की अवधारणाओं को जैफरसन ने ही नामांकित बनाया। नगर भूगोल के उसके विद्यार्थियों द्वारा नगर केन्द्रों को केन्द्रीय स्थान के रूप में प्रस्तुत करने में अपने समय से पर्याप्त आगे के सोच में पहचाने गए।[82] उसने अनेक बार व्यक्त किया था कि भूगोल का उद्देश्य प्रधानत: 'मानवों' से जुड़ा है कि- वे क्षेत्र में कहाँ, कहाँ हैं? वहाँ वे कैसे व क्या हैं? और वहीं वे क्यों हैं? यह उसका सोच और उपागमन प्रधानत: 'पारिस्थितिक' है। वह सकारण ऐसे साहचर्य से जुड़ा है जो प्रदेश में अनेक प्रकार के वस्तुजन्य वितरणों में पर्यावरणीय रूप से मौजूद है।

इसाइयाह बोमन

बोमन जैफरसन का सर्वोत्तम शिष्य और उसके द्वारा प्रशिक्षित भूगोलवेत्ता था। बोमन किसान परिवार में जन्मा था, और मिशीगन में एक 'फार्म' पर उसकी माँ ने उसका पालन-पोषण किया। वह अपनी माँ से ही प्रेरित होकर भूगोल में रुचिवान् बना। अपनी आरम्भकालीन शिक्षा पूर्ण कर वह 1905 में हारवर्ड में डेविस की देखरेख में शिक्षा प्राप्त कर येल (Yale) में प्रशिक्षक (Instructor) बना। वह ग्रिगरी (H.E. Gregory) के अधीन शोध कार्य पूर्ण कर Ph. D. की उपाधि अर्जित कर सका था।

बोमन ने एण्डिज के पर्वतीय क्षेत्रों में विस्तृत यात्रा की और पेरु, बोलीविया तथा चिली आदि में शोध कार्य कर निबन्ध लिखा- "The Geography of the Central Andes", इस पर उसे डॉक्ट्रेट की उपाधि मिली। उसने 1931 में 'The Pioneer Fringe" पुस्तक प्रकाशित की। इसमें संयुक्त राज्य, कनाडा, आस्ट्रेलिया, दक्षिणी-अफ्रीका, साइबेरिया, मंगोलिया, मंचूरिया तथा दक्षिणी अमेरिका के दृष्टांतों से समस्या को स्पष्ट किया। बोमन आरम्भ में वातावरणीय नियतिवाद के सोच से ग्रस्त हो गया था। परन्तु बाद में वह प्राकृतिक पर्यावरण के परिवर्तित स्वरूप में मानव का योग महत्त्वपूर्ण मानता था। उसके शब्दों में व्यक्त है- "man is changing himself as well as the world as he goes along." मनुष्य अपने परिवर्तन में (विकास में) जैसे वह आगे बढ़ रहा है, वैसे ही वैसे वह विश्व में भी परिवर्तन लाता जा रहाहै।[84]

एलन चर्चिल सेम्पल (Ellen Churchill Semple 1863-1932)

महिला भूगोलविद् एलन-चर्चिल सेम्पल वातावरण-नियतिवाद की अग्रज घोर समर्थकों में से थी। उसकी दोनों कृतियाँ- 'Influences of Geographic Environment', और 'American History and its Geographical Conditions' (1903) रेटज़ेल के कार्यों के प्रति श्रद्धा व उसके लेक्चरों को लिपज़िग (1891) में सुन उनकी प्रशंसा का परिणाम

है। वह रेटज़ेल की अनुयायी व शिष्या थी। संयुक्त राज्य के अत्यन्त सुसंस्कृत परिवार में जन्मी सेम्पल ने वसार (Vassar) से 1891 में स्नातक की उपाधि प्राप्त की। रेटज़ेल के मार्गदर्शन में उसने मानव-विज्ञान (Anthropology) का जर्मनी जाकर अध्ययन किया। उसने रेटज़ेल के मानव व पर्यावरण संबन्धी अध्ययन के नवीन दृष्टिकोण से प्रेरित होकर मानव-विज्ञान का अध्ययन किया। उसने जापान, चीन, फ़िलीपींस, जावा, भारत व यूरोपीय देशों का भ्रमण किया। सन् 1903 में उसने American History and its Geographical Conditions प्रकाशित की। सेम्पल ने अपने चिर प्रतिष्ठित कार्य 'Influences of Geographic Environment' में रेटज़ेल के Anthropogeo-graphie के प्रथग Volume पर अपने विचार व्यक्त किए। सेम्पल की कार्य-पद्धति और यहाँ तक कि उसके दार्शनिक विचार भी रेटज़ेल की सोच पर आधारित थे। उसके लेखों में इतिहास एवं भूगोल का सम्मिलन है। स्थानिक-संबन्ध (Spatial Relatinship) के बारे में सेम्पल ने ठीक ही व्यक्त किया 'तराजू के एक पलड़े में जलवायु व पौध-जीवन, और दूसरे पलड़े में सभ्यता व राजनीतिक स्तर बने हैं जो 'स्थानिक' Location को स्पष्ट करते हैं।' उसकी नियतिवादिता की सराहना उसकी पुस्तक के प्रथम परिच्छेद के आरम्भ में व्यक्त अंशों से ही कर सकते हैं।[85]

मनुष्य पृथ्वी की उपज है। इसका तात्पर्य यह नहीं कि वह केवल पृथ्वी का बालक है, उसकी धूल है, बल्कि पृथ्वी ने मनुष्य का माँ के समान पालन-पोषण किया है, उसको खिलाया-पिलाया है। उसे काम में जोता है, उसके विचारों को दिशा दी और कठिनाइयों से उसे अवगत कराकर प्रखर बुद्धि व शक्तिशाली बनाया है। सिंचाई अथवा नौ-संचालन की समस्याओं का भान कराकर पृथ्वी ने ही उनके समाधान के मंत्र उसके कान में फूंके हैं। पृथ्वी का प्रवेश मनुष्य की कोशिकाओं, अस्थियों, उसकी बुद्धि व आत्मा में हुआ है। पर्वत पर जा चढ़ने के लिए पैर व मांस-पेशियों को सुदृढ़ बनाया, और ऊँचाई पर जा चढ़ने के लिए लौह-समान शक्ति से भरा। समुद्री तटों पर यद्यपि पृथ्वी ने मनुष्य को दुर्बल व शिथिलता दी, परन्तु उनकी छाती व बाजुओं में चप्पू चलाने व नाव खेने की अपार शक्ति भर दी। मनुष्य को नदी-घाटी में उपजाऊ-मिट्टी से पृथ्वी ने जोड़ा जहाँ वह खेत की सीमाओं में जकड़ा मन्द, शान्त, नीरस बना अपने 'फार्म' के दायरे में संकुचित दृष्टिकोण में सिमटा रहा। वायु प्रवाहित ऊँचे पठारों पर, दूर-दूर फैले घास के प्रदेश, जलशून्य मरुभूमि और पशुओं के चरागाह, मरुद्यानों के एक जैसे दूर-दूर तक विस्तृत पर्यावरण ने उसमें एक-सा सरल, सादगी से भरा सोच भरा। उसका धर्म भी एकेश्वरवाद से प्रेरित बन गया। एक

ही ईश्वर सर्वत्र व्याप्त है। ऐसी धर्मान्धता से उसे वातावरण ने अभिभूत बनाया। अपने पशुओं के साथ एक चरागाह से दूसरे चरागाह, एक मरुद्यान से दूसरे मरुद्यान पर घूमते-फिरते उसका स्थानिक-सोच को पृथ्वी ने ही जन्म दिया। इसी सोच के अंकुरों ने उसमें साम्राज्यिक विजयों की महत्त्वकांक्षा के फल का भी भान कराया।

मनुष्य जिस भूमि को जोतता है, जहाँ-जहाँ वह यात्रा करता है, जिस समुद्र पर वह व्यापार के लिए निकलता है, वह इनसे अलग बनकर, वह इनका वैज्ञानिक अध्ययन नहीं कर सकता। यहां तक कि ध्रुवीय रीछ और मरुभूमि के कांटेदार पेड़-पौधे (Cactus) का भी अध्ययन उनको उनकी स्थिति उनके स्थान को समझे व जाने बिना नहीं कर सकते। मानव का उसके पर्यावरण से संबन्ध अपरिमित एवं अगणित हैं। वे सुसंगठित पेड़-पौधों व पशुओं की तुलना में अधिक जटिल बने हैं। मानव-विज्ञान, नृजाति विज्ञान, समाज-विज्ञान और इतिहास में अलग-अलग किए शोध-कार्यों से परिणाम अधूरे व एक पक्ष से जुड़े मिलते हैं जैसे प्रजाति, संस्कृति, देश अथवा विशेष भौगोलिक दशाओं आदि से अलग-अलग। सभी विज्ञानों को संबन्धित कर कालानुरूप (Time Bound) विश्लेषण द्वारा ही मानव व पर्यावरण का यथार्थ अध्ययन संभव है। मानव अपनी प्रकृति पर जीत की चर्चा के बारे में इतने अधिक परिवर्तनों को वह ओझल बना बैठा है। मानव व प्रकृति के समीकरण में इसीलिए भौगोलिक घटकों की चर्चा का विकास में योगदान नज़रन्दाज बना है।[86]

इतिहास की प्रत्येक समस्या में दो मुख्य कारक निहित होते हैं। इन दोनों को कई प्रकार से व्यक्त किया जाता है-जैसे आनुवंशिकता (Heredity) और वातावरण (Environment), मनुष्य और भौगोलिक दशाएँ, प्रजाति के अंतरंग बल और उनके आवास घटकों के बहिरंग बल, आदि, आदि। ये कारक मानवीय विकास के लंबे इतिहास को निरन्तर दृढ़तापूर्वक प्रभावित बनाए हुए हैं। यह एक स्थायी बल है जो कभी नहीं शान्त बनता है। यह प्राकृतिक पर्यावरण इतिहास का प्राकृतिक आधार है। यह अपरिवर्तनीय बना है, और यही उद्देश्य भी है जिसे खोजना विद्वानों का मन्तव्य होना चाहिए। मानव की अन्य समस्याएं जैसे स्थानान्तरण प्रगति, चतुर्दिश-विकास और तादात्म्य करने के लिए लचीला स्वभाव आदि सभी, प्राकृतिक वातावरण के दोनों घटकों की तुलना में गौण हैं।

भौगोलिक वातावरण का निरन्तर बना प्रभाव विशेष महत्त्व रखता है। यह किसी विशेष घटित इतिहास की घटना को ही प्रभावित नहीं करता, इसका प्रभाव अपने विभिन्न अदृश्य रूपों में भूत, वर्तमान व भविष्य की ऐतिहासिक धारा को प्रभावित बनाए रखता है। स्थानान्तरित प्रजातियों के भाग्य में भौगोलिक वातावरण की दशाओं व परिस्थितियों के सुदृढ़ प्रभावों को अनेक द्वीपों पर उनकी आर्थिक, जातीय व ऐतिहासिक विकास में अंकित देखा जा सकता है। इंग्लैण्ड, जापान, मलेशिया, फीजी, पोलीनेशिया, न्यूज़ीलैण्ड और प्रागैतिहासिक क्रीट इसके प्रमाण हैं। पुरानी दुनिया के एक छोर से दूसरे छोर तक विस्तृत कटिबंध के मरुस्थल व स्टेपी-प्रदेश असाधारण ऐतिहासिक एकता के प्राकृतिक वातावरण में बंधे हैं। अत्यन्त प्राचीन काल से ही वहाँ धुमक्कड़ पशुपालकों की जनजातियाँ पली-पोसी हैं, और

वहीं से उनके गिरोह व दल पड़ोसी नदी-घाटियों में यूरेशिया व अफ्रीका की भूमि पर आक्रमण करते रहे। इनसे ही सिथियन, इंडो-एरियन, अवर, हूण, सारसेन, तारतर व तुर्क जन्मे। सहारा के तुआरेग और अफ्रीकी घास के प्रदेश के सूडानी व बान्टू आदि, चाहे वे नीग्रो अथवा हेमाइट, सेमाइट अथवा मंगोली कोई भी हों, सभी पशु-चारण-यायावर थे। इनका पर्यावरण और भौगोलिक वातावरण ने आज भी वैसा ही जन-जीवन व रहने-सहने के ढंग का विकास किया जैसे 2,400 वर्ष पूर्व था। कज्ज़ाकी घुड़सवार हूणों के प्रतिरूप हैं और इनकी सन्तानें यहाँ के कष्टप्रद प्राकृतिक वातावरण में सांस लेते विकसित व संगठित सैन्य-बल हैं। इन क्षेत्रों में जब जनसंख्या का दबाव बढ़ता गया और जीवकोपार्जन के साधन सीमित हो गए, ग्रीष्म में चरागाह जल गए, पानी गड्ढों में सूख गया, तो ऐसी विकट प्राकृतिक परिस्थितियों ने यहाँ से दल के दल आक्रान्त बन पड़ोस के कृषि क्षेत्रों की ओर बढ़े थे। ह्वांग-हो, सिन्ध, गंगा, दजला-फरात, नील, वोल्गा, नीपर और डेन्यूब नदी-घाटियों की उपजाऊ भूमि पर बार-बार शुष्क एशिया से यायावरों ने आक्रमण किए। अफ्रीकी व एशियाई घास के प्रदेश व नदी-घाटियों का समस्त इतिहास ही भौगोलिक वातावरण एवं प्राकृतिक घटकों द्वारा प्रभावित कहानी है। सेम्पल का प्रधान योग ऐतिहासिक घटनाओं को भौगोलिक परिदृश्य की भूमिका में रखकर चिन्तन करने में ही माना जा सकता है।

जलवायु भी सेम्पल की दृष्टि में नियत प्रभावी बनी रहती है। प्रायः वह दुराग्रही बन दृश्य-जगत् पर अपना नियंत्रण करती प्रतीत होती है। शुष्क प्रदेशों में केवल सिंचाई द्वारा ही कृषि सम्भव हुई। वहाँ स्थायी कृषक जन-जीवन स्थायी बना। मिश्र का सम्पूर्ण आर्थिक विकास ही नील नदी के जल द्वारा सिंचाई का फल है। आज भी वहाँ नील के जल का सदुपयोग उसी भाँति है जैसा कि सहस्त्रों वर्ष पूर्व फराहों के काल में होता था। आर्कटिक खोज-यात्रियों को वहाँ ऐस्किमो जन-जीवन धारण कर ही सफलता मिली। विकट शीत ने ही साइबेरिया में वहाँ के आदिवासियों व रूसियों ने विकास को जमाव बिन्दु की समताप-रेखा के उत्तर में सीमित बनाया है। कनाडा की स्थिति भी जलवायु से प्रभावित बनी है। आज भी वहाँ आखेटकों द्वारा बर्बर-आर्थिक व्यवस्था शीत-जलवायु का ही परिणाम है। वह चाहे लीना नदी के कज्ज़ाकों की है, चाहे हडसन-खाड़ी कम्पनी की, वहाँ समूर का व्यापार आधुनिक शोषण नीति का ही अभिशाप है। जलवायु ने ही उप-आर्कटिक प्रदेश में संसाधन की घोर कमी व दो व्यक्ति प्रति वर्ग मील की जनसंख्या सीमित बनायी। इसी प्रकार उष्णकटिबंध भी विकट ताप एवं आर्द्रता की जलवायु से ग्रसित वहाँ लोगों को दुर्बल कर देती और उनमें रोगों को जन्म देती। नवागन्तुकों में जो सर्वशक्तिवान् बन 'फिट' हैं वही वहाँ जी सके (Survival of the Fittest), अन्य वहां संकरण (Hybridization) द्वारा ही खप सके।

काण्ट के प्रश्न-'भूगोल प्रथम है अथवा इतिहास'? 'किसका किस पर प्रभाव है'? 'किसे वैज्ञानिक दृष्टि से महत्वपूर्ण माना जाए'? इसका उत्तर वह देता है-'इतिहास के आधार पर भूगोल का योग है। दोनों एक-दूसरे से विलग नहीं किए जा सकते। इतिहास में अनुसंधान काल की अवधि से संबन्धित है, और मानवीय घटनाएँ काल-क्रमानुसार विवेचित बनी हैं।

परन्तु मानव-भूगोल में घटनाओं की उपस्थिति का विश्लेषण स्थान-परक है, अर्थात् पार्थिव-स्थान के प्रदेशों में दृश्य-जगत् की विवेचना भूगोल है। परन्तु, क्योंकि सभी ऐतिहासिक काल-क्रम विकास धरातल पर घटित है। अतएव वह भौगोलिक रंगमंच द्वारा निरूपित है। वे एक-दूसरे पर आधारित बने हैं। सही निष्कर्षों पर पहुँचने के लिए भूगोल के घटकों की क्रियान्विति को काल-क्रम के अनुसार देखना चाहिए। काल अवधि में, विभिन्न सांस्कृतिक विकास के सोपानों में दृश्य-जगत् का विश्लेषण करना भूगोल का ध्येय बना है। दृश्य-जगत् स्थिर व गतिहीन (Motionless) नहीं है। वह सतत् गति-चक्र के अधीन है। उसे काल-अवधि ने गतिवान् बनाए रखा है। अतः उसकी यथार्थता भी काल-अवधि के ही परिपेक्ष्य में जांची, परखी व समझी जा सकती है। हरडर की उक्ति- ''History is Geography set into motion'' की यही सार्थकता है। वह इतिहास को गतिवान् बना भूगोल ही कहता था जो काल-अवधियों में गति पकड़ता दृश्य-जगत् है। इसके समर्थन में सेम्पल ने न्यूइंगलैण्ड, वर्जीनिया और मिसीसिपी की घटनाओं के उदाहरण दिए। न्यूइंगलैण्ड में मैसाचुसेट्स दासप्रथा मुक्ति आन्दोलन, वर्जीनिया की बाग़ाती-कृषि और मिसीसिपी के उपजाऊ खेतों के भौगोलिक व ऐतिहासिक दृश्य-जगत् से न तो इतिहास को और न भूगोल को अलग कर समझा जा सकता है। इन दोनों को एक-दूसरे से अलग कर देखना एक-दूसरे की हत्या करना ही है। सभी ऐतिहासिक समस्याएँ भौगोलिक दृष्टि से, और सभी भौगोलिक समस्याएँ ऐतिहासिक दृष्टिकोण से अध्ययन की जानी चाहिए। प्रत्येक मानचित्र के दृश्य पर उसकी तिथि अंकित है। जनसंख्या दर्शाने वाली संयुक्तराज्य की एटलस पर जनसंख्या-वितरण 1790 से 1890 की अवधि की घटना है। वह सामग्री एक साथ भौगोलिक व ऐतिहासिक दोनों ही है। उसे अलग-अलग कर नहीं देखा जा सकता। फ्रांस व रूसी साम्राज्य के परिवर्तनों, राजनीतिक सीमाओं, जातीय प्रव्याक्रमों को, सुरक्षा व कॉलोनियों व अधिवास को बिना मानचित्र के नहीं समझा जा सकता है।

मान्टेसक्यू ने उष्ण जलवायु का भारत व अन्य प्राच्य देशों (Oriental Countries) पर प्रभाव को वहाँ प्रचलित रीति-रिवाजों, रूढ़ियों, धर्म, नियमों आदि की अपरिवर्तनीयता के लिए उत्तरदायी ठहराया। बकल ने भारत जैसे देश में लोगों की घिसी-पिटी उग्र कल्पनाओं व अंधविश्वास के लिए विस्तृत पर्वतों व मैदानी धरातल जैसी प्राकृतिक विशालता को जिम्मेदार ठहराया जिसने वहाँ लोगों की तर्क व विचार शक्ति को ही अपने प्रभुत्व से कुण्ठित बना रखा था। इसके विपरीत वह यूनान की लघु-स्तर की प्राकृतिक आकृतियों और उनकी मनुष्य के हाथों में सदुपयोग की निकटता को उनमें तर्क प्रधान विचारों के आरम्भिक उदय के लिए उत्तरदायी मानता था। उसके मतानुसार, चारों ओर से उग्र बनी आवृत्त प्रकृति व उसकी भौगोलिक दशाओं ने भारत को अलग-थलग कर पृथकता (Isolation) दी जिससे वहाँ अज्ञानता, अंधविश्वास एवं वैचारिक जड़ता पनपी, और तार्किक-प्रक्रिया अवरूद्ध हुई। यूनान की पूर्वी भूमध्यसागरीय स्थिति ने उसे खुले रूप में चहुँ-दिशा से जोड़ने और भौगोलिक पड़ोस से सम्पर्क बनाने के अवसर प्राचीनकालीन विश्व में प्रदान कर रखे थे। इसी का परिणाम है कि वहाँ तर्क प्रधान दार्शनिक विचारों के साथ-साथ कला, साहित्य,

सांस्कृतिक क्रिया-कलापों का उद्‌भव संभव बना।

अपने जीवन की अन्तिम दशाब्दियों में सेम्पल ने इस तथ्य पर ज़ोर दिया कि मानव का वैज्ञानिक रूप से अध्ययन करने के लिए उसके कार्य-क्षेत्रों को देखना चाहिए। वह जिस भूमि पर खेती करता है, जहाँ-जहाँ वह यात्राएँ करता है, अथवा समुद्र जिस पर उसकी व्यापारिक क्रियाएँ घटित हैं, इनके अध्ययन से मानव को वैज्ञानिक रूप में समझा जा सकता है। उसका उसके वातावरण से संबन्ध अपार व असंख्य बना है, और तुलना में वह वनस्पति व जीव-जन्तुओं से भी अधिक जटिल बना है। मानवशास्त्र, नृजाति विज्ञान, समाजशास्त्र और इतिहास में जो अनुसंधान किए जाते हैं वे प्रजाति, सांस्कृतिक विकास, काल, देश अथवा विभिन्न भौगोलिक अवस्थाओं का ध्यान रखकर खंडश: सीमित होते हैं अत: ये सभी विज्ञान इतिहास से मिलकर जहां तक इतिहास घटनाओं के कारणों का स्पष्टीकरण करता है। उसकी समस्याओं के संतोषजनक हल तक पहुंचने में असफल रहता है।

सेम्पल ने अपने जीवन-काल के अन्तिम चरण में भूमध्यसागर के भूगोल पर पुस्तक लिखना आरम्भ किया जो धीमी गति से पूर्ण हुआ। एक रुचिवान् शोध करने के अलावा सेम्पल अध्यापन के क्षेत्र में भी निष्ठावान-महिला भूगोलबेत्ता थीं। उसने अनेक भूगोलवेत्ता भविष्य के लिए तैयार कर प्रशिक्षित किए।

वह सभी प्रजातियों के तुलनात्मक अध्ययन-विधि पर ज़ोर देती थी, और सांस्कृतिक विकास के सभी चरणों के तुलनात्मक विवरण की समर्थक थी। समान भौगोलिक परिस्थितियों में आवासित लोगों का समान इतिहास, संस्कृति और जीवन जीने का ढंग समान होता है, ऐसी उसकी मान्यता थी जो उसके नियतिवादी दार्शनिक विचारों का ही परिणाम कहा जा सकता है।

अलबर्ट पेरी ब्रिहम (**Albert Perry Brigham**)

ब्रिहम यूटिका में एक बड़े चर्च का मिनिस्टर था। उसकी भू-आकृति विज्ञान और भू-गर्भ विज्ञान में रुचि थी। अध्ययन संबन्धी अपनी पिपासा को बुझाने के लिए उसने चर्च के पद से त्यागपत्र देकर हारवर्ड विश्वविद्यालय में प्रसिद्ध भू-गर्भ वैज्ञानिक शेलर के साथ कार्य आरम्भ किया। कुछ समय बाद उसकी रुचि मानव समुदायों के अध्ययन में जाग्रत हुई। वह पर्यावरणीय नियतिवाद का आलोचक था, और प्रजातीय चरित्र, रूप-रंग व मानव के गठन पर जलवायु के अस्पष्ट व असिद्ध प्रभावों का विरोधी था। भौगोलिक प्रभाव के विषय पर अपने व्याख्यानों में ब्रिहम ने ज़ोर दिया कि बात चाहे, प्रभावों की हो चाहे अनुक्रियाओं अथवा समानुकूलन की, वह अर्थहीन है। हमें चाहिए कि सावधानीपूर्वक विभिन्न प्रदेशों की विभिन्न जलवायु में समान मानवीय घटनाओं का निर्वाचन करें। यह भी सम्भावना है कि एक जैसी वस्तु अनेक स्थानों में प्रकट हो। यह इसलिए भी सम्भव है कि मानवीय मनोभावों व प्रवृत्तियों में एकता के कारण वे विभिन्न स्थानों में एक जैसी क्रियाएँ करते देखे जा सकते हैं। कोई आश्चर्य नहीं कि विभिन्न स्थानों में भी समान पर्यावरण यदि घटित है तो मानव की अनुक्रिया भी समान सम्भव हो।[88] ब्रिहम अपने शैक्षिक कार्यों की पूर्ति के उपरान्त

Association of American Geographers के संचालन में भी सहायता प्रदान करता था।

कार्ल ओ. साउर (Carl O. Sauer 1889-1975)

कार्ल ओ. साउर 20वीं सदी का अग्रणीय अमेरिकी भूगोलवेत्ता था। अपने अधिकांश शैक्षिक जीवन में वह कैलिफोर्निया विश्वविद्यालय, बर्कले से जुड़ा था। स्नातक शिक्षा की अवधि में उसने चर्चिल सेम्पल के व्याख्यानों को सुना, परन्तु साउर ने रेटज़ेल व सेम्पल के वातावरणीय नियतिवादी विचारों को अस्वीकृत कर दिया। साउर ने अपने अधिकांश अवलोकन-कार्य लैटिन-अमेरिका और U.S.A. के कम-औद्योगीकृत भागों में पूर्ण किए।

साउर का योगदान कृषि का उद्‌भव, पौधों व पशुओं के विसरण (Diffusion) और मूल-अमेरिकी समुदायों (रेड इण्डिया) पर विजय के प्रभावों के अध्ययन क्षेत्रों पर था। साउर के अध्ययन का केन्द्रबिन्दु पूर्व-मानवीय अधिवास के चरण से आरम्भ हुए आजकल तक घटित भू-दृश्य-परिवर्तन की प्रक्रिया के विषय में था। उसके मतानुसार, मानव भूगोलवेत्ताओं को अपने प्रेक्षणों (Observations) और सोच-विचारों का आधार सांस्कृतिक प्रक्रियाओं को बनाना चाहिए। प्रिंसटन (1955) की विचार गोष्ठी (Symposium) में साउर द्वारा प्रस्तुत Man's Role in Changing the Face of the Earth पर विचारों को थॉमस (Thomas) द्वारा सराहा गया।

इसमें साउर ने भूगोल में विशेषरूप से ऐतिहासिक विधि के प्रयोग पर जोर दिया। उसका मत है कि वर्तमान सांस्कृतिक भू-दृश्यों का अध्ययन उनके जन्मकालीन प्राकृतिक भू-दृश्यों से विकसित हुए रूप में किया जाता है। उसकी यह राय भी थी कि ''क्षेत्रीय परिदृश्य में जैसे ही मानव का आगमन हुआ, भूगोल, भू-गर्भ विज्ञान से असंबन्धित बन जाती है।'' भूगर्भ-विज्ञानियों का इस बारे में भतभेद था। उनके अनुसार धरातल पर मानव ऐसे अनेक परिवर्तन करता देखा जाता है जिनके भूगर्भीय दृष्टि से गम्भीर व दीर्घ परिणाम घटित होते हैं जैसे, भू-स्खलन (Landslides) भूगर्भीय जलस्तर का नीचा होना (Lowerning of Underground Water-table), जल-निकास अवरुद्ध बनना और मृदा-खिसकाव (Soil-Creep) आदि, आदि।

साउर का मत है कि भूगोल क्षेत्र (Area), प्रदेश (Region) अथवा भू-दृश्य (Landscape) के बारे में विचार व्यक्त करने का विषय है। वस्तुत: कोई अन्य विषय क्षेत्र के बारे में विचार करने के लिए पहले से ही अधिकृत नहीं था। क्षेत्र को स्वरूप देने में जो वस्तुएँ अथवा घटनाएँ जुटती हैं, वे सरलता से वर्गीकृत नहीं की जा सकतीं क्योंकि वे संबन्धित बनी अथवा अन्तर्सम्बन्धित हैं। क्षेत्रीय घटना-प्रधान क्रियाओं के परस्पर जुड़ाव और उसकी व्यवस्था को खोजना अत्यन्त वैज्ञानिक प्रक्रिया है। इस ओर भूगोल के विद्वानों को अपनी ऊर्जा का प्रयोग करना चाहिए।

कार्ल साउर का मत था कि भूगोल ऐसी विवेचनात्मक व्यवस्था स्थापित करती है जो भू-दृश्य (Landscape) के दृश्य-प्रपंच-शास्त्र (Phenomenology) को अंगीकार

कर सके। भू-दृश्य अथवा दृश्य-जगत् का 'पद' (Term) अमेरिकी भूगोल में साउर द्वारा 1925 में अपना लेख The Morphology of Landscape प्रकाशित कर जोड़ा गया। यह लेख जर्मन विद्वानों Passarge तथा Schlutter की अवधारणा 'Landschaft' पर आधारित था। साउर ने भू-दृश्य की अवधारणा को पर्यावरण नियतिवाद के विकल्प के रूप में प्रस्तुत किया था। पर्यावरणीय नियतिवाद मानवों पर पर्यावरण के प्रभावों के सकारण वर्णन में आस्था रखता, परन्तु साउर की भू-दृश्य-अवधारणा में मानव एवं पर्यावरण के अन्तर्सम्बन्धों की व्याख्या थी। इस पर भी प्राथमिकता मानवीय प्रभावों को दी गई और पर्यावरण को द्वितीय स्थान था। भू-दृश्य को प्राकृतिक व सांस्कृतिक दोनों घटना-क्रियाओं का सम्मिलन जाना गया। साउर ने मत व्यक्त किया-"किसी प्रदेश के भौगोलिक अध्ययन का आरम्भ उसके पूर्वकाल के भूगोल से होना चाहिए।" उसे कालानुक्रम व्यवस्थित कर उसके स्वरूप (Form), संरचना (Structure) और कार्यों (Functions) में प्रकट करना ही उस प्रदेश का वैज्ञानिक भूगोल है। वस्तुतः यही प्रदेश का पूर्ण दृश्य-जगत् भी है।

प्राकृतिक भू-दृश्य के विकास-क्रम को सांस्कृतिक दृश्य में परिवर्तित हुए रूप में वर्णन करना कोई सरल बात नहीं है। इसकी पद्धति की कठिनाई के बारे में स्वयं साउर भी चिंतित था। वह जानता था कि मानवीय प्रभाव पृथ्वीतल पर सहस्त्रों रूपों में व सहस्त्रों वर्षों से व्यापक बने हैं। अतएव उनके अनुसार प्राकृतिक भू-दृश्य को स्वरूप देना सरल नहीं है, क्योंकि प्रभावी बने भू-दृश्य कालान्तर में सांस्कृतिक ही बन उठे हैं।

सांस्कृतिक भू-दृश्य (Cultural Landscape), के अध्ययन में साउर ने भूगोल के तीन पक्षों को महत्त्वपूर्ण बताया- (i) सामान्य भूगोल, अथवा भौगोलिक घटकों के अनुसार व्यवस्थित अध्ययन, (ii) प्रादेशिक भूगोल, अथवा प्रदेश में विकसित आकृतियों का तुलनात्मक (Comparative Morphology), और (iii) ऐतिहासिक भूगोल जिसमें भू-दृश्य विकास-क्रमानुसार, अर्थात् अधिभूमिग्रहण के क्रमिक चरणों (Stages of Sequent Occupance) का अध्ययन सम्मिलित है।

साउर ने तर्क दिया कि प्रत्येक प्रदेश में भू-दृश्य का निजी व्यक्तित्व विकसित है। इसे उसने नॉर्वे और लीबिया के उदाहरणों द्वारा स्पष्ट किया। नॉर्वे के भूदृश्य की विशेषता है कि वहाँ का 4/5 धरातल उजाड़ पर्वतीय क्षेत्र है, जहाँ न तो बन हैं, न चरागाह में पशुओं के समूह। लीबिया में भी 4/5 से भी अधिक धरातल निर्जल मरुस्थल है जहाँ न तो वनस्पति और न मानव-आवास का विकास हुआ।

साउर का इस तथ्य पर ज़ोर था कि भूगोल प्रधानतः मानव-केन्द्रित विज्ञान (Anthropocentric) है जहाँ पृथ्वी तल का विकास मानवोपयोगी रूप में मिलता है। इसलिए भूगोलवेत्ता भी भूदृश्य के विवेचन में मानवकेन्द्रित हैं क्योंकि भू-दृश्य के वे अभिन्न अंग बने हैं, वहाँ रहते हैं, और उसे अपने उपयोग में लाने हेतु रूपान्तरित बनाते हैं। धरातल की उन विशेषताओं का ही भूगोलवेत्ता चयन करता है जो मानव के उपयोग में योग रखती हैं। वह उन क्षेत्रीय विशेषताओं को त्याग देता है जो भूगर्भ वैज्ञानिकों के लिए महत्त्वपूर्ण हैं।

अतः भू-दृश्य की ऐसी भौतिक विशेषताएँ भूगोल में अध्ययन का विषय बनी हैं जिनका वर्तमान अथवा भविष्य के लिए आवास-विषयक महत्त्व है।

अधो-वर्णित आरेख में साउर ने भू-दृश्य की आकृतिमूलक संकल्पना व्यक्त की है-

कारक		स्वरूप	
भू-जन्मित (Geognostic)	समय Time (काल)	जलवायु (Climate)	प्राकृतिक भू-दृश्य (Natural Landscape)
जलवायु गत (Climate)		भूमि (Land)	
वनस्पति गत (Vegetational)		धरातल (Surface)	
		मिट्टी (Soil)	
		जलप्रवाह (Drainage)	
		खनिज-संसाधन Mineral (Resource)	
		समुद्र व तट (Sea and Coast)	
		वनस्पति (Vegetation)	

सांस्कृतिक भू-दृश्य का विकास (निर्माण) सांस्कृतिक समुदाय के योग द्वारा हुआ है। परन्तु सांस्कृतिक भू-दृश्य का उद्‌भव प्राकृतिक भू-दृश्य में से होता है। भू-दृश्य-विकास में संस्कृति एजेण्ट बनी है, परन्तु प्राकृतिक-क्षेत्र माध्य है। एक क्षेत्र में संस्कृति के प्रभावों के अधीन भू-दृश्य का कालानुरूप (Time-based) विकास होता है। वहाँ अन्य संस्कृतियों के आगमन द्वारा सांस्कृतिक भू-दृश्य में काया-कल्प होना प्रारम्भ हो जाता है। पुरानी संस्कृति में नवीनीकरण होने से एक नई संस्कृति भू-दृश्य पर आरोपित हो जाती है। मुख्य बात यहाँ यह है कि भू-दृश्य में आधार प्राकृतिक-दृश्य ही बना है क्योंकि सांस्कृतिक दृश्य के निर्माण में सामग्री की सप्लाई प्राकृतिक भू-दृश्य से ही होती है। सामग्री को निर्माण-रूप देने में स्वयं सांस्कृतिक बल (Cultural Force) काम करते हैं। प्रदेश में प्राकृतिक साधन-सामग्री व्यापक रूप से उपलब्ध बन मानव के चयन करने के लिए अनेक सम्भावनाओं को प्रस्तुत करती है। मानव अपने बुद्धि बल (जिस पर प्राकृतिक दृश्य का कोई हाथ नहीं है) के आधार पर चयन करता है। इसलिए चयनित आधार पर विकसित सांस्कृतिक भू-दृश्य 'संस्कृति-प्रधान' ही (Cultural Expression) होता है।

साउर ने भू-दृश्य के सौन्दर्य तत्व (Aesthetic Qualities) पर भी जोर दिया। परन्तु इसके विवेचन में व्यक्तिनिष्ठता पायी जाती है। इस तत्व को अनेक विद्वानों ने विभिन्न 'संज्ञा' द्वारा व्यक्त किया। हम्बोल्ट ने इसे 'आकृति विज्ञान' (Physiognomy) कहा, बांस (Banse) ने इसे 'आत्मा' (Soul) कहा, वोल्श इसे 'सामज्जस्य' (Rhythm) और ग्राडमान इसे 'सुमेल' (Harmony) कहता था। प्रदेश की सौन्दर्य-तत्व विशेषता

(Aesthetic Qualities) विज्ञान-क्षेत्र के बाहर है।

संक्षेप में कहें तो, 'भू-दृश्य' निरन्तर परिवर्तनशील बनी संकल्पना है। मानव के साथ इसका संपर्क द्वारा विकसित परिवर्तन भूगोलवेत्ता का सांस्कृतिक-अध्ययन-क्षेत्र है। भूगोलवेत्ताओं का मानव के स्थान अथवा स्थल (Site) से निकट का नाता बनता है। वे स्थल व कालान्तर में विकसित वहाँ परिवर्तनों के अध्ययन को महत्ता देते हैं। वे समुदाय, उनकी संस्कृति और उनके स्थल का निवचन करते हैं। इस प्रकार वे विश्व भर में विभिन्न भूदृश्यों के अध्ययन से संबन्धित हैं। इसे ही साउर ने ''Landscape Morphology'' के रूप में विकसित किया। उसके भूदृश्य की अवधारणा रेटज़ेल व कुमारी सेम्पल के वातावरणीय नियतिवाद से विपरीत है।

एल्सवर्थ हंटिंगटन (Ellsworth Huntington 1876-1947)

हन्टिंगटन अपने समय में महान् भूगोलवेत्ता था। वह डेविस का शिष्य था, और क्रियाशील विचारक था। वह एक विश्वास-जनित शिक्षक और फलदायक लेखक माना जाता था। वह मानव जीवन पर जलवायु के प्रभावों का कल्पनाशील ढंग से निर्वाचन करने में दक्ष था। उसकी अन्तर्सम्बन्धों के विषय में खोज, विश्व के प्रति व्यापक दृष्टि और 'वास्तुशिल्पीय एकता' (Architectreval Unity) के प्रयास महत्त्वपूर्ण थे। इस हेतु उसने उत्तरी अफ्रीका में यात्राएँ कीं और दक्षिण की ओर विषुवत् रेखा तक जा पहुँचा था। उसने यूरोप व दक्षिणी अमेरिका में भी विस्तार से यात्राएँ कीं।[89] अपने अवलोकनों के आधार पर उसने वृहत्रूप में कार्य प्रस्तुत किया।

हंटिंगटन वातावरणीय नियतिवादी सोच का भूगोलवेत्ता था जिसने मानव-समुदायों व देशों की जीवन-शैली की व्याख्या मौसम व जलवायु-दशाओं के आधार पर की। ''मानव-जीवन पर जलवायु के प्रभावों'' को दर्शाने के लिये हंटिंगटन विख्यात बना। उसके अनुसार ''इतिहास के बुद्धिपरक बोध के लिए यह आवश्यक है कि परिवर्तनशील प्राकृतिक वातावरण की पृष्ठिभूमि का भी अच्छा ज्ञान हो, क्योंकि प्राकृतिक रंगमंच पर ही ऐतिहासिक घटनाएँ घटित होती हैं।'' इतिहासवेत्ताओं के विवरण सफलतापूर्वक इसीलिए संश्लिष्ट नहीं बन पाए हैं क्योंकि उन्हें भौगोलिक ज्ञान नहीं होता। हन्टिंगटन ने इस परिकल्पना (Hypothesis) का विकास किया कि तेरहवीं सदी में मंगोलों का पूर्वी यूरोप पर आक्रमण, और उनकी भारत व चीन विजय के पीछे मध्य

एशिया में चरागाहों का शुष्क बन जाना था। इन पर यायावरों का जीवन निर्भर बना था। इन्हीं शुष्क बने चरागाहों से यायावरों के दल के दल भारत, चीन व पूर्वी यूरोप की ओर बढ़ निकले थे।[90] हन्टिंगटन ने इस विचार को अपनी पुस्तक Pulse of Asia (1907) में स्पष्ट किया। यह रचना विश्व भर में सराही गयी। उसने 1915 में सभ्यता और जलवायु (Civilisation and Climate) प्रकाशित की जिसमें इस विचार पर जोर है कि सभ्यताओं का विकास प्रेरणास्पद मौसम के प्रदेशों पर ही सम्भव हुआ। इसके विपरीत उष्ण कटिबंध प्रदेश के नीरस तप्त बने मौसम ने उच्च स्तरीय सभ्यताओं को वहाँ विकसित बनने से रोका। हंटिंगटन ने 1945 में Principles of Human Geography प्रकाशित की। यह पाठ्य-पुस्तक न केवल विद्यार्थियों में ही लोकप्रिय बनी बल्कि भूगोल क्षेत्र के बाहर भी इतिहासज्ञों, समाजशास्त्रियों, चिकित्सा के विद्वानों, कृषि-विद्वानों, पारिस्थितिक विज्ञानियों, जलवायु-विज्ञानियों व भूगर्भ वैज्ञानिकों के मध्य लोकप्रिय थी। हंटिंगटन के जलवायुविक नियतिवाद की झलक उसके लेखों में व्यक्त है। वह लिखता है-

"They people of invigorating climate have the kind of energy which is needed for innovations, trying new methods and carrying out reforms. In an invigorating climate, it may be easier to be honest and sober and self controlled than in a more enervating one". (*Principles of Human Geography*, 1945).

हन्टिंगटन के अनुसार सूर्य की स्थिति में परिवर्तन से जलवायु सबसे अधिक प्रभावित होती है, और जलवायु का मनुष्य पर सर्वाधिक प्रभाव है। वह उसकी संस्कृति और जीवन के अन्य स्वरूपों को तो प्रभावित करती है, वह भूगर्भीय प्रक्रिया को भी प्रभावित करती है। मौसम का मनुष्य की ऊर्जा पर, उसके स्वास्थ्य पर और जीवानाविधि (Longevity) पर प्रभाव पड़ता है। इससे भी आगे मौसम मनुष्य की अभिवृत्ति और उपलब्धियों को भी प्रभावित बनाता है। हन्टिंगटन ने यहाँ तक सुझाया कि सभ्यता के विभिन्न चरणों का विवरण भी बहुत कुछ जलवायुविक प्रदेशों से मेल रखता है। अनुकूल जलवायु और मौसम बुद्धि जीवियों के लिए एवं मेहनत व परिश्रमी क्रियाओं के लिए अच्छी सिद्ध होती है। विकास का संबन्ध सुनिश्चित ऋतु-परिवर्तन से भी जुड़ा है। जहाँ अच्छा गर्म मौसम, व वर्षा समयानुसार घटित बनते हैं कृषि के विस्तार व उत्पादन की अच्छी संभावना रहती है। शीत जलवायु के प्रदेशों पर सभ्यता का विकास हुआ और मानव-संस्कृति भी प्रगति की ओर अग्रसर बनी। हन्टिंगटन का मत था कि अनुकूल जलवायु के प्रदेश को चयन करना और वहाँ प्रवासित होना, चयनित उत्तरजीविका, लोगों में अन्तर्विवाह,समान संस्कृतियों में जा बसना आदि, ऐसे अनेक उदाहरण हैं जिनसे इतिहास प्रभावित हुआ है।[91]

हंटिंगटन ने सुसंगत रूप से सभ्यता-मापन के लिए गणितीय परिकलन अभिगम (Quantitative Approach) का पालन किया। प्रादेशिक जलवायु व मौसम को उसने मानवीय, भौतिक, बौद्धिक प्रयासों से संबन्धित बनाया और सभ्यता के स्तरों का मूल्यांकन

किया। उसने आनुवंशिकता, संस्कृति के सोपान और मनुष्य के खान-पान को भी मौसम व जलवायु की दशाओं से संबन्धित बनाया था। ऐसा लगा कि हन्टिंगटन ने आवश्यकता से भी अधिक ज़ोर 'प्राकृतिक कारकों' पर दिया और समाजों के स्वत: बने विकास की ओर उसका ध्यान बहुत कम आकर्षित हुआ। यह तथ्य उसके आरम्भकालीन लेखों से उजागर हुआ।

रॉलिन डी. सेलिसबरी (Rollin D. Salisbury)

1903-19 के बीच संयुक्त राज्य के भौगोलिक विकास में सेलिसबरी का योगदान महत्त्वपूर्ण माना गया है। उसने शिकागो विश्वविद्यालय में भूगोल विभाग स्थापित कर उसे संगठित बनाया। वह प्रेरणास्पद शिक्षक व प्रशासक था। उसने विश्वविद्यालयी स्तर की कई पाठ्य-पुस्तकों की रचना की। उसकी गहन रुचि प्राकृतिक भूगोल में विकसित बनी। परन्तु वह प्राकृतिक पृथ्वी और मानव अनुक्रियाओं के सरल कार्य-कारण विचार का पक्षपाती नहीं था। सेलिसबरी पृथ्वी के रंगमंच पर जहाँ मानवीय नाटक खेला जाता है, उसके अध्ययन में भू-आकृति विज्ञान (Physiography) को सक्षम विज्ञान मानता था। परन्तु रंगमंच व मानवीय क्रियाओं के संबन्धित बने होने के लिए कारणात्मक (Causal) नहीं ठहराता था।[92] उसकी मुख्य रचना Physiography भू-आकारों के विकास की चिर प्रतिष्ठित (Classic) कृति है।

संयुक्त राज्य में दो महायुद्धों के मध्य भूगोल का विकास (Geography in the U.S. Between the Two World Wars)

दो महायुद्धों के मध्यकाल-अवधि में भूगोल में महत्त्वपूर्ण परिवर्तन घटित हुए। इस अवधि में भूगोल का सामाजिक पक्ष प्राकृतिक पक्ष से विलग होना आरम्भ हुआ। अमेरिकी भूगोलवेत्ता स्थानों व प्रदेशों की अनूठी विशेषताओं के विवरण प्रस्तुत करने में रुचिवान् बन उठे और भूगोल की सामान्य अवधारणाओं पर बहुत कम ज़ोर दिया गया। संग्रहीत सूचनाओं व प्रदेशों पर आधारित संकल्पनाएँ व मॉडलों में प्रयोग आरम्भ हुए। यह रोचक बात है कि 1970 की दशाब्दी के नियमों एवं विचारों का उद्भव दो महायुद्धों के बीच की अवधि में हो चुका था। सामाजिक डार्विनवाद पर आलोचना हो रही थी और सशक्त बना पर्यावरणीय नियतिवाद अस्वीकार कर दिया गया। साधारण कार्य-करण संबन्धात्मक विचार भी महत्त्वहीन करार दिया गया।[93] इस अवधि में नवीन-अभिगमों (New Approaches) का विकास सम्भव बना, उनमें मुख्य हैं-

(i) मानव पारिस्थितिकी (Human Ecology)

(ii) प्रदेश-वर्णनी, अथवा जीव भूविस्तार (Chorology)-स्थानों व प्रदेशों का अध्ययन।

(iii) ऐतिहासिक भूगोल (Historical Geography)

(iv) स्थान/क्षेत्र का कार्यपरक संगठन (Functional Organization of Space)

इस अवधि में भूगोल में मुख्य बदलाव उसके शैक्षाकि पक्ष के स्थान पर अब व्यावहारिक पक्ष (Applied) को अपनाने में आया था। भूगोल का अध्ययन अर्थनीति के व्यावहारिक विषयों में केन्द्रित बना और वह सामाजिक, व राजनीतिक समस्याओं के निवर्चन की ओर विकसित बना। भूगोल का ज्ञान प्रायोगिक विज्ञान बन उठा और नियोजन तथा सामाजिक-आर्थिक समस्याओं के निवर्चन में योग प्रदान करने लगा। अधोवर्णित परिच्छेदों में संक्षिप्त रूप से दिशाएँ इंगित हैं-

मानव-पारिस्थितिकी (Human Ecology)

एच.एच.बैरोज (H.H. Barrows) इस संकल्पना का संस्थापक था। यह मनुष्य की प्राकृतिक वातावरण के प्रति समायोजित होने से संबन्धित अवधारणा है।[94] उसका मत था कि भूगोलवेत्ताओं को अपने विषय के विवेचन में भू-आकृति विज्ञान, जलवायु विज्ञान व जीव विज्ञान आदि अलग-अलग विषयों को त्याग कर एक संयुक्त बनी एकीकृत विषय-वस्तु (Unifying Theme) पर कार्य करना चाहिए। अलग-अलग विषयों पर आधारित विवेचन इतना विस्तृत एवं जटिल बन उठेगा कि किसी मुख्य निष्कर्ष तक नहीं पहुँचा जा सकेगा। अत: 'मानवीय पारिस्थितिकी' एकीकृत विषय-वस्तु है, और वह मानव के स्थान में घटित क्रियाओं के ताने-बाने को स्पष्टत: प्रकट करता है। यह विषय वस्तु अध्ययन को मानव-पर्यावरण के नियतिवाद में ही सिमित न बनाकर उसे जीवन की सम्पूर्णता व कार्य-कलाप की यथार्थता से जोड़ती है।

जीव-भू-विस्तार (Chorology)

जीव-भू-विस्तार, अर्थात् प्रदेश में दृश्य-जगत् के विवरण के समर्थकों में जैफरसन और कार्ल साउर थे। साउर के मतानुसार भूगोल विषय का संबन्ध क्षेत्र के दृश्य-जगत् के अध्ययन से है। वह एक प्रदेश का दूसरे प्रदेश से अन्तर, वहाँ विकसित प्राकृतिक एवं सांस्कृतिक दृश्यों में विभेदों का अध्ययन है। मनुष्य अपनी संस्कृति अर्थात् रीति-रिवाजों में बंधा रहकर कार्य करता है। वे सांस्कृतिक कार्य उसकी प्राकृतिक एवं जैविक वस्तुओं में बदलाव लाते हैं। यह प्रदेश अथवा जीव-भू-विस्तार को सांस्कृतिक भू-दृश्य में विकसित बनाने की क्रिया है।[95] उसके मतानुसार ''भू-दृश्य जैविक गुणों से युक्त बना भू-विस्तार (Chorology) है।''

ऐतिहासिक भूगोल (Historical Geography)

अमेरिका में भूगोलवेत्ता 20वीं सदी में मानव के क्रियात्मक समायोजन पर अधिक ध्यान देने लगे। वे मानव के प्राकृतिक वातावरण के प्रति निष्क्रिय प्रभाव मात्र से सन्तुष्ट नहीं थे।[96] ब्राउन ने Mirror of Americans and Historical Geography of the United States रचना प्रस्तुत की। इसमें उसने मानव-अधिवास के दौरान उत्पन्न परिवर्तनों का लेखा प्रस्तुत किया।[97] भूगोल में साउर का योगदान पर्याप्त मात्रा में है जो प्रागैतिहासिक रेड इण्डियनों के पैसफिक वट के मेक्सिको-अधिवासों का लेखा है। इन अध्ययनों से एक तथ्य प्रकट है कि भिन्न-भिन्न अभिवृत्तियों के लोगों के दृष्टिकोण स्थान, क्षेत्र, धरातल के

प्रति भिन्न-भिन्न हैं। वे वातावरण को भिन्न-भिन्न मन्तव्यों से देखते, प्रयोग करते और परिवर्तित बनाते हैं। उनकी वातावरण के साथ प्रतिक्रिया भी भिन्न-भिन्न तकनीक व कौशल का परिणाम है। कृषीय क्षेत्रों में फावड़ा-कुदाली (Hoe) से कार्य करने वाले किसान के लिए ढालूभूमि का अर्थ कुछ और है, जो ट्रेक्टर द्वारा खेत जोतने वाले किसान से नितान्त भिन्न है। उद्योगों का जल-शक्ति के स्थानों की महत्ता शक्ति के अन्य साधनों के आगमन व विकास के उपरान्त समाप्त बन गयी। विटिल्से (D. Whittlesey) ने 1929 में क्षेत्र में अधिवास-अधिग्रहण के क्रमिक विकास के विचार को प्रकट किया। यह वातावरणीय-नियतिवाद के विपरीत सोच है। इसी काल में विटिल्से व हार्टशोर्न ने राजनीतिक भूगोल की सैद्धांतिक-संरचना का विकास किया।[98] प्लाट (Platt) ने केन्द्र स्थानों में श्रेणी-क्रम की अवधारणा रची।

भूगोल के क्षेत्र व विधि-विधान संबन्धी अध्ययन

(Studies of Scope and Method)

अमेरिका में आरम्भिक चरण में भूगोल को भूगर्भ वैज्ञानिकों, मौसम-विज्ञानियों और जीव विज्ञानियों ने उसे अपने-अपने मन्तव्यों से देखा और उसकी व्याख्या की। भूगोल, एक स्वतंत्र-विज्ञान (Independent Discipline) के रूप में 19वीं सदी के उत्तरार्द्ध में ही विकसित हुआ। विषय को अनेक प्रकार से परिभाषित किया गया। हार्टशोर्न ने भूगोल को ''क्षेत्रीय विभेदों के अध्ययन'' (Aread Differentiation) का विषय कहा। वह सही, व्यवस्थित बुद्धिमयी तर्क प्रधान ढंग से धरातल के परिवर्तनशील चरित्र की विवेचना व निवर्चन का विषय बना। वह विषय, विजातीय पंचमेल की विषमताओं को जो कदाचित् अन्य किसी विज्ञान में नहीं देखी जाती, एकीकृत बनाकर संश्लिष्ट विश्लेषण (Synthetic Analysis) द्वारा विवेचना करता है। उसने इस तथ्य पर ज़ोर दिया है कि कोई घटना अथवा वस्तु, प्राकृतिक अथवा मानवीय धरातल पर अन्तर्सम्बन्धित बनी है, भूगोल के लिए यह तथ्य महत्त्वपूर्ण है। घटनाओं व वस्तुओं का क्षेत्रीय अन्तर्सम्बन्ध एकीकृत बनाकर जब मानचित्र में दर्शाया जा सके, वह क्षेत्र के परिवर्तनशील स्वभाव को इंगित करता है।[99] क्षेत्रीय परिवर्तनशीलता को समझने के लिए क्षेत्र के भूतकाल में पैठ बनाने की आवश्यकता है। सामान्य अथवा व्यापक दृष्टिकोण के अध्ययनों को विकसित करना वैज्ञानिकता और नियम-निरूपण के लिए आवश्यक है। विश्व में अनेक क्षेत्र अथवा प्रदेश अनूठी विशेषताओं से युक्त बने हैं। प्रत्येक क्षेत्र महत्त्वपूर्ण बना है। वह अध्ययन के लिए एक ऐसी भूमिका उपस्थित करता है जिसमें शोध कार्य रोचक है।[100]

दोनों महायुद्धों के बीच की अवधि में Association of American Geographers संस्था ने भूगोल के उद्देश्यों, विधियों व संकल्पनाओं विषयक संवाद, चर्चाएं आदि संचालित कीं। विषय की अनेक शाखाएँ-प्रादेशिक, जनसंख्या व अधिवास, संसाधन, जलवायु विज्ञान, कृषीय, चिकित्सा, यातायात, भूआकृतिविज्ञान, प्रशासन, सैन्य, आदि में नवीन सोच के आधार पर उन्हें परिभाषित किया गया। भूगोल के व्यावहारिक पक्ष पर अधिक ध्यानाकर्षित

बना और नियोजन के लिए संसाधन विषयक सूचनाएँ प्राप्त कर उनका प्रयोग किया गया। भूमि का गुणात्मक वर्गीकरण, उसकी क्षमता निर्धारण और आर्थिक आधार पर सर्वेक्षण किए गए ताकि विषय को नवीन व वैज्ञानिक स्वरूप प्रदान किया जा सके। इन सर्वेक्षणों का महती उद्देश्य भूमि के संसाधनों को नष्ट होने से रोकने व उनके संरक्षण का प्रयास था।

द्वितीय महायुद्ध के दौरान प्रशिक्षित भूगोलवेत्ताओं की मांग बढ़ी। वे सेना व सूचना एवं गुप्तचर विभागों में सेवाओं में लिए जाने लगे। कुछ की सेवाएँ यातायात व संचार साधनों में प्रयोग में ली गईं। प्राकृतिक आपदाओं,भूकम्प, बाढ़, अकाल, पर्यावरण-प्रदूषण की स्थितियों में भूगोलवेत्ताओं ने शोध आरम्भ कर विषय को जनोपयोगी बनाया। प्राइवेट फर्मों के लिए विपणन केन्द्रों व क्रय-विक्रय के नए क्षेत्रों की स्थापना संबन्धी अध्ययन प्रस्तुत किए। अतएव भूगोल में नए आयामों की ओर ध्यान आकर्षित हुआ उसे जन-साधारण की सामाजिक व आर्थिक समस्याओं के हल करने में योगदान का महत्त्वपूर्ण माध्यम बनाया। जीवन-दशाओं में सुधार हुए और स्तर ऊँचा उठा, यह जन-कल्याण भूगोल के रूप में नया क्षेत्र खुला।

द्वितीय विश्वयुद्धोपरान्त भूगोल
(Geography after the Second World War)

द्वितीय विश्व युद्ध के पश्चात् अमेरिका में भूगोल की अवधारणा व संरचना में पर्याप्त बदलाव आया। अब यह अनुभव किया जाने लगा कि यदि भूगोल को अन्य विज्ञानों के मध्य महत्त्वपूर्ण स्थान ग्रहण करना है तो मात्र प्रादेशिक विवेचन से काम नहीं चलेगा। क्षेत्रों की अनूठी विशेषताओं को वर्णन करने से भूगोल वैज्ञानिकता का आदर नहीं ले सकेगा, और न ही वह शोध का विषय बनेगा। अत: यह आवश्यक है कि भूगोलवेत्ताओं को विवरण के लिए कोई ऐसी संयोगात्मक विधि प्रयोग में लानी चाहिए जो किसी भी क्षेत्र के बारे में व्यवहार में लायी जा सके। प्रादेशिक आनुक्रमिक वर्णन जो प्राकृतिक वातावरण के नियतिवाद पर आधारित बना है, उसको त्याग कर कोई संश्लिष्ट बनी विधि को ग्रहण करना चाहिए जो सामान्य नियमों का निर्माण करने में सक्षम हो। इसमें पारिस्थितिक-तंत्र- (Ecosystem) अभिगम सहायक बन सकता है जो मानव और पर्यावरण को पार्थिव समस्तता में प्रकट करता है।

1960 में युवा-पीढ़ी के भूगोलवेत्ताओं ने गणितीय परिकलन की भाषा अपनाकर भौगोलिक विवेचन को अधिक परिशुद्ध (Exact) बनाने के प्रयास किए। अब भौगोलिक वितरण व व्यवस्था सांख्यिकीय-उपकरणों (Statistical Tools) द्वारा व्यक्त किए जाने लगे। इनका प्राकृतिक व सामाजिक दोनों ही क्षेत्रों की वस्तु-घटनाओं को स्पष्ट बनाने हेतु प्रयोग होने लगा। गणितीय संकल्पनाएँ, यहाँ तक कि अपुष्टभौतिक विज्ञान और खगोल-भौतिकी (Astrophysics) के नियमों का प्रयोग कर नगरों, केन्द्रों की परस्पर दूरियों, उनके आकार व क्रिया-कलापों तथा यातायात-जाल, माल की आवक-जावक और फसलों के वितरणों का प्रयोग उनके मापन एवं विश्लेषण में किया जाने लगा।

भूगोल की नई दिशाएँ गणितीय अथवा सांख्यिकीय के अतिरिक्त 'स्थानिक तंत्र के विश्लेषण' (Analysis of Spatial Systems) पर भी आधारित होकर प्रकट हुईं। अब मानव-पर्यावरण के संबन्धों को समूह के व्यवहारवादी दृष्टिकोण (Group-Behaviouralism) से देखा जाने लगा। इसे 'स्थानिक प्रत्यक्ष-ज्ञान' (Spatial Perception) की संज्ञा दी। दूसरी नवीन दिशा सामाजिक समस्याओं की ओर इंगित थी। अब भूगोल जल, बिजली, स्वास्थ्य, आवास, आवागमन आदि प्रतिदिन की मानव समस्यागत अभिगम (Human Problems' Approach) को अपने शोध व अध्ययन का क्षेत्र मानने लगी। भूगोल प्रदेश-वर्णन से ऊपर उठकर और बाहर निकल कर अब 'प्रादेशिक-विज्ञान' (Regional Science) बना। एक प्रादेशिक विज्ञान उपागम के विरोध में इतिवाद एवं मानवतावाद उपागम भूगोल में आए।

अब भूगोल में 'अन्तर्वैज्ञानिकता दृष्टिकोण' (Inter-disciplinary Approach) स्थान प्राप्त कर गया था। मानव और प्रकृति के संबन्धों में अमेरिका के भूगोलवेत्ताओं ने सांस्कृतिक भूगोल (Cultural Geography) के माध्यम को शामिल किया। इससे भौतिक एवं अभौतिक घटनाओं का संयोगात्मक स्थानिक इतिहास प्रदेश की संस्कृति में मुखर बन उठा। इसके अध्ययन में मानव व वातावरण का यथार्थ में विश्लेषण संभव हुआ।

अमेरिका में राजनीतिक भूगोल को भी नवीन परिप्रेक्ष्य में देखा जाने लगा। राजनीतिक प्रक्रियाओं की विवेचना क्षेत्र में भौगोलिक अन्तर्सम्बन्धों में देखी गयी। राजनीतिक समस्या से ग्रस्त क्षेत्रों की पहचान कर वहाँ के संसाधनों का योग वहाँ के राजनीतिक तंत्र में खोजा जाने लगा।

अमेरिका में अवस्थिति-जन्य (Locational) सिद्धान्त संबन्धी अध्ययनों पर वर्तमान काल में पर्याप्त ज़ोर दिया है। ये अध्ययन स्थानिक प्रारूप के स्थिर-पक्षों (Static Aspects) से जुड़े हैं जैसे किसी स्थान की अक्षांश-देशान्तरीय स्थिति और विस्तार, घनत्व व ज्यामिति, स्थानों के मध्य जुड़ाव-कड़ियाँ (Linkages), समयाबद्ध स्थितियाँ व संरचना, और ऐसे नियामक 'मॉडल' जो कार्यक्षमता हल सुझाते हैं।[101] कम्प्यूटर व फोटो निवर्चन के अतिरिक्त अमेरिकी भूगोलवेत्ताओं ने दूर संवेदन-तकनीक (Remote Sensing Technology) का भौगोलिक घटनाओं के निवर्चन में प्रयोग करना आरम्भ कर दिया। भूगोल वहाँ प्रयोगशाला में अध्ययन का भी विषय बन उठा है जहाँ नाना प्रकार से तैयार किए मानचित्रों के संग्रह भौगोलिक अध्ययन के माध्यम हैं। इनसे प्रयोगशाला में अनुरूपण-मॉडलों (Simulation Models) की रचना और गणितीय परिकलन विश्लेषण सम्भव बने हैं। अमेरिका में भूगोल का अध्ययन प्रधानत: सामाजिक विज्ञान बन गया, जिस कारण भूगोल के भौतिक पक्ष को नज़रन्दाज कर दिया गया।

भूगोल का सोवियत सम्प्रदाय
(The Soviet School of Geography)

जैसा कि पहले कहा जा चुका है कि भूगोल ने समस्त यूरोपीय व अमेरिकी देशों में आशातीत

विकास किया। रूस के विभिन्न विभागों व संस्थानों में भी भौगोलिक अध्ययन आरम्भ हुए। 19वीं सदी के अन्त में वहाँ अनेक एटलसों, मानचित्रों व मॉनोग्राफों का प्रकाशन हुआ।

पीटर महान् ने हम्बोल्ट को यूराल के पूर्व में विस्तृत क्षेत्र में खोज के लिए प्रोत्साहित किया। इस खोज-अभियान का उद्देश्य भौगोलिक सूचनाएं संग्रह कर रूसी साम्राज्य के पूर्वी प्रसार में मदद करना था। रूस में भूगर्भ विज्ञान, मौसम-विज्ञान, जलीय विज्ञान, नृविज्ञान एवं पुरातत्त्व विज्ञान को बढ़ावा देने के लिए 1845 में Imperial Geographical Society की स्थापना की गई। इस संस्था में विभिन्न विशिष्टताओं को सामूहिक रूप से 'भौगोलिक विज्ञान' जाना गया।[102] रूस में महान् क्रांति की अवधि (1917) से पूर्व भूगोल में विख्यात हुए विद्वानों में सिमिनोव, त्यान् शांस्की, वोइकोव, दोखुचेइव और अनुचिन उल्लेखनीय हैं। इनका मुख्य योगदान भौतिक भूगोल में था।

सिमिनोव (Semenov) विविध रुचियों वाला महान विद्वान् था जिसने 1858 में जुंगरियन बेसिन (Dzungarian Basin), अल्टाई, तिएन-शान पर्वतों को खोजा। सन् 1888 में उसने कैस्पियन सागर के पूर्व में तुर्किस्तान के मरुस्थल को खोजा। सिमिनोव ने भूगोल-अध्ययन हेतु कार्ल रिटर से सम्पर्क स्थापित किया। परन्तु रेकलस की भाँति वह भी रिटर की उद्देश्यमूलक दार्शनिक विचारधारा से आकर्षित नहीं था। वह भूगोल के ज्ञान को ग्रामीणों की गरीबी मिटाने में उपयोग करने के पक्ष में था, और भूगोल विषय को व्यावहारिक महत्त्व का समाजोपयोगी विषय बनाने में प्रयासरत था। उसने अनेक प्रादेशिक प्रबंधों (Regional Monographs) की रचना की।

अक्टूबर क्रांति से पहले, रूसी भूगोलवेत्ताओं की वातावरणीय-नियतिवाद में आस्था नहीं थी। वोइकोव (Voeikov 1842-1916) प्राकृतिक भूगोलवेत्ता था, और उसने पृथ्वी के ताप एवं जल-संतुलन (Earth's Heat and Water Balance) की दिशा में कार्य किए। उसने कृषि विकास के लिए जलवायु विज्ञान में अध्ययन का प्रयास किया और हिम-विज्ञान (Science of Snow) में प्रशंसनीय योग दिया। उसी के सुझाव पर जार्जिया में चाय, तुर्किस्तान में कपास और यूक्रेन में गेहूँ की कृषि आरम्भ हुई।[103] वोइकोव की धारणा थी कि रूसी-स्टेपीज़ में अवनलिका-क्षय (Gully-Erosion) वहाँ अतिरेक-पशुचारण (Over-Grazing) का परिणाम है। अर्द्धशुष्क प्रदेशों में सिंचाई की सुविधाओं पर वह, उत्पादन में वृद्धि लाने की दृष्टि से, ध्यान देने पर ज़ोर देता था।

पीटर क्रोपोत्किन (Peter Kropotkin 1842-1921)

अराजकतावादी सोच वाले भूगोलवेत्ताओं में पीटर क्रोपोत्किन संस्थापक विचारकों में सबसे अधिक पहचाने जाते हैं। क्रोपोत्किन आदर्शवादी अराजकतावाद में आस्था रखता था, और रेकलस (Reclus) का अभिन्न मित्र था। (1830-1905) उसने उत्तरी यूरोप व साइबेरिया के प्राकृतिक भूगोल में अच्छा योगदान किया था। ब्रिटेन में शरण लेने से पहले, अपने राजनैतिक विचारों के कारण उसे स्विट्जरलैण्ड से निष्कासित कर रूस व फ्रांस में खदेड़ दिया था।

क्रोपोत्किन ने भूगोल विज्ञान में नाना प्रकार के क्रांतिकारी परिवर्तन उत्पन्न किए थे। उसने भूगोल शिक्षण के सिद्धांतों की रचना की। उसने प्रकृति एवं मानवीयता में संबन्ध स्थापित किए और विकेन्द्रीकरण को बढ़ावा दिया। क्रोपोत्किन के विचारों ने भौगोलिक शोध को शोषण व राजशाही निरंकुशता के दुरुपयोग से रोका।

क्रोपोत्किन को उसके दो अभियानों में सम्मिलित होने से प्राप्त अनुभवों ने उसके राजनीतिक सोच को दिशा प्रदान की। वह साइबेरिया और रूसी सुदूर पूर्व के अभियानों में (1864 व 1865) सम्मिलित था। प्रचलित सामाजिक डार्विनवाद के विपरीत क्रोपोत्किन ने सहयोग और पारस्परिक सहायता के योग पर ज़ोर दिया। वह अपने विचारों से कृषकों के समाज और जैविक विकास दोनों को ही प्रभावित बना सका। वह राजनैतिक केन्द्रीकरण का विरोधी था, और अर्थ-व्यवस्था को एक ही स्थान पर व एक ही हाथ में केन्द्रित बन जाने के पक्ष में नहीं था। वह चाहता था कि आत्म-निर्भर बनी सामाजिक इकाइयाँ लघु-स्तर पर परस्पर सामंजस्य व सुमेल (Harmony) में अपने स्वाभाविक पर्यावरण में जिएँ। उसका भौगोलिक दृष्टिकोण तत्कालीन साम्राज्यवाद, सैन्यवाद व कुत्सित बनी राष्ट्रीयता व प्रजातीयता से नितान्त विरुद्ध बना था। इससे उसकी सोच को अनेक कठिनाइयाँ झेलनी पड़ रही थीं।

क्रोपोत्किन विद्यालयी-भूगोल को नीरस और निरूत्साही देख दुःखी था। वह चाहता था कि भूगोल को बालकों की कल्पना शक्ति के अनुकूल रोचक बनाया जाये। वे अपने स्थानीय पर्यावरण को समझें-बूझें और दूर-दराज़ के स्थानों की यात्रा द्वारा अपना दृष्टिकोण सर्वव्यापी (Universal) बनावें। बालकों को तथ्यों को रटा कर ज्ञानवान् बनाने की अपेक्षा, उन्हें स्वयं सोचने-बूझने का अवसर दिया जाना चाहिए। क्रोपोत्किन स्वतः शिक्षा (Self-Instruction) का पक्षपाती था। वह बालकों की खोज-अभिरुचि (Discovery Interest) को जाग्रत बनाए रखने की शिक्षा का समर्थक था। शुष्क चिर-सम्मत तथ्यों के बजाय दूसरे देशों की लोक-वार्ताओं व लोक-साहित्य (Folk-Lores) से बालकों को परिचित किया जाये।

1917 की महान् क्रांति के बाद क्रोपोत्किन रूस वापस लौटा। 1921 में उसकी मृत्यु के बाद भी अनेक आमूल परिवर्तनवादी भूगोलवेत्ता (Radical Geograhers) क्रोपोत्किन के क्रांतिकारी विचारों से स्फूर्ति लेते रहे हैं। वह डार्विन के 'Origin of Species जैविक उत्पत्ति' के सिद्धान्त का घोर विरोधी था। यह सिद्धान्त निर्बल पर सबल की विजय की लड़ाई है। प्रकृति में वही जीव रहेगा जो उसके साथ समायोजित बनने की दृष्टि से सर्वोत्तम अथवा सर्व बल-संपन्न है। कमजोर के लिए प्रकृति में कोई स्थान नहीं है। सबल द्वारा निर्बल जीव समाप्त किए जाते रहेंगे। इसी आधार पर क्रोपोत्किन ने हरबर्ट स्पेन्सर (Herbert Spencer 1820-1903) के 'सामाजिक डार्विनवाद' का भी विरोध किया। स्पेन्सर की मान्यता थी कि जीवों की भाँति ही मानव-समाजों को पर्यावरण विशेष के प्रति समायोजित बने रहने की सामर्थ्य होनी चाहिए, अन्यथा वे सबल-सर्वोत्तम व्यक्तियों (Fittest Individuals) द्वारा समाप्त कर दिए जाएं। स्पेन्सर के अनुसार स्वतंत्र-उद्यमी व्यवस्था (Free-Enterprise

System) में केवल सर्वोत्तम 'फिट' व्यक्ति का निर्वाह होगा, अन्य निर्बल, असमर्थ समाप्त बनते चले जाएंगे। क्रोपोत्किन इस विचार से सहमत नहीं था। वह कहता था कि ऐसे समुदाय जहाँ पारस्परिक सहयोग, सहायता व समता है, वे समाप्त नहीं हो सकते। सभ्यता के विकास की यही कहानी है। क्रोपोत्किन इसीलिए स्व-निर्भर बने छोटे-छोटे समुदायों के पारस्परिक मेल-जोल व सहायता से युक्त'सामाजिक-इकाइयों' का समर्थक था। सबल-निर्बल के बीच की लड़ाई को मेटने का हल (Solution) भी स्व-निर्भर परस्पर सहयोग से रहने वाली सामाजिक-इकाइयां हैं।

रेकलस और क्रोपोत्किन दोनों ने ही इस विचार को बल दिया और विकसित किया था कि भूगोल को मानवीयता व प्रकृति दोनों को साथ लिए चलने का विचार बताया था। क्रोपोत्किन Royal Geographical Society के सचिव स्कॉट केल्टी (Scott Keltie) का मित्र था जिसने ब्रिटेन के विश्वविद्यालय में भूगोल विषय आरम्भ करने के पक्ष में तर्क दिए थे (1886 की केल्टी-रिपोर्ट)। परन्तु केल्टी भूगोल को राजनीति से अलग रखने का पक्षधर था। वह उसे यथार्थ के वैज्ञानिक आदर्शों का विषय कहता था। क्रोपोत्किन के निधन-संदेश पर केल्टी ने कहा 'यहाँ राजनीति के बारे में चर्चा का कोई अवसर नहीं है, इसे छोड़कर, क्रोपोत्किन की भूगोल में सेवाएँ बहुत हैं।' रेकलस व क्रोपोत्किन के भूगोल में योगदान की मशाल की लपटें आज भी सामाजिक-सोच बन प्रज्जवलित हैं।

वी.वी. दोकुचेइव (V.V. Dokuchaiev)

सेंट पीटर्सबर्ग में दोकुचेइव रूस में भूगोल का पहला प्रोफेसर 1885 में नियुक्त हुआ। उसकी रचनाएँ रूसी भाषा में ही उपलब्ध थीं। इसलिए उसकी ख्याति रूस के बाहर नहीं थी। उसने मृदा-विज्ञान (Soil Science) में अग्रणीय कार्य किया। उसने विभिन्न मिट्टियों की पहचान उनकी तहों (Layers) के परीक्षण करने पर ज़ोर दिया। मृदा के संस्तरों की तहें (Layers of Horizons) को अत्यन्त गौर पूर्वक देखने से उनको पहचाना जा सकता है, क्योंकि उनका विकास रचना-प्रक्रियाओं से होता है।[104] दोकुचेइव के अनुसार मिट्टी-निर्माण की मूल सामग्री अधःस्तर भूगर्भीय संरचना से प्राप्त होती है। इस सामग्री का जलवायु, भूमि के ढाल, पौधे व जीव-जन्तु के साथ जटिल अन्तर्क्रिया से मृदा बनती है।[105] बहुत अधिक समय तक इन परिस्थितियों से उद्घाटित बनी मिट्टी में जलवायु व वनस्पति की जटिलता देखी जाती है, और मूल सामग्री का भान कठिन होता है।

सन् 1887 में D.N. Anuchin भूगोल व नृजाति वर्णन (Ethnography) के विषयों का अध्यक्ष बना। उसका प्रशिक्षण जर्मनी में हुआ था, और उसने विद्यालयों के लिए अनेक पुस्तकें लिखीं। उसके विद्यार्थियों में L.S. Berg जैसे विद्वान थे जिन्होंने रूस में भूगोल को विकसित किया।

अक्टूबर की क्रांति के उपरान्त केवल वे भूगोलवेत्ता ही अपने अध्ययन व शोध में व्यस्त बने जो मार्क्स, एंजिल और लेनिन के अनुयायी थे। लेनिन एक आर्थिक-नियतिवादी था। उसके लिए भूगोल आवश्यक रूप से एक ऐसा आधार मूल विषय था जिस पर नई

आर्थिक नीति निर्धारित की जा सके। वह तर्क प्रधान आर्थिक दृष्टि से उपयोगी प्रदेशों के निर्धारण में भूगोल के प्रयोग का पक्षपाती था जिससे राष्ट्रीय अर्थव्यवस्था की रचना हो। वह भूगोल को व्यावहारिक विषय (Applied Subject)[106] के रूप में ही देखता था। स्टालिन के काल में ऐसे विद्वानों को दण्ड दिया जाता जो कम्युनिस्ट पार्टी की नीतियों से मतभेद रखते थे। ऐसे लोग जेल में ठूंस दिए गए।[107] स्टालिन की मृत्यु के पश्चात् (1953) सोवियत भूगोलवेत्ताओं ने 50वीं दशाब्दी में संसाधनों के नियोजन और इलाकों के परिसरों के विकास में महत्त्वपूर्ण योग दिया। लेनिन के नक्शे कदम पर चल कर उन्होंने उद्योगों की स्थापना के लिए उपयुक्त स्थिति वाले स्थानों का चयन किया। इन स्थानों पर कच्चा माल सरलता से और कम ख़र्च द्वारा उपलब्ध होता था। ऐसे सभी स्थानों की भूगोलवेत्ताओं ने सूची (Inventory) तैयार की थी। बारान्स्की (M.N. Bransky) ने आर्थिक भूगोल पर ज़ोर दिया, और U.S.S.R. की आर्थिक भूगोल पर पुस्तक प्रकाशित की।

प्रादेशिक स्तर पर नियोजन (Planning) करने के लिए एक आयोग State Planning Commission (GOSPLAN) स्थापित किया। इस आयोग ने सोवियत संघ को 21 प्रदेशों में विभक्त किया, और उनका विस्तार से अध्ययन किया गया। यह कार्य भूगोलवेत्ताओं, अर्थशास्त्रियों व इंजीनियरों द्वारा पूरा किया गया। यूराल-कुज़नेटस्क और नीपर-बेसिन के औद्योगिक क्षेत्रों का नियोजन किया। इससे प्रकट होता है कि बारांस्की भूगोल के व्यावहारिक पक्ष (Applied Side) पर ज़ोर देता था जो 'प्रदेश' की संकल्पना पर आधारित था। वह शीर्षक-प्रधान भूगोल (Topical Geography) की व्यवस्था का विरोधी था। उसकी वातावरणीय-नियतिवाद में भी आस्था नहीं थी। लेनिन भी स्वयं इसी मत का था, और वह इस तथ्य से सहमत नहीं था कि जलवायु दशाओं के कारण काला-सागर के उत्तर में विस्तृत स्टेपीज़ का कभी भी कृषि कार्यों में उपयोग नहीं किया जा सकता। वह तकनीकी विकास के मौजूदा-स्तर के आधार पर परिवर्तन लाने की सम्भावनाओं में विश्वास रखता था।

क्रांतिकाल के पश्चात् सोवियत भूगोलवेत्ताओं में प्राकृतिक भूगोल और आर्थिक भूगोल के बीच 'द्विभागीकरण' (Dichotomy) के विचार मज़बूती से घर करे हुए थे। वे यह मानते थे कि प्राकृतिक भूगोल के नियम व सिद्धान्त आर्थिक भूगोल के नियमों से भिन्न हैं। दोनों में कोई तालमेल नहीं है, और न दोनों के नियमों को एक साथ लागू कर सकते थे। परन्तु स्टालिन के काल में अर्थव्यवस्था के केन्द्रीकरण से अलग-अलग प्रदेशों का नियोजन निरर्थक माना जाने लगा। आर्थिक प्रदेशों का समस्त विचार ही 'इलाकों में उत्पादन के परिसरों के विकास' से जुड़ा था। वह अब व्यर्थ बन गया, और नकार दिया गया।

प्राकृतिक भूगोल (Physical Geography)

सोवियत संघ में क्रांतिकाल के बाद की अवधि में प्राकृतिक भूगोल ने तेजी से विकास किया। उसके सैद्धांतिक नियमों को मौसम भविष्यवाणी व जलवायु-वर्गीकरण हेतु विकसित किया गया। उनसे विकिरण व आर्द्रता-चक्र और उनके जलवायु में योग का अध्ययन हुआ। उन नियमों का प्रयोग जल-विज्ञान (Hydrology) में महत्त्वपूर्ण बना। 'जल-बजट के सिद्धांत'

की रचना हुई, और उसका धरातल व मृदा से संबन्धों को ज्ञात किया गया। सोवियत भूगोलवेत्ताओं ने हिमानी-प्रक्रिया का विस्तार से अध्ययन किया। विभिन्न प्रकार की हिमानियों में उन पर ताप व हिम की मात्रा के प्रभावों का अध्ययन हुआ। भू-आकृति वैज्ञानिकों ने भूपटल पर हिमानियों के आगे-पीछे खिसकने का अध्ययन किया। भू-आकृतिविज्ञान में आकृतिमूलक संरचना (Morpho-Structural) के दृष्टिकोण का विकास हुआ। मृदाविज्ञान के वैज्ञानिकों ने मिट्टियों की अनेक जातियों की पहचान की। सोवियत संघ के जीव-विज्ञानी भूगोलवेत्ताओं (Bio-Geographers) ने पारिस्थितिकीय दृष्टिकोण अपनाने पर ज़ोर दिया।

सोवियत भूगोलवेत्ताओं का दार्शनिक दृष्टिकोण
(Philosophy of Soviet Geographers)

सोवियत संघ में अधिकांश दार्शनिक प्रश्नों की साठ के दशक में व्याख्या हुई। अनुचिन (Anuchin) की पुस्तक Theoretical Problems of Geography में उसने भूगोल के सैद्धांतिक आधारों को खोज निकाला था।[110] वह 'एकीकृत भूगोल' (Unified Geograhy) को महत्त्वपूर्ण मानता, और उसका घोर पक्षपाती था। वह प्राकृतिक भूगोल और आर्थिक भूगोल के द्वैतवाद के विरुद्ध था। भौगोलिक नियतिवाद को वह पूँजीवादी विचारों की संकल्पना कहता था। वह उसको नकार चुका था, और उसकी दृष्टि में 'आर्थिक नियतिवाद' भी अनिश्चित धारणा थी। वह भूगोल का अध्ययन प्रादेशिक आधार पर ऐसे परिसरों (Complexes) को स्थापित करके करने के पक्ष में था जो भौतिक आकृतियों, अधिवास के इतिहास, जनसंख्या और अर्थव्यवस्था के सामंजस्य व संतुलन पर आधारित हैं।[111] ऐसी लघु-इकाइयों अथवा परिसरों का सीमांकन करना वह भूगोलवेत्ताओं का प्राथमिक-कार्य (Primary Function) मानता था। इस उपागमन (Approach) को कुछ सोवियत भूगोलवेत्ता मार्क्सवाद के विपरीत बताते थे क्योंकि इसमें आर्थिक भूगोल पर कम ज़ोर दिया गया था।

सोवियत भूगोलवेत्ताओं का आधारभूत दार्शनिक सोच सामाजिक अर्थ-व्यवस्था व समाज का निर्माण करना था। इस उद्देश्य पूर्ति के लिए उन्होंने गणितीय तकनीकों को अपनाया। वे उसे केवल 'प्रादेशिक-विज्ञान' न कहकर ही संतुष्ट बने, बल्कि भूगोल को वे 'दृश्य-जगत् विज्ञान' (Landscape Science) मानते थे। सोवियत भूगोलवेत्ताओं के अनुसार दृश्य-जगत् की वस्तुएँ व घटनाएँ गतिशील बनी रहती हैं, वे परिवर्तनात्मक (Dynamic) हैं। इस दृश्य जगत् में पदार्थ व ऊर्जा चक्रवत् संचारित बनी (Circulating) रहती हैं, और मौसम के अनुसार उनमें ताप व जल के विषय में परिवर्तन घटित होते रहते हैं। उनमें जैविक उत्पादकता और जल-संतुलन भी परिवर्तित बना रहता है।[112] उनके दृश्य-जगत् की परिभाषा भौतिक-प्रदेशों के निर्धारण में सहायक होती है। इन्हीं प्रदेशों पर उनका नियोजन-कार्य आधारित है। अब सोवियत भूगोलवेत्ता प्रादेशिक संश्लेषण (Regional Synthesis) की ओर बढ़ रहे हैं।

गिरासीमोव (Gerasimov) ने दृश्यजगत् विज्ञान को रचनात्मक भूगोल के उद्देश्यों की पूर्ति की दृष्टि से अपर्याप्त माना। उसके अनुसार किसी अप्रयुक्त (Virgin) भूमि में जल-ताप-बजट में खोज के उपरान्त भी वहाँ कृषि-उत्पादन में सुधार लाने व प्राकृतिक नियंत्रण

रखने के लिए तकनीकी उपायों के प्रयोग की आवश्यकता होती है।

नगर-भूगोल के क्षेत्र में कोई विशेष प्रगति सोवियत संघ में नहीं हुई। बारान्स्की ने 1946 में नगरों का वर्गीकरण करने पर ज़ोर दिया। इसके लिए प्रशासनिक रिपोर्टों व संक्षिप्त आलेखों से आंकड़े उपलब्ध किए गए। एटलस, मानचित्र, विश्वकोश, गजट आदि से भी सूचनाएँ संग्रह की गयी थीं। अब रूस में नगर भूगोल में वृहत् कार्य प्रगति में हैं।

वर्तमान समय में रूसी भूगोलवेत्ताओं का ध्यान प्राकृतिक संसाधनों के प्रबन्ध की ओर आकर्षित हुआ है। वे प्रादेशिक समस्याओं के हल खोजने में व्यस्त बने हैं। वे पर्यावरण के प्रबन्धन में जुटे हैं। वे स्थानों की सामाजिक अर्थ-व्यवस्था के विकास में कार्य कर रहे हैं। कम्युनिस्ट पार्टी की भूगोलवेत्ताओं से यह अपेक्षा है कि वे समस्याओं के हल करने हेतु व्यावहारिक उपाय खोजें, जिससे मानव व प्रकृति के मध्य सहज अन्तर्क्रिया बने। ''पार्टी व राज्य दोनों ही यह अपेक्षा रखते हैं कि समाज-हित में शोध कार्य किए जाने चाहिए जिससे आमूल परिवर्तन लाकर जन-समस्याओं को हल किया जा सके। सर्वतोन्मुखी विकास से उत्पादन, प्रबन्धन और सार्थक और प्रभावी बन सामाजिक व्यवस्था सुदृढ़ बने, इसी दृष्टिकोण से शोधकार्य भूगोलवेत्ता करें। यह संदेश लियोनिड ब्रेजनेव (Leonid Brezhnev) ने 25वीं काँग्रेस, (C.P.S.U.) में दिया- ''हमारे समाज की विकास-दिशाएँ और उसकी उत्पादनशीलता की ऊर्जा को शक्तिवान् बनाने सम्बन्धी समस्या व प्रश्नों के हल के लिए गहराई से शोध करने की नितान्त अधिक आवश्यकता है।''

सोवियत वैज्ञानिकों को पर्यावरण व जनसंख्या-वृद्धि की ओर से भी आँखें नहीं मूंदनी चाहिए जो विकट बन उठी हैं। सभी प्राकृतिक व सामाजिक विज्ञानों के समूह के सामने इस समय महत्त्वपूर्ण कार्य जनसंख्या की एक प्रभावी नीति का निर्धारण करना है। साथ ही सामाजिक उपयोग के लिए प्राकृतिक संसाधनों में भी सुधार लाना है।[113]

आजकल रूसी भूगोलवेत्ता उद्योगों में काम आने वाले कच्चे-मालों को पुनर्उपयोग में लिए जाने (Re-cycling) संबन्धी खोज कार्यों में व्यस्त हैं। इसमें वे गणितीय परिकलन और सांख्यिकीय विधि द्वारा विश्लेषण की पद्धति का प्रयोग कर रहे हैं। प्रारम्भ में प्राकृतिक पर्यावरण से उपलब्ध सामग्री का विश्लेषण, तदुपरान्त उनका समाजोपयोगी उत्पादन-प्रक्रिया में बदलाव और अन्ततः पुनः पर्यावरण में उनकी वापसी कर व खारिज-सामग्री (Waste-material) द्वारा अन्य कार्यों में उपयोगी बनाना ध्येय है।

रूस में आजकल भूगोल-विज्ञान 'प्रादेशिक औद्योगिक परिसरों' (Territorial Industrial Complexes) TIC में बहुत रुचिवान् बना है। यह संकल्पना 'वृहत् औद्योगिक इकाइयों के नियोजित संगठन' से तात्पर्य रखती है। भूगोलवेत्ताओं का रूस में ध्यान मानव व प्रकृति के बीच सुमेल के उपायों की खोज पर भी है। वे प्रकृति का सैलानियों के लिए भी नियोजन में लगे हैं। इसके लिए वे सैद्धांतिक आधार खोज रहे हैं। बड़े नगरों के समीप वे श्रम-परिहार के लिए आमोद-प्रमोद एवं मनोरंजन के कटिबंध स्थापित कर रहे हैं। नगरीकरण के कुप्रभावों से निपटने के लिए आमोद-प्रमोद हेतु तथा दिन भर की थकान से राहत के लिए पार्क, बाग़-बगीचों की योजनाएँ तथा हरित-कटिबंधों का विकास

किया जा रहा है। तात्पर्य यह है कि सोवियत भूमि पर भूगोलवेत्ताओं का सोच अब रचनात्मक बन उठा है। वे सीमित मात्रा में उपलब्ध प्राकृतिक लाभों को समाज के अधिक से अधिक लाभ में प्रयोग करने में प्रयासरत हैं। वे प्राकृतिक व्यवस्था को फलमूलक (Fruitful) बनाने के लिए आधारभूत नियमों के संगठन में जुटे हैं। नई तकनीकों द्वारा प्राकृतिक व्यवस्था में गतिरोध उत्पन्न न हो, वे प्राकृतिक-प्रक्रिया को सोद्देश्य जारी रखने में निरन्तर प्रयास कर रहे हैं। इससे पर्यावरण में गुणवत्ता की वृद्धि होगी,और संसाधनों का संरक्षण भी होगा।[114]

सारांश में रूसी भूगोलवेत्ता अन्य विज्ञानों के दक्ष-विद्वानों सहित समाज में रचनात्मक उत्पादक-शक्ति बन उठे हैं। उनका योगदान सर्वतोन्मुखी है। वे प्रादेशिक नियोजन, नगर नियोजन, जल-संसाधन के प्रबन्धन, उत्पादन संबन्धी उद्यमों के फैलाव, कृषीय योजनाओं के संगठन, मौसम के बारे में भविष्यवाणी, जल-संतुलन में परिवर्तन के अध्ययन, मिट्टी के कटाव व क्षरण जैसी समस्याओं के प्रति व प्राकृतिक आपदाओं से निपटने के उपायों की खोज में सक्रिय रूप से योगदान दे रहे हैं। सड़कों के निर्माण की योजना व उनके प्रसार हेतु अधिकतम लाभ के क्षेत्रों का चयन करने संबन्धी वे अध्ययन कर रहे हैं। सेवाओं जैसे जल, बिजली, स्वास्थ्य, खेलकूद, मनोरंजन के साधनों, पर्यटकों हेतु सेवाओं के विकास-कार्यों, आदि-आदि में भौगोलिक अध्ययन अब रूसी भूगोलवेत्ताओं की प्राथमिकता बन गया है। समाज को अधिक से अधिक सुविधाएँ प्रदान करने के लिए अब भूगोल का योग प्राकृतिक संसाधनों के सही रूप में उपयोग करने व उनका संरक्षण करने में महत्त्वपूर्ण बन रहा है।

Notes

1. Fischer, E.C. and Miller, E.S., 1967, *A Question of Place. The Development of Geographical Thought*, pp. 81-174.
2. Valkernberg, V., 1951, 'The German School of Geography', in G. Taylor, (ed.), *Geography in Twentieth Century*, pp. 91-115.
3. Peschel, O., 1865, *Geschichte der Erdkunde bis auf A.V. Humboldt and Carl Ritter Munich.*
4. *Ibid.*, p.30.
5. Peschel, O., 1879, *Physische Erdkunde*, Ed. Gustav Leipoldt, Leipzig.
6. Richthofen, F.von, 1877-1912, *China: Ergebnisse eigener Reisen und drauf gegrundte*, Studien, vol. Berlin.
7. James, P.E. and Martin G.J., 1981, *All Possible Worlds*, p.167.
8. Hartshorne, R., 1939, *The Nature of Geography*, p.92.
9. James, P.E. and Martin, G.J., *op.cit.*, p.167.

10. Wankyn, H., 1961, *Friedrich Ratzel, a Bibliographical Memoir and Bibliography*, Cambridge.
11. Sauer, C.O., 1971, 'The Formative Years of Ratzel, in the United States', *Annals of Association of American Geography*, 61, pp.245-154.
12. James, P.E. and Martin G.J., *op.cit.*, p.169.
13. Speth, W.W., 1977, 'Carl Ortwin Sauer on Destructive Exploitation', *Biological Conservation*, 11, pp. 145-160.
14. Dickinson, R.E., 1969, *The Makers of Modern Geography*, pp.64-72.
15. Spencer, H., 1864, *Principles of Biology*, p.444.
16. Ratzel, F., 1897, *Politische Geographie, Oder die Geographie der Staanten, des Verkehrs und der Krieges*, 2nd ed,. 1903, pp.1-20.
17. James, P.E. and Martin, G.J., *op.cit.*, p.170.
18. *Ibid.*, p.171.
19. Semple, E.C. 1911, *Influences of Geographic Environment on the Basis of Ratzel's System of Anthropogeography*, New York, p.iv.
20. Harvey, D., 1969, *Explanation in Geography*, p.50.
21. Hartshorne, R., 1958, 'The Concept of Geography as a Science of Space, from Kant and von Humboldt to Hettner', *Annals of Association of American Geography*, 48, pp.97-108.
22. Dickinson, R.E., *op.cit.*, p.122.
23. Troll, C. 1950, 'Die Geographiche Landschaft und Erferschung', *Stadium Generale*, Vol.3, pp.163-181.
24. James, P.E. and Martin, G.J., *op.cit.*, p.179.
25. Fischer, E., Campbell, R.D. and Miller, E.S., 1967, *op.cit.*, pp.99-106.
26. James, P.E., 1936, 'The Geography of Oceans: A Review of the Work of Gerhard Schett', *Geographical Review*, Vol.26, pp. 664-669.
27. James, P.E. and Martin, G.J., *op.cit*,, p.189.
28. Dickinson, R.E., 1969, *op.cit.*, pp.208-212.
29. James, P.E. and Martin, G.J. *op.cit.*, p.190.
30. Vidal de Lablache, P. and Gallois, L. (eds.), 1927-48, *Geographie Universelle*, Vol. 15, Paris, p.30.
31. Freeman, T.W., 1971, *A Hundred Years of Geography*, London, p.84.
32. Martin, G.J., 1964, 'The Region in French Geographical Thought, 1900-1930' In *Papers of Michigan Academy of Science, Arts & Letter*, Vol.49, pp. 325-332.
33. Vidal de Lablache, *Principles of Human Geography*, p.32.
34. Joorg, W.L.G., 1922, 'Recent Geographical Work in Europe',

Geographical Review, pp.431-484.

35. *Ibid.*
36. Vidal de Lablache, *op.cit.*
37. Vidal de Lablache, 1903, *Tableau de la Geographie de la France*, Paris.
38. Wrigley, E.A., 1965, 'Changes in the Philosophy of Geography', in *Frontiers in Geographical Teaching*, ed. R.J. Chorley and P. Haggett, London, pp. 3-20.
39. Holt-Jonson, A., 1981, *Geography: Its History and Concepts*, p. 29.
40. *Ibid.*
41. Vidal de Lablache, 1917, *France de l' Est*, Paris.
42. Brunhes, J., 1947, *Human Geography*, p.21.
43. Dickinson, R.E., 1969, *op.cit.*, p.222.
44. Réclus, E., *The Earth and Its Inhabitants*, ed. E.G. Ravenstein, New York, 1882, Vol.1, p.5.
45. Dickinson, R.E., *op.cit.*, p.224.
46. Obituary article by A. Cholley, *Annals de Geographie*, 65, p.956.
47. Em. de Martonne, 'Albert Demangeon', *Annals de Geographie*, 65, p.956.
48. Dickinson, R.E., *op.cit.*, p.264.
49. *Ibid.*, p.265.
50. Freeman, T.W., 1950, *The British School of Geography*, p.12.
51. Mackinder, H.J., 1902, *Britain and British Seas*, New York.
52. —, 1919, *Democratic Ideals and Reality*, New York.
53. James, P.E. and Martin, G.J. *op.cit.*, p.203.
54. Holt-Jensen, A., 1981, *op.cit.*, p.33.
55. *Ibid.*, p.33.
56. Herbertson, A.J., 1905, 'The Major Natural Regions: An Essay in Systematic Geography', *Geographical Journal*, Vol.25, pp. 300-312.
57. Dickinson, R., *op.cit.*, p.32.
58. Freeman, T.W., 1980, *A History of Modern British Geography*, New York, p.10.
59. Dickinson. R., *op.cit.*, pp.186-189.
60. Mill, H.R., 1891, *The Realm of Nature*, London, p.26.
61. Chisholm, M., 1962, *Rural Settlement and Land Use*, London.
62. Dickinson, R.E., *op.cit.*, p.45.

63. *Ibid.*, p.47.
64. Herbertson, A.J., 1905, 'The Major Natural Regions: An Essay in Systematic Geography', *Geographical Journal*, Vol.25, pp. 300-312.
65. Forde, D., 1934, *Habitat, Economy and Society*, London.
66. Dickinson, R.E.,*op.cit.*, p.136.
67. Stamp, L.D., 1947, *The Land of Britain, its Use and Misuse*, London.
68. Fleure, H.J., 1919, Human Regions, *Scott. Geog. Magazine*, Vol.35, pp.94-105.
69. Dickinson. R.E., *op.cit.*, p.139.
70. Mackinder, H.J., *op.cit.*, p.130.
71. Gilbert, E.W., 1933, *The Exploration of Western America*, 1800-1850, *A Historical Geography*, Cambridge.
72. Johnston, R.J., 1976, *Geography and Geographers: Anglo American Human Geography, Since 1945*, New York.
73. Hartshorne, R., 1959, *Perspective on the Nature of Geography*, Chicago, p.25.
74. Chorley, R.J. and Haggett, P. (eds.), *Frontiers in Geographical Teachings*, London.
75. Hill, M.R., 'Positivism: A Hidden Philosophy in Geography, in *Themes in Geographic Thought*, ed. Milton E. Harvey and Brian P. Holly, London, pp.38-60.
76. *Ibid.*
77. Guyot, A., 1863, *Earth and Man*, p.30.
78. Shaler, N.S., 1893, *Nature and Man in America*, New York, p.131.
79. *Ibid.*
80. Johnson, D.W., 1909, Twenty-Six of Davis' Papers, *Geographica Essays*, p.12.
81. James, P.E. and Martin, G.J., *op.cit.*, p.290.
82. Dickinson, R.E., *op.cit.*, pp.209-212.
83. Bowman, I., 1911, *Forest Physiography of the United States and Principles of Soils in Relation to Forestry*, New York.
84. *Ibid.*
85. Semple, E.C., *Influence of Geographic Environment*, New York, p.iv.
86. *Ibid.*
87. Brigham, A.P., 1903, *Geographic Influences in American History*, Boston, p.78.
88. Dickinson, R., *op.cit.*, pp.218-224.

89. Huntington, E., 1907, *The Pulse of Asia.*

90. —, 1920, *Principles of Human Geography*, New York.

91. *Ibid.*

92. Dickinson, R.E., *op.cit.*, pp.232-238.

93. James, P.E. and Martin, G.J., *op.cit.*,

94. Barrows, H.H., 1923, *Geography as Human Ecology, Annals of Association of American Geographers* 13, pp.1-1.

95. Sauer, C.O., 1925, 'The Morphology of Landscape', University of California, *Publs. in Geog.* 2, pp.19-35.

96. Dickinson, R.E., *op.cit.*, p.274.

97. *Ibid.*

98. Whittlesey, D., 1929, 'Sequent Occupance', *Annals of Association of American Geographers* Vol.19, pp.162-165.

99. *Ibid.*

100. James, P.E. and Martin, G.J., *op.cit.*

101. Dickinson, R.E., *op.cit.*, pp. 345-352.

102. Hooson, D.J.M., 1968, 'The Development of Geography in Pre-Soviet Russia', *Annals of Association of American Geographers*, Vol.58, pp.250-272.

103. Voikov, A.I., 1901, 'De 1' influence de 1' homme sur la terre, *Annals de de geographie*, Vol. 10,pp.97-114, 193-215.

104. James, P.E. and Martin, G.J., *op.cit.*, p.228.

105. Cerasimov, I. et al (eds.), 1962, *Soviet Geography: Accomplishment and Task*, English translation by L. Glinka.

106. James, P.E. and Martin, G.J., 1981, *op.cit.*, p.228.

107. *Ibid.*, p.233.

108. Nikitin, N.P., 1966, 'A History of Economic Geography in Pre-Revolutionary Russia', *Soviet Geography*, Vol.7, pp. 3-37.

109. James, P.E. and Martin, G.J., *op.cit.*, p. 250-272.

110. Anuchin, V.A., 1956, *Regional Study of Transcarpathian.*

111. James, P.E. and Martin, C.J., *op.cit.*, p.240.

112. Anuchin, V., 1981, 'The Relationship Between Society and Nature in the Geographical Environment and Philosophical Aspects of Geography', *Soviet Geography Today*, Moscow, pp.157-176.

113. Gerasimov, I., 1981, 'A Historical Background to Russian and Soviet Geography', *Soviet Geography Today*, pp.5-17.

114. *Ibid.*, pp.247.

8

नियतिवाद और सम्भववाद के मध्य द्विभागीकरण

(Dichotomy between Determinism and Possibilism)

भौगोलिक संकल्पनाओं के इतिहास में अनेक उपागमन (Approaches) और वैचारिक सम्प्रदाय (Schools of Thought) हुए हैं। इनमें मानव और प्रकृति के बीच घटित अन्तर्क्रियाओं का अध्ययन है। पहली उपागमन जिसे भूगोलवेत्ताओं ने अपनाया, धरातल पर मानव कार्यों व उनके स्वरूपों को सामान्य ढंग से नियतिवादी दृष्टिकोण से वर्णन करने की थी। इस प्रकार की व्याख्या का अभिप्राय प्राकृतिक पर्यावरण द्वारा मानव-क्रियाएँ प्रभावित हुई हैं, से है।

नियतिवादी विचारधारा द्वितीय विश्वयुद्ध तक छायी रही। विश्वभर में मानव व्यवहार में भिन्नता को उनके प्राकृतिक वातावरण की भिन्नता द्वारा स्पष्ट किया जा सकता है। नियतिवादी विचारधारा सारांश रूप में इस सोच पर आधारित है कि सामाजिक समुदाय अथवा देश में प्रधानतः अथवा पूर्णरूप से निवासियों को संस्कृति, रहने-सहने का ढंग और इतिहास भी, यहाँ तक कि उनके विकास-सोपान भी वातावरण के प्राकृतिक कारकों द्वारा नियंत्रित हैं। ये नियंत्रण बनाए रखने वाले प्राकृतिक कारक मनुष्य की क्रियाओं एवं विचारों पर इस तरह छाए रहते हैं कि उनके निर्णय लेने की मानसिक शक्ति भी उनसे प्रभावित बनी रहती है। तात्पर्य यह है कि नियतिवादी विचारकों का विश्वास है कि मानव-क्रियाएँ अधिकतर प्राकृतिक वातावरण की अनुक्रियाएँ (Responses) हैं। प्रकृति जैसा चाहती है मानव व्यवहार उसी भाँति व्यक्त होता है। मानव की अपनी कोई पहल (Initiative) नहीं है अर्थात् मानव अपने कर्म से अपने भाग्य का निर्माण नहीं कर सकता।

सबसे पहले यूनानी व रोमन विद्वानों ने विभिन्न लोगों के आचरण, स्वभाव व चरित्र, उनकी संस्कृति और भौतिक स्वरूप को प्राकृतिक परिस्थितियों से प्रभावित बताया। इनमें हिप्पोक्रेट्स, अरस्तु, थ्यूसीडाइडिज़, जिनोफोन और हिरोडोटस उल्लेखनीय नियतिवादी विचारक माने जाते हैं। इस काल में अधिकांश अध्ययन ऐतिहासिक थे।

थ्यूसीडाइडिज (Thucydides) और जिनोफोन (Xenophon) एथेन्स की ऐतिहासिक महानता का कारण उसकी प्राकृतिक दशाएँ एवं भौगोलिक-स्थिति को ठहराते हैं। रोम के बारे में स्ट्राबो का भी मत इसी से मिलता-जुलता है। अरस्तु ने उत्तरी यूरोप के निवासियों व एशियावासियों में विभेदों का कारण जलवायु को ठहराया है। यूरोप की शीत प्रधान जलवायु ने बहादुर, शक्ति संपन्न परन्तु मन्दबुद्धि लोगों को जन्म दिया। इन लोगों ने शक्तिबल पर अपनी स्वतंत्रता बनायी। परन्तु इनमें दूसरों पर शासन करने की चतुराई का अभाव था। अरस्तु मानता था कि उष्ण जलवायु में बसे एशियाई बुद्धिबल व चतुराई से पूर्ण थे, परन्तु उनमें साहस व जोखिम उठाने की कमी थी। वे इसीलिए दासता भोगते रहे। इन दोनों के मध्य की स्थिति में यूनान सर्वोत्तम जगत् संभावित सिद्ध हुआ। (ग्लेकन, 1967, 93) अरस्तु के अनुसार, शीत प्रधान देशों के निवासी, साहसी थे, परन्तु "राजनीतिक संगठन एवं पड़ोसियों पर शासन की चतुराई-कौशल की क्षमता का उनमें अभाव था।" यूनान के लोग 'भौगोलिक दृष्टि से मध्य-स्थिति' ग्रहण करते थे, अतएव सर्वोत्तम गुण संपन्न बने। स्वयं प्रकृति ने ही उन्हें सभी पर शासन करने के लिए लाभान्वित बनाया। इसी से यूनानी दूसरों पर शासन कर सके।[1] एशियाई लोगों का उनके अनुकूल वातावरण में जीवन आराम-पसन्द, सन्तोषी व सरल बना। इसके विपरीत यूरोपवासियों को अपने जीवन में अधम कोटि के पर्यावरण को अनुकूल बनाने के लिए कड़ी मेहनत करनी पड़ती है। अरस्तु ने कतिपय राष्ट्रों के विकास के लिए वहाँ की अनुकूल वातावरणीय परिस्थितियों को उत्तरदायी ठहराया।[2]

रोमन भूगोलविद् स्ट्राबो ने भी भूमि के ढाल, भूआकृति, जलवायु आदि जो ईश्वरीय कृतियाँ हैं, को मनुष्यों के जीवन जीने के तौर-तरीकों को निर्धारित करने वाला माना। मान्टेस्क्यू के अनुसार शीत प्रधान जलवायु के लोग उष्ण जलवायु के लोगों की अपेक्षा शारीरिक रूप से ताक़तवर, अधिक साहसी, स्पष्टवादी, कम अंध-विश्वासी व कम चालाक होते हैं। जबकि उष्ण जलवायु के मनुष्य कायर, शरीर से कमज़ोर, आलसी व अकर्मण्य होते हैं।

अरब भूगोलवेत्ताओं की रचनाएँ भी नियतिवाद से जकड़ी हुई थीं। आवासित-जगत् (Habitable World) को उन्होंने सात 'किशवारों' अथवा जलवायु-कटिबंधों में विभक्त किया था। इन प्राकृतिक जलवायु पेटियों में प्रजातियों व देशों की प्राकृतिक व सांस्कृतिक विशेषताएँ इनसे प्रभावित हुई थीं। अल-बरूनी, अल-मसूदी, इब्न-हॉकल, अल-इदरिसी और इब्न-ख़ल्दून ने पर्यावरण को मानव जन-जीवन और उनके कार्य व्यवसाय से सह-संबन्धित बताया। अल-मसूदी ने ज़ोर दिया कि सीरिया (शम) जहाँ जल बहुतायत से है, वहां लोग प्रसन्नचित्त व विनोदी स्वभाव के हैं, जबकि शुष्क प्रदेशों में लोगों का स्वभाव चिड़चिड़ा होता है। उन्मुक्त खुले वातावरण के यायावर दृढ़ निश्चयी, शक्तिवान, बुद्धिमान

और शारीरिक रूप से चुस्त-दुरुस्त होते हैं।[3]

18वीं सदी का इतिहासज्ञ जॉर्ज टेथन (G. Tathan) भी लोगों के अन्तर को जहाँ वे रहते-सहते हैं, उनके देशीय अन्तरों के सन्दर्भ में देखा। काण्ट (Kant) भी नियतिवादी था, जिसने कहा कि ''न्यू हॉलैंएड (East Indies) के लोगों की अधखुली आंखें उस समय तक दूर नहीं देख सकती थीं जब तक वे अपना सिर पीछे की ओर झुका कर पीठ से न लगा लें।'' ऐसा वहाँ इसलिए था कि वातावरण में असंख्य मक्खियाँ उनकी आंखों पर उड़ती रहती थीं। काण्ट के अनुसार गर्म देशों में लोग असाधारण रूप से सुस्त व डरपोक होते थे। उनका भीरू बना रहना ही उनमें अंधविश्वासों को बढ़ावा देता। राजाओं द्वारा शासित देश दासता में बदल गए थे। जलवायु के प्रभावों के समर्थन में उसने कहा कि मनुष्य व पशु जो दूसरे देशों में प्रवास कर जाते हैं, कालान्तर में वहाँ के पर्यावरण में घुलमिल जाते थे, जैसे भूरी गिलहरियाँ साइबेरिया में पहुँच कर मटमैला रंग ले लेतीं, और सफेद गायें भी शीतकाल में वहाँ मटमैली (greyish) बन जाती हैं।

नियतिवाद के कारण 19वीं सदी का भूगोल ही प्राकृतिक विज्ञान (Natural Science) माना जाने लगा। 19वीं सदी के आरम्भ में कार्ल रिटर ने मानव केन्द्रित-उपागमन (Anthropocentric Approach) अपनायी, और मानव शरीर के भौतिक पक्ष पर वातावरण के प्रभाव इंगित किए। उनके शरीर के गठन, स्वास्थ्य आदि में परिवर्तनों को वातावरणीय प्राकृतिक दशाओं का प्रभाव बताया। उसके (रिटर) के अनुसार तुर्कोमान लोगों की छोटी आँखों पर मरुस्थलीय प्रभाव है। रिटर के शिष्यों ने ''भूगोल के अध्ययन को मनुष्यों के घनत्व और उनकी भूमि की प्रकृति का सम्बन्ध'' माना। अनेक भूगोलवेत्ताओं ने भौगोलिक दशाओं के प्रभाव को मानव की भौतिक संस्कृति और वहाँ के निवासियों के राजनीतिक भाग्य पर बताया। यह भूतकाल और वर्तमान दोनों ही स्थितियों में देखा गया।[4] रिटर का ही समकालीन हम्बोल्ट था जिसको 'आधुनिक भूगोल' के संस्थापकों में गिनते हैं। उसने भी पर्वतीय निवासियों व मैदान में बसे लोगों की जीवन-चर्या व रहन-सहन के तौर-तरीकों में अन्तर पाया।

19वीं सदी के उत्तरार्द्ध और 20वीं सदी के प्रारंभ में डार्विनवाद का बोलवाला था। डार्विन की Origin of Species रचना ने वैज्ञानिक-नियतिवाद को जन्म दिया। न्यूटन की निगमात्मक कार्य कारण पर आधारित सोच भी नियतिवादी थी। अमेरिकी भूगोल भी 20वीं सदी के आरम्भ में डार्विन के सिद्धान्त से प्रभावित हुआ। विकास संबन्धी इस विचार को W.M. Davis ने भूआकारों के विकास में घटित पाया। उसने 'आवरण-क्षय' चक्र मॉडल को जन्म दिया। तत्कालीन आलेखों में एक ही बात स्पष्ट थी- 'मानव समाज पर भौतिक पर्यावरण का प्रभाव अथवा नियंत्रण।'[5]

फ्रेडरिक रेटज़ल 'नव'-नियतिवाद का संस्थापक था। उसने भौगोलिक 'चिर सम्मत' (Classical) नियतिवाद को 'सामाजिक डार्विनवाद' के घटकों के साथ मिलाकर एक नया सिद्धान्त विकसित किया जिसे 'जैविक राज्य सिद्धान्त' (State as an Organism) कहते हैं। इसके अनुसार राज्य भी जीव की भाँति विकसित हुई घटना-प्रक्रिया है, और विकसित

होते जाने के लिए अधिक से अधिक इलाके को वह अधिगृहीत करने में प्रयासरत देखा जाता है।[6] रेटज़ेल के मतानुसार देशों की समान भौगोलिक स्थितियाँ (locations) वहाँ रहन-सहन के समान ढंगों को भी जन्म देती हैं। ब्रिटिश-द्वीपों व जापान, दोनों की भौगोलिक स्थिति 'द्वीपीय' (insular) है। दोनों पर्वतीय एवं शीतोष्ण कटिबंध में हैं। दोनों देशों को ही आक्रमणकारियों के प्रति प्राकृतिक सुरक्षा उपलब्ध है। परिणामत: दोनों देशों ने ही तेज़ी से विकास जारी रखा और महाशक्ति बन गए।

रेटज़ेल डार्विन का अनुयायी था। वह 'योग्यतम का ही जीवित बने रहना' (Survival of the Fittest) के सिद्धान्त में आस्था रखता था। वह 'मनुष्य' को विकास में परिणामजनक (End-Product) मानता था। उसके विचार में मानव सर्वोच्च जीव है। वह (मानव) स्थितियों का अपनी प्रकृति के अनुसार चयन करके प्राकृतिक वातावरण से अपनी क्षमता के अनुसार समायोजन करता है। वह विश्वास व्यक्त करता था कि मानव-इतिहास तथा मनुष्यों के रहन-सहन का ढंग तथा विकास क्रम का सोपान (Stage of its Development), स्थान की स्थिति अथवा प्राकृतिक-आकृति द्वारा अधिक प्रभावित हुए हैं। वह धरातलीय आकृतिक स्वभाव की अपेक्षा स्थान की स्थिति को अधिक वज़नदार मानता था। स्थानों की स्थिति मैदानी है अथवा पहाड़ी? इसका प्रभाव भी मानव विकास व मनुष्यों के रहन-सहन को निर्धारित करने में सहायक रहेगा।

वैज्ञानिक नियतिवाद : ऐतिहासिक दृष्टि
(Scientific Determinism: Historical Prespective)

ईश्वरीय मीमांसा के विचार का सम्प्रदाय पृथ्वी की रचना को विशेषत: मानव जीवों के विकास हेतु की गई मानता है। यह विचार 'सोद्देश्यवाद' (Teleogical) संकल्पना का ही भाग है। पृथ्वी का निर्माण विशेषत: मानव विकास के उद्देश्य के लिए हुआ। यह नियतिवादी विचार ही है। मानव विकास को पृथ्वी के प्राकृतिक वातावरण ने उद्देश्यपरक बनाए रखने के लिए भिन्न-भिन्न स्थानों में विभिन्न प्रकार से प्रभावित किया। कार्ल रिटर (1779-1859) भी मानव-विकास की गति को वातावरण द्वारा ही नियंत्रित व निर्धारित बताता था। वह डार्विन की रचना 'Origin of Species' से प्रभावित था। वह जीवों व उनके आवास में निकट संबन्ध देखता था। जीव प्राकृतिक रूप से आवासित बने हैं। उनके आवास को प्रकृति ने चयन किया जहाँ वे 'फिट' होकर विकास कर सकें। इस सोच ने 'वैज्ञानिक' वातावरणीय नियतिवाद (Scientific Environmental Determinism) को जन्म दिया। इस विचार ने मनुष्य-विशेष के प्रवासों व उनकी राष्ट्रगत विशेषताओं का प्रधान कारण उनके प्राकृतिक वातावरण को ठहराया। रेटज़ेल व ऐलन चर्चिल इसके घोर समर्थक थे। हंटिंगटन और ग्रिफिथ टेलर ने इस विचार में तनिक परिवर्तन कर इसे ग्रहण किया। हंटिंगटन ने मानव-व्यवहार को जलवायु का परिणाम कहा था। टेलर ने सामाजिक-आर्थिक व संस्कृति को प्राकृतिक पर्यावरण से संबन्धित बताया। उसका विश्वास था कि मानव-विकास की सीमाओं को वातावरण ही निश्चित करता है। उसकी नियतिवादी सोच यातायात-नियंत्रण की व्यवस्था

की भाँति है जो वाहनों की गति को नियंत्रित करती है, परन्तु विकास की दिशा-परिवर्तित नहीं करती। इसलिए उसके नियतिवाद को 'रुको और जाओ' (Stop-and-Go) नियतिवाद भी कहते हैं।

वातावरणीय नियतिवाद (Environmental Determinism)

वातावरणीय नियतिवाद (Environmental Determinism) को डार्विन के विकासवादी सोच ने ही जन्म दिया। इसकी पहले ही चर्चा की जा चुकी है। विश्वभर में मानवीय व्यवहार में अन्तर देखने को मिलता है। मानवीय व्यवहार के इस अन्तर को मानव के प्राकृतिक वातावरण द्वारा स्पष्ट करना 'वातावरणीय नियतिवाद' कहलाता है।

20वीं सदी के आरम्भ में संयुक्त राज्य में 'वातावरणवाद' का बोलबाला था। वहाँ डेविस, सेम्पल और हंटिंगटन इसके अग्रणीय समर्थक थे। सेम्पल ने अपनी रचनाओं- American History and Its Geographic Conditions (1905), और Influences of Geographic Environment (1911), के द्वारा अमेरिका में 20वीं सदी के आरम्भ में वातावरणीय वाद प्रचारित किया। उसकी पुस्तक, Influences of Geographical Environment अधो-वर्णित परिच्छेद (Paragraph) से आरम्भ होती है-

"Man is a product of the earth's surface. This means not merely that he is a child of the earth, dust of her dust, but the earth has mothered him, set him task, directed his thought, confronted him with difficulties, thus have strengthened his body and sharpened his wits....."

तात्पर्य यह है कि सेम्पल मनुष्य को पृथ्वी की उपज मानती थी। उसके मतानुसार मनुष्य पृथ्वी में से जन्मा बालक ही नहीं है, पृथ्वी ने उसे माँ की भाँति पाला-पोसा है, काम में लगाया है, उसके सोच को दिशा दी है..... आदि, आदि।

सेम्पल विभिन्न प्राकृतिक परिस्थितियों में रह रहे मनुष्यों की अभिवृत्तात्मक विशेषताओं में अन्तरों की पहचान करती और स्थापित करती है। वह कहती है कि पर्वतवासी प्रधानतः दकियानूसी, रूढ़िवादी, साहसी और सरल स्वभाव के होते हैं। उनका वातावरण उन्हें बदलाव के लिए प्रेरित नहीं करता और न बाह्य-विश्व से जोड़ने के अवसर देता। नवोन्मेष व नवीन-विचारों के प्रसार की प्रक्रिया पर्वतीय क्षेत्रों के सुनसान और कूपमंडूक वातावरण में शून्य बनी है। मैदानों का वातावरण विश्व के भागों से जुड़ा व विशाल दृष्टि से प्रेरित है। यूरोप के वृहत् मैदानी प्रदेश में लोगों का सोच सक्रिय, संवेदनशील एवं लचीला है परन्तु मैदानों में साहसी लोग कम होते हैं। भूमध्यसागर-प्रदेश जहाँ की जलवायु शीतोष्ण है, वहाँ लोगों में उत्साह, प्रसन्नता, विनोद, हंसीखुशी और जीवन की सरलता पायी जाती है।

अमेरिकी भूगोलवेत्ता हंटिंगटन ने अपनी विख्यात रचना The Principles of Human Geography (1945) में वातावरणीय नियतिवाद के अनेक दृष्टान्त प्रस्तुत किए। उसने जलवायु एवं सभ्यता को संबन्धित पाया। उसने प्रजातियों की आनुवंशिक रचना

और उद्यमों को जलवायु का परिणाम कहा। सभ्यताओं के इतिहास और जलवायु परिवर्तनों को लेकर कई सिद्धान्तों की उसने रचना की। उसका आधारभूत दार्शनिक सोच यह था कि किसी प्रदेश में सभ्यता की मुख्य उपलब्धियाँ वहाँ की विशेष जलवायु से जुड़ी होती हैं। उसके मतानुसार जलवायु-बदलाव ने संस्कृति के इतिहास में 'स्पन्दनों' (Pulsations) को जन्म दिया है। देशों के इतिहास की धड़कनें भिन्न-भिन्न प्रकार की जलवायु एवं परिवर्तनशील प्रकृति का ही परिणाम होती हैं।

हंटिंगटन की मान्यता है कि 'कार्य' अथवा उद्यम के लिए 'सर्वोत्तम जलवायु' वे हैं जिनमें अनेकता (Variety) का गुण है, अर्थात् जहाँ तापक्रमों का बदलाव (घटना-बढ़ना) एक सीमा में ही होता है। ग्रेट-ब्रिटेन और संयुक्त राज्य के न्यूइंग्लैण्ड में जहाँ की उच्च-सभ्यता व स्फूर्तिदायक जलवायु में सहसंबन्ध स्थापित हैं। उसने यूनान के स्वर्णयुग को, पश्चिमी यूरोप के पुनर्जागरण और लोहा-उत्पादन में ऊँच-नीच का क्रम व शेयरों के मूल्यों को भी जलवायु-विषयक-चक्र से संबन्धित कहा।[7] हंटिंगटन ने विश्व को कठोर और उपयुक्त जलवायु के कटिबंधों में बांटा, और यह स्थापित किया कि प्राचीन-सभ्यताएँ (मिश्र, दजला-फरात मैसोपोटामिया, चीन, सिन्धु) उपयुक्त जलवायु की उपजाऊ नदी-घाटियों में फली-फूलीं। उसने इस परिकल्पना (Hypothesis) को भी जलवायु का ही परिणाम से जन्मी कहा। उसने कहा कि मध्य एशिया के शुष्क जलवायु के क्षेत्रों से यायावरों के दलों व मंगोलों ने ईरान, इराक, तुरान, तुर्किस्तान, मध्य एशिया, चीन, भारत व पूर्वी यूरोप के भागों को विजित किया। तेरहवीं सदी में पूर्वी यूरोप पर यायावरों के आक्रमणों का कारण भी चरागाहों के शुष्क बन जाने और मध्य एशिया की जलवायु से उसने जोड़ा। उसके मतानुसार प्रजातियों के स्वभाव-चरित्र और यहाँ तक कि धर्म भी जलवायु के उत्पाद (Products) हैं। वह लगभग 20°C तापक्रम और परिवर्तनीय वायुमण्डलीय दशाएँ (शीतोष्ण चक्रवातीय मौसम) को मानसिक एवं शारीरिक परिश्रम के लिए उपयुक्त मानता था। आदर्श जलवायुयिक दशाएँ मानता था। इनको वह उच्च मानसिक और शारीरिक कार्य-कुशलताओं के लिए आवश्यक समझता था। ऐसा आदर्श मौसम उत्तरी-पूर्वी संयुक्त राज्य और उत्तरी-पश्चिमी यूरोप के देशों में पाया जाता है। उसके अनुसार यूरोप के लोगों व अमेरिकियों द्वारा विज्ञान और तकनीक में प्रगति वहाँ के चक्रवातीय मौसम और शीतोष्ण जलवायु-दशाओं का परिणाम है। उष्ण कटिबंध में पिछड़ेपन को वह वहाँ की आर्द्र उष्ण जलवायु एवं कष्टप्रद मौसम का कारण मानता था। ऐसी दुःखदायी जलवायु में लोग सुस्त, आलसी, निष्क्रिय, संदेहों से भरे तथा डरपोक हो गए थे। अतः हंटिंगटन की मान्यता थी कि प्राकृतिक वातावरण के अनेक कारणों में जलवायु एक ऐसा कारक बना जिसने सभ्यता के विकास में विशेष योग दिया। उसका मत था कि स्वयं उसका गृह-प्रदेश जहाँ वह रहता था, (उत्तरी पूर्वी संयुक्त राज्य), वातावरण में सर्वोत्तम था। उसने एक मानचित्र भी बनाया जो अन्य यूरोपीय व उत्तरी अमेरिकी विद्वानों की राय पर आधारित था। इसमें शीतोष्ण जलवायु प्रदेशों को 'स्वास्थ्य एवं ऊर्जा' की दृष्टि से सर्वोच्च-स्तर का बताया जहाँ सभ्यताएँ विकसित हुईं। परन्तु यह सही है कि वह मानचित्र हंटिंगटन की व्यक्तिगत राय थी और उसका तर्क अरस्तु से कुछ भिन्न

था। हंटिंगटन ने विश्व को अपनी गृह-स्थिति से भिन्न दृष्टिकोण से देखा था।

अनेक विद्वानों ने वातावरणीय नियतिवाद को अधिक ही सरल विचारधारा कहा जिसने मानव-व्यवहार को प्रभावित बनाने वाले सांस्कृतिक कारकों की अवहेलना की है और उनकी ओर ध्यान नहीं दिया।[8] दो समाज सांस्कृतिक दृष्टि से नितान्त भिन्न देखे जा सकते हैं, यद्यपि उनके बसाव प्रदेशों की अवस्थिति जलवायु और भूआकृतियाँ समान हैं। यदि जीवन के ढंग और स्वरूपों को जलवायु निर्धारित करती है तो परस्पर विरोधी समाज क्यों एक जैसी जलवायु में हैं- जैसे जम्मू-कश्मीर में बकरवाल व कश्मीरी, मेघालय में नेपाली व खासी, ब्रह्मपुत्र घाटी में असमियां और बंगाली, उत्तरप्रदेश के तराई में थारू व सिख?

आगे आने वाले विद्वानों में मेकिण्डर, चिज़होम, डेवीज़, बोमन, राबर्ट मिल, गैडीज़, साउर, हरबर्टसन, टेलर आदि ने भी समाजों के विकास का चयन नियतिवादी दृष्टिकोण से किया। उन्होंने इस तथ्य को पूर्णत: स्पष्ट किया कि जलवायु से मिट्टी के प्राकृतिक गुण प्रभावित होते हैं जो अन्तत: वहाँ की फसलों के प्रारूपों को निर्धारित करती है। खाद्यान्नों-फसलों पर वहाँ लोगों का खाना-पीना, उनका स्वास्थ्य, भौतिक शरीर का संगठन व उनकी अभिवृत्ति (Attitudcs) निर्धारित हैं। मेक केरीसन (Mac Carrison) ने दर्शाया कि उत्तरी भारत के सिखों के शरीर का गठन, उनका लंबा-तगड़ा क़द, उत्तम कोटि की भौतिक-दृढ़ता (Resistance) दक्षिणी भारत के तमिलों की तुलना में खाने-पीने व प्रोटीनयुक्त भोजन के कारण उत्तम है।[9] मेघालय के खासी भी प्रोटीन की कमी के भोजन तथा वहाँ की आर्द्र मौसम दशाओं से साधारणत: कमज़ोर शरीर के हैं और साँस-रोगों से ग्रस्त हैं।

लॉर्ड बोएड और (Lord Boyd Orr) और गिलख़स (Gilkhs) ने ऐसा ही पूर्वी अफ्रीका में नोट किया। वहाँ किक्यूों व मसाई जनजातियों के शरीरों की रचना एक ही जलवायु-प्रदेश में रहते हुए भी भिन्न-भिन्न है। एक किसान है, और केवल खाद्यान्न व मूसल, फलियों आदि के साधारण भोजन पर निर्भर हैं। मसाई पशु पालक हैं, वे दूध, मांस, रक्त आदि से युक्त पौष्टिक भोजन का सेवन करते हैं। दोनों का अन्तर उनकी खाद्य आदतों (Food Habits) का ही परिणाम है।[10] भारत में जन-जातियों का छोटा क़द व कमज़ोर शरीर भुखमरी, कुपोषण के शिकार बने रहने के ही परिणाम हैं। सोमालियों, नेपालियों, बांग्लादेशवासी और वियतनामियों के शरीर की कमज़ोर रचना का भी कारण उनकी निर्धन-खाद-सामग्री और भरपेट भोजन नहीं मिलना ही है।

कार्ल मेकाई (Karl Mackey) ने प्रदेश के मनुष्यों व पशुओं पर वहाँ की मिट्टी के स्वभाव और वनस्पति के प्रभाव को उनके स्वास्थ्य व क़द से संबन्धित होने पर ज़ोर देते हुए कहा- ''सभ्यता का इतिहास, वस्तुत: मिट्टी का इतिहास है''। रूज़वेल्ट (Roosvelt) ने एक बार कहा था- ''यदि मिट्टी समाप्त हुई तो (उसकी उपजाऊ शक्ति के नष्ट हो जाने की स्थिति), मनुष्यों के नष्ट होने की प्रक्रिया में भी देर नहीं लगेगी।'' अतएव समस्त जीवधारियों के जीवन का आधार मिट्टी है। कार्ल मेकाई ने शेट लैंड के खच्चरों के उदाहरण से मिट्टी के प्रभाव को स्पष्ट किया।

ब्रिटिश द्वीप के उत्तरी छोर पर शेट लैण्ड द्वीप (Shetland Island 60° उत्तर अक्षांश) में तीन फीट बौने खच्चर पाए जाते हैं जिन्हें घोड़ों की अलग ही प्रजाति समझा गया। परन्तु जब वे अमेरिकी बाजार में बेच दिए गए, संयुक्त राज्य की नई उपजाऊ मिट्टी पर पलकर वे पूर्णतः अपने पूर्वजों जैसे हृष्ट-पुष्ट घोड़ों की प्रजाति में ही विकसित हुए।[11] वास्तविकता यह है कि शेट लैंड के खच्चरों की कोई अलग विशेष प्रजाति नहीं थी। वहाँ की मिट्टी में कुछ रासायनिक तत्त्वों का अभाव था, जिस कारण उनकी हड्डियों का विकास नहीं होता था और कद छोटा रहता था। संयुक्त राज्य अमेरिका के प्रेरीज (Praries) घास के मैदानों से जब पौष्टिक घास मिली तो इनका कद बढ़ने लगा और पूर्वजों जैसे हृष्ट-पुष्ट हो गये।

चीनवासियों एवं जापानियों के भी कुछ ऐसे ही उदाहरण हैं जो यूरोप व अमेरिका में प्रवास कर जा बसे थे। इसके उपरान्त उनके वज़न व ऊँचाई में वृद्धि हो गई। पिग्मी (Pygmies) भी जब मैदानी उपजाऊ प्रदेश पर रोपित किए (Transplanted) गए जहाँ कृषि व पशुपालन उद्यमों के माध्यम से उन्हें अच्छी भिन्न प्रकार की खाद्य सामग्री मिली, उनकी विशेषताएँ और बौनापन समाप्त होते गए।

गेड्स (Geddes) ने भारत के विषय में व्यक्त किया, कि "वहाँ मुस्लिमों की विभिन्न प्रकार की मांसाहारी खाद्य सामग्री के कारण वे मलेरिया रोग से हिन्दुओं की तुलना में कम संख्या में ग्रस्त बनते हैं।"[12]

खाने की आदतों व खाद्य-सामग्री की भिन्नता के कारण उष्ण प्रदेशों में उच्च जन्म दर (प्रति हजार 30 से अधकि) पायी जाती है। पशुओं से प्राप्त प्रोटीन-मयी पदार्थों की खाद्य-सामग्री वहाँ कम उपभोग में आती है। वहाँ की भू-पारिस्थितिकीय व सामाजिक आर्थिक स्थिति प्रोटीनयुक्त एवं पशुओं से उपलब्ध खाद्य-सामग्री के उपभोग के अनुकूल नहीं है। इसके विपरीत ऐसे देश जहाँ पशुओं पर आधारित प्रोटीन युक्त खाद्य-सामग्री का अधिक उपभोग है, वहाँ जन्मदर कम हो रही है। स्वीडन और डेनमार्क में पशु-प्रोटीन का उपभोग क्रमशः 63 ग्राम व 60 ग्राम है और जन्म दर क्रमशः केवल 15 व 18 प्रति हजार है, जबकि भारत और मलेशिया में पशु-प्रोटीन क्रमशः 7 व 8 ग्राम है, जहाँ जन्म दर क्रमशः 35 व 33 प्रति हजार है। जन्म दर के बारे में ऐसे सामान्य निष्कर्ष अतिशयोक्ति हो सकते हैं, क्योंकि जन्मदर का सम्बन्ध अनेक अन्य कारकों जैसे जीवन-स्तर, शिक्षा, सामाजिक-आर्थिक स्थिति आदि से भी है। फिर भी, इस तथ्य में कोई मतभेद नहीं है कि खाद्य-सामग्री की गुणवत्ता किसी प्रदेश की जनसंख्या की वृद्धि व कम होने और लोगों के जीने की आयु-सीमा आदि को प्रभावित करती है।

इसके पर्याप्त प्रमाण हैं कि प्रदेश में लोगों के आर्थिक व सामाजिक संस्थानों पर धरातल के स्वभाव-उच्चावच, वहाँ तापक्रम, वर्षा, आर्द्रता, वनस्पति, मिट्टी जैसे कारकों का व्यक्तिगत और सामूहिक रूपों से प्रभाव पड़ता है। इससे उनका जन-जीवन भी प्रभावित होता है। परन्तु इसमें भी सन्देह नहीं है कि मनुष्य प्राकृतिक वातावरण में बदलाव लाने वाला एक महत्त्वपूर्ण अभिकर्त्ता (Agent) है। तात्पर्य यह है कि मनुष्य के ऐसे बहुत से कार्य

हैं जिनका सन्तोषजनक उत्तर वातावरणीय-विचारधारा द्वारा स्पष्ट नहीं मिलता। उदाहरणवत् समान वातावरण में मनुष्यों की अनुक्रिया समान नहीं मिलती है। एस्किमो, अन्य साइबेरियाई-टुण्ड्रा-जन-जाति से एकदम भिन्न हैं। पिग्मी आखेटक मध्य-अफ्रीका में विषुवतरेखीय नीग्रो जाति के साथ कृषि करने लगे हैं। मेघालय के खासी, गारो और जैन्तिया की जलवायु तथा वातावरणीय दशाएँ मिजोरम की लुशाई जाति से मिलती-जुलती हैं। परन्तु इनके खान-पान, जन-जीवन, शरीर रचना, आदतें, अभिवृत्ति, साक्षरता-स्तर आदि सभी भिन्न हैं। तात्पर्य यह है कि कोई दो संस्कृतियाँ प्राकृतिक वातावरण का मूल्यांकन और उसके संसाधनों का उपयोग ठीक एक से ही रूप में नहीं करतीं। संस्कृतियों द्वारा वातावरण-मूल्यांकन भिन्न-भिन्न रूपों में करना लोगों के रहन-सहन की शैली में अन्तरों का कारण है।

देश में भूमि की एक जैसी प्राकृतिक दशाएँ भिन्न-भिन्न अभिवृत्ति के लोगों का उनके वातावरण के प्रति उपयोग का उद्देश्य तकनीकी स्तरों की भिन्नतावश अलग होता है। जम्मू-कश्मीर में बकरवाल और गुर्जर अपनी ढालू भूमि पर चरागाह अथवा मक्का उत्पन्न करते हैं। परन्तु कश्मीरी समतल भूमि वाले क्षेत्रों में बसे लोग उसका उपयोग धान व फलों की खेती में करने में रुचि रखते थे। कृषि क्षेत्रों में भी कुदाली से खेत जोतने वाले और ट्रेक्टर से खेती करने वालों की संस्कृति समान नहीं है। एक ही संस्कृति के लोग (पूर्वी अफ्रीका के मसाई व किक्यूई) घाटी में बसे, परन्तु दूसरी संस्कृति के उसी क्षेत्र में उपजाऊ ऊँची भूमि पर अधिवासित देखे जाते हैं। जल-विद्युत स्थल पर स्थित औद्योगिक केन्द्रों ने स्टीम-इंजन शक्ति के आगमन पर अपनी पूर्व-स्थिति के आकर्षण से मुख मोड़ लिया।[13]

वातावरण निस्संदेह मानव को प्रभावित करता है, परन्तु मानव भी वातावरण में परिवर्तन लाता है। दोनों में अन्तर्क्रिया जटिल बनी है। कौन कब अपना प्रभाव आरम्भ करता है, और कब वह बन्द हो जाता है, यह जानना कठिन है। कुछ दृश्य-जगत् हमें प्रकृति प्रधान दिखते हैं तो भूमध्यसागरीय देशों में गेहूँ, जौ, जैतून और अंगूर मानव के प्रयासों की उपज हैं। सेव और खुवानी के बाग हिमाचलप्रदेश, कश्मीर व उत्तरप्रदेश के कुमायूँ में मानव की कृतियाँ हैं। पंजाब में बासमती चावल केवल 48 से.मी. वर्षा में उत्पन्न कर लेना मानव-कौशल है। ऊँचे-उत्पादक बीजों की क़िस्म (HYV) के प्रयोग से पश्चिमी बंगाल, उड़ीसा और नागालैण्ड में दिमापुर में गेहूँ की 'कृषि में नवोन्मेष' (Innovation in agriculture) मानव श्रम का ही परिणाम है। विकसित और विकासशील देशों में अनेक उदाहरण ऐसे गिनाए जा सकते हैं। अतएव मानव व वातावरण दोनों परस्पर अन्तर्सम्बन्धित बने हैं। यह कहना ही कठिन है कि कौनसा कब अधिक प्रभावी बन जाए।

द्वितीय विश्व महायुद्ध के पश्चात् वातावरणवाद की विचारधारा पर प्रहार होना आरम्भ हो गया। इस विचारधारा को संयुक्त राज्य, ब्रिटेन, कनाडा व अन्य देशों में एक-पक्ष की विचारधारा कहा गया। इसे ऐतिहासिक यथार्थता के स्पष्टीकरण में अति-प्रयोग (Exaggeration) कहा गया। प्रकृति के सक्रिय योग को अतिशयोक्ति और मानव द्वारा समायोजन के प्रयास की उदासीन व निष्क्रिय कहा जाना एक-पक्ष का एकतरफ़ा तर्क है।[14-17] मानव के अनेक कार्यों से ऐसे अनेक तथ्यों का ज्ञान होता है जिनका सन्तोषजनक उत्तर

वातावरणीय प्रभावों में नहीं मिलता है।

स्पेट (O.H.K. Spate) ने वातावरणीय नियतिवाद को दुराग्रह और हठधर्मी से भरा विचार बताया है। ''अकेला वातावरण अर्थहीन है और मानव बिना इसका कोई अस्तित्व नहीं है।''[18] वह सामाजिक संरचना के माध्यम से भौगोलिक वातावरण के मनो-शारीरिक (Psycho-physiological) प्रभाव की आवश्यकता पर ज़ोर देता है। उसका निष्कर्ष था कि भौगोलिक वातावरण प्रादेशिक विभिन्नताओं में एक प्रमुख कारक है। ''वह समाज के माध्यम से ही कार्य करता है, सांस्कृतिक परम्परा में कुछ निश्चित स्वशासित प्रभाव होते हैं।''[19] परन्तु आस्ट्रेलियन लेखक वॉल्फगांग हारटेक (Wolfgang Hartake) का तर्क था कि फ्रेंकफर्ट के सीमान्त कटिबंध पर प्राकृतिक कारक महत्त्वहीन कदाचित् बने हों, परन्तु सहारा में उनके घोर प्रभावों को नकारना और मानव समाज पर उनके प्रभाव नज़रन्दाज करना बहुत ही कठिन है।[20]

हार्टशोर्न (Hartshorne) ने वातावरणीयवाद के विचारों को अस्वीकृत कर दिया। उसने तर्क दिया कि यह विचार प्रकृति को मानव से जुदा करता है, और यह भूगोल की आधारभूत एकता को छिन्न-भिन्न करने का विचार है''।[21] यह भूगोल के एकीकृत बने विज्ञान के विपरीत-सिद्धान्त है।

1960 में आरम्भ होने वाले वातावरणीय आन्दोलन के समर्थकों ने एक अलग ही सोच को जन्म दिया। उनके अनुसार, पार्थिव-जगत् में जैविक-प्राकृतिक प्रभाव और ब्रह्माण्ड में ग्रहों की व्यवस्था निरा प्रकृतिवाद ही है जो हमारे विचारों में वृहत् स्तर पर (On Largest Scale) नियतिवाद बना है। लघु-स्तर पर हमारे मन पर सम्भववाद अथवा सांस्कृतिक व सामाजिक नियतिवाद छा गया है।

सम्भववाद (Possibilism)

वातावरणीय नियतिवाद की अत्यधिक सामान्य सोच माने जाने और उसके प्रभावों को एकतरफा मान बैठने के प्रति विद्वानों ने 'सम्भववाद' विकसित किया। यह मानव के योग को सक्रिय मानने के आधार पर विकसित सोच है। इस विचार में प्राकृतिक वातावरण द्वारा मानव के लिए ऐसी अनेक संभावनाएं प्रस्तुत हैं जिनमें से वह चयन कर समायोजन करता है। इन सम्भावनाओं की संख्या मानव-समुदाय में तकनीकी ज्ञान वृद्धि के साथ बढ़ती जाती है। इसके अगुवा फ्रांसीसी भूगोलवेत्ता माने जाते हैं। ये लूसीयन फेवरे (Lucian Febvre) के अनुयायी थे। फेवरे ने अपना मत व्यक्त करते हुए लिखा-"There are no necessities, but everywhere possibilities".

अर्थात् यह आवश्यक नहीं है कि मानव प्राकृतिक वातावरण के प्रभावों से सर्वत्र प्रभावित ही बने और नियंत्रण में बंधा रहे, बल्कि वातावरण उसके समक्ष ऐसे अवसर प्रस्तुत करता है कि उन सम्भावनाओं में से चयन द्वारा वह तालमेल स्थापित कर विकास कर सके।

फेवरे के मतानुसार, सम्भववादी-मानव भौगोलिक वातावरण में एक अभिकर्त्ता (Agent) बनकर योगदान देता है। वह प्रकृति में से कौनसे अवसरों का चयन कर विकास

की ओर बढ़े, इसका निर्णय करने का उसे पूर्ण अधिकार है। पृथ्वी पर उपलब्ध उसकी प्राकृतिक आकृतियों में मानव अपना योग देकर उन्हें अनुकूल बनाने में स्वतंत्र है।

विडाल डि ला ब्लाश ने प्राकृतिक नियतिवाद को नकार कर सम्भववाद में विश्वास व्यक्त किया। उसकी धारणा थी कि प्रकृति सीमाएँ तो निर्धारित करती है, परन्तु मानव को अधिवासित करने में अनेक सम्भावनाओं का भी अवसर देती है। मानव उनके प्रति कैसे और क्या क्रिया करता है अथवा किस भाँति उनके साथ अनुकूलित बनता है, यह उसकी संस्कृति पर निर्भर है। मानव के परम्परागत रहन-सहन के ढंग, सोच आदि पर परिस्थितियों के साथ सामंजस्य करना आधारित है। 'प्रकृति द्वारा सीमाएँ निर्धारित हैं', इस मत के बारे में फेवरे भी सहमत था-"Men can never entirely rid themselves whatever they do of the hold their environment has on them." ब्रून्हस Brunhes) की भी यही धारणा थी कि मनुष्य के पास जो भी शक्ति और साधन हैं वे सीमित हैं। वह प्रकृति के साथ सीमाओं में रहकर ही समायोजन करता है, और उसकी सीमाओं का उल्लंघन नहीं करता। मानव की वातावरण के साथ क्रियाएँ कुछ सीमाओं में ही संपन्न होती हैं। वह वातावरण से दूर रहकर भी विकास-कार्यों की पूर्ति नहीं कर सकता, वह उसमें परिवर्तन ला सकता है, परन्तु उसे नज़रन्दाज कभी नहीं कर सकता। ब्रून्हस लिखता है- "Nature is not mandatory but permissive." प्रकृति आदेशात्मक नहीं है, वह अनुमति बोधक है। तात्पर्य यह है कि प्रकृति मानव को अपने अनुरूप ही कुछ करने का आदेश नहीं देती है, वह मात्र करने की अनुमति प्रदान करती है। अनुमति प्राप्त कर मानव जो भी अनुक्रिया प्रकृति के प्रति विकास हेतु करता है, वह अपने अनुसार, अपनी बुद्धि-चातुर्य के बल पर और अपने साधनों से करता है।

इसी प्रकार, **विडाल डि ला ब्लाश** का भी कथन है- "भौगोलिक नियतिवाद से विकास की ओर बढ़ने का प्रश्न ही नहीं है, फिर भी भूगोल का नियतिवाद विकास की ऐसी कुंजी है कि उसे त्याग नहीं सकते।" परन्तु भौगोलिक नियतिवाद में मानव को अपने बुद्धिचातुर्य द्वारा परिवर्तन कर उपयुक्त के चयन का अधिकार है।

भूगोल में फ्रांसीसी विचारधारा के सम्प्रदाय की स्थापना ब्लाश के हाथों ही हुई (1845-1918) और सम्भववाद इस सम्प्रदाय से जुड़ा है। फ्रांसीसी भूगोलवेत्ताओं ने प्राकृतिक वातावरण में मानव विकास की सम्भावनाओं के क्रम देखे। परन्तु उन्होंने इन सम्भावनाओं द्वारा वास्तविक विकास की गति का संबन्ध प्रदेश में बसे लोगों की संस्कृति पर आधारित माना। लेकिन इसमें भी अपवाद हैं और विकट पराकाष्ठा के प्रदेश (Regions of extremes) जैसे मरुस्थल, टुण्ड्रा आदि में सम्भावनाएँ या तो है नहीं, यदि हैं भी, तो उनको उपयोग में लाने के लिए असाधारण कीमत चुकानी पड़ती है जो बुद्धिमानी नहीं है। ऐसे पराकाष्ठा के विकट पर्यावरण के क्षेत्रों में मानव अपनी शक्ति झोंक कर क्या हासिल करेगा?

एच.जे.फ्लूअर (H.J. Fleure 1877-1969) ने वातावरण के परम्परागत जलवायु व जैविक प्रदेशों के स्थान पर मानव-क्षमताओं एवं कौशल पर आधारित प्रदेशों में विश्व

को विभक्त किया। उसकी 'स्कीम' में कुछ प्रदेशों के नाम '**प्रयास के प्रदेश**' (Regions of Effort), 'भूख के प्रदेश' (Regions of Hunger) और 'औद्योगिक प्रदेश' (Industrialized Regions) आदि हैं। सम्भववाद ने सांस्कृतिक भूगोल के सम्प्रदाय (School of Cultural Geography) के विकास में भी योग दिया। यह सम्प्रदाय कार्ल ओ. साउर (बर्कले का कैलिफोर्निया विश्वविद्यालय), और मानव पारिस्थितिकी विचार के विकास से जुड़ा है। शिकागो विश्वविद्यालय के एच.एच. बैरोज (H.H. Barrows 1877-1960) मानव-पारिस्थितिक विचारधारा के संस्थापक माने जाते हैं।

सम्भववादियों ने अपने विचारों के पक्ष में अनेक दृष्टान्त प्रस्तुत किए। विषुवत रेखा के उत्तर व दक्षिण की ओर वृहत् कटिबंध स्थित हैं। ये जलवायु व वनस्पति पर आधारित हैं। इन कटिबंधों में उपलब्ध सम्भावनाओं में असमानता है। वे विभिन्न प्रजातियों के लिए विभिन्न मात्रा में विकास हेतु असमान बने हैं। परन्तु मानव के प्रयासों के सम्मुख भी इन कटिबंधों में 'सम्भावनाएँ' फलित नहीं हैं। इन 'फ्रेमों' का मानव और उनकी निर्णय-शक्ति पर प्रभाव है। वे मानव की प्रत्येक क्रिया-साधारण से लेकर विषमतम को, नियंत्रण में रखते हैं। इन कटिबंधों में सम्भावनाओं के फ्रेम एक के बाद एक कभी जाग्रत तो कभी सुप्त बनते रहते हैं। इनके प्रभावों में कोई निश्चितता अथवा व्यवस्था नहीं दिखायी देती। प्रदेशों में इनसे कोई एकता अथवा समस्तता (Inseparable wholeness) नहीं विकसित होती। प्रदेश में मनुष्यों द्वारा ये सम्भावनाएँ न तो एक साथ उपलब्ध होती हैं, न एक समय पर, और न एक जैसे प्रभाव में उपलब्ध हैं। परिवर्तनों के कारण एक जैसे प्रदेशों में भी वहाँ के वासियों का भाग्य और विकास भिन्न-भिन्न है। यहाँ का सारा खेल मानवीय क्रियाओं द्वारा ही नियंत्रित बन उठा है।

सामाजिक रीति-रिवाजों, आस्था, विश्वास व रहने-सहने की परम्परावश सम्भावनाएँ भी यहाँ बाधित बन अप्रभावी रह जाती हैं। ये बाधाएँ किन्हीं जातियों व प्रजातियों में कम और किन्हीं में अधिक प्रभावी हैं। आदिवासियों में एकरसता (Homogeneity) यद्यपि अधिक है, परन्तु वह भी आयु, लिंग, व्यक्तिगत जरूरतों के साथ-साथ छिन्न-विछिन्न होती रहती है और पुनः संगठित भी बन जाती है। सम्भववादियों का यही तर्क है कि मानव समाज को व उसके इतिहास को प्राकृतिक वातावरण के प्रभावों से स्पष्ट नहीं बनाया जा सकता। उनकी मान्यता है कि अपनी संस्कृति के अधीन मानव स्वयं ही अपने प्रभावों को झेलता व आत्मसात करता है और वातावरण में अनुकूलता लाता है। उसके प्रति परिवर्तन से तादात्म्य स्थापित कर लेता है।

प्रथम विश्व युद्ध के पश्चात् सम्भववाद का यह विचार-दर्शन- 'मानव वातावरण की मात्र उपज, नहीं है, न वह वातावरण का बन्धक-बना है और न उसकी कठपुतली है', अधिक लोकप्रिय बना। सम्भववादियों की निगाह में मनुष्य द्वारा किए कार्यों की महत्ता अधिक है, वे ही उनके सोच में आरम्भिक हैं। सबसे महत्त्वपूर्ण तो यह है कि मानव को 'चयन' (To choose) करने की स्वतंत्रता है।

विडाल डि ला ब्लाश का सम्भववाद के प्रचार-प्रसार में महत्त्वपूर्ण योगदान है। उसने

अपनी रचनाओं में भी वातावरण के प्रभाव संबन्धी विचारों को कम से कम स्थान दिया। ब्लाश के अध्ययनों में केन्द्र बिन्दु विभिन्न भौगोलिक वातावरण में विकसित जीवन-शैली, रहन-सहन का ढंग (Lifestyles) 'genres de vie' था।[22] किसी स्थान-विशेष के पर्यावरण से घिरे मनुष्यों की जीवन-शैली व रहन सहन पर उनकी सभ्यता का बिम्ब झलकता है। दूसरे शब्दों में, जीवन शैली सभ्यता की उपज ही है। अपने स्थान के पर्यावरण से आवृत्त मानव-समाज पर प्राकृतिक, ऐतिहासिक व सामाजिक प्रभावों में गठित समस्तता अथवा एकता ही उनकी संस्कृति व सभ्यता है। ब्लाश का विश्वास था कि जहाँ समाज और प्रकृति एक द्वन्द्व में दो प्रतिस्पर्द्धी हैं, वहीं मानव जैविक-सृष्टि का एक भाग और उसका सहयोगी बना है। ब्लाश के 'genres de vie' में यही द्वन्द्वात्मक विचार सम्मिलित है। एक ही प्रदेश में रहने वाले अनेक मानव-समुदायों को वहाँ की एक सी प्राकृतिक दशाएँ समान हैं, वे भिन्न-भिन्न प्रकार के मानव-समुदायों के रहने-सहने के ढंगों को कैसे स्पष्ट करेंगी? वह उनके Life Style की भिन्नताओं को उनकी भिन्न-भिन्न अभिवृत्तियों, आदतों, सोच और जीवन-मूल्यों द्वारा उत्पन्न सम्भावनाओं का परिणाम कहता था।[23] पर्यावरण के प्राकृतिक प्रभावों के सन्दर्भ में समाजों के इतिहास का विकास एक ही पक्ष की बात है। इतिहास के विकास में समाज के व्यक्तियों की क्रियाएँ, उनके धार्मिक सोच, आदतें, अभिवृत्तियाँ, जीवन मूल्य भी पर्यावरण में परिवर्तन लाने वाले महत्त्वपूर्ण कारक हैं।[24]

ब्लाश के पश्चात् सम्भावनावाद का विकास अटलांटिक में पूर्व व पश्चिम की ओर फैला। फ्रांस में जीन ब्रून्हस ने इसे विकसित किया। फ्रांस के बाहर पारिस्थितिक-विज्ञान के संस्थापक बैरोज़ ने इसे बढ़ाया। कार्ल साउर ने इसे सरलता से स्पष्ट करने में प्रकृति का शनैः शनैः परिवर्तन बनकर सांस्कृतिक भू-दृश्य में विकसित होना योग माना है। इससे मानव समुदायों द्वारा प्रदेश में सिलसिले-बार बसाव का क्रम बना और क्षेत्र में सांस्कृतिक भू-दृश्य विकसित हुआ। यह सांस्कृतिक भू-दृश्य जहाँ जन्मा था, वहाँ से अधिक उन प्रदेशों में विकास प्राप्त कर गया जहाँ उसे समायोजन बनने के लिए मानवीय परिस्थितियाँ अनुकूल मिलीं। गेहूँ की कृषि में सर्वाधिक उत्पादन जहाँ वह जन्मा था (दक्षिणी-पश्चिमी एशिया) वहाँ नहीं होता है।[25] वह पंजाब, चीन, आस्ट्रेलिया, कनाडा, अर्जेन्टीना में अधिक होता है। इसी प्रकार चावल अब अपने जन्म स्थान के अतिरिक्त संयुक्त राज्य, कनाडा, इटली, ब्राजील, भारत, पाकिस्तान आदि देशों में जा पहुँचा।

सम्भववादी प्रकृति को मार्ग-दर्शक (Adviser) से अधिक नहीं मानते। पृथ्वी के 'नियतिवादी वातावरण' में मानव को उसके सर्वत्र पालना और उसके नियंत्रण से प्रभावित बनना आवश्यक नहीं है। मानव वातावरण में अनेक सम्भावनाओं से उसके प्रति समायोजित बनने के अवसर प्राप्त करता है। "There are no necessities but everywhere possibilities." सम्भववादियों के अनुसार 'मानव' की स्थिति प्रथम है, उसका स्थान पहला है। पृथ्वी पर न तो जलवायु और न स्थान, अवस्तिथि (Location) पर नियंत्रण करने वाली अन्य दशाओं के प्रभाव इतने महत्त्वपूर्ण हैं जितना कि मानव।[26] प्रत्येक प्रदेश में मनुष्य जो कीमत विकास के लिए चुका सकता है, उसको ध्यान में रखते हुए वहाँ सम्भावनाएँ

सीमित बन उठी हैं। उदाहरण के लिए, अपने तकनीकी कौशल से वह अन्टार्कटिका (Antarctica-South Pole Region) में केले, चावल, रबड़ आदि उत्पन्न तो कर सकता है। परन्तु इसके लिए उसे क्या कीमत चुकानी पड़ेगी? यह क़ीमत इतनी अधिक होगी कि वह इन्हें वहाँ उगाने के लिए नहीं सोच सकता।

मनुष्य अपने प्राकृतिक वातावरण से पूर्णतः छुटकारा नहीं पा सकता। अतएव वह जैसी भी भौगोलिक परिस्थितियाँ हैं, उनको ध्यान में रखकर भौगोलिक सम्भावनाओं का उपयोग करता है। उसकी क्रियाएँ उसके प्राकृतिक वातावरण द्वारा आवश्यक नहीं बनी हैं ('There is no action of necessity.')[27]

मानव क्रियाओं के लिए प्रकृति द्वारा निर्धारित सीमाएं सदैव एक सी व स्थिर नहीं हैं। वे एक इतिहासकाल से दूसरे काल में घटती-बढ़ती देखी जाती हैं। उष्ण मरुस्थल, शीत मरुस्थल, टुण्ड्रा और जहाँ अधम-स्तर की संस्कृति है, ऐसे प्रदेशों में मनुष्य के हाथों में चयन के लिए अत्यन्त सीमित विकल्प हैं। इसके विपरीत उष्ण व शीत शीतोष्ण प्रदेशों में जहाँ अनुकूल परिस्थितियाँ हैं, और ऐसी अवधि में जब मानव ने भरपूर तकनीकी-कौशल अर्जित किया, चयन-सम्भावनाएँ अधिक उपलब्ध हैं। फिर भी, मानव पूर्णतः प्रकृति के नियंत्रण से मुक्त हुआ नहीं माना जा सकता। बोमन (Bowman) ने ज़ोर देते हुए कहा- ''यद्यपि मानव प्राकृतिक नियमों के सदुपयोग में सक्षम बन गया है और उतने ही अंश में उनके प्रति अनुक्रिया करने का अभ्यस्त बना है, जहाँ तक लाभकारी हैं। फिर भी यह सत्य है कि सर्वत्र सभी मनुष्य कुछ अंशों तक प्राकृतिक परिस्थितियों द्वारा प्रभावित हुए हैं।''

सम्भववादी दृष्टिकोण की अनेक तत्कालीन विचारकों ने आलोचना की है। ग्रिफिथ टेलर (Griffith Taylor) इसकी आलोचना करते हुए कहता है- समाज, अपने पूर्ण संगठन में चयनकर्त्ता होना चाहिए। भूगोलवेत्ता को जब केवल सलाहकार माना है, उसे प्रकृति की योजना (Nature's Plan) के निर्वचन करने का अधिकार नहीं है, आलोचना-समालोचना उसका कार्य नहीं है। टेलर के अनुसार, भूगोल का काम प्राकृतिक वातावरण और उसके मानव पर पड़ने वाले प्रभावों का अध्ययन करना है। मनुष्य से संबन्धित अन्य सभी समस्याओं अथवा 'सांस्कृतिक भू-दृश्य' का अध्ययन उसके क्षेत्र की बात नहीं है।[28] सम्भववाद, इसके अतिरिक्त, प्राकृतिक वातावरण के अध्ययन को बढ़ावा नहीं देता। वह भूगोल में अति मानवकेन्द्रीकरण को आगे बढ़ा रहा है। भौगोलिक नियतिवाद, कम से कम, भूगोलवेत्ताओं का ध्यान प्रकृति की ओर आकर्षित बनाने में उपकृत है। यदि यह प्रश्न पूछें- 'भूगोल को नष्ट करने में किसका हाथ है?' इसका दोष, निस्संदेह सम्भववादियों के मत्थे मड़ा जाना चाहिए। सम्भववाद ने संस्कृति के योग को बढ़ा-चढ़ाकर प्रस्तुत किया और प्राकृतिक वातारण को नज़रन्दाज किया। संक्षेप में, सम्भववाद की अवधारणा भी लगभग उतनी ही बेतुकी है जितनी कि नियतिवादी विचारधारा। परन्तु सम्भववादियों ने अपने कार्यों को नियतिवाद द्वारा निश्चति की गई सीमाओं के अन्दर रखा है, और अपने को इस विरोध से दूर रखने के लिए अधिक सामान्यीकरण (Over-generalizations) से बचाए रखा है।

नव-नियतिवाद (Neo-Determinism)

विख्यात आस्ट्रेलियन भूगोलवेत्ता ग्रिफित टेलर ने नव-नियतिवादी विचारधारा प्रस्तुत की। उसका तर्क था कि सम्भववादियों ने अपने विचारों को शीतोष्ण-वातावरण जैसे उत्तरी-पश्चिमी यूरोप में विकसित किया। वहाँ क्षेत्र में मानव बसाव के लिए अनगिनत सम्भावनाएँ मौजूद हैं। परन्तु इस प्रकार के अनुकूल वातावरण विश्व के अधिकांश भागों में बहुत कम हैं, जैसे आस्ट्रेलिया में वातावरण अनुकूल नहीं है। वहाँ के उग्र प्राकृतिक वातावरण में उसका नियंत्रण मानवीय क्रियाओं पर अधिक है। अत: वहाँ सम्भावनाएँ बहुत सीमित बनी हैं। ऐसे ही आधार पर ग्रिफ़िथ टेलर ने एक नए सोच 'रुको-और-बढ़ो नियतिवाद' (Stop-and-go determinism) को जन्म दिया। मनुष्य वातावरण के प्रति जो चाहें करें, परन्तु अन्तत: वातावरण उनकी योजनाओं पर रोक लगाकर उन्हें सोचने-बूझने को बाध्य करता है। सोच विचार कर ही मनुष्य पुन: आगे बढ़ने के लिए ही वातावरण की सीमाओं का पालन करते हुए आगे बढ़ जाते हैं। वातावरण ने मनुष्यों को क्षेत्र में अधिग्रहण के लिए (For Occupance) समझौता करने के लिए विवश किया। आस्ट्रेलिया में 1920 में कृषीय अधिवास (Agricultural Settlement) की सीमाओं को वहाँ के प्राकृतिक वातावरण जैसे वर्षा-वितरण ने सीमित बनाया। उस सगय टेलर के पिचार आस्ट्रेलिया में तनिक भी लोकप्रिय नहीं बने। परन्तु कालान्तर में उसे सामान्य रूप से समर्थन मिला और 1948 में आस्ट्रेलिया पर प्रकाशित पुस्तक में उसने अपनी अवधारणा पर पुन: जोर दिया-

Man is able to accelerate, slow or stop the progress of a country's (region's) development. But he should not, if he is wise, depart from directions as indicated by the natural environment. He (man) is like the traffic controller in a large city who alters the rate but not the direction of progress.

नव-नियतिवाद विचार को ('Stop-and-go determinism') रुको-और-बढ़ो नियतिवाद के नाम से भी जाना जाता है। टेलर का यह विचार-दर्शन एक ट्रेफिक्र-कन्ट्रोलर (यातायात-पुलिस नियंत्रक) के कार्य द्वारा अच्छी प्रकार व्यक्त किया जा सकता है।[29]

टेलर के नव-नियतिवाद की मूल बात है कि मानव प्रकृति के 'प्रोग्राम' अर्थात् उसके दृश्य-जगत् का पालन बुद्धिमानी से ही करता है। बिना बुद्धि के प्रयोग से मानव का प्रकृति के साथ सामंजस्य व अनुकूलन करना संभव नहीं है। उसके 'रुको-और-जाओ' की नियतिवादी विचारधारा से तात्पर्य है कि वातावरण के प्रति समन्वय करने के लिए पहले 'रुको'- अर्थात् सोच-विचार करो, वातावरण के प्राकृतिक संसाधनों का मूल्यांकन करो और उपलब्ध सम्भावनाओं में से अनुकूल का चयन कर विकास-प्रोग्राम की पूर्ति करो। यदि सही मूल्यांकन किए बिना अंधाधुंध प्रकृति से छेड़छाड़ करते रहे और उसकी सीमाओं का उल्लंघन करते रहे तो कुछ भी हाथ नहीं आएगा। चौरास्ते पर खड़ा यातायात-नियंत्रक-सिपाही वाहनों के प्रवाह को रोकता, मार्ग साफ हो जाने पर पुन: आगे जाने को कहता है जिससे वे सुरक्षित अपने लक्ष्य-स्थान पर पहुँच सकें। मानव के सामने बुद्धिमानी और

बेवकूफी (Wise and Foolish) दोनों विकल्पों में से चयन करने का मौका है।[30] प्रकृति के पास 'सम्भव' और 'असम्भव' की दो स्थितियाँ हैं। मानव सम्भावित का चयन करते समय उस कीमत अथवा लागत को ध्यान में रखता है जो उसके प्राप्त-लाभ की तुलना में अधिक न हो।

किसी भी वातावरण में उपलब्ध सम्भावनाएँ असीमित नहीं होती हैं, क्योंकि प्रत्येक चयन के लिए कीमत अदा करनी पड़ती है। कीमत के अन्दर ही उपलब्ध सम्भावनाएँ चयन के लिए उपलब्ध रहती हैं। यहाँ मनुष्य अपने बुद्धिबल द्वारा चयन करता है। वह स्वयं निर्णायक है कि लक्ष्य पूर्ति में क्या अपेक्षाकृत बुद्धिमानी का चयन है, अथवा बेवकूफी से भरा। यह विचार फेवरे के कथन से विपरीत नहीं है- सभी कुछ प्रकृति में उपलब्ध 'आवश्यक' नहीं है (There are no necessities), सर्वत्र सम्भावनाएँ हैं। (but everywhere possibilities). मानव स्वयं निर्णायक है कि कौनसी सम्भावना उसके लिए आवश्यक है। संक्षेप में स्पष्ट कर सकते हैं कि 'मानव अपने वातावरण के प्रति कुछ भी क्रिया करने में स्वतंत्र है। परन्तु प्रकृति उसे बाध्य करती है कि कुछ भी करने की कीमत और प्राप्त-लाभ को ध्यान में ही रखकर वह समझौता द्वारा कार्य करे। यह समझौता (Compromise) ही मानव का प्रकृति के प्रति अनुकूलन (Adjustment) है। प्रकृति मानव के विकास की गति को संयमित बनाए रखने में योग देती है, उसकी दिशा नहीं बदलती। प्रकृति के बीच उपलब्ध सम्भावनाओं में से आवश्यक सम्भावनाओं का चयन कर मानव अपने बुद्धिबल से विकास की दिशा निर्धारित करता है।

सम्भावितवाद (Probabilism)

सम्भावितवाद की संकल्पना को O.H.K. Spate (1957) ने प्रस्तुत किया। प्राकृतिक वातावरण मानव की भाँति ही उसकी क्रियाओं को निर्धारित नहीं करता, यह सत्य है। परन्तु वह अन्य की अपेक्षा कुछ असर मानव-विकास क्रियाओं पर छोड़ता अवश्य है। प्रकृति के इस असर अथवा अनुक्रिया को स्पेट ने मध्य-मार्ग बताया है। यह मार्ग एक ओर रेटज़ेल के सख्त वातावरणीय नियतिवाद और दूसरी ओर फेवरे के सम्भावनावाद के बीच का मार्ग है।

वातावरणीय नियतिवादी डार्विन के कार्य-कारण संबन्धी विचारों से प्रभावित बन इस बात पर जोर देते थे कि मानव-क्रियाएँ प्राकृतिक पर्यावरण से नियंत्रित हुई हैं। सम्भववादियों का मत था कि प्राकृतिक वातावरण अनेक सम्भावनाओं को प्रदान करता और मनुष्य को उनमें से चयन का अवसर देता है। परन्तु स्पेट के मतानुसार- मानव की क्रियाएँ, सभी सम्भावनाओं को चयन करना अथवा किसी का भी चयन नहीं करना, की स्थिति नहीं है। वहाँ आवश्यक कुछ भी नहीं है। वहाँ संभावित-संतुलन की स्थिति प्रकृति और मानव के बीच उत्पन्न है। यह संतुलन एक पुल (Bridge) की भाँति है जो कठोर नियतिवाद और असंख्य सम्भावनाओं के बीच बना है। यह संभाव्य-निर्णय है। विकास कार्यों में सम्भावित-निर्णय (Probable Decision) बहुत योग रखते हैं। उदाहरणवत्, यह सम्भावित सोच है-

भूमि उपयोग गहनता की मात्रा सतलुज-गंगा मैदान में मण्डी-केन्द्रों से दूर जाते-जाते घटती जाती है। जनसंख्या-घनत्व महानगर-केन्द्रों से दूर हटते-हटते कम होता जाता है। फसल-उत्पादन-मात्रा ग्राम-अधिवास से दूर जाते हुए कम होती जाती है, आदि, आदि। परन्तु ऐसे अपवाद भी हैं जो इन सामान्य धारणाओं से भिन्न हैं। इस आधार पर यह माना जाता है कि भौगोलिक विश्लेषण में संभाव्य-सिद्धान्त (Theory of Probability) महत्त्वपूर्ण घटक है। भूदृश्य के वैज्ञानिक अध्ययन में निबन्ध में प्रयोग की जाने की यह सामान्य-विधि है। ब्लाश की मूल अवधारणा से भी यह मेल खाती है। परन्तु इसकी अनेक आधारों पर आलोचना हुई थी।

सम्भावितवाद के सिद्धान्त से वातावरण (संसाधनों) का पूर्ण ज्ञान उपलब्ध नहीं होता। इस मॉडल से उपलब्ध जानकारी को विश्वसनीय नहीं कह सकते। संसाधनों के बारे में भी सूचनाएँ व उनका सदुपयोग सन्देहों में घिरे रहते हैं। पर्यावरण के बारे में अवबोध व्यक्ति-व्यक्ति, समाज-समाज और देश-देश का अलग और भिन्न-भिन्न होता है। अतः इसका उपयोग कठिन तो है ही, साथ ही इसके परिणाम भी यथार्थ से दूर ले जाते हैं।

सामाजिक अथवा सांस्कृतिक नियतिवाद
(Cultural or Social Determinism)

सांस्कृतिक अथवा सामाजिक नियतिवाद मानवीय कारक पर ज़ोर देता है। हमारे विचार ही हमारे कार्यों को निर्धारित करते हैं, और हमारे कार्यों से हमारे पूर्व-जगत् की विशेषताएँ प्रकट होती हैं (जेम्स, 1932: 318) मानव की रुचि, उसकी मनोकांक्षाएँ और जीवन-मूल्य क्षेत्र में भिन्न-भिन्न होने के कारण वहाँ सामाजिक-आर्थिक विकास के सोपान और सांस्कृतिक दृश्य में अन्तर विकसित हैं। वातावरण में बदलाव भी हमारे प्रत्यक्ष-बोध, हमारे आचार-विचारों और निर्णयों की प्रक्रियाओं पर आधारित बना है। यह विचार-दर्शन अमेरिकी विद्वानों द्वारा व्यक्त है। इस नियम के अनुसार ''मनुष्य के लिए उसके आवास की प्राकृतिक एवं जैविक विशेषताओं का आधार स्वयं मनुष्य का तकनीकी ज्ञान, उसका कौशल और उसके कार्य हैं।'' उदाहरणवत् ऐसा देश जो आखेटकों के लिए महत्त्वपूर्ण बना है, कृषकों के लिए यह निरर्थक है। कोयले का क्षेत्र उनके लिए एक समान महत्त्व का नहीं हो सकता जो उसका उपयोग करने में कुशल नहीं हैं, और जो उसके उपयोग में अज्ञानी हैं। ये स्वयं-सिद्ध तथ्य हैं। यह भी सत्य है कि तकनीकी-कौशल में जैसे जैसे विकास होता जाता है, क्षेत्र के वातावरण में कोई गिरावट नहीं आती। वह परिवर्तित बन कर अधिक विषम बनता जाता है।[31]

अमेरिकी भूगोलवेत्ताओं में सांस्कृतिक नियतिवाद की विचारधारा प्रसारित हुई है। उल्मान (Edward Ullman) लिखता है- ''वातावरण-तत्त्व तटस्थ है। इसका योग तकनीकी स्तर पर निर्भर है। यह बदलते हुए समाज, संस्कृति एवं अन्य विशेषताओं पर आधारित विचारधारा है।'' उदाहरण के लिए-एक पर्वतीय-दर्रा उन अनेक भिन्न-भिन्न समाज के व्यक्तियों के लिए भिन्न-अर्थ रखता है जो घोड़ा अथवा स्वचालित-वाहनों,

वायुयानों के धारक हैं। इसी प्रकार एक जापानी किसान और एक अमेज़नी इण्डियन के लिए मृदा की उपजाऊ शक्ति का महत्त्व समान नहीं होता है।[32] किसी एक जैसी समान परिस्थितियों के वातावरण में भी मनुष्यों की अनुक्रियाएँ भिन्न-भिन्न हो सकती हैं। एक ही परिस्थितियों के रंगमंच पर भी अलग-अलग प्रकार की संस्कृतियाँ विकसित पायी गयी हैं। जॉर्ज कार्टर (George Carter) ने मानव भूगोल के विषय में तीन कारकों का अलग से चयन किया था वह लिखता है कि उनमें ''विचारों का स्थान दृश्य-जगत् में परिवर्तन लाने में प्राथमिक है, वस्तुतः मनुष्य के विचार ही यह तय करते हैं कि प्राकृतिक जगत् का उपयोग मानव-हित के लिए कैसे किया जाए।''[33] कार्टर ने इस बात पर भी ज़ोर दिया कि मानव की इच्छा, उसका मन ही निर्णय लेने में महत्त्वपूर्ण कारक है।

द्वितीय विश्व युद्ध के पश्चात् सामाजिक नियतिवाद आस्ट्रिया, हॉलैण्ड और स्वीडन में काफी लोकप्रिय बन गया था। वह सामाजिक संस्थाओं के स्थानिक वितरणों की व्याख्या है, परन्तु जगत् में दृश्य-वस्तुओं अथवा घटनाओं के सामाजिक संबन्धों की पूर्ण व्याख्या इनसे प्रकट नहीं होती है। सामाजिक समुदायों की पहचान व उनमें भेद केवल उनके मानव-जातीय, धार्मिक तथा कार्य-कलापों व कतिपय अन्य विशेषताओं से करते हैं। उनमें घटित परिवर्तनों को भी पहचाना जाता है, परन्तु उनको मूल आर्थिक कारणों से संबन्धित कर देखने का प्रयास नहीं होता। समाज में वर्ग-संरचना के आधार पर भी नहीं देखा गया। सामाजिक समुदायों के प्रभावों को उनके भूदृश्य पर केवल बाह्य रूप में आंका गया और आवासों के प्रकार, उनका प्रसार, भूमि-उपयोग, खेतों के प्रारूप जैसे बाह्य कारकों की व्याख्या पर ही ज़ोर दिया गया था, यहाँ तक कि एक संकरी सड़क के दोनों ओर सांस्कृतिक आकृति व क्रिया-कलापों के परिवर्तन को भी उजागर बनाया गया। परन्तु शोध की यह दिशा न तो वैज्ञानिक कही जा सकती और न इसका कोई व्यावहारिक महत्त्व ही था। यह पूर्णतः आनुभविक प्रवास था। तात्पर्य यह है कि सामाजिक अथवा सांस्कृतिक नियतिवाद वातावरणीय कारकों का उचित मूल्यांकन नहीं करता है। वह प्राकृतिक वातावरण के आधार पर सांस्कृतिक भौगोलिक विभेदों को स्पष्ट नहीं करता। इसे भी वातावरणीय नियतिवाद की भाँति ही कठोर अथवा दृढ़ विचार माना जाता है। अतः इस संकीर्ण रूप में इसे स्वीकार नहीं किया जा सकता। भूगोलवेत्ताओं में यह विवाद कि वातावरण के उपयोग में मनुष्य स्वतंत्र है अथवा प्रकृति की योजना के अनुसार कार्य करता है, धीरे धीरे समाप्ति की ओर है। क्योंकि दोनों ही पक्षों में कुछ न कुछ गुण तथा अवगुण वर्तमान हैं।

Notes

1. Ischenko, A., 1981 'Determinism and Indeterminism in the Work of Foreign Geographers', *Soviet Geography Today*, Moscow, pp. 201-202.

2. Taylor, G., 1957, *Geography in the Twentieth Century*, London, p. 128.
3. Al-Masudi, *Tanbin*, p. 28.
4. Tatham, C., 1957, 'A Study of Growth, Fields, Techniques, Aims and Trends', *Geography in the Twentieth Century*, ed. by G. Taylor, London.
5. Grossman, L., 1977, 'Man Environment Relationship in Anthropology and Geography' *Ann. Ass. Am. Geogr.*, 67, pp. 126-145.
6. Spate, O.H.K., 1957, 'How Determinism Is Possibilism', *Geographical Studies*, London, Vol. 4, No. 1.
7. Semple, E.C., 1911, *Influence of Geographical Environment*, New York.
8. Ischenko, A., 1981, *op.cit.*, p. 210.
9. Castro, J.D., 1952, *The Geography of Hunger*, London, pp. 60-65.
10. Orr, Lord Boyd, 1950, 'The Food Problem', *Scientific American*, Vol. 183, No.2.
11. Castro, D.J., 1952, *op.cit.*, p. 62.
12. *Ibid.*, p. 63.
13. Taylor, G., *op.cit.*, p. 62.
14. Kimble, G.H.T., 'The Craft of Geographer', *The Canadian Geographical Journal*, Vol. 31, No. 5, 1945.
15. Chanman, W.J., 'Outline of Theory of Area Study', *ANNALS*, Vol. 38, No. 4, 1948.
16. James, P.E. (with the Collaboration of H.V.B. Clime Jr.), *A Geography of Man*, Waltham, 1966.
17. English, P.W., 'Landscape, Ecosystem and Environment Perception: Concepts in Cultural Geography', *The Journal of Geography*, Vol. 67, No. 4, 1968.
18. Spate, O.H.K., 1952, 'Toynbee and Huntington: A Study in Determinism', *The Geographical Journal*, Vol. 118, Pt. 4, pp. 423-424.
19. *Ibid.*, p. 424.
20. Hartke, W., 1956, 'Die Sozialbrache als Phanomen der Geographischen. Differnzierung der Landschaft', *Erdkunde*, Ed. 10, Nr.4.
21. Hartshorne, R., 1959, *Perspectives in the Nature of Geography*, Chicago.
22. Febvre, L., 1952, *Lu Terra et a I'Evolution Humaine, Introduction Geographique* a I'Histoire, Paris.

    Febvre, L., 1932, *A Geographical Introduction to History*, London, Kegan Paul, Trench, Trubner & Co. Ltd.
23. *Ibid.*, p. 155.

24. Taylor, G., *op.cit.*, p. 65.
25. Ischenko, A., *op.cit.*, p. 219.
26. Lablache, Vidal de, 1898, *Ann, de Geog.*, p. 157.
27. Stoddard, R.H., et al., 1990, *Human Geography*, 2nd ed., Prentice Hall, New Jersey.
28. *Ibid.*, p. 11.
29. *Ibid.*, p. 159.
30. Taylor, G., *Australia*, p. 445.
31. James, P., 1965, 'Conceptual Structure of Geography', *The Journal of Geography* Vol. 64, No. 7.
32. Ullman, E., 1953, 'Human Geography and Area Research', *ANNALS*, Vol. 43, No. 1.
33. Isachenko, A., *op.cit.*, p. 228.

9

भूगोल में द्वैतवाद और द्विभागीकरण

(Dualism and Dichotomies in Geography)

भूगोल इतिहास के दौरान अपने विधि-तंत्र में द्वैतवाद और द्विभागीकरण की समस्या से ग्रसित बना रहा है। इस बिषय के क्षेत्र-सीमा निर्धारण में और इसकी अध्ययन विधि में द्विभागी-विचार बने रहे और अभी भी बने हैं, जैसे व्यवस्थित बनाम प्रादेशिक भूगोल, प्राकृतिक बनाम मानव-भूगोल, नियतिवादी बनाम सम्भववादी भूगोल। द्वैतवाद केवल भूगोल में ही नहीं, यह ज्ञान की अन्य शाखाओं में मौजूद है, परन्तु उसकी मात्रा भिन्न-भिन्न है।

यूनानी, रोमन और अरब भूगोलवेत्ताओं के लेखों में भी द्वैतवाद की धुंधली झलक है। **हिरोडोटस** ने जन-जातियों के विवरण के साथ-साथ उनकी प्राकृतिक-परिस्थितियों का भी उल्लेख किया। स्ट्राबो का प्रादेशिक विवरण और टॉलेमी का गणितीय भूगोल पर ध्यान भी ऐसे विवरण हैं जो द्वैतवादी हैं। हिप्पोक्रेट्स, अरस्तु, ज़िनोफ़ोन, आर्यभट्ट, अल-मसूदी और इब्नखाल्दून ने अनेक लोगों के जन-जीवन शैली को प्राकृतिक वातावरण के प्रभावों द्वारा उनको स्प्ष्ट बनाया है। (देखें अध्याय 7)

यूरोप में द्वैतवादी सोच पुनर्जागरण काल के पश्चात् उग्र बन गई थी। तभी से भूगोल परस्पर दो अलग शाखाओं में प्रकट होने लगा।[1] ये विभक्तीकरण अथवा द्विभागिता तर्कपूर्ण प्रतीत होती है। इस अध्याय में प्रमुख द्विभागीकरणों का संक्षेप विवेचन दिया है। समय व्यतीत होने के साथ-साथ कुछ नवीन द्विभाग भी प्रकट होने लगे हैं। परन्तु अत्यन्त प्रधान आगे दिए जा रहे हैं।

1. सामान्य भूगोल बनाम प्रादेशिक भूगोल।
2. भौतिक भूगोल बनाम मानव-भूगोल।
3. ऐतिहासिक भूगोल बनाम समकालीन भूगोल।

4. औपचारिक स्थलीय-स्थितियाँ (Formal Sites) और फलमूलक कार्यपरक अवस्थितियाँ (Functional Locations)।

इसके उपरान्त भी भूगोल का विभक्तीकरण अलग-अलग शाखाओं में हुआ है, जैसे भूआकृति विज्ञान, जलवायु विज्ञान, जलीय विज्ञान, कृषि-भूगोल, भू-उपयोग और जनसंख्या भूगोल।

सामान्य भूगोल बनाम प्रादेशिक भूगोल (General Geography versus Regional Geography)

बर्नहार्ड वरेनिएस (Bernhard Varenius) ने 17वीं सदी में इस मसले को उठाया था। उसने भूगोल की दो मुख्य शाखाएँ बताई—सामान्य अथवा विश्व-व्यापी (General or Universal), दूसरी, विशेष अथवा प्रादेशिक (Regional)। वरेनिएस ने सामान्य भूगोल को सामान्य नियमों, सिद्धान्तों व संकल्पनाओं पर आधारित बताया। भूगोल के आरम्भिक विकास में इस प्रयास को वैज्ञानिक सोच एवं उद्देश्यपूर्ण कहा गया। विशेष भौगोलिक अध्ययन मानव वातावरण के एक अथवा अनेक पक्षों का प्रदेशानुसार या निर्धारित भौगोलिक क्षेत्र का विवरण माना गया था। भूगोल के अधिकांश अध्ययन कालान्तर में प्रादेशिक बन उठे।[2] ऐसे अध्ययन जो सामान्य नियमों पर आधारित थे, व्यवस्थित (वैज्ञानिक) थे। इनको वर्तमान विज्ञानों से प्रेरित बनाया और ये सर्वव्यापी सामान्य नियमों पर आधारित किए गए थे। प्रादेशिक अध्ययन प्रदेश में सीमित बने रहे। वे विशेष अध्ययन की सीमा से बाहर नहीं निकले।[3] वे किसी विशेष क्षेत्र अथवा इकाई की विशिष्ट (अनूठी) परिस्थिति का विवेचन बना है, और ''इसे भूगोलवेत्ता का उच्चतम कौशल अथवा एक कला कही गई (Hart, 1882)''।

संक्षेप में सामान्य भूगोल समस्त विश्व को इकाई मानकर प्रस्तुत है। यह प्रधानतः प्राकृतिक भूगोल की सीमाओं में बना प्रकृति के नियमों द्वारा स्पष्ट किया विवरण है। इसके विपरीत, विशेष भूगोल व्यक्तिगत देशों व विश्व-प्रदेशों का विवरण था। इसमें नियम-स्थापना दुर्लभ हो क्योंकि व्यक्तिगत प्रदेश के विवरण में मानवीय योग प्रधान था। इनका व्यवहार अप्रत्याशित है जहाँ सामान्य-नियम लागू नहीं होते हैं। फिर भी, विशेष भूगोल की सामग्री कतिपय परिकल्पनाओं व विचार-संरचना को जन्म देने में सहायक थी।

वरेनिएस के पश्चात् हम्बोल्ट् (Humboldt) ने व्यवस्थित व प्रादेशिक भूगोल के द्विभागों को स्पष्ट किया। वह विषय को वर्णनात्मक खगोल-विज्ञान (Uranography) और भूगोल (Geography) में विभक्त करता था। खगोल-विज्ञान खगोल-वर्णन था और भूगोल क्षेत्र में घटित क्रियाओं के अन्तर्सम्बन्धों का वर्णन है। हम्बोल्ट आगमनात्मक (inductive) विधि में विश्वास व्यक्त कर शोध में आनुभविक रीति से निष्कर्षों तक पहुंचता था। अपनी रचना Kosmos की प्रस्तावना में वह विज्ञान में सामान्य-नियम की महत्ता पर ज़ोर देता है-

The most important aim of all physical sciences is this, to recognize unity in diversity ..... natural science can be endowed with a higher purpose through which all phenomena and energies are revealed as one entity. अर्थात् सभी प्राकृतिक विज्ञानों का ध्येय विविधता में एकता की खोज है। प्राकृतिक घटनाएँ व सभी प्राकृतिक बल एक समस्त इकाई हैं- पार्थिव एकता सर्वत्र प्रकट हुई है।

प्रकृति का सार इसी में है कि 'विशेष' से 'सामान्य' सोच में उतर जाएं। हम्बोल्ट ने विभिन्न भौगोलिक प्रदेशों का तुलनात्मक अध्ययन किया। स्टेपी घास के प्रदेश से शुष्क प्रदेशों के अध्ययनों तक पैठ कर हम्बोल्ट पृथ्वीतल की विशेषताओं को इंगित कर सका। अतएव, हम्बोल्ट भी भूगोल में विशेष बनाम सामान्य के द्वैतवाद को मानता था।

कार्ल रिटर प्रयोजनवादी (Teleologist) था।[4] वह हम्बोल्ट का समकालीन ही था। वह भूगोल का प्रयोजन प्राकृतिक घटनाओं को सम्पूर्णता (as a whole) में देखना मानता था। पृथ्वी की अन्तर्निहित विशेषता (Spirit of the Earth) उसके अंग-प्रत्यंग के अलग-अलग अध्ययन से नहीं, उसकी 'एकता' से जानी जाती है। इसे वह पार्थिव-एकता (Terrestrial Unity) कहता था। यद्यपि वह प्राकृतिक नियमों में विश्वास करता था, परन्तु उनको स्थापित करने की जल्दबाजी में नहीं था[5]। वह भूगोल को निगमनिक (Deductive) नहीं, बल्कि आनुभविक (Empirical) विज्ञान मानता था। वह पार्थिक-जगत् की घटनाओं की सामंजस्यता (Coherence) पर जोर देता था। क्षेत्र में घटनाएं समन्वित बनी हैं और वही क्षेत्र की इकाई का अनूठापन (Uniqueness) है। अत: वह क्षेत्रों के समन्वित बने रूप में (Synthetically) उनका अध्ययन करने का पक्षपाती था। उन्हें वह उनकी सम्पूर्णता (Totality) में ही देखता था। वह, इस प्रकार, प्रादेशिक भूगोल को भौगोलिक अध्ययन का केन्द्र-बिन्दु (Central Point) कहता था। वह अनुभव करता था कि भूगोल को अनेकानेक तथ्यों के विवरण से ऊपर उठकर घटना-विशेष की सम्पूर्णता के नियम में (The totality of a particular phenomena) झांकना चाहिए। इसी एकता व सम्पूर्णता द्वारा वह स्थान-स्थान के बीच संबन्ध का अच्छी प्रकार अध्ययन कर सकता है। स्थान, स्थानों की यही सम्पूर्णता पृथ्वी की विशिष्ट इकाई को सामान्य लोक-व्यापी यथार्थता (Reality) से जोड़ती है। रिटर के अनुसार भूगोल का प्रयोजन है- ``..... to get away from mere description to the law of the thing described; to reach not a mere enumeration of facts and figures, but the connection of place and the laws which bind together local and general phenomena of the earth's surface."

रिटर की दृश्य-वस्तुओं की 'समस्तता' (Wholeness) की संकल्पना हीगल (W.F. Hegal 1770-1831) के ब्रह्माण्ड को दैविक-एकता मानने के समान ही थी। रिटर का विचार पृथ्वी को उसकी व्यवस्था में ही देखना था। यही 'प्रयोजन' (Teleology) उसके अध्ययन का था। वह महाद्वीपों की आकृति को आकस्मिक नहीं मानता था। वह उन्हें मनुष्य

के विकास हेतु दैवी-योजना द्वारा निर्मित कहता था। पार्थिव एकता को रिटर मात्र तर्कों पर आधारित वैचारिक-दर्शन नहीं कहता था। "My system builds on facts, not on philosophical arguments." तथ्यों के संकलन का कार्य स्वयं में कोई उद्‌देश्य नहीं था। उनको व्यवस्थित बना कर प्रदेश की प्रदेश से तुलना करके रिटर विविधता में अन्तर्निहित एकता तक पहुँचना भूगोल के अध्ययन का प्रयोजन मानता था।

ज्ञान को वैज्ञानिक रूप से संगठित बनाने के प्रयास में हम्बोल्ट् व रिटर एकमत थे। हम्बोल्ट भी अलग-अलग दृश्य-वस्तुओं व घटनाओं के बिखरे तथ्यों को तर्कसंगत एकता में संगठित बनाकर क्षेत्रों के पारस्परिक संबन्धों को प्रकट बनाना, उद्देश्यों में मानता था।[7] हम्बोल्ट् ने प्राकृतिक भूगोल और रिटर ने प्रादेशिक भूगोल को एक जैसे प्रयोजन (Purpose)-'एकता की दैविक योजना,' द्वारा अध्ययन पर ज़ोर दिया था।

रिचथोफेन (Ferdinand Richthofen) ने इस बात की ओर ध्यान आकर्षित कराया कि पृथ्वी के धरातल पर असमान दृश्य-वस्तुओं अथवा घटनाक्रमों में अन्तर्क्रिया घटित है। भूगोल का उद्देश्य इसे स्पष्ट बनाने के लिए दुधारू पद्धति को प्रयोग में लाना है। असमान दृश्य-वस्तुओं के अन्तर्सम्बन्ध को समझने के लिए पहले प्रदेश को प्राकृतिक व्यवस्था में निहित अवयवों (Elements) की व्याख्या करनी चाहिए। इसके बाद, प्राकृतिक-व्यवस्था के प्रति मानव द्वारा स्थापित अनुकूलन (Adjustment of Man) की व्यवस्था का परीक्षण किया जाना आवश्यक है।[8] रिचथोफेन के अनुसार, प्रदेश की मुख्य विशेषताओं को प्रकाश में लाने के लिए प्रादेशिक भूगोल का विवरणात्मक स्वरूप आवश्यक है। प्रदेश की अनूठी विशेषताओं और उनके बारम्बार घटित होने के आधार पर परिकल्पनाओं का निर्माण संभव बनता है।

रेटज़ेल (1844-1904) ने निगमनात्मक दृष्टिकोण को अपनाया। उसने विभिन्न जन-जातियों व देशों की जीवन-शैलियों की तुलना की। उसने मानव-समाजों पर डार्विन की संकल्पना को लागू कर उनकी व्याख्या की। उन्होंने कहा कि मानव-समूहों को पर्यावरण विशेष के प्रति तादात्म्य स्थापित करने के लिए संघर्षरत बनना पड़ता है। जैसे पेड़-पौधे, जीव-जन्तु संघर्ष कर वातावरण में बने रहते हैं, उसी प्रकार मानव-समूह भी स्थायी बने रहने के लिए संघर्ष करते हैं। रेटज़ेल के पश्चात् हैटनर ने भूगोल को विशिष्ट-विवरणीय (Idiographie) अर्थात् प्रादेशिक माना और उसे एक समानरूपी (Monothetic) विज्ञान नहीं कहा।[9] वह भूगोल को पृथ्वी के क्षेत्रों,-जो एक-दूसरे से भिन्न हैं, का ज्ञान मानता था। वह मानव को क्षेत्र की विशेष प्रकृति का अभिन्न अंग मानता था।

फ्रांस के विडाल डि ला ब्लाश ने रेटज़ेल के निगमनात्मक दृष्टिकोण को नकार कर पुन: विशिष्ट क्षेत्रों (Pays) के अध्ययन को महत्त्व दिया। उसने प्राकृतिक व मानवीय विशेषताओं का बखूबी सम्मिश्रण कर 'पेज़' 'Pays' फ्रांस में ब्लाश ने 'मैसिफ़' (Massif of France or Central Massif) के अध्ययन में लघु-प्रदेश को इंगित करने हेतु प्रयोग किया। वह प्राकृतिक व सांस्कृतिक दृश्य-वस्तुओं के सम्मिश्रण द्वारा समान बनी इकाई है। इसको अध्ययन के लिए आदर्श इकाई कहा। ब्लाश का मत है कि मानव व प्रकृति

असम्बद्ध नहीं हैं और यह सम्भव ही नही है कि 'मानव का प्रकृति पर प्रभाव' को 'प्रकृति का मानव पर प्रभाव' बिना व्यक्त किया जा सके। ये दोनों प्रभाव एक-दूसरे में प्रविष्ट हुए हैं। इनसे ही उत्पन्न प्रदेश को प्रत्येक का अध्ययन 'अनूठा' (Unique) बना है। इसका अध्ययन ही भूगोलवेत्ता का कार्य है। ब्लाश की अध्ययन-पद्धति अगमनात्मक (Inductive) और ऐतिहासिक (Historical) थी। यह अध्ययन-पद्धति प्रदेशों को स्थानीय विशेषताओं से परिपूर्ण मानती थी। इसके प्रदेश विश्व में अपना स्थान अलग-थलग रख निजी व्यक्तित्व (Unique Individuality) धारण किए थे। इसमें इकाई के स्थानीय गुणों जैसे कला-कौशल, कृषि, शिक्षा, इतिहास व सामान्य जन-जीवन का अनूठा मेल था। जन-समुदायों का प्रकृति के साथ तादात्म्य इतना घनिष्ठ बना कि वे अनेक जरूरतों में आत्म-निर्भर बने। ऐसा मन्तव्य ब्लाश के प्रादेशिक भूगोल से जुड़ा है। उसकी भूगोलवेत्ताओं को राय थी कि वे अपने प्रादेशिक शोध में लोक-संग्रहालयों को सम्मिलित करें। वह चाहता था कि पूर्वकाल में प्रयोग में आने वाले उपकरणों, खेती के औजार आदि के शोध से प्रदेश के व्यक्तित्व-विकास को उजागर किया जाए। उसके प्रदेश-संबन्धी निबन्ध आज भी भूगोल में प्रेरणा के स्त्रोत माने जाते हैं। ब्लाश प्रादेशिक भूगोल को भूगोल विषय का कोड (Core) कहता था-उसके ही शब्दों में 'No one knows what winds brought them together, but they are living together side by side in a region which has gradually put its stamp upon them. Some societies have long been part of the environment, but others are in process of formation, continuing to recruit numbers and to be modified day by day."

विडाल डि ला ब्लाश 'पार्थिव एकता' (Terrestrial Whole) के सिद्धान्त का पक्षपाती था। उसका विश्वास था कि पृथ्वी और उस पर निवास करने वालों के मध्य घनिष्ठ पारस्परिक संबन्ध हैं, बिना एक-दूसरे के कोई अकेला उन सभी संबन्धों को सच्चाई के साथ व्यक्त नहीं कर सकता।[10]

एक अन्य फ्रांसीसी भूगोलवेत्ता रेकलस (Reclus) ने विश्व के समाजों का सटीक संक्षिप्त विवरण दिया। वह ज़ोर देकर कहता था कि मानव वातावरण की उपज नहीं है। उसका एक घटक (Component), एक अंग है। "अपनी जरूरतों के अनुसार मनुष्य अपने आवास-स्थानों में परिवर्तन लाने में समर्थ है। वह प्रकृति को पराभूत (Overcome) कर सकता है।"

19वीं सदी के अन्त और 20वीं सदी के मध्यकाल में भूगोल का विकास विशिष्ट विवरणों के रूप में ही होता रहा। वह लोक-व्यापी सामान्य नियमों का विकास नहीं कर पायी। उसकी कमज़ोरी विषय की पद्धति थी जो विशेष व अनूठे विवरणों को व्यक्त करने में जकड़ी थी। वह इस तंत्र से मुक्त नहीं बन सकी और न ही नियमों के निरूपण और सामान्य अवधारणाओं को स्थापित करने में सफलीभूत हुई।[11]

रिचर्ड हार्टशोर्न (Richard Hartshorne) ने क्षेत्रों में विभेदीकरण (Areal Differentiation) पर ज़ोर दिया। द्वितीय विश्व युद्ध के उपरान्त काल तक भूगोल विषय

प्रधानत: विशिष्ट विवरणीय प्रादेशिक (Idiographic) था। इस हेतु क्षेत्र-कार्य (Fieldwork) द्वारा सूचनाएँ एकत्रित कर और भौतिक भूगोल व मानव भूगोल में सम्मिलित कर विशेष-क्षेत्र अध्ययन का विवरण प्रदेश-भूगोल में था।

भूगोल के विद्वानों द्वारा क्रमबद्ध (Systematic) एवं प्रादेशिक (Regional) भूगोल के लिए जो दृष्टिकोण अथवा अभिगमों (Approaches) का प्रयोग किया गया, उन्हें आगे निम्न-पंक्तियों में व्यक्त किया है-

व्यवस्थित भूगोल (systematic) सामान्य अवधारणाओं और नियमों का निर्धारण करने का विषय है। यह विश्लेषण में सामान्य नियमों का प्रयोग करता है। प्रादेशिक भूगोल (Regional) संश्लेषण द्वारा प्रदेश की अनूठी विशेषताओं को उजागर करने का विषय है। व्यवस्थित भूगोल पूर्ण विश्व को इकाई के रूप में नियमों के अन्तर्गत विवरण है। उदाहरणवत्,

आरेख 9.1

CONTEMPORARY GEOGRAPHY SPECIAL GEOGRAPHY							
	1	2	3	4	5	6	7
General Geography	North America	South America	Europe	Africa	Asia	Australia	Antarctica
Landforms							
Climate							
Soils							
Plants							
Animals							
Economic							
Social							
A Urban							
B Settlement							
C Population							
D							
POLITICAL							

NOTES: D = Many new branches growing here

Special (regional) geography of Africa

General geography of population which considers its geo-regional variation throughout world

यदि विश्वस्तर पर अथवा महाद्वीपवत् तापक्रम, वर्षा, वनस्पति, खनिजों, फसल व जनसंख्या के सामान्य प्रारूपों को प्रस्तुत करे, व्यवस्थित भूगोल (Systematic Geography) है। इसके विपरीत क्षेत्र के प्राकृतिक कारकों को सांस्कृतिक दृश्य-जगत् पर आरोपित करके प्रदेश की सम्पूर्ण एकीकृत अनूठी विशेषताओं को उजागर करें, वह प्रादेशिक (Regional) भूगोल है। इसी दृष्टिकोण अथवा अभिगम को आरेख 9.1 में दर्शाया गया है।

इस आरेख में खड़ी क़तारों (Columns) में महाद्वीपों को इंगित किया है जैसे उत्तरी अमेरिका, दक्षिणी अमेरिका, यूरोप, अफ्रीका, एशिया, आस्ट्रेलिया, अन्टार्कटिका आदि।

इन महाद्वीपों में उच्चवाचन, जलवायु अथवा मिट्टियों का महाद्वीपों के स्तर पर उल्लेख करना एक सामान्य या क्रमबद्ध भूगोल होगा। पड़ी रेखाओं में विभिन्न भौतिक एवं सांस्कृतिक तत्त्व दर्शाए गए हैं जैसे भू-आकृति, जलवायु, जनसंख्या, अधिवास आदि। यदि इन भौतिक एवं सांस्कृतिक तत्त्व का एक-दूसरे के ऊपर रखकर अध्ययन किया जाये तो वह प्रादेशिक अध्ययन का उदाहरण होगा। इसी आरेख में अफ्रीका के प्रदेश का अध्ययन उसकी विभिन्न विशेषताओं द्वारा अनूठा बना, प्रादेशिक भूगोल (Regional Geography) है।

यह आरेख सामान्य भूगोल की अनेक शाखाएँ (संकल्पनाओं को) इंगित कर रहा है। ये सामान्य-भूगोल में सम्मिलित अनेक अवधारणाएँ हैं जो विभिन्न शाखाओं का रूप ले सकी हैं। प्रत्येक अवधारणा प्रदेशों में भी वर्णित है, जहाँ उसके विभिन्न प्रारूप निजी-निजी व्यक्तित्व (अनूठी विशेषताएँ) बने हैं। इस प्रकार भूगोल दो प्रधान स्वरूपों अथवा अभिगमों (Aspects or Approaches) में व्यक्त है।[12] इस आरेख में स्पष्ट है कि दृश्य-वस्तुएँ अथवा घटनाओं का धरातल पर संयोग और विश्व के वृहत विभाग रूप में एक ओर सामान्य और दूसरी ओर प्रादेशिक भूगोल बने हैं।

भूगोल में व्यवस्थित (Systematic) बनाम प्रादेशिक (Regional) का द्विभागीकरण कुछ विद्वानों की राय में तर्कसंगत है और वे इसे उचित ठहराते हैं। भूगोल एक विषय नहीं, अनेक हैं। इसकी परिभाषा भी कई आधारों पर भिन्न-भिन्न हुई है। कहीं भूदृश्य पर, तो कहीं स्थानों, क्षेत्रों, अवस्थिति पर इसकी परिभाषाएँ आधारित हैं। इस विषय में कहीं तो मानव व प्रकृति के बीच अन्तर्क्रिया की चर्चा है, तो कहीं यह मानव-पृथ्वी की व्यवस्था है। कोई इसे पारिस्थितिक विज्ञान और मानव के संबन्धों का विषय मानता है। कुछ विद्वानों की राय में भूगोल क्षेत्रीय विविधताओं की व्याख्या है, आदि, आदि।

भूगोल विषय बहु-विमीय है। इसमें अनेक विषयों की ही चर्चा सम्मिलित है नहीं, यह अनेक दृष्टिकोणों और अभिगमों द्वारा अध्ययन का भी विषय है। भूगोल बहुविचलक (Multi-variate) अथवा बहुचर विषय है जिसमें एक साथ प्राकृतिक विज्ञानों, सामाजिक विज्ञानों और गणित जा-प्रविष्ट हुए हैं। इन अनेक विषयों में संयोगों (Combinations) भी अनेक रूपों में भूगोल बन उठे हैं।[13] परन्तु प्रादेशिक भूगोल के अध्ययनकर्त्ता इस विषय के बहुचर स्वरूप को देखकर अन्तर्सम्बन्धित बनी ऐसी सभी दृश्य-वस्तुओं को एक ही स्थान पर वर्णन करने में झिझकने लगे हैं। प्रादेशिक विवरण जब पृष्ठभाग में जा पड़ा तो

भूगोल तीन अलग-अलग शाखाओं में विभक्त हुआ, जैसे सामान्य भूगोल (General Geography), कम्पेज (Compage) प्रादेशिक भूगोल और पूर्ण प्रादेशिक भूगोल (Full Descriptive Regional Geography)। 'कम्पेज' शब्द डरवंट विटिलजी (Derwent Whittlesy, 1956) के द्वारा प्रयोग में लिया गया था। वह प्रादेशिक भूगोल के अनेक पक्षों को स्पष्ट बनाता है। वातावरण के सभी पक्षों जैसे प्राकृतिक, जैवीय व सामाजिक को फलित रूप में पृथ्वी पर मानव-अधिग्रहण से संबन्धित बनाता है। परन्तु सामान्य व्यक्ति के लिए आज भी व्यवस्थित प्रादेशिक विवरण (Orderly Regional Description) ही उपयोगी है।[14]

प्रादेशिक भूगोल को भी अधिक महत्त्व देना बुद्धिमानी नहीं है। कोई दो स्थानों अथवा दो समुदायों में मनुष्यों की क्रियाएँ समान नहीं हैं। बेरी (Berry) सामान्य भूगोल और प्रादेशिक भूगोल को अलग-अलग नहीं मानता।[15] वह उन्हें एक सतत् बने दृश्य-जगत् (Continuum) के दो छोर (Extremes) के रूप में नहीं देखता। एक सिरे पर सामान्य, और दूसरे पर प्रदेश-भूगोल के बीच एक रिक्त (Gap) स्थिति से सतत् बनी यथार्थता का विवरण पूर्ण नहीं हो सकता। अत: वह इस सांचे (Matrix) में तीसरा पक्ष जोड़कर रिक्तता को भरना चाहता है। उसने साँचे में पृथ्वी, समाज और ज्यामितीय (Geometrical) प्रारूप को सम्मिलित माना है। भौगोलिक अध्ययन अविच्छिन्न और चरणबद्ध रूप में विकसित है। वह एक क्रमबद्ध (Systematic) विषय से आरम्भ होकर दृश्य-जगत् की जटिलताओं से गुज़रता हुआ अन्त में सम्पूर्णता में जा समाया (Integrated) है जिसको प्रादेशिक भूगोल (Regional Geography) कहते हैं। वह एक-दूसरे से अलग बने दो छोर सामान्य व प्रादेशिक में विभक्त नहीं है। बेरी भूगोल के द्विभागीकरण (Dichotomy) में विश्वास नहीं करता।

अनुचिन (V.A. Anuchin) भूगोल में विशिष्ट अथवा व्यक्तिनिष्ठ, अनूठी बनी प्रादेशिक (Particular, unique or individually characterised regional approach) यथार्थता और सामान्य (General) यथार्थता को दो अलग-अलग छोर नहीं मानता। वह इस द्विभागीकरण (Dichotomy) को एक दूसरे की पूरक कहता है। दोनों एक-दूसरे में अविच्छिन्न रूप से समायी हैं। 'The fact is that the two are mutually interpenetrative. The general becomes true in the particular, and the particular becomes true in the general.'[16]

अनुचिन विश्व-जगत् को एक ही विज्ञान कहता है। वस्तुत: विश्व-विज्ञान का इतिहास एक चक्ररूप में विकास की रूपरेखा है। इतिहास में कुछ काल-अवधि (Periods) ऐसी हैं जब सामान्य में विशिष्ट समा गए और कुछ काल अवधियों में विशिष्ट आगे पहुँच कर सामान्य को नष्ट कर एक ही विज्ञान की अनेक शाखाओं में फैल गए। इस प्रकार विज्ञान विस्तृत बनता गया। सम्पूर्ण में समाए भागों की तुलना में एक समस्त-यथार्थ अधिक महत्त्वपूर्ण है। अनुचिन (Anuchin) के ही कथन में-One can trace definite cycles in the history of world science. Periods when general absorbs the particular and succeeded by those during which the particular destroys the general and a single science disintegrates into an endless number of branches... integrative overviews of science which show that the 'whole is greater than the sum of the parts.'

इस प्रकार यथार्थ स्थिति यह है कि भूगोल के दो अभिगमों (Approaches) में- सामान्य भूगोल व प्रादेशिक भूगोल में-मतभेद ही नहीं है। दोनों तिरोहित बन एक बनी (disintegrated into one whole) हैं, एक-दूसरे में समायी हैं। 'विशेष' अवधारणा अन्तत: 'सामान्य' में जा समायी है। यथार्थता यह है कि 'Whole is greater than the parts'. यह महत्त्वपूर्ण है कि सामान्य अवधारणाओं के विवरण में प्रदेश की विशेषता निहित है। उन्हीं विशेषताओं द्वारा सामान्य की रचना संभव बनी है। परन्तु प्रदेश के व्यक्तिगत विशिष्ट का सामान्य से अलग कोई अस्तित्व नहीं है। अतएव भूगोल में द्विभागीकरण की सोच का यथार्थ में कोई महत्त्व नहीं है- The dichotomy of systematic and regional therefore falls or dies its own death.

भौतिक और मानवीय भूगोल की द्वैतता
(Physical Geography versus Human Geography)

भौतिक भूगोल बनाम मानव भूगोल के विवाद को व्यावहारिक नहीं माना जा सकता। सर्वप्रथम भूगोल को दो भागों में यूनानियों ने बांटा। हेकाटियस भौतिक भूगोल को वज़नदार मानता था, जबकि हेरोडोटस और स्ट्राबो ने अपने लेखों को मानवीय दृष्टिकोण से पूरा कर मानव-भूगोल पर ज़ोर दिया। आज तक भूगोल में इस द्वैतवाद का विवाद बना हुआ है। कुछ विद्वान् यह कहने में नहीं चूकते कि भौतिक भूगोल में उनकी रुचि नहीं है और मानव-भूगोल में वे दक्ष व कुशल हैं। कुछ विद्वान् तो भौतिक व मानव भूगोल के द्विभागीकरण से इतने प्रभावित हैं कि इन दोनों के अध्ययन की पद्धतियों को भी अलग-अलग मानते हैं। प्राकृतिक घटनाएं जैसे जलवायु, मौसम, जलराशि व प्रवाह, सामुद्रिक-विज्ञान, भूगर्भ-विज्ञान, भूआकृतियाँ आदि ऐसे विषय हैं जो प्राकृतिक-विज्ञानों (Natural Sciences) की पद्धतियों द्वारा अध्ययन किए जाते हैं। इनके परिणाम व निष्कर्षों को मापा भी जा सकता है, वे अधिक परिशुद्ध और वैज्ञानिक होते हैं। परन्तु सामाजिक एवं सांस्कृतिक घटनाएँ जो मानव भूगोल के विषय बने हैं, वे न तो परिशुद्ध और न सभी की दृष्टि में समान मूल्यों वाले हैं। उन्हें भौतिक विज्ञानों की पद्धति से परखा नहीं जा सकता। वे समय व स्थान के अनुसार सीमित होते हैं, घटते-बढ़ते और परिवर्तनीय हैं। उनमें सम्भावना अधिक और निश्चित परिणामों का अभाव होता है।[17]

वरेनिएस की Geographic Generalis में भौतिक व मानव भूगोल का विभाजन 1650 में स्पष्ट हो चुका था। काण्ट ने अठारहवीं सदी के आरम्भ में भौतिक भूगोल पर जर्मनी के कोनिंग्सबर्ग विश्वविद्यालय में व्याख्यान दिए और पृथ्वी के परिभ्रमण से वायु-दिशा में विचलय का अध्ययन किया।[18] हम्बोल्ट भी भौतिक भूगोल में रुचि रखता था, परन्तु कार्ल रिटर का झुकाव मानव-भूगोल की ओर था। हम्बोल्ट व रिटर दोनों ही भौतिक भूगोल में

शोधकार्य का उद्देश्य प्रकृति की एकता को स्पष्ट करना मानते थे।

रेकलस का ज़ोर व्यवस्थित भौतिक भूगोल (Systematic Physical Geography) पर था और इसी की पूर्ति उसकी रचना La Terre में है। डार्विन ने भी विषय के भौतिक पक्ष पर ही ज़ोर दिया और जीवधारियों के स्थायित्व एवं विकास के लिए प्राकृतिक समायोजन में संघर्ष को जरूरी ठहराया। सोमरविले (Somerville) ने 1848 में अपनी रचना Physical Geography, प्रकाशित की। 19वीं सदी के उत्तरार्द्ध में अधिकांश भूगोलवेत्ताओं का रुझान भौतिक भूगोल (Physical Geography) की ओर था। आल्ब्रेक्ट पेंक (Albrecht Penck) ने भू-आकृति-विज्ञान (Geomorphology) संस्थापित कर 'भू-आकारों के विकास' के नियमों का निर्माण किया। उसने दर्शाया कि आकृतियों के व्यवस्थित अध्ययन से प्रादेशिक दृष्टिकोण को किस भाँति व्यक्त कर सकते हैं। उसने धरातल की भौतिक आकृति के मानचित्रों की उपयोगिता पर ज़ोर दिया। भूगोल के व्यवस्थित ज्ञान में इनका पर्याप्त महत्त्व है। इसके पश्चात् कोपेन, डेविस, मार्टोनी, मिल, जेफरसन और दोकुश्चेएव आदि भूगोलवेत्ताओं ने भू-आकारों, व जलवायु को भूगोल में महत्त्वपूर्ण माना। इन सभी अध्ययनों में मानव के योग को नजरन्दाज किया गया। इसी समय डेविस ने आवरणक्षय चक्र (Cycle of Erosion) के सामान्य विचार को प्रस्तुत किया। रेटज़ेल व सेम्पल ने भी भौतिक वातावरण की महत्ता व्यक्त की और "मानव को धरातल की उपज कहा।" हंटिंगटन ने जलवायु व मौसम की दशाओं को सभ्यता के केन्द्रों के स्थानों में बदलाव के लिए उत्तरदायी ठहराया। मेकिण्डर, चिज़होम व हरबर्टसन ने भौतिक भूगोल को भूगोलवेत्ताओं के अध्ययन का प्रधान विषय बताया। 1877 में प्रकाशित हक्सले का भू-आकृति विज्ञान 'Physiography' 19वीं सदी की अंतिम तीन दशाब्दियों में विद्यालयों में लोकप्रिय विषय था।[19] सोवियत वैज्ञानिकों ने भूगोल को विज्ञान की शाखा कहा जिसमें भू-आकृति विज्ञान, मृदा विज्ञान, जल विज्ञान और जलवायु विज्ञान की विवेचना की जाती है। अपने विकास के आरम्भिक चरण में भूगोल ऐसे अध्यापकों द्वारा पढ़ाया जाने वाला विषय था जो भूगर्भ विज्ञान को पढ़ाते थे। तात्पर्य यह है कि भूगोल विषय भौतिक विज्ञानों में गिना जाने वाला विषय था। वुल्डरिज और ईस्ट की राय में भौतिक भूगोल सर्वव्यापी नियमों, प्रक्रियाओं और विज्ञान की श्रेणी का अधिक सूक्ष्म, विषम, लचीला और विविध विषय है।[20]

भौतिक बनाम मानव भूगोल के द्विभागीकरण को उस समय तक नहीं समझा जा सकता, जब तक कि मानव भूगोल के ऐतिहासिक विकास की ओर ध्यान न दिया जाए। रिटर व रेटजेल मानव को दृश्य-जगत् में परिवर्तन लाने वाला अभिकर्त्ता (Agent) मानते थे। फेवरे का भी मत मानव को वातावरण में परिवर्तन लाने वाले मुख्य कारकों में से महत्त्वपूर्ण कारक समझा जाना था। वह भूगोल में मानव के योग को सबसे आगे खड़ा देखता था- In geography, "we deal with man's work, man's calculations, man's movement, the perpetual ebb and flow of humanity, man-not the soil or the climate - is ever in the forefront." विडाल डि ला ब्लाश

वस्तुतः मानव-भूगोल के सम्प्रदाय का संस्थापक था। वह प्रदेश के सांस्कृतिक भू-दृश्य के प्रमुख निर्धारणकर्ताओं में भौतिक घटकों के योग को बहुत कम महत्त्व देता था। वह भौतिक भूगोल और नियतिवादी तर्कों की कमजोरियों को अच्छी प्रकार समझता था। परन्तु ब्लाश भौतिक व सांस्कृतिक घटनाओं के मध्य कोई सीमा-रेखा खिंची हुई नहीं देखता और दोनों को एकीकृत बने भू-दृश्य जानता। प्राकृतिक व सांस्कृतिक दृश्य-वस्तुओं को एक-दूसरे से अलग-अलग करना संभव नहीं है और न ऐसी क्रिया किसी प्रकार का 'भूगोल' है। मानव-अधिवास के किसी क्षेत्र में मानव की मौजूदगी के कारण ही प्रकृति में महत्त्वपूर्ण परिवर्तन घटित देखे जाते हैं, वे परिवर्तन वहाँ सर्वाधिक घटित हैं जहाँ जन-समुदाय की भौतिक-संस्कृति का स्तर सर्वोच्च बना है।[21] जीन ब्रून्हंस ने मानव भूगोल के संकल्पनात्मक ढांचे को दो अवधारणाओं, क्रियाकलाप का नियम और अन्तर्सम्बन्ध को नियम-द्वारा सशक्त बनाया। आगे दिमां-जियां ने भी ब्लाश की परम्परा को गति दी।

अमेरिका में मानव व नगर भूगोल में जेफरसन के 'केन्द्र-स्थानों' (Central Places) के विचारों एवं 'प्रथम बड़ा शहर' (Primate City) तथा 'सभ्य-बने रेल मार्ग' ने योग दिया। सोवियत संघ में अनुचिन के आर्थिक-नियतिवाद द्वारा भूगोल में मानव पक्ष सुदृढ़ बना।

मानव-भूगोल के अनुयायियों के विचार-दर्शन का मुख्य आधार प्रकृति और मानव के मध्य पारस्परिक संबन्ध स्थापित करना है। दोनों एक-दूसरे पर निर्भर हैं, अलग-अलग उनका कोई अस्तित्व नहीं है। ऐसी समझबूझ को बढ़ावा देने के लिए अलग-अलग क्षेत्रों में अलग-अलग रीति व पद्धति (Methodology) अपनायी जाती है। यह पद्धति प्रदेश में विकास की दिशाओं और वहाँ के लोगों की आवश्यकताओं के अनुरूप निर्धारित की जाती है। भूगोल की विभिन्न शाखाओं में भी अपनायी गयी पद्धतियाँ एक-दूसरे से नितान्त भिन्न हैं। कभी-कभी यह भिन्नता विषय की एकता में भी सन्देह उत्पन्न कर देती है। "जलवायु अध्ययनों और भू-आकारों के अध्ययनों में अपनायी गयी पद्धतियों में अन्तर कई रूपों में प्राकृतिक वनस्पति व फसलों के उत्पादन की पद्धतियों के अन्तर से भी बहुत अधिक पाया जाता है।"[22]

उपर्युक्त से यह स्पष्ट है कि भौतिक भूगोल बनाम मानव भूगोल का द्विभागीकरण दिखावटी मात्र है। यथार्थ में भूगोल एक ही है और ये दो इस विषय के ऐतिहासिक स्वरूप हैं। एक ही सतत् प्रवाहित भूगोल-धारा के यह दो छोर हैं। हार्टशोर्न ने मत व्यक्त किया कि यदि दो भूगोल-भौतिक व मानवीय होते तो भूगोल का सारा कार्य ही तर्क शून्य (Illogical) बन जाएगा। हम प्राकृतिक कारकों का मानव पर प्रभाव और मानव की क्रियाओं का धरातल पर प्रभाव का अध्ययन करते हैं। हम भूगोल विषय का शारीरिक-विभाजन (Physiological Division) नहीं करते। यदि भूगोल को भूगोलवेत्ता कोई मूल्यवान विषय का स्थान देना चाहते हैं तो मानव और प्राकृतिक दृश्य वस्तुओं अथवा घटनाओं के बीच उत्पन्न इस खाई को पाट कर समाप्त करना चाहिए।[23]

ऐतिहासिक बनाम समकालीन भूगोल
(Historical Geography versus Contemporary Geography)

'ऐतिहासिक भूगोल बनाम समकालीन भूगोल', क्या भूगोल के द्विभागीकरण अथवा द्वैतवाद के सूचक हैं यह प्रश्न न केवल भूगोलविदों व इतिहासज्ञों के लिए बल्कि सभी सामाजिक वैज्ञानिकों के ध्यानाकर्षण का विषय है। विगत वर्षों अथवा पूर्व-काल में क्षेत्र, प्रदेश अथवा विश्व के भूगोल का क्या स्वरूप था, यह चर्चा ऐतिहासिक भूगोल का विषय है। उदाहरणवत् यदि भारत में मध्ययुगीन काल के मानव-अधिवास के वितरण और फसलों के उत्पादन-प्रारूपों का अध्ययन करते हैं तो यह ज्ञान ऐतिहासिक भूगोल कहा जाएगा। एस.एम.अली (S.M. Ali) ने अपनी विख्यात रचना The Geography of Puranas में प्राचीन भारत के भूगोल की रचना का प्रयास किया। इसी प्रकार के अध्ययन भारत एवं विदेशों में हुए हैं। राल्फ़ ब्राउन (Ralph Brown) ने संयुक्त राज्य के विषय में प्रकट किया कि जब अन्य प्रदेशों में बसाव प्रक्रिया जारी थी,उस काल में उसकी क्या भौगोलिक दशा थी।[24] ईस्ट (East) ने यूरोप में मानव भूगोल की रचना अनेक सोपानों में प्रकट की, तथा अनेक ऐतिहासिक भूगोलविदों ने इतिहास-कालों में घटित भौगोलिक विषयों पर सामग्री संग्रह कर लेख लिखे। वे विवरण क्षेत्रों से जुड़े नहीं थे, परन्तु भौगोलिक कारकों का पूर्व-काल में विकसित सोच था।[25]

ऐतिहासिक भूगोल भूगोल के 'फ्रेम' में फ़िट नहीं हो पाया है। वह अलग-थलग जा पड़ा है। वर्तमानकालीन भूगोल और ऐतिहासिक भूगोल में सामान्य और विशेष (प्रदेशों) दोनों की चर्चा व सामग्री है। परन्तु वह भूगोल में अभी तक उस रूप में नहीं घुल-मिल सकी है जैसे सामाजिक भूगोल का मेल हो चुका है। ऐतिहासिक भूगोल का अभी तक अस्तित्व पूर्णतः अलग बना है।[26] समकालीन भूगोल धरातल के वर्तमान दृश्य-जगत् की वस्तुओं अथवा घटनाओं का स्थानिक-विविधात्मक वर्णन है। वह कालान्तर में समय गुज़रने पर ऐतिहासिक बन जाएगा। अतएव समकालीन और ऐतिहासिक अलग-अलग विवरणों के भूगोल हैं। वे दोनों एक-दूसरे को सहायता देने के लिए बने हैं।

यहाँ कुछ ऐसे बिन्दु हैं जो ऐतिहासिक भूगोल की प्रकृति और उसके क्षेत्र के बारे में विचारणीय हैं। वे संक्षिप्त रूप में नीचे व्यक्त किए गए हैं-[27]

(i) इतिहास में भौगोलिक कारकों की प्रक्रिया।

(ii) सांस्कृतिक दृश्य-जगत् का विकास।

(iii) भूतकालीन भूगोल-शाखाओं का पुनर्निर्वचन।

(iv) काल-अवधि के दौरान घटित भौगोलिक परिवर्तनों का अध्ययन।

(i) भूगोल में ऐतिहासिक कारक

19वीं सदी के उत्तरार्द्ध में ऐतिहासिक भूगोल मुख्य भूगोल की शाखा थी। इसमें काल-विशेष के दौरान स्थानिक घटनाओं अथवा वस्तुओं के मध्य अन्तर्सम्बन्धों की चर्चा है और इतिहास

पर भौगोलिक कारकों के प्रभाव इंगित बने हैं।[28] विट्लिसे व ईस्ट (Whittlesey and East) ने इतिहास में भौगोलिक कारकों को ऐतिहासिक घटनाओं की यथार्थता को स्पष्ट बनाने में सहायक बताया। कुछ लोग इसे भूतकालीन ऐतिहासिक घटनाओं पर प्राकृतिक वातावरण का प्रभाव बताते हैं। भौगोलिक कारकों ने मानव क्रियाओं को सदैव प्रभावित किया है। इससे ही नियतिवादी और सम्भववादी विचारधाराओं का विकास हुआ। 'कार्यों' अथवा घटनाओं के पीछे उनके 'कारण' जुड़े हैं (Cause-effect relationship)। इनका अध्ययन, अंकन, वर्गीकरण और विभिन्न मानव-समुदायों पर प्रभाव महत्त्वपूर्ण बने हैं। इस प्रकार भौगोलिक नियतिवाद के साथ-साथ ऐतिहासिक विवरणों से सामाजिक, आर्थिक, तकनीकी नियतिवादों का भी जुड़ाव है। इस प्रकार के ऐतिहासिक भूगोल की आलोचना भी की गयी है और इसे इतिहास को स्पष्ट बनाने का ही प्रयास कहा है। ये वस्तुत: ''इतिहासज्ञों के कार्य को सहायता पहुँचाने के लिए उनके विवरणों में लुप्त हुए वातावरणीय संकेत हैं।''[29]

(ii) सांस्कृतिक दृश्य-जगत् का बदलता स्वरूप

ऐतिहासिक भूगोल का एक अध्ययन-बिन्दु सांस्कृतिक भू-दृश्य के बदलते स्वरूप का अध्ययन है। इस दृष्टिकोण से भूतकालीन भृ-दृश्य की पुनर्रचना प्रकट होती है। यूरोप के अनेक देशों का सांस्कृतिक भू-दृश्य विगत दो सदियों में बड़ी तेज़ी से बदला है। यह दृष्टिकोण उत्पत्ति एवं विकासमूलक भू-आकृति-विज्ञान से ही मिलता-जुलता है। इससे भूगोल दृश्य का विकास स्पष्ट बनता है और भूगोल की आधार विषयक विशेषताएँ उजागर होती हैं। भूतकालीन सांस्कृतिक-दृश्य की लुप्त हुई कड़ियाँ उस काल के अधिवासों के वितरण, गृहों के तत्कालीन प्रारूप, खेतों की आकृतियों, विभाजन व विवरण स्वरूप द्वारा पुन: स्पष्ट बन ज्ञान का स्त्रोत बनती हैं।

(iii) भूतकालीन भूगोल-शाखाएँ

ऐतिहासिक भूगोल का एक रूढ़िवादी विचार यह भी है कि बीते हुए काल के भूगोलों की पुनर्रचना की जाए। ऐसे भूगोलों की संख्या कम नहीं है-जैसे कृषि-भूगोल, नगर-भूगोल, औद्योगिक भूगोल, सामाजिक भूगोल और प्रादेशिक भूगोल। यथार्थ में भूतकालीन भूगोल की सामग्री वर्तमान काल के भूगोलविदों के लिए बहुत महत्त्वपूर्ण है। उसके द्वारा धरातल पर घटनाओं अथवा वस्तुओं का वितरण किन सोपानों में विकसित हुआ है, प्रकट होता है। वह उनके बीते कल के स्वरूपों व आज दिखाई देने वाले स्वरूपों के संबन्ध को भी स्पष्ट करता है। परन्तु यह कार्य और ऐसे दृश्य-जगत् की पुनर्रचना करना सरल नहीं है।

(iv) काल-अवधि के दौरान भौगोलिक परिवर्तन

भूगोलविदों का मुख्य ध्येय स्थानों अथवा क्षेत्रों के विषय में पूर्ण जानकारी प्राप्त करना है कि वे कैसे हैं, उनका क्या, कैसा और क्यों वह स्वरूप है जो हमें दिखाई दे रहा है। क्षेत्र का स्वरूप चाहे कल का हो, चाहे आज का? वह क्षेत्र जैसा है उसके पीछे कौनसे भौतिक व सांस्कृतिक कारण हैं? स्थानिक एवं काल-अवधि में घटित परिवर्तनों द्वारा भी क्षेत्र का

स्वरूप बनता-बिगड़ता है। भूगोल के विद्वानों के अध्ययन का उद्देश्य इन सभी के बारे में जानकारी करना है। शोध का उद्देश्य 'कल' (Past) और 'आज' (Present) का नहीं है। उनका उद्देश्य क्षेत्र को उसकी सम्पूर्णता में जानने का है। इसके लिए यदि कल के इतिहास में भी झांकना पड़े तो क्या आपत्ति है। अत: कल का भूगोल (Historical Geography) और आज का समकालीन भूगोल (Contemporary Geography) कोई दो अलग-अलग विषय नहीं हैं। वे वस्तुत: क्षेत्र की यथार्थता में खोज करने में सहायक प्रक्रिया हैं। मेकिण्डर तो कल की ऐतिहासिक भौगोलिक जानकारी को ऐतिहासिक वर्तमान का अध्ययन कहता था। "The geographer has to try and to put himself back into the present that existed, let us say one thousand or two thousand years ago; he has got to try and restore it."[30] आज जो वर्तमान (Present) है, वह कल (In Past) भी था। इसीलिए वर्तमान को पूर्ण रूप से समझना तभी संभव है जब उसके 'कल' (Past) में भी झांका जाए।

कार्यात्मक (अथवा ग्रन्थिल) प्रदेशों बनाम विधिवत् (अथवा एकरूप) प्रदेशों के द्वैतवादी भूगोल का अध्ययन

Study of Functional (or nodal) Regions Versus Geography of Formal (or uniform) Regions

भूगोल में स्थान अथवा क्षेत्र (Space or Area) की अवधारणा बहुत महत्त्वपूर्ण है, क्योंकि यह स्थिति व अवस्थान (Location and Site) से जुड़ी अवधारणा है। स्थिति गुणवान अथवा गुणहीन दोनों ही प्रकार की हो सकती है। स्थिति का प्रभाव स्थान पर भी पड़ता है। इसीलिए कुछ स्थान गुणी होने के कारण कार्यों की पूर्ति में सुविधाजनक बने हैं। इनको कार्यात्मक (Functional) स्थान अथवा कार्यात्मक प्रदेश कहते हैं। कुछ ऐसे स्थानों की अवधारणा भी है जो यथा-नियम आकृति लिए हैं। इन्हें विधिवत् अथवा आकारिक स्थान (Formal or Uniform) कहते हैं। ये वास्तविक नहीं हैं, इनकी ज्यामितीय आकृति कागज़ पर रची जा सकती है। यह स्थानों में द्विभागीकरण (Dichotomy) 'कार्य परक' और 'कृत्रिम' के रूप में है। ऐसे स्थान जहाँ धरातल पर क्रिया-कलापों को अपने गुणों के कारण पूर्ति की सुविधाएँ हैं यथार्थ-स्थान (Real Places) कहते हैं। परन्तु नियमानुसार विधिवत् कागज़ पर रचे स्थान ज्यामितीय अथवा आकृतिक हैं, वे कृत्रिम हैं। यह द्विभागीकरण उसी प्रकार का है जैसा प्रादेशिक भूगोल बनाम व्यवस्थित (क्रमबद्ध) भूगोल है अथवा भौतिक बनाम मानव भूगोल है।

कार्यात्मक प्रदेश ग्रन्थिल (Nodal) होता है जो नाना प्रकार के कार्यों को आकर्षित कर ग्रन्थि (गठीला) बन जाता है। वहाँ धरातल, मिट्टी, भू-उपयोग, उद्योग, यातायात-जुड़ाव व मण्डी की नाना प्रकार की सुविधाएँ आ मिली हैं। ये गुणात्मक सुविधाएँ उस स्थान पर एक के ऊपर एक आरोपित नहीं हैं, बल्कि वहाँ घुल मिलकर एक ग्रन्थि के रूप में ढली हैं। ये सम्मिलित रूप में उस स्थान को सर्वोत्तम उपयोगी बनाती हैं। यहाँ ऐसा कार्य आकर्षण उत्पन्न हुआ है कि केवल स्थानीय वस्तुएं अथवा घटनाक्रम ही प्रभावित नहीं हैं,

आस-पास व दूर-दूर की वस्तुएँ भी प्रभावित हुईं हैं।[31] कार्यात्मक प्रदेशों के अनुयायी मानते हैं कि "किसी स्थान पर परस्पर भिन्न-भिन्न पंचमेल वस्तुओं और जटिल दृश्य-जगत् में उनके बीच बना संबन्ध सकारण है और अलग-अलग प्रदेशों का एक-दूसरे से जुड़ाव भी सकारण बनता है।"[32] एक समान सदृश्य सजातीय क्षेत्रों में समुदायों का आवास नियमानुसार विधिवत् है और वे आकारिक हैं। दो अथवा दो से अधिक नियमबद्ध भिन्न-भिन्न समुदायों में कार्यों के आधार पर समागम होता है। वे प्रदेश विधिवत् अथवा आकारिक होते हुए भी कार्यों में संयुक्त बन उठे हैं। अतः प्रदेश एक साथ कार्यात्मक भी हैं और नियमबद्ध भी। इन दोनों में किसी प्रकार का न द्वैतवाद है, न विभाजन। पँचमेल समुदायों का एक प्रदेश में साथ-साथ रहना-सहना और संगठित बने रहना नियमबद्ध है यह और कार्यात्मक बन उठा है। आजकल के विषम समुदायों को नियमों के आधार पर समझना कठिन है। परन्तु जब वहाँ कार्यों की समानता दिखाई पड़ती है तो धरातल, जलवायु, मिट्टी, भू-उपयोग, मानव अधिवास और वहाँ का जन-जीवन एक प्रदेश में जुड़े, समाहित बने स्पष्ट रूप से समझ में आते हैं। प्रदेश की कार्य-प्रधान स्थिति के कारण भिन्न-भिन्न समुदायों की निरपेक्ष दूरियाँ (Absolute Distances) समाप्त होकर निरर्थक बन जाती हैं। वहाँ के विस्तार का और असीमित भिन्नताओं का प्रदेश की स्थिति के गुणों के कारण संगठित बनना संभव बना है।[33] इसलिए ही स्थानों को 'प्लास्टिक' (Plastic) कहा गया है जो समुदायों के कार्यों और उनकी जरूरतों को पूरा करने तथा तकनीकी विकास के लिए अपनी आकृतियों व विस्तार में सतत् बदलाव लाती रहती हैं[34]। भूगोलवेत्ता गणितीय परिकलन, सांख्यिकीय तकनीक, कम्प्यूटर आदि की सहायता से नियमबद्ध स्थितियों (Formal Sites) के अध्ययन को कार्यात्मक स्थितियों (Functional Locations) में लाकर अध्ययन में जुटे हैं। वस्तुतः विधिवत् नियमानुरूप स्थिति प्रदेश में कार्यात्मक स्थितियों की पूरक है, और दोनों अन्तर्निभर हैं। इनमें द्विभागीकरण निर्मूल और दिखावटी है। प्रेस्टन ई. जेम्स (P.E. James)[35] के अनुसार, अनेक द्विभागों (Dichotomies) को मन-मस्तिष्क में धारण कर लेना एक प्रकार की भयभीत करने वाली (Semantic Trap) जंजाल बनी भूल है।

प्रदेश को विधिवत् आधारों पर ही सहज बनाया जा सकता है। विधि और कार्य (System and Work) दोनों का ही प्रदेश में महत्त्व है। विधियों में क्षेत्र को कार्य के लिए रचने के नियम और तौर-तरीक़े हैं। इसलिए विधिवत् क्षेत्र (Formal Region) और कार्यात्मक क्षेत्र (Functional Region) दोनों अलग-अलग दो-पाट नहीं हो सकते। प्रेस्टन ई. जेम्स ने स्पष्ट किया कि इन दोनों प्रदेशों को अलग-अलग, द्विभागों में देखना कुछ ही लोगों की धारणा हो सकती है जिनकी संस्कृति की सोच ही जड़ व रूढ़ि ग्रस्त है।[36] अन्य लोग जो केवल आदर्शवादी नहीं हैं और विकास की संस्कृति से जुड़े हैं वे व्यवस्था बनाम कार्यपरकता, प्राकृतिक बनाम मानवीय, नियतिवादी बनाम संभववाद, निगमनात्मक बनाम अगमनात्मक, जड़तापूर्ण वर्णन बनाम विधिवत्वर्णन, नियमानुरूप स्थितियाँ बनाम कार्यात्मक स्थितियाँ को एक-दूसरे का विरोधी एवं विपरीत नहीं समझते। वे एक में से दूसरे का विकास मानते हैं। द्विभागी-सोच भौगोलिक मूल की एकता के सोच के लिए हानिकारक है।

Notes

1. Minshull, R., 1970, *The Changing Nature of Geography*, London, p.138.
2. Ahmad, A., 1978, *Dualism and Dichotomies in Geography, A Discussion Paper*, p.6; and 1983, 'Nature of Dichotomy in Geography: General and Particular', *The Indian Geographical Journal*, Vol. 58, No.2, pp. 97-107.
3. Haggett, P., 1965, *Locational Analysis in Geography*, Arnold, p.35.
4. James, P.E. and Martin, G.J., 1981, *All Possible Worlds*, p.124.
5. Dickinson, R.E., 1969, *The Makers of Modern Geography*.
6. Ahmad, A., *op.cit*., p.8.
7. Humboldt, A. von. 1849, *Kosmos*. Translation by E.C. Otte, London.
8. Ahmad, A., *op.cit*., p.8.
9. Hartshorne, R., 1959, *Perspectives in the Nature of Geography*, Chicago.
10. Freeman, T.W., 1971, *A Hundred Years of Geography*, London, p.84.
11. Ahmad, A., *op.cit*., p.9.
12. Minshull,R., *op.cit*., p.140.
13. *Ibid*.,p.142.
14. *Ibid*.
15. Berry, B.J.L., 1973, 'A Paradigm from Modern Geography' in *Directions in Geography*, London, pp.43-63.
16. Anuchin, V.A.,1973, 'Theory of Geography' in R.J. Chorley,ed. in *Directions in Geography*, London, pp.43-63.
17. Holt-Jensen, A.,1981, *Geography: Its History and Concepts*, p.13.
18. Hartshorne, R.,1939, 'The Nature of Geography, A Critical Survey of Current Thought in the Light of the Past', *Ann. Assoc. Am. Geographers*, 29,173, p.38.
19. Steddart, 1975, 'The Victorian Science-Huxley's Physiography and its Impact of Geography', *Trans.Inst.of Br.Geogr*. 66,pp.17-40.
20. Wooldridge, S.W. and East, W.G.,1951, *The Spirit and Purpose of Geography*, p.30.
21. Holt-Jensen, A., *op.cit*., p.27.
22. Ahmad, A., *op.cit*.,
23. Febvre, L., 1952, *Le Terra et I' Evolution Humaine Introduction Geographique a I'Historie*, Paris; and 1932, *A Geographical Introduction to History*, London, Kegan Paul, Trench, Trubner & Co. Ltd.

24. Brown, R.H., 1948, *Historical Geography of the United States*.
25. East, W.G., 1954, *An Historical Geography of Europe*.
26. Minshull, R., *op.cit.*, p.140.
27. Smith, C.T.,1967, 'Historical Geography: Current Trends and Prospects' in *Frontiers in Geographical Teaching*, edt. by R.J. Chorley and P. Haggett, pp.118-143.
28. *Ibid.*
29. Sauer, C.O.,1941, 'Foreword to Historical Geography', *Ann. Ass. Amer. Geog.*, 31, pp.1-20.
30. Smith, C.T., *op.cit.*, p.146.
31. Minshull, *op.cit.*, p.146.
32. *Ibid.*
33. Holt-Jensen, A., *op.cit.*, p.64.
34. *Ibid.*
35. James, P.E., 1972, *op.cit.*, p.506.
36. *Ibid.*, p.406.

10

मात्रात्मक क्रांति, प्रतिमान, तंत्र-विश्लेषण और प्रादेशिक संकल्पना

(Quantitative Revolution, Paradigms, System Analysis and Regional Concept)

भूगोल दो सौ वर्षों से भी अधिक समय से सामान्यानुमान (Generalization) और सिद्धान्त-निरूपण (Theory-Building) की समस्याओं का सामना कर रहा था। अन्य सभी प्राकृतिक और सामाजिक विज्ञानों में सिद्धान्त-निरूपण की एक लम्बी परम्परा रही है। द्वितीय विश्व युद्ध के पश्चात्, विशेषत: विकसित देशों के भूगोलवेत्ताओं ने भूगोल के अध्ययन में साहित्य की भाषा के प्रयोग से अधिक गणितीय भाषा के प्रयोग को महत्त्वपूर्ण अनुभव किया। परिणामत: अनुभवाश्रित (Empirical) वर्णनीय भूगोल (Descriptive Geography) को नकार दिया गया। इसके स्थान पर भूगोल में भी निरपेक्ष मॉडलों (Abstract Models) की रचना पर ज़ोर दिया जाने लगा। गणितीय और अमूर्त मॉडलों के निर्माण में गूढ़ सोच-विचारों और विवेकी सांख्यिकीय तकनीकों के प्रयोग की आवश्यकता होती है। भूगोल में ऐसी सांख्यिकीय तकनीकों के प्रसार द्वारा विषय व उसके सिद्धान्तों की अधिक सुस्पष्ट बनाने की क्रिया 'मात्रात्मक क्रांति' (Quantitative Revolution) के नाम से विख्यात है अथवा भूगोल में सांख्यिकीय तथा गणित के सूत्रों के उपयोग को मात्रात्मक क्रान्ति कहा जाता है।

पराम्परागत अर्थों में भूगोल पृथ्वी के धरातल के विवरण का विषय है, परन्तु समय के साथ इसकी परिभाषा और प्रकृति में बद़लाव आया। अब भूगोल को पृथ्वीतल के परिवर्तनीय स्वरूप का सही-सही, व्यवस्थानुरूप और तर्कपूर्ण विवरण प्रस्तुत करने व

निर्वचन करने का विषय मानते हैं।[1] यीट्स (Yeates) के शब्दों में, "भूगोल को विज्ञान कह सकते हैं, क्योंकि इसमें तर्कपूर्ण विचारों का विकास सम्भव बना। इसमें सिद्धान्तों का परीक्षण होता है? यह स्थान-विषयक वितरण और पृथ्वीतल पर विभिन्न विशेषताओं एवं उनकी अवस्थिति को स्पष्ट बनाने व उनके बारे में भविष्यवाणी करने का विषय है।" इस उद्देश्य की पूर्ति हेतु और प्रदेश के बारे में सही तस्वीर व यथार्थ ज्ञान प्राप्त करने के लिए यह आवश्यक है कि भूगोलवेत्ता मात्रात्मक उपकरणों एवं तकनीकों को प्रयोग में लाना आरम्भ करें। यह 1960 तक प्रयोग में नहीं लायी जा सकीं। अतः भूगोल में एक बड़ा परिवर्तन तकनीकी और विधियों के प्रयोग में आया है, और यह मात्रात्मक क्रांति का ही योग माना जाएगा। इस क्रांति का ही परिणाम है कि विषय में मात्रात्मक तकनीकें व सामान्य तंत्र-सिद्धान्त का उपयोग विस्तार से होने लगा है। नवीन-नवीन विद्युतीय-साधनों (Electronic Devices) ने भूगोल में भी ऐसे जटिल गणितीय परिकलनों के उपयोग को सम्भव बनाया जो पहले कभी प्रयोग में नहीं लाए गए थे।

मात्रात्मक क्रांति (Quantitative Revolution)

सांख्यिकीय और गणितीय तकनीकों के प्रयोग, प्रमेयों व प्रमाणों का उपयोग और भौगोलिक तंत्र में इन विधियों से निष्कर्षों को निकालना ही भूगोल के दायरे में 'मात्रात्मक क्रांति' कहलाती है। भूगोल में सबसे पहले 1950 की दशाब्दी में सांख्यिकीय विधियों का प्रयोग आरम्भ हुआ (बर्टन, 1963)। सांख्यिकीय तकनीक आरम्भ में वर्णनात्मक थी, और उसमें विषम-विधि का प्रवेश नहीं हुआ था, जैसे Chi-square आदि सरल विधि से काम चलता था। कुछ दिनों बाद Bivariate Regression Analysis प्रयोग किया जाने लगा। परन्तु General Linear Model पूर्णतः 1960 की दशाब्दी से पहले भूगोल में इस्तेमाल नहीं हुआ था एक शोध-पत्र 1963 में I. Burton ने 'The Quantitative Revolution and Theoretical Geography' कनाडा की पत्रिका Canadian Geographer (7: pp. 51-62) में प्रकाशित किया। सारांश यह है कि भूगोल में सांख्यिकीय विधियों का प्रयोग मुख्यतः किसी गणितीय मॉडल के प्राचलों (Parameters) को, जैसे Distance Decay व Gravity Models, अनुमानित और उनकी सार्थकता के परीक्षण के लिए होता है।

द्वितीयविश्वयुद्ध के पश्चात् भूगोल के सामने एक संकट आ खड़ा हुआ। भूगोलवेत्ताओं व सामान्य जनता में भूगोल के प्रति सन्देह उत्पन्न होने लगा। क्या भूगोल विषय की सामाजिक सार्थकता है अथवा नहीं? भूगोल क्या विश्वविद्यालय के स्तर का विषय है? इन सन्देहों के बारे में लोगों में विवाद छिड़ गया। सन् 1948 में हारवर्ड विश्वविद्यालय के प्रेसीडेण्ट जेम्स कोनान्ट (James Conant) ने अपने इस निष्कर्ष की घोषणा की- "भूगोल विश्वविद्यालय के योग्य विषय नहीं है।" उसकी इस घोषणा के फलस्वरूप भूगोल विभाग हारवर्ड विश्वविद्यालय में बंद कर दियागया। संयुक्त राज्य के अनेक निजी विश्वविद्यालयों से भी भूगोल विषय धीरे-

धीरे हटाया जाने लगा। इस संकट से भूगोल को उभारने की दिशा में प्रयास आरम्भ हुए। अमेरिकन विश्वविद्यालयों में नए विचार एवं शोध कार्य आरम्भ किए गए। भूगोल को स्थान-विषयक (Spatial Sciences School) विज्ञान बनाने के प्रयासों ने 'मात्रात्मक क्रांति' का रूप ले लिया। मानव भूगोल के विद्वानों में भूगोल के स्वरूप पर वाद-विवादों की झड़ी सी लग गई। उनकी चिन्ता का विषय भूगोल में अन्य सामाजिक व जीव-विज्ञानों की तुलना में मानक सिद्धांतों, मॉडलों व नियमों के प्रयोगों की बहुत कमी का होना था। अतः उन्होंने भूगोल को सुदृढ़ सैद्धान्तिक आधार पर स्थापित करने हेतु कदम उठाए। इस दिशा में उन्होंने स्थानों व क्षेत्र की सुव्यवस्थित संरचना संबन्धी नियमों का मात्रा-प्रधान तकनीकों से निवर्चन पर जोर दिया। उन्होंने मानव और वातावरण के बीच संबन्धों को परिशुद्ध बनाने व सामान्यानुमाननिर्धारण हेतु गणितीय-मापकों की रचना की जिनसे दृश्य-जगत् की वस्तुओं के वितरणों, घनत्व, पारस्परिक दूरियों एवं उनके मध्य आकर्षणों की शुद्धता परखी जा सके।

भूगोल में **मात्रात्मक-क्रांति के मुख्य उद्देश्यों** को निम्न प्रकार से व्यक्त किया गया-

1. भूगोल के वर्णनात्मक स्वरूप में परिवर्तन लाना और उसे वैज्ञानिक विषय बनाना,
2. स्थानिक-प्रारूपों को तर्कपूर्ण, उद्देश्यानुरूप और अकाट्य विधियों से निवर्चन करना,
3. साहित्यिक भाषा के स्थान पर परिशुद्ध गणितीय भाषा का प्रयोग करना, जैसे कोपेन (Koppen) ने जलवायु वर्गीकरण में 'Af' का प्रयोग उष्ण आर्द्रवनों की जलवायु के लिए किया।
4. स्थितिजन्य क्रम-व्यवस्था (Locational Order) को यथार्थ रूप से सामान्यानुमानों (Generalizatons) में व्यक्त करना,
5. परिकल्पनाओं का परीक्षण कर 'मॉडल', सिद्धान्त व नियमों का निर्माण औरपरीक्षण कर पूर्वानुमान व्यक्त करना,
6. विभिन्न आर्थिक क्रिया-कलापों के लिए आदर्श-स्थितियों की पहचान, संसाधनों का अधिकतम लाभ मिल सके, ऐसी स्थितियों का स्थानिक निर्धारण, और
7. भूगोल में प्रयुक्त पद्धतियों को उद्देश्यानुरूप व वैज्ञानिक बनाना जिससेविषय को दार्शनिक व सैद्धांतिक आधार प्रदान करना।

फील्ड-सर्वे द्वारा सूचनाओं एवं आंकड़ों के संकलन से प्रेक्षणों को यथर्थ रूप देना सिद्धान्तों व मॉडलों की रचना में सहायक है। इनके सिद्धान्तों एवं माडलों की निम्न मान्यताएँ हैं, अर्थात यह सिद्धान्त उस समय लागू होंगे जब निम्न बातें पाई जाएँ-

1. मानव एक आर्थिक मानव (Economic Man) है जो सदैव लाभ अर्जित करने के लिए कार्य करता है।
2. मानव उसके वातावरण में उपलब्ध संसाधनों की पूर्ण जानकारी रखत है। वह अपने स्थान की क्षमता से परिचित है।

3. 'स्थान' (Space) समदैशिक व समरूपी (Isotropic) है।
4. वैज्ञानिक शोध-प्रक्रिया और वस्तुनिष्ठ निवर्चन में सामाजिक व धार्मिक मूल्यों के लिए स्थान नहीं है। वे भौगोलिक यथार्थता को स्पष्ट नहीं करते, क्योंकि सामाजिक मूल्य विभिन्न स्थानों, समुदायों और व्यक्ति-व्यक्ति की दृष्टि में भिन्न-भिन्न प्रकार से घटित पाए जाते हैं, जिनको आँकड़ों में नहीं बदला जा सकता।
5. सांस्कृतिक मूल्य, आस्थाएँ, विश्वास, रीति-रिवाज, रुचि-अरुचि, परम्पराएँ, सुन्दर-असुन्दर के बारे में निर्णय व्यक्तिनिष्ठ (Subjective) हैं। इनका भूगोल की यथार्थता की खोज और वैज्ञानिक विवरण में स्थान नहीं है।

मात्रात्मक क्रांति का ऐतिहासिक दृष्टिकोण

1950 की दशाब्दी के आरम्भिक चरण में सांख्यिकीय विधि की शुरुआत हुई, और उसमें अत्यन्त सरल परिकलनों का प्रयोग किया गया। कुछ समय बाद 'द्वि-विचर परावर्तन' (Bivariate Regression) विश्लेषण आरम्भ हुआ। परन्तु 1960 तक सम-रेखीय मॉडल (General Linear Model) प्रकट नहीं बने। इसके पश्चात् भूगोल में रेखीय व अ-रेखीय परिष्कृत मॉडलों व जटिल सांख्यिकीय तकनीकों द्वारा भौगोलिक समस्याओं का विश्लेषण गति पकड़ गया।

इस गणितीय मॉडल-विश्लेषण को 'सामाजिक भौतिकी' (Social Physics) ने प्रेरणा दी जहाँ गुरुत्व अथवा घनत्व मॉडल, और बाद में उत्क्रम-माप-अतिवादीकरण की ओर ध्यानाकर्षण हुआ था। प्रेरणा का दूसरा स्त्रोत नव-चिरसम्मत अर्थशास्त्र (Neo-Classical Economics) था। इसने भूगोल को 'प्रादेशिक विज्ञान' की अवधारणा और 'स्थितिजन्य सिद्धान्त' (Location Theory) द्वारा प्रभावित किया।

यद्यपि भूगोलवेत्ताओं ने अर्थशास्त्र व समाज विज्ञान से अनेक मॉडलों को ग्रहण किया, जैसे फॉन थ्यूनेन का Crop Intensity (1826) और वेबर (Weber) का Industrial Location (1909)। परन्तु क्रिस्टलर (Christaller) (1893-1969) पहला भूगोलवेत्ता था जिसने दक्षिणी जर्मनी के केन्द्र-स्थानों के अध्ययन द्वारा 'Location Theory' को भूगोल में लोकप्रिय सिद्धान्त बनाया था। उसी आधार पर अमेरिका के नगर भूगोलवेत्ताओं ने नगरों के सैद्धांतिक मॉडलों की रचना की। एकरमेन (A. Ackerman, 1958) ने अपने शिष्यों को सांस्कृतिक प्रक्रिया और व्यवस्थित भूगोल में मात्रा-करण के लिए उत्साहित किया। वीवर (Weaver) ने Middle West, U.S.A. (1954) में फसल-संयोजन प्रदेश (Crop Combination Regions) निर्धारित किए जिसकी मानक विचलन विधि के माध्यम से मात्रात्मक क्रांति कृषीय भूगोल में फैली। हेगरस्ट्रेण्ड (Hagerstrand) की रुचि नवोन्मेष-प्रक्रिया (Process of Innovation) में जाग्रत बनी, और उसने एक सामान्य 'Stochastic Model' को जन्म देकर विसरण-प्रक्रिया को समझाया। यह गणितीय सम्भावना-सिद्धान्त (Probability Theory) पर आधारित था जहाँ संरचना में

बेतरतीव विचलकों (Random Variables) का योग रहता है। आनुभविक अध्ययनों ने यह सूचित किया है कि मनुष्यों का दो नगरीय केन्द्रों से संचलन (Movement) उनकी जनसंख्या के अनुपातिक होता है और उनके बीच का दूरी के वर्ग के उल्टा अनुपातिक होता है। स्टीवर्ट (Stewart) ने यह संकेत दिया था कि इस अनुभाविक सामान्यीकरण और न्यूटन के गुरुत्वाकर्षण के नियम के बीच समान आकार अथवा संरचना सम्बन्ध है। इसके पश्चात् इस अवधारणा को गुरुत्व प्रतिमान (Gravity Model) के नाम से माना जाने लगा। विषय की अन्य शाखाओं जैसे जनसंख्या, प्रादेशिक, आर्थिक, सांस्कृतिक और राजनैतिक भूगोल में कई तकनीकें धीरे-धीरे प्रवेश कर गई। सारांश यह है कि दो दशाब्दियों तक मात्रात्मक तकनीकों का प्रसार 1960 के उपरान्त छाता गया। ब्रिटेन में रिचर्ड चार्ले और पीटर हैगेट ने नई पीढ़ी के भूगोलवेत्ताओं को इस क्रांति से जोड़ कर भौगोलिक प्रारूपों तथा स्थानिक प्रतिरूपों (Spatial Relations and Geographical Patterns) को स्पष्टता के साथ विश्लेषण किया।

मात्रात्मक विधियों के गुण

भूगोल में मात्रात्मक विधियों के प्रयोग व गणितीय एवं सांख्यिकीय अध्ययनों के अनेक लाभ हैं। (i) ये तकनीकें पूर्ण रूप से अनुभवाश्रित प्रयोगजन्य प्रेक्षणों (Empirical Observations) पर आधारित हैं। इनको शीघ्र सत्यापन (Verify) कर सकते हैं, और इनकी पुन:जाँच हो सकती है। (ii) सांख्यिकीय तकनीकों से आँकड़ों के समूहों को, तथ्यों व कारकों को कम करने, छोटा बनाने और सरलता से संवारने में सहायता मिलती है। (iii) पूर्वानुमानों के लिए आंकड़ों को अन्तर्वेशित करना (Interpolation) और उनका अनुरूपण (Simulation) कर व्यवहार में लाना इन तकनीकों से सरल बन उठा है। (iv) भौगोलिक-तंत्र को इनके द्वारा सरल बना दिया गया है। (v) ये विवरणों और विश्लेषणों को अधिक विश्वसनीय बनाने में प्रयोग की जाने की तकनीकें हैं। (vi) मात्रात्मक तकनीकों द्वारा औद्योगिक संस्थानों की स्थितियों के सिद्धान्तों का सरलीकरण सम्भव बना, कृषि भूमि उपयोग की गहनता तथा भू-आकारों के सोपानों का विकास प्रकट किया जाना सम्भव हो गया। (vii) ये तकनीकें एक ऐसे 'फ्रेम' को जन्म देने में सहायक बनी हैं जिनसे सैद्धांतिक कथनों को प्रस्तुत किया जा सके। (viii) भाषा में निरर्थकता को सटीक व संक्षिप्त बनाने में ये तकनीकें उपयोगी बनी हैं। (ix) इनसे आंकड़ों का वस्तुनिष्ठ मापन संभव बन उठा है। (x) इनसे रचे गए 'मॉडल' पूर्वाग्रह और पक्षपात से जकड़े नहीं होते और नियम व सिद्धान्त निरूपण में सहायक हैं। (xi) ये तकनीकें कुल मिलाकर यथार्थ पर आधारित हैं जिनमें धर्मान्धता, रूढ़िवादिता और दुरूहता के दोष नहीं हैं।

मात्रात्मक विधियों के दोष

भौगोलिक अध्ययनों में सांख्यिकीय तकनीकों और मात्रात्मक विधियों की आलोचना अनेक कारणों के आधार पर की जाती है। इन विधियों के दोष और इनकी कमज़ोरियों को निम्न

पंक्तियों में गिनाया गया है -

1. मात्रात्मक क्रांति का दार्शनिक सोच यथार्थवाद पर आधारित था। यह विज्ञान को अध्यात्म व धर्म से भिन्न कहता था। यह आगे, स्थान विषयक विज्ञान की विधि की भी स्थान की ज्यामिति (Space Geometry) से जोड़ कर उसकी मूल भावना को समाप्त करता है। इसी प्रकार, मानव और वातावरण के संबन्धों को यंत्रवत् रचे मॉडलों की पद्धति से समझाना अवास्तविकता है।

2. ज्यामितीय भाषा मानव और वातावरण के संवेदन भरे रिश्ते को कैसे समझा सकती है? कृत्रिम ज्यामिति और भावनाओं से पूर्ण मानव में कोई तालमेल ही नहीं है।

3. सिद्धान्तों और मॉडलों के निर्माण में भावनाओं, विश्वासों, धार्मिक आस्था रीति-रिवाजों, अभिवृत्ति, आशा-निराशा, इच्छा-अनिच्छा, जीवन-मूल्यों, संस्कारों आदि का कोई स्थान नहीं है। परन्तु मानव और उसका वातावरण इनसे ही पूरित है। एक के बिना दूसरे का अस्तित्व ही नहीं है। अत: सिद्धान्त व मॉडलों द्वारा मानव व उसके वातावरण को स्पष्ट करने के प्रयास हास्यास्पद हैं। मानव जीवन के आदर्शों व संस्कारों से विषय के विश्लेषण को मुक्त बनाकर वस्तुनिष्ठ (Objective Based) बना सकते हैं, परन्तु वह मानव और वातावरण के संबन्धों की सीमित तस्वीर ही प्रकट कर सकता है।

4. मात्रात्मक विधियों द्वारा प्रदेश का विश्लेषण 'अवस्थितिक' (Locational) रूप से करने पर ज़ोर दिया गया है। परन्तु ऐसा विश्लेषण भेद-भाव को जन्म देता है। इसमें प्रदेश में दो-चार स्थितियों पर संसाधनों के समागम की सुविधा की पहचानकर वहाँ उद्योगों आदि का विकास संभव बनता है। परन्तु प्रदेश के ऐसे क्षेत्र व स्थिति-बिन्दु तो धनी व आर्थिक दृष्टि से संपन्न बन जाते हैं, जबकि अन्य बिन्दुओं की आर्थिक स्थिति पिछड़ी बनी रहती है। संपन्न अधिक संपन्न बनते चले जाते हैं, और निर्धन और अधिक निर्धन होते जाते हैं। प्रदेश में अमीर-गरीब की खाई चौड़ी होती जाती है।

5. स्वचालित प्रौद्योगिकी व मशीनीकरण (Automatic Technology and Mechanization) मात्रात्मक-क्रांति का सहायक दोष है। प्रदेश में इसके आगमन से बेरोज़गारी को बढ़ावा मिलता है। यह तंत्र निरर्थक उत्पादन को जन्म देता है।

6. मात्रात्मक विधियों में मॉडल-निर्माण की प्रक्रिया को लाभ उपलब्ध हेतु विकसित करना एक उद्देश्य गिनाया जाता है। परन्तु मानव सुविधाओं, सरलता व सहजता आदि का बलिदान केवल लाभ के लिए करे, यह मात्र शोषण की अर्थ-प्रधान नीति है। साइमन (Simon) महोदय के अनुसार मानव सदैव आर्थिक प्राणी ही नहीं बना रहता। वह अपनी हार्दिक भावनाओं, इच्छाओं की सन्तुष्टि भी चाहता है। यथार्थ-जगत् में वह 'न्यूनतम संसाधनों से अधिकतम-लाभ' के सोच से ही सदैव प्रेरित प्राणी नहीं बना रहता है। मानवता भी लोक-कल्याण के लिए आवश्यक कारक है।

7. नई तकनीकों व सूक्ष्म सूत्रों से मानव का प्रत्यक्ष-बोध और ज्ञान-भण्डार जड़ बन उठता है। वह सीमित दायरे में ही (मॉडल की संरचना में) बंध जाता है। उसका वातावरण के प्रति ज्ञान किसी काम का नहीं रह जाता, और वह स्वयं मात्रात्मक तंत्र के अधीन काम करने लगता है। यह ज्ञानार्जन का दुरुपयोग कहलाएगा।

8. मात्रात्मक तकनीकों की सहायता से विकसित 'मॉडलों' ने मानवों की निर्णय लेने की क्षमता को निरस्त करके रखा है। मानव एक निश्चेष्ट (Passive) एजेण्ट बन कर रह गया है। ये मॉडल अधिकांश रूप में आर्थिक नियतिवाद जैसे परिणामों की ओर ले जाते हैं।

9. मात्रात्मक तकनीकों को प्रयोग में लाने के लिए उच्च स्तर का गणितीय ज्ञान आवश्यक है। आंकड़ों का भी विश्वसनीय होना इन तकनीकों के लिए सही परिणाम तक ले जाने में एक पूर्व-शर्त है। ऐसी सुविधाएँ हमारे जैसे विकासशील देशों में उपलब्ध नहीं हैं। अतः मॉडल भौगोलिक यथार्थता के बारे में सही तस्वीर प्रस्तुत नहीं करते।

10. प्रदेश के व्यक्तित्व को प्रकट करने में गुण-प्रधान कथनों (Qualitative Statements) का महत्त्व भी कम नहीं है। गणितीय परिकलनों के प्रयोग के अनावश्यक उत्साहवश गुणकारी कथनों का बलिदान करना अनुचित है।

11. अनेक बार ऐसी मात्रात्मक विधियाँ जो कुतर्कों पर आधारित प्रयोग की जाती हैं, वे पूर्वानुमानों के लिए उपयुक्त नहीं हैं, और उन्हें ग़लत सिद्ध करती हैं। इनसे अति-सामान्यानुमानों (Over-Generalizations) का भी सदैव भय बना रहता है।

12. सांख्यिकीय तकनीकों पर आधारित मॉडल दृश्य-जगत की कुछ विशेषताओं को अत्यधिक महत्त्वपूर्ण सिद्ध कर देते हैं, और कुछ विशेषताएँ ओझल अथवा अस्पष्ट ही रह जाती हैं।

13. मानव-भूगोल में इन मात्रात्मक तकनीकों द्वारा लोकव्यापी नियमों का निर्माण सम्भव नहीं है। प्रत्येक लोक के लिए, अथवा प्रत्येक प्रदेश के मानव-समुदायों के व्यवहार को यंत्रवत् रचे सांख्यिकीय मॉडल नहीं व्यक्त कर सकते। हॉकिंग (Hawking) का कथन- "The laws of science cannot completely determine the future of the universe", प्रकृति के नियम प्रकृति द्वारा खेले गए पासे के समान जुआ है, वह विज्ञान के नियमों से संचालित नहीं है। God plays dice and God may turn out to be "an inverterate gambler."

मात्रात्मक तकनीकों में अनेक खूबियाँ और कमज़ोरियों के होते हुए भी, उत्तरी अमेरिका में 'स्थान विषयक विज्ञान' का उद्घाटन हुआ। 1960 दशाब्दी के अन्त तक अंग्रेजी-भाषी शोध-पत्रिकाओं में विश्व के सभी भागों में लेख प्रकाशित हुए जिनमें इन विधियों का खुलकर प्रयोग हुआ। इनसे प्रेरित होकर सिद्धान्त बने, और मॉडलों की भी रचना हुई। इसमें सन्देह नहीं कि इन सिद्धान्तों द्वारा मानव व वातावरण के संबन्ध को आधा-अधूरा

ही स्पष्ट किया जा सका। मात्रात्मक विधियों को व्यवहारवादी और मानवीयवाद की प्रतिक्रिया बताकर आलोचना की जाने लगी। वस्तु-स्थिति तो यह बनी कि कुछ दशाओं में विशेष रूप से सामाजिक विज्ञान में परिशुद्ध मात्रात्मक दृष्टिकोण आवश्यक प्रतीत होता था, और अनेक दशाओं में पूर्णतः गुणात्मक दृष्टिकोण आवश्यक बना था। प्रायः इस निष्कर्ष में सन्तोष व्यक्त किया गया कि दोनों के मिले-जुले, मात्रात्मक और गुणात्मक स्वरूप द्वारा भूगोल में पूर्वानुमानों का आकलन करना उचित है।

मात्रात्मक क्रांति की लहर गुण-दोषों के बावजूद वाशिंगटन, विसकोन्सिन (Wisconsin) और इयोवा (Iowa) के अमेरिकी केन्द्रों से बाहर आकर यूरोप में विशेषतः ब्रिटेन और स्वीडन में फैल गयी। स्वीडन के लुण्ड विश्वविद्यालय (Lund University, Sweden) का नाम सैद्धांतिक भूगोल के लिए विख्यात बन गया जहाँ अनेक देशों के विद्वान् अध्ययन की ओर आकर्षित हुए।[2] ब्रिटिश भूगोलवेत्ता पीटर हैगेट (Peter Haggett), रचिर्ड चॉर्ले (Richard Chorley) और डेविड हार्वे[3] (David Harvey) ने मात्रात्मक सम्प्रदायों में दार्शनिक एवं पद्धति विषयक आधारों को एक बनाने का भूगोल में महत्त्वपूर्ण प्रयास किया। इन विद्वानों ने सुझाया कि भूगोल में मॉडलों व प्रतिमानों (Paradigms) को विकसित करने के लिए आंकड़ों का संयोजन मात्रात्मक विधियों और कम्प्यूटर के प्रयोग से किया जाना चाहिए।[4] मॉडल को परिभाषित कर चॉर्ले व हैगेट ने कहा कि - "मॉडल यथार्थ का सरल व आदर्शमय व्यक्तिकरण है जो विशिष्टताओं को उजागर करता है।"[5] वह संरचित विचारों का सिद्धान्त है, अथवा नियम, अथवा परिकल्पना है।[6]

कुछ भी कहा जाए, मात्रात्मक क्रांति गणितीय व सांख्यिकीय विधियों के अति-उत्साही प्रयोगों और केवल एक ही गणितीय-उपकरण द्वारा भौगोलिक समस्याओं को निबटाने से मन्द बनती गयी। हार्वे जो मात्रात्मक दार्शनिक सोच का घोर समर्थक था, 1970 में वह भी इसका पक्ष-त्यागी बन गया, और उसने मत व्यक्त किया - मात्रात्मक क्रांति का कार्य पूरा हो चुका, और अब वह न्यूनतम लाभ की सीमा पर जा पहुँची है, उसका अवसान आरम्भ हो चुका है....[7] डडले स्टाम्प (L.D. Stamp) मात्रात्मक क्रांति का कटु विरोधी था, और इसे क्रांति नहीं वह 'गृह-युद्ध' (Civil War) ही कहता था। उसके अनुसार मात्रात्मक-क्राँति के समर्थक धर्मान्धी थे। यह विचारधारा राजनीतिक जैसा रूप ले चुकी थी। "कम्प्यूटर इसका स्वर्ण-बछड़े हैं" (Its Golden Calf is the Computer)। मात्रात्मक-क्रियाएँ अनेक स्थितियों में विकास कार्य में बाधक सिद्ध हुई हैं, और खोज के क्षेत्र में विकास के मार्ग में सहायक नहीं बनी हैं। मात्रात्मक विधियों के समर्थकों के लिए ऐसी सूचनाएँ ही अर्थपूर्ण हैं जिनको कार्ड में पंच किया जा सके अथवा टेप किया जा सके, अन्य आनुभविक प्रेक्षणों (Empirical Observations) का उनके लिए कोई महत्त्व ही नहीं है। जड़वत् मात्रा-प्रधान तकनीकों के प्रति एक भय यह भी सच्चा है कि वे सुरुचिपूर्ण व नीतिपरक मूल्यों की अवहेलना करती है।[8] मिन्शुल (Minshull) का मत था कि मात्रात्मक विधियों के समर्थकों के लिए दृश्य-जगत् (Landscape) कण्टक बना है क्योंकि उनके

मॉडल आकृतियों विहीन धरातल, अर्थात् समतल सतह के लिए ही फिट हैं। ये सामान्यानुमानों को ही यथार्थ मान बैठते हैं।[9] मिन्शुल ने आगाह किया कि इनके विद्वान कई बार अपने मॉडलों को व्यक्तिनिष्ठ बनाकर भौगोलिक यथार्थता की विकृत तस्वीर प्रस्तुत करते हैं।

यूरोप व अमेरिका जैसे विकसित देशों में मॉडल सर्वव्यापी और सामान्य सच्चाई को नहीं दर्शाते। वास्तविकता यह है कि मॉडल न तो नगर भूगोल, और न कृषि भूगोल के लिए ही सर्वव्यापी बन सके। इनकी प्रक्रियाएँ भिन्न-भिन्न देशों में भिन्न प्रकार की जटिल बनी हैं जो भिन्न-भिन्न दृश्य-जगतों की सूचक हैं। ये पूंजीवादी विकसित देशों व पश्चिमी समाजों की उपज हैं। इनका मात्रात्मक विश्लेषण सकारात्मक निष्कर्षों तक नहीं ले जा सका है क्योंकि ये नियोजित व जड़वत् अर्थ-व्यवस्थाओं में जकड़े पूंजीवादी देशों से संबन्धित हैं।

भूगोल में प्रतिमान
(Paradigms in Geography)

भूगोल विवरणात्मक सीढ़ी को लांघकर मॉडल निर्माण में उसी भाँति जा उतरी जैसे कि मनोविज्ञान व अर्थशास्त्र विषय उतरे। यह प्रक्रिया 19वीं सदी में आरम्भ हुई, और 20वीं सदी के साठ-सत्तर की दशाब्दियों में तेज़ होती गई। भूगोल में परिवर्तन 'वर्णनीय-स्तर' से 'वर्गीकरण' में और आगे 'नियम-निर्धारण' स्तरों से गुज़रा है।[10] निकट भूतकाल में भूगोल का स्वरूप सिद्धान्त-निरूपण व मॉडल-रचना में लोकप्रिय बना। अब विषय में सर्वव्यापी नियमों को लागू करना उसी भाँति होना आरम्भ हो गया जैसे प्रकृति के नियम लागू हैं। 'गुरुत्व का प्राकृतिक नियम' (Law of Gravity) भारत, यूरोप अथवा अमेरिका, सर्वत्र उपयोगी बना। यह परीक्षण के लिए सभी देशों में उपलब्ध बना और असंख्य स्थितियों में समानरूप से प्रामाणिक सिद्ध हुआ।[11] वर्तमान सदी के सामाजिक वैज्ञानिकों ने भी अनुभव किया कि Stochastic नियमों की भाँति ही (जो सर्वमान्य व बहुमत का सोच है) उनके विषय में भी नियमों का निर्धारण संभव है। जब एक व्यक्ति के व्यवहार के बारे में कोई सामान्य सोच बनाई जा सकती है, कई के व्यवहार को भी एक सामान्य नियम में बांध सकते हैं।[12] गोलेज व अमादी (Golledge and Amadee) ने एक रोचक बात यह कही कि 'नियम' की कोई एक मात्र स्वीकार बनी परिभाषा नहीं है। उन्होंने ज़ोर दिया कि सम्भावित-नियम, अनुप्रस्थ काट नियम, समस्थितिक नियम, ऐतिहासिक नियम, विकास-नियम, सांख्यिकीय नियम, गणितीय नियम, आदि, अनेक नियमों की रचना होती है।[13] भूगोल क्योंकि प्रयोगशाला का विज्ञान नहीं है, इसके नियम प्राकृतिक विज्ञानों जैसे नहीं हो सकते। भौगोलिक नियमों की परख क्षेत्र में ही संभव हो सकती है, वहाँ प्रयोगशाला की भाँति दशाएँ नियंत्रित नहीं की जा सकतीं। भूगोल में जैसे क्रियाओं संबन्धी नियम (Principle of Activity) लागू होता है। इसका तात्पर्य है कि दृश्य-जगत् की वस्तुओं में परस्पर क्रिया घटित हुई है, और यह प्रक्रिया स्थान व कालानुरूप बदलाव उत्पन्न करती है। भूगोल में विधि प्रादेशिक एवं नियमबद्ध (Regional and Systematic) दोनों पक्षों की बनी होने

के कारण, इसके नियम व सिद्धान्त प्राकृतिक विज्ञानों से भिन्न हैं, और अनेक स्थितियों में तो यह सामाजिक विज्ञानों के नियमों से भी अलग है। यहाँ आगे परिच्छेदों में कुछ प्रकाश भौगोलिक नियमों व प्रतिमानों पर डाला है। भूगोल, कुहन के अनुसार, अव्यवस्था के दौर से गुज़र कर शांति की ओर बढ़ता विषय है। अन्य विषयों के विकास में भी अशांति-शांति के दौर आए।

कुहन का प्रतिमान (Kuhn's Paradigm)

विज्ञान के अमेरिकी इतिहासज्ञ थॉमस कुहन (S. Thomas Kuhn) ने विज्ञान के विकास के बारे में एक सिद्धान्त प्रस्तुत किया। उसके अनुसार विज्ञान कोई अच्छी प्रकार नियमित बनी क्रिया नहीं है जिसके परिणामों को प्रत्येक पीढ़ी स्वचालित होकर अपनाती चली गयी। यह एक ऐसी प्रक्रिया है जिसमें उतार-चढ़ाव, अशांति-शांति के क्रम घटित होते रहते हैं। ज्ञान के संग्रह-काल की स्थिति में शांतिकालीन अवधियों का विकास देखा जाता है। परन्तु यह संकटकालीन अवधि आने से विलग हो जाता है। यह संकट विषय में उभार द्वारा परिवर्तन से आता है,और विकास क्रम की निरन्तरता (Continuity) को भंग कर देता है।[14]

Figure 10.1 *कुहन के विज्ञान के विकास-सिद्धान्त का चित्रात्मक निवर्चन (हेनरिकसन के आधार पर, 1973)*

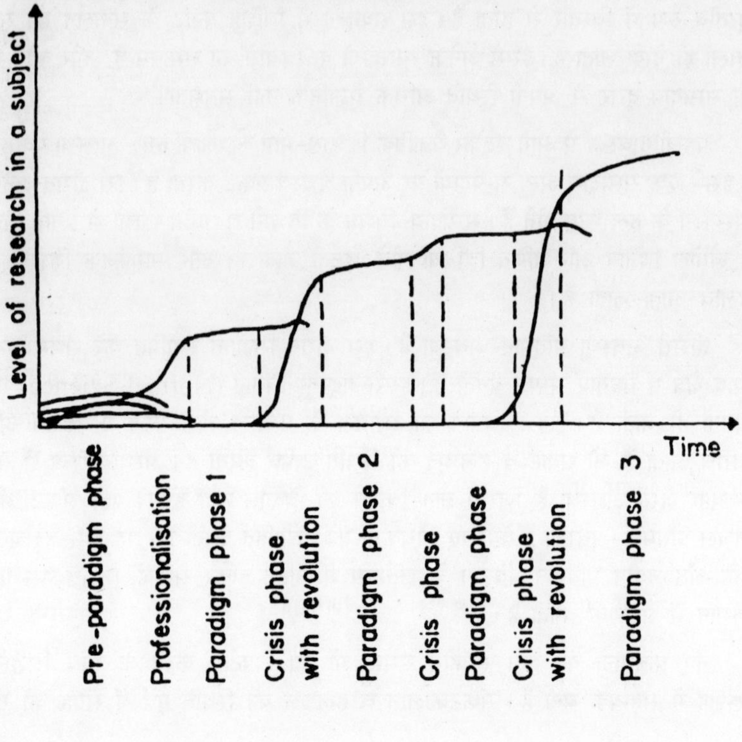

इस प्रक्रिया को व्यक्त करने के लिए कुहन ने एक मॉडल 'विज्ञान का प्रतिमान' रचा। वह कहता है- ''प्रतिमान एक ऐसा मॉडल है जो काल विशेष में सर्वव्यापी बनी सर्वमान्य वैज्ञानिक उपलब्धि है। वह अभ्यासी समुदाय के लिए सामान्य समस्याएँ व हल प्रदान करता है। हैगेट इसी को एक प्रकार का सुपर-मॉडल कहता था।[15] दूसरे सरल शब्दों में कहें- प्रतिमान वैज्ञानिक क्रियाओं एवं पद्धतियों का ऐसा सिद्धान्त है जो अधिकांश भूगोलविदों के शोध कार्य को नियंत्रण में रखता है,अर्थात् जहाँ दो वर्ग के भूगोलवेत्ताओं में प्रतिमानों के विषय में मतभेद है, वहाँ भी यह दिशा निर्धारित करता है।''

यह प्रतिमान शोधार्थियों को बताता है कि उन्हें क्या खोजना है, और किस विधि से खोजना है तथा इस विशेष स्थिति में कौनसी विधियाँ भौगोलिक हैं।[16] कुहन अपने अभिधारणा (Postulate) में विज्ञान के विकास में नई अवस्थाओं को इंगित करता है जैसे, प्रतिमान-पूर्व अवस्था, व्यवसायीकरण, प्रतिमान-अवस्था 1, 2, 3, आदि-आदि। इस अवधारणा को हेनरिकसन (Henriksen) ने भौगोलिक दृष्टि से रचा जो चित्र 10.1 में प्रकट है। वैज्ञानिक ज्ञान एक पठार की भाँति विकसित होता है। इसमें यकायक उठान आते हैं (Sudden Upheavals) और तब आकस्मिक खड़ा विकास देखा जाता है जो बाद में धीमे और समान प्रगति में बदल जाता है। वैज्ञानिक-विकास की पहली अवस्था अनेक भिन्न-भिन्न सम्प्रदायों के विचारों के विवाद से ग्रस्त रहती है। इस अवधि में आंकड़ों का संकलन बेतरतीव रूप में विस्तार से होता है। इस संकलन में विशिष्ट कोटि के संकलन का स्तर निचला ही देखा जाता है। इसमें अनेक सम्प्रदायों के विचारों का समागम है, और कोई भी एक सम्प्रदाय दूसरे से अपनी स्थिति अधिक वैज्ञानिक नहीं समझता।[17]

पहली अवस्था से आगे बढ़कर वैज्ञानिक विकास-मार्ग व्यवसायीकरण-अवस्था पकड़ता है। इसमें एक सम्प्रदाय अन्य सम्प्रदायों पर अपना वर्चस्व प्रकट करता है। इस दौरान अनेक समस्याओं के हल स्पष्ट होते हैं। सम्प्रदाय-विशेष के विचारों व नवीन खोजों से प्रगति होती है। खगोल विज्ञान और गणित विधियाँ पीछे छूटती जाती हैं, और सामाजिक विज्ञानों में बदलाव आता-जाता है।

तीसरी अवस्था प्रतिमान-अवस्था है। इस दौरान सिद्धान्त स्थापित कर समस्याग्रस्त विशेष क्षेत्र में क्रियाएँ सम्पन्न बनती हैं। इससे बदस्तूर विज्ञान (Normal Science) की स्थापना हो जाती है। सहज-विज्ञान की स्थापना के उपरान्त शोध-कार्य में ठहराव और अवरोध आता है जो संकट व हलचल की स्थिति उत्पन्न करता है। अस्थायी रूप से यह अन्धकार जैसी अवस्था है जिसमें ज्ञान-विज्ञान का विकास नहीं होता। यही संकट और हलचल प्रतिमान-अवस्था 2 के लिए शोधकर्त्ता को उत्साहित करती है। यह क्रम-हलचल, क्रांति और नवीन प्रतिमान, विज्ञान के इतिहास में घटित होकर समाजों के विकास एवं अवसान में सहायक बनता है।

नए प्रतिमानों का क्रम संग्रहीत समस्याओं का निपटारा करने के साथ सिद्धान्त निरूपण में सहायक बना है। संकटकालीन व हलचल की स्थिति पूर्व में संग्रह की गई

सूचनाओं और आंकड़ों का पुनर्वीक्षण व पुनर्मूल्यांकन करने की ही अवस्था है। इससे नवीन सैद्धान्तिक सोच को जन्म मिलता है। इससे आधारभूत दार्शनिक विचारों के परिसंवाद आरम्भ हो जाते हैं। इस वाद-विवाद में कार्य-पद्धतीय से अनेक प्रश्नों व समस्याओं का हल प्रकट हो जाता है। इसकी समाप्ति पर पुनः बदस्तूर सहज-विज्ञान की अवस्था स्थापित होती है। यदि सन्तोषप्रद हल नहीं निकलता है, तो शोधक्रिया जारी बनी रहती है। नया प्रतिमान स्थापित होने की अवस्था ही संकट का अन्त और अनेक शोध कर्मियों में विकास की दिशा है।[18] नए प्रतिमान में प्रवेश करने का अर्थ ही पुरानी समस्याओं का हल हो जाना है, और आगे नए शोध कार्य के लिए भूमि तैयार हो जाती है। इसमें शोध कर्मियों की नई-पौध की संख्या कार्य करने में आकर्षित बन उठती है। नए युवा-पीढ़ी के वैज्ञानिक पुराने प्रौढ़-वैज्ञानिकों को सन्तुष्ट तो प्रायः नहीं कर पाते, फिर भी नए सोच व शोध के सम्मुख पुराने शोध मंद बनते जाते हैं। प्रौढ़ व पुराने वैज्ञानिकों के गुज़र जाने पर उनके समर्थित-सोच भी कमज़ोर बन जाते हैं।

एक प्रतिमान (पुराने) के बदले में दूसरा प्रतिमान (नया) स्वीकार करने का अर्थ पूर्णतः यह नहीं है कि वह सौदा बुद्धिमानी व तर्कों से भरा उच्च कोटि का हुआ है। अर्थात्, यह आवश्यक नहीं है कि नए प्रतिमान से सभी समस्याओं का हल खोज लिया गया। नया प्रतिमान उस समस्या का हल तो है जिसे पुराना प्रतिमान नहीं हल कर सका, परन्तु सभी समस्याओं का हल नहीं सिद्ध हो सकता। उनके लिए शोध कार्य को सतत् बनाए रखना आवश्यक है। अतः यह निष्कर्ष नहीं निकाला जाना चाहिए कि प्रत्येक नवीन प्रतिमान पूर्व में सोचे पुराने प्रतिमानों की तुलना में श्रेष्ठ सिद्ध होगा। सच बात तो यह है कि नए प्रतिमान को अनेक प्रासंगिक मूल्य, नियम, लालित्य-विचार आदि प्रभावित बना सकते हैं। उसे सरल व अधिक सुरुचिपूर्ण बनाने के उत्साह में नवीन-प्रतिमान पूर्व पुराने से भी घटिया हो सकता है। नए युवा शोध-कर्मियों के निजी स्वार्थ और अपने पूर्वकालीन बड़ों से आगे निकलने का अधिक उत्साह मौजूदा वैज्ञानिक विचारों में अनावश्यक परिवर्तन लाने की अनेक बार चेष्टा देखी जाती है।[19] यह प्रयास वैज्ञानिक विकास के लिए अनुकूल नहीं है।

कुहन का प्रतिमान वैज्ञानिक ज्ञान की शुद्धि की अवस्थाओं की एक अच्छी व वैज्ञानिक व्याख्या है। इसमें भी अन्य मॉडलों की भाँति गुण-दोष हैं, परन्तु यह युवा शोध कर्मियों को नए सिद्धान्तों के अभिधारण का अवसर देता है। युवा शोध कर्मी बिना किसी परीक्षण के अपने प्रतिमान को वस्तुनिष्ठ बताते हैं। वह प्रत्यक्षवादी-दृष्टिकोण व वैज्ञानिक शोध के विरुद्ध हो सकता है। फिर भी, यह तो विवाद रहित है कि नए प्रतिमान में दोष और कमियों के होते हुए भी, कुहन के सैद्धांतिक विचारों का आधुनिक विज्ञान पर सार्थक प्रभाव हैं। उसके विचार नवीन सिद्धान्तों को स्वीकार करने में मदद करते हैं। वे हमारा प्रत्यक्ष-बोध विस्तृत बनाते हैं। परन्तु यदि शोध कार्य में नौसिखिए व अयोग्य व्यक्ति हस्तक्षेप करने लगेंगे तो प्रतिमान का प्रभाव शोध में उल्टा भी हो सकता है।

कुहन का प्रतिमान विज्ञान-दर्शन में अच्छा मार्ग दर्शक है जो विषय के ऐतिहासिक

विकास को स्पष्ट बनाने में महत्त्वपूर्ण स्थान प्राप्त करता है। यह नहीं मान बैठना चाहिए कि वह पूर्ण व्याख्या प्रस्तुत करता है, परन्तु वह शोध-कार्य नवीनता लाने के लिए एक अनूठा साधन है। कुहन के प्रतिमान के प्रकाश में भूगोल के इतिहास को आगे की पंक्तियों द्वारा समझने में सरलता होगी।

भौगोलिक प्रतिमान: एक ऐतिहासिक परिप्रेक्ष्य
(Geographical Paradigms : A Historical Perspective)

भौगोलिक विकास की कथा वर्णनात्मक व उद्देश्य मूलक अवस्था से निकल कर आगे मात्रात्मक, मूल सुधारवादी और द्वन्द्वात्मक सांसारिकता जैसी अवस्था में पहुँच चुकी है। उसने अनेक पद्धतियों को अपना लिया है। अपने विश्लेषण में भूगोल ने स्थानों का विवरण विश्वसनीय साहित्यिक भाषा में तथा मात्रात्मक, गणितीय भाषा में भी करना आरम्भ किया है। इससे विषय में वैज्ञानिक सूक्ष्मता और व्यवस्था प्रकट हुई है। परन्तु अभी तक विषय के स्वरूप और उसकी प्रकृति के बारे में भूगोलवेत्ताओं में एकमत विकसित नहीं हो सका है। उसके नियमों, सिद्धान्तों एवं प्रतिमानों के बारे में भी विद्वान् अभी एकमत नहीं हैं।

भौगोलिक नियम प्राकृतिक नियमों की भाँति सुनिश्चित और संक्षिप्त नहीं बने हैं। प्राकृतिक नियम सर्वव्यापी एवं सर्वमान्य हैं।[20] अधिकांश भूगोल-नियम आनुभविक हैं, और उन्हें प्राकृतिक नियमों की श्रेणी में नहीं रखा जा सकता। वे विशेष स्थान व काल में ही यथार्थ बने रहते हैं, और अन्य सामाजिक विज्ञानों की भाँति वे विशिष्ट मॉडल अथवा संरचित-विचार अथवा प्रतिमान हैं। उनकी सर्वव्यापी मान्यता नहीं है, और सभी विद्वान् उनके बारे में एकमत भी नहीं हैं। हार्वे (Harvey) नियम व सिद्धान्तों को विस्तृत महत्ता प्रदान करता है। वह उन्हें तीन-पदीय श्रेणी (Three-Fold Hierarchy) में बंधा मानता है। सिद्धांत की अवधारणा पहले स्तर पर तथ्यों में व्यवस्थित बने कथन (Systematized Factual Statements) हैं। इनकी मध्यम अवस्था अनुभवाश्रित व्यापक बने सामान्य नियम की (Empirical Generalizations or Laws) है, और तीसरी अवस्था में यह सैद्धांतिक नियमों (Theoretical Laws) का रूप लेते हैं।[21] पिछले डेढ़-सौ वर्षों में भूगोल में कई प्रकार के मॉडलों व प्रतिमानों का विकास हुआ। इनकी जानकारी रोचक विषय है।

कार्ल रिटर आंकड़ों की व्याख्या आगमनात्मक-पद्धति द्वारा करके सरल अनुभवाश्रित व्यापक बने सामान्य निष्कर्षों पर पहुँचने का विश्वासी था। वह प्रयोजनवादी (Teleologist) था। वह दृश्य-वस्तुओं का क्षेत्र में मानव-मात्र के लिए ईश्वरीय योजना व प्रयोजनानुसार वितरण मानता था। उसके सोच-दर्शन का अनुभवों के आधार पर परीक्षण करना संभव नहीं था। इसलिए वह सोच वैज्ञानिक-व्याख्या नहीं है। फिर भी एक प्रतिमान-उदाहरण तो है। जीवों में पार्थिव प्रकृति की एकता है। जैविक संबन्ध 'समस्तता अथवा संयुक्त बनी' (Holistic-Synthesis) प्रयोजनानुसार एकता का ही प्रतिमान है।

Organic relationships on earth are in holistic-synthesis and represent teleological explanatory models.

रिटर के पश्चात् डार्विन ने भूगोल में नियतिवादी कार्य-कारण (Cause and Effect) दृष्टिकोण पर ज़ोर दिया। उसका सोच अथवा प्रतिमान समाज के सामाजिक-सांस्कृतिक विकास को प्राकृतिक परिस्थितियों द्वारा निर्धारित मानता था। इसके बाद आगमनात्मक विश्लेषण के स्थान पर निगमात्मक विधियों (Deductive Methods) पर आधारित व्याख्या पर जोर दिया जाने लगा। नियमों का परीक्षण किया जाने लगा। उनको प्रयोगों में कसा जाने (Testing Through Experiments) के बाद ही स्वीकार अथवा अस्वीकार किया जाता था। डेविस का आवरण-क्षय चक्र (Normal Cycle of Erosion) और मेकिण्डर का 'हृदय-स्थल सिद्धान्त' (Heartland Theory) इसी प्रकार के प्रतिमान थे अथवा मॉडल। ऐसे नियमों द्वारा भूगोल की पहचान विज्ञानों में की जाने लगी थी।

इन परिस्थितियों में विडाल डि ला ब्लाश और उसके अनुयायियों का उदय हुआ। ब्लाश ने 'सम्भववाद' पर ज़ोर दिया। विडालियन-सम्प्रदाय मनुष्य को निष्क्रिय-कारक नहीं मानता था। मनुष्य समाज के भाग्य को निर्धारित करने में मुख्य कारक था, और उसको आकार देने में उसका योग महत्त्वपूर्ण था। ब्लाश के सोच ने भूगोल को 'क्षेत्रवर्णिनीय' अथवा 'प्रादेशिक विज्ञान' बनाया। ब्लाश के नवीन प्रतिमान पूर्णतः नियतिवादी मॉडल को नहीं हटा पाए, और सम्भववाद के साथ-साथ नियतिवादी व्याख्या भी जीवित चलती रही। कुहन इस अवधि को 'क्रांतिकारी अवस्था' कहता था। जॉर्ज चाबोत (George Chabot) के मतानुसार ''भूगोल में केन्द्र-बिन्दु 'प्रादेशिक भूगोल' बन उठा जिसके चहुँओर अन्य सभी कुछ अभिमुख हैं।''[22] प्रादेशिक भूगोल का प्रतिमान फ्रांस में फला-फूला और आसपास देशों में विसरित हो गया। परन्तु बाद में यह विचार भी प्रादेशिक व्यक्तित्व को पूर्णतः व्यक्त करने में असमर्थ सिद्ध हुआ। इससे भूगोल में संकट-काल (A Period of Crisis) विकसित हुआ। इसी संकट की प्रेरणा थी जिसने भूगोल में मात्रात्मक क्रांति और क्रियात्मक दृष्टिकोण विकसित बनाया। मानव भूगोल में भूगोल के विद्वान् 'मॉडलों' का प्रयोग करने लगे, और तंत्र-विश्लेषण पर ज़ोर देने लगे।

अभी तक जो कुछ उपर्युक्त कहा गया, उसका सारांश है कि भूगोल में पूर्ण-क्रांति उत्पन्न नहीं हुई थी। भूगोलवेत्ता अनेक प्रकार के विचारों में, जैसे प्रत्यक्षवाद, उपयोगितावाद, दृश्य-प्रपंच-शास्त्र, अस्तित्ववाद, आदर्शवाद, यर्थाथवाद, सांसारिक द्वन्द्वात्मकवाद आदि में गोते लगा रहे थे और विभक्त बन उठे थे। विषय की क्रांति के दौरान भूगोल में इस संकट ने पुनः एक नवीन प्रतिमान की अवस्था को जन्म दिया।

क्षेत्रीय विभेदीकरण (Areal Differentiation)

धरातल पर मानव एवं प्राकृतिक दृश्य-वस्तुओं अथवा घटनाओं में क्षेत्रीय विभेदीकरण और विशिष्टीकरण (Areal Differentiation) का अध्ययन हार्टशोर्न की रचना The Nature of Geography (1939) में इंगित विचार है। हैटनर से प्रेरित होकर हार्टशोर्न ने भूगोल का मुख्य केन्द्र व दावा विषय में निहित एकीकरण का उद्देश्य माना। एक क्षेत्र में व्याप्त 'अनूठापन' अथवा विशिष्टता, उसे दूसरे क्षेत्र से भिन्न व्यक्तित्व प्रदान किए हैं। इसी संकल्पना को क्षेत्रीय विभेदीकरण अथवा विशिष्टीकरण (Areal Differentiation) नाम से पुकारा जाता है। इसे 'क्षेत्र-वर्णनी भूगोल' (Chorography) अथवा 'प्रदेश-विज्ञान' (Chorology) भी कहा जाता है। पृथ्वी के धरातल पर क्षेत्रीय विभेदीकरण का अध्ययन ही प्रदेश-विज्ञान है। धरातल पर विस्तृत भिन्न-भिन्न क्षेत्रों का अनूठा चरित्र-अध्ययन भूगोल के अध्ययन का विषय है। इस अध्ययन में क्षेत्र के अनूठे व विशिष्ट चरित्र चित्रण के कारण इसे विशिष्ट-वर्णनी (Idiographic as it is concerned with the unique and particular) कहा जाता है।

भूगोल में इसका उल्लेख अत्यन्त पुरानी परम्परा है। ई.पू. छठी सदी में मिलेटस के हिकेटियस ने इसे प्रस्तुत किया, और स्ट्राबो ने इसे भू-विस्तार विज्ञान (Chorology) का नाम अपनी सत्रह खण्डों की पुस्तकों में दिया। ये रचनाएं ई.पू. आठवीं सदी से अठारहवीं सदी ई. में रची गयी थीं। उसने घोषणा की थी कि भूगोलवेत्ता एक ऐसा व्यक्ति होता है जो विस्तृत भूमि के भागों का अध्ययन करता है। आजकल जो 'प्रादेशिक भूगोल' है, स्ट्राबो उसी के अध्ययन को भौगोलिक-अध्ययन की 'क्रोड़' (Core) मानता था। वह क्षेत्रों के वर्णन को भूगोल का सार-उद्देश्य, भूगोल का मर्म अथवा 'हृदय' कहता था।

मानव-भूगोल में 1980 की दशाब्दी में क्षेत्र-विभेदीकरण के तीन स्वरूप प्रकट हुए थे। पहला था, मानवतावादी सोच (Humanistic Concept) जिसमें मानवीय बोध व जानकारी कराना ध्येय था। इसकी पद्धति भूदृश्य का चित्रात्मक बोध कराने पर आधारित तकनीक (Iconographic Technique) थी। इसमें क्षेत्र के भूदृश्य-वस्तुओं को लाक्षणिक संकेतों द्वारा निवर्चन किया जाता था। इससे क्षेत्र की सामाजिक व ऐतिहासिक विशिष्टता का ज्ञान होता था।

दूसरा स्वरूप क्षेत्र में बदले हुए श्रम-विभाजन संबन्धी विश्लेषण से जुड़ा था। कुछ भूगोल के जानकारों का मन्तव्य क्षेत्र में आर्थिक क्रियाओं व जन-कल्याण के कार्यों का विवेचन मार्क्सवादी दृष्टिकोण से किया जाने लगा।

क्षेत्र विभेदीकरण का तीसरा स्वरूप भूगोल में प्रासंगिक सिद्धान्त (Contextual Theory) निरूपण का प्रयास था। इसमें क्षेत्रों में विभिन्नता और समानता को मानवीय-एजेन्सी और सामाजिक संरचना के माध्यम से विभेद द्वारा देखना था। प्रत्येक क्षेत्र की सामाजिक संरचना अनूठी होती है। उसे इसी विशिष्टता के आधार पर दूसरे क्षेत्र से अलग पहचानें।

क्षेत्रों के विभेदीकरण में उनके मध्य स्पष्ट सीमा रेखा निर्धारित करना बड़ी चुनौती भरा कार्य है, क्योंकि सामाजिक समुदायों में आर्थिक, सांस्कृतिक व नैतिक बदलाव बहुत

तेज़ी से घटित होते रहते हैं। इनका स्वरूप क्षणिक व अस्थायी है। अतः स्थानिक इकाइयाँ अस्थायी रूप से ही निर्धारित बनी हैं।

क्षेत्रीय विभेदीकरण की आलोचना इस आधार पर भी होती है कि उनका अध्ययन प्रभावी व स्थायी सामान्यीकरण अथवा निष्कर्ष की ओर नहीं ले जाता है। उनका वर्णन मात्र अनूठा व अस्थायी है जो सामान्य नियम-निर्धारण में योग नहीं दे सकता। इसलिए प्रादेशिक अध्ययन में अनूठी विशेषताओं पर प्रकाश डालते हुए भी इस तत्त्व पर ज़ोर देना चाहिए कि कोई भी प्रदेश पूर्णरूप से अलग एवं स्वलंबित है। वास्तव में कोई भी प्रदेश चारों ओर के प्रदेशों के प्रभावों का परिणाम होता है।

फिर भी, आलोचना का अर्थ यह नहीं है कि क्षेत्रीय विभेदीकरण की संकल्पना निरर्थक है। भूगोल में विभेदीकरण द्वारा विषय की परिभाषा अत्यन्त तर्कपूर्ण, वैज्ञानिक और यथार्थ पर आधारित मानी जाती है।

भूगोल में अपवादात्मकता
(Exceptionalism in Geography)

इमानुएल काण्ट ने भूगोल व इतिहास दोनों को ही अपवादी कहा। वह इन दोनों को तथाकथित व्यवस्थित विज्ञानों से भिन्न कहता था। इनके अनूठेपन (Uniqueness) को काण्ट विज्ञानों में अपवादात्मक कहता था। भौगोलिक पद्धति की प्रधान विशेषता ही इस अपवादिता में केन्द्रित कही जाने लगी। हम्बोल्ट और रिटर ने इसका उपयोग किया। इसी प्रकार हैटनर ने और अंत में हार्टशोर्न ने भी इसका उपयोग किया था।

'भूगोल में अपवादिता' की शब्दावली को शेफ़र (Schaefer) ने हवा दी। शेफ़र जो नाजी जर्मनी से बचकर अमरीका आ गया था मूलतः अर्थशास्त्री था, और आयोवा (Iowa) विश्वविद्यालय में अर्थशास्त्र विभाग में भूगोल का अध्यापन करने वाले समूह से जुड़ा हुआ था। उसने हार्टशोर्न की पुस्तक The Nature of Geography की आलोचनात्मक समीक्षा करते हुए A.A.A.G. पत्रिका (Vol.43, सन् 1953) में एक लेख प्रकाशित किया- Exceptionalism in Geography : A Methodological Examination.' यह लेख नई पीढ़ी के मानव भूगोलवेत्ताओं के लिए संगठित होने का प्राणदायक-बिन्दु बन उठा।

शेफ़र के लेख ने हार्टशोर्न के द्वारा किए गए हेटनर व अन्य विद्वत्जनों के निवर्चन को चुनौती दी, और इस प्रकार हार्ट शोर्न शेफ़र विवाद, छिड़ गया। शेफ़र ने हार्टशोर्न की प्रादेशिक भूगोल की अनूठी अथवा अपवादी विचारधारा की आलोचना की। भूगोल के लिए शेफ़र ने विज्ञान के प्रत्यक्षवाद सम्प्रदाय के दार्शनिक (Positivist School of Science) सोच पर आधारित पद्धति अपनाने पर ज़ोर दिया। शेफ़र का विकल्प और दावा भूगोल को अनूठी विशिष्टता के स्थान पर एकीकृत-विज्ञान (Integrating Science) मानने का है। वह प्रदेश अथवा क्षेत्र-इकाई के वर्णन को अनूठा कहना न तो सार्थक बताता था, न इसे

भूगोल को विज्ञानों में सम्मिलित बनाने का प्रयास कहता था। किसी विज्ञान की विशेषता उसकी व्याख्या-पद्धति है, और व्याख्या के लिए सामान्य नियमों का आधार आवश्यक है। अनूठी व्याख्या 'विज्ञान' नहीं है। "To explain the phenomena one has described means always to recognize them as instances of laws." शेफ़र की राय में भूगोल की प्रधान सामान्य विशेषता व नियम उसके स्थानिक प्रारूपों (Spatial Patterns) का विश्लेषण है। स्थानिक दृश्य-वस्तुएँ नहीं बल्कि उनकी व्यवस्था के प्रारूप भूगोलविदों की शोध का विषय हैं। व्यवस्था के प्रारूप ही नियमों के निराकरण का आधार बनते हैं। भूगोल की परिभाषा- 'स्थानिक व्यवस्था के प्रारूपों' के विरुद्ध तर्कों को भूगोल की 'अनूठी विशेषता' (Exceptionalism) कहा गया था। प्रदेशों व स्थानों का अनूठा वर्णन वैसा ही माना गया जैसा कि इतिहास में समय अथवा काल-विशेष में घटित अनूठी क्रिया। परन्तु इनमें अध्ययन की विधियाँ (Methodologies) अन्य विज्ञानों जैसी नहीं हैं। भूगोल में अनूठापन कोई विशेष बात नहीं है, क्योकि अन्य सभी विज्ञान भी अपने अपने क्षेत्र में अनूठे ही हैं। सभी का निजी व्यक्तित्व है। सभी विज्ञान नियमों में कसे हैं, और एकीकृत नियमों द्वारा घटनाओं की व्याख्या करते हैं। अत: भूगोल द्वारा पंचमेल वस्तुओं, दृश्य-घटनाओं आदि को एकीकरण कर प्रस्तुत करना विशेषता नहीं है। यही सभी विज्ञानों में घटित है। अत: शेफ़र के अनुसार भूगोल में यह कोई अनोखी, असाधारण, आश्चर्यजनक और विलक्षण बात नहीं है। इसे शेफ़र न तो भूगोल में अनूठापन मानता और न उसे अपवादिता की श्रेणी में रखता था। भूगोल भी अन्य सामाजिक विज्ञानों जैसा ही विषय है। इसलिए शेफर प्रादेशिक-अनूठे-वर्णनी की संकल्पना को जिसे हार्टशोर्न ने The Nature of Geography में स्थान दिया, कट्टरपन बताकर अस्वीकार करता था। इसके स्थान पर शेफर भूगोल को विधि-विज्ञानीय (Nomothetic) विषय कहता था जिसमें सामान्य, व्यवस्थित, सर्वव्यापी "आकृतिकमूलक नियमों (Morphological Laws) द्वारा स्थानिक प्रारूपों को स्पष्ट करते हैं। प्रादेशिक व स्थानीय नियमों के स्थान पर भूगोल में स्थनिक प्रारूपों के बारे में सर्वमान्य नियमों की रचना करना उद्देश्य है। स्थानिक प्रारूप अथवा क्षेत्र में दृश्य-सत्ता का स्वरूप भूगोल का विषय है, जबकि गैर-स्थानिक संबन्धों की चर्चा अन्य विशेषज्ञ जैसे वनस्पति-विज्ञानी, भूगर्भ विज्ञानी, अर्थशास्त्र विज्ञानी, नृजाति विज्ञानी आदि करते हैं।

सारांश में यह कहा जा सकता है कि हार्टशोर्न और शेफर दोनों ही जर्मन-स्रोतों जैसे काण्ट, हम्बोल्ट व हेटनर से प्रभावित हुए। वे दोनों ही भूगोलवेत्ताओं की स्थानिक प्रारूपों के अध्ययन की ओर प्रेरित करते थे। वस्तुत: शेफर उन प्रथम भूगोल विद्वानों में से है जो क्रिस्टलर, फॉन थ्यूनेन और लॉश के विचारों के शिक्षण पर जोर देता था, परन्तु हार्टशोर्न ने उनमें कोई रुचि नहीं दर्शायी। परन्तु वे विचार 1960 की दशाब्दी में मानव-भूगोल में महत्त्वपूर्ण बन उठे थे। शेफर मानव-भूगोल का स्थान प्राकृतिक विज्ञानों में न मानकर उसे सामाजिक विज्ञानों में ही रखता था। उसके अनुसार भूगोल अन्य सामाजिक विज्ञानों जैसा विषय है, उसमें कोई अनूठापन अथवा अपवादिता नहीं है। परन्तु इसमें कोई दो राय नहीं

है कि नया-भूगोल विभिन्न प्रकार के सामाजिक क्रिया-कलापों से संयुक्त बन क्षेत्र के प्रारूपों (Areal Patterns) के विश्लेषण पर केन्द्रित बना।

स्थानिक विश्लेषण
(Spatial Analysis)

स्थान निर्धारणीय विश्लेषण (Locational Analysis) में जब मात्रात्मक तकनीकों का प्रयोग कर निष्कर्ष ज्ञात किए जाते हैं, वह प्रक्रिया स्थानीय विश्लेषण कही जाती है। अनविन (Unwin, 1981) स्थानिक विश्लेषण में बिन्दुओं (स्थानों), उन्हें जोड़ने वाली रेखाओं (मार्गों) क्षेत्रों और मानचित्र-तल (दूरियों) के अध्ययन को सम्मिलित करता है।

स्थानिक विज्ञान के अनुयायी मानव-भूगोल को सामाजिक विज्ञानों का घटक मानते हैं। वे मानव-भूगोल का योग स्थान के विचलक अथवा परिवर्तनीय गुण के निर्धारण पर केन्द्रित मानते हैं। स्थान सामाजिक संगठन और व्यक्तिगत सदस्यों के व्यवहार को प्रभावित बनाने वाला कारक है। इस कारक को मात्रात्मक-क्रांति के काल में लोकप्रियता मिली। यह प्रत्यक्षवाद के दार्शनिक विचार से संबन्धित बना कारक है। स्थानिक विश्लेषण खोजकर्त्ता को प्रत्यक्ष-ज्ञान कराने में सहायक है।

''यह निश्चय से पूर्ण सही-सही सामान्यानुमानों (Generalizations) तक पहुँचाने व प्रत्यक्ष-बोध कराने में योग देता है। यह स्थानिक-वितरण, स्थानिक-संरचना व संगठन और स्थानिक संबन्धों को मात्रात्मक-विवरण द्वारा स्पष्ट करता है।''

तीन आधारभूत स्थानिक संकल्पनाओं द्वारा स्थानिक-विश्लेषण सामान्यानुमानों तक पहुँचाने की प्रक्रिया है- ये सोपान हैं, (i) दिशा, (ii) दूरी, और (iii) सापेक्ष स्थिति अथवा क्षेत्र में जुड़ाव (Connectivity)।

स्थानिक विश्लेषण में कुछ भूगोलविद् केवल 'सामान्य रेखीय मॉडल' (General Linear Model) का प्रयोग कर निष्कर्ष निकालते हैं, परन्तु कुछ विद्वान् स्थानिक आंकड़ों के विश्लेषण में सांख्यिकीय विधि का उपयोग करते हैं।

मानव और वातावरण के संबन्धों को स्थानिक-विश्लेषण द्वारा समझाना सच पूछा जाए तो स्थान-विषयक नियतिवादिता (Spatial Determinism) है। यह उपयुक्त नहीं है, और तर्कपूर्ण ढंग से सोचें तो असम्भव भी है, क्योंकि किसी संदर्भ से रहित बनकर स्थानिक-विचलकों की व्याख्या निर्मूल होगी।

इस विश्लेषण की एक अन्य कमज़ोरी यह भी है कि यह न तो सांस्कृतिक व धार्मिक मूल्यों की, और न यह नीतिगत प्रश्नों को ध्यान में रखने की प्रक्रिया है। इससे मानव और वातावरण के मध्य संबन्ध यथार्थ रूप में व्यक्त नहीं होते हैं। वे कृत्रिम, जड़वत् और अस्वाभाविक धरा पर टिके रह जाते हैं। मार्क्सवादी तो ऐसे विश्लेषण को पूंजीवादी सोच कहते हैं जो श्रमिकों के शोषण का साधन हैं, क्योंकि मानव भावनाओं को मात्रात्मक फार्मूलों से व्यक्त नहीं कर सकते।

अवस्थिति विश्लेषण (Locational Analysis)

क्षेत्र में स्थान-विशेष का विश्लेषण भी मानव भूगोल का एक विशेष अभिगम है। जो स्थानिक-विज्ञान (Spatial Science) से जुड़ी विधि है। इसमें उद्देश्य स्थानीय संदर्भ के सामान्य नियमों, मॉडलों व सिद्धान्तों का सही-सही निरूपण होता है (बेरी व मारबल, 1968)।

यह विश्लेषण प्रत्यक्षवाद के दार्शनिक विचार पर आधारित है। यह स्थानिक व्यवस्था के प्रारूपों के सिद्धान्तों की चर्चा है। अत: यह मात्रात्मक-क्रांति का ही अंग है। Bunge ने Theoretical Geography (1966) में भूगोल को 'स्थान निर्धारण का विज्ञान' कहा। इसी प्रकार McCarty ने अर्थशास्त्र विज्ञान में स्थानिक-विचलकों को स्थान दिया। स्मिथ (Smith, 1981) के अनुसार भूगोलविदों व प्रादेशिक वैज्ञानिकों के बीच गहरा सम्बंध है और आर्थिक भूगोल के सिद्धान्तों की सहायता से प्रादेशिक प्रतिरूपों (Spatial Organisation) की व्याख्या की जा सकती है। आर्थिक भूगोल के सिद्धान्तों द्वारा स्पष्ट किया जा सकता है।

यथार्थ जगत् में घटनाओं अथवा दृश्य-वस्तुओं के बारे में कथन सैद्धांतिक मात्र नहीं होने चाहिए। कथनों को बोध कराने के लिए उनका आनुभविक प्रेक्षणों (Empirical Observations) पर आधारित होना आवश्यक है। 'आनुभविक कथन' ही यथार्थ जगत् में सीधे रूप में घटनाओं व दृश्य-वस्तुओं से जोड़ने का साधन है। वे ही सिद्धान्त की सत्यता और असत्यता की जाँच करने के भी साधन हैं। शोध में भी आनुभविक-कथनों का महत्त्व है, क्योंकि उनके तथ्य 'स्वयं यथार्थ और प्रत्यक्ष को उगलते हैं' (Facts speak reality for themselves)। स्थानिक आकृतिक के बारे में आनुभविक कथन की भाषा 'ज्यामितिक' (Geometric) प्रयोग की जाती है।

हैगेट (Haggett) ने अपनी रचना Locational Analysis in Human Geography (1965) में ज्यामितीय परम्परा से ही मानव-भूगोल में स्थान-निर्धारण व्यवस्था व प्रारूपों को समझाने पर ज़ोर दिया है। इसमें ध्यान-आकर्षण (1) दृश्य समस्तता में प्रारूपों व कड़ियों के जोड़ने की व्यवस्था की ओर है। (2) दूसरे, मानव एवं वातावरण के मध्य संबन्धों को भी 'मॉडलों' के द्वारा व्यक्त करने पर जोर है, और (3) तीसरी बात मात्रात्मक तकनीकों से कथनों (Generalizations) को संक्षिप्त (गुरों 'Formulae') बनाने पर जोर है।

स्थान-निर्धारण विश्लेषण में मॉरिल, कॉल, चॉर्ले, कॉक्स, हारवे, जानूस्टन, पूलर, सेक व स्मिथ आदि विद्वानों का योग है। मॉरिल का कथन है कि व्यक्ति न्यूनतम लागत द्वारा अधिकतम स्थानिक अन्तर्क्रियाओं की खोज में व्यस्त रहता है ताकि अधिक लाभ अर्जित कर सके। इसलिए वह स्थान के समीप उससे संबन्धित क्रियाओं की पूर्ति करता है। इसलिए मानव समाज आश्चर्यजनक रूप से विभिन्न स्थानों पर एक जैसे हैं।

परन्तु निर्धारण-क्रिया व्यवहार के अनुकूल ही होगी, और भिन्न-भिन्न व्यवहारवादी समाज अपनी अपनी परम्पराओं व संस्कृति के अनुरूप स्थानिकीय निर्धारण (Pin-Pointed Location) करेंगे। अतः निम्न अंकित पंक्तियों में इस अवधारणा की आलोचना व्यक्त है-

1. स्थान-निर्धारण विश्लेषण वस्तुनिष्ठ प्रत्यक्षवाद (Positivism) पर आधारित है। वह नीति, प्रासंगिक, नियामक, आदर्शी जैसे प्रश्नों की ओर ध्यान आकर्षित नहीं करता। परन्तु मानव और वातावरण का संबन्ध इनसे बहुत जुड़ा है। किसी भी निर्णय में सांस्कृतिक मूल्यों का योग कम महत्त्वपूर्ण नहीं है। तंत्र एवं मात्रात्मक विधियों द्वारा निर्धारित स्थान किसी आर्थिक क्रिया के लिए समाज व जनता द्वारा भी स्वीकार होगा, यह निश्चिय से नहीं कह सकते।
2. स्थान-निर्धारण विश्लेषण वैज्ञानिक तो है परन्तु व्यावहारिक रूप से भी वह वास्तवकि सिद्ध होगा, इसका निर्णय इस प्रक्रिया में नहीं किया जाता है।
3. यथार्थ जगत् की जटिलताओं से स्थान-निर्धारण मॉडल (Locational Analysis) आँखें मूंदे रहता है।
4. भूमण्डलीय स्तर पर आजकल समाजों में आर्थिक अन्तनिर्भरता पायी जाती है। अतः स्थानीय रूप से महत्त्वपूर्ण बनी वातावरणीय निर्भरता का कोई तर्कपूर्ण महत्त्व शेष नहीं रह जाता।
5. स्थान-निर्धारण पर आधारित उत्पादन कुछ सामाजिक व्यवस्था को धनी, और कुछ को निर्धन बनाने की संकल्पना है। यह पूंजीवाद, और वर्गभेद को बढ़ावा देने का प्रयास है। अतः यह सर्वव्यापी नहीं है।
6. स्थान-विशेष के धनी जन इसका अनुचित अधिकतम लाभ प्राप्त करने की स्थिति में होते हैं, उन पर किसी प्रकार का नियंत्रण नहीं रह जाता। इस प्रकार धनवानों को ग़रीबों का शोषण करने की पूर्ण आज़ादी मिल जाती है।
7. स्थान-निर्धारण विश्लेषण से अधिक उत्पादन के कारण औद्योगीकरण सीमोल्लंघन की स्थिति में पहुँच जाता है, क्योंकि उत्पादन पर किसी प्रकार का नियंत्रण नहीं रह जाता है।
8. स्थान-निर्धारण विश्लेषण और पूंजीवाद का चोली-दामन का साथ है। पूंजीवाद समाज में नवोन्मेष (नई-नई आर्थिक, सामाजिक, नीति विषयक तथा संचार-साधन आदि की प्रवृत्तियाँ) इस क़दर छा गया है कि सामाजिक सहजता नष्ट हो उठी है। सहयोग के स्थान पर प्रतिस्पर्धा जन्म ले चुकी है। इससे कालान्तर में आतंकवाद और सामाजिक शोषण क्षेत्रों में, स्थान-स्थान पर व्याप्त हो जाएगा।
9. स्थानिक-विज्ञान में विश्वास करने वाले व्यक्ति समाज में मनुष्यों को निर्जीव बना देते हैं। वे मशीनवत् कार्य करने वाले, मात्रात्मक समीकरणों में जकड़े, मानचित्र, ग्राफ़ और सांख्यिकीय निवर्चन में फंसे प्राणी रह जाते हैं।

स्थान-निर्धारण विश्लेषण और मात्रात्मक विधियों तथा 'मॉडलों' की उपर्युक्त कमज़ोरियों की प्रतिक्रिया स्वरूप ही मानव भूगोल में व्यवहारवादिता व मानवतावाद की महत्ता को बढ़ावा मिला। फिर भी, वह स्वीकार किया गया है कि अवस्थिति-विश्लेषण (Locational Analysis) ने मानव-भूगोल विषय की स्थिति में पर्याप्त परिवर्तन ला-दिया है, परन्तु वह विश्लेषण हावी बन गया हो, यह सन्देहास्पद है (Mikesell, 1984)। भूगोल को प्रत्यक्ष-सामाजिक विज्ञान और वस्तुनिष्ठ बनाने का श्रेय स्थान-निर्धारण विश्लेषण को है। Location Theory और मॉडलों ने नियोजन के प्राकृतिक स्वरूप तक को प्रभावित किया। हैगेट की टिप्पणी अवस्थिति-विश्लेषण के बारे में सकारात्मक व सटीक प्रतीत होती है-

There now exist theoretical bridges, albeit incomplete and shaky, which span from pure spaceless economics to more spatial reality. अवस्थिति-विश्लेषण अब ऐसे सैद्धांतिक सेतु पर स्थापित हैं, (चाहे अधूरे व अशक्त), जिनका विस्तार स्थान-विहीन अर्थशास्त्र और स्थानिक यथार्थता के बीच हुआ है।

तात्पर्य है कि भूगोल के स्थान-निर्धारण-विश्लेषण ने अर्थशास्त्र और भूगोल के बीच की दूरी को पाटने में योग दिया। दोनों विज्ञान एक-दूसरे के अधिक निकट आ गए क्योंकि दोनों के विद्वानों ने 'स्थानिक-व्यवस्था' (Spatial Order) में विश्वास व्यक्त करना आरम्भ कर दिया। हैगेट 20 सालों के बाद भी भौगोलिक-शोध में वैज्ञानिक सामान्यानुमानों (Scientific Generalizations) के खोजने के प्रयास में जुटा है। (Haggett, 1990).

क्षेत्रवर्णनीय भूगोल (Chorographic Geography) अथवा प्रादेशिक विज्ञान (Regional Science)

पृथ्वीतल पर क्षेत्रीय परिवर्तनशीलता से विकसित क्षेत्रों की विविधा का अध्ययन क्षेत्रवर्णीय भूगोल अथवा प्रादेशिक विज्ञान है। यह विज्ञान क्षेत्रों के व्यक्तित्त्व को पूर्ण रूपेण वर्णन करता है, और भूगोल में जाँच-पड़ताल की पुरातन परिपाटी है। स्ट्राबो ने सत्रह खण्डों में अपनी पुस्तकों में सबसे पहले इसको प्रस्तुत किया। ये जिल्दें 8 ई. पू. और 18 ई. के मध्य लिखी गई थीं। उसने कहा- भूगोलवेत्ता पृथ्वी के भागों का वर्णन (ग्रीक में Chorographein) का प्रयास करने वाला व्यक्ति है। इस अध्ययन में दो शब्द मूल-भाव व्यक्त करते हैं- एक 'वर्णन', और दूसरा 'पृथ्वी के भाग'। आजकल जिसे प्रादेशिक भूगोल कहा जाता है, वही स्ट्राबो ने भौगोलिक अध्ययन का सार भाग (Core) बताया था। भूगोल में उन्हीं महत्त्वपूर्ण बातों का और अनूठी विशेषताओं के वर्णन करते हैं जो पृथ्वी के किसी भाग के बारे में सत्य, सुन्दर व कल्याणकारी हैं। स्ट्राबो का भूगोल आधार रूप में मानव क्रिया-कलापों से संबन्धित था। उससे मानव के सामाजिक, राजनीतिक और सैन्य उद्देश्यों व अभिप्रायों का ज्ञान होता था। प्रादेशिक-विज्ञान रूप में भूगोल के आधुनिक स्वरूप की ज़ोरदार व्याख्या हार्टशोर्न ने Nature of Geography (1939) में प्रस्तुत की।

अनेकों लोगों की आम-धारणा पृथ्वी के विभिन्न भागों के बारे में जानकारी करने की

देखी जाती है। वह अपने जीवन-काल में 'दुनिया में क्या घटित हो रहा है?' इसकी जानकारी करने में उत्सुक देखा गया है। उसके लिए स्थानीय भूगोल की जानकारी भी उतनी ही महत्त्वपूर्ण है, जितनी इतिहास की होती है।

वॉल्ज (Volz) की राय में भूगोल का तात्पर्य व उसकी महत्ता पृथ्वीतल के स्थान (Space) का अर्थात् (प्रदेश/क्षेत्र) के बारे में ज्ञान कराना है। साउर (Sauer) के अनुसार क्षेत्रों (प्रदेशों) की जानकारी देने का उत्तरदायित्त्व भूगोल के कंधों पर है, क्योंकि आम लोगों की रुचि विषय के इसी पक्ष के ज्ञान के बारे में है। प्रत्येक स्कूल का बालक तक इस तथ्य को जानता है कि भूगोल भिन्न-भिन्न देशों के स्थानों की सूचनाओं की जानकारी कराने का विषय है। यह बात ही प्रादेशिक भूगोल की मान्यता स्थापित करने के लिए पर्याप्त है।

प्रत्येक विशिष्ट बना विज्ञान (Specialized Science) एक सीमित कोटि की घटनाओं का ज्ञान कराता है, जब कि भूगोल ऐसा विषय है, जिसमें विजातीय कोटि की अनेक दृश्य-वस्तुएँ एक साथ वर्णित हैं। विजातीय घटनाओं को अलग-अलग विशिष्ट भागों में विभक्त कर आर्थिक, सामाजिक, सांस्कृतिक, राजनीतिक, नगरीय, कृषि, औद्योगिक, अधिवास, आदि-आदि पक्ष भूगोल के श्रेणियों में विभक्त विषय बन उठे।

ऐसी विभक्त श्रेणियों के विशिष्ट कोटि के भूगोलों में ब्लाश (Vidal de la Blache) ने प्रादेशिक भूगोल को सर्वोचित ठहराया। ब्लाश का मत था कि मानव की सर्वोत्तम रुचि विश्व के किसी भी क्षेत्र (Area) के बारे में उसका पूर्ण विवरण जानने में थी। विश्व के समस्त ज्ञान को प्राप्त करने का साधन ब्लाश की दृष्टि में उसका क्षेत्रवार अध्ययन (Studying it by areas) था। प्रत्येक प्रदेश के अध्ययन द्वारा वह विश्व का पूर्ण, सही व संगठित ज्ञान कर सकता है। उसका मत था--''विश्व के अलग-अलग प्रदेशों में भिन्न-भिन्न प्रकार के दृश्य-घटनाओं के बारे में ज्ञान-पिपासा, कौतूहल व उत्सुकता संतुष्ट बनाने में एक मात्र साधन प्रादेशिक वर्णन है।'' प्रदेश में उसके व्यक्तित्व की सभी विशेषताओं का सम्मेलन निहित है।

भूगोल: संबन्ध का विज्ञान
(Geography as a Science of Relationship)

भूगोल में मानव और वातावरण के बीच संबन्धों का अध्ययन कोई नई संकल्पना नहीं है। यह यूनान व रोम काल से ही चली आ रही विचारधारा है। इसको भारतीय, चीन व अरब के भूगोलवेत्ताओं ने भी अपने अध्ययनों में दर्शाया। काण्ट ने 18वीं सदी के अन्त में विषुवत् रेखीय, उष्ण मरुस्थलों,भूमध्यसागरीय तटीय व पर्वतीय प्रदेशों में वातावरण का प्रभाव वहाँ के जन-जीवन, तौर-तरीकों और लोगों के शरीर की प्राकृतिक रचना पर इंगित किया। उसके अनुसार उष्ण कटिबंध के निवासी सुस्त, डरपोक और आलसी थे, जबकि सम-तापक्रम की दशाओं वाले भूमध्यसागरीय प्रदेश के लोग परिश्रमी, और विकसित-कर्मी थे।

पर्यावरण के कारणों के प्रभावों की चर्चा भूगोल में 19वीं सदी में भी छायी रही।

हम्बोल्ट ने एण्डीज़ पर्वतीय देशों के निवासियों को अमेज़न बेसिन, तटीय मैदान व द्वीपों जैसे क्यूबा, पश्चिमी द्वीप समूह के निवासियों से भिन्न प्रकृति का बताया। रिटर ने मनुष्यों के शरीर-रचना और स्वास्थ्य पर भिन्न-भिन्न प्राकृतिक वातावरणीय दशाओं के प्रभावों का संबन्ध स्पष्ट किया।

19वीं सदी के उत्तरार्द्ध में डार्विन की रचना (Origin of Species (1859) ने मानव और वातावरण के बीच संबन्धों को वैज्ञानिक रूप से दर्शाया। उसके विकासवादी सिद्धान्त और भूगर्भीय अवलोकनों पर आधारित सिद्धान्तों से एक समान धारणा प्रकट बनी। प्रकृति में वस्तुओं में काल की गति के साथ-साथ परिवर्तन घटित होते रहते हैं। वह यह विश्वास करता था कि काल की गति से वातावरण में हुए परिवर्तन से पृथ्वी का चेहरा-मोहरा भी बदलता है। डार्विन की मान्यता थी कि जीवों में विकास उनकी आदिकालीन दशाओं से प्राकृतिक चयन प्रक्रिया द्वारा होता आया है। ऐसे जीव जो अपना अस्तित्व बनाए रखने में सर्वोत्तम सिद्ध बने, वे जीवित रह विकसित बने और अशक्त जीव जो प्राकृतिक दशाओं में अनुकूलन नहीं कर सके, समाप्त होते चले गए। डार्विन का तर्क था कि अस्तित्त्व के लिए संघर्ष एक आवश्यक प्रक्रिया है। वे जीव जो अस्तित्व में हैं, अर्थात् जो जीवित बने हुए हैं, अपने वातावरण के प्रति अनुकूलित बनने में उनमें अपने उन प्रतियोगियों की तुलना में जो जीवित नहीं रह सके, अधिक अच्छी क्षमता पायी जाती है।

डार्विन के सिद्धान्त ने भूगोल के विकास पर दूरगामी प्रभाव डाले। इसने पुरातन ईश्वरीय-अवधारणा (Teleological Conception) - '(पृथ्वीतल की प्रत्येक दृश्य-घटना ईश्वरीय कृति व योजनाबद्ध है जो मनुष्यों को कार्य में जुटाए हुए है)'- को चुनौती दी। डार्विन ने इस ओर ध्यान आकर्षित किया कि आदि-मानव से मनुष्य जाति विकसित जीव है। अनेक जीवों में से मनुष्य भी एक विकसित जीव है। उसके विकास में 'लैंगिक-चयन' (Sexual Selection) का योग निहित है।

भूगोल में संबन्धात्मक अथवा प्रासंगिक विज्ञान जर्मनी में पर्याप्त लोकप्रिय बन उठा। रेटज़ेल के Anthropogeography की दोनों जिल्दें (1882 व 1891) डार्विन की अवधारणा से ही प्रभावित हुई थीं जिनमें वातावरण का इतिहास, संस्कृति और जन-जीवन पर प्रभाव दर्शाया था। मानव का विश्वभर में वितरण प्राकृतिक वातावरण का ही प्रभाव था। भिन्न-भिन्न जन-जातियों का भिन्न-भिन्न प्राकृतिक-वातावरण के साथ प्रासंगिक जुड़ाव दर्शा कर रेटज़ेल ने अपनी मानव-भूगोल में संस्थापक की स्थिति को सिद्ध किया।

रेटज़ेल ने जैविक सिद्धान्त को राजनीति-भूगोल में लागू कर 'लेबेन्ज़राम' (Lebensraum) के सिद्धान्त को विकसित किया। इसका शाब्दिक अर्थ है - ऐसा आवासित क्षेत्र जिसमें जीव विकसित बनता है। रेटज़ेल देश-राष्ट्र को भी ऐसा क्षेत्र मानता था जहाँ उसके निवासी विकसित बने हैं। उसका मन्तव्य था कि देश की सीमाओं का विस्तार जीवों द्वारा जीवन के लिए स्थान की खोज के समान स्वाभाविक क्रिया है। इस अवधारणा ने 1920 और 1930 के दशकों में नाज़ियों द्वारा राज्य-विस्तार की योजना को उचित ठहराया।

रेटज़ेल की रचना 'एन्थ्रोपोजियोग्राफ़ी' ने अमेरिका, फ्रांस, ब्रिटेन, रूस, स्वीडन आदि देशों की भौगोलिक विचारधारा को प्रभावित किया। उसकी शिष्या सेम्पल की पुस्तक, 'भौगोलिक वातावरण के प्रभाव' ('Influences of Geographic Environment') ने 'मानव को पृथ्वी की उपज' घोषित किया था, और उसके लेखों में विश्व के सभी देशों के इतिहास पर वहाँ के प्राकृतिक वातावरण के प्रभावों को पाया गया। मैदानी व पर्वतीय लोगों के जन-जीवन व रहन-सहन में, उनकी संस्कृति व इतिहास में अन्तरों का मुख्य कारण प्राकृतिक वातावरण में खोजा जा सकता है।

ब्लाश की पेज़ ('Pays)' क्षेत्र संबन्धी अवधारणा भी भूगोल में संबन्धों के विज्ञान पर आधारित है जिसे उसने 'genres de vie' अर्थात् 'जन-जीवन शैली' (Life-Style) कहा जो प्राकृतिक वातावरण का प्रतिबिम्ब ही नहीं है, उसमें बदलाव उत्पन्न भी करता है। ब्लाश मानव-भूगोल को सामाजिक नहीं, प्राकृतिक विज्ञान मानता था।

अन्ततः भूगोल संबन्धों के विज्ञान रूप में ही वातावरणीय नियतिवाद में प्रकट बना। इस सिद्धान्त की मुख्य धारणा ही प्रकृति द्वारा मानव-क्रिया-कलापों पर नियंत्रण रखना मानी जाती है जिसे नियतिवादियों ने 'भौगोलिक कारक' (Geographic Factor) कहा है। इसमें से ही परिशुद्ध भूगोल (Pure Geography) का जन्म हुआ।

बैरोज (Barrows, 1922) ने अपने अध्यक्षीय भाषण में प्रस्तावित किया कि भूगोल का अध्ययन मानव का वातावरण के प्रति समायोजन का अध्ययन माना जाना चाहिए। यह मानव के प्रति वातावरण का समायोजन नहीं समझा जाए। हैटनर (1907) ने भी भूगोल को संबन्धों के अध्ययन का विषय कहा। बैरोज ने भूगोल को पादप-परिस्थिति विज्ञान (Plant Ecology) कहा। साउर (1952) ने अपनी पुस्तक 'Agricultural Origins and Dispersals' में मानव संस्कृति के प्रारूपों को प्राकृतिक वातावरण से संबन्धित दर्शाया। भिन्न-भिन्न देशों के सांस्कृतिक प्रारूप उन देशों के प्राकृतिक वातावरण की उपज हैं।

निस्संदेह देशों के धरातल का स्वरूप, वहाँ जलवायु, प्राकृतिक वनस्पति और मृदा (मिट्टी) ने प्रत्यक्ष रूप से देशों की संस्कृति, अर्थ-व्यवस्था और जन-समाज को प्रभावित किया है। परन्तु यह नहीं भूलना चाहिए कि प्राकृतिक पर्यावरण को बदलने में मानव का बडा हाथ है। मनुष्यों की कृतियों ने ऐसे अनेक तथ्यों को उजागर किया जिनके विषय में वातावरणीय बलों के पास कोई समुचित उत्तर नहीं है। टुण्ड्रा प्रदेश के एस्किमो अपनी आर्थिक क्रियाओं व संस्कृति में टंगस, याकुत्स और युकाघिरों, आदि से भिन्न हैं। भारत के मेघालय प्रदेश में बसे खासी व नेपाली एक-दूसरे से सांस्कृतिक क्षेत्र में भिन्न हैं। इसी प्रकार कश्मीर घाटी के समान वातावरण में रहने वाले गुज्जर व बक्करवाल वहाँ के कश्मीरियों से सांस्कृतिक दृष्टि से भिन्न हैं। श्रीनगर में बसे हांजी (डल झील व झेलम नदी वासी) के सोच-विचार, अभिवृत्ति और जन-जीवन श्रीनगर शहर के कश्मीरियों से अलग हैं। भूगोल में यद्यपि संबन्धों का वैज्ञानिक ज्ञान (Science of Relationship) एक महत्त्वपूर्ण अभिगम

(Approach) रहा, परन्तु, द्वितीय युद्ध के पश्चात् यह अपनी महत्ता खो चुका है। इसे स्थानिक विज्ञान व अवस्थितीय विश्लेषण में विश्वासी विद्वानों ने नकार दिया है। व्यवहारवादी, मार्क्सवादी और मानवतावादी विचारकों की दृष्टि में यह अभिगम निरा नियतिवादिता से ग्रसित और अवैज्ञानिक था।

भूगोलः वितरण का विज्ञान
(Geography as the Science of Distribution)

वरेनिएस और काण्ट के चिर प्रतिष्ठित काल से पहले आधुनिक भूगोल का स्वरूप वितरण-विज्ञान के रूप में ग्रहण किया जाता था। यह विषय दृश्य-जगत् की भिन्न-भिन्न वस्तुओं का अलग-अलग, और परस्पर संबन्ध रूप में वितरण का अध्ययन था।

मार्थे (Marthe) द्वारा यह विषय 'वस्तुएँ कहाँ-कहाँ' (The Where of Things) का अध्ययन कहा गया। आजकल डि ज़ीयर (De Geer) ने भूगोल विज्ञान को वितरण का विज्ञान बतलाया। परन्तु यह एक भ्रम ही है कि भूगोल का आधार 'वितरण' अध्ययन है। वितरण को अन्य वैज्ञानिक भी अध्ययन करते हैं। वनस्पति-विज्ञान पादपों का, भूगर्भीय विज्ञान प्रस्तरों व भूगर्भीय-क्रियाओं जैसे ज्वालामुखियों के वितरण आदि के अध्ययन करते हैं। वे वैज्ञानिक क्या भूगोलवेत्ता हैं? मुख्य बात यह है, जैसा कि मिचोट (Michotte) का निष्कर्ष है, - ये वैज्ञानिक केवल विशेष वस्तु, जिसे वह अध्ययन करते हैं, के बारे में ही चर्चा करते हैं। भौगोलिक दृश्य-सत्ता की एकता का निवर्चन अपने वितरण द्वारा केवल भूगोलवेत्ता ही करते हैं। हम्बोल्ट की भौगोलिक-वितरण के बारे में सटीक उक्ति है भूगोल ''जो कुछ क्षेत्र में एक साथ अस्तित्व में है'' (That Which Exists Together in Area) का अध्ययन है। उसने अपने यात्रा-अभियानों में यह अनुभव किया कि ओरिनिको नदी, अमेज़न-बेसिन, एण्डीज पर्वतों, कोलम्बिया, इक्वेडोर, क्यूबा और पश्चिमी द्वीप समूहों की वनस्पति, मिट्टी, तापक्रम, व वर्षा के वितरणों में विभिन्नताएँ हैं। इसीलिए वहाँ जनसंख्या के वितरण और आर्थिक क्रिया-कलापों में विभिन्नता है। रिटर ने अपनी कृति Erdkunde में प्राकृतिक दृश्य-घटनाओं अथवा प्राकृतिक वस्तुओं के वितरण का स्थानिक रूप से वर्णन किया। हैटनर ने भी अपने कुछ लेखों में भूगोल को जगह-जगह के वितरण का (Distribution by Place) विषय कहा। वह पशुओं व पादपों के वितरण पर ज़ोर देते हुए Wallace Line की ओर ध्यान आकर्षित कराता है। यह 'रेखा' आस्ट्रेलिया के पादपों व पशुओं को एशिया व दक्षिणी-पूर्वी एशिया के पादपों व पशुओं से अलग करती है। हैटनर ने यह भी व्यक्त किया कि यह विवरण प्राणी विज्ञान के क्षेत्र का विषय है, और पशु-भूगोल वितरण द्वारा स्पष्ट किया जाता है। भूगोल क्षेत्रों पर ध्यान आकर्षित कराता है जो एक-दूसरे से पशु, वनस्पति, खनिज आदि के धारण की दृष्टि से भिन्न-भिन्न हैं। साउर ने मानव संस्कृति के भौतिक-अभौतिक प्रादेशिक प्रारूपों व अन्तर्क्रियाओं को प्राकृतिक वातावरण के संबन्ध में स्पष्ट किया। हैटनर ने इस तथ्य पर ज़ोर दिया कि इतिहास को 'कब' (When) का विज्ञान कहा जा सकता है, जबकि भूगोल को 'कहाँ' (Where) का विज्ञान कहना उचित होगा।

परन्तु यह नहीं भूलना चाहिए कि भूगोल केवल 'कहाँ' अर्थात् केवल वितरण को स्पष्ट करने का विज्ञान नहीं है। भूगोल का अध्ययन पृथ्वी की सतह के परिवर्तनशील स्वरूप का यथार्थ (Accurate), क्रमबद्ध (Orderly) और तर्क संगत विवरण (Rational Description) तथा निवर्चन (Interpretation) पर केन्द्रित है।

भूगोलः ग्रह के रूप में पृथ्वी का विज्ञान
(Geography as the Science of the Planet Earth)

कुछ विद्वान् जैसे जिरलैण्ड (Gerland), रिचथोफेन, लेहमान, पेंक आदि भूगोल को 'पृथ्वी ग्रह का विज्ञान' (Science of the Planet Earth) मानते थे। यह प्रश्न- 'क्या पृथ्वीतल, अथवा भूमण्डल भूगोल के अध्ययन का क्षेत्र है?' अनेक विद्वानों के मस्तिष्क में चक्कर काटता रहा। कुछ पाठ्य-पुस्तक गोलाभ-पृथ्वी ग्रह का वर्णन करती हैं, और कुछ केवल पृथ्वी के धरातल तक सीमित हैं।

सन् 1883 में रिचथोफेन ने लिपज़िग में अपने अध्यक्षीय भाषण में पृथ्वी के बाह्य खोल, अर्शात् भूपटल को भूगोल-अध्ययन का प्रधान विषय कहा, जबकि हैटनर इससे सहमत नहीं था। जिरलैण्ड ने भूगोल और भू-भौतिकी में भेद व्यक्त किया। वह भूकेन्द्रीय (Geo-Centric) दृष्टिकोण में विश्वास व्यक्त कर पृथ्वी को ब्रह्माण्ड की अनेक इकाइयों में से एक इकाई मानता था। पृथ्वी-पिण्ड की पृथ्वी-विज्ञान है। पृथ्वी का आन्तरिक भाग (Interior Part) इसमें सम्मिलित नहीं है। भूगोलविदों को जो प्रत्यक्ष दिख रहा है, पृथ्वी के उसी भाग की ओर ध्यानाकर्षण रखना चाहिए। वस्तु-स्थिति यह है कि भूगोल के विज्ञान की हमें जानकारी है, ग्रहों व सृष्टि का विज्ञान (Marsography) ज्ञात नहीं है। अतः पृथ्वी का भू-पटल भूगोल-अध्ययन का विषय है। पृथ्वी-पिण्ड पर अनेक कारकों की अन्तर्क्रियाएँ घटित बनी हैं। तापक्रम में एक सीमित परिसर तक विचलनता पायी जाती है, उसमें अनेक अन्तर्क्रियाएँ ठोस, द्रव्य, गैसीय स्थितियों में परस्पर घटित बनी हैं। इससे भूपटल पर अनेक परिवर्तन घटित होते रहते हैं। जन-जीवन भी सहस्त्रों रूप-स्वरूप में विकसित बने हैं। ये सभी परिवर्तन भूपटल के समीप सीमा में घटित हैं। अतएव भूगोलवेत्ताओं की अनूठी रुचि इसके अध्ययन में ही विकसित हुई।

लेहमान का मन्तव्य 'विश्व' का अभिप्राय भूगोल के अनेक सन्दर्भों में कर सकते हैं जैसे, सैलानियों का विश्व (World for Tourists), विश्व का मानचित्र (World-Map), विश्व व्यापार (Word-Trade), विश्व-व्यापी युद्ध (Word War) आदि-आदि। इन विश्वों की शब्दावली से विश्व के भौतिक-विस्तार का ज्ञान नहीं होता। ये उद्देश्यानुरूप संसार हैं। इनमें कोई वैज्ञानिक नियम लागू नहीं है जो विश्व को उसकी निश्चित-सीमा में बांध सके। इनसे न तो पृथ्वी का केन्द्र नहीं चन्द्रमा आदि अन्य ब्रह्माण्ड के पिण्डों का बोध होता है। यह केवल धरातल का स्वरूप है जिसे मानव अनुभव करता है। भौगोलिक अध्ययन में पृथ्वी तल को ही प्रायः सम्मिलित करते हैं। पृथ्वी तल पर सभी विज्ञानों का मेल है। वहाँ जलवायु विज्ञान, भू-आकृति विज्ञान, भूगर्भ विज्ञान, भू-भौतिकी, सागरीय विज्ञान मौसम

विज्ञान और पर्यावरणीय अध्ययनों आदि सभी की सामग्री का समागम हो उठा है। परन्तु प्रत्येक अलग से अपनी भिन्न-भिन्न रुचि पृथ्वी तल के अध्ययन के प्रति धारण किए हैं।

सारांश यह है कि भूगोल का अध्ययन-जगत् पूर्ण पृथ्वीग्रह नहीं, केवल उसका बाह्य-खोल, अर्थात् धरातल है जहाँ थलमण्डल, वायुमण्डल, जलमण्डल, जैवमण्डल अभिमुख बने हैं।

भूगोल वस्तुत: पृथ्वी की सतह के परिवर्तनशील स्वरूप की यथार्थता की क्रमबद्ध और तर्कसंगत व्याख्या है।

भूगोल: एक वस्तुपरक अथवा सिद्धान्तपरक विज्ञान (Geography: An Idiographic or Nomothetic Discipline)

भूगोल आरम्भ से अनेक द्वैतवादी विचारों से ग्रस्त विषय रहा है। उसमें अनेक पक्षों में द्विभागीकरण देखा जाता है। कुछ विद्वान् भूगोल को वस्तुपरक (Idiographic) विज्ञान मानते हैं, तो कुछ ऐसे भी हैं जो इसे सिद्धान्तपरक (Nomothetic) कहते हैं। काण्ट, हैटनर व हार्टशोर्न भूगोल को वस्तुपरक विज्ञान की श्रेणी में रखते थे। हार्टशोर्न के मतानुसार, भूगोल स्थानिक विभेदों (प्रदेशों) को व्यक्त करने का विषय है। स्थान-स्थानों की दृश्य-सत्ता एक दूसरे से भिन्न हैं। यह भिन्नता अथवा विभेद उनकी परिवर्तनशीलता का परिणाम है। सभी स्थानों की दृश्य-वस्तुएँ, घटनाएँ आदि समान रूप से परिवर्तनीय नहीं होतीं, क्योंकि सभी स्थानों पर प्राकृतिक व मानवीय वातावरण के प्रभाव समान रूप से नहीं पड़ता। इस आधार पर हार्टशोर्न प्रत्येक स्थानिक क्षेत्र व प्रदेश को उसके निजी व्यक्तित्व में विकसित पाता है। प्रत्येक प्रदेश अनूठी विशेषताएँ धारण किए है। भूगोल प्रदेशों की ऐसी विशिष्टताओं अर्थात् उनके अनूठे व्यक्तित्व का अध्ययन-विषय है। इनको किसी सामान्य नियमों (General Laws) में व्यक्त करना सम्भव नहीं है, और न भूगोल में पूर्व अनुमान व्यक्त करने की गुंजाइश है।[23] काण्ट इसे क्षेत्र वर्णनी विषय कहता है, तो हार्टशोर्न के लिए भूगोल सहज व अकृत्रिम विवरण है।[24]

सिद्धान्तपरक विज्ञानों (Nomothetic Sciences) का आधार उनके सामान्य-नियम हैं। क्रमबद्ध अथवा सुव्यवस्थित और सामान्य भूगोल इसी श्रेणी में आती हैं। हम्बोल्ट एवं साउर तथा अन्य इनके अनुयायी भूगोल की क्रमबद्धता (Systematic) पर ज़ोर देते हैं जो सामान्य नियमों का निर्माण करने की क्षमता का विषय है। प्रेस्टन ई. जेम्स वस्तुपरक व सिद्धान्तपरक अभिगमों (Approaches) को समझाते हुए कहता है-यथार्थ प्रदेश जैसा कोई दृश्य-जगत् मौजूद नहीं है। प्रदेश एक बुद्धिपरक सोच है जो हमारे मस्तिष्क में विशेष उद्देश्य की पूर्ति के लिए उपयोगी है।[25]

अनेक उतार-चढ़ाव के दौरान, संकट स्थिति एवं विकास के सोपानों और क्रांतियों से गुज़रने के पश्चात् भी भूगोल में सिद्धान्तों व नियमों का निर्माण करना संभव नहीं हुआ है। द्वितीय विश्व युद्ध के पश्चात् भूगोलवेत्ताओं ने विसरण-मॉडलों (Diffusion Models),

अवस्थितिमूलक सिद्धान्त व गुरुत्व मॉडलों और ज्यामितीय मॉडलों द्वारा भौगोलिक-प्रारूपों को स्पष्ट करने की ओर ध्यान आकर्षित किया। यह प्रक्रिया भी शान्त व अब अवसान के चरण में पहुँच चुकी है। अब नवोन्मेष की आवश्यकता है जो नए सिद्धान्तों की रचना कर भूगोल को स्थायी आधार देकर उसे अन्य भू-विज्ञानों व सामाजिक विज्ञानों में उच्च स्थान दिला सके।

भूगोलः संश्लिष्टता का विज्ञान
(Geography : A Discipline of Synthesis)

भूगोल के बारे में यह आरोप है कि उसका कोई अध्ययन विषय ही उसके पास नहीं है, वह दूसरे विषयों की सामग्री में अतिक्रमण करता है। कुछ भूगोल के विद्वानों का यह तर्क है कि भूगोल मुख्यतः अन्य विषयों की सामग्री में भागीदार बना है। कुछ कहते हैं कि केवल भूगोल ही एक मात्र विषय है जो स्थानों का अध्ययन करता है। एकरमेन (Ackerman)[26] के इस मत पर लोगों की प्रायः एक ही राय बनी है कि भूगोल का आधारभूत अभिगम ''पृथ्वीतल पर स्थानिक-दृश्य की सामग्री का विभेदीकरण है, और इसी का विश्लेषण स्थानिक रूप से करना'' भूगोल-अध्ययन का विषय है।

फेनमैन (Fenneman, 1919) ने इस विवाद को हल करने हेतु एक मॉडल रचा। यह भूगोल की परिधि (Circumference) का ज्ञान कराता है (Fig. 10.2) । इस मॉडल में विज्ञानों को अतिछादित (Overlap) करते दिखाया गया है। प्रत्येक विज्ञान का अनाच्छादित बना कटिबंध भूगोल की विशिष्ट शाखा का प्रतिनिधित्व करता है। साथ ही वह अन्य विज्ञान के समकक्ष भी है। उदाहरणवत्, भूगर्भ विज्ञानी चट्टानों का, वनस्पति विज्ञानी पादपों का, मौसमवेत्ता जलवायु का, अर्थशास्त्री आर्थिक दशाओं का अध्ययन करते हैं। परन्तु ये सभी परस्पर समस्त रूप में इन सामग्री की दृश्य वस्तुओं की अन्तर्क्रिया के देखने व अध्ययन करने में असफल हैं। यह भूगोल ही है जो जैविक व अजैविक वस्तुओं अथवा स्थानिक दृश्य-जगत् में घटित अन्तर्क्रिया का विवेचन काल व स्थान संदर्भ में मानवकेन्द्रित अभिगम सहित करता है। अतः भूगोल का यह उसका निजी अध्ययन-क्षेत्र है परन्तु भ्रम से ऐसा प्रतीत होता है कि अन्य विषयों में अतिक्रमण है। अपनी इस अनूठी विशेषता के कारण ही भूगोल को 'संश्लिष्टता का विज्ञान' (Science of Synthesis) माना जाता है। भूगोलवेत्ता किसी क्षेत्र अथवा प्रदेश में प्राकृतिक व मानवीय दृश्य-जगत् अथवा घटनाओं के मध्य संश्लेषण का प्रयास करते हैं। इन प्रादेशिक अध्ययनों के आधार पर वे मॉडलों व नियमों का प्रतिपादन और परीक्षण सामान्य भूगोल (General Geography) में करते रहे हैं।

प्रादेशिक संश्लेषण के रूप में भूगोल की अवधारणा कोई बहुत पुरानी नहीं है। ब्रिटिश व अमेरिकी भूगोलविदों ने भूगोल के उद्देश्यों, उसका विस्तार-क्षेत्र एवं प्रकृति को

Figure 10.2 *भूगोल की परिधि (फेनमैन से उद्धृत)*

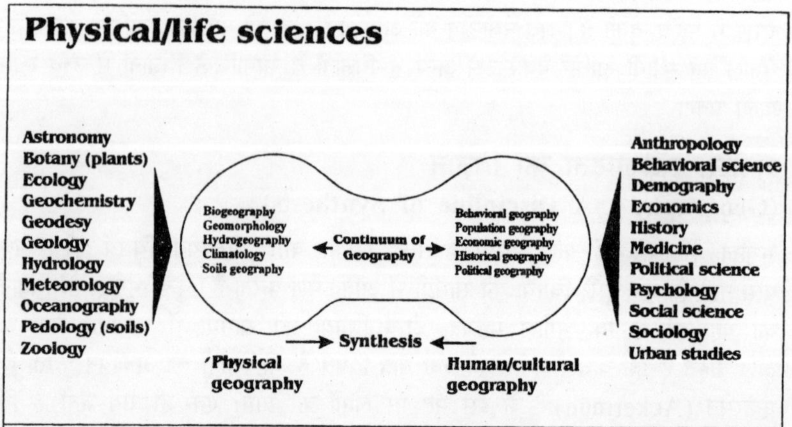

Distribution of geographic content along a continuum.

परिभाषित करने के कठिन प्रयास किए। मात्रात्मक क्रांति के आगमन से पहले वे भूगोल को ''सिद्धान्त में कम,और तथ्य में दीर्घ'' (Short a theory and long a fact)[27] मानते थे। इस परिभाषा के बावजूद भूगोल में सिद्धान्त-निरूपण करना आवश्यक है। बर्टन के कथनानुसार, सिद्धान्त ''एक ऐसी छलनी (Sieve) है जो नाना प्रकार के तथ्यों में से सार ग्रहण में सहायक बनी है, अन्यथा जिसके बिना निरर्थक तथ्यों का ढेर ही बना रहता है।[28]''

भूगोल में स्पष्टीकरण (Explanations in Geography)

भूगोल में जहाँ स्पष्टीकरण का प्रयास किया गया, वे प्रायः अस्थायी (तदर्थ) और स्वरूप में अवैज्ञानिक बने प्रतीत होते हैं। इस दोष को हार्वे ने उठाया है, और इसकी ध्यानपूर्वक परीक्षा की। उसने स्पष्टीकरण के बारे में आनुभविक अध्ययनों के आधार पर वैज्ञानिक, पद्धति-मूलक और सामान्यानुमानों के छः स्वरूप इंगित किए।[29] ये हैं-

(i) संज्ञात्मक विवरण (Cognitive Description)

इसके अन्तर्गत सामग्री-संग्रहण (Collection), सामग्री व आंकड़ों को क्रमबद्ध करना (Ordering) और उनका वर्गीकरण (Classification) सम्मिलित क्रियाएँ हैं। इस प्रक्रिया में 'सिद्धान्त' का कोई योग नहीं है। परन्तु इसमें वर्गीकरण-क्रिया में सिद्धान्त के निहित गुणों का ध्यान रखना आवश्यक है। विषय के विकास के आरम्भिक चरण में सिद्धान्त प्रायः असंगत, आकृति विहीन और अर्थ विहीन स्थिति में अदृश्य बने रहते हैं। अतः संज्ञानात्मक

विवरण केवल कृत्रिम स्वरूप के वाक्-छली व कु-तर्की (Sophisticated and Amorphous) ही होते हैं।

(ii) आकृतिमान विश्लेषण (Morphometric Analysis)

यह विश्लेषण भी संज्ञानात्मक-विवरण के प्रकार के समान है। इसकी भाषा स्थान व काल विषयक है, इसमें सामग्री का बोझ नहीं है। इसके द्वारा एक ऐसा ढांचा प्रस्तुत होता है जिसमें भूगोलवेत्ता स्थान में आकृति व स्वरूपों को जाँचता है। इसे पूर्व-अनुमानित प्रकार का अथवा दृश्य-अनुरूपण (Simulation of Phenomena) विश्लेषण कहते हैं। इसमें दृश्य-जगत् की व्याख्या ज्यामितीय आधार पर करते हैं। क्रिस्टलर (Christaller) ने केन्द्र-स्थानों की व्याख्या में इसे प्रयोग किया।

(iii) कार्य-कारण विश्लेषण (Cause-and-Effect Analysis)

किसी दृश्य-वस्तु अथवा घटना को पूर्व-जन्मित कारणों से समझना-समझाना नई पद्धति नहीं है। यह अत्यन्त सरल धारणा है। किसी 'B' कार्य की घटना 'A' कारण से घटी। इसका अभिप्राय है कि 'B' कारण 'A' कार्य के लिए उत्तरदायी नहीं है। कारण संबन्धी नियम परिकल्पना से जन्मे निगमनिक विधि है। इनकी खोज क्षेत्र में भिन्न-भिन्न दृश्य-वस्तओं की तुलना से हुई है। भारत में काली मिट्टी के प्रदेश (महाराष्ट्र, गुजरात व पश्चिमी मध्यप्रदेश) दर्शाने वाले मानचित्र की तुलना कपास उत्पादन व उसकी मात्रा के प्रारूप से करके इस निष्कर्ष पर पहुँच सकते हैं कि काली मिट्टी कपास-उत्पादन को प्रभावित करती है। परन्तु यह निष्कर्ष नहीं निकाला जा सकता है कि कपास के अधिक उत्पादन करने वाले सभी क्षेत्र काली मिट्टी के हैं। अथवा, यह भी निष्कर्ष नहीं निकाल सकते कि कपास का अधिक उत्पादन मिट्टी अथवा प्रदेश को काला बनाते हैं। वस्तुतः कार्य-कारण संबन्ध इतनी सरल विधि नहीं है कि वह किसी एकमात्र कारण द्वारा व्यक्त हो, यह संबन्ध बहु-समयाश्रण (Multiple Regression) अथवा गुणक-विश्लेषण (Factor Analysis) का परिणाम है।[30]

(iv) कालानुरूप विश्लेषण (Temporal Analysis)

कालानुरूप विश्लेषण को ऐतिहासिक विश्लेषण भी कह सकते हैं। यह भी एक प्रकार से कार्य-कारण विवेचन ही है जो लम्बे समय में स्थापित हुआ। किन्हीं परिस्थितियों के कोई 'सेट' को समझने के लिए उसके जन्म से तदन्तर हुए विकास-क्रम में झांकना पड़ता है। यह दृश्य-जगत् क्रमिक-नियमों का परिणाम है। इस क्रम को समझने के लिए काल-क्रम में विवेचन करना अनिवार्य है। धरातल पर दृश्य-जगत् का विकास एक शृंखला में हुआ है। इसका विश्लेषण भी शृंखला की कड़ियों को खोल कर करना (जो काल में जुड़ी हैं) चाहिए। अतः व्याख्या एक ऐसी शृंखला है जो काल के परिवर्तन के साथ दृश्य-विकास के कारणों में परिवर्तनों से जुड़ी है। इसका विश्लेषण कालानुरूप करना चाहिए। डार्बी के

शब्दों में - ''भौगोलिक अध्ययन का आधार भू-आकृति विज्ञान व ऐतिहासिक भूगोल में है-'' ये दोनों ही समयबद्ध व्याख्या प्रणाली द्वारा शासित हैं।[32] अतः भौगोलिक दृश्य-जगत् का निवर्चन उसके उद्भव (Origin) से लेकर उत्तरवर्ती विकास (Subsequent Development) क्रम में किया जाना चाहिए।

कालानुरूप विश्लेषण एक मात्र भूगोल का ही अभिगम (Approach) नहीं है। इसे इतिहास में भी घटित देखा जा सकता है जहाँ उषाकाल से आज तक घटनाओं की व्याख्या सम्मिलित है। इसकी घटनाएँ कालबद्ध हैं।[33]

(v) कार्यात्मक और परिस्थितिकीय विश्लेषण (Functional and Ecological Analysis)

कार्य-कारण विश्लेषण को प्रत्यक्षवादियों ने अस्वीकार कर दिया। वे उसे तात्विक एवं नियामक प्रपंचों से बोझिल कहते थे। इसकी प्रतिक्रियावश उन्होंने कार्यपरक अथवा फल-मूलक विश्लेषण को विकसित माना। संगठन विशेष में इनका योग सकारात्मक होता है, जैसे नगरों को उनके द्वारा पूर्ण किए जाने वाले कार्यों को ध्यान में रखकर विश्लेषण करना। इस आधार पर नगरों का वर्गीकरण विकसित बना। नदियों का उनके कार्य जैसे अनाच्छादन आदि के आधार पर विश्लेषण किया जा सकता है।[34] कार्यात्मक और पारिस्थितिकीय सोच भूगोल में महत्त्वपूर्ण बन उठे हैं। वर्तमान समय में अनेक भूगोलवेत्ताओं का ध्यान पारिस्थितिकीय अवधारणा की ओर आकर्षित हुआ है। यह सोच भूगोल में व्याख्या हेतु महत्त्वपूर्ण आधार प्रस्तुत करता है क्योंकि यह दृश्य-जगत् की 'समस्तता' की ओर ले जाने वाला सोच है।

तंत्र विश्लेषण (System Analysis)

विभिन्न वैज्ञानिकों ने तंत्र (System) को भिन्न-भिन्न प्रकार से परिभाषित किया है। प्रेस्टन जेम्स के शब्दों में 'तंत्र' की परिभाषा से तात्पर्य ''एक ऐसी समस्तता है (व्यक्ति, उसकी मनोदशा, संस्कृति, उसका कार्य) जो समस्तरूप में ही घटित है क्योंकि उसके भाग परस्पर अन्तनिर्भर बन संगठित हैं।'' तंत्र संगठनात्मक व्यवस्था है। तंत्र के आधार पर मनुष्य क्षेत्र में अन्य जैविक-जगत् से जुड़ा है। भूगोल अपने उदयकाल से ही तंत्र के अनेक स्वरूपों को धारण किए हुए है। द्वितीय विश्व युद्ध के आरम्भ तक भूगोल में तंत्र के विषम-स्वरूपों के विश्लेषण की कोई तकनीक विकसित नहीं थी।

भूगोल जीवों व अ-जैविकों के जटिल संबन्धों को पारिस्थितिकी-तंत्र ('इको-तंत्र') द्वारा व्यक्त करता है। तंत्र-विश्लेषण विधि जटिल बनी समस्तता और उसकी क्रिया की संरचना के विवरण क लिए एक ढांचा प्रस्तुत करती है। इसीलिए भूगोल में इसका महत्त्व अनूठा है, क्योंकि भूगोल जटिल बहुविचलकों (Multivariate) की स्थितियों से संबन्धित है।[36] चार्ले और बेरी ने भी भूगोल की इस लाभदायक स्थिति के लिए तंत्र-विश्लेषण और

सामान्य क्रमबद्ध सिद्धान्त को भौगोलिक समझबूझ हेतु मूलभूत उपकरणों में माना तथा इनके प्रयोग का सुझाव दिया। तंत्र विश्लेषण के प्रमुख लाभ हैं-

1. दृश्य-जगत् की वस्तुओं का पृथक् अध्ययन से कहीं अधिक अच्छा और आवश्यक उसके तंत्रों का अध्ययन है,
2. तंत्रों को नियंत्रित बनाने वाले मूलभूत नियमों की पहचान आवश्यक है,
3. विषय-सामग्री को साम्यानुमानों (Analogies) के तर्कों द्वारा स्पष्ट करने का महत्त्व अपना ही होता है, और
4. अनेक तंत्रों को समस्तता (Wholeness) में सामान्य नियमों से जोड़ने की आवश्यकता है।

सामान्य तंत्र का सिद्धान्त (General System Theory)

जीव विज्ञान शास्त्री लुडविग फॉन बर्टालनफ़ी (Ludwig Von Bertalanffy) ने 1920 के दशक में सामान्य तंत्र सिद्धान्त को विकसित किया। उसकी मान्यता थी कि जब तक एक व्यक्तिगत जीव के बहुसख्यक भागों से संबंन्धित तंत्र का अध्ययन न किया जाए, हम जीव के जीवन को नियंत्रित बनाने वाले नियमों को नहीं समझ पायेंगे।[37] कुछ समय पश्चात् उसने अनुभव किया कि इस विचार को अजैविकीय तंत्रों में भी लागू किया जा सकता है। यह अनेक विज्ञानों के संबन्ध में भी उनकी अनेक समान विशेषताओं से जुड़ा विचार है। अत: इसी आधार पर सामान्य तंत्र सिद्धान्त विकसित करना भी सम्भव है जिससे सभी विज्ञानों की पद्धतियों व उनका ढांचा स्पष्ट बनता हो।

सामान्य तंत्र एक प्रकार का उच्च-स्तरीय बहुतंत्रों का सार है, अथवा सामान्यानुमान ही है जिसे व्यक्तिगत विज्ञानों ने स्वीकारा है। यह विज्ञानों को एकीकृत (Unifying) करने की एक विधि ही है।[38] शोध कार्य में इसे अनेकों विज्ञानों के परस्पर सहयोग (Interdisciplinary) का अभिगम (Approach) कहा जाता है। यह वैज्ञानिक विचारों के सम्मिलन से रचे सामान्य मॉडलों का सिद्धान्त है।

सामान्य तंत्र का सिद्धान्त तंत्र विश्लेषण का मात्र साम्यानुमान ही नहीं है, और न वह एकैक-समाकार-वाद (Isomorphism) है, बल्कि वह एक ऐसा सामान्य सिद्धान्त है जिससे अनेक तंत्रों की विशेषताओं को उजागर कर सकते हैं। अतएव यह एकीभवित बना तंत्र है जिसमें अनेक तंत्र के निचोड़ हैं। अनेक तंत्रों के बीच स्थापित संबन्ध का इस सिद्धान्त से बोध होता है। यह उन दशाओं को भी स्पष्ट बनाने का सिद्धान्त है जो एक तंत्र को दूसरे तंत्र की विशेषता के समीप ले जाती हैं। यह सिद्धान्त उन तंत्रों से हमें अवगत बनाता है जो परिस्थिति-विशेष के विश्लेषण के लिए आवश्यक है।

सामान्य तंत्र के सिद्धान्त को 'साइबरनैटिक्स' (Cyberneties) से भी समझाया जा सकता है। 'साइबरनैटिक्स' प्रकृति व तकनीक के मध्य स्थापित स्व-व्यवस्थित बनी यंत्र-

रचना (Mechanism) है। ये सामान्य नियमों पर आधारित है, और एक नियंत्रित-तंत्र के कार्यक्रम का पालन करने की विधि है। इसे गणितीय रूप में व्यक्त कर सकते हैं।[39] यद्यपि प्रकृति में नियमन-व्यवस्थापन अत्यन्त निश्चित बना है, मानव-समाजों में यह नियमन (Regulation) विकृति (Defective) है।

साइबरनैटिक्स कार्य-कारण में स्पष्ट भेद नहीं कर पाता, परन्तु घटकों में अन्तर्क्रिया पर पर्याप्त जोर देता है। दो घटकों के मध्य कारणों की यंत्र-रचना दोतरफ़ा क्रियान्वित है। एक तरफ वह तंत्र एक भाग को प्रेरित कर आरम्भ करने की प्रक्रिया है, दूसरी तरफ वह लौट कर उसके उद्‌भव (Origin) में उतर तंत्र के अन्य भागों को भी उजागर करती है। तात्पर्य यह है कि साइबर नैटिक्स ऐसा सिद्धान्त है जो सामान्य तंत्र सिद्धान्त की प्रक्रिया को समझाने में सहायक बना है।[40]

तंत्र का निरपेक्ष, अमूर्त अथवा सामान्य चरित्र का उसकी नियंत्रित बनी 'बंद' (Closed) स्थिति में ही विश्लेषण किया जा सकता है। उसकी विशेषताओं अथवा चरित्र को समझाना उस स्थिति में दुर्लभ है, जब वह अनियंत्रित (Open) होकर आसपास के तंत्रों में जा समाता है। सभी यथार्थ तंत्र खुली व्यवस्था वाले हैं। उनमें जटिलताएँ विकसित हो जाती है। तंत्र के अवयव अथवा घटकों की संख्या जब निश्चित हो, उनमें पारस्परिक संबन्ध देखा व ज्ञात किया जा सकता है। भौगोलिक प्रदेश के विश्लेषण में भी हम प्रदेश के व्यक्तिगत कारकों को सीमित बना कर उसके तंत्र का विश्लेषण करने में सम्भव बनते हैं। अत: भौगोलिक तंत्र निरपेक्ष अवधारणा है, और 'बंद' अथवा निश्चित संख्या के कारकों में आबद्ध है। इसकी व्याख्या इसकी निर्धारित सीमाओं में रचित-तंत्र द्वारा की जानी चाहिए। भौगोलिक शोध-क्रिया में सीमा-निर्धारण एवं घटकों का चयन कोई सरल कार्य नहीं है। हार्वे[41] ने उदाहरण देते हुए व्यक्त किया कि किसी एक 'फर्म' को अर्थ-व्यवस्था में उसकी आर्थिक परिस्थितियों में सीमित बन कर कार्य करना होता है। वह एक 'बन्द-व्यवस्था' में कार्य सम्पन्न करती है। उसकी व्यवस्था के अवयव जो आन्तरिक रूप से उसके संबन्धों को बनाए रखते हैं, अपरिवर्तनीय होते हैं। जब वह 'फर्म' अपनी सीमाओं का विस्तार करती है, और तंत्र में बदलती सामाजिक व राजनीतिक परिस्थितियों व संबन्धों को शामिल करती है, उसके तंत्र का ढाँचा भी बदलता है। उसके अवयव बदली हुई परिस्थितियों के अनुसार नए सिरे से चयन किए जाते हैं। यह सीमा-विस्तार और तंत्र-बदलाव सरल कार्य नहीं है, एक समस्या है।

ऐसे अवयवों की पहचान करता जिन्हें हम सर्वोत्तम समझते हैं, और जो यथार्थ स्थिति के अनुकूल हैं, सरल नहीं है। यह कार्य जटिल से जटिल तर बनता जाता है। उदाहरणवत्, एक औद्योगिक कम्पनी अनेक शाखाओं में कार्यरत है। उसका मुख्य कार्यालय, और उसकी ब्रांचों (शाखाओं) के कार्यालय अवयवों में संरचित हैं। उनके तंत्र अलग-अलग व्यक्त हैं। इसे गणितीय रूप से देखें-

$$A = (a_1, a_2, a_3 \ldots\ldots a_n)$$

यहाँ A मुख्य कार्यालय और an इसकी अनेक शाखाएँ हैं। इसमें यदि तंत्र के पर्यावरण (परिस्थिति) को सम्मिलित करें जिनमें सीमित बन वह औद्योगिक संस्था कार्यरत है, तो कारकों का एक नया सेट जन्मता है जैसे, B पर्यावरण में सेट होगा-

$$B = (ao_1,\ ao_2\ ....\ ao_n)$$

यहाँ पर्यावरण का (B) अतिरिक्त कारक (o) तंत्र में शामिल बना है।

इन अनेक कारकों की जटिलता से तंत्र जुड़कर जटिलतर बनता जाता है। इनके संबन्धों में पैठ करके ही औद्योगिक संस्था का पूर्ण विश्लेषण संभव बनता है। मुख्य कार्यालय का संबन्ध एक-एक ब्रांच के साथ, और दूसरी ओर सभी ब्रांचों का आपस में बने संबन्धों का विश्लेषण औद्योगिक संस्था के तंत्र की यथार्थता है।

इस प्रकार तंत्र अथवा मॉडल में सम्मिलित विशेषताएं हैं-

(i) वस्तुओं अथवा घटनाओं के कारकों तथा बदलते हुए लक्षणों की पहचान का एक सेट।

(ii) वस्तुओं अथवा घटनाओं में निहित लक्षणों में परस्पर संबन्धों और वातावरण की स्थिति का एक अन्य सेट।[42]

अमूर्त अनुमानित बने तंत्र के गुण
(Merits of Abstract Construal of a System)

(i) अमूर्त व अनुमानित तंत्र भौगोलिक प्रदेश (विशिष्ट भू-दृश्य जगत्) में अनेक वस्तुओं अथवा घटनाओं को संक्षिप्त रूप से उनकी जटिलताओं को कम करके उन्हें सरल व बोधगम्य बनाते हैं।

(ii) यह तंत्र अमूर्त सिद्धान्त विकसित करता है, जो किसी एक विशेष तंत्र अथवा तंत्र-सेट से जुड़ा नहीं होता।

(iii) इससे अनेक सूचनाएँ अनुमानित दृश्य-जगत् के विषय में मिलती हैं। यह आगामी विकास की अमूर्त-स्थिति, उसकी संरचना, दिशा-व्यवहार का सम्भावित-ज्ञान देता है।

(iv) यह तंत्र आवश्यक तकनीकी उपकरणों का ज्ञान कराता है जो जटिल बनी अन्तर्क्रियाओं को समझाने में प्रयोग किए जा सकते हैं

(v) तंत्र सिद्धान्त अमूर्त गणितीय भाषा से संबद्ध होता है। जिसका कुछ-कुछ जैसे ज्यामिति, सम्भावित सिद्धान्त के समान द्वारा आनुभविक समस्याओं को व्यक्त करने में प्रयोग किया जा सकता है।

तंत्र की संरचना (Structure of a System)

तंत्र की रचना प्राय: तीन अवयवों (Components) से होती है-

1. घटकों का 'सेट' (Elements);
2. इसकी कड़ियों (Links) का सेट, और
3. तंत्र और वातावरण के मध्य जुड़ाव-कड़ियों का सेट

तंत्र के घटक (Elements of a System)

प्रत्येक तंत्र की संरचना, उसके कार्य व विकास में उसके 'घटक' उसके आधारभूत पक्ष हैं। गणितीय दृष्टि में घटक परिभाषा-रहित हैं और यह पद पुरातन अर्थात् मूल है। ज्यामिति में 'बिन्दु' (Point) की अवधारणा ऐसा ही घटक है। कुछ भी कहें, तंत्र की संरचना घटकों का योग और उनके बीच स्थिति जुड़ाव (कड़ियां) है। घटकों के बीच संबन्धों की अदला-बदली अथवा अन्तर्क्रिया, प्रवाह, संचार आदि कड़ियां द्वारा संभव होता है। विकास की स्थिति में तंत्र की संरचना और व कार्य दोनों में ही बदलाव आता है, यह समय / काल (Time) में घटित क्रम है।[44]

तंत्र की माप (Scale) घटक निर्भर हैं जैसे, 'अन्तर्राष्ट्रीय मुद्रा तंत्र' में देश-विदेशों को 'घटक' मानना आवश्यक है।

निम्न दिए **आरेख (10.3)** में तंत्र व उप-तंत्र को चित्रित किया गया है। प्रथम, ऊपरी

Figure 10.3 *तंत्र A और तंत्र B*

आरेख-(उप) तंत्र A और (उप)-तंत्र B

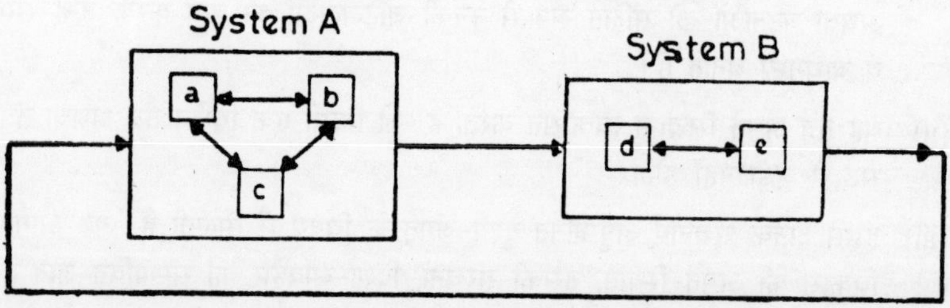

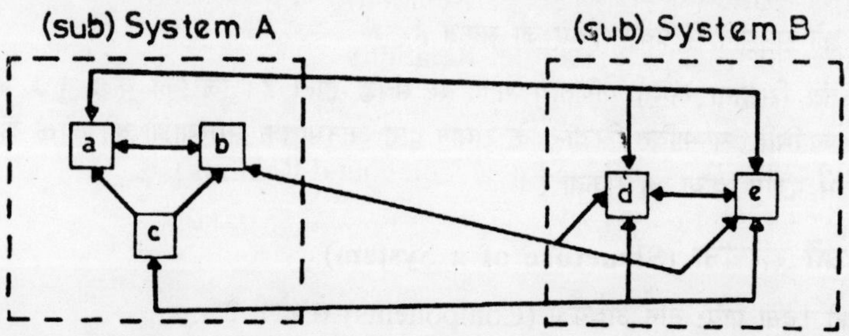

आरेख में A और B तंत्र दर्शाए हैं। ये इकाइयों के मध्य अन्तर्क्रिया एवं साथ ही लघूत्तर तंत्र के साथ प्रत्येक तंत्र की अन्तर्क्रिया में जुड़े हैं।

दूसरे, निचले आरेख में A और B तंत्रों की दशा लघूत्तर-स्तर (Lower Levels) में प्रकट है।

अर्थव्यवस्था के तंत्र की जटिलता का अनुमान इस क्रम में लगा सकते हैं। आर्थिक संगठन और फर्मों का दल अर्थव्यवस्था के अंग हैं। इन फर्मों में अनेक विभागों का तंत्र बना है। अनेक विभाग व्यक्तियों द्वारा बने तंत्र हैं, और व्यक्ति भी जैविक-तंत्र में बंधी व्यवस्था हैं, आदि-आदि।[45] इसी भाँति वाहन-व्यवस्था व ट्रेफिक तंत्र में मोटर कार एक घटक है जो स्वयं भी तंत्र क्रम की रचयिता है। तात्पर्य यह है कि 'घटक' की परिभाषा हमारे विचाराधीन तंत्र के मापक पर आधारित है। यहाँ दर्शाया गया आरेख (10.3) ब्लालॉक एवं ब्लालॉक द्वारा रचा है जिसमें अन्तर्क्रिया के दो अलग-अलग विचार-मुख्य एवं लघु स्तर-चित्रित हैं।[46]

तंत्र-रचना में मापक के निर्णय के बाद एक दूसरी समस्या घटकों की पहचान व चयन-क्रिया है। घटनाएँ अथवा दृश्य-वस्तुएँ जहाँ सतत्-क्रम में घटित हैं जैसे वर्षा-वितरण, वहाँ घटक-चयन-क्रिया सरल नहीं रह जाती। अलग-थलग घटक जैसे फार्म (खेत)आदि का चयन सरलतम है। गणितीय तंत्र के सिद्धान्त की दृष्टि से भौगोलिक घटक का अनुमान किसी परिभाषित पृथक् गुण व लक्षण के आधार पर ही करना उचित है। इसी आधार पर उसे गणितीय-संदर्भ में प्रकट करना सरल होता है।[47]

संबन्धों को व्यक्त करना अथवा विभिन्न घटकों में जुड़ाव-क्रिया (Relationships or Links)

जुड़ाव (Link) तंत्र में एक अन्य महत्त्वपूर्ण अवयव है। यह क्रिया भिन्न-भिन्न घटकों में अन्तर्क्रिया व्यक्त करती है। यह तंत्र में जुड़ाव-क्रिया ही है जो उसके भिन्न-भिन्न घटकों को एकता के संबन्ध में परस्पर जोड़ती है। यह समस्तता का ज्ञान कराने की क्रिया है।

यह जुड़ाव अथवा संबन्ध निम्न भांति व्यक्त है-

(i) श्रृंखला नुमा संबन्ध (Series Relation)

(ii) समानान्तर संबन्ध (Parallel Relation)

(iii) पुनर्निवेशन संबन्ध (Feedback Relation)

(iv) सरल मिश्रित संबन्ध (Simple Compound Relation)

(v) जटिल मिश्रित संबन्ध (Complex Compound Relation)

निम्न अनुच्छेदों में आधारभूत तीन संबन्धों को परिभाषित किया है- ये तीनः आगे मिश्रित एवं जटिल-मिश्रित बन चौथी व पाँचवीं तंत्रों की स्थिति उत्पन्न करते हैं:

(i) शृंखलाबद्ध संबन्ध सरलतम है। यह अनुवर्त्य (अनपलट) जुड़ाव है, और कार्य-करण में व्यक्त संबन्ध है जैसे, आरेख (10.4) में a_i-a_j के मध्य दर्शाया है। इस संबन्ध से परम्परागत विज्ञान वर्णित बना है। उदाहरणवत् भारत में पंजाब में चावल-उत्पादन सिंचाई पर निर्भर है। अथवा, कश्मीर में केसर वहाँ 'करेवा' (Karewa) मिट्टी में उत्पन्न होती है।

Figure 10.4 *तंत्र में घटित कारकों के संबन्ध*

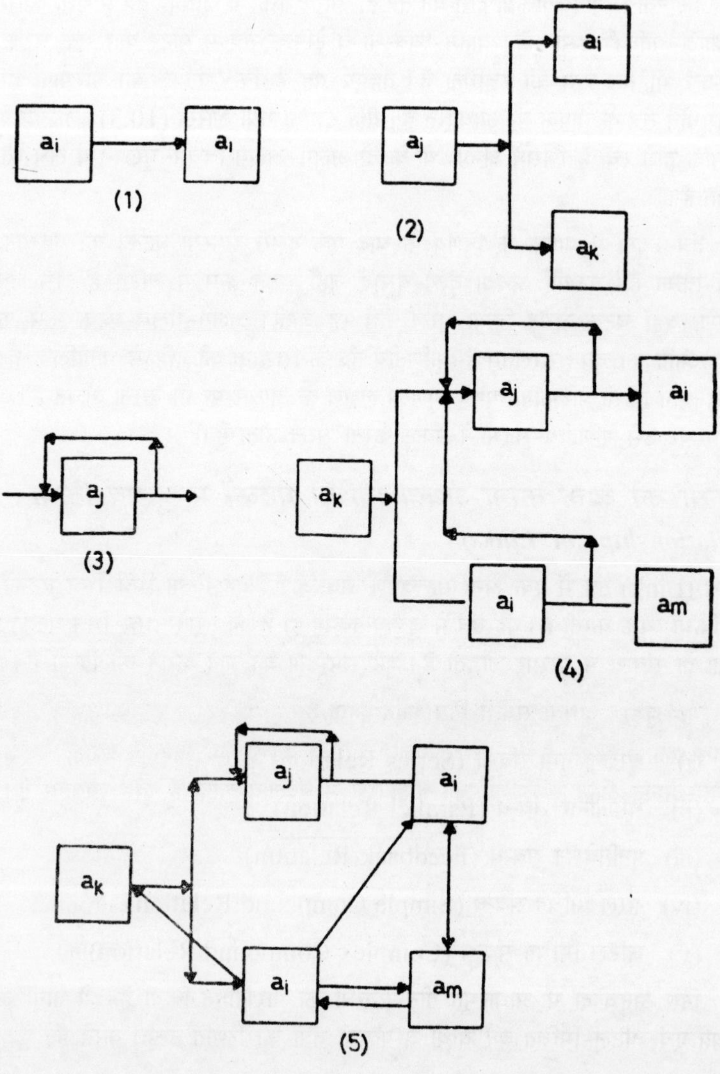

(ii) समानान्तर संबन्ध की क्रिया जब दो अथवा अधिक कारक एक तीसरे कारक को प्रभावित करते अथवा प्रभाहित होते हैं, घटित होती है। आरेख में ai और aj एक तीसरे कारक ak द्वारा प्रभावित हैं। उदाहरणवत, तापक्रम और वर्षा के दो कारक क्षेत्र में वनस्पति के तीसरे कारक को प्रभावित करते हैं। इसके अनपलट वनस्पति भी वर्षा की मात्रा व ताप के घट-बढ़ को प्रभावित करती है।

(1) शृंखला-संबन्ध, (2) समानान्तर, (3) पुनर्निवेशन, (4) सरल मिश्रित, और (5) जटिल मिश्रित संबन्ध

(iii) पुनर्निवेशन संबन्ध नवीन संरचना है। इसमें एक ही कारक स्वत: प्रभावित बनता है[48] जैसे, फलीदार उपजों के रोपने से मिट्टी में नाइट्रोजन की वृद्धि होती है, और इस प्रकार स्वयं फसलें प्रभावित बनती हैं।

(iv) जब संबन्धों को एक-दूसरे से अनेक तरीकों द्वारा जोड़ा जाता है तो मिश्रित संबन्ध घटित बन क्रिया प्रकट करते हैं इसमें दो कारकों को एक साथ अनेक तरीकों से जोड़ते हैं।

(v) मिश्रित संबन्ध जब अनेक तरीकों से जुड़ते जाते हैं तो उनमें जटिलता आती जाती है। वे एक प्रकार से जटिल तारतम्य को जन्म देते हैं जैसे 'Wiring System' हो। आरेख में ak का aj , ai, al, am आदि द्वारा अनेक प्रकार से बनकर जटिलता उत्पन्न करता है। यह जटिलता पुनर्निवेशन से जटिलतर बन उठी है।

तंत्र-व्यवहार (Behaviour of a System)

कारकों की अन्तर्क्रिया, और उनका एक दूसरे पर प्रभाव ही तंत्र के व्यवहार को जन्म देते हैं। इसमें अनेक क्रियाएँ घटित हैं जैसे प्रवाहों, उद्दीपकों, अनुक्रियाओं, लागत-आगत से वातावरण के दृश्य-जगत् का स्वरूप प्रकट बनता है। तंत्र के व्यवहार स्वरूप के दो पक्ष हैं- (1) तंत्र में आन्तरिक व्यवहार-क्रिया, और (2) तंत्र की वातावरण के प्रति क्रिया से संबन्धित व्यवहार।

आंतरिक व्यवहार तंत्र में निहित कारकों का व्यवहार है। इसमें कारकों को जोड़ने वाले नियमों का अध्ययन है। दूसरों पक्ष जब कारकों की अनेक क्रियाएँ प्रवाह, उद्दीपक, लागत-आगत आदि सम्मिलित बन वातावरण में बदलाव लाती हैं, वह व्यवहार है।

उद्दीपक (Stimulus) (लागत)	→	तंत्र (System)	→	अनुक्रिया (Response) (आगत)

इस प्रकार तंत्र के व्यवहार को समीकरणों द्वारा भी प्रकट करा जाता है। यह व्यवहार नियतिवादी भी हो सकता है, अथवा सम्भववादी भी।[49] यह लागत को आगत से जोड़कर

निर्धारित बना व्यवहार है। इस व्यवहार से वातावरण में परिवर्तन प्रकट होता है।

भौगोलिक-तंत्र (Geographical System)

ऐसा तंत्र जिसमें एक अथवा अधिक विचलक (चर) स्थानिक हैं, और महत्त्वपूर्ण हैं, भौगोलिक तंत्र कहा जाता है। भूगोलविदों की रुचि ऐसे तंत्रों के अध्ययन में प्राथमिक है जहाँ कार्यरत चर स्थानिक बने हैं, जैसे स्थिति, दूरी, विस्तार, प्रसार, प्रति क्षेत्रीय इकाई में घनत्व, आदि, आदि।[50] विगत कुछ दशाब्दियों में भूगोलवेत्ताओं का ध्यान तंत्र-अभिगम की ओर आकर्षित हुआ। चॉर्ले ने भू-आकृति विज्ञान में अनिर्णीत व मुक्त तंत्र रचने की ओर ध्यान दिया। इधर लियोपोल्ड व लांगबिन ने नदी-संबन्धी तंत्र के अध्ययन में उत्क्रम माप (Entropy) व संतुलित-दशा (Steady-State) अपनायी और बेरी (Berry) ने नगरों के तंत्रों में नगरों को तंत्रवत् अध्ययन के प्रयास किए। बेरी ने अपने तंत्र में दो संकल्पनाओं, संगठन व स्थानिक सूचनाओं का उपयोग किया था।[51] अभी निकट वर्तमान में वोल्डरबर्ग और बेरी ने तंत्रों से केन्द्र-स्थानों और नदी-प्रारूपों का विश्लेषण किया। करी (Curry) ने अधिवासों की अवस्थितियों की व्याख्या तंत्र-संरचना में व्यक्त की है। मानव-भूगोल में अवस्थितियों का विवरण जैसे हेगेट ने दिया है, उसी आधार पर भूगोलविदों के प्रयास स्थानिक संघटना को तंत्र द्वारा प्रेरित बना सके।[52]

भौगोलिक तंत्रों को परिवर्तनात्मक (Dynamic) बनाना कठिन कार्य है, क्योंकि इसके लिए एक ही मॉडल में स्थान व समय (Space and Time) दोनों को सम्मिलित करना पड़ता है। मानचित्रीय निरपेक्षता दो-विनिय ही दृश्य-जगत् प्रदर्शित करने की विशेषता रखती है। यद्यपि लुण्ड (Lund) ने इस समस्या का हल अपने 'स्थान-समय' के मॉडल में विश्लेषित किया।[53]

नियंत्रित बने तंत्रों (Controlled Systems) में कुछ सीमा तक 'स्थान-समय' से जुड़ी समस्या हल की जा सकती है। उदाहरणवत् नियोजन (Planning) में स्थितियाँ भविष्य के काल को ध्यान में रखकर अनुमानित की जाती हैं। अत: नियोजन के मॉडल जिनमें उद्देश्यों को पूर्व में अनुमानित कर ही नियंत्रित किया गया है, और लागत को परिभाषित किया है, बहुत सीमा तक समयबद्ध स्थानिक तंत्र हैं। नियोजन में भी सभी कारकों का नियंत्रण (Control) संभव नहीं होता, जैसे कृषि के नियोजन में कृत्रिम-खाद (Artificial Fertilizers) के कारक को उत्पादन वृद्धि की दृष्टि से नियंत्रित कर सकते हैं, परन्तु जलवायु के कारक को (जो कृषि-उत्पादन वृद्धि में महत्त्वपूर्ण है) हम नियंत्रित नहीं बना सकते। अतएव, नियोजन-तंत्र भी आंशिक (Partially) नियंत्रित ही हैं। फिर भी आंशिक-नियंत्रित बने तंत्र पर्याप्त रोचक और उपयोगी हैं। ये मॉडल भविष्य में जनसंख्या, पर्यावरण, भूख व गरीबी, संसाधनों की कमी आदि विकसित समस्याओं के निदान में महत्त्वपूर्ण सिद्ध होंगी। इनके आधार पर ही पुनर्निवेश (Feedback) की तैयारी कर समस्याओं से निपटने में सहायता मिलेगी, और ऋणात्मक (Negative) पुनर्निवेशन से बचा जा सकेगा।[54]

तंत्र विश्लेषण की महत्ता संरचित विचारों के सिद्धान्तों के लिए अथवा मॉडलों की दृष्टि से उपयोगी है, परन्तु प्रायोगिक अथवा व्यावहारिक शोध में इनकी महत्ता नहीं है। कच्चे लोहे के उत्पादन और उसके विश्वव्यापी व्यापार के मानचित्र का विवरण तंत्र-समीकरण के बिना ही व्यवस्थित रूप में प्रस्तुत किया जा सकता है। इसके कारकों में उत्पादन व उपभोग के केन्द्र, इसकी व्यापारिक जुड़ाव की कड़ियों की रेखाएँ, भिन्न-भिन्न रेखाओं के सहारे कच्चे लोहे को यातायात करने की मात्राएँ, फलमूलक हैं। मानचित्र में इन परिस्थितियों को एक विशिष्ट काल-अन्तराल में दर्शाया गया है। यह सम्पूर्ण व्यवस्था एक तंत्र की ही भाँति व्यक्त है।[55] गणितीय समीकरण के तंत्र एवं मॉडल का अभिगम तकनीकी होने के कारण शोधकर्ताओं में लोकप्रिय नहीं बना।

तंत्र विश्लेषण और सामान्य तंत्र सिद्धान्त की आलोचना का एक आधार उसका निरपेक्ष, विधिकृत एवं कृत्रिम स्वरूप है। वह औपचारिक अधिक हैं, और प्रासंगिक मूल्यों जैसे सुरुचि-सम्पन्न आस्थाएँ, विश्वासों, अभिवृत्तियों, मनोकांक्षाएँ, आशाएँ व सन्देहों आदि का ध्यान नहीं रखते। अतएव तंत्र भौगोलिक यथार्थता एवं व्यक्तित्व की सही तस्वीर प्रस्तुत नहीं करते।

भौगोलिक शोध का विकास मोटे तौर पर तीन सोपानों में विस्तृत है- (i) विवरणीय, (ii) विश्लेषणात्मक, और (iii) भविष्य सूचक।

विवरणीय शोध पहला चरण है, और सरलतम है। यह दृश्य-वस्तुओं व घटनाओं के मानचित्रण का विवरण है। यह आरम्भ से 18वीं सदी तक छाया रहा। विश्लेषणात्मक चरण पहले चरण की तुलना में अधिक विकसित बना। वह प्रेक्षणों (Observations) पर आधारित व्याख्या है, और नियम-निरूपणों की ओर इंगित है। इस विश्लेषणात्मक शोध की पीठ पर नियम आधारित हैं। हम्बोल्ट-काल ऐसे ही प्रयास का काल था जिसमें दृश्य-वस्तुओं को स्थानिक-वितरण द्वारा विश्लेषित किया। तीसरे सोपान में नियमों से सारभूत मॉडल बने जो भविष्य-दृश्य-वस्तुओं (भौगोलिक घटनाओं) का भान कराने में सक्षम थे। शोध-विकास का यह चरण 19वीं सदी के अन्त में स्वीकृति विज्ञान व जलवायु-विज्ञान के आगमन से आंशिक रूप में पूर्ण हुआ। परन्तु द्वितीय विश्व युद्ध के पश्चात् का काल मानव भूगोल में काया-पलट के लिए जाना गया। उस समय अनेक अवस्थितिजन सिद्धान्तों की रचना हुई। वे भविष्य विकास की दिशा इंगित करने में सक्षम बने हैं। उस समय से ही भूगोल का विकास सही अर्थ में तीसरे सोपान में जा पहुँचा। भूगोलवेत्ता नियंत्रित बने तंत्रों पर आधारित मॉडलों के विकास में प्रयत्नशील बने हैं। ये मॉडल भविष्य के विकास की दिशा इंगित बनाने में सहायक हैं।

भूगोल : नव-संश्लेषण स्वरूप में (Geography : A New Synthesis)

भूगोल में एक नया सम्प्रदाय विकसित हो रहा है जिसके भूगोलविद् भूगोल को संश्लेषण विज्ञान बनाने पर ज़ोर दे रहे हैं। संश्लिष्ट अभिगम मानव की प्राकृतिक शक्तियों के साथ

अन्तर्क्रिया का परिणाम भविष्यगत व्यावहारिक व क्रियात्मक है।[56] भूगोल का द्वैतवादी स्वरूप ऐतिहासिक है, और वह 'भौतिक बनाम मानव भूगोल', 'विधिवत् (क्रमबद्ध) बनाम प्रादेशिक', 'नियतिवादी बनाम सम्भववादी', और 'आदर्शी बनाम यथार्थ भूगोल' जैसे भागों में विभक्त रहा है। परन्तु हैगेट ने इस बात पर ज़ोर दिया है कि विषय को विश्लेषित की जाने वाली समस्याओं की विधियों को ध्यान में रखकर विभक्त करना उपादेय है। अतः विश्लेषण-तकनीक के आधार पर भूगोल को वह (i) स्थानिक-विश्लेषण, (ii) पारिस्थितिकीय विश्लेषण, और (iii) जटिल प्रादेशिक विश्लेषण में विभक्त करने के पक्ष में था।

उपर्युक्त आधारों पर भूगोल की आंतरिक संरचना को आरेख 10.5 में दर्शाया है जो Haggett (1983) पर आधारित है-

(i) स्थानिक विश्लेषण का संबन्ध किसी दृश्य-वस्तु अथवा वस्तुओं के नाना प्रकार के स्थानीकरण एवं विवरण विवेचन से है जैसे वर्षा वितरण अथवा किसी उपज का किसी प्रदेश में वितरण-प्रारूप और स्थितिजन्य विश्लेषण।

(ii) पारिस्थितिकीय विश्लेषण प्रदेश की प्राकृतिक व जैविक परिस्थितियों की अन्तर्क्रियाओं से प्रदेश के जन-जीवन का विश्लेषण है। यह एक प्रकार का प्रदेश में अवरुद्ध (अन्तर्मुखीय) विवेचन है जिसमें वातावरण के परिवर्तनशील कारकों की अनुक्रिया से प्रदेश का व्यक्तित्व विकसित बना है।

(iii) विषय अथवा जटिल प्रादेशिक विश्लेषण में स्थानिक एवं पारिस्थितिकीय कारकों के सम्मिश्रण से नए प्रकट बने परिणामों की पहचान होती है। इसमें प्रदेश और प्रदेश के बीच जुड़ाव व संवहन (Links and Flows) को उजागर बनाया जाता है। यह प्रदेशों के मध्य अन्तर्प्रदेशीय यथार्थता को प्रकट बनाता है। साथ में पुनर्निवेशन संबन्धों को भी व्यक्त करने और जाँचने के इसमें अवसर हैं।[57]

हैगेट ने आरेख (10.5) में भूगोल की विषय-वस्तुओं (Themes) को एक योजना में प्रस्तुत किया। इसे प्राथमकि शीर्षकों 'पारिस्थितिकीय' और 'विषम कोटि का प्रादेशिक विश्लेषण' में विभक्त किया। इस योजना में तीन प्रकार के -(i) स्थानिक, (ii) पारिस्थितिकीय, और (iii) जटिल प्रादेशिक-विश्लेषण सोपान हैं। प्रत्येक के दो पक्ष-एक, सैद्धांतिक और दूसरा, प्रायोगिक शामिल हैं।

इस समाकलित (Integrated) योजना में भूगोल के परम्परागत शास्त्र-सम्मत (Orthodox) सभी विषयों को शामिल किया है।

स्थानिक विश्लेषण के सैद्धांतिक पक्ष में अन्तर्क्रिया-सिद्धान्त, विसरण सिद्धान्त एवं अन्य का योग है। इसके प्रायोगिक (Applied) पक्ष में जल-संवरण विकास, नगरों की व्याख्या एवं अन्य व्यावहारिक समस्याएँ हैं।

पारिस्थितिकीय विश्लेषण के सैद्धांतिक पक्ष में वातावरणीय संरचना, इको-तंत्र आदि

Figure 10.5 भूगोल की आन्तरिक संरचना (हैगेट से उद्धृत, 1979)

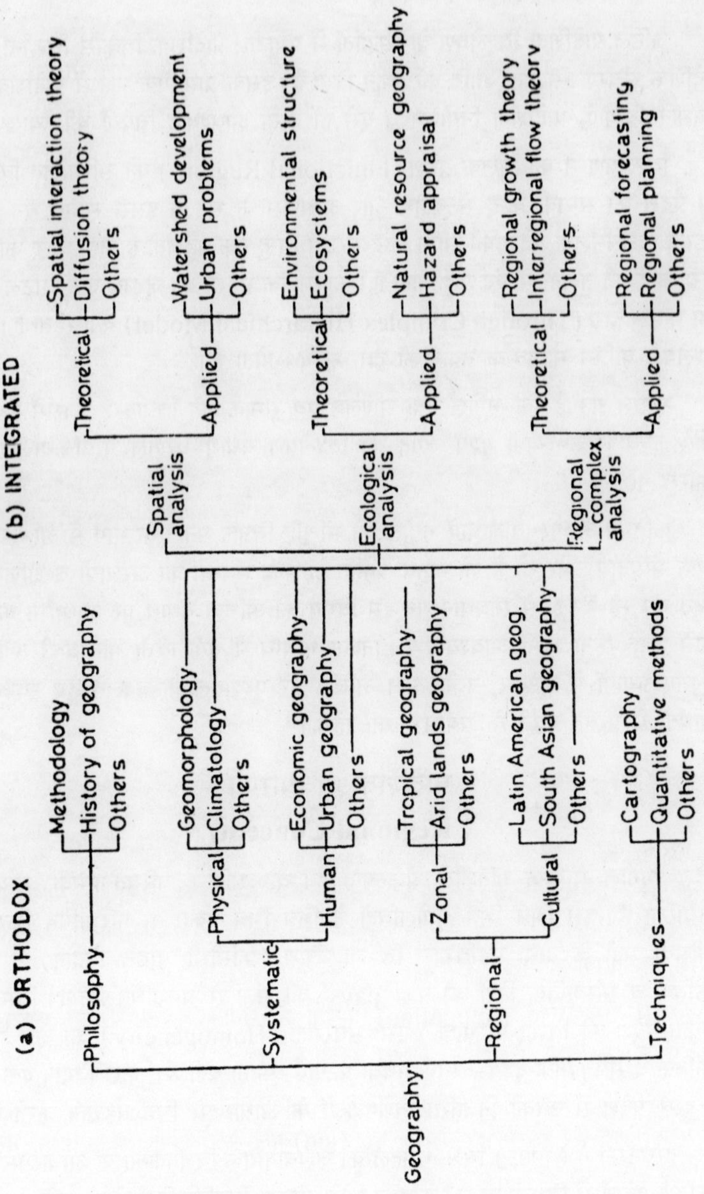

की व्याख्या शामिल है। इसके व्यावहारिक पक्ष में प्राकृतिक संसाधनों, आपदकाल मूल्यांकन व अन्य प्रायोगिक विषयों का निवर्चन है।

जटिल प्रादेशिक विश्लेषण के सिद्धांतों में प्रधानतः प्रादेशिक विकास सिद्धान्त, अन्तः प्रादेशिक संचरण सिद्धांत, आदि को स्थान दिया है। इसके प्रायोगिक पक्ष में प्रादेशिक पूर्व-अनुमान-क्रियाएँ, प्रादेशिक नियोजन व ऐसे ही अन्य आवश्यक विषयों की व्याख्या है।

विश्लेषण में कार्यमूलक प्रदेश (Functional Regions) को सम्मिलित किया है। इस प्रदेश का सम्पर्क केन्द्र से बाह्य और आसपास के सटे व इससे सेवित बने क्षेत्र से जुड़ा है। कार्यमूलक प्रदेश की सीमा केन्द्र से उस बिन्दु तक पहुँचती है जहाँ केन्द्र का प्रभाव अन्य केन्द्र की तुलना में मंद पड़ जाता है। कार्यमूलक प्रदेशों का जुड़ाव एक जटिल श्रेणी-क्रम मॉडल द्वारा (Through Complex Hierarchical Model) बना रहता है। इसका विश्लेषण कृत्रिम मात्रात्मक तकनीकों द्वारा सम्भव होता है।

सारांश यह है कि भूगोल एक संश्लिष्ट एवं समाकलित विज्ञान है जिसमें स्थानिक, प्रादेशिक व लोक-व्यापी दृश्य-जगत् का विश्लेषण यथार्थ-धरातल पर किया जाता है। (आरेख 10.5)

कतिपय आधारभूत बाधाएँ भूगोल को संश्लिष्टि विज्ञान मनाने के मार्ग में आ-खड़ी हैं। अनेक सम्प्रदाय उभर रहे हैं जो मानव-प्रकृति के मध्य संबन्धों का अस्थायी व क्षणिक हल प्रस्तुत कर रहे हैं। इनसे सावधान बन इस विषय को अधिक यथार्थ पर आधारित करने के प्रयास करते रहना अभी आवश्यक है। निकट भविष्य में भूगोलवेत्ता भाग्यवादी न रहकर, नए-नए प्रयोगों में जुटकर, नवीन ज्ञान अर्जित कर पृथ्वीतल के बदलते हुए स्वरूप की यथार्थता में प्रस्तुत करने के प्रयास करता रहेगा।[58]

प्रादेशिक अवधारणा
(Regional Concept)

'प्रदेश' भूगोल में एक गतिशील संकल्पना है। वह सक्रिय, परिवर्तनात्मक, गत्यात्मक अवधारणा है। इसे भिन्न-भिन्न भूगोलविदों ने भिन्न-भिन्न प्रकार से परिभाषित किया है। उन्नीसवीं सदी के अन्त में विडाल डि ला ब्लाश (फ्रांसीसी भूगोल-विद्वान्) ने समान प्राकृतिक व सांस्कृतिक क्षेत्रों को पेज़ 'pays' की संज्ञा से सम्बोधित किया। विस्तार से स्वीकृत प्रदेश की विशद् परिभाषा ''ऐसी समरसता (Homogeneity) का क्षेत्र है जहाँ प्राकृतिक व सांस्कृतिक दृश्य-वस्तुएँ अथवा घटनाएँ समांगी बनी हैं।' कुछ विद्वान् एक प्रदेश को दूसरे प्रदेश से उनकी निर्धारित विशेषताओं के आधार पर भिन्न पहचान करते हैं।

हरबर्टसन ने (1905) विश्व-धरातल को जलवायुयिक विशेषताओं के आधार पर वृहत् प्राकृतिक प्रदेशों में विभक्त किया। ये वृहत् प्रदेश वस्तुतः नियतिवादिता से ही जुड़े थे। लघु-मापक पर भूगोलवेत्ताओं ने व्यक्तिगत विशिष्टता के प्रदेशों की पहचान की जो निजी गुणों

पर आधारित थे। लघु भौगोलिक प्रदेशों में चाहे सर्वांगीण समंगता न हो, परन्तु उनका विशिष्ट व्यक्तित्व वहाँ की संरचना, जलवायु, मिट्टी, वनस्पति, कृषि, खनिज, औद्योगिक संसाधन, अधिवास और जनसंख्या-वितरण में प्रकट बना था।

भूगोल का मुख्य अध्ययन-उद्देश्य पृथ्वी की सतह के परिवर्तनशील स्वरूप का यथार्थमूलक, क्रमबद्ध और तर्कसंगत विवरण तथा निवर्चन करना है (हार्टशोर्न, 1959)। वस्तुत: भूगोलवेत्ता का प्रधान ध्यान यह है कि पृथ्वी की सतह पर दृश्य-वस्तुएँ किस भाँति वितरित बनी हैं, क्षेत्रों की प्राकृतिक व सांस्कृतिक आकृतियां किस भाँति, कहाँ-कहाँ समान अथवा असमान हैं, स्थान-स्थानों में दृश्य-सामग्री भिन्न-भिन्न कैसे बन उठी हैं, और सामान्यजन के लिए इन सब विभेदों व समानताओं का क्या अर्थ है।

अतएव, प्रदेश किसी क्षेत्र के व्यापकीकरण अथवा सामान्यकीकरण का माध्यम है। वह "विभेद-बना पृथ्वी की सतह का एक खण्ड है" विट्टिलज़ी (Whittlesey, 1929)।

फिर भी पृथ्वी की सतह को परिशुद्धता से एकदम अलग व समान प्रकार के प्रदेशों में विभक्त करना कठिन है। पृथ्वी की सतह की जितनी प्राकृतिक विशेषताएं हैं जैसे प्राकृतिक धरातल, उच्चावच, जलवायु, मिट्टी, प्राकृतिक वनस्पति, खनिज आदि वस्तुत: उतने ही प्राकृतिक-प्रदेशों में वह विभक्त है। इसी प्रकार, सांस्कृतिक जितने भी गुण हैं - धर्म, भाषा, जनसंख्या, उद्यम आदि, उतने ही सांस्कृतिक प्रदेश पृथ्वी की सतह पर विभक्त हैं, आदि, आदि। अत: प्रदेशों की संख्या अनेक हो सकती है। ये भिन्न-भिन्न प्रकार के उददेश्यों पर आधारित अनेक प्रकार के हो सकते हैं। इनके समान लक्षणों (Attributes) को नीचे पंक्तियों में उद्धृत किया गया है :

प्रदेश के लक्षण (Attributes of Region)

(i) प्रदेश **अवस्थित** (Location) धारण हैं, और वे अपनी स्थिति की संज्ञा से भी संबोधित किए जा सकते हैं । उदाहरणवत्, मध्य-पूर्व, दक्षिणी-पूर्वी एशिया, उत्तरी-पश्चिमी यूरोप, सुदूरपूर्व, आदि-आदि।

(ii) प्रदेशों का **स्थानिक विस्तार** (Spatial Extent) होता है जैसे थार मरुस्थल, सहारा मरुस्थल, लैटिन अमेरिका, ऐंग्लो-अमेरिका, आदि। ऐसे प्रदेश प्रसुप्त नहीं होते, इनका धरातल पर व्यक्तित्व है।

(iii) प्रदेशों की **सीमा** होती है। यह सीमा प्रदेश का बाह्यछोर (Outeredge) है जहाँ वह अपना गुण (दृश्य-वस्तु Phenomenon) त्याग देता अथवा जहाँ उसका प्रभुत्त्व समाप्त होता है। उदाहरणवत् हिमालय-शिवालिक अपना पर्वतीय गुण त्याग कर जहाँ गंगा-सिन्धु के मैदान से जा मिला है, वह उसकी सीमा है। भाषा, जन-जाति, नगर, गाँव आदि सभी की सीमाएँ इसी भाँति निर्धारित हैं। परन्तु ये सीमाएँ धरातल पर किसी मध्ययुगीन कोट से घिरे नगर (Medieval Walled City) की भाँति नहीं हैं।

(iv) प्रदेश औपचारिक अथवा कार्यपरक (Formal or Functional) हो सकते हैं। औपचारिक प्रदेश सर्वत्र एक समान गुण का बोध कराते हैं जैसे भूमध्य रेखीय प्रदेश, मानसून प्रदेश आदि, आदि। भाषा, धर्म, प्रजाति आदि के आधारों पर भी निर्धारित प्रदेश औपचारिक हैं। भूगोलवेत्ता 1960 तक प्राय: औपचारिक प्रदेशों की रचना से सन्तुष्ट बने रहे। परन्तु इसके उपरान्त कार्यपरक अथवा फलमूलक प्रदेशों (Functional Regions) पर बल दिया गया, और वे अधिक वैज्ञानिक माने गए। कार्यपरक प्रदेश सक्रिय एवं जीवंत हैं। इनमें घटित अन्तर्क्रियाएँ और इनके आसपास के क्षेत्रों से जुड़ाव ने इन्हें गतिशील व परिवर्तनात्मक (Dynamic) बनाए रखा है। कार्यपरक प्रदेश का एक अच्छा उदाहरण नगर प्रदेश (City Region) है। नगर के द्वारा उसके चहुँओर फैले प्रदेश के लिए सेवाएँ प्रदान की जाती हैं। इनमें आर्थिक सेवाएँ, भौतिक सुविधाएँ, क्रय-विक्रय, शैक्षणिक व सांस्कृतिक सेवाएँ आदि सम्मिलित हैं। इनसे आसपास के क्षेत्र नगर से जुड़े और फलित बने हैं। इन क्षेत्रों से सेवाओं का लाभ उठाने लोगों का दैनिक आवागमन (Commuting) देखा जाता है। दिल्ली, मुंबई, कोलकाता अथवा अन्य महानगरों के Commuting Regions हैं। इसी प्रकार राष्ट्रीय राजधानी (National Capital) का विस्तृत प्रदेश राजधानी में दैनिक आवश्यकताओं की वस्तुएँ जैसे दूध, फल, शाक-सब्जी, अखबार की सप्लाई से एवं श्रमिकों की पूर्ति आदि आवश्यक कार्य-पूर्ति से जुड़ा प्रदेश महत्त्वपूर्ण 'कार्य परक' (Functional) बना है। तात्पर्य यह है कि कार्यपरक प्रदेश अपनी अन्तर्क्रियाओं के आधार पर गतिवान अवधारणा है। वह स्थान व समय (Space and Time) के साथ परिवर्तनात्मक (Dynamic) बनी संकल्पना है।

(v) प्रदेशों का एक लक्षण उनकी पदानुक्रमीय-व्यवस्था है। वे एक लघुस्तर से आगे के ऊंचे पद-क्रमों से जुड़ते हुए पदानुक्रमीय व्यवस्था (Hierarchically Arranged) में पाए जाते हैं। औपचारिक वर्ग के मापक के अनुसार इस पदानुक्रम-व्यवस्था का उदाहरण गंगा-यमुना दोआब अपने से ऊंचे क्रम के ऊपरी गंगा मैदान से, और इसके आगे उच्चक्रम में सिन्धु-गंगा मैदान से जुड़ी व्यवस्था है।

कार्य-परक वर्ग में नई-दिल्ली का केन्द्र (CBD) अपने उच्च पदीय क्रम के दिल्ली शहर से, और इसके भी आगे के उच्च पदाक्रम में 'नेशनल केपीटल रीजन' से जुड़कर पदानुक्रमीय-व्यवस्था बनाते हैं।

प्रदेश की संकल्पना मानवबुद्धि की रचना है। वस्तुत: धरातल पर प्रदेशों का सीमा-निर्धारण नहीं है। यह उद्देश्य विशेष की पूर्ति के लिए रची मानसिक-संकल्पना है। यह स्थानिक एकरूपता (Spatial Uniformity) पर आधारित है।

(vi) प्रदेशों की सीमाएँ परिवर्ती (Transitional) हैं। इनकी निश्चित सीमाएँ नहीं हैं। वे घटती-बढ़ती रहती हैं। कुछ तो एक-दूसरे पर आरोपित (Overlapping) होते हुए भी देखी जा सकती हैं। इन्हें अंकित कर मानचित्र में पहचाना जा सकता है।

प्रदेशों का वर्गीकरण (Classification of Regions)

वृहत् रूप से प्रदेशों को तीन उद्देश्यों के आधार पर वर्गों में बांटा जा सकता है-

(अ) प्राकृतिक विशेषताओं पर आधारित प्रदेश।

(ब) सांस्कृतिक विशेषताओं पर आधारित प्रदेश।

(स) प्राकृतिक व सांस्कृतिक विचलकों के मिले-जुले स्वरूप पर आधारित प्रदेश।

(अ) प्राकृतिक प्रदेश

प्राकृतिक प्रदेश का वर्ग सरलतम है, और पहचानने में भी सरल है। एक विचलक पर यह आधारित है जैसे पर्वतीय प्रदेश, वर्षा-प्रदेश आदि। परन्तु एक प्राकृतिक प्रदेश दूसरे में देखते-देखते समा जाता है। वन-प्रदेश शनैः-शनैः खुले घास के प्रदेश से जा मिलता है। भूमि से घिरा एक द्वीप विस्तृत सागरीय प्रदेश में रागाया है।

इसमें सर्वत्र एकरूपता का भी अभाव होता है। भूमध्य रेखीय वर्षा प्रदेश में सर्वत्र समान वर्षा नहीं है। मानसून भी ऐसे ही प्रदेश हैं जहाँ एकरूपता नहीं है। इनमें स्थान व कालानुसार परिवर्तन देखा गया है।

(i) भू-आकार प्रदेशों को उनकी संरचना, उच्चावच, उद्भव और काल के आधारों पर अंकित कर सकते हैं। ये मानव प्रभाव से प्राय: स्वतंत्र बने हैं, और इनका काल (Time) मानव-काल-मापक (Human Time-Scale) से परे है। विन्ध्य, अरावली, हिमालय, आल्प्स आदि ऐसे ही प्रदेश हैं। इनके उपप्रदेश भी हैं जैसे हिमालय में कश्मीर, पंजाब, असम, आदि-आदि।

(ii) जलवायु प्रदेशों को तापक्रम, वर्षा के आधार पर निर्धारित किया गया है। इनमें उष्ण, शीत, उपोष्ण, समशीतोष्ण कटिबंधों के आधार पर भी वर्गीकृत किया गया है। कोपेन, थार्नथ्वेट और मिलर के जलवायु प्रदेश तापक्रम, वर्षा के मापों व उनके जलवायु प्रभावों पर रचा गया।

(iii) वायुराशि प्रदेश वायुपुंज की प्राकृतिक विशेषताओं (तापक्रम व आर्द्रता) का समान स्वभाव का तत्त्व है। ये आर्कटिक, ध्रुवीय (महाद्वीपीय एवं समुद्री), उष्णीय (महाद्वीपीय व समुद्रीय), विषुवतीय वायुराशि, और मानसून वायु पुंज में विभक्त हैं।

जलवायु प्रदेश परिवर्तनात्मक हैं। इनमें वनस्पति, मिट्टी, ताप आदि के कारण परिवर्तन उत्पन्न देखे गए हैं। काल एवं मानव-क्रियाएँ भी जलवायु प्रदेशों की सीमाओं में परिवर्तन लाने में योग रखती हैं।

(iv) इको-तंत्र (Ecosystem) का पारिस्थितिक प्रदेश जैविक व अजैविक के मध्य बने संतुलन पर आधारित है। इसके द्वारा वातावरण, मानव, जीव-जगत् के समाकल

संबन्धों से प्रदेश रचना संभव है। प्राकृतिक वातावरण के प्रति मानव की छेड़छाड़ की घटना इकोतंत्र अवधारणा द्वारा प्रकट होती है।

(ब) सांस्कृतिक प्रदेश

सांस्कृतिक प्रदेश से तात्पर्य ऐसे क्षेत्र से है जहाँ मानव समूह के सांस्कृतिक लक्षण दृश्य-जगत् की पहचान है। संस्कृति और सांस्कृतिक वातावरण एक स्थान से दूसरे स्थान में भिन्न-भिन्न हैं। सांस्कृतिक लक्षणों की भिन्नता से मानवीय क्रियाकलापों, उनके व्यवसाय और स्थान की संघटना में विभेद विकसित होते हैं। इस आधार पर मुख्य कतिपय सांस्कृतिक क्षेत्र - (i) जनसंख्या प्रदेश, (ii) भाषा-भाषी प्रदेश, (iii) धार्मिक प्रदेश, (iv) कृषीय प्रदेश, (v) औद्योगिक प्रदेश, और (vi) यातायात व व्यापार-प्रदेश, हैं।

(i) *जनसंख्या के प्रदेश* : जनसंख्या और जनसांख्यिक लक्षणों का सांस्कृतिक भू-दृश्य में महत्त्वपूर्ण योग है। क्षेत्रों की जनसंख्या के उच्च घनत्व और कम-घनत्व के आधार पर इंगित कर सकते हैं। ऐसे क्षेत्रों को जनसंख्या-प्रदेश कह सकते हैं। इसी प्रकार, आयु व लिंग रचना,जन्म व मृत्युदर के प्रारूपों, साक्षरता, व्यवसाय और प्रवास के प्रारूपों के आधार पर प्रदेश निर्धारित किए जा सकते हैं। ये सभी जनसंख्या प्रदेश हैं। अमेरिका के ग्लेन ट्रिवार्था (Glenn Trewartha) ने जनसंख्या प्रदेशों के निर्धारण पर जोर दिया, और इसकी तकनीकों व उपकरणों को भी सुझाया।

भारत के जनसंख्या प्रदेशों में उपजाऊ मैदान घने बसे हैं, जबकि पर्वतीय, मरुस्थलीय व पठारी क्षेत्र कम घने बसे हैं। इसी प्रकार विश्व भी जनसंख्या के उच्च व कम घनत्त्व के क्षेत्रों में बंटा है। विश्व के सभी मैदान विशेषत: जो निचले अक्षांशों में स्थित हैं, घने बसे हैं। मरुस्थल, विषुवतीय-वन, टुण्ड्रा व पर्वतीय क्षेत्र कम घने बसे हैं। लैटिन अमेरिका में जनसंख्या का प्रादेशिक वितरण प्रारूप नाभिकीय (Nucleated) स्वभाव का है, और अधिकांश जनसंख्या अलग-अलग संकुलों (Clusters) में है। परन्तु व्यक्तिगत संकुलों में घनत्व की दृष्टि से काफी भिन्नता है। जनसंख्या में नाभीय प्रारूपों का कारण अमेरिकी देशों में स्वर्ण की खोज से जुड़ा है। यह स्पेनी उपनिवेशवादियों की प्रेरणा का परिणाम था।

(ii) *भाषायी प्रदेश* : समस्त संसार के भिन्न-भिन्न समाज अलग-अलग भाषाओं एवं बोलियों का व्यवहार करते हैं। अत: मानचित्र में अलग-अलग भाषाओं के दर्शाए क्षेत्र भाषा-भाषी क्षेत्र हैं। इस दृष्टि से संसार अनेक भाषा-प्रदेशों में विभक्त है जैसे (अ) इण्डो-यूरोपियन, (ब) इण्डो-ईरानियन, (स) साइनो-तिब्बतन (Sino-Tibetan), (द) अफ्रो-एशियाई (अरबी), (इ) ऑस्ट्रो-एशियटिक (फ) अमरिन्दियन, और (ज) नीग्रो।

भारत के उदाहरण से भाषा-प्रदेश और अधिक स्पष्ट होते हैं। यहाँ राज्यों की सीमाओं को भाषाओं के आधार पर निर्धारित किया गया। गुजरात, महाराष्ट्र, आंध्र प्रदेश,

कर्नाटक, तमिलनाडु, केरल, असम, पश्चिमी बंगाल, उड़ीसा और पंजाब राज्यों की अपनी अपनी प्रादेशिक भाषाएँ हैं।

किसी देश, राष्ट्र अथवा क्षेत्र के सांस्कृतिक व्यक्तित्व निर्धारण में वृहत्, मध्य व लघु स्तर पर भाषायी प्रदेशों का योग उल्लेखनीय है, अतएव सांस्कृतिक-व्यक्तित्व के परीक्षण व निवर्चन में इनका उपयोग किया जा सकता है।

(iii) *धार्मिक प्रदेश* : विश्व का विभाजन धर्म-लक्षण के आधार पर भी किया जा सकता है। प्रत्येक धर्म के निजी सिद्धांत हैं। विश्व में ईसाई, इस्लाम, यहूदी, हिन्दू, बौद्ध, सिक्ख और जैन धर्म के क्षेत्र अलग-अलग हैं।

(iv) *राजनीतिक प्रदेश* : राजनीति के आधार पर औपचारिक सांस्कृतिक प्रदेशों का निर्धारण सरल नहीं है। इसके सीमा-निर्धारण में सर्वेक्षण की सावधानियाँ बरतने की आवश्यकता है। यह सीमा कांटेदार बाड़ अथवा अस्थायी घेराबंदी और सुरक्षा चौकियों से होकर भी गुज़र सकती है। इसलिए इसका निर्धारण अत्यन्त कठिन काम है। इस पर आधारित सांस्कृतिक प्रदेशों की स्थिति अनिश्चित है। बर्लिन-दीवार की कृत्रिम राजनीतिक सीमा को 1990 में समाप्त कर दिया गया। राजनीतिक सीमाएँ परिवर्तन का विषय बनी रहती हैं। आंतरिक व बाह्य दबाव के कारण कभी-कभी इनमें भयंकर परिवर्तन आते हैं। भारत उपमहाद्वीप ऐसे परिवर्तनों से ग्रस्त बना है।

भारत उपमहाद्वीप का इतिहास लगभग 400 ई.पू. से अनेक साम्राज्यों के उद्भव, उत्थान एवं पतन की कहानी रहा, केन्द्रीय सत्ता गंगा के मैदान में थी। आसपास के छोटे छोटे राजे-रजवाड़े जो प्रायद्वीप की सीमा पर विकसित थे, केन्द्र के प्रभुत्त्व से जुझते रहे। 1947 में अंग्रेज शासकों ने उपमहाद्वीप को धर्म के आधार पर विभक्त किया। स्वतंत्र भारत राज्य की रचना प्रधानतः हिन्दू क्षेत्रों से हुई, जबकि मुसलिम बहुसंख्यक क्षेत्रों को पाकिस्तान घोषित किया गया। पाकिस्तान का पूर्वी खण्ड अलग स्थित एक उप-प्रदेश के समान था। वह अलग संस्कृति, भाषा, रीति-रिवाज के कारण उससे जुड़ा नहीं रह सका। वह 1971 में बांग्लादेश नाम से अलग देश बना। उपमहाद्वीप का प्रचंड अथा हिंसात्मक इतिहास साक्षी है कि धर्म के नाम पर अर्जित राष्ट्रीयता को स्थायी बनाए रखना कठिन है क्योंकि उपमहाद्वीप के प्राकृतिक, आर्थिक व सामाजिक-सांस्कृतिक प्रदेश ही इसमें बाधक हैं।

(v) *आर्थिक प्रदेश* : आर्थिक प्रदेश क्षेत्र के संसाधनों, आर्थिक क्रियाओं के आधार पर निर्धारित किए जा सकते हैं। ऐसे प्रदेश नियोजन में लाभदायक सिद्ध होते हैं। इन आर्थिक अवयवों के आधार पर संरचित उपप्रदेश औपचारिक होते हैं। इनका समन्वय पूर्णतः सामाजिक-आर्थिक पृष्ठभूमि से जुड़ कर व्यावहारिक प्रदेश बनता है जिसका महत्त्व विकास व क्षेत्र के भावी नियोजन में महत्त्वपूर्ण है। इनका निर्धारण प्रायः अनेक

सामाजिक व आर्थिक संकेतकों के आधार पर करते हैं।

(vi) *प्राकृतिक संसाधन प्रदेश* : क्षेत्र में संसाधनों का वितरण असमान है। क्षेत्र के निवासियों का जन-जीवन इन पर निर्भर होता है। ये तर्क-संगत बनकर प्रदेश की संकल्पना को स्थायी बनाते हैं। इनको मानचित्र में सीमांकित कर सकते हैं। इनका महत्त्व उद्योगों व द्वितीयक स्तर की तथा टरशरी-क्रियाओं में देखा जाता है। ऐसे प्रदेश विश्व में खनिज, तेल, प्राकृतिक गैस, कोयला व लोहा के लिए निर्धारित हैं।

(vii) *नगर-प्रदेश (महानगर)* : नगर की सीमा औपचारिक और व्यावहारिक दोनों प्रकार के प्रदेशों को जन्म देती है। महानगर की प्रशासनिक दृष्टि से निर्धारित सीमा उसे जड़-प्रदेश में सीमित रखती है। परन्तु महानगर अपनी सेवाओं, क्रय-विक्रय, प्रशासन, संस्थानों आदि द्वारा आसपास के क्षेत्रों (उपनगरों व ग्रामों को) पर प्रभाव बनाए रखता है। महानगर व बड़े नगरों के ऐसे प्रभावित इर्द-गिर्द विस्तृत क्षेत्र उसका 'कार्यपरक प्रदेश' (Functional Area) है।

नगर में आंतरिक रूप से उसकी भूमि पर उपयोग के आधार पर उसके आवासीय, व्यापारिक, शैक्षणिक व सांस्कृतिक एवं दैनिक सेवाओं-जल, बिजली, स्वास्थ्य, आवागमन आदि-प्रदेश भी मानचित्र किए जाते हैं।

संयुक्त राज्य में उत्तरी पूर्वी समुद्रोन्मुख प्रदेश एक वृहत् 'मैंगालोपॉलिस' (Megalopolis) है जिसकी अनूठी दिनचर्या और राजनीतिक, आर्थिक व सांस्कृतिक गतिविधियों ने उसे अति-प्रधान नगर-प्रदेश बनाया है। यह अनेक नगरों व उपनगरों को समाए हुए है, और इसकी लगभग आठ करोड़ जनसंख्या इससे प्रभावित बन जुड़ी है।

(viii) *कृषि प्रदेश* : विश्व में मुख्य उपजों के वृहत् प्रदेश भी पहचाने जा सकते हैं। दक्षिणी एशिया में जूट प्रदेश, दक्षिणी पूर्वी एशिया में चावल-प्रदेश, संयुक्त राज्य में कपास व मक्का और गेहूँ पेटियाँ उल्लेखनीय कृषि-प्रदेश हैं।

(ix) *औद्योगिक प्रदेश* : औद्योगिक घटकों के आधार पर प्रदेशों का सीमांकन संभव हुआ है जैसे हुगली-बेसिन, मुंबई-अहमदाबाद प्रदेश, मद्रास-कोयम्बटूर प्रदेश, दिल्ली औद्योगिक प्रदेश, डोनेट्ज़-बेसिन (यूक्रेन), मॉस्को-प्रदेश, जर्मनी में राइन व सार-बेसिन, टॉकियो प्रदेश, कोबे-याकोहामा (जापान) प्रदेश, यू.के. के बर्मिंघम व लन्दन प्रदेश आदि कतिपय उदाहरण हैं।

(x) *मानसिक प्रदेश* (Mental map) : किसी भी स्थान की हमारे मस्तिष्क में उभरी एक विकृत तस्वीर भी अंकित रहती है। यह हमारे सोच का परिणाम है जो हम किसी स्थान के विषय में धारण किए बैठे हैं। यह तस्वीर यथार्थ से भिन्न होती है। इसके लक्षणों के आधार पर हम इसे मस्तिष्क में रचे बैठे रहते हैं। यह व्यक्ति व व्यक्ति के मन में भिन्न-भिन्न उभरती है, जैसे नागा के मानसिक मानचित्र की तस्वीर खासी के मानसिक मानचित्र से अलग होती है, क्योंकि दोनों के मन में वस्तुएँ भिन्न-भिन्न

मापक में उभरती हैं। दोनों के मानसिक सोच में अन्तर है। स्थानिक-सोच, नगर व ग्राम और विकसित व विकासशील देशों में भी भिन्न-भिन्न दृष्टिकोणों से उभरते हैं।

तात्पर्य यह है कि प्रदेश एक मानसिक रचना है। इसका मूल उद्देश्य स्थानिक सूचनाओं व आंकड़ों की उपादेय संघटना है। यह संघटना मानव व प्रकृति के बीच घटित अन्तर्क्रिया को स्पष्ट करने में सहायक है, और नियोजन के लिए विश्वसनीय साधन है। देशों अथवा विश्व के भिन्न-भिन्न हिस्सों में सामाजिक एवं आर्थिक विकास में भी प्रदेशों का महत्त्वपूर्ण योग है।

प्रदेशीकरण (Regionalism)

'प्रदेशीकरण' राष्ट्रीयता का लघु रूप ही है। यह एक राजनीतिक अवधारणा है। यह आन्दोलन प्रदेशों की क्षेत्रीयता की दशा का राजनीतिकरण है। इसका उद्देश्य क्षेत्रवाद की रक्षा करना अथवा उसे गति प्रदान करना है। प्रायः यह जाति, प्रजातीयता, पंथ, भाषा, रंगभेद, अथवा संस्कृति पर आधारित है। यह स्थानीय-शक्ति और स्वायत्तता-अधिकारों की माँगों पर ज़ोर देने का सोच है। इनकी संस्कृति केन्द्रीयकरण की संस्कृति की प्रतिरोधी है। विश्वव्यापी औद्योगीकरण, आधुनिकीकरण और भूमण्डलीकरण के बावजूद, इनका सोच राजनीतिक वाक्पटुता और स्वाग्रही है। यह राष्ट्रीय एकता की प्रक्रिया में भी बाधक है। भारत में प्रदेशीकरण फैल रहा है,और यहाँ असम, मणिपुर, मिज़ोरम, नागालैण्ड, महाराष्ट्र, पंजाब, कश्मीर, तमिलनाडु, छत्तीसगढ़, झारखंड आदि राज्यों में निवासी प्रदेशीकरण-भावना से ग्रसित हो रहे हैं। इससे यहाँ अनेक समस्याएँ उत्पन्न हैं जो राष्ट्रीय एकता में बाधक हैं। इसी दोष से ग्रसित शक्तिवान् सोवियत संघ विघटित होकर अनेक स्वतंत्र गणराज्यों में बंट गया। भूगोल में प्रदेशीकरण शोध का एक अच्छा विषय हो सकता है। किसी क्षेत्र में प्रदेशीपन के प्रति कठोर पक्षपात की पहचान वहाँ के प्रदेश के लोगों के भावी विकास की दिशा इंगित कर सकता है। इस प्रकार के अध्ययन और प्रदेशीयता के कारणों की व्याख्या शोध के लिए अभी नया विषय है।

Notes

1. Holt-Jenson, A., 1981, *Geography: Its History and Concepts*, London.
2. Minshull, R.,1970, *Changing Nature of Geography*, London.
3. Berry, B.J.L., 1961, 'A Method of Deriving, Multifactor Uniform Region', *Przeglad Geograficzny*, Eng. Trans. 20, pp.45-52.
4. *Ibid.*
5. Chorley and Haggett, 1969, *Frontiers in Geographical Teachings*, London.

6. *Ibid.*
7. Harvey, D., 1973, *Social Justice and the City*, London.
8. Stamp, L.D., 1966, 'Ten Years' in *Trans. Br. Geogr.*, Vol.40, pp.11-20.
9. Minshull, R., *op.cit.*, p.65.
10. Houston, J.M., 1963, *A Social Geography of Europe*, p.18.
11. Einstein, A. and Infeld, L., *The Evolution of Physics*, Cambridge.
12. Minshull, R., *op.cit.*, p.120.
13. *Ibid.*
14. Kuhn, T.S., 1962, 1970, *The Structure of Scientific Revolutions*, Chicago.
15. Haggett, P., 1979, *Geography a Modern Synthesis*, New York, p.21.
16. Holt-Jenesen, A., *op.cit.*, p.38.
17. *Ibid.*, p.40.
18. *Ibid.*, p.41.
19. Taylor, P.J., 1976, 'An Interpretation of the Quantification: Debate in British Geography, *Transaction Institute of British Geographers*, New Sr. 1, pp. 129-142.
20. Braithwaite, R.B., 1953, *Scientific Explanation*, London, p.12.
21. Harvey, D., 1969, *Explanations in Geography*, London, p.31.
22. Chabot, G., 1950, *Les Conceptions Francaisis de la Science Geographique, Nersky Geogr, Tidsskr*, Vol.12, pp.309-321.
23. Holt-Jenesen, A., *op.cit.*, p.53.
24. Schaefer, F., 1953, Exceptionalism in Geography, *Ann. Assoc. Amer. Geogr.*, Vol. 43, pp. 226-249.
25. James, P.E. and Martin, G.J., 1972, *All Possible World*, p.121.
26. Ackerman, E.A., 1958, *Geography a Fundamental Research Discipline*, University of Chicago, Department of Geography, Research Paper No.53, p.8.
27. Ballabon, M.G., 1957, 'Putting the 'Economic' in Economic Geography', *Economic Geography*, Vol.33, pp.217-223.
28. Burton, I., 1963, 'The Quantitative Revolution and Theoretical Geography', *Canadian Geography*, Vol.7, pp.151-162.
29. Harvey, D., *op.cit.*, p.78.
30. Haggett, P., *op.cit.*, pp.297-303.
31. Harvey, D., *op.cit.*, p.80.
32. Darby H.C., 1953, On the Relations of Geography and History, *Transaction*, Institute of British Geographer, Vol.19, pp.1-11.
33. Holt-Jenesen, A., *op.cit.*, p.107.

34. Harvey, D., *op.cit.*, p.81.
35. Stoddart, D.R., 1965, 'Organism and Ecosystem as Geographical Models', in Chorley, R.J., and Haggett, *Frontiers in Geographical Teaching*, London.
36. Harvey, D., *op.cit.*, p.81.
37. Holt-Jenesen, *op.cit.*, p.127.
38. Harvey, D., *op.cit.*, p.81.
39. Holt-Jenesen, A., *op.cit.*, p.126.
40. Von Bertalanffy, L., 1968, *General System Theory Foundation, Development, Applications*, New York.
41. Harvey, D., *op.cit.*, p.457.
42. *Ibid.*
43. *Ibid.*
44. Holt-Jenesen, A., *op.cit.*, p.130.
45. Klish, J. and Valach, M., 1967, *Cybernetic Modelling*, London, p.35.
46. Blalock, H.M., and Blalock, A.,1959, 'Towards Clarification of System Analysis in the Social Sciences', *Philosophy-Sci.,* Vol.26, pp.84-92.
47. Kuhn, *op.cit.*, p.50.
48. Wiener, N.,1961, *Cybernetics*, Cambridge.
49. Klir, and Valach, 1967, *op.cit.*, pp.31-32.
50. Harvey, D., *op.cit.*, p.468.
51. *Ibid.*
52. Haggett. P.,1956, *Locational Analysis in Human Geography*, Arnold.
53. Carlstein, T., 1978, *Swedish Geography at Lund*, 58 pp.130-135.
54. Meadows, D.H., Meadows, D.L., 1972, *Limits of Growth*, London.
55. Norgdard, A., 1972, *Kerologisko Metoder*, Oslo.
56. Anuchin, V.A., 1973, 'Theory of Geography', in *Directions in Geography*, ed. R.J. Chorley, London.
57. Haggett, *op.cit.*, p. 22.
58. Bird, J., 1979, Methodology and Philosophy, Progress Paper, in *Progress in Human Geography*, 3, pp.117-120.

11

भूगोल में प्रतिरूप

(Models in Geography)

द्वितीय विश्व युद्ध के पश्चात् भूगोल की परिभाषा, उसके सोच एवं पद्धति में बहुत बदलाव आया है। विषय को सुदृढ़ आधार प्रदान करने के लिए, और अन्य सहगामी विषयों में उसकी साख व मान में वृद्धि करने के लिए भूगोलवेत्ताओं का ध्यान विगत कुछ दशाब्दियों से भौगोलिक सामान्यानुमानों, मॉडल-रचनाओं, सिद्धान्तों व सामान्य नियमों की ओर आकर्षित बना। भौगोलिक सामान्यानुमानों को 'मॉडल-रचना' भी कहा जाता है।

भिन्न-भिन्न भूगोलवेत्ताओं ने 'मॉडल' को भिन्न-भिन्न प्रकार से परिभाषित किया है। स्किलिंग (Skilling, 1964) की राय में ''मॉडल एक सिद्धान्त, नियम, परिकल्पना अथवा संरचित विचार है। भौगोलिक दृष्टि से इसमें विश्व की यथार्थता के बारे में तर्कसंगत सोच को सम्मिलित कर सकते हैं। यह स्थान व काल के सन्दर्भ में दृश्य-जगत् (प्राकृतिक एवं सांस्कृतिक) के विषय में सुरचित विचार है। इसे योग, संबन्ध अथवा समीकरण में व्यक्त करते हैं।''

अकॉफ (Ackoff) के अनुसार, ''किसी सिद्धान्त अथवा नियम को तर्कसंगत उपकरणों, सेट-सिद्धान्त और गणित का प्रयोग कर औपचारिक प्रस्तुतिकरण मॉडल कहा जा सकता है।'' हेंस यंग एवं पेच (Haines Young and Petch) ने मॉडल का अभिप्राय किसी ऐसी विधि अथवा यांत्रिक उपायों को मॉडल कहा जो पूर्वानुमान उत्पन्न करे। तात्पर्य यह है कि मॉडल रचना एक ऐसी प्रक्रिया है जो सिद्धान्तों का तर्कसंगत ढंग से परीक्षण करती है।

भौगोलिक यथार्थ, भू-दृश्य व मानव-प्रकृति संबन्ध को सरल बनाकर आदर्शी रूप में प्रस्तुतिकरण ही मॉडल-प्रक्रिया कहलाती है।

मॉडल/प्रतिरूप का महत्त्व (Significance of Models)

भूगोल में पृथ्वी एक ऐसा आलेख (Document) है जो मानव-प्रकृति संबन्धों का अध्ययन कराती है। यह संबन्ध जटिल बना है, और सरलता से नहीं समझा जा सकता है, क्योंकि पृथ्वीतल पर प्राकृतिक व सांस्कृतिक वैविध्य की विषमता का विकास हुआ है। इस विविधता को जो समय व स्थानानुसार परिवर्तनशील बनी है, सरल ढंग से समझने के अनेक साधन हैं। मॉडल एक ऐसा साधन है जो पृथ्वी की सतह पर विकसित जटिलताओं को परिकल्पनाओं व सिद्धांतों के परीक्षण द्वारा सरल बनाता है। मॉडल पूर्वानुमान का उपाय है।

भूगोल में मॉडल-रचना की आवश्यकता (Need of Modelling Geography)

प्राकृतिक, जैविक और सामाजिक विज्ञानों की भाँति भूगोलवेत्ता भी नियम व सिद्धान्त-निरूपण करने में उत्सुक बन उठे हैं। भूमि की सतह पर व्याप्त मानवीय एवं प्राकृतिक वातावरण के मध्य घटित अन्तर्क्रिया की व्यवस्था का ज्ञान प्राप्ति के साधन मॉडल हैं। भूमि की सतह पर दृश्य-वस्तुओं एवं घटनाओं की मानवीन अनुक्रियाएँ जटिल यथार्थता का विकास कर रही हैं। इसे समझने में सामान्यानुमानों की युक्ति महत्त्वपूर्ण है जिसे मॉडल द्वारा प्रकट करते हैं। मॉडल के प्रयोग के पक्ष में अनेक कारण हैं-

1. भावी-अनुमानों, दृश्य-सत्ता के अनुरूपण (Simulation), अन्तर्वेशन (Interpolation), आंकड़ों के प्रजनन व आकलन के लिए मॉडलों का उपयोग लाभदायक है। इनकी सहायता से जनसंख्या के घनत्व और भावी विकास, भूमि-उपयोग व फसली-गहनता, जनसंख्या के प्रवास-प्रारूप, औद्योगीकरण, नगरीकरण, अवांछित बस्तियों का विकास जैसी घटनाएँ सरल ढंग से व्यक्त की जा सकती हैं। ये मौसम की भविष्यवाणी करने, जलवायु-परिवर्तन, समुद्रतल के परिवर्तनों, पर्यावरण प्रदूषण, मिट्टी-अपरदन व मिट्टी क्षरण व भूमि की आकृतियों के विकास में भी उपयोगी सिद्ध होते हैं।
2. मॉडल के द्वारा व्याख्या, विश्लेषण और भौगोलिक तंत्र को सरल ढंग से व्यक्त किया जाता है। उद्योगों संबन्धी अवस्थितिजन्य सिद्धांतों, कृषि भूमि उपयोग के कटिबंधन, प्रवास-प्रारूप व भू-आकारों के विकास के सोपानों के बारे में समझबूझ और इनके पूर्वानुमानों में मॉडल सहायता प्रदान करते हैं।
3. भौगोलिक आंकड़ों की विविधता, विस्तार एवं उनके चयन तथा उनमें सहसंबन्धों की खोज में तथा उनके संगठित व संरचित करने में मॉडल-रचना सहायक क्रिया है।
4. तंत्रों के प्रतिनियुक्त-प्रेक्षणों (Surrogate Observations) के लिए 'विकल्पीय मॉडल' (Alternative Models) प्रयोग किए जा सकते हैं। इन प्रेक्षणों को जो

प्रत्यक्ष रूप में अवलोकित नहीं किए जा सकते व्यक्त करने हेतु विकल्पीय मॉडल रचे जाते हैं।

5. एक तंत्र के प्रधान व गौण लक्षणों को और उनका पर्यावरण के साथ संबन्ध को समझने में मॉडल उपयोगी विधि है।
6. औपचारिक रूप से व्यक्त सैद्धांतिक कथनों की आनुभविक यथार्थता को मॉडल का ढांचा स्पष्ट बनाता है।
7. मॉडल-क्रिया एक प्रकार की सूक्ष्म-भाषा है, इसे भौगोलिक एवं सामाजिक वैज्ञानिक समझते हैं।
8. मॉडलों द्वारा सामान्य एवं विशिष्ट नियमों का निर्माण एवं सिद्धांतों की रचना में सहायता मिलती है।

मॉडल/प्रतिरूप के लक्षण (Feature of a Model)

मॉडल में मुख्य लक्षण सम्मिलित हैं –

1. मॉडल विश्व में पृथ्वी की सतह व मानव-पर्यावरण के जटिल संबन्ध की यथार्थता को अथवा विश्व के किसी भाग को व्यक्त करने का साधन है।

   वह एक अत्यन्त चयनित-बनी तस्वीर है।
2. मॉडलों से कुछ लक्षण अधिक महत्त्वपूर्ण और कुछ गौण-रूप में व्यक्त होते हैं, क्योंकि वह चयन-क्रिया पर आधारित हैं।
3. मॉडलों में सामान्यानुमानों के सुझाव निहित होते हैं। वस्तुतः मॉडल यथार्थ जगत् के पूर्वानुमान ही हैं।
4. मॉडलों को 'अनुरूपताएँ' (Analogies) भी कह सकते हैं। ये यथार्थ-जगत् से भिन्न परन्तु उसकी मिलती-जुलती तस्वीर हैं।
5. मॉडल परिकल्पनाओं की रचना के लिए हमारा ध्यान आकर्षित करते हैं।
6. मॉडल यथार्थ जगत् के कुछ ऐसे लक्षणों को सरलरूप में अवगत बनाता है जिससे निष्कर्ष निकाले जा सकें।
7. मॉडल सूचनाओं को परिभाषित करने, संग्रह करने व संरचित बनाने का ढाँचा प्रस्तुत करता है।
8. उपलब्ध आंकड़ों से अधिकतम सूचनाएँ निचोड़ लेने में मॉडल सहायक बनते हैं।
9. कोई विशेष घटना अथवा दृश्य-वस्तु किस भाँति पृथ्वीतल पर स्थित बनी, इसको स्पष्ट करने में मॉडल सहायक हैं।
10. मॉडल समान प्रकार के दृश्य-वस्तुओं के समूहों की तुलना में सहायक हैं।

11. दृश्य-वस्तुओं की विषमताओं के बीच में से इच्छित दृश्य-वस्तु समूह को दृष्टिपात कराने के साधन 'मॉडल' हैं।

12. सिद्धांत-रचना व नियम-निरूपण की प्राथमिक-सीढ़ी का मॉडल काम करते हैं।

मॉडलों/प्रतिरूपों के प्रकार (Types of Models)

मॉडलों के विभाजन का एक पक्ष उन्हें (1) विवरणात्मक और (2) नियामक में विभक्त करता है।

विवरणात्मक (Descriptive) मॉडल रीतिबद्ध विवरण द्वारा जगत् की यथार्थता प्रकट करते हैं। नियामक (Normative) मॉडल के द्वारा निश्चित परिस्थितियों अथवा मानी गई दशाओं के अधीन क्या कुछ घटित होना चाहिए, इसे प्रकट किया जाता है। विवरणात्मक मॉडल में आनुभविक सूचनाओं को संघठित करते हैं। इसमें आंकड़ों का वैज्ञानिक वर्गीकरण संभव होता है, अतः इन्हें प्रायोगिक-डिज़ायन मॉडल भी कहते हैं। इसमें अनुमानित परिस्थितियों के आधार पर संरचना होती है। अतः विवरणात्मक में व्यक्त यथार्थता जगत् की अनुमानित तस्वीर है।

मॉडलों को आंकड़ों की प्रकृति के आधार पर भौतिक (Hardware), प्राकृतिक अथवा प्रयोगमूलक (Physical or Experimental) में विभक्त करते हैं। ये मॉडल मूर्तिनुमा (Iconic) है,और दृश्य-जगत् के यथार्थ की ज्यों की त्यों तस्वीर मापक-परिवर्तन पर प्रस्तुत करते हैं। इनमें सार्थक लक्षण यथार्थ-जगत् के ही निहित होते हैं। इनके उदाहरण, मानचित्र, ग्लोब और भू-गर्भीय मॉडल हैं। इन्हें भौतिक अथवा प्रयोगमूलक भी कहते हैं।

मॉडल सादृश्य (Analogue) भी हो सकते हैं जो यथार्थ-जगत् के गुणों से रचे जाते हैं। परन्तु इनकी सादृश्यता यथार्थ जगत् के अनुरूप होते हुए भी, इनकी रचना में भिन्न लक्षणों का प्रयोग करते हैं। इसलिए ये मॉडल अनुकरण-मॉडल (Simulation Model) भी कहलाते हैं। इनका यथार्थ-जगत्-अनुरूपण एक स्वांग अथवा नक़ल ही होता है। इनको सांकेतिक विधि द्वारा व्यक्त किया जाता है और इन्हें तर्क गणितीय भाषा में भी व्यक्त किए जाते हैं।

मॉडलों/प्रतिरूपों का सामान्य वर्गीकरण (General Classification of Models)

जैसा प्रारंभ में ही कहा जा चुका है कि भौगोलिक भू-दृश्यों और भौगोलिक अवस्थाओं की जटिलता इस प्रकार की है कि भूगोल के अध्ययन में प्रतिरूपों का विशेष महत्व है। भूगोलवेत्ताओं द्वारा नाना-प्रकार के मॉडलों की रचना की जा रही है। अतः निम्न-परिच्छेदों में इनको सामान्य वर्गों में विभक्त कर स्पष्ट किया है-

मापक 'अनुमाप' मॉडल (*Scale Models*)

इनको 'हार्डवेयर-मॉडल' (Hardware Models) भी कहते हैं। वे सरल होते हैं और लघुमापक पर यथार्थता को प्रत्यक्ष रूप में व्यक्त करते हैं। ये 'स्थिर' जैसे भूगर्भीय-मॉडल अथवा 'सक्रिय' जैसे नद-अवनालिका (River Flume) आदि जैसे भौतिक गुणों को रीतिबद्ध कर व्यक्त किए जाते हैं। भूगोल में सक्रिय मॉडलों की महत्ता व रोचकता विकसित है। इसमें इनके कारगर-प्रक्रिया का नियंत्रण सम्भव है। सक्रिय मॉडल में प्रत्येक चर (Variable) का अध्ययन अलग-अलग कर सकते हैं। किसी तरंग-सरोवर में उसका भौतिक आकार, तरंग-लम्बाई, ढाल शुद्धतः मापी जा सकती है। इस हेतु दो चरों को स्थिर (Constant) बनाकर तीसरे को परिवर्तनीय रखते हैं। इस विधि पर आधारित मॉडल में दोनों स्थितियों से उपलब्ध संबन्ध-बिन्दु लगभग सीधे रेखा पर अथवा बिखराव (Scatter) में प्रकट होते हैं। यदि संबन्ध लगभग सीधी रेखा पर हैं तो महत्त्वपूर्ण बना है, अन्यथा बिखराव की स्थिति में न्यून अथवा कोई संबन्ध व्यक्त नहीं करता।

ऐसे मॉडलों/प्रतिरूपों में एक दोष यह है कि इनसे स्वाभाविक स्थिति व्यक्त नहीं हो सकती। किसी वृहत् प्रोजेक्ट के बारे में कुछ कहने से पूर्व इंजीनियर उसका अनुमाप-मॉडल तैयार कर परीक्षण करते देखे जाते हैं। नदियों पर सुधार कार्य, बांध बनाने, नहर निकालने आदि योजनाओं में इनकी उपयोगिता आंकी गयी है। इनका प्रयोग अधिकतर भौतिक भूगोल में भू-आकार-वैज्ञानिकों द्वारा किया जाता है। वे नदियों की क्रियाओं, हिमानियों की गति, वायु-अपरदन, समुद्री-क्रियाओं व भूगर्भीय-आवरण-क्षय जैसी प्रक्रियाओं को मापक-मॉडलों द्वारा अपने शोध कार्यों में प्रयोग करते देखे जाते हैं।

मानचित्र (*Maps*)

मानचित्र भी मॉडल हैं। इनका प्रयोग भूगोलवेत्ताओं द्वारा बहुतायत से किया जाता है। ये भी अनुमाप-मॉडल की एक विशेष जाति हैं। इसमें मापक जैसे-जैसे छोटा होता जाता है, इसमें यथार्थता समाप्त होती जाती है। परन्तु सूचनाएँ विस्तृत मात्रा में अंकित होती हैं और यह अमूर्त बनता जाता है। इसके एक सिरे पर अनुलम्ब वायुव्य भा-चित्र (Vertical Air-Photograph) हैं जो यथार्थ-जगत् का सही मापक मॉडल प्रदान करते हैं। बड़े मापक पर रचे मानचित्र में यद्यपि सूचनाएँ सीमित दर्शायी जाती हैं, परन्तु इमारतें, सड़कें व अन्य आकृतियाँ सही सही प्रकट होती हैं। लघुतर मापक पर सूचनाएँ अधिक सांकेतिक बन जाती हैं, और मापक भी विकृत हो जाता है। यथार्थ-जगत् के सादृश्य-मॉडल की तुलना में मानचित्रों में क्षेत्रों का विस्तार अधिक प्रकट किया जाता है। इनमें स्थानिक परस्पर-संबन्धों की जानकारी सम्भव होती है। इन्हें तुलनात्मक स्वरूप में समझ-बूझ सकते हैं, वास्तविक धरातल पर समझना संभव नहीं होता है। मानचित्रों का एक बड़ा दोष है कि वे क्षेत्र, दूरियों व दिशाओं के दृष्टिकोण से विकृत बने होते हैं। यह विकार इसलिए है कि गोलाभ-पृथ्वी

की वक्राकार सतह को चौकोर कागज पर उतारा गया है। इसका सही रूप ग्लोब है। परन्तु ग्लोब भूगोल में उपयोग में कम आ सकता है। बड़े मापक का ग्लोब तो अध्ययन-कक्ष में समा भी नहीं सकता।

अनुकरण अथवा अनुरूपण और 'स्टॉक्स्टिक' मॉडल (Simulation and Stochastic Models)

किसी स्थिति के व्यवहार का अनुकरण कर मॉडल रचने को अनुरूपण (Simulation) कहते हैं। यह अनुरूपण सादृश्य-स्थिति द्वारा अथवा उपकरण ही सहायता से किया जा सकता है। स्टॉकस्टिक (Stochastic) से तात्पर्य बेतरतीव निर्धारित सम्भावना (Randomly Determined Probability) है। इसको सांख्यिकीय विधि द्वारा स्पष्ट कर सकते हैं, परन्तु इसका स्पष्टत: पूर्वानुमान नहीं किया जा सकता।

ये मॉडल गतिशील अथवा परिवर्तनशील स्थितियों को प्रकट करने के लिए विकसित हुए, और मानचित्र (जो स्थिर स्थितियों का प्रदर्शन है) से भिन्न होते हैं। इनकी रचना किसी प्रक्रिया के अनुकरण को बेतरतीव चयनों द्वारा की जाती है। इसके घटित होने के अवसर हैं भी, अथवा नहीं भी हैं। जलप्रवाह का प्रारूप कैसा विकसित होगा, यह सम्भावना निश्चित रूप से निर्धारित नहीं की जा सकती। इन सम्भावनाओं का चयन बेतरतीव ही निर्धारित (Stochastic) है। आकस्मिक-चयन (Chance-Choice) की पुनरावृत्ति से जलप्रवाह प्रक्रिया का एक पूर्ण जाल प्रकट हो जाता है। यह जाल बहुत कुछ स्वाभाविक प्रवाह प्ररूप (Natural Drainage Pattern) के अनुरूप है।

बेतरतीव सम्भावित अनुरूपण मानवभूगोल में भी सफलता पूर्वक उपयोग किए हैं। भिन्न-भिन्न प्रकार के भू-दृश्यों के स्थानिक विसरण प्रकिया (Spatial Diffusion Process) को व्यक्त करने में इनका प्रयोग किया जा सकता है जैसे जनसंख्या में मलेरिया-विसरण, चेचक-रोग, क्षय-रोग, एड्स आदि। नवोन्मेष तकनीकों-मशीन, ट्रेक्टरों, रासायनिक उर्वरक, कीटाणुनाशक रसायन आदि के विसरण की संभावना प्रकट करने के लिए इन मॉडलों का उपयोग उपयुक्त ठहरता है। 'मॉण्टे कार्लो' (Monte Carlo) और मारकोव चेन (Markov Chain) इसके अच्छे उदाहरण हैं। ये दोनों मॉडल भौगोलिक शोध के अनेक क्षेत्रों में व्यवहार में लाए गए हैं।

गणितीय मॉडल/प्रतिरूप (Mathematicals Models)

गणितीय मॉडल अधिक विश्वसनीय होते हैं। परन्तु इनकी रचना कठिन है। इन मॉडलों से अनेक मानवीय मूल्य ओझल बन जाते हैं, अनेक प्रासंगिक व नियामक प्रश्नों और अभिवृत्तियों विषयक समस्याएं भी अनुत्तरित रह जाती हैं। फिर भी, गणितीय मॉडल तर्कसंगत रूप से संकेत-भाषा में कथनों का सटीक विवेचन करते हैं। उदाहरण के लिए

(1) 'A' बड़ा है 'B' से, और (2) 'B' बड़ा है 'C'। अत: (1) व (2) के सम्मिलित आधार पर यह निष्कर्ष (Theorem) जन्मा, 'A' बड़ा है 'C' से।

इस निष्कर्ष की तर्कसंगत सार्थकता काल-परिवर्तन से भी नहीं बदलती है। तार्किक रूप से यह निष्कर्ष ई.पू. 3000 में भी सत्य था, 2000 ई.पू. में भी सत्य बना रहा, और 2025 ई. व आगे भी सत्य ही बना रहेगा। तात्पर्य यह है कि इस निष्कर्ष की सार्थकता ऐतिहासिक अवधि पर निर्भर नहीं होती है। वह शाश्वत बनी सार्थकता है, और ग़ैर-ऐतिहासिक है।

इसी प्रकार सिद्धान्त की तार्किक यथार्थता स्थानिक रूप से भी शाश्वत है। यह तर्क संयुक्त राज्य अमेरिका में सार्थक है, जर्मनी, रूस, चीन, फ्रांस, भारत आदि सभी स्थानों में भी सार्थक है।

गणितीय मॉडलों को आगे उनकी संभाविता की मात्रा के आधार पर विभक्त किया जा सकता है- **वे नियतिवादिता (Deterministic)** और **अनिश्चित-संभाविता (Stochastic)** प्रकार के हो सकते हैं।

गणितीय मॉडल विशिष्ट प्रक्रियाओं के समीकरणों को हल करने का साधन हैं। इसके लिए सशक्त ज्ञान चाहिए जिससे भौतिक प्रक्रियाएँ जुड़ी हैं। अतः यह मुख्यतः भौतिक विज्ञान के विद्वानों द्वारा उपयोग में आते हैं। जे.एफ.नाए (J.F.Nye) ने 'हिमानी-प्रवाह' का गणितीय मॉडल रचा। उसने मूल अवधारणा को सरल बनाया और एक हल किए जाने योग्य सरल समीकरण की रचना की। हिमानी के तल (Bed) को U- आकार का एक चतुर्भुज माना जो समान आकार व विशेष-ऊबड़-खाबड़ (Specific Roughness) का है। हिम को दबाव के प्रति सुनम्र (Plastic) माना।

इसे दिए गए दबावों की हिम के प्रतिक्रिया का आकलन अवकलन-समीकरणों (Differential Equations) से करके हिमानी के विशिष्ट प्रवाह प्रारूप को ज्ञात किया गया। इसके परिणामों की तुलना को प्रेक्षित किए गए परिणाम से करके जाँचा जा सकता है। इनमें यदि पर्याप्त निकट संबन्ध है तो मॉडल को उपयोगी मान कर अन्य स्थितियों व क्षेत्रों में प्रयोग कर सकते हैं। भौतिक भूगोल की अनेक समस्याएँ गणितीय मॉडलों द्वारा हल की जा सकती हैं। गणितीय मॉडल प्रायः अवकलन-समीकरणों के रूप में रचे जाते हैं। अतः ये ज्ञात-भौतिक संबन्धों पर आधारित होते हैं। इनके संख्या बोधक परणिामों का परीक्षण प्राकृतिक-प्रेक्षणों के विरुद्ध करना आवश्यक है।

मानव भूगोल में इनका चलन संभव बना, परन्तु वहाँ इनका स्वरूप अवकलन-समीकरण में व्यक्त नहीं करते। यहाँ सबन्धों की प्रकृति भिन्न है, और प्रायः 'आनुभविक' (Empirical) है। नगरों में 'पद-आकार संबन्धों' (Rank-Size Relationshps) की परीक्षा विश्व के अनेक भागों में की जा सकती है। प्रायः Double Log Scale पर यह लगभग रेखीय (Linear) संबन्ध है।

गणितीय मॉडल अर्थशास्त्र भूगोल में Linear Programming है जो समस्या का अनुकूलतम हल (Optimum Solution) प्रस्तुत करते हैं। किसी Factory की आवश्यकताओं में श्रमिक, कच्चा-माल, आवक-जावक (यातायात), बाजार (माल की

खपत के क्षेत्र) आदि मुख्य हैं। ऐसी प्रत्येक दशाओं की गणितीय समीकरणों को ग्राफ पर सीधी-रेखाओं द्वारा व्यक्त करते हैं। ये सभी अंकित करके एक अनुकूलतम-बिन्दु ज्ञात हो जाता है जो उस Factory के लिए लाभदायक 'अवस्थिति' (Location) होगी।

अनुरूप मॉडल/प्रतिरूप (*Analogue Models*)

अनुरूप मॉडल संकेतों व समीकरणों के स्थान पर दृश्य-जगत् के आकृति से मिलते-जुलते तुल्य रूप सादृश्य का अनुमान कर रचे जाते हैं। एक सुपरिचित परिस्थिति का प्रयोग कर कम परिचित परिस्थिति का मॉडल 'अनुरूप-मॉडल' (Analogue Models) हैं। ऐसे मॉडल का मूल्य वह शोधकर्त्ता पहचानता है जो दो परिस्थितियों के समानानुमानों की पहचान कर सकता है। समानुमानों के घटक सार्थक (Positive) होने चाहिए, और निरर्थक घटकों को नज़रन्दाज किया जा सकता है।

सादृश्य की संकल्पना (Concept of Analogy) का भूगोल में बहुत समय से प्रयोग करते आ रहे हैं। जॉन हट्टन (John Hutton) ने 1795 में ही भू-दृश्य के उत्कर्ष और अपकर्ष में सामग्री के संरचण की तुलना शरीर में रक्त-परिसंचरण से करके दोनों में सादृश्यता की पहचान की। ऐसी सादृश्यता जलीय चक्र (Hydrological Cycle) में भी देखी जा सकती है। डेविस के भू-क्षरण-चक्र (Cycle of Erosion) और रेटज़ेल के 'राज्य, एक जैविक जीव' (State as a Living Organism) संकल्पनाएँ अच्छे उदाहरण हैं जो राज्य एवं भूदृश्य को जैव-जगत् के सादृश्य मानते हैं।

सादृश्य-मॉडल द्वारा किसी समस्या को बिलकुल दूसरी स्थिति में बदल कर समझाने का प्रयास किया जाता है, जैसे गतिमूलक लहरों के अध्ययन से सड़क पर दौड़ने वाले वाहनों की भीड़भाड़ को स्पष्ट बनाना, नदियों में बाढ़ के दौरान पत्थरों के टुकड़ों का वहन अथवा हिमानी-प्रोथ (Glacier Snout) पर प्रोत्कर्ष के निर्माण को समझाना, आदि-आदि।

मानव भूगोल में अनेक समस्याएँ सादृश्यों द्वारा समझायी जाने की चेष्टा हुई है। इसका अच्छा उदाहरण 'गुरुत्व मॉडल' (Gravity Model) है। इसका तात्पर्य- दो पिण्डों के मध्य गुरुत्व बल उनके मात्रा के गुणक फल को उनके मध्य अन्तर के वर्ग से विभाज्य द्वारा ज्ञात करते हैं। यह गुरुत्व-बल उन दो पिण्डों अथवा स्थानों में घटित क्रिया अथवा कार्य-विवरण बना है। इसी प्रकार अन्य भौतिक संबन्धों का उपयोग भी 'अनुरूप मॉडलों' की रचना में कर सकते हैं। चुम्बकीय क्षेत्र (Magnetic Field) के प्रारूपों और 'उष्मा-गतिकी' का द्वितीय नियम आदि को भी अनुरूप मॉडलों में सम्मिलित किया जा सकता है।

सैद्धांतिक मॉडल/प्रतिरूप (*Theoretical Models*)

सैद्धांतिक मॉडल दो श्रेणियों में विभक्त किए जा सकते हैं- संकल्पनात्मक (Conceptual) और सिद्धान्त (Theory)।

संकल्पनात्मक किसी समस्या विशेष के लिए ऐसे सिद्धान्त में से निसृत किए (Deduced from a Theory) विचार हैं जो यथार्थ-जगत् में मेल रखते हैं, जैसे समुद्रतल का तट पर ऊंचा उठना व नीचे गिरना और इसका तट पर प्रभाव। यह मान्यता है कि समुद्री लहरें किसी निश्चित गहराई तक चट्टानों का अपरदन करती हैं। यह सीमा 13 मीटर (40 फीट) के लगभग है। इसके नीचे लहरों का प्रभाव चट्टानी प्लेट फॉर्म पर नगण्य होता है। इस क्रिया में ढाल का आरम्भिक भाग अधिक ढालू होता है। लहरों की यह क्रिया कालान्तर में पर्याप्त चौड़ा प्लेटफॉर्म का निर्माण करती है। सैद्धांतिक रूप से विभिन्न दशाओं के अधीन तटीय कटिबंध के विभिन्न स्वरूप स्थापित किए जा सकते हैं, और इनकी तुलना वास्तविक तटीय कटिबंधों से कर सकते हैं। इस संकल्पना का विस्तार आगे 'ढाल-पार्श्विका विकास' '(Slope Profile Evolution)' के अध्ययन में कर सकते हैं। ऐसे अध्ययनों का आधार भिन्न-भिन्न ढाल प्रक्रियाओं के ज्ञात अथवा संकल्पित प्रभाव होते हैं।

इस प्रकार के मॉडलों से विकास-चरणों के क्रमों की स्थापना की जा सकती है,और इन विभिन्न चरणों में सैद्धांतिक ढाल को वास्तविक ढालों से तुलना की जा सकती है।

सैद्धांतिक मॉडल का दूसरा वर्ग 'सिद्धांत' (Theory) शब्द से संबन्धित है। यह विषय के सम्पूर्ण जगत् का ढाँचा इंगित करता है (Framework of Whole Discipline) और सरल रचा गया है। यह मॉडल इतना दुर्गम्य अथवा जटिल (Rigid) नहीं होता है कि विषय को अवरुद्ध करे। यह लचीला ढांचा भूगोल के विस्तार को समाए हुए है। विस्तृत होते हुए भी यह विषय को उद्देश्परक और सुसंगति बनाए रखता है। इस सिद्धांतपरक श्रेणी में मॉडल भूगोल के लिए मूल्यवान बन उठे हैं, क्योंकि वे विषय की सभी शाखाओं के लिए लागू हैं। अतः ये मॉडल विषय को एकता प्रदान करते हैं।

Figure 11.1 *भौगोलिक मॉडल का सैद्धांतिक ढाँचा*

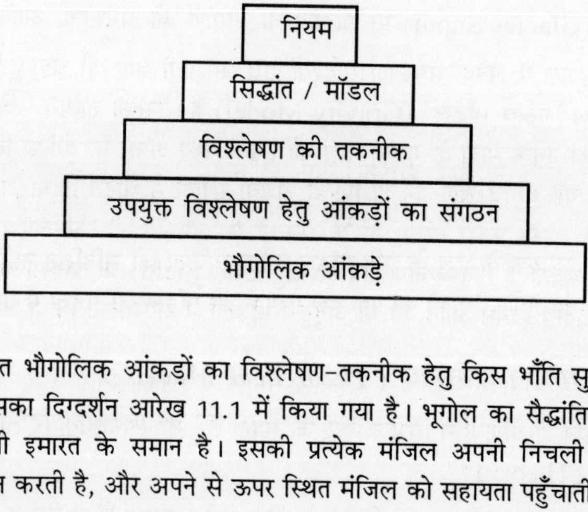

विस्तृत भौगोलिक आंकड़ों का विश्लेषण-तकनीक हेतु किस भाँति सुसंगठन किया जाता है, इसका दिग्दर्शन आरेख 11.1 में किया गया है। भूगोल का सैद्धांतिक ढाँचा एक पाँच-मंजिली इमारत के समान है। इसकी प्रत्येक मंजिल अपनी निचली मंजिल द्वारा सहायता प्राप्त करती है, और अपने से ऊपर स्थित मंजिल को सहायता पहुँचाती है। (आरेख 11.1)

(1) सबसे निचली आधारभूत मंजिल भौगोलिक अध्ययन की अव्यवस्थित सामग्री, अर्थात् आंकड़ों का समूह है।

(2) आंकड़ों के ऊपर स्थित दूसरी मंजिल उनको उपयुक्त विधि द्वारा सुसंगठित बनाने की है जिससे विश्लेषण में सरलता हो।

(3) विश्लेषण-तकनीक के लिए तीसरी मंजिल है जो अपनाए गए मॉडल (सिद्धांत) पर आधारित बनी है।

(4) चौथी मंजिल विश्लेषण से उपलब्ध सिद्धान्तों की है।

(5) अंतिम शीर्ष पर स्थित मंजिल सिद्धान्तों पर आधारित नियम-निर्माण से संबन्धित है। यही भौगोलिक विधि का लक्ष्य है।

आलोचनात्मक दृष्टिकोण *(Critical Views)*

भौगोलिक जगत् की जटिल घटनाओं और दृश्य वस्तुओं को समझने-बूझने में मॉडलों की बहुत महत्ता है। परन्तु अनेक दृष्टियों से मॉडल आलोचना के शिकार बने हैं। मॉडलों की रचना जिस विधि द्वारा की जा रही है, वह बहुत दोषयुक्त है। मॉडलों का प्रयोग विषमताओं को सरल बनाने के उद्‌देश्य से किया जाता है। परन्तु देखा गया है कि मॉडल रचनाकर्त्ता विषमताओं को बहुत ही अधिक सरल बनाने अथवा बहुत ही कम सरलीकरण में फंसा है। घटनाओं अथवा दृश्य-वस्तुओं को आवश्यकता से अधिक सरल बनाने से अध्ययनकर्त्ताओं में ग़लतफहमी और भ्रम पैदा हो जाता है। यह विद्यार्थियों को पूर्वानुमानों से भटका कर ग़लत दिशा की ओर ले जाते हैं। यदि इनसे यथार्थता की आवश्यकता से कम समझबूझ होती है, तो इनका उद्‌देश्य ही समाप्त हो जाता है। ये अपर्याप्त पूर्वानुमान कराते हैं।

दूसरी आपत्ति है कि मॉडल रचयिता ग़लत अवधारणाओं में ध्यान देकर उसके आधारभूत मापदण्डों को ही नज़रन्दाज कर बैठता है। मॉडल समस्या के सरलीकरण के लिए रचे जाते हैं। अत: समस्या के अनुरूप ही मापदण्डों का चयन करना और उनके आधार पर मॉडल-रचना करनी चाहिए। परन्तु प्रधान घटकों के विश्लेषण, चरणबद्ध प्रतिगमन और Q-विश्लेषण तकनीकों का पालन करते-करते प्राय: मॉडल जटिल बन जाते हैं। वे प्राय: मूल-आंकड़ों की तुलना में कहीं अधिक विषम बन जाते हैं। मुख्य बिन्दुओं की आड़ में अनेक बिन्दुओं की छूट से मॉडल के उद्‌देश्यों की पूर्ति पूर्णत: नहीं हो पाती है।

मॉडल की समस्या के हल के प्रति मॉडल की उपयुक्तता को सुनिश्चित नहीं करने से कठिनाइयाँ आती हैं। भूगोलवेत्ताओं का एक दल ऐसा है जो मॉडल की महत्ता में तो विश्वास व्यक्त करता है, परन्तु वह इस पक्ष में नहीं है कि ज़बरदस्ती इस तकनीक का प्रयोग प्रत्येक स्थिति में किया जाए। मानव भूगोल व प्रादेशिक भूगोल में इसका प्रयोग उपयुक्त नहीं है। इसी प्रकार, सांस्कृतिक व ऐतिहासिक भूगोल में भी मॉडलों का प्रयोग उपयोगी सिद्ध नहीं है। इससे इन विषयों के उद्‌देश्य विकृत बन जाते हैं। केवल कुछ ही स्थितियों में सामान्यानुमानों

के आधार पर विशेष समस्या का हल करना, और विशेष-समस्या के मॉडल से सामान्यानुमानों को निर्धारित करना निरर्थक क्रिया है।

भूगोल परिशुद्ध विज्ञान नहीं है, और इसमें मानवीय पक्ष भी सशक्त है। अतः मॉडल मानव समाज के विश्वासों, मूल्यों, भावनाओं, अभिवृत्ति, आकांक्षाओं, आशा, शंका आदि का समायोजन नहीं करते। अतः इस दृष्टि से भौगोलिक यथार्थता की खोज में यह तकनीक विश्वसनीय नहीं है।

अनूठे क्षेत्रीय विवरण (Unique Regional Cases) में मॉडलों का प्रयोग कर सामान्यानुमानों का निर्धारण अवैज्ञानिक है। मानव की स्वतंत्र इच्छा से प्रेरित दृश्य-वस्तुएँ व घटनाएँ मॉडल द्वारा व्यक्त करना उपयुक्त नहीं है। मानव की छद्म-क्रियाएँ (Idiosyncratic) और विशिष्ट स्थितियों के लिए सामान्य मॉडल निरर्थक है।

मॉडलों की आलोचना उनमें गणितीय परिकलन व सांख्यिकीय विधियों, समीकरणों व सूक्ष्म संकेतों की भरमार के कारण भी की जाती है। मात्रात्मक-क्रांति के बावजूद अनेक भूगोलवेत्ता गणितीय संकेतों एवं विचारों सहित विश्लेषण के प्रति उदासीन बने हैं। वे मॉडलों के गुणों जैसे सामान्यीकरण, विचार-स्पष्टता और परिष्कृत-विधि के प्रति आँख मूंदे हुए हैं। भूगोलवेत्ता के अतिरिक्त भी विद्यार्थियों, नीति निर्माताओं, सामान्य जनता में गणितीय मॉडलों के विषय में उनकी जटिलताओं के कारण उनमें अरुचि पायी जाती है। वे इनकी समझ के बाहर हैं।

कोई भी मॉडल सर्वगुण संपन्न नहीं है, और समय के बदलाव के साथ उसमें पुनर्मूल्याँकन व परिवर्तन आवश्यक प्रतीत होता है। उसके स्थान पर दूसरे मॉडल को स्थान देना समय की माँग बन जाती है। ''ज्ञान के अथाह सागर में नित-नए विकास से विकल्पों को स्थान देने की आवश्यकता है। कोई भी एकल सिद्धान्त सक्षमता से घटनाओं अथवा दृश्य-वस्तुओं के प्रारूपों को विश्लेषण करने में असमर्थ होता है। कुछ भी सदैव के लिए स्थिर नहीं बना है, न कोई विचार सभी स्थितियों की व्याख्या करने में सक्षम होता है।'' (फेयराबैण्ड, 1975)

ज्ञान की तर्कसंगत वृद्धि सुनियमित क्रिया नहीं है, क्योंकि प्रत्येक पीढ़ी के विद्वानों को पूर्व पीढ़ी के विद्वानों के कार्य-उपलब्धि का ध्यान भी रखना पड़ता है। यह विभिन्न प्रकार के तनावों से ग्रस्त विचारों की प्रक्रिया है। इसके बीच-बीच में भी प्रशांत विचारों की अवधि व समय की कड़ियाँ हैं। तात्पर्य यह है कि ज्ञान धारा अनेक संकटकालीन विचारों से भंग बनी है। ऐसी स्थिति को क्षणिक उत्पन्न विचारों में जकड़े मॉडल कैसे स्पष्ट कर सकते हैं, यह आलोचकों के समझ के बाहर है।

मॉडल-रचना के लिए पर्याप्त विश्वसनीय आंकड़ों को जुटाना भी एक समस्या है। अर्ध-विकासशील व विकासशील देशों में विश्वसनीय आंकड़ों की उपलब्धि अनेक सन्देहों में घिरी है। उनमें अनेक कमियाँ होती हैं, और वे दोषपूर्ण हैं। इन पर आधारित मॉडल भी विकारों से भरे होते हैं। वे भौगोलिक यथार्थता की त्रुटियों भरी तस्वीर प्रस्तुत करते हैं। इनसे

प्राप्त सामान्यानुमान और संरचित विचारधारा भी अतिशयोक्तियों से भरी व गलत पूर्वानुमान की ओर ले जाती है।

अब तक देखने में आया है कि अधिकांश मॉडलों की रचना यूरोप व अमेरिका में हुई है। वहाँ संग्रहीत आंकड़ों पर सिद्धांत व मॉडल रचे गए हैं। इनका अनुसरण सर्वत्र नहीं हो सकता, और वे सर्वव्यापी नहीं हैं। वस्तु-स्थिति यह है कि मानव भूगोल, सांस्कृतिक, औद्योगिक, कृषीय व नगर-भूगोल भी ऐसे विज्ञान हैं जो सर्व व्यापी नहीं हैं। इनकी प्रक्रिया देश-विदेशों में भी भिन्न-भिन्न प्रकार की है। इन अवरोधों के कारण मॉडलों के सामान्यानुमान त्रुटियों से पूर्ण एवं भ्रांतिमूलक बने हैं। पश्चिमी देशों के विद्वानों ने विकासशील देशों के लिए जो मॉडल रचे हैं उनके आंकड़े लगभग 100 वर्ष पूर्व के हैं जिनके परिणाम व पूर्वानुमान अत्यन्त आपत्तिजनक है। यदि मॉडलों को विकसित देशों के आंकड़ों पर रचकर अपनी विकासशील देशों की स्थितियों पर लागू करते हैं, तो परिणाम व पूर्वानुमान और अधिक अनर्थकारी प्राप्त होते हैं।

References

Ackoff, R.L., Gupta, S.K. and Minas, J.S., 1962, *Scientific Method: Optimizing Research Decisions*, New York.

Apostal, L., 1961, 'Towards the Formal Study of Models in the Non-formal Sciences' in Freudenthal, H. (ed.), *The Concept and the Role of the Model in Mathematics, Natural and Social Sciences*, Dordtrecht, Holland, pp. 1-37.

Berry, B.J.L., 1964, 'Approach to Regional Analysis:A Synthesis', *Annals of the Association of American Geography*, 54, 2-11.

Braithwaite, R.B., 1953, *Scientific Explanation*, Cambridge.

Bunge, W., 1964, 'Geographical Dialectics', *Professional Geographer*, 16 (4), pp. 28-29.

Caws, P., 1965, *The Philosophy of Science*, Princeton.

Chorley, R.J. and Haggett, P., 1969, *Integrated Models in Geography*, Metheun, London.

Cole, J.P. and King, C.A.M., 1968, *Quantitative Geography*, John Wiley.

Hartshorne, R., 1959, *Perspectives in the Nature of Geography*, London.

Wrighley, E.A., 1965, 'Changes in the Philosophy of Geography', in Chorley, R.J. and Haggett, P., (eds.), *Frontiers in Geographical Teaching*, London, pp. 3-20.

III

भूगोल में समकालीन आन्दोलन

(Contemporary Movements in Geography)

12

भौगोलिक विचारों में आधुनिक प्रसंग

(Modern Themes in Geographical Thought)

किसी भी वैज्ञानिक विषय में उसके दार्शनिक विचार महत्त्वपूर्ण स्थान रखते हैं। वे विषय को कृत्रिमता के दोष से सुरक्षित बनाए रखने में सहायक हैं। इनका संबन्ध विधि-तंत्र (Methodology) से है, और विधि-तंत्र तर्क-संगत व्याख्या है। परिशुद्ध व्याख्या यथातथ्य की जाती है। वह शोधकर्त्ता में विश्वास जगाती है कि वह सकारण और तर्क-वितर्क के ठोस आधार पर है। विधितंत्र एक ऐसा महत्त्वपूर्ण साधन है जो व्याख्या को अन्तरंग रूप से सुसंगत (Coherent) बनाता है।[1] अतएव, विधितंत्रज्ञाता (Methodologist) का उद्देश्य व्याख्या की प्रकृति को तर्क संगत बनाए रखना है, जबकि दार्शनिक (Philosopher) का धर्म भूगोल के प्रति शोधकर्त्ता में आस्था जाग्रत करना है।[2] दर्शन और विधितंत्र दोनों परिणामत: सिद्धान्त (Theory) अथवा प्रतिमान (Paradigm) को जन्म देते हैं। आजकल, भूगोलवेत्ता वैज्ञानिक व मानवीय दृष्टिकोणों से सिद्धान्तों व प्रतिमानों की रचना में व्यस्त देखे जा सकते हैं। इस अध्याय में इन्हीं आधुनिक प्रसंगों के संबन्ध में चर्चा की गई है।

किसी समय-विशेष अथवा अवसर पर व्यक्त भौगोलिक विचार प्रचलित दार्शनिक विचारों और प्रधान विधि तंत्रीय अभिगमों के मध्य अन्तर्क्रिया है। दोनों में ही, अर्थात् दर्शन व विधितंत्र में, विचारदृष्टि की भिन्नता से उनमें विस्तार होता आया है, यहाँ तक कि विषय के केन्द्रीय-सोच में बदलाव (Shift) देखा जा रहा है।[3] इस संक्रमणकाल का 1970 का दशक महत्त्वपूर्ण है। जब भूगोल लेखन में आधुनिक विचारों ने स्थान बनाया। इस काल के दौरान भिन्न-भिन्न दार्शनिकता के सोच प्रकट हुए। प्रत्यक्षवाद, आदर्शवाद, उपयोगितावाद और क्रियात्मकवाद को पुनर्भाषित किया गया, जबकि आदर्शवाद, अस्तित्ववाद, मार्क्सवाद, आमूलपरिवर्तनवाद, मानवतावाद और व्यावहारिकतावाद जैसे सोच भी भौगोलिक शोधकार्यों

के मानवीय अभिगम बने।

सभी दर्शनों के विचार व्यक्तिगत रूप से बहुत जटिल हैं। एक संक्षिप्त अध्याय में इनकी व्याख्या सफलतापूर्वक करना संभव नहीं है। ये सभी दार्शनिक सोच एक-दूसरे से प्रकृति में भिन्न बने हैं। इनके मुख्य मुख्य पक्षों को ही यहाँ संक्षिप्तरूप से भूगोल के आधारों के सन्दर्भ में स्पष्ट बनाने का प्रयास किया है।

प्रत्यक्षवाद (Positivism)

प्रत्यक्षवाद एक प्रकार का दार्शनिक आन्दोलन है। यह धर्म और परम्पराओं के विरुद्ध खड़ा हुआ सोच है। इसका वैज्ञानिक आधार और वैज्ञानिक विधि ज्ञान का स्रोत है। यह तथ्यों (आंकड़ों) और मूल्यों (सांस्कृतिक) में भेद व्यक्त करने वाला सोच है। ऑगस्ट कॉम्टे (Auguste Comte) ने अध्यात्म (Metaphysics) और कोरे बुद्धिवाद को जाँच व अन्वेषण की एक निरर्थक शाखा बताया। वह मानवता के विकास के लिए सामाजिकता को वैज्ञानिक धरातल पर स्थापित करने का पक्षपाती था।

प्रत्यक्षवाद को अनुभववाद (Empiricism) भी कह सकते हैं। इस दार्शनिक सोच में ज्ञान का आधार तथ्य हैं। तथ्यों को प्रेक्षण (Observation) द्वारा अनुभव कर उनमें संबन्धों पर आधारित ज्ञान प्रत्यक्षवाद का मुख्य उद्देश्य है। इसमें आनुभविक प्रश्नों का हल यथार्थ के दृष्टिकोण पर आधारित है। यथार्थ-स्थिति के विषय में 'तथ्य स्वयं साधन' बनते हैं (Facts Speak for Themselves)। विज्ञान का नाता भी वस्तुपरक तथ्यों से है। व्यक्ति परकता (Subjective View Point) का इसमें कोई स्थान नहीं है। यथार्थ वही है जो प्रत्यक्ष में दिखता है। हमारी इन्द्रियाँ जो कुछ अनुभव कर रही हैं, वही ज्ञान है, वही वैज्ञानिक है। वैज्ञानिक दृष्टिकोण वस्तुपरक, सत्य से पूर्ण बना और तटस्थ होता है। प्रत्यक्षवादी वैज्ञानिक एकता के हामी हैं। वे यथार्थ के बारे में सामान्यानुभावों, सामान्य वैज्ञानिक भाषा और प्रेक्षणों की पुनरावृत्ति को सुनिश्चित बनाने की विधि के विश्वासी हैं। वैज्ञानिक विधि इन्हीं लक्षणों के एकीकरण से बना व्यापक विज्ञान है।[4] दूसरे शब्दों में यह कह सकते हैं कि विज्ञान का आपूर्ण तंत्र भौतिकी, रसायन, जीव, मनोविज्ञान व सामाजिक विज्ञानों के नियमों के अन्तर्गत तार्किक रूप से जुड़ा तंत्र है।

अतएव प्रत्यक्षवाद-दर्शन एक प्रकार से आदर्शवाद का विरोधी है, क्योंकि आदर्शवाद केवल मानसिक अथवा बुद्धिपरक है। वह नियामक और नीतिपरक भी नहीं है। मानव-मूल्यों, विश्वास, आस्था, अभिवृत्ति, पूर्वाग्रह, पक्षपात, रीति-रिवाज, परम्परा, रुचि, लालित्य व सौन्दर्यपरक मूल्यों से जुड़े प्रश्नों व समस्याओं में प्रत्यक्षवादी शोध नहीं करता क्योंकि इनका निर्णय व्यक्तिवादिता से ग्रसित होता है। ये नैतिक मापदण्ड देश, काल, समाजों के साथ-साथ बदलते रहते हैं, और इनके बारे में निर्णय वैज्ञानिक आधारों पर सम्भव नहीं है। प्रत्यक्षवाद का दर्शन वस्तुपरक, निष्पक्षता, तटस्थता पर आधारित विज्ञान है। प्रत्यक्षवाद में व्याख्या व कथनों का आधार -

(अ) आनुभविक अर्थात् प्रत्यक्ष अनुभवों (जो कुछ हमारे सामने दृश्य-जगत् है) से जुड़ा होता है।

(ब) वह एकीकृत बनी वैज्ञानिक विधि है।

(स) वह अनुभवजन्य वैज्ञानिक नियमों व सिद्धान्तों से जुड़ा है।

(द) वह नियामक, नीति संगत, नैतिकता से मुक्त स्वतंत्र प्रेक्षण है।

(इ) वह अपरिवर्तनीय, शाश्वत वैज्ञानिक व्यवस्था है जिसमें वैज्ञानिक नियमों के विकास-क्रम की एकीकृत बनी लोकव्यापी पद्धति सम्मिलित है।

ऐतिहासिक रूप से इसका उदय फ्रांस की क्रांति के उपरान्त हुआ, और ऑगस्त कॉम्टे ने इसे स्थापित बनाया। क्रांति से पूर्व प्रचलित बना यह निषेधवादी-दर्शन (Negative Philosophy) की प्रतिक्रिया स्वरूप जन्मा वैज्ञानिक प्रत्यक्षवादी सोच था। निषेधवादी दर्शन न तो रचनात्मक था, और न प्रयोगात्मक (Practical)। वह भावना-प्रधान था जो काल्पनिक विकल्पों द्वारा वर्तमान प्रश्नों के हल खोजने में डूबा था। अत: निषेधवाद के विरुद्ध प्रत्यक्षवाद एक प्रकार से खण्डन-मण्डनी वाद-विवादों से लैस हथियार सिद्ध हुआ। प्रत्यक्षवाद का आन्दोलन घिसे-पिटे निषिद्ध-कर्मों व धार्मिक प्रपंचों के विरुद्ध खड़ा हुआ था।[5]

प्रत्यक्षवाद सामाजिक संबन्धों को वैज्ञानिक धरातल पर उतारने में विश्वास व्यक्त करता है। वह सामाजिक-विज्ञान (Social Science) को भी प्राकृतिक-विज्ञानों की भाँति शाश्वत नियमों में ढालने का पक्षपाती था। कॉम्टे के अनुसार सामाजिक विकास तीन चरणों में घटित बना-

(i) ईश्वर मीमांसा (Theological) का पहला चरण जब मानव प्रत्येक घटना अथवा दृश्य को ईश्वरीय सत्ता व ईश्वरेच्छा समझकर व्याख्या करता था,

(ii) दूसरे चरण में सामाजिक व्यवस्था का विकास तात्विक, बुद्धिपरक, अभौतिक (Metaphysical) विचारों द्वारा व्याख्या और

(iii) तीसरे चरण में सामाजिक क्रियाओं व विकास का आधार कार्य-कारण संबन्ध का जुड़ाव (Causal Connections)। मानव अपने निर्णयों को संबन्धित कारणों के आधार पर सुनिश्चित बना कर अपनाता है। ऐसे कारणों की पहचान की जा सकती है।

प्रत्यक्षवादी सोच अधिनायकवादी शासनों[6] (Dictatorial Regimes) में विकसित सोच के विरुद्ध है। सन् 1930 में वियना (यूरोप) में 'वियना-सर्किल' की स्थापना हुई। यह तर्कसंगत प्रत्यक्षवादियों का समूह था। ये वैज्ञानिक उन सभी विचारों का विरोध करते थे जो आनुभविक रूप से परीक्षण नहीं किए जा सकते और जो नियंत्रित बनी पद्धतियों से नहीं खोजे जा सकते। नाज़ीवादी सोच (Nazism) को प्रत्यक्षवादी तर्कशून्य, पक्षपाती और हठधर्मितापूर्ण मानते थे।

मानव भूगोल में किए गए प्रत्यक्षवादी सोच पर आधारित कार्यों की मार्क्सवादियों और यथार्थवादियों ने आलोचना की। ये कार्य ऐसे नियमों की खोज थे जो साधन-सामग्री (Infrastructure) प्रक्रिया से नहीं जुड़े थे। वे अस्तित्वहीन ऐसे ढांचे के नियम थे जो संसाधनों के तामझाम में बदलाव लाने में विश्वासी नहीं थे।

मानवतावादियों ने भी प्रत्यक्षवादी-सोच की आलोचना की है क्योंकि उसमें मूल्यों व आदर्शों को कोई स्थान नहीं था। मानव-जीवन उनके अभाव में अधूरा होता है। मार्क्सवादियों, व्यवहारवादियों और वैज्ञानिक-प्रेक्षकों के अनुसार मूल्य विहीन, मात्रात्मक-गणितीयकरण व नियम-निरूपण एवं विवेचन सम्भव नहीं है। परन्तु प्रत्यक्षवादियों की मान्यता है कि प्रत्येक समस्या का तकनीकी हल संभव है और मूल्यविहीन शोध ही वैज्ञानिक है। परन्तु व्यवहार में यह देखा गया है कि शोधकार्य अनेक स्थलों पर व्यक्तिनिष्ठता से प्रभावित बन जाता है। शोध विषय के चयन से लेकर दृश्य-वस्तुओं के वितरण व प्रारूपों की पहचान और निष्कर्ष-निर्धारण प्रक्रियाओं में कुछ न कुछ अंश में व्यक्तिनिष्ठता प्रवेश कर जाती है। जैसे ही परिणाम ज्ञात हो जाते हैं, मौजूदा वितरण के विवरण निर्णयकर्त्ताओं के सोच को प्रभावित करना आरम्भ कर देते हैं कि भावी वितरण कैसा होना चाहिए।[7] तात्पर्य यह है कि वैज्ञानिक प्रक्रिया स्वयं ही यथार्थता का स्वरूप लेने लगती है। शोधकर्त्ता उदासीन और तटस्थ या वैज्ञानिक नहीं रह पाता।

विज्ञानों में एकता भी आलोचना की पात्र है। सामाजिक वैज्ञानिकों में एकता का विकास सम्भव नहीं हो सका है। प्रत्येक विषय (समाज शास्त्र, मनो विज्ञान, राजनीति विज्ञान, भूगोल आदि) के अपने-अपने अलग सोच व अभिगम हैं जिनके आधार पर वे वस्तुओं-दृश्य-जगत् आदि का विश्लेषण करते देखे जाते हैं। वे यथार्थता को अपनी-अपनी पद्धतियों, विधियों, अभिगमों आदि द्वारा व्यक्त करते हैं।

एक अत्यन्त संगीन आलोचना प्रत्यक्षवाद की इस तथ्य पर आधारित है कि प्राकृतिक एवं सामाजिक विज्ञानों की प्रकृति ही एक जैसी नहीं है। दोनों अलग प्रकृति की वैज्ञानिक-शाखाएँ हैं। वे प्रायोगिक दृष्टि से समान नहीं हैं। उनकी प्रयोगात्मक प्रक्रियाएँ (Experimental Processes) अलग-अलग हैं। उनको एक समान कोटि की विधियों द्वारा नहीं पूरा कर सकते हैं। सामाजिक विज्ञानों की विषयवस्तु का केन्द्र 'मानव' है जिसे 'वस्तु' मानकर पदार्थवत् आकलन नहीं कर सकते क्योंकि उसका निजी सोच व बुद्धि-कौशल है। मानव-व्यवहार अन्य जीवों के व्यवहार से भी अलग हैं। उसकी कल्पनाएँ, धारणाएँ, अभिवृत्ति, रुचि, आस्था आदि को प्राकृतिक विज्ञानों के वस्तु-जगत् की भाषा में नहीं बदला जा सकता। अतएव मानव-व्यवहार पर आधारित मानव भूगोल एवं अन्य सामाजिक विज्ञानों के नियम-निरूपण में व्यक्तिनिष्ठता का घटक समाया रहता है।

उपयोगितावाद (Pragmatism)

उपयोगितावाद एक दार्शनिक दृष्टिकोण है जो अनुभव द्वारा अर्थपूर्ण विचारों को जन्म देता है। यह सोच अनुभवों, प्रयोगात्मक खोजबीन, और सत्य के आधार पर परिणामों का

मूल्यांकन करता है। अनुभवों पर आधारित क्रियाओं के फल अर्थपूर्ण व ज्ञानप्रद हैं। इसकी जांच समस्याग्रस्त स्थितियों के हल में निहित है। समस्याओं में जकड़ी स्थितियों से समायोजना कर लेना और उन्हें उपयोग में लाना ही अर्थपूर्ण है, वही सत्य है।[8]

उपयोगितावाद भी प्रत्यक्षवाद सोच का संशोधित स्वरूप है। यह भी वैज्ञानिक विधि को प्रयोग करने में ज़ोर देता है, अन्तर केवल इतना ही है कि उपयोगितावाद मानव समस्याओं के समाधान कें प्रयास का आन्दोलन है।[9] मूल्यों पर आधारित वैज्ञानिक पद्धति से समाज की व्यावहारिक, प्रयोगात्मक (Practical) समस्याएँ हल करना उपयोगितावाद का मुख्य लक्षण है। सामाजिक समायोजन ही वस्तुतः भौगोलिक यथार्थता है। स्थानिक परिस्थितियों की समस्याओं से घिरे समाज में मानव का समायोजन खोज लेना ही अर्थपूर्ण है, सत्य है और यथार्थ है। शोध कार्य इसीलिए किए जाते हैं कि वे तुरंत जन्मी स्थानिक समस्याओं के अर्थपूर्ण हल खोज निकालें जो परिणामतः वहाँ जनसमुदाय के लक्ष्यों की पूर्ति कर सकने में सक्षम बन सकें। इसमें शोधकर्त्ता के सुझाव और उसकी क्रियाएँ परिणामों को लागू करने (उपयोग में लाकर) में अभिकर्त्ता (Action Agent) बन उठते हैं।

भूगोल में उपयोगितावाद-अभिगम एक नियोजित क्रिया (Planned Action) है न कि केवल नियोजन के लिए सोच। इसमें परिणामों पर आधारित क्रियाओं के चरण सम्मिलित हैं। वस्तुतः स्थानिक रूप से स्थित समस्याओं से जूझने की अथवा क्रियाशील बन उठने की यह स्थिति है।[10] लक्ष्यों की पूर्ति के साधन जुटाना, मानवीय उपयोग के तथा जन-कल्याण से जुड़ी क्रियाओं का मूल्यों के आधार पर समाधान इसकी वास्तविकता है।

अमेरिका के गृहयुद्ध (Civil War) के उपरान्त वहाँ उपयोगितावाद विकसित बना जिसने वहाँ द्वितीय विश्वयुद्ध तक सामाजिक व बौद्धिक परिवर्तन समाज में आए। इसके समर्थकों की एक अच्छी संख्या पश्चिमी यूरोपीय देशों में भी पायी जाती हैं।

इस दार्शनिक सोच की एक सामान्य विशेषता इसका व्यावहारिक समस्याओं (Practical Problems) से निपटना ही है। अतएव इसका ज़ोर उपयोगिता और प्रयोगात्मक पर है। उपयोगितावादी का विश्वास सामने खड़ी वास्तविक (Concrete) स्थिति के हल के लिए क्रिया में है। इसके वैज्ञानिक ज्ञान पर आधारित ही वह जगत् को समझने-बूझने में सक्रिय है। इस प्रक्रिया में उसके लिए 'निरपेक्ष' अथवा 'सामान्य' नियमों व सिद्धान्तों का योग भी महत्त्वपूर्ण निर्देशांक हैं। तात्पर्य यह है कि उपयोगितावादी सैद्धांतिक सोच एवं प्रयोगात्मक स्थितियाँ, दोनों ही क्रियाओं से जुड़ी है। सामाजिक परिवर्तन के लिए प्रयासों को सुसंगठित बनाना, प्रेरित बनाना और क्रियान्वयन की आवश्यकता पर भूगोलवेत्ताओं की रणनीति टिकी है।[11]

उपयोगितावाद के प्रधान-लक्षणों में सम्मिलित हैं-

(i) **वास्तविकता का अभाव अथवा अपूर्णता** - उपयोगितावादियों का विश्वास बना है कि इस काल में 'वास्तविकता' विषयक ज्ञान अपूर्ण है, और उसमें त्रुटियाँ हैं।

(ii) **ज्ञान की भ्रामक विचारवीथी** – जगत् के प्रति वास्तविकता के बारे में हमारे मस्तिष्क में भ्रम उत्पन्न हैं। अत: प्रयोगों से प्राप्त परिणामों में त्रुटियाँ विकसित हैं। भविष्य में सफलता संदिग्ध है, क्योंकि हमारे सोच भूतकाल की त्रुटियों से ग्रसित रहते हैं। अत: परिकल्पनाओं व वर्तमान धारणाओं में बदलाव और उनका पुनर्मूल्यांकन आवश्यक है।

(iii) **वैज्ञानिक पद्धति और परिकल्पना पर आधारित** – निगमनात्मक मॉडल सर्वोत्तम विधि है जिसका शोध कार्य में प्रयोग करना आवश्यक बन उठा है।

(iv) समस्याओं को तार्किक आधार पर ही हल किया जाना चाहिए। समस्याएँ भी मानव-कल्याण विषयक चयन की जानी चाहिए, और वे व्यावहारिक (Practical) हों तथा जिनके हल मानव कल्याण के विकास में योग दे सकें।[12]

इन आधारों पर उपयोगितावादियों ने मूल्यविहीन प्रत्यक्षवाद को नकारा घोषित किया। उससे समाज का न तो कल्याण हो सकता, और न वह जगत् की सम्पूर्ण वास्तविकता का ज्ञान करा सकता है।

उपयोगितावाद ने भूगोल में प्रयोगात्मक (Applied) पक्ष का समर्थन कर प्रयोगात्मक भूगोल (Applied Geography) को जन्म दिया। प्रयोगात्मक भूगोल की नीतियाँ जन-कल्याण से संबन्धित मूल्यों पर आधारित बनायी जानी चाहिए। वे चाहे वातावरण में समायोजित बनाने हेतु परिवर्तन हों, चाहे समाज की आर्थिक, शैक्षिक, आवासीय, स्वास्थ्य विषयक असमानताओं के मेटने के प्रयास अथवा सांस्कृतिक दृश्य-जगत् का संरक्षण हो, सामाजिक-मूल्यों पर आधारित किए जाने चाहिए। उनको जन-कल्याण हेतु उपयोगिता के आधार पर ही विकसित करना Pragmatism की मूल भावना है।[13]

उपयोगितावादी भूगोलवेत्ताओं के लिए परिकल्पनाओं की रचना हेतु ढाँचा प्रस्तुत करने के लिए तर्क-संगत स्थानिक नियमों (Spatial Laws) की आवश्यकता होती है। ये निगमनात्मक परिकल्पनाएँ आनुभविक प्रमाणों द्वारा परीक्षण कर एवं संशोधित बनाकर अपनायी जानी चाहिए।

उपयोगितावाद का लक्ष्य मानवीय घटक पर ज़ोर देने से जुड़ा हुआ है। इसकी पूर्ति हमारे कार्यों पर निर्भर है। हमारा सोच हमारे कार्यों को प्रेरित करता है। हमारे कार्यों का स्रोत विगत काल के जगत् की प्रकृति है।[14] मानव, यहाँ केन्द्रीय स्थान ग्रहण किए रहता है। ये विचार विडाल-डि-ला ब्लाश (फ्रांसीसी सम्प्रदाय का अग्रणीय भूगोलवेत्ता) द्वारा व्यक्त मत से मिलते-जुलते हैं। (अध्याय 8) मानवतावादी भूगोल में, मानव और विज्ञान को समन्वित बना दिया है। भूगोल में आधुनिक मानवतावाद का प्रधान ध्येय सामाजिक विज्ञान व मानव की सामंजस्यता है। इसी में वस्तुनिष्ठता और व्यक्तिनिष्ठता का, भौतिकवाद और आदर्शवाद का और तर्क व वास्तविकता का समन्वय है।[15] ऊपर जो कुछ व्यक्त हुआ है,

इस आधार पर उपयोगितावादी भूगोल के कतिपय लक्षण व घटकों की पहचान निम्न-आधारों पर की जा सकती है-

(i) भौगोलिक-स्थान ज्ञान और भ्रांतियों द्वारा संयुक्त बनी परिकल्पना है।

(ii) भौगोलिक-स्थान परिवर्तनशील है। इसके परिवर्तन का बोध और इसको परिवर्तन बनाने की दिशा के लिए हमारे ज्ञान और हमारे सोच के मापकों को परिशुद्ध बनाना आवश्यक प्रक्रिया है।

(iii) भौगोलिक-स्थान काल-अवधि के दौरान विकसित 'मानवीय-घटकों' का विवरण है।

(iv) प्रयोगात्मक मानवीय समस्याओं के समाधान के लिए भूगोल की संरचना और पुनर्रचना आवश्यक है।

(v) स्थानिक वास्तविकता मानवीय अनुभवों की संयुक्त बनी परिकल्पना है।

(vi) परिकल्पनाओं की रचना के लिए स्थानिक नियमों की आवश्यकता होती है। परन्तु साथ-साथ हमारे ज्ञान व काल के सन्दर्भ में इनमें संशोधन भी किया जाना चाहिए।

(vii) भौगोलिक अध्ययन वस्तुतः प्रयोगात्मक समस्याओं से संबन्धित है, और प्रायोगिक समस्याएँ (Practical Problems) स्थानिक रूप से मानव के कल्याण से जुड़ी हैं। इनका अध्ययन वैज्ञानिक रीति-नीति से किया जाना चाहिए।

क्रियात्मक अथवा कार्यात्मकवाद
(Functionalism)

भिन्न-भिन्न विज्ञानों और भिन्न-भिन्न काल में कार्यात्मकवाद की परिभाषाएँ भी भिन्न-भिन्न स्वरूप लिए हैं। 'क्रिया अथवा कार्य' (Function) का तात्पर्य नीचे पाँच रूपों में व्यक्त है।[16]

(i) समारोह अथवा उत्सव हेतु जन-समुदाय-क्रियाएँ (विशेष-अवसर)

(ii) कार्यभार अथवा कर्त्तव्य (राजनीतिक अर्थ)

(iii) एक 'चर' का दूसरे से संबन्ध का फलन (गणितीय अर्थ)

(iv) जीव धारियों के संवारने हेतु क्रियाएँ (जीव-विज्ञान व समाज विज्ञान)

(v) व्यवसाय (भूगोल के सन्दर्भ में - आर्थिक क्रियाएँ)

तात्पर्य है कि ''सरल शब्दों में कार्यात्मकवाद व्यवसायों से जुड़ी अवधारणा है। वह समाज के कार्यों अथवा सामाजिक व्यक्तियों की क्रियाएँ हैं।''[17] विश्व को देखने का यह दृष्टिकोण एक ऐसा तंत्र है जो भिन्न-भिन्न, परन्तु अन्तःनिर्भर बने तंत्रों का संकुल है। इसकी सम्मिलित क्रियाएँ पुनरावृत्तिजनक है, और पूर्वानुमानित हैं। इनका आकार - कार्य संबन्धित हैं और यह सभी को अबाध बनाए रखने का तंत्र है-

कार्यात्मकवाद के आधारभूत नियम अधोवर्णित हैं-

(i) समाजों का मूल्यांकन उनकी समस्तता (Wholeness) में किया जाना चाहिए।

(ii) घटित हुई सामाजिक क्रियाएँ वातावरण की अन्योन्याश्रित प्रकृति है। अनेक स्थितियों में ये कारण भी अनेक होते हैं।

(iii) सामाजिक तंत्र प्राय: साम्यावस्था की स्थिति (State of Equilibrium) है।

(iv) कार्यात्मकतावादी समाज के इतिहास में कम, परन्तु सामाजिक अन्तर्क्रिया में अधिक रुचि रखते हैं।

(v) कार्यात्मकतावादियों के प्रयास सामाजिक ढांचे के योगिक-घटकों के मध्य अन्तर्सम्बन्धों की खोज में निहित होते हैं।

जीन ब्रून्स जेसे भूगोलवेत्ता एवं उनके समकालीन विद्वानों के शोध कार्यों में कार्यात्मक अथवा क्रियात्मक अभिगम उनकी रचनाओं में देखे जा सकते हैं। उन्नीसवीं सदी के अन्त में और बीसवीं सदी के प्रारम्भ काल में फ्रांसीसी विद्वानों ने संस्कृति को अविभाज्य समस्तता (Indivisible Wholeness) बताया। 'प्रदेश' (Region) को कार्यात्मक-इकाई-का जैविक क्षेत्र कहा जो उसके विभागों के योग से भी अधिक उच्च-स्तर की इकाई था और जीववत् क्रियाओं में बंधा था।

आजकल भूगोल में कार्यपरकता की अवधारणा महत्त्वपूर्ण है। लोग मुंबई, टाटानगर और गुलमर्ग की पहचान क्रमश: एक प्रधान बन्दरगाह, लोह-इस्पात-निर्माण केन्द्र और सैलानियों के स्थल के रूप में ही करते हैं। लघु नगरों की पहचान भी उनकी केन्द्र-स्थानीय क्रियाओं व गुणों द्वारा की जाती है। इसी आधार पर उनका पदीय-शृंखला-क्रम (Hierarchy) निर्धारित होता है। प्रत्येक स्थान को उसके दो प्रकार के व्यवसायों, एक 'प्रकट' (Manifest Function), और दूसरा 'अप्रकट' (Latent Function) के रूप में जाँचा जा सकता है। उदाहरणवत्, टाटानगर का लोहा-इस्पात-निर्माण कार्य-व्यवसाय प्रकट बना है, जबकि वहाँ के अन्य कार्य-शैक्षिक, सामाजिक, आदि 'अप्रकट' व्यवसाय हैं।

कार्यात्मकतावाद की आलोचना संकल्पनात्मक व कार्य-पद्धतियों, दोनों आधारों पर की जाती है। कार्यात्मकतावाद भौगोलिक यथार्थता को एक संतुलित दशा (Equilibrium) में देखने की संकल्पना है। इसके विपरीत 'प्रयोजनमूलक'[18] (Teleology) एक ऐसा तंत्र है जो भौगोलिक यथार्थता को स्थिर (Static) मानकर उद्देश्यपरक घटना समझती है और परिवर्तनशील है।

समाज को एक तंत्र में संरचित बना कहने से अन्य समकालीन समस्याएँ जैसे गरीबी, अकाल, रोग, प्रजातीयता आदि की व्याख्या अछूती ही रह जाएंगी। यथार्थता अपूर्ण ही प्रकट होगी। एक तंत्र सीमित उद्देश्य की ओर उन्मुख है, और अन्तर्सम्बन्धित अनेक उपतंत्र व प्रक्रियाएँ महत्त्वहीन ही समझी जाती हैं। कार्यात्मकतावाद की यह मुख्य कमी है।

सामाजिक नियंत्रण में विश्वास व्यक्त करने के कारण कार्यात्मकवाद की आलोचना

होती है, क्योंकि उस आधार पर परिवर्तनशील दृश्य जगत् की यथार्थता की व्याख्या नहीं हो सकती। सामाजिक परिवर्तन को कार्यात्मकवाद स्पष्ट नहीं करता है।

तार्किक और पद्धति के आधार पर कार्यात्मकवाद की आलोचना सोद्देश्यवादियों ने की है। दृश्य-जगत् द्वारा स्थान की यथार्थता और स्थान का अधिग्रहण कारण परक नही है। (Not by Reference of Causes), अर्थात् स्थानिक-घटनाकारण-मूलक नहीं घटित बनी है। वह प्रयोजन मूलक घटित बनी है, क्योंकि स्थान को किसी प्रयोजन के लिए उपयोग में लिया गया है। (A Given Situation by Reference to Ends Which Determine Its Course)[19] दृश्य-जगत् में प्रकृति ने गिद्धों को इस उद्देश्य हेतु स्थान दिया कि वे शव (मृत जीवों) से पृथ्वी की सतह को मुक्त रखें।[20] यद्यपि इसी कार्य के लिए वस्तु-जगत् में अन्य विकल्प (Alternatives or Substitutes) भी हैं। परन्तु विकल्पों को समान प्रकार के पारिस्थितिक-तंत्र (Eco-System) का ही होना चाहिए। ऐस्किमो ने गाड़ी व अग्नि जैसे विकल्पों को प्रयोग में लाकर आर्कटिक-जीव जगत् के नाजुक तंत्र को अव्यवस्थित (Up-Set) किया है।

उपर्युक्त तर्कपूर्ण विवरण से कार्यात्मकतावाद में अधोवर्णित छः अवधारणाओं का उपयोग भूगोलवेत्ताओं द्वारा किया जाता है। ये अवधारणाएँ दृश्य-जगत की यथार्थता में अन्तःसंबन्धित हैं- (i) कार्य-व्यवसाय, (ii) कार्यपरक-विकल्प, (iii) उद्देश्य, (iv) प्रारूप-संवार, स्व-नियंत्रण अथवा यथा स्थिति (v) अनुकूलता, और (vi) एकीकरण।

भूगोल में कार्यात्मक परक प्रदेश (Functional Region) से अभिप्राय प्रदेश का समस्तता में बंधी संरचित इकाई के रूप में कार्य-सम्पादन से है। वह अपने समस्त तंत्र में आंतरिक एवं बाह्य-तंत्रों की क्रियाओं द्वारा आवश्यकताओं की पूर्ति कर उद्देश्यमूलक प्रदेश है।

अस्तित्ववाद
(Existentialism)

मनुष्य अपनी प्रकृति (Nature) के निर्माण का स्वयं उत्तरदायी बना। वह वातावरण निर्माण प्रक्रिया में अनिवार्यतः जुड़ा है।[21] अस्तित्ववाद ऐसा दार्शनिक सोच है जो मनुष्य को उसकी व्यक्तिवादी स्वतंत्रता, निर्णय, प्रतिबद्धता के लिए उत्तरदायी ठहराता है। वह सोच वस्तुनिष्ठता, मात्रात्मकता और नियतिवादी विश्लेषण के प्रति चुनौती ही नहीं अपितु अपने विश्लेषण में इनको स्थान देने के पक्ष में भी नहीं था। इस दार्शनिक विचार धारा में मानवीय मूल्यों, गुण, व्यक्तिनिष्ठता और आत्मिकता को स्थान मिला। अस्तित्वीय भूगोल में केन्द्रीय अवधारणा से सेम्यूल्स (Samuels) के अनुसार 'अस्तित्वीय स्थान' (Existential Space) है। स्थान की दृश्य-सत्ता (Assignment of Space)[22] मानवीय यथार्थता का परिणाम है। सरल शब्दों में यदि व्यक्त करें - स्थानिक दृश्य-जगत् के भरण पूरण का उत्तरदायित्त्व मानव-अस्तित्त्व है। पहले मानव-अस्तित्व में आता है, तदुपरान्त वास्तविक दृश्य-जगत् की

परिभाषा के लिए स्वयं उत्तरदायी बनता है। तात्पर्य यह है कि मानव को समझने के लिए हमें उसके ''व्यक्तिनिष्ठ जीवन वृत्त के ज्ञान से आरम्भ करना चाहिए'' (Begin with the Subjective Life") मनुष्य कुछ नहीं, अपितु स्वयं अपना निर्माणकर्ता है।''[23] अस्तित्ववाद का पहला नियम है ''एक बार विश्व में प्रकट होते ही मानव जो कुछ भी करता है, उस सभी के लिए उत्तरदायी है।'' तत्त्व (सार) से भी पहले वह अस्तित्व में आता है, क्योंकि मानव स्वतंत्र है, स्वयं निर्णयकर्त्ता है और स्वयं की ही प्रतिबद्धता है। कुल मिलाकर वह अपने को प्रकृति के हाथों में खिलौना नहीं बनाता। अतएव अस्तित्ववाद मानव भूगोल के दार्शनिक सोच के लिए एक सशक्त आधार प्रस्तुत करता है। मानव अपने अत्यन्त अपरिपक्व व्यवहार में भी रहते हुए स्वयं पूर्णतः व्यक्त करने की चेष्टाओं में संलग्न देखा जाता है। कोई भी ऐसा मानव व्यवहार, कोई भी चेष्टा, ऐसी कोई भी रुचि नहीं है जहाँ मानव व्यक्तित्व और उसका अस्तित्व प्रकट न बना है।[24] इसकी अनिवार्य विधि ही उसके आपूर्ण व्यक्तित्व व अस्तित्व की पहचान करने पर आधारित है। ऐसा आरम्भ करने हेतु ''व्यक्तिनिष्ठता'' (Subjective) में झाँकना आवश्यक है। इसके लिए ''पहले मानव अस्तित्व में आता है, परस्पर समागम करता है, विश्वभर में उदित बनता है, तदुपरान्त परिभाषित बनता है।'' यह प्रक्रिया अस्तित्व में आये स्थानिक दृश्य-जगत् का विश्लेषण प्रथमतः वहाँ की स्थितियों में समागम बने व्यक्तियों से आरम्भ होती है। इसे ''अस्तित्वीय मनोवैज्ञानिक विश्लेषण''[25] की संज्ञा दी गयी।

कतिपय विद्वानों की राय में अस्तित्ववाद 'भू-दृश्य का जीवनवृत्त' (Biography of Landscape) है। यह मौजूदा दृश्य जगत् के व्यक्तियों अथवा समुदायों के इतिहास में विगत से वर्तमान में, अथवा वर्तमान से विगत में सन्धि योजन का प्रयास है।[26]

तात्पर्य यह है कि अस्तित्वीय भूगोल दृश्य-जगत् के जीवन वृत्त का अध्ययन है। एक प्रकार से यह ऐसा ऐतिहासिक विवरण है जो स्थान में बसे हुए व्यक्तियों की निगाह में पुनर्रचित हुआ, प्रयोग में आया, परिवर्तित बना एवं बदले हुए संबन्धों में प्रकट बना भू-दृश्य है।[27] इसकी सारभूत व्याख्या में कह सकते हैं कि प्रत्येक भू-दृश्य के लिए अथवा प्रत्येक अस्तित्वीय भूगोल के लिए कोई न कोई व्यक्ति अथवा व्यक्तियों के समूह उत्तरदायी हैं। वे ही भू-दृश्य-वस्तुओं के लिए चयनकर्त्ता बने, चाहे प्रभावी-अप्रभावी, बुद्धिमान-तर्क संगत अथवा गैर बुद्धिमान कैसे भी क्यों न हों, वे उसके लिए जवाबदेह हैं। इस दार्शनिक विचारधारा का प्रधान गुण है कि यह मानव-केन्द्रित (Anthropocentric) अध्ययन की सीमाओं का विस्तार भौगोलिक शोध में कर सकी है।

आदर्शवाद
(Idealism)

आदर्शवादी विचारक वास्तविकता (Reality) को मानसिक अथवा बुद्धिजन्य विचार मानते हैं। दार्शनिक अर्थ में आदर्शवाद के विचार से मानव-अस्तित्व और ज्ञान की नींव मानव-

मस्तिष्क की क्रिया पर आधारित है।[28] आदर्शवाद का प्रकृतिवाद और भौतिकवाद से विरोध है। मस्तिष्क में उपजी क्रियाओं का अपना ही जीवन है। वह भौतिक वस्तुओं द्वारा नियंत्रित सोच नहीं है। अप्रत्यक्ष रूप में विश्व की जानकारी केवल मानसिक-प्रक्रिया से की जा सकती है। आदर्शवाद के अनुसार विश्व के बारे में समस्त ज्ञान अन्ततः व्यक्ति के व्यक्तिगत विचारों पर व अनुभवों पर आधारित हैं।[29] मस्तिष्क में रचे-बसे विचार ही आदर्श हैं, वही वास्तविकता है। ऐसा कोई भी वास्तविक जगत ही नहीं है जो मस्तिष्क से स्वतंत्र बने विचार द्वारा रचा हो। तात्पर्य यह है कि आदर्शवादी दर्शन के अनुसार मानव मस्तिष्क में जगत् के प्रति उपजा अनुभाविक ज्ञान ही वस्तुस्थिति है।

भूगोल में आदर्शवाद में विश्वास व्यक्त करने वाला विद्वान् गुएल्के (Guelke) ने जोर देते हुए कहा, 'ऐसी पद्धतियों को विकसित किया जा सका है जिनसे मानव मस्तिष्क में उपजे विचार उनकी आशा-आकांक्षाओं, रुचियों आदि को संतुष्ट कर उनके योग द्वारा पृथ्वी की सतह पर घटित परिवर्तनों को स्पष्ट बनाया जा सके।' आदर्शवादी सामाजिक विज्ञान व इतिहास को प्राकृतिक विज्ञानों से अलग ही रखने पर जोर देते हैं, क्योंकि मानवीय व्यवहार मस्तिष्क में उपजी क्रिया द्वारा नियंत्रित है। तर्क संगत मानवीय विचारों की प्रक्रिया से भौतिक प्रक्रियाओं का यथार्थ ज्ञान प्राप्त करना संभव नहीं है।[30] इसीलिए अनेक आदर्शवादी दार्शनिकों ने सामाजिक विज्ञानों व इतिहास के लिए विशिष्ट प्रकार की पद्धतियों को सुझाया है जो मस्तिष्क में जन्मे विचारों पर आधारित हैं।

'वर्स्टेहन' (Verstehen) एक ऐसी पद्धति है जो घटनाओं व दृश्य-जगत् की खोज में मानव-क्रियाओं के सोच, पुनर्सोच, व पुनर्रचना पर आधारित है। यह प्रत्यक्षवादियों अथवा प्राकृतिक वैज्ञानिकों की नियामकीय (Nomothetic) पद्धति से विपरीत है। अन्य व्यक्तियों के सोच में पैठना संभव है। यदि उनके विचारों की पुनर्रचना कर, उनके तर्कों को क्रम में लाकर पुनर्सोच में ढाला जाए तो उनका बोध सम्भव बन सकता है। भूगोलवेत्ताओं का नाता प्रधानतः ज्ञात रूप में तर्कसंगत बनी क्रियाओं से है जैसे फसल-उत्पादन, आवास-निर्माण, संसाधनों का दोहन आदि क्रियाएँ सोच-समझकर तर्कसंगत रूप से क्रियान्वित होती हैं। इनको पुनः आदर्शीय पद्धति अर्थात् पुनर्सोच द्वारा अन्य व्यक्ति जान सकते हैं।

मानव भूगोल में, मानव व वातावरण के संबन्धों के अध्ययन का आधार भी पुनर्सोच (Rethinking) ही है। भूगोलवेत्ता वनों की कटाई, नाना प्रकार के कृषि-फार्मों के प्रारूप, अधिवासक्रम की पृष्ठभूमि में निहित कारणों की खोज सोच-पुनर्सोच द्वारा करते हैं। धरातल के दृश्य-सांस्कृतिक प्रारूप मनमाने रूप में विकसित नहीं बने हैं। उनके पीछे उन लोगों का 'सोच' है जिन्होंने उनकी रचना की है। उसी सोच को पुनर्सोच द्वारा ज्ञात किया जा सकता है। यह एक प्रकार की ऐतिहासिक शोध क्रिया है। एक उद्‌देश्य यह भी है कि जो कुछ दृश्य-वस्तु पहले मूल व आरम्भ में जिस सोच व उद्‌देश्य के लिए पृथ्वी की सतह पर निर्मित की, वह वर्तमान समय में दृश्य-जगत् में निरर्थक है, जैसे इंग्लैण्ड में विक्टोरियन काल के चर्च अब सामाजिक पुस्तकालय के रूप में स्थित हैं। काल के बदलाव से 'सोच' बदल

गए, और दृश्य-जगत् में बदलाव आ गए। भारत के पुराने दुर्ग अब सैलानियों के आकर्षण के केन्द्र बन गए। अनेक महल होटल में परिवर्तित हो गए।

आदर्शवादिता की अन्य एक विशेषता यह भी है कि आदर्शवादी मानवीय क्रियाओं का अध्ययन समस्त सांस्कृतिक दृश्य जगत् के सन्दर्भ में करते हैं, अलग-थलग नहीं। उनका अभिगम विशिष्ट-वर्णनीय (Idiographic) है। अत: उनके सामान्यीकरण की सार्थकता प्रदेश व उसके निवासियों तक की समान संस्कृति तक सीमित होती है।

आदर्शवादी अभिगम की एक सामान्य आलोचना होती है कि कोई भी यह नहीं जान पाता कि आदर्शवादी व्याख्या सही है, अथवा नहीं। परन्तु यह संदेह केवल आदर्शवादी व्याख्या के लिए लागू नहीं कहा जा सकता। प्रत्येक आनुभविक निवर्चन और सैद्धांतिक व्याख्या भी सत्यता-असत्यता के संदेहों से घिरी होती है। यहाँ तक कि भौतिक वैज्ञानिक भी सिद्धान्तों के बारे में आश्वस्त नहीं होते हैं, और "सच पूछें तो प्राकृतिक विज्ञान का इतिहास ही प्रधानतः त्यागे गए सिद्धान्तों का इतिहास है।[31] फिर भी प्रगति हुई है, क्योंकि पुराने सिद्धान्तों की असफलताओं पर नवीन व सशक्त सिद्धान्त विकसित बनते हैं।"

आदर्शवादी अभिगम को पद्धति-आधार पर इसलिए नकारा जाता है कि वह मानव भूगोल व प्राकृतिक भूगोल को दो अलग-अलग भूगोल की श्रेणी में ला खड़ा करता है। परन्तु पद्धति विषयक इस द्वैधता से यह अभिप्राय नहीं है कि मानव भूगोलवेत्ता प्राकृतिक वातावरण से अछूते बन जाते हैं, अथवा प्राकृतिक भूगोलवेत्ता मानवीय क्रियाओं को नज़रन्दाज कर सकते हैं। मानव भूगोलवेत्ताओं के लिए प्राकृतिक वातावरण की महत्ता विभिन्न संस्कृतियों द्वारा प्राकृतिक संसाधनों का सदुपयोग की भिन्न-भिन्न तकनीकों में है। इसी प्रकार प्राकृतिक भूगोलवेत्ता भी मानव को भू-दृश्य के परिवर्तन में एक अभिकर्त्ता के रूप में मानकर अध्ययन करता है।[32] दोनों शाखाएँ एक-दूसरे के बिना प्रदेश-विवरण को पूर्णत: व्यक्त करने में असमर्थ हैं। अत: दोनों अलग-अलग श्रेणी में होते हुए भी एक भूगोल विज्ञान हैं।

प्रादेशिक भूगोल के अध्ययन के लिए आदर्शी-अभिगम सटीक है। प्रदेशों का निर्धारण समान संस्कृति के समूह पर निर्भर है, क्योंकि उनके मस्तिष्क की उपजी विचाराधारा समान (Homogeneous) प्रदेश इंगित करने में आधार बनती है। प्रदेश की अधिक विश्वसनीय तस्वीर उसके वृहत्, मध्यम एवं लघु-प्रदेश खण्डों में विभक्तीकरण द्वारा स्पष्ट बनती है। परन्तु उपविभागों में विभेद प्रदेश-प्रदेश में भिन्न संभावित-संसाधनों पर आधारित होते हैं। संसाधनों की संभाव्यता स्थान-स्थानों में वहाँ की तकनीकी, सामाजिक, राजनीतिक व आर्थिक कारकों की भिन्नता पर निर्भर है।

अनेक भूगोलवेत्ताओं के रचे गए मॉडल तर्कसंगत नियमों पर आधारित हैं। वे तर्कों में परिकल्पित स्थितियों को स्थान देते हैं। उनका प्रयास आदर्शवादी पद्धति अर्थात् सोच-पुनर्सोच पर आधारित होता है। अतएव आदर्शवादी भूगोलवेत्ता इन सरल मानव-क्रियाओं

व सांस्कृतिक-घटकों पर रचे मॉडलों के प्रयोग में हिचकिचाहट अनुभव नहीं करते। भू-उपयोग का वॉन-थ्यूनेन मॉडल ऐसा ही तर्क संगत (विचार-पुनर्विचारों पर आधारित) है। मुख्य-नगर से भिन्न-भिन्न दूरियों पर भूमि-उपयोग की भिन्न-भिन्न प्रकृति आर्थिक दृष्टि से लाभदायक परिकल्पना पर आधारित किसान का सोच ही वॉन-थ्यूनेन क्रे मॉडल का सरल आधार है। तात्पर्य यह है कि पृथ्वी की सतह पर मानव की क्रियाएँ उसके सामाजिक व सांस्कृतिक सोच का परिणाम हैं। आदर्शी-विचारधारा दृश्य-जगत् की रचना को स्वरूप देने में प्रर्यास सक्षम है।

विगत दो दशाब्दियों से भूगोलवेत्ताओं ने ऐसा अनुभव किया कि प्रादेशिक भूगोल के अध्ययन में प्राकृतिक विज्ञानों की पद्धति का प्रयोग अनुचित व विपरीत परिणामों को विकसित बनाता है। इससे प्रादेशिक भूगोल मात्र वर्णनीय विषय बन उठा है। प्रादेशिक दृश्य-जगत् में बाह्य संबन्धों के प्रवेश जैसे अधिवास के साथ मिट्टी की प्रकृति (Nature of Soil) को जोड़ना, फसल (शस्य-उत्पादन) से जलवायु को संबन्धित करना आदि क्रियाओं ने ''प्रादेशिक भूगोल को एक व्यवस्थित-सूची (Systamatic Inventory) और विवरणात्मक विषय में सीमित कर दिया।''[33] प्रदेश के गुण, व्यक्तित्व, दृश्य-वस्तुएँ, घटना मानव-मस्तिष्क के सोच, संस्कृति, सामाजिक मूल्यों आदि का परिणाम हैं। इस अन्तरंगता को प्राकृतिक घटकों से जोड़ कर नहीं समझाया जा सकता। तात्पर्य यह है कि आदर्शवादी चिंतक सामाजिक विज्ञान की स्वायत्तता पर ज़ोर देता है जो वस्तुतः मानव भूगोल और प्रादेशिक भूगोल के विश्लेषण और व्याख्या के लिए समुचित साधन है। प्राकृतिक-जगत् के लिए जैसे सैद्धांतिक ज्ञान, उसी प्रकार मानव विज्ञान के लिए मानवीय व्यवहार एवं सोच पर आधारित क्रियाएँ आधारभूत हैं।

यथार्थवाद
(Realism)

मानव-मस्तिष्क से स्वतंत्र बनी दृष्टि 'यथार्थ' (Reality) की आधार है। अनेक रूपों में यह आदर्शवाद से विपरीत दृष्टि है। गिब्सन (Gibson) ने यथार्थवाद को आदर्शवाद की विपरीत विकल्प-व्याख्या कहा है।[34] इसकी मुख्य दार्शनिकता 'तथ्य' (Facts) हैं जो स्वयं बोलते हैं, और तर्कसंगत व प्रेरक (Logical and Inductive) होते हैं। तथ्यों पर आधारित आगमनात्मक सिद्धान्त व मॉडल से रची-पची भौगोलिक व्याख्या ही यथार्थवादी व्याख्या है। यह प्रत्यक्षवाद के वस्तुनिष्ठ दार्शनिक सोच के बहुत निकट है, परन्तु इसकी व्याख्या-विधि भिन्न है।

ऐतिहासिकता में प्लेटो व सुकरात के सोच का यथार्थवाद निमित्तवाद (Nominalism) के विपरीत था, क्योंकि निमित्त बनी सार्वजनिक निरपेक्ष सत्ता ही वस्तुनिष्ठ है। परन्तु यथार्थवाद को वर्तमान समय में आदर्शवाद के विपरीत माना है। विज्ञान के अनेक दार्शनिक सोच के विपरीत-प्रकृतिवाद, प्रत्यक्षवाद, आदर्शवाद आदि के विपरीत यथार्थवाद है। इसका

आधार मानव विज्ञान है। यह आनुभविक, तर्कसंगत, नियमित प्रेक्षणों पर आधारित व्याख्या है जो अव्यक्त बनी दृश्य-जगत् की संरचना को व्यक्त कर सामने उपस्थित करती है।[35]

प्लेटो ने अपने सैद्धांतिक विचारों में इस बात पर जोर दिया कि किसी स्थान व समय में हम जो आकार देखते, सुनते, छूते, सूंघते हैं, वस्तुत: वे अस्तित्व में ही नहीं हैं और न जानने योग्य हैं। वे हमारी इन्द्रियानुभूति में ही नहीं हैं।[36] जो कुछ प्रकट है, वह कुछ समय में अप्रकट बन जाएगा। हिमालय अस्तित्व में ही नहीं है, कोई नाम मात्र है। वह भी भूगर्भीय काल के दौरान क्षरण बनता समुद्र में लीन हो जाएगा। अरस्तु यथार्थ में किसी पर्वत को अस्तित्व में ही नहीं मानता। 'पर्वत' केवल नाम मात्र (Nominal) पद है। यथार्थ 'पर्वत' वही है जिसे आप के हाथों ने छूआ, और आंखों के सामने खड़ा स्थिर, ठोस (Rigid व Fixed) देखा जा रहा है, जिसका ज्ञान आपको इन्द्रियों द्वारा हो रहा है।[37]

यथार्थवादियों (Realists) और नामिकवादियों (Nominalists) में सत्ता के अस्तित्व की लड़ाई मध्यकाल में छिड़ती रही। मध्ययुगीन काल में प्लेटो-सुकराती सोच वितण्डवादी अथवा रूढ़िवादी यथार्थ (Scholastic Realism) कहलाया। इसका मुख्य समर्थक जॉन स्कॉट (John Scot) था। उसने अपने लेख "On the Division of Nature", में प्राकृतिक जगत् को अप्रकट दैवी सत्ता कहा जो यथार्थ में नहीं है।

उन्नीसवीं सदी में यथार्थ ने सीधा-सादा, निष्कपट अथवा अकृत्रिम (Naive) यथार्थवाद को स्वरूप दिया। वह आदर्शवाद के विपरीत उभरा विवादी सोच था। इसका जन्मदाता कुक विलसन(Cook Wilson) था जो किसी भी समस्याग्रस्त अथवा निरपेक्ष सत्ता के अस्तित्व को नहीं स्वीकारता था।

Nothing existed that was not observable in time and space, अर्थात्- ''स्थान व समय के संदर्भ में ऐसा कुछ भी अस्तित्व में नहीं है जो देखा न जा सके..... जगत् के बारे में हमारे विचार हमारे मस्तिष्क में भौतिक-जगत् व समाज के मध्य अन्तर्क्रिया द्वारा रचित किए हुए हैं।''[38]

भूगोल पर अकृत्रिम सीधे सादे यथार्थवाद का प्रभाव स्थायी रूप में सतत् पड़ता रहा है। विक्टोरियन काल के व्यापारिक व सैनिक भूगोल इससे प्रभावित बने। राष्ट्रीय सर्वेक्षणों व सामाजिक सुधारों के पीछे अकृत्रिम यथार्थवाद के उद्देश्य ही निहित हैं। सामान्य भूगोलवेत्ताओं के मस्तिष्क में जगत् की तस्वीर एक सरल व अकृत्रिम यथार्थ की है। भौगोलिक तथ्यों, घटनाओं व दृश्य के बारे में प्राय: जो कुछ उभरता है, और समयानुसार जो बदलाव घटित बनता है वह वस्तुनिष्ठ रूप में हमारे में मस्तिष्क है। अदृश्य-सत्ता, समस्याग्रस्त निरपेक्ष आकृतियाँ अथवा व्यक्तिनिष्ठ सोच का कोई महत्त्व नहीं है। यथार्थ सीधा-सादा अकृत्रिम दृश्य-जगत् है। इसी संकल्पना को पकड़ कर डडले स्टाम्प ने ब्रिटेन में भूमि-उपयोग सर्वेक्षण करे और महत्त्वपूर्ण परिवर्तन सुझाए। इसी सरल यथार्थ ने भूगोलवेत्ताओं के लिए रोज़गार के अनेक अवसर प्रदान किए और भूगोल विद्वानों को सम्मान दिलाया।

साठ के दशक को अकृत्रिम यथार्थ की चरम सीमा की अवधि कह सकते हैं जिसे भूगोल में 'मात्रात्मक-क्रांति' कहा जाता है। क्रांति का यह कदम वास्तविकता में दार्शनिक-प्रत्यक्षवाद पर ही आधारित था।

टी.पी. नन (T.P. Nunn)[39] द्वारा अपनाया गया 'नवीन अथवा विवेचनात्मक यथार्थवाद' (New or Critical Realism) विगत कुछ ही दशकों से उभरा है। हम जो कुछ अनुभव करते हैं, वह इसी तथ्य पर अस्तित्व बना है कि वह अनुभव किया हुआ यथार्थ है। प्राकृतिक-जगत् की सत्ता के वास्तविक लक्षण हमारे प्रत्यक्ष ज्ञान अथवा बोध (Perception) पर ही आधारित हैं। जो कुछ हम अनुभव कर चुके हैं, वही यथार्थ है और अनुभव विहीन तथ्य अस्तित्त्वहीन हैं।

प्रत्यक्षवाद और यथार्थवाद के मूल अन्तर को निम्न-रूप में सारभूत किया जा सकता है-

1. प्रारूप 'कैसे' (How) उद्भासित बना, प्रत्यक्षवादी इसे खोजने में रुचि रखते हैं। परन्तु यथार्थवादियों का मन्तव्य 'प्रारूप' 'क्यों' (Why) उद्भासित बना, इसमें केन्द्रित है।
2. प्रत्यक्षवादी घटना अथवा दृश्य-वस्तु की निरन्तरता के पीछे क्या तार्किक-प्रक्रिया (Mathematical) है, इसकी आवश्यकता पर पैठ रखते हैं। परन्तु यथार्थवादी इस निरन्तरता को स्वाभाविक मानते हैं। यथार्थवादियों का मन्तव्य प्रकृति व समाज में तर्क व प्रभाव (Cause-Effect) की खोज से जुड़ा है।
3. प्रत्यक्षवादियों के लिए 'सिद्धान्त' एक तर्कसंगत अटकलबाजी (अनुमान) हो सकता है। वह कोई गणितीय नियम व निरपेक्ष है। परन्तु यथार्थवादियों के लिए वह युक्तिसंगत सामान्य बनी अनुरूपता है।[40]

संक्षेप में कहा जा सकता है कि यथार्थवादी 'दृश्य-जगत्' अथवा प्राकृतिक जगत् की सत्ता में विश्वास करते हैं। यह दृश्य-जगत् हमारे सोच से अलग व स्वतंत्र-सत्ता है। इसे विज्ञान द्वारा खोज व जाना जा सकता है। इसकी भौगोलिक व्याख्या सिद्धान्तों व मॉडलों के प्रयोग द्वारा करने पर यथार्थवादी जोर देते हैं। यह दृश्य-जगत् कोई निरपेक्ष, तार्किक-गणितीय अनुमान नहीं है।

मार्क्सवाद
(Marxism)

मार्क्सवादी भूगोल का दृष्टिकोण ऐतिहासिक भौतिकवाद के अन्तर्गत ऐसा विचार है जिसमें स्थान, क्षेत्र, भूदृश्य की भौतिक सामग्री को विशिष्ट समाज के निर्माण में उपयोग में लाने के साधनों की चर्चा है। इसका विकास पूँजीवाद के विपरीत हुआ। मार्क्स का ऐतिहासिक भौतिकवाद द्वन्द्वात्मक तर्क पर आधारित है। गरीब व अमीर, विकसित और अविकसित,

अधिकतम व न्यूनतम आदि के बीच सतत् बनी विरोधी-स्थिति मार्क्स के द्वन्द्वात्मक भौतिकवाद का आधार है। इसका मुख्य मन्तव्य असमान वितरण से उत्पन्न असमान विकास का कारण है। प्रादेशिक असमानताएँ विघटन और विभक्तीकरण तथा शोषण का परिणाम हैं। श्रम संसाधनों और पर्यावरण में मूल्यों की बहुत स्थिति शोषण को बढ़ावा देती है। इसीलिए मार्क्सवादी भूगोल मूल्यविहीन और स्वतंत्र जांच-पड़ताल व पूछतांछ में विश्वास व्यक्त करने का विषय बना। इसमें सामाजिक मूल्यों व नीतियों, धार्मिक विश्वासों आदि का महत्त्व नहीं था। इसकी मान्यता है कि स्थान व समाज में अन्तर्क्रिया का आधार सामाजिक प्रक्रिया से स्थानिक निखार प्रकट करना है।

मार्क्सवाद एक प्रकार से यथार्थवाद है जो प्रकट बने आनुभविक-जगत् को आर्थिक प्रक्रिया का परिणाम मानता है। पूंजीवाद को हावी बन उठने का प्रतिरोध के लिए मार्क्सवाद सैद्धांतिक व राजनीतिक आधार रचता है। इसका उद्देश्य मार्क्स का मानवतावाद (Humanism) है जो श्रमजीवी सर्वहारा वर्ग (Proletariat) को पूंजीवादी व्यवस्था में निहित शोषण से मुक्त कराने में है। व्यक्तियों को उनका श्रम-सम्मान दिलाने तथा अपने नियति का नियंत्रण स्वयं बनाने में यह आवश्यक है कि पूंजीवाद को उखाड़ फेंका जाए और उसके स्थान पर साम्यवाद लाया जाए। अतः माकर्सवादी और संबन्धित यथार्थवादियों की कृतियाँ मानव भूगोल के उद्देश्यों को निम्न भाँति निश्चित करने के पक्ष में हैं-

1. स्थानिक संरचना के प्रारूपों और समाज-वातावरण संबन्धों का निवर्चन आर्थिक प्रक्रियाओं के परीक्षण द्वारा किया जाना आवश्यक है।
2. आर्थिक प्रक्रिया की यथार्थता का अध्ययन प्रत्यक्ष रूप से संभव नहीं हो सकता। उसे धार्मिक व न्याययिक अधिरचना के सिद्धान्तों के विकास के जरिए पूर्णतः समझने की आवश्यकता है। आर्थिक प्रक्रिया पर बिचौलियों एवं अकृत्रिम संस्कारों का मुलम्मा चढ़ा रहता है। अतः उसे दूर कर अर्थ-व्यवस्था की यथार्थता ज्ञात करने की आवश्यकता है।
3. आर्थिक प्रक्रियाएँ सतत् परिवर्तनशील हैं, अतः अधिरचना संबन्धी लोक-व्यापी नियमों को प्राप्त कर परिणाम निकालना बहुत कठिन है।
4. बुर्जुआ 'मध्यवर्गी' और सर्वहारा के बीच वर्ग-संघर्ष आर्थिक-प्रक्रियाओं की धुरी है। अतः वर्तमान अधिसंरचना को बनाए रखने से पूंजीवादी अनुचित व्यवस्था भी बनी रहेगी।
5. मुख्य उद्देश्य, मानव भूगोल में, अतएव सामाजिक परिवर्तन लाने में प्रयासरत बनना है जिससे मानव एवं वातावरण (संसाधनों) के प्रति शोषण को विजित किया जा सके।

मार्क्सवादी भूगोल मात्रात्मक क्रांति के पक्ष में नहीं है,क्योंकि वह ऐसे प्रादेशिक विज्ञान को रचती है जो पूँजीवाद को बढ़ावा देता है।

मार्क्सवादियों का तर्क है कि प्रत्यक्षवादियों द्वारा प्रस्तुत स्थानिक विश्लेषण भी कई

रूपों में कमजोरियों से ग्रस्त था- क्योंकि

(i) वह मौजूदा भौगोलिक यथार्थताओं को मात्र स्थानिक रूप से प्रस्तुत कर सके, और सामाजिक प्रारूपों की उन्होंने अवहेलना की। वर्ग भेद व प्रजातियों में भेदों के पीछे कौनसी आर्थिक व राजनीतिक प्रक्रियाएँ हैं, इसमें उन्होंने कुछ भी नहीं स्पष्ट किया। (ii) वे अत्यन्त सक्रियता से फैक्ट्रियों की अवस्थितियों, सुपर बाजारों और सामाजिक सेवाओं के स्थान निर्धारण में संलग्न बने रहे, परन्तु अर्थ-व्यवस्था पर यथाशक्ति ध्यान नहीं दिया गया। (iii) प्रत्यक्षवाद के अधीन विकसित स्थानिक नियमों द्वारा विश्लेषण से अनेक भ्राँतियाँ जन्म ले लेती हैं क्योंकि वे लोक-व्यापी कम और जड़वादी अधिक हैं। वे सभी समाजों की भिन्न-भिन्न संरचनाओं को सामान्यानुमानों में प्रस्तुत करने में असमर्थ हैं।

मार्क्सवादी विचार में इतिहास गवाह है कि राज्य में अधिनायक वर्ग जनता (Masses) के शोषण का उपकरण अथवा साधन है, और वर्ग-संघर्ष सदैव ऐतिहासिक परिवर्तन के लिए मुख्य एजेंट (आढ़तिया) सिद्ध हुआ है।[41] मार्क्सवादी दार्शनिक सोच में आर्थिक वर्गों और निजी संपत्तियों विषयक संघर्ष ऐतिहासिक परिवर्तनों के मुख्य कारण बने हैं। ये दो ऐसे कारक हुए जिन्होंने समाजो-स्थानिक द्वन्द्वात्मकता को जीवित बनाए रखने में योग दिया है।

मार्क्सवादी प्रत्यक्षीकरण का सारांश सांसारिकता (Materialism), विषयासक्ति पर ज़ोर है। मार्क्स लिखता है - ''चेतना अथवा मानसिक विचारों की कड़ियाँ जीवन को निर्धारित नहीं बनातीं, बल्कि जन-जीवन ही विचारों को विकसित करता है।''[42] विचारों से जगत् में बदलाव नहीं लाया जाता। परन्तु वास्तविक यथार्थता (स्थान व क्षेत्र) विचारों में परिवर्तन लाती है।

मार्क्स का विश्वास था कि समाज का विकास सोपानों (Stages) में होता है। पहले चरण में उत्पादन के घटकों में विकास लाया जाता है, और श्रम, साधन-सामग्री में परिवर्तन आता है। तदुपरान्त उत्पादन में वृद्धि होने से, आवश्यकताओं में वृद्धि आती है, और अगले विकास का सोपान जनसंख्या वृद्धि से संबन्धित बनता है। तात्पर्य यह है कि सामाजिक जन-जीवन संरचना और सामान्य जन-समुदाय में अबबोध तथा भौतिक विकास व जीवन-स्तर में विकास का आधार भौतिकवाद है।[43] मार्क्स को समाज के वैज्ञानिक नियमों में उनकी शाश्वत व स्थायित्वता और यथार्थता में विश्वास नहीं था जबकि इसके विरुद्ध प्रत्यक्षवादी वैज्ञानिक नियमों को सर्वव्यापी एवं शाश्वत (Universal and Eternal) मानते थे। वे स्थान व समयानुसार वैज्ञानिक नियमों को ही 'यथार्थ' (Real) रूप में विकास के लिए उत्तरदायी समझते थे। एँजिल्स् (Engels) ने भी तथाकथित आर्थिक नियमों को प्रकृति के स्थायी नियम नहीं माना था। वे ऐतिहासिक थे और काल अवधि में प्रकट व तिरोहित होते देखे गए थे। सामाजिक रचना के पीछे उत्पादन की रीतियाँ अथवा आर्थिक संरचना में उत्तरदायी-शक्तियाँ व अधिसंरचनाएँ थीं। इनके बलों (Forces) में राजनीतिक विधि-विधान (राज्य व उसके नियम) और सांस्कृतिक विचारधाराएँ (धर्म, नैतिक आचार-विचार, राजनीति,

नियम आदि) से संयुक्त बनी अधिसंरचना का योग था।[44] मानव का उसका उसके स्थानिक-जगत् के साथ संबन्धों में बदलाव का कारण उत्पादन की रीति-नीति (Change in the Mode of Production) में बदलाव के साथ-साथ घटित होता है। उदाहरणवत्, यायावर के सोपान से मानव स्थायी जन-जीवन में विकसित बन आखेट, फल-चयन, भेड़-पालन तथा कृषि व पशु पालन अवस्थाओं में क्रम से पहुँचा। यह बदलाव 'उत्पादन के ढंग' में बदलाव पर ही आधारित है। तदुपरान्त व्यवसाय की अधिक संपन्न हुई उत्पादन-व्यवस्था-नगर संस्कृति प्रकट बनी। इससे निर्मित सांस्कृतिक भूदृश्य और समाज का सांस्कृतिक प्रारूप संरचित बना। इसके अन्तर्गत आर्थिक वर्ग प्रकट हुए, और उनमें पारस्परिक संबन्ध उनके व्यावहारिक रीतियों व नियमों में बंधे प्रकट बने। अपराध, दण्ड, दुराचार, धर्म, मनोविनोद, पारिवारिक-दायित्त्व, प्रशासन व राजकीय नियमों के विभिन्न आधारों पर जन-जीवन की जटिलताएँ समाज में विकसित बनीं। आर्थिक वर्गों के विभक्तीकरण से वर्ग-संघर्ष के प्रभाव प्रकट बन उठे। श्रमिकों व मालिकों (employees and employers) के वर्ग के बीच शोषित व शोषणकर्त्ताओं की परिचित खाई पैदा हो गई।

संघर्ष का स्वरूप साम्यवादियों की दृष्टि में 'सम्पत्ति' एक अभिशाप बनकर प्रकट हुई। निजी सम्पत्ति पर कब्ज़ा सामान्य जन-समुदाय के हितों को चोट पहुँचाने का साधन बना। अतः भूमि, जंगल, खेत-खलिहान, खान, फैक्ट्रियों आदि पर निजी स्वामित्त्व के विरोध में जन-आंदोलनों का जन्म हुआ। निजी स्वामित्त्व से प्राप्त लाभ व अर्थ को धनिक-वर्ग केवल अपने ही सुख, मनोरंजन में व्यय करने लगा। वह श्रमिकों, निर्धनों आदि के दुःख-दर्द से आंखें मूंद सुख में डूबा रहा। इसकी समाज में कटु-प्रतिक्रिया से ईर्ष्या, घृणा, भय, आक्रान्त हत्या, अपराध, दुराचार आदि का जन्म हुआ। यही सोच कारण बना 'द्वन्दात्मक भौतिकवाद' (Dialectical Materialism) के मार्क्सदर्शन का। समाज में अनेक परस्पर विरोधी-सत्ताएँ (Antithetical Entities) जन्मीं, जैसे रात व दिन, सफेद व काला, ऊंच-नीच, सत्य व असत्य, स्त्री व पुरुष, सकर्मक व अकर्मक, उत्पादक व अनुत्पादक, गर्म व शीत, अमीर-गरीब, आदि। विरोधी-सत्ता की ऐसी अनेक स्थितियाँ गिनायी जा सकती हैं। इन विरोधी सत्ताओं के आर्थिक-स्वार्थ परस्पर शत्रुतापूर्ण थे जिनमें समझौता होना भी असम्भव था। अतएव द्वन्द होना अवश्यम्भावी था। कम व अधिक आय अर्जित करने वाले समुदाय एक-दूसरे का गला काटने की स्थिति में जीते थे। यह संबन्ध लुटेरों व उनके शिकार के बीच परस्पर विरोधी स्वार्थों जैसे हैं। उत्पादन के साधनों संबन्धी निजी स्वामित्त्व का अन्त करने के लिए ऐसे प्रशिक्षित बने असंतुष्टों के सशस्त्र दल विकसित बन उठे जिनमें आततायी, विध्वंसक, डकैत, छापामार, गुप्त-एजेण्ट, सख़्त-अपराधी आदि सम्मिलित थे। परस्पर विरोधी-सत्ताओं में मेल कराने का एक ही साधन बचा था, उन्हें एक समान अनुबन्ध के साम्यवादी दल (Communist Party) में एकत्रित किया जाए।[45]

मार्क्सवादी भूगोल भी मानव और वातावरण के मध्य संबन्धों को स्पष्ट बनाने व अनुकूलता उत्पन्न करने में असफल सिद्ध हुआ। इसके जो परिणाम निकले उन्हें समयानुकूल

नहीं कहा जा सकता। वे हैं-

(i) कृषि उत्पादन में अस्थिरता आयी और लगातार कम उत्पादन से बड़ी मात्रा में अन्न का आयात करना पड़ा।

(ii) उपभोक्ता के माल में कमी से औद्योगिक उत्पादन भी संकट में आया।

(iii) भूतपूर्व ज़मींदारों की तुलना में उच्च वर्गीय नए राज्याधिकारी अधिक धनिक बन उठे।

(iv) अनेक वातावरणीय आपदाएँ घटित हुई जैसे चरनोबिल-दुर्घटना।

(v) कर्मचारियों का जीवन-स्तर भी ऊँचा नहीं बना।

(vi) काला-बाजार विकसित बने, और बड़े नगरों जैसे मॉस्को व लेनिनग्राड की सीमाओं पर गैर-कानूनी आवक-जावक, लेन-देन आदि चोरी-छिपे गैर कानूनी कृत्यों में वृद्धि हुई।

मार्क्सवादियों के दृष्टिकोण से भी अर्थ-व्यवस्था का न तो विकास के परिणाम सामने आए, न ही गरीब-अमीर के बीच की खाई पटी। अनेक विद्वानों ने मार्क्स-व्यवस्था की आलोचना की। इसका ज्वलन्त प्रमाण सोवियत संघ का विघटन है।

मानव-प्रकृति संबन्ध

मानव और प्रकृति परस्पर एक दूसरे में समाए हुए, और रचे-बसे हैं। मार्क्सवादी मानव को एक ओर प्रकृति का महत्त्वपूर्ण भाग समझते हैं, और दूसरी ओर प्रकृति व मानव को भिन्न-भिन्न सत्ता भी मानते हैं। मानव को चेतन-प्राणी के रूप में भौतिक-प्रकृति से अलग मानना मार्क्सवादी विचारधारा का दार्शनिक सोच है। चेतना व ज्ञान मानव की मानसिक स्वभावगत उपज है। वह केवल आनुभविक ज्ञान नहीं है।

भौतिकवादी सोच की मुख्य विशेषता मानव का श्रम के माध्यम से प्रकृति के साथ अन्तर्क्रिया है। इस अन्तक्रिया में 'श्रम' (Labour) का घटक महत्त्वपूर्ण है। श्रम के द्वारा ही प्राकृतिक वस्तुओं को मानव उपयोग में लाता है, अतः प्रकृति के साथ मानव के सामाजिक संबन्ध हैं। वर्गों में विभक्त समाज (Class Divided Society) में द्वन्दात्मक स्थिति से मानव के लिए यह सम्भव नहीं है कि वह उत्पादन-तंत्र (Productive System) को अपने नियंत्रण में रख सके।[46] यह विचार वस्तुतः पूँजीवादी संबन्धों और उनका प्राकृतिक वातावरण के प्रति विश्लेषण के दौरान लागू किए जा सकते हैं।

उत्पादन के पूंजीवादी तौर-तरीकों व उनमें प्रतिस्पर्धा के बल से आर्थिक बढ़ोतरी सतत् बनती है, और पूंजी का निजी हाथों में जमाव होता जाता है।[47] इससे सामाजिक स्तर पर कच्चे-माल की माँग में भी निरन्तर वृद्धि होती है। इस वृद्धि के परिणामस्वरूप ही प्रकृति में शोषण-लूटखसोट आरम्भ हो जाती है। इससे वातावरणीय संकट उत्पन्न हो जाता है, और अनेक पारिस्थितिकीय समस्याएँ (Ecological Problems) जन्मती हैं। श्रमिक शक्ति का

भी अधिकाधिक शोषण अधिकतम मात्रा में लाभ अर्जित के लोभ-लालच में होना आरम्भ हो जाता है।[48] आर्थिक संरचना की विशेषताएँ-शोषण, प्रतिस्पर्धा, आवश्यक वस्तुओं से वंचित उपभोक्ताओं की जनसंख्या, आदि - सामाजिक निर्माण में वातावरणीय संबन्धों से जुड़ जाती है। ये द्वन्दात्मक प्रतिरोध निर्बल जगत्[49] में परस्पर विरोधी संबन्धों की उपज हैं जो जन-जीवन को ध्वस्त बनाने के संकट में डाले रखते हैं। मानव और वातावरण के संबन्ध तनाव- ग्रस्त बने रहते हैं। अतः मार्क्सवादी विज्ञान भौतिक-उत्पादन का संरचन सामाजिक प्रक्रिया द्वारा करने पर ज़ोर देता है। वह इसके बदलाव को उत्पादनोन्मुख सामाजिकता (देखिए, अध्याय 6 में सोवियत भूगोल सम्प्रदाय) से युक्त बनाने पर ज़ोर देते हैं। मार्क्सवादी भूगोल के प्रति मुख्य आलोचना है कि इसमें मानव को दाँतेदार पहिया (मशीन) बनाकर रख दिया है। वह अपने स्थान के वातावरण द्वारा नियंत्रित बन कर रह गया है,और उसमें सोच-प्रक्रिया द्वारा उसे बदलने की क्षमता नहीं है।

भूगोल में अतिवाद/उग्रसुधारवाद
(Radicalism in Geography)

'मात्रात्मक-क्रांति' और प्रत्यक्षवाद (Positivism) के प्रतिक्रिया स्वरूप 1970 के दशक में अतिवाद/उग्रसुधारवाद में परिवर्तन (Racical Changes) की आवाज़ भूगोल में उठ खड़ी हुई। इन प्रवृतियों ने भूगोल को अवस्थितिजन्य (Locational) विश्लेषण बनाने और एक क्षेत्र अथवा स्थानिक विज्ञान में परिवर्तन करने पर ज़ोर दिया था। अतिवाद (Radicalists) के विचार में पूंजीवादी उत्पादन प्रणाली में असमानताओं (Inequalities) की गहरी जड़ें देखते थे। वे यह नहीं मानते कि टैक्स मात्र लगाने से और आय के पुनर्वितरण मात्र से ग़रीबी जैसी विकट समस्या मिट जाएगी। पीट के अनुसार वातावरण-रचना (Design) में विकल्पों द्वारा अतिवाद की आवश्यकता है। उसमें से नौकरशाही अथवा अधिकारी-तंत्र को समाप्त करना चाहिए। इसके (Bureaucracies) के स्थान पर सामुदायिक नियंत्रण मॉडल की आवश्यकता पर पीट ने ज़ोर दिया और कहा कि भूगोलवेत्ताओं को इस दिशा में प्रयास करना चाहिए।

भूगोल में अतिवाद अभिगम के मुख्य समर्थक पीट (Peet) प्रधानतः सामाजिक हित की समस्याओं पर ध्यान केन्द्रित कर समाज में से असमानता, प्रजातीयता, लिंग भेद, अपराध,ऊंच-नीच भेदभाव, मंदबुद्धि भेदभाव (Delinquency), काले-गोरे में भेदभाव जैसी कुरीतियों को उखाड़ फेंकने के पक्षपाती थे। 1960 के अंत की घटनाएँ जैसे पश्चिमी जगत् में बड़े नगरों को आग लगाना, विद्यार्थियों में असंतोष, पेरिस में 1968 में कामगारों के आन्दोलन, वियतनाम युद्ध का USA में विरोध और सांस्कृतिक सुधारों आदि की घटनाओं ने भूगोल को क्षेत्र-विज्ञान के रूप में उसकी असंगति और निरर्थकता सिद्ध कर दी थी। भूगोल का अवस्थापनिक विश्लेषण (Locational Analysis) का खोखलापन उजागर हो गया था। इसी पृष्ठभूमि में विद्यार्थियों के एक दल ने अतिवाद/उग्रसुधारवाद

परिवर्तन की आवाज़ बुलन्द की और परम्परागत भूगोल को चुनौती दी। सन् 1969 में 'एण्टीपोड' (Antipode) भूगोल की पत्रिका वॉरसेस्टर (मैसाचुसेट्स) के क्लार्क विश्वविद्यालय से प्रकाशित हुई। अतिवाद/उग्रसुधारवाद की समर्थक इस पत्रिका में क्रांतिकारी-ज्ञान से पूरित लेख प्रकाशित हुए और युवा भूगोलवेत्ताओं ने नगरों में गरीबी, नारियों के प्रति भेदभाव, रंगभेद, अल्पसंख्यक समुदायों का शोषण व उनको सामाजिक सेवाओं से वंचित रखना, अपराध, यौन-त्रासदी, दीनता आदि विषयों पर लेख प्रकाशित किए। तीसरी दुनिया (Third World) के विषय में जैसे वहाँ बेरोजगारी, गरीबी, कुपोषण, संसाधनों का दुरुपयोग और विकासहीन-स्थिति आदि समस्याओं पर भी लेख प्रकाशित हुए। तात्पर्य यह है कि उग्रसुधारवादीयों ने समाज में दीन-दुर्बल शोषित वर्ग के हितों की रक्षार्थ भूगोल में सामाजिक क्रांति खड़ी करने पर जोर दिया जिससे पश्चिमी जगत् के पूंजीवादी संकट से बचा जा सके। अतिवादी भूगोल के आन्दोलन का आरम्भ संयुक्त राज्य में विशेषत: 1960 के दशक के अंतिम भाग में तीन राजनीतिक समस्याओं से हुआ-

1. वियतनाम युद्ध (The Vietnam War)

2. नागरिकों के अधिकार (विशेषत: अमेरिकन कालों-गोरों से संबन्धित)

3. नगरों की उपेक्षित बस्तियों (Ghettos) में गरीबी व असमानताएँ से उत्पन्न त्रासदी, अशांति व मानसिक तनाव।

अतिवाद/उग्रसुधारवाद भूगोल के प्रमुख उद्देश्य एवं विशेषताएँ इस प्रकार थीं-

1. असमानता, अधिकारों से वंचित, भेदभाव, स्वास्थ्य, शोषण, अपराध एवं वातावरणीय ह्रास जैसी कुरीतियों को जो पूंजीवादी देशों में घर कर चुकी थीं, उजागर बनाना।
2. भूगोल में मात्रात्मक क्रांति एवं प्रत्यक्षवाद (Positivism) की कमज़ोरियों को सुर्खियों में लाना, और क्षेत्र-विज्ञान व अवस्थापन-जन्य विश्लेषण की निरर्थकता को उजागर करना।
3. नारी शोषण, यौन-त्रासदी, स्त्रियों के प्रति भेदभाव एवं उन्हें दीन व कमजोर समझकर उनके प्रति शोषण को मिटाने हेतु सांस्कृतिक क्रांति लाना।
4. प्रादेशिक असमानताओं को मिटाना।
5. राजनीतिक एवं आर्थिक केन्द्रीकरण का विरोध, लघु स्तरीय, आत्मनिर्भर सामाजिक इकाइयों का समर्थन जिनमें जन जीवन में प्राकृतिक पर्यावरण के साथ सामंजस्यता पनप सके।
6. उग्रसुधारवादी, साम्राज्यवाद, राष्ट्रवाद, प्रजातिवाद और उग्रराष्ट्रवादिता (National Chauvinism) के विरोधी थे।
7. वे गोरी जातियों और पश्चिमी-जगत् की श्रेष्ठता के विचार के विरोधी थे।
8. उग्रसुधारवादी मानव और वातावरण के संबन्धों को इतिहास के सन्दर्भ में समझने में

विश्वास रखते थे। किसी समाज की उत्पादन संबन्धी रीति-नीति उसके मानवों के आर्थिक संबन्धों को निर्धारित करती है।

9. उग्रसुधारवादी का एक उद्देश्य केवल यह व्यक्त करना ही नहीं है कि 'क्या घट रहा है', बल्कि सामाजिक समस्याओं के समाधान हेतु क्रांतिकारी परिवर्तन इंगित करना भी है।

10. न्यायिक समानता पर आधारित तनाव मुक्त, शांति व सुखदायक समाज को विकसित करना।

अतिवादियों के लिए सामाजिक सिद्धान्तों के विकास की क्रिया कठिन थी। उनकी प्रशिक्षण-परम्परा 'फील्ड वर्क' पर आधारित थी। उनके विचार ही ऐसे उदाहरण हैं जिनमें सामाजिक शोषण, भेदभाव, असमानताओं, प्रजातीयता, नारियों की समस्याएँ दूर करने के सुझाव व विचार निहित हैं।

भूगोल और साम्राज्यवाद (Geography and Imperialism)

'साम्राज्यवाद' दो राज्यों के ऐसे पारस्परिक संबंधों का नाम है जिसमें एक राज्य सबल तथा दूसरा कमजोर है। यह आवश्यक नहीं कि ऐसे संबन्ध 'औपनिवेशीवाद' (Colonialism) ही हों, क्योंकि साम्राज्यवादी अधीनस्थ (Colony) क्षेत्र की आर्थिक व राजनीतिक दशाएँ बिना सैन्य-हस्तक्षेप के भी नियंत्रण रखी जा सकती हैं।

अधिकतर साम्राज्यवाद को 'डकैती-अर्थ व्यवस्था' (Robber Economy) के लिए उत्तरदायी माना गया है, क्योंकि यह प्रकृति पर नृशंस प्रहार पर आधारित है। तीसरे विश्व (Third World) में प्राय: देशों की ग़रीबी का मुख्य कारण ही साम्राज्यवाद है। जीन ब्रन्ह्स (Jean Brunhes) साम्राज्यवादी दृष्टिकोण का विरोधी था क्योंकि इसके अधीनस्थ देशों व उपनिवेशों में प्राकृतिक संसाधनों का शोषण हुआ है। संयुक्त राज्य अमेरिका का वियतनामी युद्ध में शरीक़ होना अतिवादियों द्वारा विकासशील देशों की अर्थ-व्यवस्था को नष्ट भ्रष्ट करने का साधन माना गया। जे.ए. होब्सन के साम्राज्यवाद के सिद्धान्त जिसे बाद में रूसी मार्क्सवादी वी.आई. लेनिन ने सविस्तार प्रभावित किया था, से अतिवादी सहमत थे। लेनिन ने 1915 में तर्क प्रस्तुत करते हुए घोषित किया कि प्रथम विश्वयुद्ध और पूंजीवाद, ये दोनों घटनाएँ, साम्राज्यवाद की मुख्य विशेषताओं से जुड़ी हुई थीं। पूंजीवादी राज्यों के हाथों में उत्पादन और पूंजी पर एकाधिकार हो जाना साम्राज्यवादी युग में आम बात थी। एकाधिकार की प्रक्रियाओं ने विश्व को आर्थिक रूप से विभक्त बना दिया। इससे देशों में परस्पर ईर्ष्या, वैमनस्य, संघर्ष (Conflicts) और युद्ध (Wars), की स्थितियों को जन्म मिला।

जेम्स ब्लॉट् (James Blaut) जो क्लार्क विश्वविद्यालय तथा तदुपरान्त इलोनॉय (शिकागो) विश्वविद्यालय में भूगोल के प्रोफेसर थे, उनकी मान्यता थी कि पश्चिमी विज्ञान कुछ और नहीं, बल्कि घोर रूप में साम्राज्यवाद से जुड़ा ज्ञान था। साम्राज्यवाद को परिभाषित

करते हुए वे कहते हैं कि ''साम्राज्यवाद गोरे देशों द्वारा काले देशों का शोषण है।'' मैक्जी (McGee, 1991) ने यूरोप के भौगोलिक दृष्टिकोण की कड़ी आलोचना करते हुए कहा कि वह पक्षपात से भरा ज्ञान है। एशिया व अफ्रीकी देशों के भौगोलिक विवरणों को यूरोपीय पूर्वाग्रह से जातीयता के भेदभाव व वर्गों में विभक्त किया है। आगे ब्लॉट् ने विश्व के बारे में ऐसा यूरोपीय मॉडल सामने लाने की आलोचना की जिसमें यूरोप को केवल यूरोपियनों के लिए केन्द्रित कर सीमित बना दिया- 'An inner Europe space originally closed from an outer non-European space'. पश्चिमी जगत् के पास कतिपय अनूठी ऐतिहासिक विशेषताएँ थीं (जैसे, जातीयता, संस्कृति, बुद्धि, जोश, परम्पराएँ, रीति-रिवाज़ आदि) जिनसे वह अन्य की तुलना में श्रेष्ठ समझा जाने लगा। तत्कालीन परिस्थितियों में यूरोपीय इतिहास मुखर बन उठा, और ग़ैर-यूरोपीयों का योग युगीन-घटनाओं में नगण्य रह गया। ग़ैर-यूरोपियनों को गोरे यूरोपियनों की तुलना में पुरातन, अपरिष्कृत, पिछड़े, असभ्य, असंस्कृत, मूढ़ व अकुशल मान लिया गया। ब्लॉट् ने इसकी कटु आलोचना करते हुए तीसरी दुनिया के लिए 'बहु-केन्द्रीय मॉडल' सुझाया। उसने तीसरी दुनिया में महत्त्व व मौक़े के केन्द्रों (Strategie Points) पर विकास-केन्द्र विकसित गिनाए। इन केन्द्रों को नई दुनिया में यूरोपीय लुटेरों ने लूटा-खसोटा। अफ्रीका व एशिया के देशों में भी अपनी बस्तियाँ स्थापित कर वहाँ के अपार संसाधनों को लूटकर यूरोप को धनी बनाया। इसी शोषण का परिणाम था कि यूरोप में व्यापारिक, औद्योगिक, शैक्षणिक, अनुसंधान पुस्तकालय, वैज्ञानिक व तकनीकी क्षेत्रों में प्रगति हुई। इससे ही यूरोप व विकासशील देशों के मध्य विकास की खाई उत्पन्न हो गयी, और यह निरन्तर चौड़ी बनती गयी। ब्लॉट् ने ''यूरोपीय चमत्कारिता'' और ''गोरी जातियों की उत्कृष्टता'' के विचार का विरोध किया। उसने तीन तथ्यों पर ज़ोर देते हुए यूरोप के उदय के विषय में कहा- (1) यूरोप 1942 से पूर्व काल में कभी भी अन्य प्रदेशों की तुलना में उत्कृष्ट नहीं रहा। (2) उपनिवेशवाद (Colonialism) और तीसरी-दुनिया के देशों की सम्पदा-संसाधनों की लूट-खसोट प्रक्रिया से यूरोप में विकास आया, और (3) यूरोप की सांसारिक अवस्थापन संबन्धी यथार्थता ("Mundane Realities of Location") और उसकी अमेरिका से समीपता के लाभ।

अतिवादियों (Radicalists) ने गोरी जातियों (White Races) की उत्कृष्टता और यूरोप के जातीयवादी केन्द्रीयता को अस्वीकार कर दिया, क्योंकि यह कतिपय पक्षपातों पूर्वधारणा (Prejudice) और प्रजातिवाद (Prejudices and Racism) पर आधारित विचार थे।

नारी (महिला) जगत् एवं वातावरण (Women and Environment)

अतिवादियों का यह दृढ़ विश्वास था कि महिलाओं का उत्पीड़न विकसित व विकासशील देशों में सर्वत्र देखने में आया। इस सम्प्रदाय के भूगोलवेत्ताओं को, महिलाओं के 1960 के आन्दोलन ने प्रेरित किया। वे इस दिशा में महिलाओं व वातावरण के मध्य संबन्धों की

खोज में जुटे। विशेषतः कतिपय महिला भूगोलविद्वों ने 'नारी व उनका वातावरण' के बारे में शंकाएँ प्रस्तुत कीं। वे प्राकृतिक संसाधनों के सदुपयोग में महिलाओं के योग और निर्णय लेने की प्रक्रिया में उनकी भागीदारी के बारे में यथार्थ स्थिति ज्ञात करने में रुचिवान् बनी। बीसवीं सदी के उत्तरार्द्ध में 1979 के दशक के प्रारम्भ से क्षेत्र व नारी के संबन्धों पर पूछताछ होना तत्कालीन उत्तेजित बनी सामाजिक एवं शैक्षणिक परिस्थितियों का परिणाम था। (मैकेंजी, 1984-3) स्थानिक-संरचनाओं व प्रदेशों के भौगोलिक साहित्य में नारियों के बारे में अंधकार छाया (Gender Blindness) हुआ था। (ब्रूनेट, 1973) कुछ ही हल्के-फुल्के अंश ही 1970 के दशक के लेखों में 'नारी-भूगोल' पर प्रकट बने थे जिनमें नारी-प्रताड़ना जैसी कुप्रथा की चर्चा थी और उन लेखों द्वारा सक्रिय भागीदारी में रुकावटें व उनके प्रति असमानताओं की सामान्य जानकारी दी गयी थी। मुख्य रूप से नारियों को घरेलू कार्यों व परिवार की देखभाल का उपकरण ही समझा जाता था, और उनकी विशेष चयनित सामाजिक विकास में सक्रियता के मार्ग में अनेक रुकावटें थीं।

ऑलीसन हेफोर्ड (Allison Heyford, 1974) ने एक लेख में इंगित किया कि जैसे नारियाँ इतिहास में अदृश्य बनी रही थीं, उसी प्रकार भूगोल में भी उनकी भूमिका नज़र नहीं आती। स्त्री को मात्र पुरुषों को मुख्यतः आराम प्रदान करने और उनका स्थान (Space) के प्रति तनाव दूर करने भर का साधन माना गया। तात्पर्य यह है कि नारी केवल स्थानीय कारक (Essence of Locality) बनी थी, और बाह्य वातावरण से अलग थी। परम्परागत अविकसित समुदायों में उनका योग स्थान में उत्पादन जैसे फल-फूल एकत्रीकरण (Gathering), भेड़-बकरी चराने (Herding) और कृषि-कार्य (Agriculture) तक सीमित बना था। हेफोर्ड की मान्यता थी कि नारियाँ घरेलू दायित्वों की पूर्ति के लिए क्षेत्र (Space) में केन्द्रित स्थान रखती है।

उत्पादन-तंत्र के क्षेत्र का ताना-बाना घर-परिवार ऐसा संगम बिन्दु (Nodal-Point) था जिसके इर्द गिर्द ही भूमि-उपयोग का दायित्व भी निर्धारित किया जाता था। घर-परिवार का महत्त्व भी सांकेतिक था और वह इलाके की ऐसी प्रतिमा था जिसमें पूर्ण अस्था निहित थी। घर की अवस्थिति में व्यक्तिगत संबंध निर्भर थे। यही ऐसा स्थान था (स्त्री) जहाँ लोग अपनी सर्वाधिक नाजुक घड़ियाँ व्यतीत करते, अपने निजी क्षण बिताते और शयन, खानपान, बच्चों का लालन-पालन आदि दायित्वों की पूर्ति करते थे। अपना समस्त जीवन-काल प्रौढ़ता, वृद्धावस्था का समय सुरक्षात्मक ढंग से (स्त्री) व्यतीत करते है। (हेफोर्ड, 1974)

घर के इर्द गिर्द ही तथा उसके माध्यम से ही स्थान पर नियंत्रण बना रहता था। श्रम-विभाजन व समाज़ीकरण और संसाधनों का बंटवारा आदि वही उसके माध्यम से होता था। घर की केन्द्र बिन्दु बनी महिलाएँ इन सबके सम्पादन में मुख्य कड़ी थी। वस्तुतः पृथ्वी की सतह के परिचालन में उनका ही योग प्रधान था।

परन्तु धीरे-धीरे सरकारी व निजी क्रियाओं केअलगाव से घर व समाज के बीच तनाव

जन्मा। कालान्तर में वर्गों में विभक्त समाज तथा आर्थिक राजनीतिक प्रपंचों ने घर-परिवार को बाह्य-शक्तियों के अधीन कर नारियों के लाक्षणिक जुड़ाव को बहुत कमजोर कर दिया। आगे, पूंजीवाद ने तो नारियों को महत्वहीन कर उनके व्यक्तिगत संघटना को क्षीण कर दिया। उनका स्थान अव्यक्त रूप से पूंजी ने ले लिया। अब महिलाओं का व्यक्गित स्थान सरकारी क्षेत्र के उदय से पुरुष-प्रधान बन उठा। नारियाँ हाशिए (Peripherality) पर ढकेल दी गयीं, और सरकारी पद पर आसीन पुरुष के हाथों में पूंजी केन्द्रित हो जाने से घर-परिवार तनाव की स्थिति में जा पहुंचे। अब क्षेत्र में आने-जाने व कार्यों के बर्हिमुखी बन उठने से पुरुषों की तुलना में नारियों की स्वतंत्रता सीमित बन गयी। उनके पास अपने जन-जीवन में परिवर्तन लाने के कोई अधिकार नहीं रह गए। हेफोर्ड का निष्कर्ष था कि भूगोलवेत्ताओं को ''नारियों में स्थान-विषयक बदलाव से उनकी दशाओं में परिवर्तन के सोपानों के क्या लक्षण विकसित हुए'', इसे शोध का विषय बनाना आवश्यक है। महिलाएँ को अपनी संगमात्मक व केन्द्रीय संस्थिति (Nodal or Central Space) से किस भाँति वंचित कर हाशिए (Periphery) पर पहुँचा दी गयीं, और वे किस भाँति सामाजिक संबन्धों की धुरी से वंचित बन कहीं की भी नहीं रह गयीं, यह भौगोलिक अनुसंधान विषय है। (हेफोर्ड 1974: 17-18) महिलाओं के प्रति भेदभाव और शोषण के अतिरिक्त अतिवादी रंगभेद, काले-गोरे में असमानताओं, जीवन-स्तर में ऊंच-नीच के कटु विरोधी थे।

अराजक-झुकाव (Anarchic Leaning)

अतिवादी भूगोलविद्ों ने अनेक सामाजिक व राजनीतिक सिद्धान्तों की मदद लेकर अपने उद्देश्यों की पूर्ति के प्रयास किए। इन विचारों में से 'अराजकतावाद' है। यह राज्य के शासन में अतिवाद में बदलाव का सिद्धान्त है। राज्य के स्थान पर स्वैच्छिक व्यक्तियों के समुदायों के हाथों में सामाजिक तंत्र सौंपा जाने के पक्ष में अराजकतावादी हैं। सामाजिक तंत्र पर किसी बाह्य-शक्ति का दबाव भी नहीं होना चाहिए। यह व्यक्ति की स्वतंत्रता पर जोर देने का एक उदारवादी सोच है। एक प्रकार से यह ऐसा समाजवादी दृष्टिकोण है जो राज्य के प्रभुत्व के साथ-साथ निजी-सम्पत्ति को भी अस्वीकृत करता है। इसके आरम्भिक समर्थकों में पीटर क्रोपोत्किन (Peter Kropotkin) और एलि्सी रेकलस (Elisee Reclus) मुख्य हैं जिनके भौगोलिक लेखों को अतिवादियों ने पुनः खोजकर प्रचारित बनाया। क्रोपोत्किन 19वीं सदी के अन्त तथा 20वीं सदी के प्रारम्भकालीन विचारकों में से था। वह पूंजीवाद के विकल्प को ऐतिहासिक सन्दर्भों की उपज मानता था।

व्यक्तियों में दीर्घकाल से ही साथ-साथ रहने-सहने व एक-दूसरे की मदद करने की ललक देखी गयी है। अतएव सामाजिक स्वच्छ व स्थायी जन-जीवन के लिए दूसरों की निःस्वार्थ मदद करने की प्रतिबद्धता बहुत जरूरी है। क्रोपोत्किन की मान्यता थी कि सामुदायिकता व सहकारिता व्यक्तियों के नीति-परक तंत्र (Ethical System) का स्वाभाविक आधार है। वह सोचता था कि पूंजीवाद ही घोर प्रतिस्पर्धा को जन्म देता है जिससे आर्थिक

अन्तर, भेदभाव और ऊंच-नीच मानव-समाज के अस्तित्व को ही ख़तरा पैदा कर देते हैं।

अराजकता पर आधारित परिवर्तनवादी 'समन्वित श्रम' (Integrated Labour) को ही उत्पादन का आधार मानते हैं। श्रम-विभाजन (Division of Labour) में उनकी आस्था नहीं है। व्यक्ति अलग-अलग कार्य पूर्ति से अन्ततः उत्पादन करके उसके स्वामित्त्व पर सब समान अधिकारी बनते हैं। विकेन्द्रित समाज में अंतिम अधिकार स्वतंत्र नागरिक समुदाय का होना चाहिए। यह बहुत आवश्यक है कि आत्मनिर्भर बनी प्रादेशिक इकाइयाँ अन्ततः एक 'समन्वित-कोष्ठिका' (Integrated Cell) बनें। ये कोष्ठिकाएँ अपने विचारों व उत्पादनों का आदान-प्रदान अन्य प्रदेश के साथ स्थापित करें। उत्पादन संबन्धी निर्णय मूल-स्तर पर (Grass-Root Level) लोगों की आवश्यकताओं व संसाधनों की उपलब्धि को देखकर ही लिए जाने चाहिए। कार्य-स्थल (Work-Places) और आवास-स्थल (Living Places) दोनों परस्पर आस-पास होना अच्छा व सुविधाजनक है।

परन्तु अतिवादी दृष्टिकोण को 1970 व 1980 के दशकों में अनेक विद्वानों ने अनेक आधारों पर निर्बल बताया। इनके मुख्य दोष हैं-

1. अतिवाद प्रतिमान का सैद्धांतिक आधार निर्बल था। उन्होंने अन्य विज्ञानों को बिना परीक्षण के अंधाधुंध अपनाया।

2. अराजकता के राजनीतिक सिद्धांतों को जो असफल बन उठे थे, प्रयोग किया। उनका उद्देश्य सुधार करना न होकर समाज को परिवर्तित करना बन उठा था। वे पूंजीवादी अर्थ-व्यवस्था को उखाड़ फेंकने के हिमायती थे परन्तु सामाजिक-व्यवस्था की स्थापना में असमर्थ बने, और प्रत्येक के जीवन को आनन्दमयी न बना सके। परिणामतः अनेक वर्ग अनेक तनावों में ग्रस्त बन उठे। भूगोल सांख्यिकीय उपकरण में ग्रस्त बन प्रादेशिक विज्ञान रह गया जो प्रदेश की गणितीय परिकल्पनाओं में ही उलझ गया।

3. अतिवाद-भूगोल परिवर्तनवाद में ही सीमित होकर रह गया। वह केवल साम्राज्यवाद, युद्ध-विरोधी, भेद-भाव विषयक, गरीबी, अपराध आदि जैसी समस्याओं के विश्लेषण का विषय बन गया। भूगोल के सैद्धांतिक अथवा विधिसंगत विश्लेषण से दूर होकर परिवर्तनवादी-भूगोल (Radical Geography) संकुचित ज्ञान बन गया।

4. अन्तर्प्रदेशिक और आन्तरिक-प्रदेश की असमानताओं को दूर करने वाले एक समन्वित जनसंख्या भूगोल के दायित्वों को पूर्ण करने में परिवर्तनवादी-भूगोल असमर्थ सिद्ध हुआ।

5. अतिवादी भूगोलवेत्ताओं का ज्ञान मार्क्सवाद की गहराई, अर्थात् ऐतिहासिक भौतिकवाद में समाकर एक-पक्षीय दृष्टिकोण से ही भौगोलिक दृश्य-जगत् के स्थानिक विभेदों को स्पष्ट कर सका। यह सोच स्त्री-पुरुषों को ऐतिहासिक व संरचित निश्चयवाद में धकेल गया। वे निष्क्रिय बन मात्र इतिहास की व भौतिकवाद की उपज रह गए। परन्तु

वास्तविकता में मनुष्य इतिहास का रचयिता है जिसने ऐतिहासिक प्रक्रिया को प्रभावित किया।

6. मानवतावादियों ने अतिवादी भूगोल की कड़ी आलोचना करते हुए मत व्यक्त किया कि समाज को स्थान-विहीन मार्क्सवादी कट्टरपनता से मुक्त कराना महती आवश्यकता है। स्थान (भूगोल) और काल (इतिहास) दो अलग-अलग विमीय नहीं हैं। एक को दूसरे के लिए त्याग देना बुद्धिमानी से भरी यथार्थता नहीं है। स्थान व काल-अमिट रूप से भौगोलिक यथार्थता में समाए हैं।

7. अतिवादी ऐसा कोई सिद्धान्त ही नहीं खोज सके जो विभेदमयी असमान विकास से जुड़ा हो, क्योंकि मार्क्सवादी दार्शनिक-सोच मात्र पारिश्रमिक-श्रम '(Wage Labour)' पर आधारित पूंजीवादी सोच के ऐतिहासिक भूगोल की महत्ता पर ही ज़ोर दे सका। परन्तु 1989-91 की अवधि में समाजवादी-सोच का पतन हुआ। पूंजीवादी स्थानिक विश्लेषण यथार्थ-स्थिति का आधार सिद्ध हुआ। सोवियत संयुक्त गणतंत्र का संघटन छिन्न-विछिन्न बन गया। पीड़ित-मानवों को सामाजिक-छलनाओं से मुक्त कराने में मार्क्सवाद असफल बना।

सारांश यह है कि भगोल का दार्शनिक पक्ष प्रत्यक्षवाद का परिणाम नहीं हो सकता, न वह अतिवाद की विधियों द्वारा स्पष्ट बनाया जा सकता। उसकी मूल उपज वातावरण व सामाजिक-स्थान, प्रदेश, के संदर्भ में संबन्धों का विषय है। इसके लिए गुणात्मक एवं मात्रात्मक विधियों के समागम स्थान, मनुष्य व वातावरण के संबन्धों के यथार्थ-विवेचन की आवश्यकता है।

व्यवहारवादिता (Behaviouralism)

प्रत्यक्षवादियों (Positivism) द्वारा विकसित सिद्धान्तों, मॉडलों और व्याख्या में सांख्यिकीय तकनीकों के प्रयोग के प्रति लोगों में असंतोष उत्पन्न हो गया। उनमें आर्थिक तर्कसंगता पर आधारित यथार्थता में भी संदेह उत्पन्न होने लगा। वे भौगोलिक वास्तविकता तथा मानव व वातावरण के मध्य संबन्ध को व्यक्त करने हेतु मात्रात्मक तकनीकों के परीक्षण को भी अशक्त मानने लगे। इसकी प्रतिक्रिया स्वरूप भूगोल में व्यवहारवाद (Behaviouralism) विकसित हुआ। इससे भूगोल में सिद्धांत-निरूपण प्रक्रिया में रुकावट आयी, और प्रगति रुक गयी। पुनः भूगोल की पूर्वानुमान-क्षमताएँ (Predictive Powers) कमज़ोर बन उठीं। केन्द्र-स्थान जैसा क्रिस्टलर के सिद्धांत के प्रति उसकी गणितीय व सांख्यिकीय बोझिलता के कारण लोगों में विश्वास धूमिल बन उठा। मानव एक आर्थिक प्राणी है और सभी निर्णय एवं व्यवहार लाभ के लिए करता है। इस पर भी आशंका उत्पन हुई क्योंकि बाढ़ग्रस्त होने वाले क्षेत्रों में रहने वाले लोग बाढ़ के ख़तरे के बावजूद उन्हीं स्थानों पर अपने अधिवास बनाते हैं। यदि मात्रात्मक सिद्धान्तों की बात करें तो इन लोगों को बाढ़ से प्रभावित होने वाले क्षेत्रों में नहीं रहना चाहिए। समाज के स्थानिक संरचना व तंत्र (Spatial Organisation)

को स्पष्ट बनाने में लोगों में अब साँख्यिकीय विधियों व व्याख्या के स्थान पर व्यक्तिनिष्ठ बोध और व्यक्तिगत-निर्णयों (Cognitive or Subjective Decision) में आस्था उत्पन्न होने लगी। वोल्पर्ट (Wolpert) ने 1964 में अपने एक शोध लेख में स्वेडन के किसानों के विषय में उनमें सर्वोत्तमता-कृषि (Optimal Farming) के स्थान पर साइमन (Simon) की शब्दावली में 'संतोषी-कृषि' (Satisficer-Farming) के विकास का रुझान देखा।

व्यवहारवादी-अभिगम (Behavioural Approach) के मुख्य उद्देश्य थे–

1. मात्रात्मक सिद्धान्तों के स्थान पर मानवतावादी मॉडल एवं सिद्धांतों का विकास करना,
2. व्यक्तिनिष्ठ बोध (Subjective) द्वारा वातावरण और व्यक्ति द्वारा निर्णय-प्रक्रिया की व्याख्या करना।
3. व्यवहार व मानवीय निर्णय क्रिया पर आधारित सामाजिक सिद्धान्तों और मनोवैज्ञानिक (Psychological) व्यक्तिनिष्ठा से स्थानिक यथार्थता को प्रकट करना,
4. पूर्ण जनसंख्या तथा बड़े नमूनों (Samples) के स्थान पर छोटे नमूनों (Samples) या एक व्यक्ति का चयन करके सिद्धांत बनाना।
5. मानवीय क्रियाओं और प्राकृतिक वातावरण की संरचनाओं पर आधारित व्याख्या के स्थान पर प्रक्रियात्मक-व्याख्या (Processual Explanation) पर जोर देना,
6. मानव-व्यवहार विषयक प्राथमिक सूचनाओं को विकसित करने पर ज़ोर देना, और प्रकाशित द्वितीय-स्तर के आँकड़ों के प्रयोग पर अधिक विश्वास नहीं करना, तथा
7. मानव के संसाधनों के उपयोग करने के बारे में निर्णय लेने की प्रक्रिया के संबद्ध में आँकड़ों का विकल्प तलाश करना।
8. समस्या-समाधान के लिए तथा सिद्धान्त निरूपण हेतु अन्तःज्ञान-विषयक (Interdisciplinary) अभिगम को प्रयोग करना।

उपर्युक्त उद्देश्यों की सार्थकता के तर्क हैं कि-

(अ) व्यक्तियों में वातावरणीय-प्रतिमाएँ (Environmental Images) उनके मानस में जन्मी हैं (People have Environmental Images),

(ब) शोधकर्त्ता ऐसी प्रतिमाओं की परिशुद्धता के साथ पहचान कर सकते हैं, और

(स) वातावरणीय प्रतिमाओं और मानव के निर्णयों व वास्तविक व्यवहार-क्रिया में निकट संबन्ध होता है।

भूगोल में व्यावहारिक अभिगम का आगमन 1960 में आरम्भ हुआ। यह तर्कों से बोझिल बने अर्थप्रधान व्यक्ति (Rational Economic Man) के विरुद्ध जन्मी सोच था। इनके अनुसार समान प्रकृति के धरातल (Isotropic and Homogeneous Land Surface) पर आधारित गतिहीन बने नियामक-मॉडलों (Normative Models) द्वारा

विश्व में दृश्य-जगत् की वास्तविकता का बोध संभव नहीं है। व्यक्ति सामाजिक प्राणी है, और सांस्कृतिक सोच में बंधा है, स्वतंत्र-क्रियाओं का निरंकुश जीव नहीं है। अत: उसके निर्णय भी सामाजिक दायरे में होते हैं। स्थिर बने समान धरातल पर आधारित मॉडल और मात्रात्मक व्याख्या व्यक्ति के व्यवहार एवं क्रियाओं की वास्तविकता स्पष्ट करने में सक्षम सिद्ध नहीं हो सकते।

व्यवहारवादी-अभिगम आगमनात्मक प्रक्रिया (Inductive Process) पर आधारित है। यह मनोवैज्ञानिक सोच है, और मानव का उसके पर्यावरण के प्रति सीधे प्रत्यक्ष बने प्रतिमाओं, मूर्त-बिम्बों को स्पष्ट करता है। यह अभिगम मानव की ऐसी मनोवैज्ञानिक प्रक्रियाओं की कड़ी है जिसे वह वातावरण के अवबोध करने में धारण करता चलता है। सारांश में मानवतावादी दार्शनिक-सोच के भौगोलिक आधार को संक्षिप्त रूप में इस भाँति व्यक्त किया जा सकता है-

The behavioural geographer recognizes that man shapes as well as responds to his environment and that man and environment are dynamically interrelated. Man is viewed as a motivated social being, whose decisions and actions are mediated by his cognition of the spatial environment अर्थात्

मानव अपने वातावरण को स्वरूप प्रदान करने वाला प्राणी है, वह साथ ही वातावरण के प्रति अपनी अनुक्रियाएँ व्यक्त करता है। मानव एवं वातावरण परस्पर गतिशील बने संबन्धित हैं। मानव अभिप्रेरित बना प्राणी है जिसकी क्रियाएँ व निर्णय उसके स्थानिक वातावरण के अवबोध के माध्यम द्वारा संचालित हैं।

व्यावहारिक पर्यावरण से तात्पर्य मानव द्वारा अनुभवित यथार्थता है। व्यक्तियों द्वारा चयन-क्रिया व्यक्तियों की समझबूझ पर आधारित होती है। वातावरण को व्यक्ति अपने बोध पर आधारित ही समझता और उसके विषय में निर्णय करता है। वास्तविकता के जगत् के स्थान पर मानव व्यवहार की जड़ें उसके द्वारा अनुभवित (Perceived) जगत् पर आधारित होती हैं। कोफ़्का (Koffka, 1935-36) ने एक स्विट्ज़रलैण्ड की मध्ययुगीन-कथा के संकेत द्वारा वास्तविक वातावरण (Actual or Real Environment) को स्पष्ट किया: ''घोड़े की पीठ पर शीतकालीन संध्या के तूफ़ानी बर्फ़ीली यात्रा के दौरान एक यात्री सराय जा पहुँचा। सराय के स्वामी ने उसे आश्चर्य से देखा और पूछा - 'किस ओर से यहाँ तक आए?' यात्री ने इशारे से इंगित किया। इस पर सराय के स्वामी ने भय और आश्चर्य से कहा- 'तुम जानते हो कि तुम घोड़े पर महान् झील कांस्टेन्स पार कर यहाँ पहुँचे हो?' सुनते ही यात्री मर कर पत्थर के समान उसके पैरों पर मृत जा पड़ा।''

इस दृष्टान्त से प्रकट है कि व्यक्ति द्वारा समझा-बूझा वातावरण वास्तविक वातावरण से बिलकुल विपरीत था। यात्री जिसे बर्फ़ीला मैदान समझा था, वास्तविक में वह बर्फ़ से ढंकी महान् झील थी। यात्री की अनुक्रिया उसकी समझ-बूझ पर आधारित थी। यदि उसे

ज्ञात होता कि सामने झील है तो वह कभी भी उस पर से यात्रा करने का साहस नहीं करता।

व्यवहारवादी-अभिगम भूगोल में मानव एवं वातावरण में पारस्परिक अन्तर्क्रियात्मक संबन्ध पर आधारित विचार है। मानव वातावरण के प्रति एक साथ रचयिता और उसके द्वारा स्वरचित बना प्राणी है। (गोल्ड, Gold, 1980-4)

यह बहु-विषयक ज्ञान के दृष्टिकोण पर आधारित व्यावहारिक भूगोल है जो मनोवैज्ञानिकों, दार्शनिकों, इतिहासज्ञों, समाजशास्त्रियों, नृजाति वैज्ञानिकों एवं नियोजकों के विचारों, प्रतिमानों व सिद्धांतों की सहायता लेता है। परन्तु स्वयं व्यावहारिक भूगोल में उसके निजी सिद्धान्तों के अभाव के कारण इसका विकास अवरुद्ध बना और गति नहीं पकड़ सका।

ऐतिहासिक दृष्टिकोण (Historical Perspective)

व्यवहारवादिता का एक लम्बा इतिहास है। अप्रत्यक्ष अथवा प्रत्यक्ष रूप में यह सोच काण्ट के समय से ही प्रयोग में आती रही है। उन्नीसवीं सदी के अन्तिम दशक में फ्रेंच भूगोलवेत्ता रेकलस ने इस तथ्य पर ज़ोर दिया कि वातावरण के प्रति मानव-व्यवहार उदासीन (Passive) नहीं रहता। इसी प्रकार अमेरिकी भूगोलवेत्ता भी मानव को भूआकृतियों का एजेण्ट ही मानते थे। मानवभूगोल के विद्वान् अपने विषय का केन्द्र ही मानव-परिस्थिति मानते थे। उनके सम्भववादी दार्शनिक सोच का आधार भी उपयुक्त-अवसर के चयन में मानव-व्यवहार (उनकी स्वेच्छा) निहित था। अमेरिकी ऐतिहासिक भूगोलविद् कार्ल साउर का मत था कि सामाजी-सांस्कृतिक वातावरण की रचना में मानव का योग प्राकृतिक पर्यावरण के बदलाव व सदुपयोग में महत्त्वपूर्ण था। राइट (Wright, 1947) ने व्यवहारवादी अभिगम पर मानव-और प्राकृतिक वातावरण की अन्तर्क्रिया पर ज़ोर दिया। वह भौगोलिक ज्ञान के अध्ययन में यात्रा संबन्धी साहित्य, पत्रिकाओं, अखबारों, उपन्यास, काव्य संग्रह, चित्रकला आदि सभी के योग को सम्मिलित मानता था। उसके पश्चात कर्क ने प्रथम व्यावहारिक प्रतिरूप प्रस्तुत किया था। उसने अपने प्रतिरूप में यह स्पष्ट किया कि एक ही भौगोलिक पर्यावरण में निवास करने वाले लोगों में भिन्न सामाजिक-आर्थिक, सांस्कृतिक और नृजाति पृष्ठभूमि वाले लोगों के लिए स्थान और समय में एक समान सूचना का अर्थ भिन्न-भिन्न हो सकता है। साउर, व्हाइट आदि अनेक विद्वानों का मत था कि व्यक्ति अपनी आदतों, अभिवृत्तियों व अनुभवों के अनुसार व्यवहार करते हैं। वे कोई क्रिया सदैव बहुत तर्कसंगत व विवेकपूर्ण ढंग से नहीं करते। वोल्पर्ट (Wolpert) का मत था कि किसान-जीव अपने मन, इच्छा और संस्कारों का स्वामी है। वह सदैव धन अर्जित करने के लिए कार्य नहीं करता। उसकी संतोषीवृत्ति ही उसकी क्रियाओं में प्रकट होती है। वे अपने वातावरण व संसाधनों के प्रति उपलब्ध जानकारी व मन में बनी प्रतिमा (Image) के आधार पर व्यवहार करते देखे जाते हैं। समाज का प्रत्येक व्यक्ति स्थान, वातावरण और संसाधन के विषय में उपलब्ध सूचनाओं के प्रति भिन्न-भिन्न प्रकार की अनुक्रियाएँ व्यक्त करता देखा जाता है। सिन्धु-गंगा के उपजाऊ मैदान के बारे में विभिन्न जातियों, धर्म, रीति-रिवाजों के जाटों, गूजरों, अहीरों, सैनी,

झोजाओं व गाड़ों के विचार एक ही गांव में रहते हुए भी अलग-अलग हैं। कोई अपने खेतों में गन्ना उपजाने में तो कोई मक्का, गेहूँ व चावल तीनों उपज, और कोई सब्जी अथवा चारा के उत्पादन में रुचि रखते हैं। तात्पर्य यह है कि इन किसानों द्वारा अनुभवित बना अथवा समझा गया वातावरण प्रत्येक के मन-मानस में स्थान व काल के आधार पर अलग-अलग प्रकार की प्रतिमाएँ (Images) बनाता है। अतः मानव के निर्णय उसके मानस में बने मानचित्र (Mental-Map) पर आधारित होता हैं। व्यवहारवादी भूगोल के आधारभूत तर्क हैं-

(1) व्यक्तियों के मानस में वातावरणीय प्रतिमाएँ होती हैं,

(2) ऐसी प्रतिमाओं को शोधकर्त्ताओं द्वारा परिशुद्धतः से पहचाना जा सकता है, और

(3) वातावरणीय प्रतिमाओं व व्यक्ति के वास्तविक व्यवहार में घनिष्ठ संबन्ध होता है।

Figure 12.1 *बोल्डिंग (Boulding, 1956) के अनुसार मानव-वातावरण संबन्ध का एक परम्परागत मॉडल)*

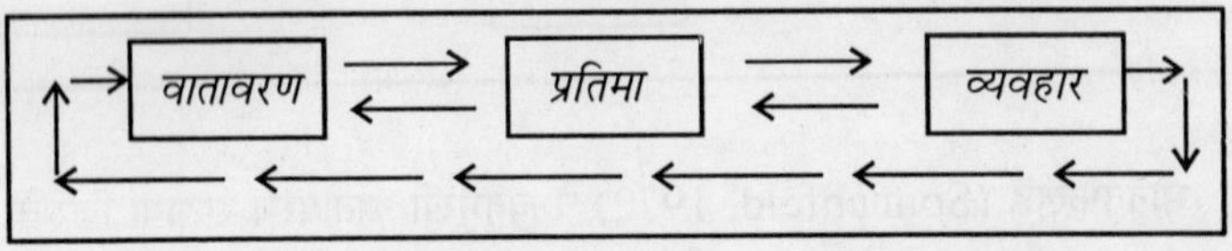

उपर्युक्त मॉडल (12.1) में बोल्डिंग ने इंगित किया है कि काल-अवधि में व्यक्ति जगत् की प्रतिमाओं को मानस में अंकित करता रहता है। उसका उसके वातावरण के साथ संसर्ग से प्रतिमाएँ बनती-उभरती और उसके मानस में अंकित होती रहती हैं। वे ही उसके व्यवहार में क्रियाओं-अनुक्रियाओं का आधार हैं। डाउन्स (Downs) की अवधारणा पर आधारित 'फ्रेम' (Fig. 12.2) में व्यक्तित्व, संस्कृति, रीति-रिवाजों, विश्वास, आस्थाओं के परिणामस्वरूप वातावरण से निस्पन्दित (Filtered) बनी सूचना प्रतिमा अंकित करती है। इनके आधार पर व्यक्ति वातावरण (संसाधनों) का सदुपयोग करता है, चयन संबन्धी निर्णय लेता है और अपनी उच्च आवश्यकताओं की पूर्ति के लिए संसाधनों का उपयोग करता है। डाउन्स के मॉडल में भी वातावरण का उद्देश्ययुक्त (Objective) तथा व्यवहरित (Behavioural)—दोनों स्वरूप दर्शाए गए हैं।

पोर्टियस (Porteous, 1977) ने एक अन्य समान परन्तु कुछ भिन्न प्रकार का विषम वर्गीकरण इंगित किया जिसमें सम्मिलित हैं-

(i) घटना अथवा प्रतीयमान वातावरण (प्राकृतिक दृश्य-जगत्)

(ii) व्यक्तिगत वातावरण (वस्तुस्थिति की अनुभवित प्रतिमा)

(iii) संदर्भीय वातावरण (संस्कृति, धर्म, रीति-रिवाज, आस्था आदि द्वारा प्रभावित व्यवहार)

Figure 12.2 *वातावरणीय अवबोध और व्यवहार Downs के अनुसार (1970a : 85)*

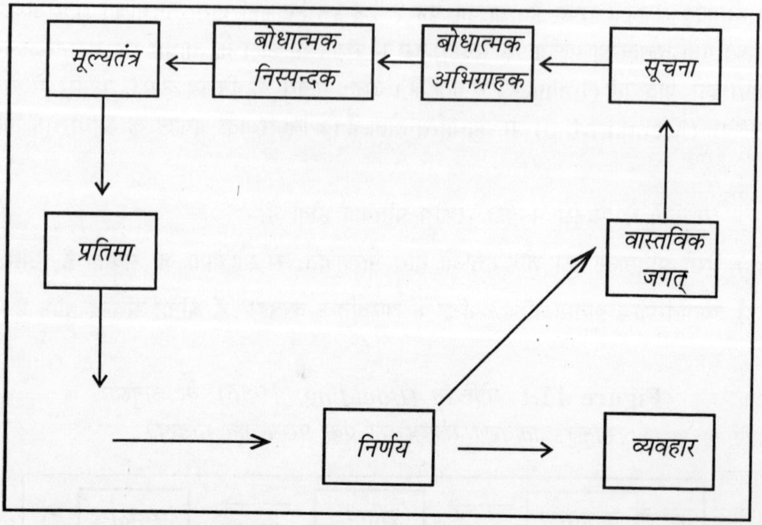

सोनेन्फेल्ड (Sonnenfeld, 1972) ने चतुर्मुखी वातावरण सुझाया जिसके आधार पर वातावरण का अध्ययन करना चाहिए:

(अ) भौगोलिक वातावरण (विश्व), (Geographical Environment)

(ब) कार्यात्मक वातावरण (Operational Environment); अर्थात् विश्व के ऐसे अवयव जो मानव को प्रभावित बनाए रहते हैं। (इनकी जानकारी प्राय: मानव को नहीं होती है।),

(स) अवबोधात्मक वातावरण (Perceptual Environment) इसके बारे में व्यक्ति को अप्रत्यक्ष अथवा अप्रत्यक्ष रूप से अवबोध रहता है, और

(द) व्यवहारजन्य वातावरण (Behavioural Environment) अवबोध का वह हिस्सा है जिसके प्रति मानव अनुक्रिया व्यक्त करता है (Behavioural Response)।

भूगोल में व्यवहारात्मक अभिगम लाभदायक सिद्ध हुआ है क्योंकि वह वातावरण व मानव के मध्य वैज्ञानिकता भरा सोच है। वह न केवल भौतिक बल्कि मानव भूगोल के मानकों की दृष्टि से भी खरा सिद्ध हुआ सोच है।

परन्तु व्यवहारवादी भौगोलिक सोच की मुख्य कमज़ोरी उसकी आनुभविक-संश्लेषण विधि में अविश्वास है। मानव अनुभवों का स्वामी न होकर, स्वेच्छा व अपनी आदतों व रीति रिवाजों, रूढ़ियों आदि में बंधा व्यवहार व्यक्त करता है। इसके व्यवहार का कोई ठोस

सैद्धांतिक, संगठित एवं व्यवस्थित आधार नहीं होता है।

इसकी सूचनाएं व आंकड़ों का स्रोत प्रयोगशाला में जन्मे और पशुओं पर किए प्रयोगों पर आधारित घिसे पिटे हैं। ये मानवाकृतिमूलक (Anthropomorphic) न होकर पशुओं के मनोभावों से अधिक जुड़े प्रतीत होते हैं। "It has substituted for the erstwhile anthropomorphic view of rat, a ratomorphic view of man... has replaced anthropomorphic fallacy to animals." (Koestler, 1975 : 17) अत: इसके सिद्धांत रमणीय होते हुए भी मानव-वातावरण की अन्तर्क्रिया को व्यक्त करने में असहायक हैं। इसके अधीन व्यक्ति की सोच वातावरण के प्रति आत्मकेन्द्रित (Egocentred) ही बना रहता है। इसकी मुख्य कमज़ोरी ही यह है कि मानव वातावरण के बारे में स्वरचित प्रतिमाओं (Images) और यथार्थ-जगत् में भेद ही नहीं देखता। प्रतिमा और व्यवहार में कहाँ तक संगति है, इस बारे में अभी तक बहुत कम शोध-कार्य हुए हैं।

वातावरण के प्रति व्यवहारवादी सोच एकांगी होता है (Non-Dimensional)। मानव का स्वतंत्र-व्यवहार वातावरण के अन्य पक्षों जैसे, आर्थिक, सामाजिक, राजनीतिक आदि के अप्रत्यक्ष (Concomitant) प्रभावों की अवहेलना कर बैठता है। इससे उसके व्यवहार की स्थिति में और यथार्थ-स्थिति में 'रिक्तिता' (Gap) आ जाती है। सिद्धान्त और अभ्यास दोनों के बीच खाई बनी रहती है।

व्यवहारवादी नियोजन में मानव 'भागीदारी' नहीं बन पाता और उसका स्वतंत्र व्यवहार भावी परिणामों को ध्यान में नहीं रखता। व्यवहारवादी के सूक्ष्म-नमूनों (One man or small group of man) पर आधारित सामान्यानुमानों की सार्थकता भावी-विकास की धारा के साथ समन्वय स्थापित नहीं कर पाते। अत: यह सोच महत्त्वपूर्ण नीतियों व निर्णयों की दृष्टि से अशक्त है। व्यवहारवादी सोच का भविष्य उज्ज्वल बनाने के लिए यह नितान्त आवश्यक है कि इसे बहुविषयक-वैज्ञानिक (Multidisciplinary and Scientific) स्वरूप दिया जाए। इससे वातावरणीय परिवर्तनशील-यथार्थता आ सकेगी। एक 'नए सशक्त सिद्धान्त' की आवश्यकता है। गोलेज (Golledge) ने इसे जन्म देने हेतु व्यक्तिगत-चयनों, स्वेच्छाओं, मान्यताओं, अभिवृत्तियों, अवबोध-चयनों, स्वेच्छाओं, मान्यताओं, अवबोध-प्रक्रिया, मानसिक-मानचित्र आदि विचलकों की प्रक्रिया (Processes Variables) के गहन-अध्ययन पर बल दिया है।

मानवतावाद
(Humanism)

मानवतावादी भूगोल का विकास भी मात्रात्मक-क्रांति की प्रतिक्रिया का परिणाम है। यह सोच मशीनीनुमा-मॉडलों और स्थानिक विज्ञान पर गणितीय व सांख्यिकीय विधियों की काली छाया के विरोध में विकसित हुआ। मानवतावादी भूगोल ने निरपेक्ष स्थानिक नियमों को नकारा और स्त्री-पुरुषों पर ज्यामितीय-नियतिवादी प्रभावों व अनुक्रियाओं को निरर्थक

ठहराया। स्थिर व व्यापक संरचनाओं द्वारा आदेशों को मानव हित में बाधक करार दिया। व्यक्तियों में मानचित्र, ग्राफ़, समीकरण आदि से मानवीय भावनाओं को स्पष्ट करने के प्रयासों को निरर्थक सिद्ध किया। मानवतावादी भूगोल की ओर ध्यानाकर्षण का श्रेय कर्क (Kirk, 1951) को था। परन्तु इ-फू-तुआन (Yi-Fu-Tuan, 1976) मानवतावादी भूगोल में इस मत को प्रवेश दिलाने का मुख्य समर्थक माना जाता है। उसने जन-जीवन में मानवतावादी सोच को व्यक्ति व वातावरण (Man and Environment) के संबन्धों को महत्त्वपूर्ण माना। भूगोल में यह शाखा मानवीयबोध जाग्रत करने और मानव में सर्जनात्मक सोच विकसित करने के लिए उत्तरदायी है। जीवन संबन्धी घटनाओं, दृश्यों के मानवीय महत्त्व, उनके जीवन विषयक मूल्यों और अभिप्राय को स्पष्ट करने में मानवतावादी भूगोल के प्रयास महत्त्वपूर्ण हैं। यह सोच व्यक्तियों को मशीनवत् क्रियाएँ करने वाले प्राणी नहीं समझता। इस सोच में स्त्री-पुरुष अपने जन-जीवन की परिस्थितियों को स्वयं सर्वोत्तम ढंग से सुधारने और सुलझाने में सक्षम होते हैं (राल्फ Ralph, 1981)।

भूगोल में मानवतावाद का विकास प्रत्यक्षवाद की आलोचना स्वरूप विकसित हुआ और भूगोल में यह मात्रात्मक क्रांति का विरोधी-सोच के रूप में उभरा। मात्रात्मक-क्रांति की मान्यताएँ और इसकी विधि-तंत्र आदि से मानवीय समस्याएँ जैसे सामाजिक संस्थाएँ विषयक क्रियाएँ, अभिवृत्तियाँ, आचार-नीति, रिवाज, लालित्य भावों व परम्परागत क्रियाओं को स्पष्ट नहीं किया जा सकता है। मानवतावादी भूगोल की सोच दिन-प्रतिदिन के सांसारिक अनुभवों की पहचान बनाने का महत्त्वपूर्ण साधन है, और इसके अनुगामी-विद्वान् ''पृथ्वी के अध्ययन को मानव का घर'' समझते हैं। अतः मानवतावादी भूगोल अपने अन्तिम ध्येयानुसार भू-विज्ञान (Earth-Science) मात्र नहीं है। यह विषय मानवीय जगत् के बारे में बोध कराने का साधन है। मानव का प्रकृति अथवा संसाधनों के साथ, उनके भौगोलिक क्रियाओं, भावनाओं व विचारों द्वारा संबन्धों को यह स्पष्ट बनाता है। स्थान व क्षेत्र के साथ यह मानव-भावनाओं को जोड़कर व्यक्त करने का तंत्र है।

स्थान (दृश्य-जगत्) के बारे में मानवतावादी दृष्टिकोण वहाँ बसे हुए मानवों की चेतना से अलग नहीं कर सकते। स्थान अथवा क्षेत्र की अवधारणा का विस्तार मानव-भावनाओं, सोच, अनुभवों और अधिवासित बने व्यक्तियों की चैतन्यता को घेरे हुए हैं।

मानवीय पद्धति की कतिपय विशेषताएँ अधोवर्णित बिन्दुओं से संबन्धित हैं-

(अ) मानवीय भावनाओं व अनुभवों को ज्ञान-राशि से स्वतः चेतना द्वारा जोड़ना। पृथ्वी की सतह को मानवता के दृष्टिकोण से निवर्चित करना,

(ब) पृथ्वी की सतह पर घटनाओं, दृश्य-वस्तुओं आदि को साहित्य, कला, लालित्य, इतिहास आदि के माध्यम से व्याख्यात्मक कर स्पष्ट बनाना (Hermeneutics-Method),

(स) भूदृश्य के सांकेतिक अभिप्रायों व प्रतिमा-सोच को उजागर बनाना,

(द) मानव व स्थान (वातावरण) में सहसम्बन्ध की खोज के लिए मात्रात्मक व सांख्यिकीय तकनीकों के स्थान पर सहभागी-प्रेक्षण, साक्षात्कार, सामूहिक परिसंवाद आदि अभिगमों का प्रयोग कर तर्कसंगत निष्कर्षों को निकालने पर बल,

(इ) जगत् की तस्वीर जैसी वैज्ञानिक पूछताछ द्वारा प्रकट बनी, उसको आधार मानना और

(फ) दृश्य-जगत् को सरल-अभ्यास नहीं मानकर उसे केवल परम्परागत वैज्ञानिक आकारों में न देखना।

मानवतावादी भूगोल की विषय-वस्तु (Themes in Humanistic Geography)

मानवीय चेतना को जाग्रत बनाने में फू-तुआन (Yi-Fu-Tuan) ने पांच विषय-वस्तुओं पर जोर दिया। यह सोच मानव को 'Economic Man' नहीं मानता और न यह विचार मानव-चेतना की जागृति हेतु प्रत्यक्षवाद, मात्रा-गणितीय परिकलन को सक्षम मानता था। इसके विपरीत भूगोल में मानव-चेतना को स्थान देने हेतु सामान्य रुचि के विषय तुआन ने इंगित किए- (i) भौगोलिक ज्ञान (व्यक्तिगत, निजी भूगोल) (ii) इलाका व स्थान, (iii) समूह, भीड़ और एकान्त (iv) जीविका व अर्थशास्त्र, और (v) धर्म।

निजी भूगोल (Personal Geographies)

मानव बुद्धिजीवी प्राणी है। वह विचार करता है और विचारों को व्यक्त करने में सक्षम जीव है। मानवतावादी भूगोल के विचारकों का मुख्य दायित्व भौगोलिक ज्ञान संबन्धी विचारों का सुस्पष्टत: अध्ययन करना है। ये विचार जैविक-अस्तित्व के लिए भी जानना आवश्यक है। सभी इस ज्ञात (निजी भूगोल) से अवगत बने हैं। यहाँ तक कि पशु-पक्षियों के मानस में भी मानचित्र (Mental Maps) होते हैं। इनकी मदद से ही, उदाहरणवत् पक्षी शीतकाल में साइबेरिया से भारत के भरतपुर-पक्षी-उद्यान (केवलादेव) तक आते-जाते हैं, और फरवरी मास में पुन: लौट जाते हैं। इनके मानस में एक निश्चित मार्ग का नक्शा अवश्य है जिसका वे आवागमन में उपयोग करते हैं। इस प्रकार का एक निजी-भूगोल सभी प्राणियों के पास, विशेषत: बुद्धिजीवी मानव के पास अर्जित है। मानव के मानस में स्थान, अवस्थिति, क्षेत्र और क्षेत्र के संसाधनों के भूगोल संरचित हैं। उसके मानस में यह ज्ञान सहज, नैसर्गिक प्रवृत्ति (Natural Instinct) के रूप में होता है। यह अधम-स्तर पर पाशविक वृत्ति (Animal Instinct) है जो जीवों में उनकी विभिन्न श्रेणियों के अनुसार भिन्न-भिन्न अंशों का पाया जाता है। प्रशान्त महासागरीय द्वीपों के पोलीनेशियनों जैसी आदिम जातियाँ अच्छी मानचित्रकार (Cartographer) थीं। इसलिए मानव भूगोल में शोध कार्य करने वाले को अध्ययनाधीन लोगों के निजी भूगोल की जानकारी प्राप्त करने का प्रयास करना चाहिए।

इलाका और स्थान (Territory and Place)

एक अन्य सहज प्रवृत्ति (Animal Instinct) इलाके व स्थान के बारे में भी जीवों में देखी

जाती है। यह विषयी-प्रवृत्ति कुछ जीवों में अपने वास-स्थान (Living Space)की सुरक्षा के बारे में देखी जा सकती है। मधु-मक्खी, शेर, चीता आदि अपने वास-स्थान को सुरक्षित बनाए रखने में सजग देखे जाते हैं। वे उसे अपना ही इलाका (Territory) मानते हैं। सभी जीव और मानव-प्राणी भी स्थान को अधिकृत कर उपयोग में लाते हैं। यह इलाका और स्थान और सीमित बना अथवा असीमित, दोनों ही प्रकार का होता है। पेड़ पर बैठी चिड़िया दूर-दूर तक दृष्टिगत स्थानों में उड़ती-फिरती और रात्रि में पुनः वृक्ष पर आकर बसेरा करती है। वह असीमित इलाके को अपना ही मान बैठी है। उसके लिए उसका कोई निर्धारित-घेरा (Circumscribed Area) नहीं है। अपनी खाद्य-वस्तु को एकत्रित करने वाले शिकारियों और जीवों के लिए (Food-Gatherers and Hunters) इलाका सीमाबद्ध नहीं होता। वह मार्ग-जाल और स्थानों का असीमित क्षेत्र है। परन्तु स्थायी बने किसान और स्थानान्तरित कृषि के किसानों व जातियों के स्थान सीमाबद्ध-इलाके (Bounded Space or Territory) हैं। मनुष्य का स्तर और आगे निकल कर वह अपने खाने-पीने व रहने-सहने के लिए अधिकृत-स्थान से संवेदात्मक संबन्ध (Emotional Attachment) स्थापित कर लेता है। वह अपने भूत-भविष्य के लिए भावात्मक रूप से स्थानों से जुड़ा देखा गया है। वह अपने जन्म-स्थान और कार्य-स्थल आदि से हार्दिक रूप से जुड़ा होता है। उसके लिए स्थान केवल भौतिक ही नहीं, मानवीय-धरोहर है। मानवतावादी भूगोलवेत्ता स्थान की व्याख्या में इस मानवीय-कड़ी को महत्त्वपूर्ण स्थान देते हैं।

भीड़ और एकान्त (Crowding and Privacy)

भीड़-भाड़ अथवा जनसंकुलता के स्थानों पर प्राकृतिक और मनोवैज्ञानिक-दोनों रूपों में मानसिक-तनाव (Mental Tension or Stress) उत्पन्न हो जाते हैं। जीवों का व्यवहार भीड़-भाड़ के स्थानों पर असामान्य बन उठता है। मानव का व्यवहार भी भीड़ के स्थानों पर तनाव-ग्रस्त होने के कारण विचित्र हो जाता है, और वह सामान्य रूप से क्रियाओं को संपन्न करने में कठिनाइयों का अनुभव करता है। इन तनाव भरी परिस्थितियों का वह सामना अपनी संस्कृति, सामाजिक संगठन और 'इन्फ्रास्ट्रक्चर' (Infrastructure) (साज-सामान व साधन-सुविधाओं के जाल) के आधार पर करता है। उदाहरणवत्, हांगकांग के भीड़-भाड़ भरे स्थान में बसे प्राणी अपराधों के शिकार इतने नहीं बनते जितने कि अमेरिकी, यूरोपीय व आस्ट्रेलियाई नगरों के खुले विस्तृत क्षेत्रों में वितरित प्राणी। इसका कारण दोनों प्रकार के स्थानों व क्षेत्रों की संस्कृति व सामाजिकता की भिन्नता है। दोनों ही क्षेत्रों में मानवतावादी-सोच में अन्तर है। इसके विपरीत, कालाहारी मरुस्थल के जल-संसाधन बहुलता के स्थान पर बुशमैन-जनसंख्या की भीड़-भाड़ तनाव रहित है। इसका कारण वहाँ जैविक आवश्यकता की पूर्ति के लिए बसाव-चयन है।

एकान्त (Privacy) और सुनसान खाली क्षेत्रों व स्थानों पर लोगों में सोच-विचार, निर्णय करने की क्षमता और आपूर्ण मानवता ही भिन्न कोटि की देखने में आती है। वहाँ दूर-दूर तक व्याप्त नीरवता में अलग-अलग स्थान पर बसा प्राणी ही वहाँ का स्वामी बना

रहता है। वह शासक के समान विस्तृत-जगत् को निजी दुनिया (अपना संसार) समझता है। वहाँ उसके लिए न कोई रोक-टोक है, न तनाव और नही उसके 'स्व' (Self) के विकास में कोई बाधा है। सभी जो कुछ वहाँ स्थायी और अस्तित्व में है, वह उसी का है, 'He becomes lord of all that he surveys'.

जीविका एवं अर्थ-नीति (Livelihood and Economics)

मानवतावादी भूगोलवेत्ताओं की दृष्टि में मानव क्रियाओं और सामाजिक संबन्धों का आधार आर्थिक व जीविका के साधन से भी हटकर भिन्न होता है। यह तो सच है कि उत्पादन का ध्येय मनुष्यों की जीविका का स्रोत होता है, परन्तु मानवतावादी-भूगोल ऐसे उत्पादन के पक्ष में नहीं है जो नर-संहार, आतंक, युद्ध, वैमनस्य जैसे कृत्यों की कुंजी (Key) बना है। हथियारों का उत्पादन कई लोगों की जीविका का स्रोत हो सकता है, परन्तु कालान्तर में वह बड़े मात्रा में विध्वंस को जन्म देता है। अतः मानवतावादी भूगोलवेत्ता के लिए ऐसे प्रश्न विचारणीय बने हैं-

नियोजकों को किस सीमा तक अर्थ-प्रधान सिद्धांतों का प्रयोग करना चाहिए? निर्णय में कहीं भौतिकवादी-उत्पादन मानवता के मूल्यों का हनन् तो नहीं करते हैं? यह पक्ष देखना मानवतावादी भूगोलवेत्ता के लिए आवश्यक बन जाता है।

आर्थिक व सामाजिक क्रियाओं के परिणाम क्या निकल रहे हैं? इसका निवर्चन व निर्णय मानवतावादी भूगोलवेत्ताओं का दायित्व है।

धर्म (Religion)

कम अथवा अधिक मात्रा में धर्म सभी संस्कृतियों का अंग है। यह लोकव्यापी है, और इसके आधार पर मानव को अन्य जीवों से स्पष्टतः भिन्न समझा जाता है। इसका तात्पर्य निश्चित विश्वासों, आस्थाओं व नीति में बंधना है। मानव अपनी धार्मिक आस्थाओं की दृष्टि से अपने जगत् के साथ सामंजस्य बनाए रखता है। धार्मिक-संस्कृति की संरचना अलग-अलग धर्मों की भिन्न-भिन्न है। यदि धर्म को जगत् के साथ संगति बनाने की प्रेरणा के रूप में परिभाषित करें तो प्रत्येक व्यक्ति धार्मिक है। व्यक्तिगत स्तर पर आइन्स्टीन वैज्ञानिक भी धार्मिक ही था। परन्तु धार्मिकता की प्रेरणा व्यक्ति-व्यक्ति में और संस्कृति-संस्कृति में भिन्न-भिन्न होती है। मानवतावादी दृष्टिकोण धर्म के प्रति मानव में इसी भिन्न-भिन्न मात्रा में व्याप्त प्रेरणा के अन्तर के बोध से संबन्धित है। प्रकृति अथवा प्राकृतिक वातावरण के प्रति मानव को धार्मिक अभिवृत्ति का योग स्थान व काल की संघटना में नहीं है। मानवतावादी-भूगोल मानव की जगत् के साथ संगति के लिए इच्छा-शक्ति अथवा प्रेरणा की दृष्टि से कहाँ, कब, कितनी भिन्नता द्वारा जुड़ा है, यह खोज का विषय है। मानव भूगोल के शोधकर्ता का लोगों की धार्मिक प्रवृति एवं धार्मिक विचारों से भी परिचित होना आवश्यक है। संसाधनों के उपयोग करने में मानव की धार्मिक व सांस्कृतिक मूल्यताओं (Values) का भी गहरा प्रभाव पड़ता है।

मानवतावाद की भौगोलिक ऐतिहासिकता (Historical Perspective)

इस सोच का आरम्भ काण्ट के दार्शनिक विचारों से हुआ था। उसने इतिहास को भूगोल से अलग मानते हुए कहा- History is a report of phenomena that follow one another and has reference to time; the Geography is report of phenomena beside each other in space. अर्थात् इतिहास दृश्य-वस्तुओं अथवा घटनाओं के एक के बाद एक घटित बनने का कालबद्ध विवरण है, भूगोल दृश्य-जगत् अथवा घटनाओं का एक-दूसरे के साथ सम्बन्धित होना है।

भूगोल और इतिहास हमारे अवबोध अथवा प्रत्यक्ष ज्ञान के समस्त दायरे को आवृत्त किए हुए है- भूगोल स्थान के सन्दर्भ में, और इतिहास कालक्रम दृष्टि से।

भूगोल में मानवतावादी अभिगम को लोकप्रिय बनाने का श्रेय फेवर (Febvre) और विडाल-डि-ला ब्लाश (Blache) को जाता है। इनके सम्भवादी विचारों ने प्राकृतिक पर्यावरण में मानव-अनुक्रियाओं के लिए अनेक सम्भावनाएँ इंगित कर मानव के निर्णय (चयन-क्रिया) को महत्त्वपूर्ण स्थान दिया। इनके विचारों में मानव सक्रिय एवं उदासीन दोनों रूपों से प्रकृति के प्रति अनुक्रिया व्यक्त करता है। ये प्रकृति को मात्र सलाहकार (Adviser) से अधिक नहीं समझते थे। ब्लाश के लेखों में क्रियात्मकतावाद एवं उपयोगितावाद के लक्षण पाए जाते हैं। वह मानव भूगोल को एक स्वाभाविक विज्ञान कहता था जिसमें मानवता के गुण निहित हैं। कार्ल साउर ने भी 1925 में ही दृश्य-जगत् को दृश्य प्रपंच विज्ञान (Phenomenology) माना, और वुलड्रिज ने 1936 में ऐतिहासिक भूगोल का एक उद्देश्य ग्राम्य-जगत् को किसान की दृष्टि से देखे जाने पर ज़ोर दिया। जॉन राइट (John Wright) ने 1947 में भौगोलिक ज्ञान को 'Geosophy' ज्योसोफी, अर्थात् समस्त मानवों के मानस का संग्रह-ज्ञान बताया।

हार्ट शोर्न (Hartshorne) ने 1939 में अपनी रचना The Nature of Geography में मानवतावादी भूगोल के पक्ष की सार्थकता इंगित करते हुए काण्ट के विचारों का समर्थन किया -

Geography and history are alike in that they are integrating sciences concerned with studying the world..... even though their bases of integration are in a sense opposite - geography in terms of earth space and history in terms of periods of time. अर्थात् विश्व के अध्ययन के बारे में भूगोल व इतिहास एक जैसे समन्वित बने विज्ञान हैं...... यद्यपि दोनों के समन्वयीकरण के आधार परस्पर विपरीत हैं- भूगोल का आधार पृथ्वी पर स्थान है, और इतिहास का काल-अवधि।

तदुपरान्त, मानवतावादी भूगोल की नींव रखने में कर्क (Kirk, 1951) और तुआन (Tuan, 1976) का योग सशक्त बना।

मानवतावादी सोच 'मात्रात्मक क्रांति' के प्रति अरुचि के कारण विकसित बना। इसकी शुरुआत 'व्यावहारिक भूगोल' के साथ पनपने लगी। शीघ्र ही मानवतावाद का दृष्टिकोण व्यवहारवाद से अपना अलग अस्तित्व बनाकर शोधकर्त्ताओं के लिए प्रधान विषय बन उठा। उसने प्रत्यक्षवाद पर आक्षेप लगाए और संरचनाओं में बंधे सामाजिक-आर्थिक नियमों को निरे जड़ एवं स्थिर व गतिहीन बताया। मानवतावाद ने तर्कसंगत अनुभवाश्रित शोध की विधि को अपनाया।

क्रोपोत्किन और रेकलस के अराजकतावादी लेखों में मानवतावाद मुखर बन उठा। हरबर्टसन और फ्लूअर के अभिगमों में भी मानवता का ही पुट था। सामाजिक-जगत् का बोध वस्तुत: मानव के कार्यों एवं व्यवहार पर ही आधारित बना है। पृथ्वी के रंगमंच पर मानव-अभिनेता की क्रियाओं की शोध एवं परख भूगोल के मुख्य आधार होने चाहिए। परन्तु कतिपय आधारों पर जिनका आगे निम्न-पंक्तियों में उल्लेख है, मानवतावादी अभिगम की आलोचना भी हुई:

1. इसमें शोधकर्त्ता कभी भी आश्वस्त नहीं होता कि जो कुछ उसने व्याख्या दी है वह सत्य भी है अथवा नहीं। शोध में संदेह की स्थिति आरम्भ से अंत तक बनी रहती है। सभी स्वाभाविक विज्ञानों के सिद्धांतों का इतिहास यही बताता है कि वे त्यागे हुए निरस्त बने सिद्धान्त हैं। परन्तु इनके आधार पर ही तो नए सशक्त सिद्धान्तों का विकास संभव बना।

2. मानवतावादी भूगोल पद्धति के आधार पर प्राकृतिक और मानव भूगोल को विभक्त तथा अलग-अलग मानता है। यह द्वैतवाद भूगोल विषय की आत्मा (Spirit) का ही हनन है। अत: यह भूगोल विषय के विकास के लिए हानिकारक सोच है।

3. मानवतावादी भूगोल शोध के दौरान सहभागी की प्रेक्षण-क्रिया पर आधारित है। अत: इसमें सिद्धान्त-निरूपण की संभावना बहुत कम है। अतएव इसमें की जाने वाली शोध-प्रक्रिया व्यक्तिनिष्ठता (Subjective) के दोष से युक्त है, और इसके निष्कर्षों को वस्तुनिष्ठ (Objective) नहीं कह सकते।

4. इस विचार से संबन्धित शोध-कार्य में ज्ञान के उपयोग (Application) की गुंजाइश भी कम शेष रहती है, क्योंकि यह व्यक्तिनिष्ठ अधिक और व्यावहारिक (Applied) कम है। इसकी तुलना में अर्थशास्त्र, भौतिकविज्ञान, जलवायु विज्ञान, मृदाविज्ञान, इंजीनियरिंग आदि विषय अवस्थिति, जलवायु, ढाल व मृदा आदि संबन्धित व्यावहारिक-ज्ञान की दृष्टि से अधिक उपयोगी हैं।

5. मानवतावादी भूगोल के पास उपयोगी विकल्पों (Viable Alternatives) का भी अभाव रहता है जो वैज्ञानिक हों और हल खोज सकें। (Entrikin, 1976)

6. यह अभिगम पद्धतिहीन है। इसकी पद्धति अस्पष्ट है। व्यक्तिनिष्ठ सोच में किसी भी विधि-प्रक्रिया को सही मान लिया जाता है। यह भ्रामक एवं अवैज्ञानिक स्थिति है। इस सोच में व्यवहारजन्य क्रिया (Practical Activity) का नितान्त अभाव है। इसकी पद्धति

विभिन्न दर्शनग्राही (Eclectic) है, और निर्वचन के स्रोत भी अनेक हैं। अत: वास्तविकता (Reality) स्थापित करना कठिन है।

यदि धैर्यपूर्वक तर्क संगत विचार करें तो उपर्युक्त आलोचना निराधार है। स्थान अथवा प्रदेश की यथार्थता शोधकार्य के सहभागियों के प्रेक्षण-क्रिया पर आधारित होने के कारण बोधमयी है। इसका योग मुख्यरूप से मानव चेतना और मानवोपयोगी एजेन्सी पर आधारित है। इससे सामाजिक अन्तर्क्रिया का बोध यथार्थ रूप से होता है। इसे मात्र मानवीय सोच नहीं समझना चाहिए, और न समस्त इतिहास ही मानव-सोच है। मानवतावदियों के अनुसार किसी विषय यहाँ तक कि भौतिक विज्ञानों के सिद्धान्त भी सदैव के लिए नहीं होते। क्या विज्ञान (Sciences) का इतिहास नकारे गये सिद्धांतों (Rejected Theories) का इतिहास नहीं?

भूगोल और सार्वजनिक नीति (लोक-नीति)
(Geography and Public Policy)

भूगोल को विश्वविद्यालयों में स्थान 19वीं सदी के आरम्भिक दशकों से मिलना प्रारम्भ हुआ। जर्मनी, फ्रांस और ब्रिटेन के विश्वविद्यालयों में भूगोल विभागों के अधीन विषय का विकास हुआ। वह अनेक वैचारिक, दार्शनिक एवं पद्धति-विषयक समस्याओं में भी उलझा रहा और विषय सुनिश्चित रूप में कलेवर ग्रहण करने हेतु संघर्षरत बना रहा। भौगोलिक साहित्य, दर्शन एवं विधियों में व्यक्तिगत धारणाएँ एवं राजनीतिक तंत्र, सामाजिक आवश्यकताएँ व क्षेत्रीयता छायी रही। विगत पच्चीस वर्षों की अवधि में वृहत् रूप से भौगोलिक सामग्री रची गयी। गैर-सरकारी और सरकारी संगठनों के लिए तथा अध्ययन-अध्यापन में उपयोगी भूगोल-सामग्री प्रकट बनी।

द्वितीय विश्व युद्ध तक भूगोल मुख्यत: धरातल, प्राकृतिक आकृतियों, मौसम व जलवायु, पर्वतों, नदियों, मार्गों, नगरों व शहरों और बन्दरगाहों विषयक सामान्य सूचनाएँ प्रदान करने का विषय ही समझा जाता था। सामान्य जनता इसे सामान्य ज्ञान कराने का विषय ही मानती थी। परन्तु निकट भूतकाल से भूगोल की नवीन योजना-नीति (New Strategy) उभरी है, और विषय का पुनर्संगठन व पुनर्रचना हुई है। भूगोल में नए विषयों को स्थान दिया गया और समाज-कल्याण की दष्टि से स्थानीय चेतना जाग्रत बनाने हेतु पर्यावरण, स्थानीय भौगोलिक बोध, प्रदेश-जगत् की गहन जानकारी तथा विश्व-वातावरण एवं संबन्धों को अध्ययन हेतु अपनाया गया। वातावरण के प्रबन्ध, नियोजन तथा प्रदूषण की समस्याओं के प्रति ध्यानाकर्षण कराकर भूगोल को सार्वजनिक और लोक-हित का विषय बनाने के अथक प्रयास आरम्भ हो गए है। लोक-कल्याण के उद्देश्य और निर्धारित लक्ष्यों की पूर्ति हेतु भूगोल में सामाजिक पिछडेपन और जीवन-स्तर के विभिन्न सोपानों, गरीब एवं बेरोजगारी के संबन्ध में भौगोलिक व्याख्या स्थान प्राप्त करने लगी है। ऐसे भौगोलिक आधार पर प्रस्तुत निवर्चनों से स्थानीय निकायों और राजकीय प्रशासन को लाभ मिला है। अन्तर्राज्यीय एवं

अन्तर्प्रदेशी समस्याएँ न केवल प्रकट बनीं, अपितु उनकी यथार्थता का बोध हुआ है। इनके हल के आधार प्रकट बने हैं, और प्रादेशिक असमानताएँ व जीवन संबन्धी गुणवत्ता के सुधार में भूगोल का योग महत्वपूर्ण बना है। दृश्य-वस्तुओं के पुनर्वितरण की आवश्यकता प्रकट बनाने में भौगोलिक स्थानिक विश्लेषण महत्वपूर्ण सिद्ध हुआ।

नौकरी-पेशा और रोजगार की दृष्टि से भूगोल आरम्भ में विकसित देशों में भी केवल अध्यापन का विषय (Teaching Subject) था। तीसरी दुनिया के देशों में तो आजतक भी भूगोल को देश की योजनाओं एवं विकास प्रक्रिया में सक्रिय स्थान नहीं मिला है। शोध-ग्रंथ-भूगोल अभी तक पुस्तकालयों की शोभा बढ़ाते देखे जा सकते हैं, उनका विकास योजनाओं हेतु सदुपयोग नहीं होता है। दुर्भाग्यवश, विशेषत: भारत में नियोजक-नीति-निर्धारक आज तक भी स्थानिक-विमियों (Spatial Dimensions) विषयक समस्याओं से मुख-मोड़े बैठे हैं। उनमें आजतक यही धारणा घर कर बैठी हुई है कि भूगोल सामान्य-ज्ञान कराने मात्र की पूर्ति करने का विषय है, उसका कोई अन्य उपयोग नही है। इसका दोष भूगोलवेत्ताओं का ही है, क्योंकि उन्होंने सामाजिक क्षेत्र में कोई सार्थक योगदान नहीं दिया, और न ही प्रदेश के स्थानिक-संगठन हेतु विकल्प व नीति-निर्धारक तथ्यों को इंगित किया। केवल विगत तीन दशकों में विषय की विधि-तंत्र, सोच और प्रसंगों के चयन में परिवर्तन प्रकट हुए।[50] भूगोलवेत्ताओं का ध्यान अब प्रधान रूप से गरीबी, भुखमरी, प्रदूषण, प्रजातीय भेदभाव, समाजिक ऊंच-नीच अथवा न्याय, पर्यावरण-प्रदूषण और संसाधनों के उपयोग व दुरुपयोग आदि समस्याओं के प्रति जागरूक बना है। इसमें कतिपय उल्लेखनीय कार्यों में Geography of Crimes,[51] Black-Ghetto[52], और Geography of Social Well-being[53] हैं। यह एक उत्साहवर्द्धक परिवर्तन है कि आजकल विश्व के सभी भागों में नव-शोध की दिशा भूगोल में लोक-प्रशासन से जुडी समस्याओं पर आधारित है। सामाजिक समस्याओं के निराकरण हेतु जन-कल्याणकारी (Human Well-being) प्रसंगों में शोध आरम्भ हो चुकी है। असमानताओं की खाई को पाटने की दिशा में मानव भूगोल अब कदम उठा चुकी है। वस्तुत: कल्याणकारी भूगोल का ध्येय अब ऐसी सामाजिकता के विकास की आवश्यकता है जो भौगोलिक विकल्पों द्वारा रची जा सके[54] और जनता की मूल सुविधाओं पर आधारित बने।

उपयोगितावादियों (Pragmatists) का मत है कि मात्रात्मक क्रांति के वैज्ञानिक विधि-विधानों (प्रत्यक्षवाद) का प्रयोग मानवीय समस्याओं के निराकरण हेतु किया जाना चाहिए। इसी संदर्भ में David M.Smith ने कल्याणकारी अभिगम के अपनाने पर जोर दिया है। मानव भूगोल का भविष्य ऐसी ही समस्याओं के विश्लेषण में निहित है जो मानव-कल्याण की ओर उन्मुख है।[55] कल्याणकारी भूगोल को भिन्न-भिन्न विद्वानों ने भिन्न-भिन्न रूपों से परिभाषित किया। मिशान (Mishan) के अनुसार सैद्धांतिक कल्याणकारी भूगोल अध्ययन की वह शाखा है जो अच्छे-बुरे का निर्णय करने वाले मापक द्वारा उपलब्ध भौगोलिक परिस्थितियों के विकल्पों को श्रेणी दे सके।[56] नाथ (Nath) के अनुसार कल्याणकारी भूगोल

ऐसा भौगोलिक क्षेत्र है जिसमें समाजकल्याण हेतु विभिन्न भौगोलिक नीतियों को परखा जा सकें।[57] स्मिथ (Smith) ने इसे स्थानिक संदर्भ में परिभाषित करते हुए व्यक्त किया कि - कल्यणकारी भूगोल इसका अध्ययन है- ''कौन, क्या, कहाँ और कैसे प्राप्त करता है।''[58]

तात्पर्य यह है कि कल्याणकारी भूगोल ऐसी भौगोलिक स्थिति अथवा दिशा इंगित करता है जिसमें संसाधनों, आय और जन-कल्याण के अन्य स्रोतों का स्थानिक विनियोजन अथवा आवंटन सम्भव हो सके। स्मिथ की व्याख्या का प्रयोग गरीबी एवं अन्य सामाजिक समस्याओं के अतिरिक्त अन्य महत्त्वपूर्ण क्षेत्रों से भी जुड़ा है जैसे उद्योगों के अवस्थितिजन्य प्ररूप जनसंख्या-वितरण, सामाजिक सेवा-सुविधाएँ की अवस्थिति, यातायात-जाल, मानवों व माल की ढुलाई आवागमन-प्ररूप तथा विभिन्न भौगोलिक दशाओं के मध्य जीवन की गुणवत्ता स्थापित करने के प्रयास। इन सभी के तले ऐसी सामाजिक व्यवस्था जो आर्थिक, सामाजिक, राजनीतिक संरचनाओं को उत्पन्न कर सार्वजनिक कल्याण का विकास कर सके।[59]

कल्याणकारी अभिगम मानव इतिहास के विभिन्न कालों में भिन्न-भिन्न राष्ट्रों व समाजों ने भिन्न स्वरूप में अपनाया। यहूदियों, क्रिस्तानियों, मुसलिमों, कन्फ्यूशियनों, हेलिनीयों, मार्क्सवादियों, यथार्थवादियों, अस्तित्ववादियों आदि ने इस अवधारणा को अपनी-अपनी नीतियों और सामाजिक रीतियों व वातावरण में ही ग्रहण किया।[60]

मानव-दिशाओं में सुधार और मानव-कल्याण की अनुभाविक पहचान (Empirical Identification) इलाकों के स्तर पर जाना महती आवश्यकता है। इसी दिशा में शोध भी करना जरुरी है। परन्त दुर्भाग्यवश विकासशील देशों में, विशेषत: भारत में इलाकों के स्तर पर (On Territorial Levels) इस दिशा में न तो प्रयास हुए, और न शोधकार्य किए गए हैं। विभिन्न इलाकों के सभी प्रकार के भौगोलिक प्रारूपों को जाँच कर वहाँ अधिकतम लाभ और न्यूनतम लागत के आधार पर ही जनकल्याण की सार्वजनिक नीति अपनायी जाने की आवश्यकता है। कल्याणकारी नुस्खा प्रदेश अथवा राज्य की बदली हुई तस्वीर के लिए विकल्प सिद्ध हो, न कि घिसे-पिटे परम्परागत सुझावों में जकड़ा कोई स्थिर-स्थायी ढाँचा। नवीन अथवा विकल्प बने नुस्खे से इसका उत्तर स्पष्टत: मिलना चाहिए कि 'किसे, क्या, और कहाँ से कितना मिले?' पहले बनी हुई अवांछनीय दशा में विकल्प के लागू करने के उपरान्त नई-दिशा बेहतर परिणाम दे यह आवश्यक है। भूगोलवेत्ता का बदले वातावरण को (गुणकारी और बेहतर) उत्पन्न करने में उसका योग और उस रूप में उसकी हैसियत क्या होनी चाहिए, यह निर्णय किया जाना आवश्यक है।[61] किसी क्षेत्र (Space) में विनियोजन अथवा आवंटन की क्षमता का निर्धारण कर और वहाँ के संसाधनों का विश्लेषण और संश्लेषण के आधार पर भूगोलवेत्ता सार्वजनिक नीति-निर्धारण में योगदान दे सकते हैं।

भारत जैसे विकासशील देशों में घोर रूप में आन्तरिक असमानताएँ व्याप्त हैं। तीसरी दुनिया के देशों में पूंजी और अधिकार शक्ति (Wealth and Power) केवल कुछ ही शहरी लोगों और भूमिधरों के हाथों में केन्द्रित बनी है। दक्षिणी-अफ्रीका इसका ज्वलन्त

उदाहरण है। भारत में भी आधे से अधिक जनसंख्या गरीबी-रेखा से नीचे जीवन-निर्वाह कर रही है, और कुल राष्ट्रीय परिसम्पत्ति (National Assets) का 50 प्रतिशत से भी अधिक भाग केवल दो दर्जन परिवारों के हाथों में सीमित है। यहाँ, यद्यपि गांवों में 70 प्रतिशत जनसंख्या निवास करती है, परन्तु अधिकांश आर्थिक-क्रिया महानगरी नाभियों (Metropolitan Cores) में संचालित बनी है। नगरोन्मुख औद्योगिक एवं सामाजिक पक्षपातपूर्ण नीति हमारे नियोजकों के मस्तिष्क में घर कर चुकी है। इससे शहरी व ग्रामीण जनसंख्या के बीच और अमीर-गरीब के मध्य खाई चौड़ी होती जा रही है।

संयुक्त राज्य अमेरिका, कनाडा व आस्ट्रेलिया जैसे विकसित देशों में भी लोक-कल्याण के स्तरों में स्थानिक अन्तर पाया जाता है। सामान्यत: संयुक्त राज्य अमेरिका में भौतिक-जीवन का स्तर विश्व के अन्य देशों की तुलना में बहुत ऊँचा है। परन्तु लाखों अमेरिकी, विशेषत: वहाँ के नीग्रो, गरीबी में शहरों की उपेक्षित बस्तियों (Ghettos) में जीवन काट रहे हैं। संयुक्त राज्य के दक्षिणी ग्रामीण भागों (टेक्सास, जार्जिया, आदि) में जन-जीवन की दशाएँ उतनी ही बदतर बनी हैं जैसी कि दक्षिणी-अफ्रीकी भागों में हैं। वहाँ की नगरी गंदी बस्तियों (Slums) में अपराध, नशाखोरी आदि कुकृत्यों की दर पर्याप्त ऊँची है। यह U.S.A. की पूंजीवादी व्यवस्था और आर्थिक विकास का खोखलापन और असफलता ही है जहाँ लगभग 12 प्रतिशत (2.6 करोड़) लोग संयुक्त राज्य के जनगणना ब्यूरो (U.S. Census Bureau) के अनुसार, अधिकृत निर्धारित ग़रीबी रेखा की सीमा से नीचे की आय वाले हैं। वस्तुत: यह दयनीय आर्थिक स्थिति इसलिए भी विस्फोटक बनी है क्योंकि नगरी-पक्षपाती और धनिकोन्मुख नीति ने राज्य व समाज को जकड़ रखा है। इससे आर्थिक व सामाजिक असन्तुलन व असमानताएँ उत्पन्न हो रही हैं। प्राकृतिक अवरोधों जैसे दुर्भिक्ष, बाढ़, तूफान, मरुभूमि आदि वातावरणीय विभीषिकाओं को पूर्णत: मेटा नहीं जा सकता, कम किया जा सकता है। भूगोलवेत्ताओं का दायित्व ऐसी स्थितियों में और भी अधिक महत्त्वपूर्ण बन उठता है। वह समाज की आवश्यकताओं के अनुसार संसाधनों के संरक्षण और पुनर्आबंटन से जीवन की गुणवत्ता बनाए रख सकते हैं। समानता को चरणबद्ध अर्जित कर लोक कल्याण के लक्ष्य पूर्ति के प्रयास में योगदान दे सकते हैं।

भूगोलवेत्ता अन्य ज्ञान के विद्वानों की तुलना में वातावरण के प्रबन्धन में अधिक सक्षम सिद्ध हो सकते हैं। वे स्थानिक दृष्टि से समस्याओं को उजागर करने में और स्थानिक रूप से वितरित सूचनाओं व आंकड़ों का विश्लेषण करने में योग्य सिद्ध हो सकते हैं। वातावरण के प्रति चेतना और स्थानिक-विमीय के अवबोध का अनुभव भूगोलवेत्ता जितना यथार्थ में निवर्चन कर सकता, अन्य विशिष्ट-विषयों में केन्द्रित विज्ञान नहीं कर सकते। आपूर्ण-स्थानिक वातावरण में भूगोलवेत्ता की पैठ विश्वसनीय होती है क्योंकि वह समस्तता (Wholeness) से जुड़ी होती है। कल्याणकारी समाज की आवश्यकता आवश्यक वस्तुओं के बेहतर आवंटन, बेहतर वितरण और उत्पादन के साधनों के बेहतर विनियोग में निहित है। इनके द्वारा ही व्यक्तियों, वर्गों में और विभिन्न स्थानों में सुविधाएँ उपलब्ध कराकर लोक-कल्याण की मंजिल तक बढ़ा जा सकता है। अनेक देशों में भूगोलवेत्ता अन्य वैज्ञानिकों के

साथ मिलकर लोकनीतियों के निर्धारण में सक्रिय बने हैं। वे संसाधनों के लाभकारी प्रभावों को सभी वर्गों के लोगों तक उपलब्ध बनाने में व्यस्त हैं। स्वीडन, नार्वे, नीदरलैण्ड, इजरायल, डेनमार्क, रूस, फ्रांस, न्यूज़ीलैण्ड व आस्ट्रेलिया के देशों में भूगोलवेत्ताओं व अन्य वैज्ञानिकों के मध्य अच्छा तालमेल बना है। इससे नियोजन द्वारा वहाँ मानव और वातावरण के बीच अन्तर्क्रिया को लोकनीति व कल्याणकारी दिशा में अपनाया गया है। शोध कार्य के उद्देश्य भी सर्वजनहितों के लिए निर्धारित हैं। भारत के भूगोलवेत्ता भी निरन्तर वृद्धि प्राप्त कर रही जनसंख्या के लिए अनेक सामाजिक व आर्थिक समस्याओं और रोज़गार विषयक संकट का सामना व्यावहारिक योजनाओं (Pragmatic Proposals)को अपनाकर हल कर सकते हैं।

व्यावहारिक भूगोल (Applied Geography)

समाज में भौगोलिक ज्ञान को व्यवहार में प्रयुक्त कर समस्याओं का समाधान करना व्यावहारिक भूगोल का ध्येय है। बहुत समय तक भूगोलवेत्ता माल-उत्पादन और प्राकृतिक संसाधनों के विदोहन संबन्धी अध्ययनों में व्यस्त रहे। वे समाज कल्याण और सामाजिक-न्याय जैसी महत्त्वपूर्ण समस्याओं की ओर से आँखें मूंदे रहे।

व्यावहारिक भूगोलवेत्ताओं का तर्क विषय में शोध कार्य के प्रति था - विशिष्ट को उजागर बनाना, और अध्यापन का भी ज़ोर मानव व प्रकृति के मध्य सामंजस्य की ओर था, न कि विषय में पांडित्य प्राप्त करना। व्यावहारिक भूगोल आर्थिक संपन्नता पर नहीं, सामाजिक दृष्टि से स्वास्थ्यप्रद विकास में विश्वास व्यक्त करता है। वह कार्यक्षमता और निपुणता के स्थान पर समानता पर और साज-समान की मात्रात्मक बढ़ोतरी के स्थान पर जीवन की गुणवत्ता पर ध्यानाकर्षित कराने वाला विषय है। (Adams, 1976)

व्यावहारिक भूगोल के बारे में पहली बार विस्तृत वक्तव्य डडले स्टाम्प (L.D. Stamp, 1960) ने प्रस्तुत किया। वह भूगोलवेत्ता का अनूठा योग मानव और वातावरण के बीचे 'समस्तता' का दृष्टिकोण (Holistic Approach) विकसित कराना मानता था। इस प्रकार का दृष्टिकोण विकसित बनाने में भौगोलिक-सोपानों में मुख्य पद हैं- (i) क्षेत्र का प्रेक्षण, अवलोकन कार्य, और (ii) वस्तुनिष्ठता से व्यवस्थित तथ्यों का संकलन। संग्रहीत आंकड़ों व सूचनाओं को मानचित्र में अंकित कर वैज्ञानिक रूप से उनका अध्ययन करना। यह निवर्चन-अध्ययन विश्व की महत्त्वपूर्ण समस्याओं के अवबोध के लिए आवश्यक है। इससे भूमि पर जनसंख्या का दबाव जैसी समस्या, आर्थिक विकास, रहन-सहन संबन्धी स्तर में असमानताएँ और प्रादेशिक नियोजन के बारे में यथार्थ स्थिति प्रकट बनती हैं। स्वयं डडले स्टाम्प ने ग्रेट ब्रिटेन का भू-उपयोग सर्वे-कार्य कर Land of Britain : Its Use and Misuse पुस्तक प्रकाशित की जो Applied Geography में मील का पत्थर साबित हुई। डडले स्टाम्प के इस प्रयास ने अनेक भूगोलवेत्ताओं को केन्द्रीय व स्थानीय निकायों में नियोजन-अधिकारी पद पर आरूढ़ बनाने हेतु सक्षम बनाया। (1940, 1950 का दशक और 1960 दशक)।

युद्धकाल में भी अनेक लोगों को राष्ट्रीय सरकारी कार्यालयों और सैन्य-कौशल व खुफिया विभागों में रोज़गार मिला। वायुव्य भा-चित्रों के निवर्चन और दूर-संवेदन एजेन्सी में भी भूगोल के ज्ञाताओं को प्रशिक्षित बनाने की नींव पड़ी। ये विधियाँ आजकल भूगोल में अति-महत्त्वपूर्ण स्थान ग्रहण कर गयी हैं। सर्वे-कार्य और मानचित्रण क्रिया के ये महत्त्वपूर्ण उपकरण हैं।

1960 के उपरान्त भूगोल की तकनीक और अभिगमों में विकास आया। मात्रात्मक क्रांति से परिवर्तन आए, और तदुपरान्त भौगोलिक सूचना-तंत्र (Geographic Information System - GIS) ने व्यावहारिक भूगोल के योगदान की दिशा में वृद्धि की। इससे अनेक सरकारी व ग़ैर सरकारी सेक्टर में लोगों को रोज़गार मिला।

भूगोलवेत्ताओं का ध्यान वातावरणीय आपदाओं और पुनर्वास जैसी गंभीर समस्याओं की ओर आकर्षित बना। सन् 1981 में (Journal of Applied Geography की स्थापना हुई। Coppock, 1974 ने अब भूगोल के अन्तर्गत 'सार्वजनिक-नीति' (Public Policy) को स्थान दिया। विषय में बाजारी-कौशल (Marketable Skills) में वृद्धि व विकास हेतु व्यावहारिक भूगोल के विद्वानों ने GIS तथा दूरस्थ-संवेदन तकनीक के भरपूर उपयोग पर ज़ोर दिया। यूरोपीय देशों की तुलना में इस दिशा में उत्तरी अमेरिका आगे था जहाँ भूगोल ने विश्वविद्यालयों के बाहर आकर समाज की संस्थाओं, कार्यालयों में उपयोगी योग दिया। इसमें The Association of American Geographers का योग सक्रिय था जिसके अधीन व्यावहारिक भूगोल का विशेष दल संगठित बना।

व्यापारिक निजी फर्मों के अन्तर्गत अनेक निविदाएं भूगोल ज्ञाताओं को मिलने लगीं। पूर्वी यूरोप के समाजवादी व्यवस्था वाले देशों और पूर्ववर्ती USSR में 1950 और 2000 ई. के दौरान व्यावहारिक भूगोल के ज्ञान का सदुपयोग तत्कालीन आर्थिक समस्याओं के हल में और वातावरणीय समस्याओं के निराकरण में पूंजीवादी विश्व की तुलना में अधिक हुआ।

कतिपय भूगोलवेत्ताओं ने व्यावहारिक भूगोल का विघटन कर उसे संकुचित दायरे में समस्याओं के हल-हेतु प्रयोग किया जैसे, (i) 'स्थानिक विश्लेषण' जो प्रत्यक्षवाद पर आधारित बन GIS द्वारा अवस्थितिक-आबंटन की समस्याओं को हल करने पर ज़ोर देता है, (ii) 'मानवतावादी भूगोल' का केन्द्रीय बिन्दु मानव एजेन्सी है और (iii) आमूल परिवर्तनवादी भूगोल का ध्येय लोगों का ध्यान उस समाज के प्रति जाग्रत बनाना था जिसमें वे दिन काट रहे थे, और उससे उन्हें मुक्त कराने हेतु उसकी पुनर्रचना पर ज़ोर है। स्टोडार्ट (Stoddart, 1987) ने व्यावहारिक भूगोल की आलोचना करते हुए उसे अत्यन्त तुच्छ व नगण्य प्रश्नों में केन्द्रित कहा है। उसका मत है कि व्यावहारिक भूगोल के स्थान पर भूगोलवेत्ताओं को अपना ध्यान यथार्थ समस्याओं के भूगोल में लगाना चाहिए और मानव-वातावरण से संबन्धित महती समस्याओं पर केन्द्रित करना चाहिए।

उत्तरआधुनिकता (Postmodernism)

मानविकीय ज्ञान, दर्शन और सामाजिक विज्ञानों व कला में आजकल उत्तरआधुनिकता का आन्दोलन चला है। वह आधुनिक भूगोल में ऐतिहासिकता की प्रतिक्रिया है। ऐतिहासिकवाद का ज़ोर व्यक्तियों एवं सामूहिक घटनाओं के कालक्रमानुसार वर्णन पर होता है, और यह स्थानिकता को नज़रन्दाज करता है। सोजा (Soja, 1989) की राय में ऐतिहासिकतावाद सामाजिक जीवन पर ऐतिहासिक सन्दर्भ की अतिवादी दृष्टि है। वह भौगोलिक अथवा स्थानिक सोच को सामाजिक सैद्धांतिक विश्लेषण के दौरान हाशिए में धकेल देता है। काल की महत्ता में 'स्थान' गौण रह जाता है। इससे सामाजिक-जगत् की परिवर्तनशीलता का भौगोलिक निवर्चन अस्पष्ट रह जाता है।

भूगोल में उत्तरआधुनिकता का ज़ोर सामाजिक और भौगोलिक जाँच-पड़ताल के दौरान खुलेपन पर आधारित है। यह विषमांगता से युक्त पचमेल प्रयोग है। इसमें कलात्मक प्रयोग व राजनीतिक सशक्तता सम्मिलित है। इसका उद्भव स्थापत्य-कला व साहित्य के सिद्धान्तों में निहित है। इसके केन्द्र बिन्दु अथवा नाभि (Core) की पहचान कठिन है। डियर (Dear, 1994) के अनुसार -"Postmodernity is everywhere, from literature, design, art, architecture, philosophy, mass media, clothing style, music and television. Postmodernism raises urgent questions about place, space and landscape in the production of social life."

अर्थात् उत्तरआधुकिता सभी ओर है, वह साहित्य में, कला व डिज़ायन में, सत्यापत्य में, दर्शन और जनसंचार साधनों, पोशाक के तौर-तरीकों व संगीत, दूरदर्शन सभी में मौजूद है।

सामाजिक जीवन को गतिवान रखने में उत्तर-आधुनिकता स्थान, क्षेत्र और दृश्य-जगत् के बारे में आवश्यक प्रश्नों को खड़ा करता है।

उत्तरआधुनिकता का समर्थन करने वालों का तर्क है कि सामाजिक व ऐतिहासिक प्रक्रियाओं की रचना भिन्न-भिन्न स्थानों व प्रदेशों में भिन्न-भिन्न स्वरूपों में हुई है इसलिए ऐतिहासिक-धारा सर्वत्र समान रूप से प्रवाहित नहीं बनी है। उदाहरणवत् आजकल के उपन्यासों की संरचना अस्त-व्यस्त है, और आजकल की स्थापत्यकला मूल्यों से वंचित बन उठी है।

भूगोलवेत्ताओं ने समकालीनिकता की समस्या को बहुत पहले ही पहचाना जैसा कि डारबी (Darby) ने इंगित किया -

ऐतिहासिक तथ्यों के सिलसिले को प्रस्तुत करने की अपेक्षा भौगोलिक तथ्यों के क्रमों को व्यक्त करना अधिक कठिन है। घटनाएं एक के पश्चात् दूसरी नाटकीय रूप में समयबद्ध घटित होती हैं। उनको समयबद्ध लिपिबद्ध करना सरल है, परन्तु उनको स्थान में सान्निध्य बनाना कठिन है।

भौगोलिक विवरण अनिवार्यत: कठिन क्रिया है, जबकि ऐतिहासिक वर्णन अपेक्षाकृत सरल है। डियर (1986) ने उत्तर आधुनिकतावाद को तीन घटकों में विभक्त किया है- (i) उत्तरआधुनिक शैली, (ii) उत्तरआधुनिक विधि, और (iii) उत्तरआधुनिक काल।

(i) शैली रूप में - उत्तरआधुनिकतावाद साहित्य व साहित्यिक समालोचना में शैली रूप में व्यक्त है जहाँ से वह फिल्म, डिज़ायन, कला, फोटोग्राफी और स्थापत्य में फैला। इसकी सामान्य दिशा और संरचना में समरूपता व अनुरूपता का अभाव प्रवेश कर गया। स्थापत्य शैली की आलोचना उसके दिखावे में भिन्नता, रंग, डिजायन व प्रतिमा-विज्ञान के आधार पर की गई है। वह मात्र उथली व ऊपरी सतही बन शेष रही।

(ii) विधि रूप में - विधि रूप में उत्तरआधुनिकता सार्वभौमिक सत्य से परहेज़ करती है, और इसके सोच में सब कुछ समाया हुआ था। इसका किसी भी अर्थ में प्रयोग होने लगा और विधि निराधार बन उठी। अत: इसका मूल्यांकन ही दुर्लभ बन गया। इससे रचना-सिद्धान्त ही छिन्न-भिन्न बन उठा और लेखन को संस्कृति, वर्ग, लिंग आदि सभी प्रभावित बनने लगे जिससे लेखक की स्थिति ही डगमगा गयी। विधि स्वयं लड़खड़ा गयी और विकल्प भी ढीले व कमज़ोर बन गए। लेखन-विधि में अस्थिरता विकसित हो गयी। मानव भूगोल में ओलसन (Olsson, 1980) जो रचना के बिखराव के प्रारम्भिक समर्थक थे, उनको नवोन्मेष के अभ्यासी के रूप में जाना जाता है। रचना की तोड़-मरोड़ वस्तुत: अस्थिर विधि का ही परिणाम है।

(iii) काल-अवधि रूप में - उत्तरआधुनिकतावाद का युग उसे ही माना जा सकता है जब संस्कृति सहित दार्शनिक सोच में परिवर्तन उत्पन्न हुआ। भूमण्डलीय अर्थव्यवस्था और भू-राजनीति का विकास बदले स्वरुप में प्रकट बना, और विलम्बित पूंजीवादी संस्कृति प्रकट हुई जो भूतकालीन युग की संस्कृति से बिलकुल भिन्न है। नए युग की इस संस्कृति के अन्तर के अध्ययन की विशेषताओं में अनिश्चितता, कृत्रिम, घिसे-पिटे पुराने कुरुचिपूर्ण रंग-ढंग भरे पड़े हैं। अव्यवस्था को ही व्यवस्था मान लिया गया और मुख्य जोर दिया गया विषमता, विशिष्ट एवं अनूठे कृत्यों पर (ग्रिगरी, 1989a : 70)। 'न्यूयार्क टाइम्स' से उद्धृत टिप्पणी की सार्थकता उत्तरआधुनिकतावाद के विषय में व्यक्त है- "The great lesson of the 20th century is that all the great truths are false." अर्थात्, 20वीं सदी की सबसे बड़ी सीख यही है कि सभी महान् 'सत्य' असत्य सिद्ध हुए हैं। मानव भूगोल के विद्वानों ने स्थानिक-विज्ञान को बढ़ावा देने के लिए आधुनिकवाद की 'व्यवस्था' (System) पर ज़ोर दिया। परन्तु आनुभविक प्रेक्षणों (Empirical Observations) ने सिद्ध किया कि आधुनिकतावाद में अव्यवस्था (Disorder) के अतिरिक्त और कुछ भी नहीं है। यह ऐसी अव्यवस्था है जिसमें न तो कोई लागू करने हेतु सिद्धान्त हैं, और न विश्व व्यापक सत्य। (Barnes, 1996) आधुनिकतावाद के आलोचकों के हाथों में दार्शनिक-सोच का ऐसा मंत्र आ गिरा जो-

''आधुनिकतावाद को '**अव्यवस्थाभरा जगत्**' कहने में संकोच नहीं है। हम जिस प्रकार के आधुनिक जगत् में इस समय रह रहे हैं वह नव-सैद्धांतिक अतिसंवेदनशीलता से भर उठा है, जहाँ जो कुछ भी करें, सभी सही मान लिया जाता है। क्षेत्र में व्याप्त विभिन्नताएँ भी ऐसी अव्यवस्थित बनी आधुनिकवाद में विलुप्त बन गयी हैं। (Gregory, 1989 a : 91-92)''

वस्तुतः मानव भुगोल में उत्तरआधुनिकवाद उत्तरकालीन प्रतिमान अथवा प्रकरण हैं जिनमें न तो केाई सुरुचिपूर्ण सोच है और न यथार्थ। इसके समर्थकों ने वातावरणीय, नियतिवाद, आदि तंत्रों को नकार दिया। 1950 से 1980 के मध्य विकसित भौगोलिक अभिगमों का उत्तरकालीन आधुनिकवाद में कोई स्थान नहीं रहा। वे यह भी स्वीकार नहीं करते कि सामाजिक जीवन में किसी प्रकार की भूमण्डलीय सुसंगति है, और प्रतिदिन की जन-जीवन प्रणाली किसी पूर्व-शैली और मूल्यों द्वारा संचालित बनी है। उत्तरआधुनिकवादी 'क्षेत्रीय' विभिन्नताओं के सोच की ओर लौटे अवश्य हैं, परन्तु यह वापसी भिन्न प्रकार की है जिसमें ऐसे विश्व का सोच है जो अतिसंवेदनशीलता से भरा है, जहाँ न कोई नीति, न सिद्धांत और न संरचना है। वहाँ है विषमता, विशिष्टता (व्यवस्था रहित) और अनूठापन जो कुछ भी करने, सोचने और बरतने में संकोच नहीं रखते। इनके मतानुसार - "... we need, to go back in parts on the question of areal differentiation, but armed with a new theoretical sensivity towards the world in which we live and to the ways in which we live and to the ways in which we represent it." (Gregory)

समय (काल) भूगोल (Time Geography)

स्वीडन के भूगोलवेत्ता हेगरस्ट्रेण्ड (T. Haggerstrand) और उसके सहायकों ने लुण्ड विश्वविद्यालय में 'समय के भूगोल' सम्बन्धी विचार विकसित किए। समय और स्थान की ज़ोड़ी अविछिन्न है, और ''प्रत्येक घटनाभूतकालीन स्थिति में अपनी जड़ें जमाए रहती है।'' समय भूगोल का आधार प्रकृतिवाद (Naturalism) है, अर्थात्- प्राकृतिक और सामाजिक विज्ञानों की पद्धति में अनिवार्यतः एकता विद्यमान है। घटनाओं के अनुक्रमों अथवा तांता में (Sequence of Events) स्थान व समय की दृष्टि से तारतम्यता देखी जाती है।

समय-भूगोल की संकल्पना काण्ट की अवधारणा से मिलती जुलती है। काण्ट भूगोल व इतिहास की संगति को किसी प्रकार का तर्क नहीं मानता। वह दोनों को प्राकृतिक रूप से वर्गीकृत ठहराता है। काण्ट भूगर्भ विज्ञान में चट्टानों और वनस्पति विज्ञान में पादपों को तथा प्राणीविज्ञान में पशुओं को उनकी आकृति-मूलक विशेषताओं के आधार पर तार्किक रूप से वर्गों में विभक्त बताता है। परन्तु प्राकृतिक वर्गीकरण, इसके विपरीत, ऐसे व्यक्तिगत विषयों का संग्रह करता है जो समय के सन्दर्भ में अथवा स्थान के सन्दर्भ में समान बने हैं। हमारे अवबोध की समस्त परिधि को भूगोल व इतिहास घेरे हुए हैं- ''भूगोल 'स्थान'

(Space) के सन्दर्भ में, और इतिहास 'समय' (Time) के सन्दर्भ में। (हार्ट शोर्न से उद्धृत, 1939)''

हेगरस्ट्रेण्ड के अनुसार समय व स्थान ऐसे संसाधन हैं जो हमारी क्रियाओं को नियंत्रित बनाए हुए हैं। हमारे व्यवहार में प्रत्येक क्रिया साथ-साथ समय व स्थान की अनुपालना में पूर्ण होती है। (Fig. 12.3) इस आरेख में क्रिया की गति क्षैतिज-धुरी पर स्थान में और ऊर्ध्वाधर पर समय में पूर्ण बनी है।

हेगरस्ट्रेण्ड ने प्रारम्भिक समय-स्थान संकेत का विकास जनसंख्या विज्ञान में प्रयुक्त लेक्सिस-बेकर (Lexis-Becker) के आरेख के मानक अनुसार किया। यह एक जाल-मॉडल (Web Model) Fig.12.4 है जो चार आधारभूत प्रस्तावों पर आधारित है-

(अ) स्थान व समय संसाधन हैं जिन पर प्रोजेक्ट की पूर्ति की जाती है, और

(ब) किसी प्रोजेक्ट की पूर्ति में तीन प्रकार के नियंत्रण (Constraints) आते हैं:

1. 'क्षमता विषयक नियंत्रण' (Capacity Constraints) व्यक्तियों की क्रियाओं को सीमित कर देता है। प्रत्येक स्थान व प्रत्येक समय व्यक्तियों की क्रिया-क्षमताएँ एवं साधन-सुविधाएँ समान नहीं रहती हैं। अतः व्यक्ति उन्हीं मार्गों की ओर उन्मुख बनकर क्रियापूर्ति करता है जो उसकी क्षमता अनुकूल सम्भाव्य और उपयुक्त बने रहते हैं। चाहे उसकी क्रियाएँ खेत-खलिहान, फैक्ट्रियों, शालाओं अथवा दुकानों से ही संबन्धित क्यों न हो, व्यक्ति क्षमतानुसार उपयुक्त मार्गों की अनुपालना करता है।

2. युग्मन अथवा संयोजन विषयक नियंत्रण (Coupling Constraints) से अभिप्राय स्थान-विशेष और निर्धारित समयों पर व्यक्तियों के युग्मों अथवा समूहों की सार्थकता से है। यह सार्थकता स्थान व समय के सन्दर्भ में क्रियाओं पर नियंत्रण करती है, और समय-स्थान के पुलिंदे निर्धारित करती है। यह संसाधनों का सामूहिक संयोजन अथवा पूल (Pool) है जो प्रोजेक्ट की पूर्ति में योग देता है।

3. तीसरा नियंत्रण प्रभुत्त्व (Authority) अथवा मार्ग-दिखाने वाली सत्ता है जो समयानुकूल और निर्धारित स्थानों पर व्यक्तियों की क्रियाओं को प्रतिबाधित बनाती है।

(स) तीसरा आधारभूत प्रस्ताव हेगरस्ट्रेण्ड के जालनुमा मॉडल में 'अन्तसर्क्रियता' (Interactive) है जो उपर्युक्त नियंत्रणों में घटित बनी है। यही संभावित सीमाओं को निर्धारित करती है। मार्गों को भी यही इंगित करती है जो समूहों द्वारा विशेष प्रोजेक्ट के सम्पादन में योग रखते हैं।

इस सरल उदाहरण में व्यक्ति क्षेत्र को उस समय तक नहीं छोड़ सकता जब तक क्रिया के आरम्भ (समय I) से अन्त (समय II) तक पूर्ति नहीं हो जाती है। इन दोनों समय के बीच में वह अधिकतम उपलब्धि स्थानिक-प्रसार (Spatial Range) में अर्जित करता है। (मील/कि.मी.)

Figure 12.3 *समय-क्षेत्र का प्रिज़्म*

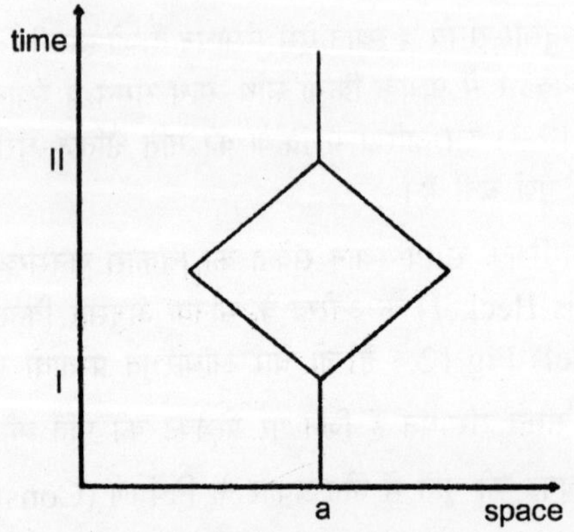

Figure 12.4 *समय-भूगोल (हेगर स्ट्रेण्ड का जाल-मॉडल)*

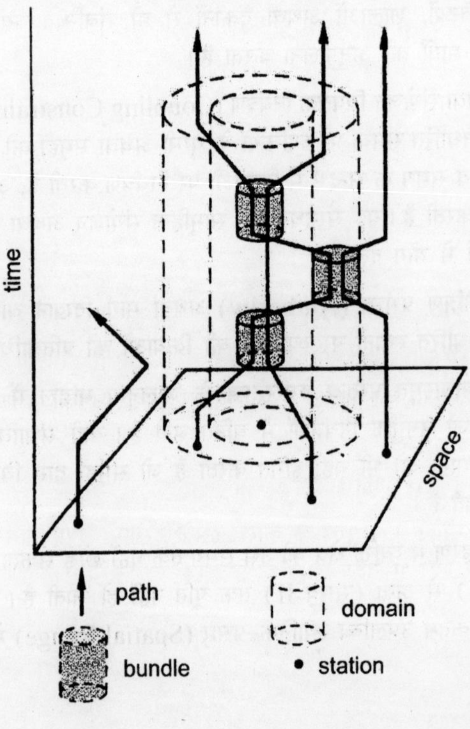

अनेक भूगोलवेत्ताओं ने हैगरस्ट्रेण्ड की अवधारण समय-भूगोल (Time Geograhy) की सराहना की है। बेकर (Baker, 1981) की राय में समय-भूगोल की संकल्पना भौगोलिक कार्य के पुनर्संस्थापना एवं बेहतर-निर्धारण में मूल्यवान सिद्ध हो सकेगी। परन्तु इसके आलोचकों का मत है कि यह केवल लघु पैमाने पर, क्षणिक समय अवधि के लिए और नितान्त व्यक्ति-स्तर पर सार्थक सिद्ध हो सकती है। इसमें संस्थागत कारकों के महत्त्व पर कम ध्यान दिया है। संस्थाएँ व्यक्तियों के व्यक्तित्व व घिसे-पिटे सोच को नए साँचे में ढालती हैं, और कार्यपूर्ति के लिए अपने हित में मोड़ लेती हैं। इन संस्थाओं का प्रभाव व्यक्तियों की निर्णय-शक्ति, क्षमता और मार्ग-अनुपालन पर भी पड़ता है। संस्थाओं के हस्तक्षेप से हेगरस्ट्रेण्ड का जालनुमा मॉडल सार्थक नहीं रह जाता।

उत्तरआधुनिकता एवं नारीवाद (Postmodernism and Feminism)

जाति-प्रजाति के अतिरिक्त अनेक महत्त्वपूर्ण संबन्धों में से लिंग का तत्त्व भी उत्तर-आधुनिक साहित्य से संबन्धित है। नारीत्व भूगोल आर्थिक, सामाजिक ओर सांस्कृतिक रूप में दैनिक जन-जीवन से अन्तर्सम्बन्धित है। दूसरे रूप से व्यक्त करें तो यह लिंग-कारक है जो आजकल असमानता और प्रताड़ना जैसे सामाजिक अभिशाप का शिकार है। जीवन के लगभग सभी क्षेत्रों में नारी के प्रति भेदभाव किया जाता है, और नारी-दमन समाज में व्यापक बन चुका है। नारी विषयक भेदभाव को उजागर बनाना और उसका विरोध भूगोल-पेशावरों में अध्ययन के अनेक उद्देश्यों में से एक उद्देश्य है।

जॉनसन (1989) के अनुसार **नारीवाद भूगोल** में महिलाओं के सामान्य अनुभवों की पहचान करना, पुरुषों द्वारा दमन के प्रति उनका प्रतिरोध और उसको अन्त करने की प्रतिबद्धता आदि विषय सम्मिलित है। नारीवाद भूगोल का उद्देश्य 'नारी अभिव्यक्ति को प्रकट बनाना और अपने को नियंत्रित करना' है। भूगोल का सोच और भौगोलिक अभ्यास प्रधानरूप से लिंग-दोष से ग्रसित बना है। भूगोल में केन्द्रित पितृ सत्ता और लैंगिकता केन्द्रित रहे हैं। इनसे मुक्ति राजनीतिक उपायों से मिलेगी।

रोज (Rose, 1993) जैसे नारीवादी भूगोलवेत्ताओं ने जोर देते हुए व्यक्त किया है कि-

1. भूगोल का व्यवस्थित विषय ऐतिहासिक रूप से पुरुष-प्रधान है।
2. भूगोल-पेशे में महिलाओं को मात्र निरीह माना है और इसी रूप में संरक्षित किया। वस्तुतः महिलाओं को भूगोल ने हाशिए पर लाकर उनकी उपेक्षा की और उनको सताया है।
3. 'नारीवाद' भूगोल के प्रोजेक्टों एवं शोध-विषयों से अछूता विषय बना रहा, और
4. पुरुषों द्वारा भूगोल में प्रभुत्त्व के कारण इसके दूरगामी दुष्परिणाम निकले हैं। स्थानों अथवा क्षेत्रों और भू-दृश्य जगत् के निवर्चन एकांगी हैं। जहाँ प्रेक्षणों व आनुभविक ज्ञात केवल पुरुष-दृष्टि-प्रधान है।

अतएव, नियमानुरूप भूगोल विज्ञान (The Discipline of Geography) पुरुष-प्रधान (Masculinist) ही है जिसमें महिलाओं से संबन्धित सोच की उपेक्षा है। लिंग भेदभाव, वस्तुतः मानवीय कृत्य है। समाज के प्रभुत्वशाली समूहों ने समाज में अपने ही दृष्टिकोण से दृश्य-जगत् एवं प्रकृति को देखा और निवर्चित किया। यह भी कहें तो अत्युक्ति नहीं है कि पुरुषों ने अपने द्वारा की गई धरातल की व्याख्या को समाज पर थोपा है। उनके भौगोलिक विवरण स्त्री-पुरुष भेदभाव की ओर इंगित नहीं बने हैं। वे केवल जाति-प्रजाति और वर्गों तथा यौन-उन्मुख भेदों से भरे हैं।

उत्तरआधुनिक मानव भूगोलवेत्ताओं ने इस दिशा में निम्नांकित रूप-रेखा शोध हेतु प्रस्तुत की। इसके प्रधान विषय हैं-

1. **नीति-संगत दार्शनिकता, नैतिक भूगोल और भूगोलवेत्ताओं का सदाचरण** (Moral Philosophy, Moral Geographies and the Geographer's Morality)

   इसके अन्तर्गत भूगोल में आर्थिक केन्द्र बिन्दु के स्थान पर जीवनोपयोगी नैतिक-संरचना को विकसित बनाना है।

2. **सामाजिक भेदभाव की प्रक्रियाएँ** (Social Differentiation)

   इसमें जाति, प्रजाति, वर्ग, यौनाचरण, आयु व स्वास्थ्य विषयक सराहना की और ध्यानाकर्षण द्वारा स्थानिक विभिन्नताओं एवं परिवर्तनशीलता का निवर्चन करना सम्मिलित है।

3. **ताक (टांड) की रचना और सीमांकन** (Shelf Construction)

   भूगोलविदों द्वारा इसमें विभिन्न श्रेणियों के व्यक्ति-व्यक्तियों में परस्पर संबन्ध और मनोविश्लेषणात्मक साहित्य में ऐसे विषयों की चर्चा जिनका पूर्व में उल्लेख नहीं हुआ है।

4. **भूमण्डलीयता और प्रदेशीयता** (Globality and Territoriality)

   इसमें स्थानों में व्यक्तियों व समूहों की अवस्थिति विषयक चर्चा और उनके सांस्कृतिक अभ्यासों का निवर्चन सम्मिलित है, और

5. **समाज, संस्कृति और प्राकृतिक वातावरण** (Society, Culture and Natural Environment)

   इसके अन्तर्गत विषयों में 'प्रकृति' एवं 'वातावरण' की सामाजिक रचना की व्याख्या, और वातावरणीय समस्याओं के निराकरण हेतु अपनाए गए अभिगमों की महत्ता का उल्लेख होना चाहिए।

   उत्तरआधुनिकता और तर्क प्रधान उत्तरकालीन नारीवाद का मन्तव्य है कि भूगोल में एक प्रथक श्रेणी के रूप में महिलाओं की स्थिति, समस्या और स्थानिक निवर्चन को अलग-अलग समूहों से जोड़ा जाए तथा भिन्न उनकी आवश्यकताओं और अनुभवों की व्याख्या की जाए जो अभी तक भूगोल-साहित्य में नदारद-सामग्री है।

Notes

1. Harvey, D., 1969, *Explanation in Geography*, p.6.
2. *Ibid.*
3. Harvey, M.E. and Holly, B.P., 1983, *Themes in Geographic Thought*, London.
4. Holt-Jensen, A., 1981, *Geography: Its History and Concepts*, London, pp.76-82.
5. *Ibid.*
6. Van-Valkenberg, S., 1952, 'The German School of Geography' in *Geography in Twentieth Century*, ed. G. Taylor, London, pp.91-117.
7. Holt-Jensen, A., *op.cit.*, p.80.
8. Beck, R.N., 1969, *Perspectives in Philosophy*, New York.
9. Harvey, M.E. and Holly, B.P., *op.cit.*, p.35.
10. Fraizer, J.W., 1983, 'Pragmatism: Geography and the Real World', in *Themes in Geographic Thought*, *op.cit.*, p.97.
11. Morril, R.J., 1970, 'Geography and Transformation of Society', Pt.II, *Antipode*, 2, pp.4-10.
12. Aune, B., 1970, *Rationalism, Empiricism and Pragmatism: An Introduction*, New York.
13. *Ibid.*
14. James, W., 1932, *A Pluralistic Universe: Hibbert Lectures on the Present Situation in Philosophy*, Longmans, New York.
15. Ley, D. and Samuels, M.S. (eds.), 1978, *Humanistic Geography: Prospects and Problems*, Chicago.
16. Harvey, M.E., *op.cit.*, pp.73-98.
17. *Ibid.*
18. *Ibid.*,p.84.
19. Hempel, C.G., 1959, 'The Logic of Functional Analysis' in L. Gross (ed.), *Symposium on Sociological Theory*, pp.271-307.
20. Goode, W.J., 1973, *Explanations in Social Theory*, Oxford University Press, New York.
21. Harvey, D., op. cit., p.65.
22. Samuel, M.S., op. cit., pp.22-40.
23. Sartre, J.P., 1966, *Being and Nothingness*, New York.
24. *Ibid.*
25. *Ibid.*

26. Samuel, M.S., 1983, 'An Existential Geography' in *Themes in Geographic Thought*, London, pp.115-132.
27. *Ibid.*, p. 129.
28. Acton, H.B., 1967, 'Idealism' in P. Edwards (ed.), *The Encyclopedia of Philosophy*, New York, Vol.IV, p.110.
29. Guelke, L., 1983, 'Idealism in *Themes in Geographic Thought*', *op.cit.*, p. 133.
30. *Ibid.*, p,134.
31. *Ibid.*, p.139.
32. *Ibid.*, p.140.
33. Collingwood, R.G., 1956, *The Idea of History*, New York.
34. Gibson, E.M.W., 'Realism in Geography', *op. cit.*, p. 148.
35. *Ibid.*
36. Russell, B., 1959, *Wisdom of the West*, Doubleday, Garden City.
37. Gibson, *op. cit.*, p.150.
38. *Ibid.*, 152.
39. Passmore, J., 1966, *A Hundred Years of Philosophy*, New York.
40. Hosse, M., 1966, *Models and Analogues in Science*, Norte Dame III.
41. Harvey and Holly, *op. cit.*, p.207.
42. Marx, K. and Engels, F., 1976, *The German Ideology in Marx and Engels*, collected works, Vol. V, New York.
43. Peet, R.J. and Lyens, J.M., 'Marxism: Dialectical Materialism, Social Formation and the Geographical Relation', in *Themes in Geography Thought*, London, p. 190.
44. Godelier, M., 1977, *Perspectives in Marxist Anthropology*, Cambridge.
45. Jawad, A., 1992, *Development and Social Order*, Anmol Publications, New Delhi.
46. Leiss, W., 1974, *The Domination of Nature*, New York.
47. Marx, K., 1967, *Capital*, 3 vols., International Publications, New York.
48. *Ibid.*, p.331.
49. Poet, R., 1977, 'The Development of Radical Geography in the United States' in R. Poet (ed.), *Radical Geography*, Chicago, pp.6-30.
50. Chisholm, M., 1975, *Human Geography: Evolution or Revolution*, Penguin, Harmondsworth.
51. Harris, K.D., 1974, *The Geography of Crime and Justice*, McGraw Hill, New York.

52. Rose, H.M., 1971, *The Black Ghetto: A Special Behavioural Perspective*, McGraw Hill, New York.
53. Smith, D.M., 1972, Towards a Geography of Social Well-being: Inter-state Variations in the United States, R. Peet, editor, Geographical Perspectives on American Poverty, *Antipode*, Monograph in Social Geography, I Worcester, Mass, 17-46.
54. Henderson, J.M. and Quandt, R.E., 1958, *Micro-economic Theory: A Mathematical Approach*, McGraw Hill, New York.
55. Smith, D.N., 1977, *Human Geography: A Welfare Approach*, London.
56. Mishan, E.J., 1964, *Welfare Economics: Five Introductory Essays*, New York.
57. Nath, S.K., 1969, *A Reappraisal of Welfare Economics*, London.
58. Smith, D.M., *op. cit.*, p. 7.
59. *Ibid.*, p. 10.
60. David, Ley and Samuel, M., 1978, *Humanistic Geography*, Chicago.
61. Smith, D.M., *op. cit.*, pp.9-10.è

भूगोल का कालानुक्रम

(A Chronology of Geography 1859-1995)

ऐतिहासिक घटनाएँ	*भूगोलवेत्ताओं के जीवनवृत्त-टिप्पणियाँ*	*भौगोलिक प्रकाशन*
1859 डार्विन की जैविक उत्पत्ति अवधारणा 1861–65 संयुक्त राज्य गृह युद्ध 1867 मार्क्स के केपीटल प्रथम का प्रकाशन जापान में मेजी शासन पुनर्स्थापना 1869 स्वेज नहर का खुलना	1861 मेकिण्डर (जन्म) 1863 सेम्पिल (जन्म) 1864–65 क्रोपोत्किन का साइबेरियाई अभियान 1869 पावेल I ग्राण्ड-केनियन अभियान हेकेल के कोर्स में रेटजेल का अध्ययन–प्रवेश (Jena में)	1864 जी.पी.मार्श की कृति Man & Nature
1870–71 फ्रेंको–प्रशा युद्ध पेरिस कम्यून 1872 यलोस्टोन नेशनल–पार्क स्थापना 1875 बेल–टेलीफोन 1878 प्रथम टेलीफोन एक्सचेंज	1871 रेकलस की गिरफ्तारी और स्विट्जरलैण्ड के लिए उसका निर्वासन 1872 ब्लाश की नान्सी में नियुक्ति 1873 रेटज़ेल की USA यात्रा 1874 भूगोल को विश्व-विद्यालयी विषय का प्रशा द्वारा निर्णय 1876 क्रोपोत्किन का रूस से भागना 1878 W.M.Davis का हार्वड–प्रवेश	1875 गाल्टन का पहला मौसम–मानचित्र का अखबार में प्रकाशन 1876 प्रवास–नियम, E.Ravenstein 1877 T.H. Huxley की कृति 'Physiography'
1882 ब्रिटेन का मिश्र पर कब्ज़ा 1884 ग्रीनविच मानक समय निर्धारित 1887 रानी विक्टोरिया स्वर्ण जयन्ती	1883 बोआस का बेफिन द्वीप अभियान 1885 विश्वभर में 94 भौगोलिक सोसाइटियों का विकास	1881 रेटज़ेल की कृति-Anthropogeographie Vol.I 1885 भूगोल कैसी हो? पी. क्रोपोत्किन

ऐतिहासिक घटनाएँ	भूगोलवेत्ताओं के जीवनवृत्त-टिप्पणियाँ	भौगोलिक प्रकाशन
1888 जर्मनी का शासक विलियम II	1886 लिपजिग पर रेटजेल की पदासीन नियुक्ति 1887 ऑक्सफोर्ड में रीडर पद पर मेकेण्डर की नियुक्ति 1888 केम्ब्रिज में भूगोल आरम्भ। नेशनल ज्योग्राफ़िकल सोसाइटी, U..S.A. 1889 (जन्म) C.O. Sauer	1886 A.Geikie के भौतिक भूगोल में प्रारम्भिक पाठ 1887 भूगोल की विधियाँ व क्षेत्र- H.J. Maekinder 1887 F. Boas द स्टडी ऑफ़ ज्योग्राफ़ी 1889 W.M.Davis द्वारा आवरणक्षय-चक्र का प्रस्ताव
1893 विश्व कोलम्बियन अभियान, शिकागो। 1895 रोअंतजेन द्वारा X-rays की खोज, लूमियर भ्राताओं द्वारा सिनेमा का विकास 1896 बेकरेल द्वारा रेडियो एक्टीविटी की खोज 1898 जर्मन-समुद्री बेड़ा निर्माण	1890 रेटज़ेल की पान-जर्मन लीग में सक्रियता एनाल्स डि ज्योग्राफी पेरिस की स्थापना सेम्पल द्वारा रेटज़ेल के अधीन रहकर अध्ययन, (लिपजिग) 1893 The Geographical Journal की स्थापना 1898 ब्लाश द्वारा सॉरबोन में पद सम्भालना 1899 माउण्ट कीनिया पर मेकिण्डर की चढ़ाई 1899 ऑक्सफोर्ड- UK का प्रथम भूगोल विभाग	1893 F.J.Turner की रचना-'Frontiers in American History' 1894 E.Reclus की रचना 'यूनीवर्सल ज्योग्राफ़ी' – A.Penck की रचना मारफॉलोजी ऑफ द अर्थ-सरफेश 1896 F. Ratzel - राज्यों का प्रादेशिक विकास (The Territorial Growth of State) 1899 G.C. Chisholm की कृति – Handbook of Commercial Geography

ऐतिहासिक घटनाएँ	भूगोलवेत्ताओं के जीवनवृत्त-टिप्पणियाँ	भौगोलिक प्रकाशन
1900 S. Freud का स्वप्नों के विषय में निवर्चन Planck's Quantum Theory. 1901 अमेरिका का राष्ट्रपति – T. Roosevelt जी. मार्कोनी – अटलांटिक के पार रेडियो सिंगनल 1903 राइट भ्राताओं की पहली उड़ान 1905 Theory of Relativity आइन्सटीन। जापानियों की रूसी सेना व जल सेना को शिकस्त 1909 मॉडल T. Ford	1900 लंदन स्कूल ऑफ इकोनोमिक्स के डायरेक्टर पद पर मेकिण्डर की नियुक्ति 1901 रेफ़्ट पर सवार E. Huntington की Euphrates (फ़रात नदी) यात्रा 1903 शिकागो, प्रथम US भूगोल-स्नातक प्रोग्राम 1904 रेटज़ेल की मृत्यु Association of American Geog-raphers की स्थापना यंग हज़बैण्ड की तिब्बत यात्रा 1907 T.G. Taylor के सिडनी में भूगोल पर व्याख्यान 1909 हाउशोफर को जापान भेजना।	1902 Davis की कृति–Systematic Geography 1903 Blache की कृति–Tableau dela Geographie dela France Geographic influence in American History - A.P. Brigham 1904 H.J. Mackinder की कृति – 'The Geographical Pivot of History 1905 ए. हर्बटसन की कृति 'वृहत् प्राकृतिक प्रदेश' 1907 E. Huntington की कृति 'The Pulse of Asia' 1909 A. Weber की औद्योगिक अवस्थिति सिद्धांत
1911 रदरफोर्ड की आणुविक संरचना अमुण्डसन की दक्षिणी ध्रुव पर पहुँच 1912–13 बाल्कन युद्ध 1914 पनामा नहर को खोला गया 1914–19 प्रथम विश्वयुद्ध	1911 एनालस ऑफ द अमेरिकन ज्योग्राफर्स एसोशिएसन (A.A.A.G.) की स्थापना 1912 डेविस का ट्रांस-महाद्वीपीय अभियान, U.S.A. हाउशोफर का पश्चिमी मोर्चे पर युद्ध में शामिल बनना।	1911–सेम्पल की कृति–Influences of Geographic Environment ब्लाश की कृति– Les generes de vie dans la geographie humaine 1914–क्रोपोत्किन की कृति Mutual Aid 1915–पी.गिडीज की कृति Cities in Evolution

ऐतिहासिक घटनाएँ	भूगोलवेत्ताओं के जीवनवृत्त-टिप्पणियाँ	भौगोलिक प्रकाशन
1915 वेनगर का महाद्वीपीय व महासागर की उत्पत्ति का सिद्धान्त-A.Einstein का सापेक्षिकता का सामान्य सिद्धान्त 1917 रूस की क्रांति -वारसाईं शांति समझौता	Huntington का सैनिक-गुप्तचर में शामिल होना 1915-ब्रिटिश कोलम्बिया विश्वविद्यालय में भूगोल का कोर्स आरम्भ होना। 1918 विडाल डी लाब्लाश की मृत्यु	1916-हरबर्टसन की कृति-Regional Environment Heredity. Consciousness 1919-H.J. Fleure को कृति- Human Regions, T.G. Taylor की कृति-Climatic Cycles & Evolution.
1922 'Ulysses' जे. जॉएस T.S.Eliot, The Waste-Land M.Weber 'इकॉनोमी एण्ड´सोसाइटी' 1923 फ्रांस द्वारा रूहर पर कब्जा 1927 USSR-स्टालिन का शक्ति प्राप्त करना 1929-33 Great Depression (महामन्दी)	1921 सेम्यूल पहली महिला AAG की अध्यक्ष हाउशोफर की म्यूनिख में नियुक्ति माण्ट्रियल विश्वविद्यालय में भूगोल के कोर्स का कनाडा-आगमन 1922-P.Kropotkin की मृत्यु, मिशीगन भू-सर्वे 1923-साउर की बर्कले रवानगी 1925- 'इकोनोमिक भूगोल पत्रिका' की स्थापना 1927-एशिया में प्रथम भूगोल विभाग AMU, अलीगढ़ में स्थापित 1928 G. Taylor का आस्ट्रेलिया छोड़ना क्योंकि वह वातावरणीय नियतिवाद में विश्वास व्यक्त करता था।	1922-ब्लॉश की कृति - Principles de la Geographie Humaine फेबर की कृति- A Geographical Introduction to History 1923-बेरोज़ की कृति- Geog. as Human Ecology. 1925-साउर की कृति-'भूदृश्य आकारिकी' The Morphology of Landscape. 1926-राइट की कृति- A Plea for the History of Geography. 1927- हेटनर की कृति-Geography : Its History, its Nature and its Methods

ऐतिहासिक घटनाएँ	भूगोलवेत्ताओं के जीवनवृत्त-टिप्पणियाँ	भौगोलिक प्रकाशन
		1929-D. Whittlesey की कृति 'क्रमवार अधिग्रहण' (Sequent Occupance) राइली का मॉडल - Retail Gravitation
1930 प्लूटो की खोज 1931 Popper-The Logic of Scientific Discovery जापान द्वारा मंचूरिया पर कब्ज़ा करना 1932- अणु विघटन कॉकरॉफ्ट एण्ड वाल्टन। 1933 हिटलर का जर्मन-चांसलर बनना 1933-45 U.S. President रूज़वेल्ट 1936-जे.एम.केनीज़ का रोज़गार, मुद्रा व ब्याज का सिद्धान्त UK टेलीविजन प्रसारण 1936-39 स्पेनी गृहयुद्ध 1937 जापान का चीन पर आक्रमण	1931-35 डडले स्टाम्प द्वारा ब्रिटेन का भूमि उपयोग सर्वे 1932 सेम्पल-शेफर का जर्मनी भागना 1933 इंस्टीट्यूट ऑफ ब्रिटिश ज्योग्राफर्स की स्थापना A.Weber पर हिटलर युवक द्वारा हमला हेटनर पर नाजियों द्वारा प्रकाशन संबन्धी प्रतिबंद 'आई बोमन चेयर' शोध काउंसिल U.S.A. - 1934 - W.M. Davis की मृत्यु जापानी आक्रमण से तुआन का परिवार सहित चीन से भागना 1938-39 जर्मनी व आस्ट्रिया में हार्टशोर्न	1933 क्रिस्टलर की कृति-'Central Places in Southern Germany' L.D. Stamp और S.H. Beaver की कृति- 'ब्रिटिश द्वीप-समूह' 1934- I. Bowman की कृति-भूगोल का सामाजिक-विज्ञान संबन्ध C.D. Forde की कृति-Habitat, Economy and Society 1939-हार्ट शोर्न की कृति-'The Nature of Geography'
1939-45 द्वितीय विश्व युद्ध 1945 UN चार्टर	भूगोलवेत्ताओं को युद्ध-दौरान नियुक्तियाँ-गुप्तचर विभाग, वायुव्य भितिचित्र प्रशिक्षण, मौसम विज्ञान, आदि अधिकृत पोलैण्ड के लिए	1940-हस्तक्षेप-अवसरों की एस स्टाउफ़र रचना 1941-Ullman की कृति-A Theory of Location for Cities साउर की ऐतिहासिक

ऐतिहासिक घटनाएँ	भूगोलवेत्ताओं के जीवनवृत्त-टिप्पणियाँ	भौगोलिक प्रकाशन
1945 अंतर्राष्ट्रीय मुद्रा कोष और विश्व-बैंक 1947 भारतीय स्वतंत्रता 1948 दक्षिणी अफ्रीका रंग-भेद नीति 1949 जर्मनी का विभाजन People's Republic of China का निर्माण	क्रिस्टलर का नियोजन-कार्य 1945 कर्क का माण्डले-पतन और ब्रह्मा अभियान पर विचार 1945-46 कोरिया में ग्लेकन (Glacken) के कार्य 1946 हाउशोफर द्वारा आत्महत्या 1947 मेकिण्डर की मृत्यु 1948 हारवर्ड में भूगोल की बन्दी हो जाना A.A.G. और American Society का समागम I. Bowman की मृत्यु	भूगोल पर प्राक्कथन रचना 1942-G.F. White की रचना Human Adjustment to Floods न रचना 1945 हैरिस व उल्मान की कृति-The Nature of Cities 1947 J.Q. Stewart का प्रथम लेख- Social Physics 1948 U.S. का ऐतिहासिक भूगोल R. Bnown. 1949 A Sand County Almane - A. Leopold Principle of Least Effort - G.K. Zipf
1950 कोरियाई युद्ध माउण्ट एवरेस्ट पर पहुँच Me Carthy Investigations, U.S.A. H.Odum - इकॉलोजी के मूलतत्व 1954 वियतनाम युद्ध का आरम्भ 1954-62 अलजीरियाई स्वतंत्रता संग्राम 1954 FORTAN खोज	1951 कनेडियन भूगोलवेत्ताओं के संघ की स्थापना डडले स्टाम्प का 'विश्व भू-उपयोग सर्वे' का निदेशक पद पर आसीन 1953 शेफर की मृत्यु 1955 उल्मान व गेरीसन के अधीन सांख्यिकीय गणितीय सेमिनार	1951 S. Wooldridge व G. East की कृति - The Spirit and Purpose of Geography, G. Kimble की रचना 'The Inadequacy of Regional Method? 1952 स्ट्रेलर की भू-आकृति विज्ञान का गतिशील आधार कृति- 1953 शेफर की कृति- 'भूगोल में

ऐतिहासिक घटनाएँ	भूगोलवेत्ताओं के जीवनवृत्त-टिप्पणियाँ	भौगोलिक प्रकाशन
1956 हंगरी के आंदोलन का सोवियत सैनिकों द्वारा दमन 1956 USSR में स्टालिन का विरोध 1957 रोम-सन्धि-यूरोपीय आर्थिक संघ (EEC) का उदय स्पूतनिक का कक्ष में चक्कर लगाना	वांशिगटन विश्वविद्यालय, सिएटल। 1958- केम्ब्रिज को चॉर्ले कोलकाता (कलकत्ता) में NATMO की स्थापना B.J.L. Berry शिकागो को 'इंस्टीट्यूट ऑफ आस्ट्रेलियन भूगोलवेत्ता' की स्थापना 1959-हेगरस्ट्रेण्ड का वाशिंगटन विश्वविद्यालय, सिएटल की यात्रा।	विशिष्टवादिता' स्थानिक प्रक्रिया-एक नवोन्मेष विसरण-धारणा टी-हेगरस्ट्रेण्ड 1954 - लॉश की कृति - The Economics of Location (अंग्रेजी अनुवाद) 1956 W.L. Thomas की कृति 'पृथ्वी के स्वरूप-परिवर्तन में मानव का योग'
1960 आर्थिक विकास के सोपान - W. Rostow	1960 सोवियत भूगोल में विवाद उत्पन्न करने में अनुचिन का सोच - Theoretical Problems in Geography.	1960 W. Isard की कृति '- Methods of Regional Analysis.'
1961 वॉस्टोक की पहली अन्तरिक्ष यात्रा बर्लिन-दीवार का निर्माण	1961 IBG ने अध्ययन दल बनाए AAG के हाई स्कूल भूगोल के Project	1961 J. Gottmann की कृति 'Megalopolis' लुई मम फोर्ड की कृति The City in History
1962 क्यूबायी मिसाइल का संकट-The Beatles Silent Spring, R. Carson पहला Geodetic सेटलाइट।		1962 में W. Bunge की कृति 'Theoretical Geography'

ऐतिहासिक घटनाएँ	*भूगोलवेत्ताओं के जीवनवृत्त-टिप्पणियाँ*	*भौगोलिक प्रकाशन*
1963 राष्ट्रपति जे.एफ. केनेडी की हत्या	1963 S. Wooldridge की मृत्यु भूगोल शिक्षण की सीमाएँ पर कान्फ्रेंस (मेडिंग्ले)	1963 J. Nystuen की कृति 'कतिपय आधारभूत स्थानिक अवधारणाओं की पहचान' W. Kirk 'भूगोल की समस्याएँ।'
1964 USA प्रथम मौसम का सेटेलाइट		1964 स्थानिक संदर्भ में निर्णय प्रक्रिया - The Decision Process in Spatial Context - J. Wolpert
1965 प्रथम मिनी-कम्प्यूटर	1965 डडले स्टाम्प को Knighthood की पदवी	1965 P. Haggett की कृति Locational Analysis in Human Geography
1966 चीन में सांस्कृतिक क्रांति	1966 हैगेट का ब्रिस्टल में पदासिन	1966 क्रिस्टलर की कृति का अंग्रेजी अनुवाद (Central Places in Southern Germany)
1967 छः दिन का युद्ध मध्यपूर्व 1967-70 बियाफ्रान युद्ध, नाइजीरिया	1967 AAG 'दूरस्थ संवेदन' प्रोजेक्ट प्रादेशिक अध्ययनों की स्थापना	1967 ग्लेकन की कृति रोडियन तट के चिन्ह ए प्रेड की कृति - 'व्यवहार व अवस्थिति' चॉर्ले व हैगेट की कृति - 'भूगोल में मॉडल' टी हैगेरस्ट्रेण्ड की कृति 'नवोन्मेष प्रक्रिया के रूप में स्थानिक विसरण' (Spatial Diffusion as an Innovation Process)

ऐतिहासिक घटनाएँ	भूगोलवेत्ताओं के जीवनवृत्त-टिप्पणियाँ	भौगोलिक प्रकाशन
1968 पेरिस में गृह असंतोष शिकागो, बाल्टीमोर, मेक्सिको शहर अंयत्र -Tet Offensive, Vietnam		1968, A.H. Clark की कृति 'Acadia'
1969 अपोलो 11 चंद्रमा पर पहला मानव-उपग्रह फ्रांस में राष्ट्रपति डि-गॉल का त्याग पद US में R. Nixon का राष्ट्रपति बनना	1969 Geographical Analysis, Antipode, Environment & Planning की संस्था की स्थापना D.J.K. Wright, क्रिस्टलर D. हार्वे का बाल्टीमोर गमन W. Bunge द्वारा डिट्रोइट भौगोलिक अभियान आयोजित	1969 'भूगोल में व्याख्या'- (Explanation in Geography) D. Harvey की कृति 'भूगोल में व्यावहारिक समस्याएँ - K. Cox और R. Golledge' की कृति H. Brookfield की कृति -'On the Environment as Perceived'
1970 पृथ्वी दिवस (Earth Day), 22 अप्रेल		1970 बेरी की कृति-Geographic Perspectives on Urban Systems
1971 भारत-पाकिस्तान युद्ध - बंग्लादेश का अलग बनना	1971 AAG वार्षिक सम्मेलन में Social Relevance विषय - W. Zelinsky व अन्यों द्वारा The Socially and Ecologically Responsible Geographer की स्थापना AAG समिति का महिला-भुगोलवेत्ताओं के Status पर विचार	1971 T. Abler की कृति Spatial Organisations चॉर्ले व केनेडी की कृति- Physical Geography - A Systems Approach P. Whieatley की कृति 'Pivot of the Four Quarters'

ऐतिहासिक घटनाएँ	भूगोलवेत्ताओं के जीवनवृत्त-टिप्पणियाँ	भौगोलिक प्रकाशन
1972 असवान बांध को खोला गया 1972 पर्यावरण पर स्टाकहॉम में UN कॉन्फ्रेंस, रोम की क्लब-Limits to Growth		1972 पी हैगेट की कृति - Geography - A Modern Synthesis
1973-74 तेल संकट 1973 UK का EEC में शामिल होना Yom-Kippur युद्ध, मध्य-पूर्व	1973 W. Bunge द्वारा टोंरटो के अभियान का आयोजन	1973 हार्वे की कृति - Social Justice and the City
1974 US राष्ट्रपति Nixon का पद-त्याग	1974 IBG की लोकनीति विषय और उसकी सार्थकता पर नारविच-कान्फ्रेंस	1974 Y. Tuan की कृति 'Space and Place in Humanistic Geography' 'Urban & Regional Modelling in Geography and Planning' - A.G. Wilson की कृति
1975 वियतनाम युद्ध का अन्त	1975 कार्ल ओ साउर का देहान्त Journal of Historical Geography की स्थापन	1975 R. Morrill की कृति 'Spatial Organisation of Society.
1977 रानी एजिलाबेथ II की रजत जयन्ती इटली व जर्मनी में आतंकवादी हमला	1977 भूगोल में विकास के दो फाड़- (क) भौतिक भूगोल में विकास (ख) मानव भूगोल में विकास	1977 A. Pred की कृति - 'The Chorography of Existence' डी एम स्मिथ की कृति' - 'Human Geography - A Welfare Approach' M. Castells, अंग्रेजी अनुवाद - 'The Urban Question'

ऐतिहासिक घटनाएँ	भूगोलवेत्ताओं के जीवनवृत्त-टिप्पणियाँ	भौगोलिक प्रकाशन
1978 केम्प डेविड शांति समझौता जोन्सटाउन, गुआना Mass-Suicide of Religious Cult.		1978 ली एवं सेमूएलस की कृति – Humanistic Geography बर्टन, केट्स एवं हपट की कृति 'The Environment as Hazard' ई सईद की कृति – 'Orientalism' डी. ग्रिगरी की कृति – 'Ideology Science & Human Geography' आर. जे. जॉन्सटन की कृति 'Paradigms and Revolution or Evolution'
1979 ब्रिटिश प्रधानमंत्री एम थेचर की नियुक्ति ईरान के शाह को हटाया अफगानिस्तान पर सोवियत आक्रमण	1979 75वां वार्षिक सम्मेलन – AAG	1979 डॉ मैसी की कृति – In What Sense a Regional Problem?
1980 राष्ट्रपति Reagen की नियुक्ति USA ईरान-इराक युद्ध आरम्भ माउण्ट सेंट हेलेन विस्फोट (वाशिंगटन, USA)	1980 Urban Geography स्थापना –	1980 R. Sack की कृति Conceptions of Space in Social Thought' D.Ley की कृति 'Geog, Without Man' बुतजर की कृति – 'Civs. Org. or Systems. N. Smith और P.O. Keefe की कृति 'Geography, Marx & The Concept of Nature'

ऐतिहासिक घटनाएँ	*भूगोलवेत्ताओं के जीवनवृत्त-टिप्पणियाँ*	*भौगोलिक प्रकाशन*
1981 कोलम्बिया स्पेस - शटल का छोड़ा जाना	1981 मिशीगन विश्वविद्यालय में भूगोल विभाग बंद हुआ IBG महिला अध्ययन भूगोल का दल स्थापित -	1981 जॉनस्टन व अन्य द्वारा Dictionary of Human Geography 'Institutionalization of Geog, & Strategies of Change - H. Capel डी. ग्रिगरी की कृति Human Geography and Human Agency.
1982 फॉकलैण्ड द्वीपों के बारे में ब्रिटिश-अर्जेन्टिना युद्ध	1982 Political Geography की त्रमासिक पत्रिका आरम्भ	1982 T. Haggerstand की कृति - 'Diorama, Path & Project'. ए बुटीमर की कृति - 'Musing on Helicon'.
1983 HIV की पहचान बनी ग्रेनाडा पर US हमला	1983 Society और Space संस्था स्थापित	1983 एम कासटेलस की कृति 'The City and the Grassroots'.
1984 इथ़ोपियाई दुर्भिक्ष इंदिरा गांधी की हत्या भारत में भोपाल गैस हादसा	1984 अन्तर्राष्ट्रीय भूगोल कान्फ्रेंस की पेरिस में 25वीं वार्षिक गोष्ठी IBG की 50वीं वर्षगांठ	1984 J.B. Jackson की कृति - Discovering of the Vernacular Landscape डॉ मैसी की कृति - 'Spatial Divisions of Labour' IBG दल द्वारा का Geography & Gender प्रकाशन डी मैसी व मैक्डोवेल की कृति - A Womans's Place?

ऐतिहासिक घटनाएँ	भूगोलवेत्ताओं के जीवनवृत्त-टिप्पणियाँ	भौगोलिक प्रकाशन
1985 सोवियत कम्यूनिस्ट पार्टी का प्रधान-सचिव - Gorbachev मेक्सिको शहर में भूचाल		1985 D. Harvey की कृति - 'The Urbanization of Capital' ग्रिगरी व यूरी (D. Gregory and J. Urry) की कृति - 'Social Relations and Spatial Structures' पी. जे. टेलर की कृति की कृति - 'Political Geography'
1986 चरनोबिल हादसा - चैनेलटनल निर्माण हेतु ऐंग्लो-फ्रेंच समझौता	1986 BBC का Domesday Project	1986 स्टोडार्ट की कृति - 'On Geography and Its History.'
1987 Palestinian Intifads Montreal Protocal on Ozone	1987 राष्ट्रीय केन्द्र G.I. Analysis, USA - क्लार्क विश्वविद्यालय में कान्फ्रेंस Earth as Transformed by Human Action USA में राष्ट्रीय भूगोल चेतना सप्ताह	1987 A. Pred की कृति - Place, Practice & Structure'. हार्ली एवं वुडवर्ड की रचना - 'The History of Cartography Vol. I Antipodes पत्रिका में प्रकाशित 'Localities Debate.'
1988 आस्ट्रेलिया का द्विशती जलवायु-परिवर्तन पर अन्तर्राष्ट्रीय पैनल	1988 एच.सी. डार्बी को नाइटडुड सामाजिक व सांस्कृतिक भूगोल अध्ययन दल, IBG.	1988 'भूदृश्य की प्रतिमाविज्ञान' D. Cosgrove & S. Daniels एम डियर की कृति - 'The Postmodern Challenge to Human Geography.'

ऐतिहासिक घटनाएँ	भूगोलवेत्ताओं के जीवनवृत्त-टिप्पणियाँ	भौगोलिक प्रकाशन
1989 बर्लिन की दीवार का गिराया जाना रोमानिया के Ceausescu शासन का पतन स्क्वायर आन्दोलन।	1989 C.J. Glacken की मृत्यु	1989 E.Soja की कृति - 'Postmodern Geographies' D. Harvery E.Soja की कृति - The Condition of Postmodernity D. Gregory की कृति - 'क्षेत्रीय विभिन्ता व उत्तर-आधुनिक मानव भूगोल' S. Daniels की कृति - 'Marxism Culture & the Duplicity of Landscape'.
1990 जर्मन पुनर्एकीकरण इराक का कुवैत पर हमला दक्षिणी अफ्रीका में नेलसन मण्डेला को मुक्त किया		1990 M.P. Conzen की रचना - 'The Making of the American Landscape' पी हैगेट की रचना - 'The Geographer's Art.
1991 खाड़ी-युद्ध - COMECON & Warsaw Pact का छिन्न-भिन्न होना यूगोस्लाविया में USSR युद्ध का अन्त-Maastricht Treaty	1991 Geography part of UK national curriculum. एडिनबरा कान्फ्रेंस New Words, New Worlds ऑक्सफोर्ड विश्वविधालय में Environmental Change Unit.	1991 The production of Space - H.Lefebvre (Eng. trans). डी. हारवे की कृति - 'Situated Knowledges' S. Openshaw की कृति - 'A View on the GIS Crisis in Geography.

ऐतिहासिक घटनाएँ	भूगोलवेत्ताओं के जीवनवृत्त-टिप्पणियाँ	भौगोलिक प्रकाशन
1992 U.N. Conference on Environment & Development, Rio. North American Free Trade Association Los Angeles Riots & Earthquake Discovery of Cosmic Ripples'	1992 J. Patten, M.P. Former Geographer, का UK Education Secretary बनना George Perkings Marsh Institute, Clark University. D.R. Hartshorne.	1992 - Writing Worlds बारनेस व डंकन की कृति G. Rose की कृति - 'Geography as a Science of Observation K. Butzet एवं अन्य - The Americans Before & After 1492
1993 मॉस्को विद्रोह मिसीसिपी व मिसौरी में बाढ़	1993 ज्यॉग्राफ़िकल एसोशिएशनं शताब्दी	1993 बुटीमर की कृति – 'Geography & the Human Spirit' D. Pepper की कृति - Eco-Socialism G. Rose की कृति Geography & Feminism
1994 दक्षिण-अफ्रीकी चुनाव इज़रायल-पैलसटिन स्वतंत्रता संगठन समझौता	1994 डी.जे. गोटमैन एकता और लिंग, स्थान व संस्कृति की स्थापना	1994 डी ग्रिगरी की कृति – 'Geographical Imaginations'. ए गॉडलुबसका एवं एन स्मिथ की रचना – 'Geography and Empire' 'Technopoles of the World' पीटर हॉल और एम. कास्टे ली।

ऐतिहासिक घटनाएँ	भूगोलवेत्ताओं के जीवनवृत्त-टिप्पणियाँ	भौगोलिक प्रकाशन
1995 – कोबे (जापान) का भूकम्प	रॉयल ज्यॉग्राफ़िकल सोसाइटी और इंस्टीटयूट ऑफ ब्रिटिश ज्यॉग्राफिकल सोसाइटी का समागम हो जाना	1995 डी. बैल और जी. वेलेन्टाइन की रचना - 'Mapping Desires' 'Gender Work & Space' - Hansen & G. Pratt

स्रोतः संक्षेप में, "A Chronology of Geography", 1859-1995 by Alisdair Rogers in *Human Geography* (London, Blackwell, 1996).

शब्दावली

(Glossary)

क्रिया विनियोजन मॉडल (Activity Allocation Models) : नियोजन के मॉडल हैं जो प्रदेश में क्रियाओं की अवस्थिति के बारे में निर्णय लेते हैं।

अलोन्सो मॉडल (Alonso Model) : विलियम अलोन्सो ने 1964 में विकसित किया। यह भूमि-मूल्यों, भू-उपयोग और भू-उपयोग की गहनता में जो नगर में देखी जाती है, उनकी सकारण व्याख्या करता है।

अराजकतावाद (Anarchism) : यह राजनीतिक विचार-दर्शन है जो राजतंत्र को हटाकर स्वयं सेवी दलों के हाथों में सामाजिक तंत्र सौंपने का पक्षधर है। किसी बाह्य-हस्तक्षेप की यह विरोधी विचारधारा है।

प्रायोगिक / व्यावहारिक भूगोल (Applied Geography) : (स्टाम्प, 1947) - भूगोल के ज्ञान को समाज की व्यावहारिक समस्याओं के हल में प्रयोग करने की यह शाखा है।

क्षेत्रीय विभिन्नताएँ (Areal Differentiation) : (हार्टशोर्न, 1939) - यह प्राकृतिक व मानवीय दृश्य-वस्तुओं / घटनाओं के परिवर्तनशीलता से क्षेत्र की विभिन्नताओं का निवर्चन है। दृश्य-जगत् में घटनाएँ सकारण बनी आसन्न व संबन्धित हैं।

व्यवहारगत पर्यावरण (Behavioural Environment) : (Gregory, 1978) - इस विचार को ग्रिगरी ने व्यक्तिवादी अवबोध पर आधारित पर्यावरण कहा है। इसमें अवबोध प्रारुपों का संगठन व्यक्तियों के सांस्कृतिक संदर्भों से जुड़ा होता है।

व्यवहारगत भूगोल (Behavioural Geography) : मानव भूगोल में यह पक्ष

मनोवैज्ञानिक सोच है। इसमें पर्यावरण व स्थानिक व्यवहार के मध्य संबन्धों का आधार और निर्णय करने के मूल्यों में व्यक्तिगत ज्ञान (Cognitive) का योग है।

बर्कले सम्प्रदाय (Berkeley School) : यह भूगोलवेत्ताओं का दल कार्ल-साउर के विचारों से प्रभावित बना बर्कले (कैलिफोर्निया विश्वविद्यालय) के भूगोल विभाग में था।

कार्टोग्राम (Cartogram) : यह Kidron व Segal, 1984 द्वारा एक विशेष मानचित्र-प्रक्षेप है जो धरातल-क्षेत्र को सांख्यिकीय कारकों के अनुसार समानुपातिक रूप से बदल कर प्रस्तुत करता है। उदाहरणवत्, जनसंख्या की सीमा के आकार उनकी संख्या के अनुपात में प्रकट किए जा सकते हैं।

कार्टोग्राफी (मानचित्रण कला) (Cartography) : मानचित्र रचना की कला एवं विज्ञान है।

केन्द्रीय व्यापारिक क्षेत्र (Central Business District, CBD) : नगर क्षेत्र में यह व्यावसायिक नाभि है जहाँ गैर आवासीय उपयोग की भूमि का जमाव (दुकान, कार्यालय, मालगोदाम) देखा जाता है। यह नगर के सभी भागों से जड़ा केन्द्रीय व्यापारिक, व्यस्त आवागमनीय व बहुमंजिली इमारतों का क्षेत्र है। यहाँ पद-यात्रियों एवं यातायात का घनत्व सर्वाधिक है। इस क्षेत्र में वाहनों की पार्किंग की विकट समस्या है। यहाँ बीच-बीच में अन्य प्रकार के भूमि-उपयोग से भी इसकी समरूपता (Homogeneity) भंग देखी जाती है।

केन्द्र-स्थान का सिद्धान्त (Central Place Theory, Christaller, 1933) : यह स्थान सैद्धांतिक रूप से ऐसे माल एवं सेवाओं का केन्द्र है जो अपने इर्द गिर्द के क्षेत्र की माँग पूर्ति का स्रोत बना हुआ है। केन्द्रीय सेवाओं और माल में वह कच्चा माल नहीं है जो दूर-दराज़ से आयात किया जाता है। इस सिद्धान्त का जुड़ाव इर्द गिर्द स्थित क्षेत्र (Surrounding Areas) से है। इस सिद्धान्त में अधिवास का आकार एवं वितरण वहाँ उपलब्ध केन्द्रीय-सेवा व माल से संबन्धित है जिसकी पहुँच इर्द-गिर्द के क्षेत्र के अधिवासों से जुड़ी है।

शिकागो सम्प्रदाय (Chicago School) : अमेरिकी नगरों के अध्ययन से संबन्धित समाज-वैज्ञानिकों एवं भूगोलवेत्ताओं का शिकागो विश्वविद्यालय में दल है।

कॉरोलोजी (कॉरोग्राफी) Chorology अथवा Chorography - क्षेत्र-वर्णनी भूगोल है जिसमें पृथ्वीतल की क्षेत्रीय विभिन्नताओं का अध्ययन किया जाता है।

क्रिस्टलर मॉडल (Christaller Model) : नगर केन्द्र स्थानों की वितरण-व्यवस्था स्थानिक रूप से अनुमानित करने का यह सैद्धान्तिक मॉडल मण्डी क्षेत्र व सेवाओं के आधार पर अधिवासों की कड़ियों (श्रेणियों) के जाल में गुंथित है।

प्रभुत्व अर्थव्यवस्था (Command Economy) : इस अर्थव्यवस्था में उत्पादन के साधनों पर राज्य की प्रभुता का नियंत्रण रहता है। यह केन्द्रीय-नियोजन का अंग बनी अर्थव्यवस्था है।

युक्तियुक्त तर्कवादिता (Critical Rationalism) : इस वैज्ञानिक सोच को कार्ल पोपर (Karl Popper, 1976) ने विकसित किया। यह वियना-सर्किल के तर्क-प्रधान प्रत्यक्षवाद की युक्तियुक्त अनुक्रिया है।

कम्पेज़ (Compage) : 1956 में D. Whittlesey ने इस संकल्पना को प्रकट बनाया। 'कम्पेज़' से तात्पर्य अत्यन्त नानारूपी परन्तु एकीभव बनी विषम-इकाई से है। मानव द्वारा पृथ्वी के अधिग्रहण से संबन्धित कार्य-प्रणाली में सभी विशेषताएँ- प्राकृतिक, जैनिक और सामाजिक-पर्यावरण का 'कम्पेज़' में योग है।

समकेन्द्रीय कटिबंध मॉडल (Concentric Zonal Model) : इसे बर्गेस ने (Burgess, 1924, 1927) नगर-संरचना के बारे में शिकागो-सम्प्रदाय (Chicago School) के अन्तर्गत विकसित किया। नगर के चारों ओर भूमि-उपयोग का स्वरूप सम-केन्द्रीय वृत्तों में विकसित पाया जाता है।

कॉनरबेशन (Conurbation) : इस पद (Team) को पेट्रिक गिडीज़ (Patrick Geddes) ने कभी अलग-अलग स्थित अधिवासों के एक फ़ीतेनुमा आकृति में (Ribbon Development) ढलवां होने (Coalescence) से प्रधान नगरों के अन्तरमार्गों पर विकसित होने के लिए प्रयोग किया।

क्रोड़-परिधि मॉडल (Core-Periphery Model, Friedmann, 1966) : अर्थव्यवस्था, सामाजिक दृश्य और राजनीतिक परिवेश में प्रभुता (अधिकार) के असमान वितरण पर आधारित यह मानवीय क्रियाओं की स्थानिक संगठना है। इसमें क्रोड़ (Core) की प्रभुता के अधीन परिधि निर्भर बनी रहती है।

सांस्कृतिक दृश्य-जगत् (Cultural Landscape) : धरातल की सतह पर मानव द्वारा विकसित परिदृश्य।

सांस्कृतिक क्षेत्र (Cultural Area) : यह संकल्पना सांस्कृतिक पारिस्थितिक (Cultural Ecology) से प्रकट बनी है। यह एक ऐसा भौगोलिक प्रदेश है जहाँ सांस्कृतिक लक्षणों की समानता (Homogeneity) की पहचान होती है।

सांस्कृतिक पारिस्थितिक (Cultural Ecology) : Steward ने 1955 में, इस अभिगम (Approach) का सांस्कृतिक वर्ग और उसके प्राकृतिक वातावरण के मध्य अध्ययन हेतु प्रयोग किया।

सांस्कृतिक परिवार (Cultural Hearth) : ऐसा स्थान, क्षेत्र अथवा प्रदेश जहाँ एक विशिष्ट प्रकार का सांस्कृतिक परिदृश्य विकसित हुआ। इसे शब्दावली साउर

(Sauer) ने बर्कले-सम्प्रदाय (Berkeley School, 1952) में विकसित किया था।

डार्विनवाद (Darwinism, Darwin, 1859) : डार्विन का तर्क है कि अस्तित्व में बने रहने के लिए संघर्ष होना आवश्यक है। केवल वे जीव ही जीवित रहते हैं जो सर्वाधिक उपयुक्त हैं, अर्थात् जो वातावरण के साथ अनुकूलन कर लेने की बेहतर क्षमता धारण किए हैं।

जनसंख्या विज्ञान संक्रमण (Demographic Transition) : थॉमसन, 1929 और नॉटसटिन, 1945) यह मॉडल प्रजनता (Fertility) एवं मर्त्यता (Mortality) के समयबद्ध विकास-स्तरों का सामान्य विवरण प्रस्तुत करता है। जनसंख्या प्रस्तुत करता है। जनसंख्या की प्रक्रिया में चार उच्चशैलीय अवस्थाएँ इसके अनुसार सुझायी गई हैं।

द्वन्द्वात्मकता (Dialectic) : (हेगल, 1770-1813 और मार्क्स, 1818-1883) - सतत् बना दोहरा दृढ़ विरोध।

विसरण मॉडल (Diffusion Model) : (हेगरस्ट्रेण्ड व अन्य भूगोलविद्) समय के दौरान धरातल पर घटनाओं दृश्य-वस्तुओं का विसरण (प्रसार) करना। साउर के अनुसार रेटज़ल ने सांस्कृतिक लक्षणों के विसरण-अध्ययन की नींव डाली थी (Anth pogeography) की द्वितीय जिल्द।) साउर की राय में पृथ्वी पर स्थानों का भराव समस्या सामाजिक विज्ञान मे सामान्य है। हेगरस्ट्रेण्ड ने नवाचारों के विसरण का औप िक अध्ययन किया। उसकी रचना Innovation Diffusion as a Spatial Process, 1988 में प्रकाशित हुई।

दूरी क्षय सिद्धान्त (Distance Decay) : (Nystuen, 1968) दूरी में वृद्धि के साथ प्रारूप अथवा प्रक्रिया में क्षीणता आना।

पारिस्थितिकीय भ्रामकता (Ecological Fallacy) : (Robinson, 1950) - जनसंख्या को इंगित करने व पूर्ण आंकड़ों (Aggregate Data) द्वारा व्यक्ति की विशेषताओं को निर्धारण की अविश्वासनीयता।

पारिस्थितिक विज्ञान (Ecology) : हेकेल (Haeckel, 1866) - जीव और उनके जैविक व अजैविक वातावरणों के मध्य अन्तर्सम्बन्धों का अध्ययन।

पारिस्थितिक-तंत्र (Eco-System) : टांसली (Tansley, 1935) - जीव और पर्यावरण एक ही अन्तर्क्रिया बनी व्यवस्था है।

आनुभववाद (Empiricism) : आनुभविक प्रेक्षणों पर आधारित सैद्धांतिक दर्शन विज्ञान। यथार्थ-जगत् में घटनाओं अथवा दृश्य-वस्तुओं के बारे में कथनों का एकमात्र संदर्भ आनुभववाद है।

वातावरणीय नियतिवाद (Environmental Determinism) : यह मानवीय क्रियाओं को वातावरण द्वारा निर्धारित करने की अवधारणा है।

वातावरणीयवाद (Environmentalism) : यह विचारधारा डार्विनकाल से पूर्व फल-फूल रही थी और हेकेल जैसे विद्वान् इस मत के समर्थक थे। इतिहास साक्षी है कि मानवीय क्रियाएँ प्राकृतिक नियमों के अधीन बनी हैं। प्रादेशिक समाजशास्त्री लेप्ले (Leplay) भी इसी मत के समर्थक थे।

ज्ञान-मीमांसा (Epistemology) : ज्ञान का अध्ययन और विश्वास का औचित्य। यह सिद्धान्त ज्ञान जगत् और अवधारणाओं व विचारों तथा वस्तु-जगत् व अनुभवों के मध्य सादृश्यता निर्धारित करने की प्रक्रिया है।

नृजाति मानव जाति वर्णन (Ethnography) : प्रथम दृष्ट्या प्रेक्षण पर आधारित विशिष्ट सामाजिक समूह के आंतरिक जन-जीवन व प्रकृति और संरचना से जुड़ी विधि है। इसमें अध्ययनकर्त्ता की सहभागिता, प्रेक्षण व अन्य गुणबोध विशेषताओं की पैठ द्वारा मानवजाति के विषय में अध्ययन होता है।

मानवजाति विधि विज्ञान (Ethnomethodology) : यह विधिप्रक्रिया विश्व के बारे में मानवजाति संबन्धी ज्ञान के सामान्य एवं सार्वभौम विधियों की खोज है। भौगोलिक यथार्थता के निश्चय करने की विधि है।

विशिष्ट-अनूठा अपवादवाद (Exceptionalism) : भूगोल में इसे प्रादेशिक-अभिगम (Regional Approach) भी कहते हैं, क्योंकि प्रदेश एक अनूठी, विशिष्टताओं की इकाई है। यह सामान्य के अपवाद-स्वरूप पृथ्वी-तल पर अनूठी विशेषताओं को व्यक्त करती है।

निराधार अथवा अवस्थिति शून्य उद्योग (Footloose Industry) : ऐसे उद्योग जो कहीं भी पैर जमा सकते हैं। वे अवस्थिति की खोज में नहीं रहते। उनका आधार न तो सामग्री-उन्मुख है, और न ही वे मण्डी-उन्मुख। वे विशेष कच्चे माल पर निर्भर नहीं हैं, और उनकी मांग भी सर्वत्र रहती है।

क्रियात्मकवाद (Functionalism) : यह दृष्टिकोण क्रियाओं व कार्य-कलापों के आधार पर विशिष्ट कोटियों में स्वतंत्र एवं भिन्न (अनूठे) रूप में जगत् को देखता है।

सामान्य व्यवस्था का सिद्धान्त (General System Theory) : (Bertalanffy, 1968) - कृत्रिम रूप से भिन्न और सतही तंत्रों के सामान्य गुण-धर्म निर्धारण के प्रयास का यह सिद्धान्त है। इसे बर्टलनफी के कार्यों से पहचान मिली।

जनरे डि बी (Genre De Vie) : 1911 में विडाल डि ला ब्लाश ने जीवनशैली, जीविका और मानव समूह की क्रियात्मक विशेषताओं के आधार पर इस संकल्पना को विकसित किया। यह ब्लाश के सम्भववाद-भूगोल की धुरी माना जाता है। इसका

पालन ब्लाश-सम्प्रदाय के भूगोलवेत्ताओं ने प्रादेशिक प्रबन्धों (Regional Menographs) की रचनाओं में भरपूर किया।

भू-केन्द्रिक अवधारणा (Geocentric Concept) : टॉलेमी की मान्यता थी कि पृथ्वी सौर-मण्डल के केन्द्र में स्थित है, और सूर्य सहित अन्य सभी ग्रह उसके चहुँओर वृत्ताकार चक्कर काट रहे हैं।

भूगोल (Geography) : पृथ्वी के धरातल का अध्ययन जहां मानव जनसंख्या अधिवासित है। (हैगेट, 1990) पृथ्वी का मानव-गृह के रूप में अध्ययन (तुआन, 1991)। यह ग्रीक शब्द 'Geo' से निकला है जिसका अर्थ पृथ्वी है, और ग्राफ़इन 'Graphein' से तात्पर्य वर्णन करना है।

भूश्रद्धा (Geopiety) : इस पद को Wright, 1966 ने गढ़ा जिसका अर्थ वह मानव-क्षेत्र के प्रति निष्ठा से लगाता था। प्राकृतिक जगत् और भौगोलिक क्षेत्र के विषय में मानव चेतना जाग्रत बनाने के कारण यह 'Topophilia' (स्थानासक्ति) के विचार से जुड़ी भूश्रद्धा है।

ध्रुवीय विकास का मॉडल (Growth Pole Model) : उद्योगों के उच्चस्तरीय समन्व्य से एकीभवित बना गतिवान् सेट जो प्रेरणादायक अग्रणीय सेक्टर के चहुँओर संगठित है।

हृदय प्रदेश (Heartland) : मेकिण्डर (1904) द्वारा विकसित यह भौगोलिक भू-राजनीतिक अवधारणा 'हृदय-प्रदेश' (यूराल के पूर्व, साइबेरिया) है। जो इस क्षेत्र हृदय-प्रदेश पर नियंत्रण रखता है, वह विश्व-द्वीप (एशिया, योरोप व अफ्रीका) पर शासन कर पाएगा, और जो विश्वद्वीप का शासक है, वही विश्वभर का शासक है।

समस्तवाद (Holism) : जीव अपनी समस्तता में सार्थक और महत्त्वपूर्ण होता है। वह अंग-प्रत्यंग के जोड़ (Total) की तुलना में अपनी सम्पूर्णता में (In its wholeness) अधिक महत्त्वपूर्ण है। भूगोल में प्रदेशों का भी अध्ययन उनके आपूर्ण व्यक्तित्व में करने पर ज़ोर दिया गया है जो समस्तवाद की जैविक सादृश्यता पर ही आधारित सोच है।

मानवीय अभिकरण (Human Agency) : मानव की क्षमताएँ मानवीयकृत भूगोल में केन्द्रीय विचार है। इस अभिकरण अथवा साधन से सामाजिक विज्ञानों की सामान्य प्रकृति व्यक्त बनी है।

मानव भूगोल (Human Geography) : मानवीय क्रियाओं के संघटन और स्थानिक परिवर्तन स्वरूप विकसित विभेदों के अध्ययन का ज्ञान मानव भूगोल है। यह प्राकृतिक वातावरण का मानव द्वारा उपयोग में लाए गए स्थानिक विभेदों का विवरण है।

मानवीयकृत भूगोल (Humanistic Geography) : यह मानव भूगोल के अभिगम

पर आधारित मानव-चेतना, संज्ञान व कृतित्व के विकास का भौगोलिक ज्ञान है। तुआन, 1916 ने इसकी व्याख्या करते हुए कहा कि "यह विस्तृत रूप में मानव क्या है, और क्या करने की क्षमता रखता है, इसकी सोच है।"

मानव पारिस्थितिकी (Human Ecology) : (Barrow, 1923) यह सोच बैरो ने 1923 में भूगोल को परिभाषित करते हुए व्यक्त किया। वह "भूगोल को मानव पारिस्थितिकी विज्ञान" मानता था जहाँ प्राकृतिक वातावरण और मानवीय क्रियाओं व उनके वितरण के मध्य संबन्ध बना है। उसने प्राकृतिक पर्यावरण के प्रति मानव-समायोजन (Adjustment) पर ध्यान आकर्षित कराया।

प्रतिमा-विज्ञान (Iconography) : भूगोल में प्रतिमा-विज्ञान की विचारधारा को जीन गॉटमान (Jean Gottmann, 1952) ने प्रयोग किया। दृश्य-सत्ता का निवर्चन और विवरण उनकी सांकेतिक प्रतिमा-स्वरूप ही है। धार्मिक मूर्तियां व प्रतिमाएँ भी व्यापक-सत्ता की चिन्ह-स्वरूप सांकेतिक विचार ही हैं।

विशिष्ट अथवा अनूठापन (Idiograhic) : (Windelband, W. and N. Rickert) यह अवधारणा अनूठेपन से जुड़ी है, और प्रदेश के विशिष्ट विवरण पर आधारित है।

औद्योगिक अवस्थितिक सिद्धान्त (Industrial Location Theory) : (Weber, A.) - उद्योगों को कहाँ स्थिति करना सार्थक है, इस संबन्ध में भौगोलिक सोच औद्योगिक भूगोल का आधार है।

आन्तरिक शहर (Inner City) : शिकागो-सम्प्रदाय ने नगर के आन्तरिक भाग को कु-परिभाषित क्षेत्र कहा है। यह CBD के निकट स्थित भाग है।

मध्यवर्ती अवसर (Intervening Opportunities) : अमेरिकी समाजशास्त्री, S.A. Stouffer (1940) द्वारा विकसित अवधारणा है। यह मानव-प्रवसन अथवा स्थानान्तरण को स्पष्ट बनाने संबन्धी विचार है। परन्तु भूगोल में इसका उपयोग माल अथवा जिन्सों के आवक-जावक (Commodity Flow), यात्री-ट्रिप, यातायात की फेरियाँ आदि को स्पष्ट बनाने की दृष्टि से किया जाने लगा।

काण्टवाद (Kantianism) : इमानुएल काण्ट ने इस दार्शनिक सोच को (1724-1804) विकसित किया कि ज्ञान दो प्रकार से वर्गीकृत हो सकता है-तार्किक रूप से (Logically) अथवा प्राकृतिक रूप (Physically) से।

लमार्कियनवाद (Lamarekianism) : यह गैर-डार्वियन विकासवादी सिद्धान्त फ्रांसीसी प्रकृतिवादी विद्वान् लमार्क (Lamarck) ने प्रस्तुत किया। वह विकास को सामान्य अवरोहण तंत्र की अपेक्षा समान श्रेणी में ही समानान्तर रूप से विकसित मानता था।

भूदृश्य (Landscape) : यह पद (Term) अनेक अर्थी है। इसका तात्पर्य क्षेत्र के दृश्य

से है जहाँ धरातल पर वस्तुओं का संयोजन है जो उसे व्यक्तित्व अथवा स्वरूप प्रदान करता है। जर्मन में Landschaft से भी यही अर्थ प्रकट बनता है, और जर्मन भूगोलवेत्ताओं ने भूगोल की व्याख्या 'Landscape Science' के रूप में की है।

समुद्र का कानून (Law of Sea) : 1958 से पहले समुद्री कानून प्रथागत पालन होता था, तदुपरान्त इसे UN की तीन कान्फ्रेंसों में निर्धारित किया। अब आधुनिकतम समझौता 17 दिसम्बर, 1982 को जमैका में हुआ जिसे UNCLOS-III कहते हैं। इसमें समुद्री न्यायिक सात कटिबंध परिभाषित बने हैं –

(i) 'आंतरिक जल' : स्थलोन्मुख जल की आधार-रेखा को माप कर निर्धारित किया। लघु-ज्वार रेखा (Low Tide Line) से स्थल तक की नदियाँ, खड़ि पोत व अन्य जल इसमें सम्मिलित हैं।

(ii) 'प्रदेशी समुद्र' (Territorial Sea) : पर राज्य का प्रभुत्व 12 नॉटिकल मील तक (baseline से) निर्धारित हुआ।

(iii) 'संबन्ध बना कटिबंध' (Contiguous Zone) में प्रदेशी समुद्र की सीमा से 12 Nautical मील तक के क्षेत्र पर राज्य अपने प्रथा व राष्ट्रीय नियम लागू कर सकते हैं।

(iv) 'महाद्वीपीय तट रेखा' (Continental Shelf) - आधार-रेखा से 200 नॉटिकल मील तक की सीमा के समुद्रतल-संसाधनों (Sea-bed Resources) का राज्यों का Claim बनता है।

(v) 'मत्स्य-पकड़ना' – अधिकांश राज्य समुद्रतट से 200 नॉटिकल मील की दूरी तक मत्स्य पकड़ने के अधिकार पर अपना दावा बनाए हैं।

(vi) 'एक मात्र आर्थिक कटिबंध' (Exclusive Economic Zone) की सीमा महाद्वीपीय तट-रेखा (iv) से मेल खाती है।

(vii) 'महा समुद्र' (The High Sea) - इस खुले सागर के जल से अभिप्राय वह सभी जल-राशि है जो (i-iv) के अतिरिक्त है।

रहने के लिए स्थान (Lebensraum) अर्थात् 'Living Space' : इस पद (Term) को रेटजेल ने अपनी रचना Political Geography में प्रयोग किया जिसका तात्पर्य ऐसे भौगोलिक क्षेत्र से है जो जीव अपने विकास के लिए स्थान की खोज में रहता है। जीव की इस धारणा को रेटजेल ने राष्ट्र के लिए भी समान माना और कहा कि राष्ट्र द्वारा क्षेत्रीय विस्तार जीव तुल्य आवश्यकता है।

विकास-सीमा (Limits of Growth) Meadows et al., 1972 - रोम की क्लब की एक रिपोर्ट का यह शीर्षक भूमण्डलीय संसाधनों व प्रदूषण की दिशाओं को इंगित करता है।

घटना स्थल (Locale) : सामाजिक अन्तर्क्रिया के लिए रंगमंच। इसका उल्लेख गिड्न्स (Giddens, 1979) ने किया।

अवस्थिति-सिद्धान्त (Location Theory) : ऐसे सिद्धान्त जो आर्थिक क्रियाओं की अवस्थिति के लिए सकारण व्याख्या प्रस्तुत करते हैं जैसे फॉन य्यूनेन का भूमि-उपयोग मॉडल, बेब का उद्योगीय अवस्थिति मॉडल, क्रिस्टलर का केन्द्र-स्थान सिद्धान्त और ऑगस्त लॉश का केन्द्र स्थानों का सिद्धान्त, आदि।

अवस्थितिजन्य विश्लेषण (Locational Analysis) : यह अवधारणा स्थानिक विज्ञान (Spatial Science) से जुड़ी है। मानव भूगोल में यह अभिगम दृश्य-वस्तुओं अथवा घटनाओं के स्थानिक विन्यास की ओर ध्यान आकर्षित कराता है। इस दृष्टि से दृश्य-जगत् का विश्लेषण स्थानिक-विज्ञान की पद्धति है।

अवस्थितिक त्रिभुज (Locational Triangle) : यह ग्राफ़-मॉडल सरल युक्ति है जिसे अलफ्रेड वेबर ने औद्योगिक अवस्थिति विश्लेषण हेतु रचा।

मेगा-शहर (Mega City) : महानगर (Megapolis) जहाँ 80 लाख अथवा अधिक जनसंख्या है, जैसे टोकियो, मेक्सिको, न्यूयॉर्क, मुंबई, शंघाई, आदि।

मेगालोपोलिस (Megalopolis) : Gottmann (1946) ने U.S.A. के उत्तरीपूर्वी समुद्रतटीय क्षेत्र में महानगरों के सतत् बने परिसर के द्वारा विकसित नगर-दृश्य के लिए इस पद का प्रयोग किया।

मानसिक मानचित्र (Mental Map) : (Lynch, 1960) इस पद का स्थान का मनोवैज्ञानिक प्रतिनिधित्व करने हेतु प्रयोग किया जाता है। प्रत्येक व्यक्ति के मानस में ऐसे मानचित्र रचे रहते हैं। वह स्थानों का अवबोध इनके ही आधार पर करता है। वातावरण और मानव क्रियाओं के मध्य मानसिक मानचित्र माध्यम बने हैं।

गतिशीलता संक्रमण (पारगमन) मॉडल (Mobility Transition Model) : इसको Zelinsky ने प्रदेश के पारगमन और सभी प्रकार की गतिशीलता के संदर्भ में रचा। सामाजिक गतिशीलता आवागमन (Circulation) से जुड़ी है। इसमें विभिन्न प्रकार और विभिन्न उद्देश्य पूर्ति हेतु व्यक्ति प्रदेश में चलता-फिरता है। परन्तु वह वापस अपने आवास पर ही आता है। यह तथ्य सभी गतियों में समान है।

मॉडल (Model) : पृथ्वी की सतह का यथार्थ संरचित आदर्श रूप में प्रस्तुतिकरण।

आकृति विज्ञान (Morphology) : आकृतियों का (भू-आकारों) का विज्ञान।

बहु-नाभीय मॉडल (Multiple Nuclei Model) : इसे Harris व Ullman (1945) ने नगर की ऐसी आन्तरिक संरचना के लिए रचा जहाँ एक से अधिक CBD हैं।

प्रकृतिवाद (Naturalism) : प्राकृतिक एवं सामाजिक विज्ञानों के मध्य अवश्यम्भावी एकता उनकी पद्धति में वर्तमान है।

नियमनात्मक (Nomothetic) : सार्वभौम/व्यवस्थित अथवा सार्वलौकिक, सामान्य (Systematic) विवरण से विपरीत विचार है। इसे 1894 में अपने भाषण में Windbelband ने प्रकट किया।

सत्तामीमांसा (Ontology) : (Bhaskar, 1978) वे सिद्धांत अथवा परा-सिद्धांत जो संभव बने ज्ञान द्वारा इसका उत्तर दे सकें कि विश्व कैसा होना चाहिए।

प्रतिमान अथवा निदर्शन (Paradigm) : सर्वव्यापी बनी वैज्ञानिक उपलब्धियाँ जो समयानुकूल शोधकर्त्ताओं के लिए उनकी समस्याओं का आदर्शात्मक हल बनती हैं।

पाएज़ (Pays) : ब्लाश (1927) ने प्राकृतिक व सांस्कृतिक भू-दृश्यों में एक समान बनी समांगी प्रादेशिक लघु-इकाई को फ्रांस-मैसिफ़ के अध्ययन में 'पाएज' कहा।

प्रतिमासिक (अपूर्व) वातावरण (Phenomenal Environment) : Kirk (1963) किसी व्यक्तिगत अवबोध की सीमा से परे बना अपूर्व वातावरण जिसमें प्राकृतिक व सांस्कृतिक दृश्य-जगत् का समागम हुआ है।

स्थान (Place) : भौगोलिक क्षेत्र (Space) का ऐसा भाग जो व्यक्ति अथवा वस्तु द्वारा घिरा है।

प्रत्यक्षवाद (Positivism) : आगस्ट कॉम्टे (1820 व 1830 की सदियों में) द्वारा विज्ञान के बारे में दार्शनिक सोच है जिसका प्राथमिक ध्येय विज्ञान की तत्त्व-मीमांसा से अलग पहचान बनाना है। इस दर्शन के अनुसार विज्ञान का संबन्ध आनुभविक प्रश्नों से (तथ्यपरक) है, न कि नियमनात्मक प्रश्नों से जो मूल्यपरक होते हैं।

सम्भववाद (Possibilism) : फेबर (Febrre, 1952) के इस विचार के अनुसार प्राकतिक वातावरण ऐसे अनेक अवसर प्रदान करता है जिनमें से मानव चयन करके अनुक्रिया करने का निर्णय ले सके।

उत्तराधुनिकवाद (Postmodernism) : दार्शनिक सोच, कला एवं सामाजिक विज्ञानों में वर्तमान आन्दोलन सन्देहवाद से घिरा है। इसके विपरीत उत्तर आधुनिक काल में सोच का जोर खुलेपन पर अधिक है जो सामाजिक पूछताछ, कलात्मक योगों व राजनीतिक शक्तिमानता पर आधारित है।

उपयोगितावाद (Pragmatism) : इस दार्शनिक सोच का केन्द्रीय उद्‌देश्य प्रायोगिक सार्थकता है। मानवीय क्रियाओं की सार्थकता इसी में निहित है कि वे सामाजिक हित के लिए हैं।

क्रियाशीलता का सिद्धांत (Principle of Activity) : इस ब्रूहनंस ने (Brunhes, 1920) में प्रस्तुत किया। उसका ज़ोर इस तथ्य पर है कि समय के बदलाव के साथ प्रत्येक दृश्य-जगत् में परिवर्तन घटित होता है।

सम्भावनावाद (Probabilism, Spate, 1957) - प्राकृतिक वातावरण मानव क्रियाओं को यद्यपि विशिष्टत: निर्धारित नहीं बनाता, फिर भी वह अनुक्रिया व्यक्त करता है। उन सम्भावनाओं को ही ध्यान में रखकर व्यक्ति विकास की ओर बढ़ता है।

स्थान-प्रवर्द्धन (Production of Space) : ऐसा स्थान जहाँ सामाजिक जीवन घटित बना है, उसका भौतिक विकास और मानसिक विकास होना आवश्यक है। अत: स्थान-प्रवर्द्धन सामाजिक प्रवर्द्धन से अभिन्न रूप में संबन्धित है।

गुण प्रधान विधियाँ (Qualitative-Methods) : ज्ञान-मीमांसात्मक सोच के शोध हेतु साधन, उपकरणों का विकास और विधियों की खोज मानवीयकृत भूगोल की शुरुआत से जरूरी बन पड़ी है।

मात्रा प्रधान विधियाँ (Quantitative Methods) : भौगोलिक तंत्रों (Systems) की समझ-बूझ के लिए गणितीय एवं सांख्यिकीय तकनीकों के प्रयोग आवश्यक हैं।

मात्रात्मक क्रांति (Quantitative Revolution) : ऐंग्लो-अमेरिकी भूगोल की मूल भावना (आत्मिक परिवर्तन) एवं ध्येय में आमूल परिवर्तन का कार्य 1950 व 1960 की दशकों में हुआ। इसके द्वारा पूर्वकाल के प्रादेशिक विवरण व क्षेत्रीय विभेद परिवर्तनीय व्याख्या के स्थान पर नियमनात्मक शोध (Nomothetic Search) और मॉडलों द्वारा स्थानिक संरचना को स्थान दिया गया।

आमूल परिवर्तनवाद (Radicalism) : पीट (1977) ने इस पद (Term) का प्रयोग स्थानिक विज्ञान व प्रत्यक्षवाद की प्रतिक्रिया में किया। उसने एवं अन्य परिवर्तनवादियों ने तीन राजनीतिक समस्याओं पर ज़ोर दिया - वियतनाम युद्ध, अमेरिकी काले लोगों के अधिकार और गरीबी व भेद-भाव, असमानताओं के क्षेत्र (Ghettos के वासियों के कष्टों को दूर करने के लिए संघर्ष। उनका अभिगम (Approach) मार्क्स से मेल खाता था, और उनका मुख-पत्र (Antipode) था।

पद-आकार नियम (Rank-size Rule) : ज़िफ (Zipf, 1949) देश व प्रदेशों में शहरों के आकार (Size) के बारे में एक नियमितता का अनुभव ज़िफ़ ने किया। शहरों का पद निर्धारण सबसे बड़े शहर (1) से सबसे छोटे (n) शहर तक उनकी जनसंख्या के सन्दर्भ में प्राय: नियमित पाया जाता है।

प्रदेश (Region) : विटिल्से (Whittlesey, 1929) ने पृथ्वी की सतह को ऐसे प्रदेश में विभक्त किया जो विशिष्ट व अनूठे, एक-दूसरे से भिन्न स्वभाव के हैं।

प्रादेशिक भूगोल (Regional Geography) : प्रदेशों के अध्ययन का भूगोल।

संसाधन (Resource) : यह अवधारणा मानव-सन्तुष्टि के लिए पूँजी व सामर्थ्य के स्त्रोतों से जुड़ी है।

ग्रामीण-नगर परिधि (Rural-Urban Fringe) : नगर और उसके इर्द-गिर्द ग्रामीण पृष्ठ प्रदेश के बीच सतत् इमारती क्षेत्र में और उप नगर तथा ग़ैर इमारती कृषि भूमि में क्रमश: परिवर्तन बनी संक्रमणीय परिधि है।

वैज्ञानिक नियतिवाद (Scientific Determinism) उत्तर डार्विन काल में मानव-क्रियाओं पर वातावरण का नियंत्रण वैज्ञानिक तकनीकों पर आधारित देखा गया।

सेक्टोरल मॉडल Sectoral Model (Homer Hoyt, 1939) : नगर में आन्तरिक क्षेत्र का भूमि-उपयोग खण्डों में विभक्त पाया जाता है जो उसकी आकृति को खण्डीय प्रारूप देता है। इसे हॉएट ने आवास व भूमि के किराए-मूल्य के आंकड़ों के आधार पर विकसित किया।

जगह-स्थान के प्रति आस्था (Sense of Place) : यह अवधारणा स्थान के विषय में वहाँ बसे लोगों से जुड़ी है जो स्थायी व अ-स्थायी दोनों भिन्न दृष्टिकोणों से प्रभावित देखी जा सकती है।

अनुवर्ती अधिकरण (Sequent Occupancy) Whittlesey, 1929 मानव-अधिकरण की पीढ़ी अपनी परवर्ती पीढ़ी व उसकी सन्तति से जुड़ी होती है। मानव-अधिकरण क्रिया चरणबद्ध घटित बनती है, और प्रत्येक चरण की उत्पत्ति पूर्वजों के चरण पर आधारित है।

सामाजिक डार्विनवाद (Social Darwinism) : सामाजिक व आर्थिक और राजनीतिक क्रियाओं का विकास भी डार्विन के सिद्धान्त का ही प्रायोगिक पक्ष (Application-Aspect) है।

सामाजिक भूगोल (Social Geography) स्थान में स्थानिक भू-दृश्य संरचना के सन्दर्भ में सामाजिक संबन्धों का अध्ययन है।

सामाजिक भौतिकी (Social Physics) : स्थान पर पूर्ण योग में व्याप्त मानवीय अन्तर्क्रियाओं की व्याख्या और उनका पूर्वानुमान भौतिकी के नियमों व सिद्धान्तों से स्पष्ट किया जा सकता है।

सामाजिक पुनरुत्पत्ति (Social Reproduction) : सामाजिक संबन्ध एवं साधन-सामग्री आदि जिनमें सामाजिक जन-जीवन बंधा हुआ है। उनकी स्थानपरक पुन: उत्पत्ति भौगोलिक अवधारणा है। सामाजिक समूहों का स्थान के बारे में अवबोध है, जबकि स्थान के विषय में व्यक्ति विशेष का अवबोध Personal Space कहलाता है।

स्थान-अर्थव्यवस्था (Space Economy) : अर्थव्यवस्था की स्थानिक-संरचना। भूदृश्य

की अर्थव्यवस्था विभिन्न मापकों में मौजूद होती है, और भूगोलवेत्ता इनकी पहचान प्रादेशिक, राष्ट्रीय व अन्तर्राष्ट्रीय स्तरों पर करता है।

स्थानिक विश्लेषण (Spatial Analysis) : गणितीय परिकलन एवं मात्रात्मक पद्धति का उपयोग कर स्थानिक-विश्लेषण संभव होता है। अनविन (Unwin, 1991) ने इसे परिभाषित किया।

स्थानिक अन्तर्क्रिया (Spatial Interaction) : Ullman, 1980 ने इस पद की रचना भौगोलिक क्षेत्रों के मध्य अन्तर्निर्भरता इंगित करने के लिए की।

स्थानिक विज्ञान (Spatial Science) : मात्रात्मक क्रांति के दौरान बेरी और मारबिल (Berry and Marble) ने इसका निर्माण किया। यह प्रत्यक्षवाद (Positivism) से निकटता से जुड़ा वैज्ञानिक सोच है। इसका घटक मानव भूगोल है जो क्षेत्र में विभेदों द्वारा सामाजिक संगठन व संचालन के योग से जुड़ा है। यह व्यक्तिगत सदस्यों की क्रियाओं को भी उनके स्थान पर प्रभावित करने का विज्ञान है।

विकास-चरण (Stages of Growth) : Rostow, 1971 - सामाजिक एवं आर्थिक विकास के 'पांच-चरणों' की क्रमिक गति का आधार तत्व अमेरिकी अर्थशास्त्री W.W. Rostow ने प्रकट किया, और बताया कि प्राय: सभी समाज इनमें से गुज़रते हैं।

तंत्र (System) : कारकों के समूह इस प्रकार संगठित किए जाते हैं कि प्रत्येक कारक कुछ रूप में अन्य कारक से अन्तर्निभर (प्रत्यक्ष अथवा अप्रत्यक्ष) बना रहे। उसका अन्य कारक से अन्तर्निभर रहना तंत्र की क्रियान्विति के लिए आवश्यक है। इसकी व्याख्या चेपमैन (Chapman, 1977) ने की है।

तंत्र-विश्लेषण (System Analysis) : यह गणितीय अभिगम है जो तंत्र द्वारा मॉडल-रचना में प्रयोग किया जाता है। इंजीनियरी के नियंत्रण में यह व्यवहार की खोज और लगत-अनुक्रिया में मददगार है।

स्वीकृति विश्व : (Take for Granted World) : विश्व का जन-जीवन जैसा है उसे उसी संदर्भ में स्वीकार कर अनुक्रिया व्यक्त करना। यह समकालीन मानवकृतीय भूगोल में लोकप्रिय बनी संकल्पना है।

सोद्देश्यवाद (Teleology) : यह सिद्धान्त घटनाओं अथवा दृश्य-वस्तुओं का सकारण निवर्चन पूर्व-निर्धारित उद्देश्यों के संदर्भ में करने-संबन्धी है। इसका प्रयोग नियोजन में एवं अनेक धर्मां में प्राय: होता है।

अज्ञात बना भू-भाग (Terra-Incognita) : टॉलेमी ने इस अवधारणा को जन्म दिया। उसके मतानुसार दक्षिणी गोलार्द्ध में बहुत बड़ा भू-भाग अभी तक भी (टॉलेमी के काल तक) अज्ञात बना हुआ है। खोज के महान् युग (Great Age of Discovery)

में अनेक खोज-कर्त्ताओं ने अज्ञात बने भू-भाग को खोजने के प्रयास किए।

प्रदेशीयता (Territoriality) : व्यक्तियों एवं सामाजिक समूहों के द्वारा स्थानिक संगठना का सीमांकन कर लेने की अवधारणा।

विषयगत मानचित्र (Thematic Maps) : स्थान में दृश्य-वस्तुओं के विभेदों को सांख्यिकीय रूप से मानचित्रण।

समय (काल) भूगोल (Time Geography) : हेगरस्ट्रेण्ड के अभिगम पर आधारित सिद्धान्त जिसमें दृश्य-वस्तुओं की प्रक्रिया स्थान को समय व घटना की संगति का परिणाम इंगित करता है।

स्थान-प्रेम (Topophilia) : इ-फ्यू तुआन ने 1961 में इस सोच को भूगोल में स्थान के प्रति लगाव के लिए प्रयोग किया।

लोक-कल्याण का भूगोल (Welfare Geography) : स्मिथ (1979) ने इसे मानव भूगोल में असमानता और सामाजिक न्याय जैसी समस्या के निराकरण से जन-कल्याण हेतु मॉडल का विकास कर प्रतिपादित किया।

विश्व-तंत्र विश्लेषण (World Systems Analysis) : सामाजिक परिवर्तन के प्रति अध्ययन हेतु यह तंत्र-अभिगम भौतिकवादी दृष्टिकोण पर ज़ोर देता है।

संदर्भ सूची

(Bibliography)

Abler, R., Adams, J. and Gould, P.R., 1971, *Spatial Organisation: The Geographer's View of the World*, Prentice Hall, Englewood Cliffs.

Ackerman, E.A., 1965, *The Science of Geography*, Washington.

—, 1963, Where is Research Frontier? *AAAG* 53, pp. 429-440.

—, 1958, *Geography as a Fundamental Research Discipline*, University of Chicago, Department of Geography, Research Paper No. 53.

Acton, H.B., 1967, 'Idealism' in P. Edwards (ed.), *The Encyclopedia of Philosophy*, New York. Vol. iv, p.110.

Adams, J. (ed.) 1976, *Urban Policy-Making and Metropolitan Dynamics: A Comparative Geographical Analysis*, Cambridge MA, Ballinger.

Agnew, J. et al., 1996, *Human Geography*, Oxford, Blackwell.

Ahmad, A., 1983, 'Nature of Dichotomy in Geography: General and Particular', *The Indian Geographical Journal*, Vol. 51, No. 2, pp. 97-107.

—, 1978, 'Dualism and Dichotomies in Geography', A Discussion Paper, CSRD, JNU, New Delhi.

Ahmad, N., 1947, *Muslim Contributions in Geography*, Lahore.

Ali, S.M., 1959, *Arab Geography*, Aligarh.

—, *The Geography of Puranas*.

—, 1976, *Arab Geographical Thought*, Aligarh.

Althuser, L., 1978, 'Marxism, Leninism and Class Struggle' *Theoretical Review*, Vol. I, pp. 17-20.

Al-Masudi, *Muruj*, Vol. I.

Alvi, S.M.Z., 1960, 'Al-Masudi's Conception of the Relationship Between Man and Environment', *Al-Masudi-Millenary Commemoration Volume*, Aligarh.

Amedee, D. and Golledge, R.G., 1975, *An Introduction to the Scientific Reasoning in Geography*, New York.

Anuchin, V.A., 1956, *Regional Study of Transcarpathian.*

—, 1973, 'Theory of Geography' in *Directions in Geography*, (ed.) R.J. Chorley, London, Methuen, pp. 43-63.

—, 1981, 'The Relationship between Society and Nature in the Geographical Environment and Philosophical Aspects of Geography', in *Soviet Geography Today*, Moscow.

Aristotle, *Meteorologica*, Vol. I.

Atwood, W.W., 1935, 'The Increasing Significance of Geographic Conditions in the Growth of Nation States', *AAAG*, 25, pp. 1-16.

Aune, B., 1970, *Relationalism, Empiricism and Pragmatism: An Introduction*, Random House, New York.

Baker, J.N.L., 1955, *Geography and Its History, Advancement of Science 12*, pp. 188-198.

—, 1963, *The History of Geography*, New York, pp. 130-157.

Barbour, I., (ed.), 1973, *'Western Man and Environmental Ethics: Attitudes Towards Nature and Technology'*, Addison-Wesley, Massachussets.

Bagrow, L., 1945, 'The Origin of Ptolemy's Geographia', *Geografiska Annaler*, 1945, pp. 318-387.

—, and Skelton, R.A., 1964, *History of Cartography*, Cambridge.

Bartels, D., 1973, 'Between Theory and Metatheory', in Richard Chorley (ed.), *Directions in Geography*, London.

Barrow, H.H., 1923, *Geography as Human Ecology, AAAG,* 13, pp. 1-14.

Ballabon, M.G., 1957, 'Putting the 'Economic' in Economic Geography' *Economic Geography*, Vol. 43.

Baulig, H., 1950, 'William Morris Davis: Master of Methods' *AAAG*, 40, pp. 188-195.

Beazley, C.R., 1949, *The Dawn of Modern Geography*, Vol. III, New York.

—, 1895, *Prince Henery the Navigator*, New York.

Beck, H., 1959-61, *Alexander von Humboldt*, Vol. I.

Berry, B.J.L., 1961, 'A Method of Deriving, Multifactor Uniform Region' *Przeglad Geogrficzny*, 20, Trans.

—, 1973, 'A Paradigm for Modern Geography' in *Directions in Geography* (ed.) R.J. Chorley, London, pp. 3-21.

—, and Marble, D.F., 1968, *Spatial Analysis*.

—, 1973, 'A Paradigm from Modern Geography' in *Directions in Geography*, London.

Bertalanffy, L., 1968, *General System Theory: Foundations, Development, Applications*, New York.

Bird, J.H., 1975, 'Methodology and Philosophy', *Progress in Human Geography*, 2, pp. 133-140.

Blablock, H.M. and Blablock, A., 1959, 'Towards Clarification in System Analysis in Special Series', *Philosophy Sciences*, Vol. 26.

Blanshard, B., 1958, 'The Case of Determinism', in Sidney Hook (ed.) *Determinism and Freedom in the Age of Modern Science*, New York.

Bogekomp, H., 1863, 'An Account of Ritter's Geographical Labour', in W.L. Gage, (trans.), *Geographical Studies by the Late Prof. Ritter*, Berlin, pp. 33-51.

Boulding, K.E., 1956, 'General System Theory: The Skeleton of a Science', *Management Science*, 2, pp. 197-208.

Bowman, I., 1916, *The Andes of Southern Peru*, New York.

—, 1934, *Geography in Relation to Social Science*, New York.

—, 1911, *Forest Physiography of the United States and Principles of Soil in Relation to Forestry*, New York.

Braithwaite, R.B., 1953, *Scientific Explanation*, London.

Brigham, A.P., 1903, *Geographic Influence in American History*, Boston.

Broek, J.O.M., 1965, *Geography: Its Scope and Spirit*, Columbus, Ohio.

—, 1968, *Explanation in Social Science*, Chicago.

Brown, L.A., 1960, *Map Making: The Art that Became a Science*, Boston.

—, 1969, 'Disfusion Research in Geography: A Perspective' *Progress in Geography*, 1, pp. 121-157.

Brunhes, J., 1920, *Human Geography*, Chicago, trans. by T.C. Le Compte and edited by Isaiah Bowman.

Bryan, K., 1935, 'William Morris Davis: Leader in Geomorphology and Geography', *AAAG*, 25, pp. 23-31.

Buch-Hanson, Nielson, B. (ed.), 1977, 'Marxist Geography and the Concept of Territorial Structure', *Antipode*, 9, pp. 1-12.

Bunbury, E.H., 1883, *A History of Ancient Geography*, Vol. II, London.

Bunge, W., 1962, *Theoretical Geography*, Lund, Sweden.

Bunting, T.E. and Guelke, L., 1979, 'Behavioural and Perception Geography: A Critical Appraisal', *Ann. Ass. Am. Geog.*, 63, pp. 448-462.

Burton, I.; 1963, 'The Quantitative Revolution and Theoretical Geography', *The Canadian Geographer*, Vol. VII, pp. 151-162.

Bultimer, A., 1970, *Society and Milieu in the French Geographic Tradition*, Chicago.

—, 1978, 'Charisma and Context: The Challenge of la Geographic Humaine', in *Humanistic Geography: Prospects and Problems*, (ed.) D. Ley and M.S. Samuel, Chicago, pp. 58-76.

Cahanman, W.J., 1948, 'Outline of Theory of Area Study', *Annals*, Vol. 38.

Carter, G.F., 1950, *Isaiah Bowman: 1878-1950, AAAG*, 40, pp. 335-350.

Castor, de J., 1952, *The Geography of Hunger*, Boston.

Chapman, G.P., 1977, *Human and Environmental Systems: A Geographer's Appraisal*, London.

—, 1966, 'The Status of Geography', *The Canadian Geographer*, Vol. X, 3, 1.

Chappel, J.E. Jr., 1967, 'Marxism and Environmentalism', *AAAG*, 57, pp. 203-206.

Chisholm, M., 1962, *Rural Settlement and Land-Use*, London.

—, 1975, *Human Geography: Evolution or Revolution*? Pelican.

Chojnicki, Z., 1970, 'Prediction in Economic Geography', *Economic Geography*, 46, pp. 213-22.

Chorley, R.J., 1973a, 'Geography as Human Ecology', in *Directions in Geography*, (ed.) R.J. Chorley, London.

—, Haggett, P. (eds.) 1965, *Frontiers in Geographical Teaching*, London, Methuen.

—, 1967, *Models in Human Geography*, London.

Christaller, W., 1933, Eng. Trans., 1966, C.W. Baskin, *Central Places in Southern Germany*, Englewood Cliff.

Claval, P., 1980, 'Epistemology and History of Geographical Thought', *Progress in Human Geography*, 4, London, pp. 371-847.

Clark, A.H., 1949, *The Invasion of New Zealand by People, Plants and Animals: The South Island*, Rutgur Univ. Press.

—, 1954, 'Historical Geography', in P.E. James and C.F. Jones, (ed.) *American Geography: Inventory and Prospects*, pp. 70-105.

Coates, B.E., Johnston, R.J. and Knox, P.L., 1977, *Geography and Inequality*, London.

—, 'Changing Currents in Geographical Thought', *AAAG*, 26, pp. 1-37.

Colby, C.C., 1933, 'Ellen Churchill Semple', *AAAG*, 23, pp. 229-240.

Commission on History of Geographical Thought, IGU, 1972, *Geographical Thought: A Century of International Congress*.

Cole, J.P. and King, C.A.M., 1968, *Quantitative Geography: Techniques and Theories in Geography*, Wiley & Sons.

Crone, G.R., 1950, *Maps and Their Makers: An Introduction to the History of Cartography*, New York.

Collingwood, R.G., 1956, *The Idea of History*, Oxford Univ. Press, New York.

Darwin, C.R., 1859, *On the Origin of Species by Means of Natural Selection or Preservation of Favoured Races in Struggle for Life*, London.

Davies, W.K., 1972, *Conceptual Revolution in Geography*, London.

Davis. W.M., 1899, 'The Geographical Cycle', *Geographical Journal*, 14, pp. 481-504.

Dear, M., 1986, 'Postmodernism and Planning', *Env. Plann.* D. Society and Space 4, pp. 367-84.

Debenham, F., 1960, *Discovery and Exploration in Atlas*, New York.

De Geer, S., 1923, 'On the Definition, Method and Classification of Geography', *Geografiska Annaler*, pp. 1-37.

Demangeon, A., 1905, *La Picardie et les regions voisines, Artois, Cambresis Beauvaises*, Paris.

Dickinson, R.E., 1969, *The Makers of Modern Geography*, London.

—, and Howarth, O.J.R., 1933, *The Making of Geography*, Oxford.

East, W.G., 1935, *An Historical Geography of Europe*, London.

—, 1951, 'Historical Geography', in S.W. Wooldridge (ed.), *The Spirit and Purpose of Geography*, pp. 80-102.

Einstein, A. and Infeld, L., *The Evolution of Physics*, Cambridge.

Eliot-Hurst, M., 1980, 'Geography, Social Science and Society: Towards a De-definition', *Australian Geographical Studies*, 8.

Em. de Martonne, 'Albert-Demangeon', *Annals de Geographie*, 65.

Encyclopaedia Britannica, 1971, Vol. 3, London, p. 894.

English, P.W., 1968, 'Landscape, Ecosystem and Environment Perception: Concepts in Cultural Geography', *The Journal of Geography*, Vol. 67.

Entrikin, J.N., 1977, *Contemporary Humanism in Geography, AAAG*, 66, pp. 615-632.

Eyre, S.R. and Jones, G.J.R., 1966, *Geography as Human Ecology, Methodology by Example*, London.

Fawcett, C.B., 1919, *The Provinces of England*, London.

Febvre, L.A., 1932, *Geographical Introduction to History*, London.

—, 1952, *Le Terra et i' Evolution Humaine Introduction Geographique a I' Historie*, Paris.

Fenneman, N.M., 1919, 'The Circumference of Geography', *AAAG*, 9, pp. 3-11.

Fischer, E., Campbell, R.D. and Miller, E.S., 1969, *A Question of Place: The Development of Geographical Thought.*

—, and Marke, F., 1971, *The Essential Marx*, New York.

Floyd, B., 1971, 'The Quantitative and Model Building Revolution in Geography', *Geography*, Vol. LV, p. 40.

Fleure, H.J., 1917, 'Regions Huamaines', *Annals of Geographie*, 26, pp. 161-74.

—, 1919, 'Human Regions', *Scottish Geographical Magazine*, 35, pp. 94-105.

Folke, S., 1972, 'Why a Radical Geographer Must be a Marxist', *Antipode* 4, 13-18.

Foote, D.C. et.al. 1968, 'An Approach to Systems Analysis in Cultural Geography', *Professional Geography,* Vol. 20, pp. 86-91.

Forbiger, *Geographie*, Vol. I.

Forde, D., *Habitat, Economy and Society*, London.

Forer, P., 1978, 'A Place for Plastic Space', *Human Geography*, Vol. II, pp. 203-67.

Fraizer, J.W., 1983, 'Pragmatism: Geography and the Real World, in *Themes in Geographic Thought* (ed.), Harvey, London.

Freeman, N.M., 1919, 'The Circumference of Geography', *AAAG*, 9, 3-11.

Freeman, T.W., 1961, *A Hundred Years of Geography*, London.

French, R.A., 1968, 'Historical Geography in the U.S.S.R.', *Soviet Geography Reviews*, Transaction, 9, 551-553.

Fuchs. R.J. and Demke, G.J. (eds.) 1977, *Theoretical Problems of Geography*, V.A. Anuchin, Columbus, Ohio State Press.

Gage, W.L., (trans.) 1863, *Geographical Studies by Late Prof. Carl Ritter of Berlin*, Boston.

George, N., 1966, *Existentialism Versus Marxism*, New York.

Gerasimov, I.P., 1962, *Soviet Geography*.

—, 'The Past and Future of Geography', *Soviet Geography*, 7. pp. 3-1.

—, 1968b, 'Fifty Years of Development of Soviet Geographic Thought'.

—, 1981, *Soviet Geography*, 9, pp. 238-253.

Gibson, E.M.W., 1983, 'Realism', in *Geographic Themes*, London.

Gilbert, E.W., 1960, 'The Idea of Region', *Geography*, 45, pp. 157-175.

—, 1933, *The Exploration of Western America in 1800-1850: A Historical Geography*, Cambridge.

Glacken, C.J., 1956, 'The Changing Ideas of the Hobitable World', in W.L. Thomas (ed.), *Man's Role in Changing the Face of the Earth*, Chicago.

Godolier, M., 1977, *Perspective in Marxist Anthropology*, Cambridge.

Goldman, R.R., 1973, 'Environmental Limits, Their Perception and Prescription', *International Journal of Environmental Studies*, 5, 193-204.

Goldsmith, W.R., 1966, *Comparative Functionalism: An Essay in Anthropological Theory*, University of California Press.

Golledge, R.G., 1979, 'The Development of Geographical Analysis', *AAAG*, 69, 151-154.

—, and Amedee, D., 1968, 'On Laws in Geography', *AAAG*, 58, pp. 160-174.

Goode, J., 1973, *Explanations in Social Theory*, New York.

Gottmann, J., 1946, 'French Geography in War Time', *Geographical Review*, 36, pp. 80-91.

Gould, P. and White, R., *Mental Maps*, Baltimore.

Haggett, P., 1966, *Locational Analysis in Human Geography*, New York.

Haeckel, E., 1876, *The History of Creation*, New York, Vol.II.

—, 1979, *Geographical Synthesis*, New York.

Hale, J.R., 1966, *Age of Exploration*, New York.

Hakluyt, R., 1965, *Hakluytis Voyages*, (ed.) I.R. Blacker, New York.

Harrison, Church, R.J., 1951, 'The French School of Geography', in G. Taylor (ed.), *Geography in the Twentieth Century*, New York.

Hartake, W., 1956, 'Die Sozialbrache als Phanomen der Geographisches Differnzierung der Landschaft', *Erdkunde*, No. 4.

Hartshorne, R., 1950, 'The Functional Approach in Political Geography,' *AAAG*, 40.

—, 1955, 'Exceptionalism in Geography: Re-examined', *AAAG*, 45, 205-44.

—, 1958, 'The Concept of Geography as a Science of Space', from Kant and von Humboldt to Hattner, *AAAG*, 48, pp. 97-108.

—, 1959, *Perspectives in the Nature of Geography*, Chicago.

—, 1961, *The Nature of Geography*, Lancaster.

Harvey, D., 1969, *Explanation in Geography*, London, Edward Arnold.

—, 1973, *Social Justice and the City*, London, Edward Arnold.

Harvey, D., 1989, *The Condition of Postmodernity*, Oxford: Blackwell.

Harvey, M.E. and Holly, B.P. 1983, *Themes in Geographic Thought*, London.

Hawking, S., Einstein Memorial Lecture, New Delhi, *Times of India*, Jan. 19, 2001.

Heinemann, F.H., 1958, *Existentialism and the Modern Predicament*, New York.

Heidel, W.A., 1937, *The Frame of Ancient Greek Maps*, New York.

Hempal, C.G., 1959, 'The Logic of Functional Analysis', in Cross (ed.)· *Symposium on Sociological Theories.*

Herbertson, A.J., 1905, 'The Major Natural Regions: An Essay in Systematic Geography', *Geographical Journal,* 25: 300-312.

Hesse, M., 1966, *Models and Analogues in Science*, Notre Dame, 111.

Hettner, A., *Vergleichende Landerkunde*, Vol. IV, Berlin, 1935.

Hicks, D., 1938, *Critical Realism*, London.

Hill, M.R., 1983, 'Positivism', in *Themes in Geographic Thought*, London.

Hirsch, F., 1976, *Social Limits of Growth*, Cambridge.

Hofstadter, R., 1955, *Social Darwinism in American Thought*, Boston,

Hooson, D.J.M., 1959, 'Some Recent Developments in the Content and Theory of Soviet Geography' *AAAG*, 49, pp. 73-82.

Houston, J.M., 1953, *A Social Geography of Europe*, London.

Hudson, J., 1969, 'A Locational Theory of Rural Settlement' *AAAG*, 52.

Humboldt, A.V., *Kosmos* (Eng. Trans.).

Huntington, E., 1907, *The Pulse of Asia*, New York.

—, 1923, *Earth and Sun*, Yale University Press.

—, 1924, *Civilization and Climate*, Yale University Press.

—, 1945, *Main Springs of Civilisation*, New York.

—, 1920, *Principles of Human Geography*, New York.

Husain, M., 1999, *Human Geography*, Jaipur, Rawat Publications.

Huxley, T.H., 1977, *Physiography*, London.

Ibn-Battuta, *The Travels of Ibn-Battuta, A.D. 1325-1354*, Cambridge.

Ibn-Khaldun, 1958, *The Muqaddimah,* (trans.) F. Rosenthal, New York.

Ihde, D., 1977, *Experimental Phenomenology*, New York.

Isachenke, A.G., 1968, 'Fifty Years of Soviet Landscape Science', *Soviet Geography*, 9, pp. 402-407.

Isard, W., 1956, 'Regional Science: The Concept of Region and Regional Structure Papers and Proceedings, *Regional Science Association.*

Jager, H., 1972, 'Historical Geography in Germany, Austria and Switzerland', *Progress in Historical Geography*, pp. 45-62. New York.

Jafferson, 1928, 'The Civilising Rails', *Economic Geography*, Vol. IV. pp. 217-231.

—, 1939, 'The Laws of Primate City', *Geographical Review*, 29, pp. 226-232.

James, P.E., 1972, *All Possible Worlds: A History of Geographical Ideas*, New York.

Jarrel, J.L., 1954, 'Pragmatism' in Jarrett ed. *Contemporary Philosophy*, Chicago.

Jawad, A., 1992, *Development and Social Order,* Anmol Publication, New Delhi.

Joerg, W.L.G., 1922, 'Recent Geographical Changes in Europe', *Geographical Review*, 12. pp. 431-484.

Johnson, D.W., 1909, Twenty-six Davis Papers, *Geographical Essays.*

Johnston, R.J., 1976, *Geography and Geographers: Anglo-American Human Geography Science*, 1945, New York.

—, 1994, *The Dictionary of Human Geography*, 3rd edn., Oxford, Blackwell.

—, 1978, 'Paradigms and Revolution or Evolution', *Progress in Human Geography*, 2, pp. 189-206.

Jones, E. 1964, *Human Geography*, Chatte and Windus.

Kalesnik, S.V., 1964, 'General Geographic Regularities of the Earth', *AAAG*, 54, pp. 160-164.

Karl, A.S., 1959, 'Carl Ritter, 1779-1859', *Scottish Geographical Magazine*, Vol. 75.

Kazakova, O.N., 1966, 'The Development of Theory of Geography and Landscape in East West Germany', *Soviet Geography*, 7, pp. 40-70.

Keat, R. and Urry, J., 1975, *Social Theory as Science*, London.

Kellner, L., 1963, *Alexander von Humboldt*, London.

Kimble, G.H.T., 1938, *Geography in the Middle Ages*, London.

—, 1945, 'The Craft of Geographer', *The Canadian Geographical Journal.*

—, 1951, 'The Inadequacy of Regional Concept', in L.D. Stamp and S.W., Wooldridge, (eds.) *London Essays in Geography*, pp. 151-174.

King, L.W., 1969, *Statistical Analysis in Geography*, Englewood Cliff.

Kirk, W., 1951, 'Historical Geography and the Concept of Behavioural Environment', *Indian Geographical Journal*, Silver Jubilee Volume, 152-160.

—, 1963, Problems of Geography, *Geography*, 48, pp. 357-371.

Klish, J., and Valach, M., 1967, *Cybernetic Modelling*, London.

Knox, P.L., 1975, *Social Well-being: A Spatial Perspective*, London.

Kuhn, T.S , 1970, *The Structure of Scientific Revolution*, Chicago.

Lamb, H.H., 1972, *Climate: Present, Past, and Future*, Vol. 2. London.

Lazle, E., 1972, *Introduction to System Philosophy*, New York.

Leighly, J., 1976, 'Carl Ortwin Sauer, 1889-1975', *AAAG*, 66, pp. 337-348.

Leiss, W., 1974, *Domination of Nature*, New York.

Lewthwaite, G.R., 1966, 'Environmentalism and Determinism: A Search for Clarification', *AAAG*, Vol. 56.

Ley, D., and Samuels, M.S. (eds.) 1978, *Humanistic Geography: Prospect and Problems*, Chicago.

Lukermann, F., 1958, 'Towards a more Geographic Economic Geography', *Professional Geographers* 10 (1), pp. 2-10.

Lyell, S.C., *Principles of Geology*, New York.

Macdonel, J.R., 1964, 'Current Trends in French Geography', *Professional Geographers* 17, pp. 15-18.

Mackinder, H.J., 1887, 'On the Scope and Methods of Geography', *Proc. Royal Geographical Society*, 9 pp. 140-160.

—, 1902, *Britain and British Seas*, New York.

—, 1904, 'The Geographical Pivot of History', *Geographical Journal*, Vol. 23.

—, 1919, *Democratic Ideals of Reality*, New York.

Martin, A.F., 1951, 'The Necessity of Determinism', *Transaction*, I.B.G. 17, pp. 1-12.

Martin, G.J., 1968, Mark Jafferson, *Geographers*, E. Michigan University.

Marx, K., 1967, *Capital*, Vol. III, New York.

—, and Engles, F., 1975, *The German Ideology in Marx and Engels*, Collected Works, Vol. V, New York.

Masterman, M., 1970, The Nature of a Paradigm, in Imre Lakates (ed.),

Criticism and Growth of Knowledge, Cambridge, pp. 59-89.

Meadows, D.H., and Meadows, D.L., 1972, *Limits of Growth*, London.

Mesrovic, M. and Pestel, E., 1974, *Mankind at the Turning Point*, New York.

Mill, H.R., 1891, *The Realm of Nature*, London.

Minshull, R., 1970, *The Changing Nature of Geography*, London.

Montefiere, A.C. and William W.M., 1955, 'Determinism and Possibilism', *Geographical Studies*, 2, pp. 1-11.

Morgan, W.B. and Moss, R.P., 'Geography and Ecology', *AAAG*, 55.

Morison, S.E., 1971, *The Europeans Discovery of America: The North Voyages*, New York.

Morril, R.J., 1969, 'Geography and the Transformation of Society', Part I, *Antipode*, pp. 6-9.

Myrdal, G., 1953, 'The Relation Between Social Theory and Social Policy', *Br. J. Social*, 23, pp. 210-42.

Natason, M., 1963, *Philosophy of Social Science*, New York.

Neef, E., (ed.), 1956, *Das Gesichider Erde*, 2nd ed. 1962, Leipzig.

Negel, E., 1961, *The Structure of Science*, London.

Nergdard, A., 1972, *Korologiska*, Oslo.

Nick, M., 1945, *Die Entdeckung von Europe durch die Griechen, Bansal, Benno-Schwal.*

Nikitin, N.P., 1966, 'A History of Economic Geography in Pre-Revolutionary Russia', *Soviet Geography*, 7, pp. 3-37.

Obituary Article, by Cholley, V., *Annales de Geographie*, 65.

Odum, E.P., 1975, *Ecology*, Rienhart and Winston, New York.

Oliveira Martin, J.P., *The Golden Age of Prince Henery the Navigator*, (trans.) JJ. Abraham, London.

Olsson, G., 1965, *Distance of Human Interaction: A Review of Biogeography.*

—, 1980, *Birds in Egg: Eggs in Bird*, London, Pion.

Orr, L.B., 1950, *The Food Problem, Scientific American*, Vol. 183.

Paschel, O., 1865, *Geschichte der Erdkunde bis auf A.V. Humboldt and Carl Ritter*, Munich.

—, 1879, Psysische Erdkunde, (ed.) G. *Leipoldt*, Leipzig.

Passmore, J., 1966, *A Hundred Years of Philosophy*, New York.

Peet, R., 1977, 'The Development of Radical Geography in U.S.', in R. Peet (ed.) *Radical Geography*, Chicago, pp. 6-30.

—, 1978, 'The Geography of Human Liberation', *Antipode*, 10, pp. 119-34.

Peet, R.J. and Lyons, J.M., 'Marxism: Dialectical Materialism, Social Formation and.....', in *Geographic Themes Thought*, London, p. 190.

Penrose, B., 1952, *Travel and Discovery in Renaissance*, 1420-1620, Cambridge.

Perpillou, A.V., 1966, *Human Geography*, Longmans.

Platt, R.S., 1948, 'Determinism in Geography', *AAAG*, 38, pp. 126-132.

Pred, A., 1967, *Behaviour and Location: Foundation for Geographic and Dynamics Location Theory*, Pt. I (Lund: Gleerup).

Popper, K.R., 1959, *The Logic of Scientific Discovery*, London.

Ratzel, F., 1982-91, *Anthropo Geographie*, Vol. I.

—, 1897, *Politische Geographie* Oder *die Geographie der Staanten, des Verkers und der Krieges*, 2nd edn.

Ravetz, J.R., 1973, *Scientific Knowledge, and Its Social Problems*, Oxford.

Raza, M., 1979, *A Survey of Research in Geography*, ICSSR.

Rechis, E., 1866-67, *Le Terre*, Paris.

Relph, E., 1976, 'The Phenomenological Foundations of Geography', *Discussion Paper 21,* Department of Geography, Toronto.

Rink, F.T., 1802, *Emmanuel Kant's Physische Geographer Kongsberg.*

Ritter, C., 1822-59, *Die Erdkunde.*

—, *Comparative Geography.*

Rose, G., 1993, *Feminism and Geography*, Cambridge, Polity Press.

Rostow, W.W., 1960, *The Stages of Economic Growth*, London.

Russel, B., 1959, *Wisdom of the West*, Doubleday, Garden City.

Said, E., 1979, *Orientalism*, New York, Vintage.

Samuels, M.S., 1978, 'Existentialism and Human Geography', in D. Ley and M.S. Samuels (eds.) *Humanistic Geography*, Chicago.

Sartre, J.P., 1966, *Being and Nothingness*, New York.

Sauer, C.O., 1925, 'The Morphology of Landscape', in *Geography* 2, pp. 19-35.

—, 1971, 'The Formative Years of Ratzel in the U.S.A.', *AAAG*, 61.

—, 1941, 'Foreword to the Historical Geography', *AAAG,* 31, pp. 1-24.

Schaefe, F., 1953, 'Exceptionalism in Geography', *AAAG*, Vol. 43.

Schultz, J.H., ed. 1959, *Alexander von Humboldt*, Berlin.

Semple, E.C., 1911, *Influences of Geographic Environment on the Basis of Ratzel's Systems of Anthropogeography*, New York.

Shafi, M., 1960, 'Al-Masudi as a Geographer', in *Al-Masudi Millenary Commemoration Volume*, Aligarh.

Simmons, I.G., 1997, '*Changing the Face of the Earth: Culture, Environment, History*', Oxford, Blackwell.

Simon, M., 1960, 'What is a Geographical Factor?', *Geography*, Vol. 51.

Sinnhuber, K.A., 1959, 'Carl Ritter, 1779-1859', *Scottish Geographical Magazine 75*, pp. 152-163.

Smith, D.M., 1947, *Human Geography*, London.

Soja, E., 1989, *Postmodern Geographies: The Reassertion of Space in Critical Social Theory*, London, Verso.

Spate, O.H.K., 1957, 'How Determinism is Possibilism', *Geographical Studies*, London.

—, 1958, 'The End of an Old Song? The Determinism and Possibilism', in G. Taylor (ed.) *Geography in the 20th Century*, London.

Sarton, G., 1925, *A History of Science: Ancient Science Through the Golden Age of Greece*, New York.

Stamp, L.D., 1947, *The Land of Britain: Its Use and Misuse*, London.

Stewart, J.Q., 1947, 'Empirical Mathematical Rules Concerning the Distribution and Equilibrium of Population', *Geographical Review,* 37, pp. 461-85.

Stewart, J.Q., 1965, 'The Development of Social Physics', *American Journal of Physics*, Vol.18.

Stoddart, D.K., 1965, 'Organisation and Ecosystem as Geographical Models', in Chorley, R.J. (ed.) Haggett, *Frontier of Geographical Teachings*, London.

—, 1966, 'Darwin's Impact on Geography', *AAAG*, 56, pp. 683-698.

—, 1975, 'The Victorian Science-Huxley's Physiography and Its Impact on Geography', *Transaction*, IBG, 66, pp. 17-40.

Strabo, *The Geography of Strabo*, (trans.) H.L. Jones, 1917, New York.

Suskin, Y.G., 1962, 'A History of Soviet Economic Geography', *Soviet Geography*, 7, p. 103.

Sykes, P., 1961, *A History of Explorations from the Earliest Times to the Present Day*, New York.

Taaffe, E., 1974, 'The Spatial View in Context', *AAAG*, 64, pp. 1-16.

—, 1970, *Geography*, Englewood Cliff.

Tatham, G., 1959, 'Geography in the 19th Century' in G. Taylor (ed.) *Geography in the Twentieth Century*, London.

Taylor, G., *Geography in the Twentieth Century*, London.

Taylor, P.J., 1976, 'An Introduction of Quantification: Debate in British Geography', *Transaction*, I.B.G. New Series.

Teeph, 1951, 'History of Plants', *Geography in the Twentieth Century* by G. Taylor, London.

Terra, H. de, 1955, *The Life and Times of Alexander von Humboldt 1769-1859,* New York.

The Encyclopaedia Americana, 1960, Vol. 8, pp. 485-86.

Thomas, W.L., (ed.) 1956, *Man's Role in Changing the Face of the Earth*, Chicago.

Thomson, J.O., 1965, *A History of Ancient Geography*, New York.

Tooley, R.V., 1949, *Maps and Map Makers*, New York.

Tower, W.S., 1910, 'Scientific Geography', *Bulletin of American Geographical Society*, 42, pp. 801-825.

Tozer, H.F., 1897, *A History of Ancient Geography*, Cambridge.

Thunen von, J.A., 1826, Eng. Trans., C.M. Wartenburg in 1966.

Trell, C., 1949, 'Geographical Science in Germany During the Period 1933-1945', *AAAG,* 39, pp. 100-137.

—, 1959, 'Die Geographiche Landschaft and Enforschung', *Stadium Generale* Vol. 3.

Tuan, Yi Fu, 1971, 'Geography, Phenomenology and the Study of Human Nature', *Canadian Geographer*, 15, pp. 181-192.

—, 1976, 'Humanistic Geography', *AAAG,* 66, pp. 266-276.

Ullman, E.L., 1941, 'A Theory of Location for Cities', *American Journal of Sociology*, 46, pp. 853-864.

Ullman, E.J., 1953, 'Human Geography and Area Research', *AAAG,* 43, pp. 54-66.

Unstead, J.F., 1916, 'A Synthetic Method of Determining Geographical Region' *Geographical Journal*, 48, pp. 230-249.

—, et al, 1937, 'Classification of Regions of the World', *Geography*, 22, pp. 253-282.

Van Valkerberg, 1951, 'The German School of Geography', in G. Taylor (ed.) *Geography in the Twentieth Century*, New York.

—, and Held, C.C., 1952, *Europe*, New York.

Varenius, B., 1650, *Geographic Generalis*, Amsterdam.

Vidal de Lablache, 1926, *Principles of Human Geography*, Paris.

—, 1927,*Geography Universale*, Vol. XV, Paris.

Voeikov, A., 1901, 'De i' influence de I' homme suri 'Terre' *Annales de Geographie,* 10, 97, 114, 193, 215.

Wanklyn, H., 1961, 'F. Ratzel: A Biographical Memoirs and Bibliography', Cambridge.

Weber, A., 1909, (trans.) C. Friederich 1939, as *'Alfred Weber's Theory of Location of Industries'*, Chicago.

Weaver, J.C., 1954, 'Crop Combination Regions in Middle West', *Geographical Review*, 44, pp. 175-200.

White, R. and Gould, P., 1974, *Mental Maps*, Penguin.

Whittlesey, D., 1929, 'Sequent Occupance', *AAAG*, 19, pp. 162-165.

Wiener, N., 1961, *Cybernetic*, Cambridge.

Wilbank, T. and Symanski, R., 1968, 'What is Systematic Analysis', *Professional Geographer*, 20, pp. 86-91.

Wise, M.J., 1977, 'On Progress and Geography', in *Progress in Human Geography*, pp. 1-11.

Wooldridge, S.W. and East, W.G., 1951, *The Spirit and Purpose of Geography*, London.

Wright, J.K., 1925, *The Geographical Lore at the Time of Crusades*, New York.

—, 'The History of Geography: A Point of View', *AAAG*, 15, pp. 200-210.

Wrightly, G.M., 1951, Isaiah Bowman, *Geographical Review*, 14: 7-65.

Yeates, M., 1968, *Introduction to Quantitative Analysis in Economic Geography*, New York.

Zebler, L., 1958, 'Decision-Making in Regional Construction', *AAAG*, 48:140-148.

Zvonkovo, T.V. and Sauskin, Y.G., 1968, 'Problems of Long Term Geographical Predictions', *Soviet Geography*, 9, pp. 755-765.